SÄCHSISCHE AKADEMIE DER WISSENSCHAFTEN
ZU LEIPZIG

JAHRBUCH

1969—1970

MIT 5 TAFELN UND 9 ABBILDUNGEN

AKADEMIE-VERLAG · BERLIN
1972

Nach dem Stand vom 31. Dezember 1970
Manuskript eingeliefert am 31. Dezember 1971
Druckfertig erklärt am 2. Oktober 1972

Im Auftrage der Akademie
zusammengestellt und herausgegeben
von Gerald Wiemers

Erschienen im Akademie-Verlag GmbH, 108 Berlin, Leipziger Straße 3—4

Lizenznummer: 202 • 100/73/73
Gesamtherstellung: VEB Druckhaus „Maxim Gorki" ,74 Altenburg
Bestellnummer: 1011/69-70 • ES 1 D
EDV 752 331 9
49,—

INHALT

PRÄSIDIUM

Präsident
Schwabe, Kurt, em. Prof. Dr.-Ing., Dr. rer. nat. h. c.

Vizepräsidenten
Neef, Ernst, Prof. Dr. phil.
Morenz, Siegfried, Prof. Dr. phil., D. theol. h. c.
(† 14. I. 1970)

Sekretar der mathematisch-naturwissenschaftlichen Klasse
Emmrich, Rolf, Prof. Dr. med.

Sekretar der philologisch-historischen Klasse
Jahn, Johannes, em. Prof. Dr. phil., Dr. phil. h. c.

DIE PRÄSIDENTEN, VIZEPRÄSIDENTEN, SEKRETARE UND STELLVERTRETENDEN SEKRETARE

(seit der Wiedereröffnung am 8. Dezember 1948)

Präsidenten

1948—1965	Theodor Frings
seit 1965	Kurt Schwabe

Vizepräsidenten

1948—1958	Ludwig Binder
1958—1959	Anton Arland in Stellvertretung
1959	Robert Schröder
1959—1962	Arthur Simon
1960—1965	Anton Arland
1962—1965	Ernst Neef in Stellvertretung
seit 1965	Ernst Neef
1966—1970	Siegfried Morenz

Die Sekretare der Klassen

Mathematisch-naturwissenschaftliche Klasse

1949—1960	Anton Arland
1960—1965	Ernst Neef
seit 1965	Rolf Emmrich

Philologisch-historische Klasse

1948—1965	Erwin Jacobi
seit 1965	Johannes Jahn

Die stellvertretenden Sekretare der Klassen

Mathematisch-naturwissenschaftliche Klasse

1949—1956	wurde das Amt nicht besetzt
1957—1958	Heinrich Bredt
1959—1960	Ernst Neef
1960—1965	Erich Strack
seit 1965	Peter Friedrich Matzen

Philologisch-historische Klasse

1949—1956	wurde das Amt nicht besetzt
1957—1958	Heinz Ladendorf
1958—1961	Siegfried Morenz
1961—1965	Edgar Lehmann
seit 1965	Gertrud Schubart-Fikentscher

*

SATZUNG DER AKADEMIE

für den Berichtszeitraum: siehe Jahrbuch 1957—1959

VERORDNUNG ÜBER DAS STATUT DER SÄCHSISCHEN AKADEMIE DER WISSENSCHAFTEN ZU LEIPZIG

vom 3. Februar 1971

Die Gestaltung des entwickelten gesellschaftlichen Systems des Sozialismus in der Deutschen Demokratischen Republik erfordert Konzentration und zielgerichteten Einsatz des gesamten wissenschaftlichen Potentials der sozialistischen Gesellschaft. Daraus leiten sich Stellung und Verantwortung der Sächsischen Akademie der Wissenschaften zu Leipzig ab.

Die Sächsische Akademie der Wissenschaften zu Leipzig, im Jahre 1846 als eine gelehrte Gesellschaft gegründet, trägt unter Wahrung ihrer guten Traditionen zur politischen, wirtschaftlichen, wissenschaftlich-technischen und geistig-kulturellen Stärkung der Deutschen Demokratischen Republik und zur Förderung ihres wissenschaftlichen Ansehens bei. Sie setzt ihre gesamte wissenschaftliche Leistungsfähigkeit und ihre Erfahrungen dafür ein, auf der Grundlage der Verfassung der Deutschen Demokratischen Republik beim weiteren Aufbau der sozialistischen Gesellschaftsordnung entsprechend ihrer Bedeutung nutzbringend mitzuwirken. Die Sächsische Akademie der Wissenschaften zu Leipzig wird — gemäß dem Vermächtnis von Gottfried Wilhelm Leibniz über die Aufgaben einer wissenschaftlichen Akademie — ihrem internationalen Rang gerecht, indem sie sich vor allem an der Lösung praxisverbundener Probleme beteiligt.

§ 1

Aufgaben

(1) Die Sächsische Akademie der Wissenschaften zu Leipzig (im folgenden SAW genannt) ist eine wissenschaftliche Institution der Deutschen Demokratischen Republik, die als Gemeinschaft hervorragender Gelehrter ihr geistiges Potential in vollem Umfang auf zukunftsträchtige Wissenschaftsgebiete orientiert und einen wichtigen Beitrag zur Förderung des geistig-kulturellen und vornehmlich des wissenschaftlichen Lebens der sozialistischen Gesellschaft leistet.

(2) Die SAW hat entsprechend ihrem Charakter als Gelehrtengesellschaft die Aufgaben,

- neue wissenschaftliche Fragestellungen und Ideen, insbesondere interdisziplinären Charakters, im wissenschaftlichen Meinungsstreit zu erörtern und zu prüfen sowie den schöpferischen Gedankenaustausch zu entfalten, um dadurch zur breiten Anwendung neuester wissenschaftlicher Erkenntnisse beizutragen und die vielseitigen Bildungsbestrebungen in der sozialistischen Gesellschaft zu fördern,
- die Arbeiten des Plenums, der Klassen und der Kommissionen vornehmlich auf wissenschaftliche Querschnittsaufgaben der sozialistischen Praxis und die Entwicklung neuer wissenschaftlicher Arbeitsmethoden zu orientieren und

— im Interesse der Erhöhung des Niveaus von Wissenschaft, Technik, Bildung und Kultur staatlichen Organen, insbesondere dem Ministerium für Wissenschaft und Technik, sowie gesellschaftlichen Organisationen der Deutschen Demokratischen Republik Gutachten, Stellungnahmen und Analysen zu grundlegenden wissenschaftlichen Problemen und zu allgemeinen Fragen der Wissenschaftsentwicklung zu unterbreiten.

(3) Die SAW erfüllt ihre Aufgaben auf der Grundlage der Verfassung der Deutschen Demokratischen Republik, der Gesetze und Beschlüsse der Volkskammer, der Erlasse und Beschlüsse des Staatsrates und der Verordnungen und Beschlüsse des Ministerrates.

§ 2

Stellung und Arbeitsweise

(1) Auf der Grundlage dieses Statutes legt der Vorsitzende des Ministerrates die Befugnisse des zuständigen Mitgliedes des Ministerrates gegenüber der SAW fest. Die SAW ist juristische Person und Haushaltsorganisation. Ihr Sitz ist Leipzig.

(2) Die SAW verwirklicht ihren gesellschaftlichen Auftrag in engem Zusammenwirken mit der Deutschen Akademie der Wissenschaften zu Berlin.

(3) Zur effektiven Bearbeitung der der SAW gestellten Aufgaben ist ihre Tätigkeit auf der Grundlage langfristiger Arbeitsprogramme zu gestalten, die mit der Deutschen Akademie der Wissenschaften zu Berlin koordiniert und abgestimmt sind und in deren Pläne aufgenommen werden.

(4) Nach Beratung im Präsidium unterbreitet der Präsident der SAW dem Präsidenten der Deutschen Akademie der Wissenschaften zu Berlin Vorschläge für die zu bearbeitenden Aufgaben sowie für die Planung der personellen, materiellen und finanziellen Fonds.

(5) Die Bearbeitung wissenschaftlicher Aufgaben erfolgt entsprechend dem Charakter der SAW als Gelehrtengesellschaft in Kommissionen. Diese werden von einem Ordentlichen Mitglied der SAW geleitet. Für jede Kommission ist ein Arbeitsplan aufzustellen, der insbesondere die Aufgaben- und Zielstellung, den Umfang und die Verwendung der Mittel sowie die Grundsätze der Arbeitsweise enthält. Über die Bildung und Auflösung wissenschaftlicher Kommissionen entscheidet das Präsidium der SAW im Einvernehmen mit dem Präsidenten der Deutschen Akademie der Wissenschaften zu Berlin.

(6) Im Interesse der Entwicklung des wissenschaftlichen und geistig-kulturellen Lebens der sozialistischen Gesellschaft ist eine enge Bindung und Koordinierung des wissenschaftlichen Lebens des Plenums und der Klassen der SAW mit der Arbeit der entsprechenden Gremien der Deutschen Akademie der Wissenschaften zu Berlin herzustellen.

(7) Falls es zur Klärung gemeinsam interessierender Fragen erforderlich ist, nehmen die Präsidenten oder von ihnen Beauftragte an den Sitzungen der Präsidien oder anderer Gremien der beiden Akademien teil.

§ 3

Mitgliedschaft

(1) Zu Ordentlichen Mitgliedern der SAW können Wissenschaftler der Deutschen Demokratischen Republik gewählt werden,

— die bedeutende wissenschaftliche Leistungen erzielt und sich zum Nutzen der Deutschen Demokratischen Republik für die Verwertung wissenschaftlicher Ergebnisse eingesetzt haben;

— die an der Gestaltung des wissenschaftlichen und geistig-kulturellen Lebens der sozia-

listischen Gesellschaft aktiv mitwirken und die bereit und in der Lage sind, zur Lösung der der SAW gestellten Aufgaben beizutragen;
– die ihren ständigen Wohnsitz in den Bezirken Leipzig, Dresden, Karl-Marx-Stadt, Halle, Erfurt, Gera oder Suhl haben.

(2) Die Ordentlichen Mitglieder haben das Recht und die Pflicht, an der Arbeit des Plenums und ihrer Klassen teilzunehmen. Sie sind verpflichtet, durch vorbildliche wissenschaftliche Tätigkeit an der Lösung der Aufgaben der SAW mitzuwirken, durch hervorragende Leistungen die sozialistische Gesellschaft zu stärken und das Ansehen der Deutschen Demokratischen Republik zu erhöhen. Die Zahl der Ordentlichen Mitglieder kann bis zu 65 betragen.

(3) Als Ausdruck besonderer Ehrung können hervorragende Wissenschaftler, die nicht Bürger der Deutschen Demokratischen Republik sind, zu Auswärtigen Mitgliedern der SAW gewählt werden. Ihre Zugehörigkeit zur SAW ist mit der Anerkennung des ethischen und humanistischen Grundanliegens der SAW verbunden.

(4) Vorschläge zur Wahl Ordentlicher und Auswärtiger Mitglieder können von Ordentlichen Mitgliedern unterbreitet werden. Mitglieder des Ministerrates können ebenfalls Persönlichkeiten zur Wahl als Mitglied der SAW vorschlagen. Nach Beratung der Vorschläge im Präsidium erfolgt die Wahl der Ordentlichen und Auswärtigen Mitglieder im Plenum. Die Mitgliedschaft kann durch Beschluß des Plenums beendet werden, wenn die ihr zugrunde liegenden Voraussetzungen entfallen sind und wenn das betreffende Mitglied die mit der Mitgliedschaft verbundenen Verpflichtungen verletzt hat.

§ 4

Plenum und Klassen

(1) Das Plenum besteht aus den Ordentlichen Mitgliedern der SAW. Es behandelt wissenschaftliche Probleme und Themen mit dem Ziel, zur Lösung von Aufgaben beizutragen, die für die Gestaltung des entwickelten gesellschaftlichen Systems des Sozialismus von besonderer Bedeutung sind. Das Plenum hat vor allem neu heranreifende Probleme, die sich aus dem Prozeß der Integration und Differenzierung der Wissenschaft ergeben, aus prognostischer Sicht zu beurteilen und wissenschaftliche Vorträge entgegenzunehmen.

(2) Im Plenum sind Wissenschaftler verschiedener Fachgebiete vereint, deren Anliegen es ist, an der Entwicklung der sozialistischen Gesellschaft, insbesondere durch Förderung der interdisziplinären Zusammenarbeit aktiv mitzuwirken.

(3) Bei der SAW bestehen 2 Klassen, die
– mathematisch-naturwissenschaftliche Klasse und
die philologisch-historische Klasse.

Zu ihren Aufgaben gehört es, die Plenarsitzungen vorzubereiten und ein hohes Niveau der von ihren Mitgliedern vorzulegenden wissenschaftlichen Beiträge und Mitteilungen zu sichern, die nach Zustimmung des Plenums in den Sitzungsberichten oder Abhandlungen veröffentlicht werden. Die Leiter der Klassen werden auf Vorschlag der jeweiligen Klasse vom Plenum für die Dauer von 4 Jahren gewählt.

(4) Wahlen und Entscheidungen des Plenums erfolge mit einfacher Mehrheit der Anwesenden.

§ 5

Präsidium

(1) Die SAW wird vom Präsidium geleitet. Im Präsidium werden Vorschläge für die zu lösenden Aufgaben beraten. Es behandelt die Arbeitspläne, Gutachten und Stellungnahmen,

die von der SAW abgegeben werden, sowie Analysen und Berichte über die Tätigkeit der SAW.

(2) Dem Präsidium gehören der Präsident, der Vizepräsident, die Leiter der Klassen und der Sekretär der Parteigruppe der Sozialistischen Einheitspartei Deutschlands der Ordentlichen Mitglieder an.

(3) Zu den Beratungen des Präsidiums werden weitere Mitglieder der SAW hinzugezogen sowie deren Vertreter staatlicher Organe und gesellschaftlicher Organisationen der Deutschen Demokratischen Republik eingeladen, sofern es die zur Beratung stehenden Probleme erfordern.

§ 6

Präsident und Vizepräsident

(1) Der Präsident ist dafür verantwortlich, daß die gesamte Tätigkeit der SAW auf der Grundlage der Beschlüsse der Sozialistischen Einheitspartei Deutschlands und der Rechtsvorschriften (§ 1, Abs. 3) erfolgt. Er sichert insbesondere die planmäßige Arbeit des Plenums, der Klassen sowie der Kommissionen und trägt die Verantwortung für eine enge Zusammenarbeit mit der Deutschen Akademie der Wissenschaften zu Berlin.

(2) Der Präsident vertritt die SAW im Rechtsverkehr und in der Öffentlichkeit. Er führt den Vorsitz im Präsidium und im Plenum.

(3) Der Vizepräsident ist für die Gestaltung des wissenschaftlichen Lebens im Plenum auf der Grundlage des Arbeitsplanes verantwortlich. Er hat insbesondere die Aufgabe, die Themenstellung für die Arbeit des Plenums und der anderen wissenschaftlichen Veranstaltungen langfristig vorzubereiten und sie dem Präsidium zur Beratung vorzulegen. Der Vizepräsident vertritt den Präsidenten bei seiner Abwesenheit.

(4) Der Präsident und der Vizepräsident werden vom Vorsitzenden des Ministerrates für die Dauer von 4 Jahren berufen. Hierzu unterbreitet das Plenum dem Vorsitzenden des Ministerrates einen jeweils bis zu 3 Personen umfassenden Vorschlag.

§ 7

Auswärtige Beziehungen und Öffentlichkeitsarbeit

(1) Die auswärtigen Beziehungen der SAW werden entsprechend den für die Deutsche Akademie der Wissenschaften zu Berlin geltenden Regelungen gestaltet. Zur Unterstützung der SAW werden die sich bei der Realisierung auswärtiger Beziehungen ergebenden organisatorischen Aufgaben durch die Deutsche Akademie der Wissenschaften zu Berlin mit wahrgenommen. Das gleiche gilt für die Öffentlichkeitsarbeit sowie für das Informations- und Dokumentationswesen.

(2) Veranstaltungen der SAW werden auf der Grundlage eines gemeinsamen Veranstaltungsplanes der SAW und der Deutschen Akademie der Wissenschaften zu Berlin vorbereitet und durchgeführt.

(3) Die SAW gibt Berichte über wissenschaftliche Beratungen sowie ein Jahrbuch heraus.

§ 8

Schlußbestimmungen

(1) Diese Verordnung tritt am 4. März 1971 in Kraft.

(2) Gleichzeitig tritt der Beschluß vom 29. November 1956 über Stellung und Statut der Sächsischen Akademie der Wissenschaften zu Leipzig (GBl. I S. 1323) außer Kraft.

(3) Die Wahl von Mitgliedern der SAW und Entscheidungen über die Beendigung der Mitgliedschaft (§ 3 Abs. 4) sowie die Wahl der Leiter der Klassen (§ 4 Abs. 3) bedürfen der Bestätigung durch ein vom Vorsitzenden des Ministerrates benanntes Mitglied des Ministerrates.

Berlin, den 3. Februar 1971

Der Ministerrat
der Deutschen Demokratischen Republik

Neumann
Erster Stellvertreter des Vorsitzenden

MITGLIEDER

(Die eingeklammerten Zahlen bedeuten das Datum der Wahl)

Ehrenmitglieder

Baethgen, Friedrich, Dr. phil., Dr. phil. h. c. (Rom), Präsident der Monumenta Germaniae Historica i. R., Hon.-Professor der mittelalterlichen Geschichte an der Ludwig-Maximilians-Universität München, Träger des Großen Verdienstkreuzes mit Stern und Schulterband des Verdienstordens der Deutschen Bundesrepublik und des Bayerischen Verdienstordens, o. Mitglied der Bayerischen Akademie der Wissenschaften in München und der Historischen Kommission bei der Bayerischen Akademie der Wissenschaften, o. Mitglied der Deutschen Akademie der Wissenschaften zu Berlin, korresp. Mitglied der Mediaeval Academy of America in Cambridge (Mass.) und der Società Romana di Storia Patria in Rom, Ehrenmitglied der philos.-hist. Klasse der Österreichischen Akademie der Wissenschaften in Wien und des Instituts für österreichische Geschichtsforschung in Wien, geb. 30. VII. 1890 in Greifswald, 8 München 19, Aiblinger Straße 3, Tel. 570750 (19. X. 1959). † 18. VI. 1972.

Schirmunski, Viktor Maximowitsch, Dr. phil., Dr. phil. h. c., (Berlin, Kraków, Oxford, Prag), em. Professor für deutsche Sprache und Literatur an der Universität Leningrad, Leiter der Abteilung für indoeuropäische Sprachen des Instituts für Sprachforschung der Akademie der Wissenschaften der UdSSR, Inhaber der Goldmedaille 1967 des Goethe-Instituts in München, o. Mitglied der Akademie der Wissenschaften der UdSSR in Moskau, korresp. Mitglied der Deutschen Akademie der Wissenschaften zu Berlin, der Bayerischen Akademie der Wissenschaften in München, der British Academy, London, und der Kongelige Danske Videnskabernes Selskap in Kopenhagen, geb. 2. VIII. 1891 in St. Petersburg, Leningrad, Institut für Sprachforschung der Akademie der Wissenschaften der UdSSR (16. X. 1967). † 31. I. 1971.

Ordentliche Mitglieder der mathematisch-naturwissenschaftlichen Klasse

Arland, Anton, Dr. phil., Dr. agr. h. c. (Leipzig), em. Professor mit Lehrstuhl für Acker- und Pflanzenbau an der Karl-Marx-Universität Leipzig, Träger des Vaterländischen Verdienstordens und der Ehrennadel der Karl-Marx-Universität Leipzig, Mitglied der Poggendorff-Kommission der Akademie, em. o. Mitglied der Deutschen Akademie der Landwirtschaftswissenschaften zu Berlin, Mitglied des Präsidiums der Deutsch-Arabischen Gesellschaft in Berlin, des Wissenschaftlichen Rates der Internationalen Gesellschaft für Nahrungs- und Vitalstoff-Forschung in Hannover, aktives Mitglied der Société Française des Physiologie Végétale in Paris, geb. 20. VII. 1895 in Eisenbrod, 705 Leipzig, Holsteinstraße 27, Tel. im Institut 68500 (1. VII. 1948).

Brednow, Walter, Dr. med., Dr. med. h. c. (Tübingen), em. Professor mit Lehrstuhl für innere Medizin an der Friedrich-Schiller-Universität Jena, Obermedizinalrat, Mitglied der Deutschen Akademie der Naturforscher Leopoldina in Halle, der Gesellschaft Deutscher Naturforscher und Ärzte in Bonn und der Internationalen Gesellschaft für Innere Medizin, Ehrenmitglied der Gesellschaft für Innere Medizin an der Friedrich-Schiller-Universität Jena, der Deutschen Gesellschaft für Innere Medizin in Wiesbaden, der Nordwestdeutschen Gesellschaft für Innere Medizin in Hamburg, der Deutschen Gesellschaft für Klinische Medizin, Sektion Innere Medizin, in Leipzig und der Medizinisch-wissenschaftlichen Gesellschaft Eichsfelder Ärzte, geb. 13. II. 1896 in Berlin, 69 Jena, Dornbluthweg 1, Tel. 25148 (5. XII. 1960).

Buchheim, Wolfgang, Dr. phil., o. Professor für theoretische Physik in der Sektion Physik der Bergakademie Freiberg, Mitglied der Deutschen Akademie der Naturforscher Leopoldina in Halle, Mitglied des Nationalkomitees für Geodäsie und Geophysik der Deutschen Demokratischen Republik, geb. 18. X. 1909 in Leipzig, 92 Freiberg (Sa.), Richard-Wagner-Straße 25, Tel. 2132 (7. XII. 1959).

Drischel, Hans, Dr. med., o. Professor für Physiologie an der Karl-Marx-Universität Leipzig, Nationalpreisträger, o. Mitglied der Deutschen Akademie der Wissenschaften zu Berlin, der Deutschen Akademie der Naturforscher Leopoldina in Halle, der New York Academy of Science, Member of the Council IUPS (International Union of Physiological Sciences), geb. 8. VI. 1915 in Köln, 7027 Leipzig, Güldengossaer Straße 33, Tel. 80923 (7. XII. 1964).

Emmrich, Rolf, Dr. med., o. Professor für innere Medizin an der Karl-Marx-Universität Leipzig, Mitglied der Deutschen Akademie der Naturforscher Leopoldina in Halle, der Internationalen Gesellschaft für Innere Medizin in Basel, der Gesellschaft für Experimentelle Medizin in der Deutschen Demokratischen Republik in Berlin, des International College of Angiology in New York, Ehrenmitglied der Gesellschaft für Innere Medizin in der Deutschen Demokratischen Republik, geb. 26. VIII. 1910 in Freiberg (Sa.), 7027 Leipzig, Naunhofer Straße 22, Tel. 82120 (11. XII. 1961).

Eßbach, Hasso, Dr. med., o. Professor für pathologische Anatomie an der Medizinischen Akademie Magdeburg und an der Deutschen Akademie für Ärztliche Fortbildung Berlin, Träger des Vaterländischen Verdienstordens, Inhaber des Rudolf-Virchow-Preises des Ministeriums für Gesundheitswesen in der Deutschen Demokratischen Republik, Mitglied der Deutschen Gesellschaft für Pathologie in Münster, der Gesellschaft für Experimentelle Medizin in der Deutschen Demokratischen Republik in Berlin, der Deutschen Gesellschaft für Elektronenmikroskopie in Düsseldorf, des Nationalkomitees der Deutschen Demokratischen Republik zur Erforschung und Bekämpfung der Poliomyelitis und verwandter Erkrankungen in Berlin, geb. 9. III. 1909 in Chemnitz, 3271 Möser über Burg bei Magdeburg, Kastanienallee 3, Tel. 274 (24. V. 1965).

Gersch, Manfred, Dr. phil., o. Professor für Zoologie an der Friedrich-Schiller-Universität Jena, Nationalpreisträger, Inhaber des Heinrich-Greif-Preises der Deutschen Demokratischen Republik, o. Mitglied der Deutschen Akademie der Wissenschaften zu Berlin, Mitglied der Deutschen Akademie der Naturforscher Leopoldina in Halle, Ehrenmitglied der Entomologischen Gesellschaft der UdSSR, geb. 12. VIII. 1909 in Dresden, 69 Jena, Beethovenstraße 8, Tel. 23518 (11. XII. 1961).

Görlich, Paul, Dr.-Ing., Dr. rer. nat. h. c. (Leipzig), Professor mit Lehrauftrag für Festkörperphysik an der Friedrich-Schiller-Universität Jena, Nationalpreisträger, Verdienter Techniker des Volkes, Inhaber des Vaterländischen Verdienstordens in Silber und der Lenin-Erinnerungsmedaille des Obersten Sowjets der UdSSR, o. Mitglied der Deutschen Akademie der Wissenschaften zu Berlin, Direktor am Institut für Optik und Spektroskopie dieser Akademie, Mitglied der Deutschen Akademie der Naturforscher Leopoldina in Halle, Vorstandsmitglied der Physikalischen Gesellschaft der Deutschen Demokratischen Republik, der Deutschen Gesellschaft für Meßtechnik und Automatisierung und der Internationalen Gesellschaft für Photogrammetrie in der Deutschen Demokratischen Republik, Mitglied der Royal Microscopical Society in London-Oxford, geb. 7. X. 1905 in Dresden, 69 Jena, Humboldtstraße 26, Tel. 24496 (15. III. 1965).

Hanson, Horst, Dr. med., Professor mit Lehrstuhl für physiologische Chemie an der Martin-Luther-Universität Halle—Wittenberg, Mitglied der Deutschen Akademie der Naturforscher Leopoldina in Halle und Präsidiumsmitglied dieser Akademie, geb. 5. VI. 1911 in Lauchhammer, 4014 Halle (Saale), Straße der Deutsch-Sowjetischen Freundschaft Nr. 93, Tel. 29324 (7. XII. 1959).

Hein, Franz, Dr. phil., Dr. rer. nat. h. c. (Freiburg i. Br. und Rostock), em. Professor mit Lehrstuhl für anorganische Chemie an der Friedrich-Schiller-Universität Jena, Nationalpreisträger, Hervorragender Wissenschaftler des Volkes, Inhaber der Clemens-Winkler-Medaille der Chemischen Gesellschaft in der Deutschen Demokratischen Republik und der Alexander-von-Humboldt-Gedenkmedaille der Deutschen Demokratischen Republik, o. Mitglied der Deutschen Akademie der Wissenschaften zu Berlin, ehemaliger Direktor der Forschungsstelle für Komplexchemie dieser Akademie, Mitglied der Deutschen Akademie der Naturforscher Leopoldina in Halle, korresp. Mitglied der Heidelberger Akademie der Wissenschaften, Ehrenmitglied der Chemischen Gesellschaft in der Deutschen Demokratischen Republik und Ehrenmitglied auf Lebenszeit der New York Academy of Sciences, geb. 30. VI. 1892 in Grötzingen b. Karlsruhe (Baden),

69 Jena, Gutenbergstraße 5, Tel. im Institut 23472 u. 22578, App. 262 (7. V. 1951).

Hertwig, Paula, Dr. phil., Dr. med. h. c. (Halle—Wittenberg), em. Professor mit Lehrstuhl für allgemeine Biologie an der Martin-Luther-Universität Halle—Wittenberg, Nationalpreisträgerin, Hervorragender Wissenschaftler des Volkes, Trägerin des Vaterländischen Verdienstordens, Inhaberin des Theobald-Christ-Preises der Senkenbergischen Naturforschenden Gesellschaft in Frankfurt (Main), Mitglied der Deutschen Akademie der Naturforscher Leopoldina in Halle, geb. 11. X. 1889 in Berlin, 0773 Villingen, Belchenweg 7 (14. III. 1955).

Keller, Ott-Heinrich, Dr. phil. nat., o. Professor für Mathematik an der Martin-Luther-Universität Halle—Wittenberg, Nationalpreisträger, Mitglied der Deutschen Akademie der Naturforscher Leopoldina in Halle, geb. 22. VI. 1906 in Frankfurt (Main), 40 Halle (Saale), Dölauer Straße 82, Tel. 31480 (15. IX. 1958).

Klinkowski, Maximilian, Dr. agr., Dr. agr. h. c. (Hohenheim), em. o. Professor mit Lehrstuhl für Phytopathologie an der Martin-Luther-Universität Halle—Wittenberg, Nationalpreisträger, Träger der Verdienstmedaille der DDR, der Erinnerungsmedaille zum 20. Jahrestag der Demokratischen Bodenreform und der Erwin-Baur-Medaille der Deutschen Akademie der Landwirtschaftswissenschaften zu Berlin, o. Mitglied der Deutschen Akademie der Wissenschaften zu Berlin und der Deutschen Akademie der Landwirtschaftswissenschaften zu Berlin, em. Direktor des Instituts für Phytopathologie Aschersleben dieser Akademie, Mitglied der Deutschen Akademie der Naturforscher Leopoldina in Halle, auswärtiges Mitglied der Polnischen Akademie der Wissenschaften in Warschau, geb. 24. V. 1904 in Berlin-Steglitz, 432 Aschersleben, Auf der Alten Burg 23, Tel. 3239 (5. XII. 1960). † 22. VI. 1971.

Lösche, Artur, Dr. phil., o. Professor für experimentelle Physik an der Karl-Marx-Universität Leipzig, Nationalpreisträger, o. Mitglied der Deutschen Akademie der Wissenschaften zu Berlin, Mitglied des Vorstandes der Groupement A. M. P. E. R. E (Atomes et Molecules par Etudes Radio-Electriques), geb. 20. X. 1921 in Leipzig, 7027 Leipzig, Egon-Erwin-Kisch-Weg 35, Tel. 81932 (24. V. 1965).

Lueken, Bernd Lüder, Dr. med., o. Professor für Physiologie an der Martin-Luther-Universität Halle—Wittenberg, Mitglied der Deutschen Akademie der Naturforscher Leopoldina in Halle, der Gesellschaft für theoretische Medizin und Grenzgebiete Sachsen-Anhalt und der Gesellschaft der Physiologen in der Deutschen Demokratischen Republik, geb. 8. VIII. 1908 in Rüstringen (Oldenburg), 402 Halle (Saale), Rathenauplatz 14, Tel. 26501 (7. XII. 1964).

Maier, Wilhelm, Dr. phil., em. Professor mit Lehrstuhl für Mathematik an der Friedrich-Schiller-Universität Jena, korresp. Mitglied der Heidelberger Akademie der Wissenschaften, geb. 4. I. 1896 in Neuenbürg (Schwarzwald), 69 Jena, Schillbachstraße 2, Tel. 25021 (5. XII. 1960).

Matzen, Peter Friedrich, Dr. med., o. Professor für Orthopädie an der Karl-Marx-Universität Leipzig, Verdienter Arzt des Volkes, Mitglied der Deutschen Akademie der Naturforscher Leopoldina in Halle und Senator dieser Akademie, Mitglied der Société Internationale de Chirurgie orthopédique et de Traumatologie in Brüssel, Ehrenmitglied der Bulgarischen Orthopädischen Gesellschaft und der Vereinigung der Orthopäden Österreichs in Wien, korresp. Mitglied der Società Italiana di Ortopedia e Traumatologia in Rom, Fellow of the International College of Surgeons in Chicago, Mitglied des Vorstandes der Deutschen Orthopädischen Gesellschaft und der Gesellschaft für Orthopädie in der Deutschen Demokratischen Republik, geb. 11. X. 1909 in München, 701 Leipzig, Semmelweisstraße 10, Tel. 82623 App. 336 (7. XII. 1964).

Merrem, Georg, Dr. med., Professor mit Lehrstuhl der Neurochirurgie an der Karl-Marx-Universität Leipzig, Verdienter Arzt des Volkes, Inhaber der Hufeland-Medaille der Deutschen Demokratischen Republik und der Fedor-Krause-Medaille der Deutschen Gesellschaft für Neurochirurgie, Mitglied der Deutschen Akademie der Naturforscher Leopoldina in Halle, Ehrenmitglied der Deutschen Gesellschaft für Klinische Medizin, Sektion Neuro-Elektrodiagnostik, in Leipzig, geb. 21. IX. 1908 in Königsberg, 703 Leipzig, Zauberweg 2, Tel. 30761 (5. XII. 1960). † 8. VII. 1971.

Mothes, Kurt, Dr. phil., Dr. med. h. c. (Halle—Wittenberg), Dr. agr. h. c. (Kiel), Dr. phil. h. c. (Wien), Dr. rer. nat. h. c. (Halle—Wittenberg), Dr. pharm. h. c. (Szeged/Ungarn), em. Professor mit Lehrstuhl für Botanik, Pharmakognosie und Biochemie der Pflanzen an der Martin-Luther-Universität Halle—Wittenberg, Nationalpreisträger, Hervorragender Wissenschaftler des Volkes, Träger des Vaterländischen Verdienstordens, Inhaber des Ordens Banner der Arbeit, der Cothenius-Medaille der Deutschen Akademie der Naturforscher Leopoldina, der Döbereiner-Medaille der Pharmazeutischen Gesellschaft der Deutschen Demokratischen Republik, der Otto-Warburg-Medaille der Gesellschaft für Physiologische Chemie in Berlin-Dahlem, der Carl-Mannich-Medaille der Deutschen Pharmazeutischen Gesellschaft Berlin, der Hoest-Madsen-Medaille der Fédération Internationale Pharmaceutique, der Gregor-Mendel-Medaille der Tschechoslowakischen Akademie der Wissenschaften, der Pazmany-Medaille der Universität Budapest, der Paul-Karrer-Medaille der Universität Zürich, der August-Kekulé-Medaille der Chemischen Gesellschaft in der Deutschen Demokratischen Republik, der Charles Reid-Barnes Honorary Life Membership of the American Society of Plant Physiologists, Mitglied der Poggendorff-Kommission der Akademie, Präsident der Deutschen Akademie der Naturforscher Leopoldina in Halle, o. Mitglied der Deutschen Akademie der Wissenschaften zu Berlin und em. Direktor des Instituts für Biochemie der Pflanzen dieser Akademie, korresp. Mitglied der Heidelberger Akademie der Wissenschaften, der Bayerischen Akademie der Wissenschaften in München, der Österreichischen Akademie der Wissenschaften in Wien, der Rumänischen Akademie der Wissenschaften in Bukarest, der Rajasthan Academy of Sciences in Pilani (Indien) und der Kungl. Vetenskaps-Societen in Uppsala, ausländisches Mitglied der Akademie der Wissenschaften der UdSSR, Ehrenmitglied der mathematisch-naturwissenschaftlichen Klasse der Österreichischen Akademie der Wissenschaften in Wien, der Ungarischen Akademie der Wissenschaften in Budapest, des Gesamtverbandes der Ungarischen Medizinisch-Wissenschaftlichen Gesellschaften in Budapest und der American Society of Plant Physiologists in Ithaca, Mitglied der American Society of Pharmacognosy in Storrs/Conn., der American Chemical Society in Washington, der Fédération Internationale Pharmaceutique in Amsterdam, der British Society for Experimental Biology in London, der Japanese Society of Plant Physiologists in Tokio, der Societas Physiologiae Plantarum Scandinavica in Lund, der Deutschen Arzneibuch-Kommission in Berlin und des Kuratoriums der Flückiger-Stiftung in Bern, Ehrenmitglied der Deutschen Vereinigung für angewandte Botanik in Berlin-Dahlem, der Indian Society of Plant Physiologists in New Delhi, der Indian Botanical Society in Bombay, der Sowjetischen Botanischen Allunionsgesellschaft in Leningrad, der Biologischen Gesellschaft der Deutschen Demokratischen Republik, der Gesellschaft für Arzneipflanzenforschung (Camberg, BRD) und der Gesellschaft Deutscher Chemiker der Bundesrepublik Deutschland, geb. 3. XI. 1900 in Plauen (Vogtland), 40 Halle (Saale), Hoher Weg 23, Tel. 21717 (10. V. 1954).

Neef, Ernst, Dr. phil., o. Professor für Geographie an der Technischen Universität Dresden, Inhaber der Verdienstmedaille der Deutschen Demokratischen Republik, der Hermann-Haack-Medaille der Geographischen Gesellschaft in der Deutschen Demokratischen Republik, der Verdienstmedaille der Polnischen Geographischen Gesellschaft, Vorsitzender der Poggendorff-Kommission der Akademie, Mitglied der Deutschen Akademie der Naturforscher Leopoldina in Halle, Ehrenmitglied der Geographischen Gesellschaft in Wien, und der Ungarischen Geographischen Gesellschaft in Budapest, korresp. Mitglied der Geographischen Gesellschaft in München, geb. 16. IV. 1908 in Dresden, 8020 Dresden, Wiener Straße 71, Tel. 473379 (17. XI. 1956).

Obenaus, Fritz, Dr.-Ing., em. Professor mit Lehrstuhl für Hochspannungstechnik an der Technischen Universität Dresden, Verdienter Techniker des Volkes, Träger des Vaterländischen Verdienstordens, o. Mitglied der Deutschen Akademie der Wissenschaften zu Berlin, geb. 9. XII. 1904 in Niedersedlitz, 8020 Dresden, Donndorfstraße 37, Tel. 41331 (7. XII. 1959).

Rammler, Erich, Dr.-Ing., Dr.-Ing. E. h. (Aachen), em. Professor mit Lehrstuhl für Brennstofftechnik, Wärmewirtschaft und Brikettierung an der Bergakademie Freiberg, Nationalpreisträger, Hervorragender Wissenschaftler des Volkes, Verdienter Bergmann der Deutschen Demokratischen Republik, Träger des Vaterländischen Verdienstordens, Inhaber der Carl-Exter-Medaille und der Karl-Kegel-Medaille der Brennstofftechnischen Gesellschaft in der Deutschen Demokratischen Republik, o. Mitglied der Deutschen Akademie der Wissenschaften zu Berlin, Ehrenmitglied der Gesellschaft Deutscher Berg- und Hüttenleute und der

Brennstofftechnischen Gesellschaft in der Deutschen Demokratischen Republik, geb. 9. VII. 1901 in Tirpersdorf (Vogtland), 92 Freiberg, Richard-Wagner-Straße 12, Tel. 3388 (15. IX. 1958).

Runge, Franz, Dr. phil., em. Professor mit Lehrstuhl für technische Chemie an der Martin-Luther-Universität Halle—Wittenberg, Nationalpreisträger, Mitglied der Poggendorff-Kommission der Akademie, Mitglied der Deutschen Akademie der Naturforscher Leopoldina in Halle, der Deutschen Chemischen Gesellschaft in der Deutschen Demokratischen Republik, der Deutschen Bunsen-Gesellschaft für physikalische Chemie in Frankfurt (Main), der Gesellschaft Deutscher Naturforscher und Ärzte in Bonn, des Deutschen Museums in München, der Faraday Society in London und des Plastics Institute in London, geb. 5. XII. 1893 in Göttingen, 402 Halle (Saale), Spechtweg 8, Tel. 24200 (14. III. 1955).

Schmalfuß, Karl, Dr. rer. nat., Dr. agr. h. c. (Leipzig), em. Professor mit Lehrstuhl für Pflanzenernährung und Bodenkunde an der Martin-Luther-Universität Halle—Wittenberg, Nationalpreisträger, Träger des Vaterländischen Verdienstordens, Inhaber der Erwin-Baur-Medaille der Deutschen Akademie der Landwirtschaftswissenschaften zu Berlin, o. Mitglied der Deutschen Akademie der Landwirtschaftswissenschaften zu Berlin, Mitglied der Deutschen Akademie der Naturforscher Leopoldina in Halle, geb. 5. XI. 1904 in Wedruschitz (Kr. Saaz), 4021 Halle (Saale), Weidenweg 7, Tel. 612452 (10. V. 1954).

Schulze, Gustav E. R., Dr. phil., o. Professor für Experimentalphysik an der Technischen Universität Dresden, Nationalpreisträger, Träger der Verdienstmedaille der Deutschen Demokratischen Republik, Vorstandsmitglied der Deutschen Vereinigung für Kristallographie in Berlin, Mitglied des Nationalkomitees für Kristallographie, der Physikalischen Gesellschaft in der Deutschen Demokratischen Republik und des Institute of Metals in London, geb. 24. II. 1911 in Berlin, 8036 Dresden, Kauschaer Straße 6, Tel. 42072 (5. XII. 1960).

Schwabe, Kurt, Dr.-Ing., Dr. rer. nat. h. c. (Karl-Marx-Stadt), em. Professor mit Lehrstuhl für physikalische Chemie und Elektrochemie an der Technischen Universität Dresden, Nationalpreisträger, Hervorragender Wissenschaftler des Volkes, Held der Arbeit, Träger des Ordens ‚Banner der Arbeit', der Goldenen Ehrennadel und der Ernst-Abbe-Medaille der Kammer der Technik, der Hans-Clemm-Gedenkmünze des Vereins der Zellstoff- und Papierchemiker und -ingenieure, der Clemens-Winkler-Medaille der Chemischen Gesellschaft in der Deutschen Demokratischen Republik und der Arthur-Becker-Medaille der Freien Deutschen Jugend in Gold, Mitglied des Forschungsrates der Deutschen Demokratischen Republik in Berlin, Vorsitzender des wissenschaftlich-technischen Rates des Koordinationszentrums der RGW-Länder für Korrosionsschutz, Direktor des Forschungsinstituts Meinsberg (Entwicklungslabor der Technischen Universität Dresden), o. Mitglied und Vizepräsident der Deutschen Akademie der Wissenschaften zu Berlin, Mitglied der Deutschen Akademie der Naturforscher Leopoldina in Halle, der Deutschen Bunsen-Gesellschaft für physikalische Chemie in Frankfurt (Main), der Electrochemical Society in New York, der Faraday Society in London, des Comité International de Thermodynamique et de Cinétique Electrochimiques in Brüssel und der Chemischen Gesellschaft in der Deutschen Demokratischen Republik in Berlin, Ehrenmitglied der Kammer der Technik in Berlin, geb. 29. V. 1905 in Reichenbach (Vogtland), Meinsberg/Sa., Post 7305 Waldheim, Tel. Waldheim 665 (11. XII. 1950).

Stather, Fritz, Dr. phil., em. Professor für Gerbereichemie und -technologie an der Technischen Universität Dresden, Direktor des Deutschen Lederinstituts a. D., Hervorragender Wissenschaftler des Volkes, Preisträger 1958 des Vereins für Gerbereichemie und -technik, Träger des Goldenen Ehrenzeichens der Kammer der Technik und der Edmund-Stiasny-Medaille des Vereins für Gerbereichemie und -technik, o. Mitglied der Deutschen Akademie der Wissenschaften zu Berlin, Ehrenmitglied der Kammer der Technik und des Vereins österreichischer Gerbereitechniker, geb. 5. XI. 1091 in Offenburg (Baden), 92 Freiberg, Goethestraße 11, Tel. 47348 (15. IX. 1958).

Strack, Erich, Dr. med., Dr. phil., Dr. med. h. c. (Leipzig und Rostock), Diplom-Chemiker, em. Professor mit Lehrstuhl für physiologische Chemie an der Karl-Marx-Universität Leipzig, Nationalpreisträger, Mitglied der Poggendorff-Kommission der Akademie, Mitglied der Deutschen Akademie der Naturforscher Leopoldina in Halle, Ehrenmitglied der Biochem. Gesellschaft in der Deutschen Demokratischen Republik, geb. 20. XI. 1897 in Wollin (Pommern), 701 Leipzig, Philipp-Rosenthal-Straße 19, Tel. 35081 (14. II. 1949).

Stubbe, Hans, Dr. agr., Dr. agr. h. c. (Jena und Kraków), Dr. Sc. h. c. (Brno), em. Professor mit Lehrstuhl für allgemeine und spezielle Genetik an der Martin-Luther-Universität Halle—Wittenberg, Nationalpreisträger, Hervorragender Wissenschaftler des Volkes, Träger des Vaterländischen Verdienstordens, des Ordens ‚Banner der Arbeit‘, der Darwin-Plakette der Deutschen Akademie der Naturforscher Leopoldina, der Alexander-von-Humboldt-Gedenkmedaille der Deutschen Demokratischen Republik, der Gregor-Mendel-Medaille der Tschechoslowakischen Akademie der Wissenschaften, der Erwin-Baur-Medaille der Deutschen Akademie der Landwirtschaftswissenschaften zu Berlin und der Purkyně-Medaille der Universität Brno, Ehrenpräsident der Deutschen Akademie der Landwirtschaftswissenschaften zu Berlin, o. Mitglied der Deutschen Akademie der Wissenschaften zu Berlin, em. Direktor des Zentralinstituts für Genetik und Kulturpflanzenforschung Gatersleben dieser Akademie, Mitglied der Deutschen Akademie der Naturforscher Leopoldina in Halle, ausländ. Mitglied der W. I. Lenin-All-Unions-Akademie für Landwirtschaftswissenschaften in Moskau, der Rumänischen Akademie der Wissenschaften in Bukarest, der Bulgarischen Akademie der Wissenschaften und der Bulgarischen Akademie der Landwirtschaftswissenschaften in Sofia, der Polnischen Akademie der Wissenschaften in Warschau, Ehrenmitglied der Ungarischen Akademie der Wissenschaften in Budapest, der

All-Unions Botanischen Gesellschaft der UdSSR, der Schwedischen Saatzuchtgesellschaft Svalöf, der Mendel-Gesellschaft in Lund, der Biologischen Gesellschaft und der Agrarwissenschaftlichen Gesellschaft in der Deutschen Demokratischen Republik, geb. 7. III. 1902 in Berlin, 4325 Gatersleben, Schmiedestraße 1, Tel. Gatersleben 212 (13. II. 1950).

Wolf, Leopold, Dr. phil., em. Professor mit Lehrstuhl für anorganische Chemie an der Karl-Marx-Universität Leipzig, Nationalpreisträger, Träger des Vaterländischen Verdienstordens, korresp. Mitglied der Deutschen Akademie der Wissenschaften zu Berlin, Ehrenmitglied der Chemischen Gesellschaft in der Deutschen Demokratischen Republik, geb. 23. XI. 1896 in Niederlungwitz (Sa.), 7022 Leipzig, Quedlinburger Straße 27, Tel. 52224 (5. XII. 1960).

Früher ordentliche, gegenwärtig auswärtige Mitglieder der mathematisch-naturwissenschaftlichen Klasse

Bredt, Heinrich, Dr. med., o. Professor für allgemeine Pathologie und pathologische Anatomie an der Johannes-Gutenberg-Universität Mainz, Nationalpreisträger, Mitglied der Akademie der Wissenschaften und der Literatur in Mainz und Präsident dieser Akademie, korresp. Mitglied der Deutschen Akademie der Wissenschaften zu Berlin, Mitglied der Deutschen Akademie der Naturforscher Leopoldina in Halle, geb. 29. I. 1906 in Oberneudorf (Siebenbürgen), 65 Mainz, Langenbeckstraße 1, Tel. 192305 (12. II. 1951).

Buchner, Paul, Dr. phil., Dr. med. h. c. (München), Dr. Sc. biol. h. c. (Pavia), Dr. rer. nat. h. c. (Greifswald), em. o. Professor für Zoologie an der Ludwig-Maximilians-Universität München, Träger des Großen Verdienstkreuzes der Deutschen Bundesrepublik, der Carus-Medaille der Deutschen Akademie der Naturforscher Leopoldina in Halle und der Erzherzog-Rainer-Medaille der Österreichischen Zoologisch-Botanischen Gesellschaft, Ehrenbürger von Ischia, Ehrenpräsident des Centro di Studio sull'Isola d'Ischia, korresp. Mitglied der Bayerischen Akademie der Wissenschaften in München und der Dansk Naturhistorisk Forening, Mitglied der Deutschen Akademie der Naturforscher Leopoldina in Halle und der Accademia delle Scienze, Ehrenmitglied des Naturwissenschaftlichen Vereins für Vorpommern und Rügen und der Deutschen Zoologischen Gesellschaft in Tübingen, geb. 12. IV. 1886 in Nürnberg, Porto d'Ischia (Napoli), Via S. Alessandro (5. VI. 1935).

Dabelow, Adolf, Dr. med. et phil. et nat., Dr. med. h. c. (Salamanca), o. Professor für Anatomie an der Johannes-Gutenberg-Universität Mainz, o. Mitglied der Akademie der Wissenschaften und der Literatur Mainz, korresp. Mitglied der Bayerischen Akademie der Wissenschaften in München, geb. 28. VI. 1899 in Magdeburg, 78 Freiburg/Breisgau, Sautierstr. 75, Postfach 352 (24. VI. 1944).

Heisenberg, Werner, Dr. phil., Dr.-Ing. E. h. (Karlsruhe), D. Sc. h. c. (Brüssel), Dr. rer. nat. h. c. (Budapest), Dr. phil. h. c. (Kopenhagen), Dr. h. c. (Athen), Direktor des Max-Planck-Instituts für Physik und Astrophysik in München, Hon.-Professor für theoretische Physik an der Ludwig-Maximilians-Universität München, Präsident der Alexander-von-Humboldt-Stiftung in Bad Godesberg, Mitglied des Vorstandsrates des Dt. Museums in München, Nobelpreisträger, Träger des Ordens Pour le mérite für Verdienste um die Wissenschaft und um die Künste, des Großen Verdienstkreuzes mit Stern und Schulterband der Deutschen Bundesrepublik, Inhaber des Ordens der Aufgehenden Sonne II. Klasse der japanischen Regierung, des Komturkreuzes des Ordens Georg I., Griechenland, des Großkreuzes des Ordens ‚Alfonso X el Sabio', Spanien, des Kultur-Ehrenpreises der Stadt München, Inhaber der Goldenen Niels-Bohr-Medaille, der Hugo-Grotius-Medaille der International Grotius Foundation for the Propagation of the Law of Nations in Genf, der Max-Planck-Medaille des Verbandes Deutscher Physikalischer Gesellschaften, der Barnard-Medaille der Columbia-University New York, der Matteucci-Medaille der Academia Nazionale dei Quaranta in Rom, der Goldenen Medaille der Medizinisch-naturwissenschaftlichen Gesellschaft in Jena und der Bronzemedaille der National Academy of Sciences in Washington, o. Mitglied der Deutschen Akademie der Wissenschaften zu Berlin, der Bayerischen Akademie der Wissenschaften in München und der Akademie der Wissenschaften in Göttingen, Mitglied der Deutschen Akademie der Naturforscher Leopoldina in Halle, der Kongelike Danske Videnskabernes Selskab in Kopenhagen, der Suomaleinen Tiedeakatemia in Helsinki, der Koninklijke Nederlandse Akademie van Wetenschappen in Amsterdam, der Norske-Videnskaps Akademi in Oslo, der Royal Society in London, der Rumänischen Akademie der Wissenschaften in Bukarest, der Jugoslawischen Akademie der Wissenschaften und Künste in Zagreb, der Svenska Akademien in Stockholm, der Real Academie de Ciencias Exactas, Físicas y Naturales in Valverde, der Accademia Nazionale dei Lincei in Rom, der Pontificia Academia Scientiarum, Vatikanstadt, der American Academy of Arts and Sciences in Boston, der National Academy of Sciences in Washington, der American Philosophical Society in Philadelphia, der Société Philomatique in Paris, der Physical Society in London, der Royal Institution of Great Britain in London, der Wissenschaftlichen Kommission des Institut International de Physique Solvay in Brüssel, der Kongelige Norske Videnskabers Selskab in Drontheim, der Kungl. Vetenskaps-Societeten in Uppsala, der Medizinisch-naturwissenschaftlichen Gesellschaft in Jena, Ehrenmitglied der New York Academy of Science, der Royal Irish Academy in Dublin, und der Societas Scientiarum Fennica-Finska Vetenskaps Societeten-Suomen Tiedeseura in Helsinki, Ehrenrat des Consejo Superior de Investigaciones Científicas in Madrid, geb. 5. XII. 1901 in Würzburg, 8 München 23, Föhringer Ring 6, Tel. 327001 (1. VII. 1930).

Helferich, Burckhardt, Dr. phil., Dr. rer. nat. h. c. (Stuttgart), em. o. Professor für Chemie an der Rheinischen Friedrich-Wilhelms-Universität Bonn, Träger des

Großen Verdienstkreuzes des Verdienstordens der Deutschen Bundesrepublik, Inhaber der Emil-Fischer-Medaille der Gesellschaft Deutscher Chemiker, Mitglied der Deutschen Akademie der Naturforscher Leopoldina in Halle, Ehrenmitglied der Chemischen Gesellschaft in der Deutschen Demokratischen Republik, geb. 10. VI. 1887 in Greifswald, 53 Bonn, Bonner Talweg 66, Tel. 23285 (23. II. 1931).

Hertz, Gustav, Dr. phil., Dr. rer. nat. h. c. (Berlin und Leipzig), Dr.-Ing. E. h. (Dresden), em. Professor mit Lehrstuhl für Physik an der Karl-Marx-Universität Leipzig, Nobel-, Staats- (UdSSR) und Nationalpreisträger, Hervorragender Wissenschaftler des Volkes, Träger des Vaterländischen Verdienstordens und des Ordens ‚Banner der Arbeit', der Max-Planck-Medaille des Verbandes Deutscher Physikalischer Gesellschaften, der Helmholtz- und der Leibniz-Medaille der Deutschen Akademie der Wissenschaften zu Berlin, der Alexander-von-Humboldt-Gedenkmedaille der Deutschen Demokratischen Republik und der Ernst-Moritz-Arndt-Medaille des Nationalrates der Nationalen Front des Demokratischen Deutschland, Ehrenmitglied des Forschungsrates der Deutschen Demokratischen Republik, o. Mitglied der Deutschen Akademie der Wissenschaften zu Berlin und der Tschechoslowakischen Akademie der Wissenschaften in Prag, korresp. Mitglied der Akademie der Wissenschaften in Göttingen, auswärt. Mitglied der Akademie der Wissenschaften der UdSSR in Moskau, Mitglied der Deutschen Akademie der Naturforscher Leopoldina in Halle, Ehrenmitglied der Ungarischen Akademie der Wissenschaften in Budapest und der Rumänischen Akademie der Wissenschaften in Bukarest, geb. 22. VII. 1887 in Hamburg, 117 Berlin, Lienhardweg 47, Tel. 674483 (24. I. 1955).

Hölder, Ernst, Dr. phil., o. Professor der Mathematik an der Johannes-Gutenberg-Universität Mainz, Inhaber der Silbernen Medaille der Universität Helsinki, o. Mitglied der Deutschen Akademie der Wissenschaften zu Berlin, Mitglied der Deutschen Akademie der Naturforscher Leopoldina in Halle, geb. 2. IV. 1901 in Leipzig, 65 Mainz-Gonsenheim, Friedrichsstraße 36 (1. VII. 1948).

Hopf, Eberhard, Dr. phil., o. Professor für Mathematik an der Indiana University, Bloomington, Indiana (USA), korresp. Mitglied der Bayerischen Akademie der Wissenschaften in München, geb. 17. IV. 1902 in Salzburg, Bloomington/Indiana, USA, 512 S. Swain Avenue (26. XI. 1938).

Hund, Friedrich, Dr. phil., Dr. phil. nat. h. c. (Frankfurt [Main]), o. Professor für theoretische Physik an der Georg-August-Universität Göttingen, Nationalpreisträger, Träger der Max-Planck-Medaille der Deutschen Physikalischen Gesellschaft, der Cothenius-Medaille der Deutschen Akademie der Naturforscher Leopoldina und des Großen Verdienstkreuzes des Verdienstordens der Deutschen Bundesrepublik, o. Mitglied der Deutschen Akademie der Wissenschaften zu Berlin und der Akademie der Wissenschaften in Göttingen, Mitglied der Deutschen Akademie der Naturforscher Leopoldina in Halle, geb. 4. II. 1896 in Karlsruhe, 34 Göttingen, Tuckermannweg 5, Tel. 58589 (18. XI. 1933).

Kähler, Erich, Dr. phil., o. Professor für Mathematik an der Universität Hamburg, Hon.-Professor an der Technischen Universität Berlin, Mitglied der Deutschen Akademie der Naturforscher Leopoldina in Halle, ausländ. Mitglied der Accademia Nazionale dei Lincei in Rom, geb. 16. I. 1906 in Leipzig, 1 Berlin 46, Waldmannstraße 23, Tel. 7717578. (14. II. 1949).

Kersten, Martin, Dr.-Ing., Hon.-Professor für Physik an der Technischen Hochschule Carolo-Wilhelmina Braunschweig, Präsident der Physikalisch-Technischen Bundesanstalt (PTB) in Braunschweig (bis 1969), Vizepräsident der Deutschen Physikalischen Gesellschaft, Mitglied der Internationalen Kommission für Maß und Gewicht, geb. 28. IV. 1906 in Zittau, 33 Braunschweig, Bundesallee 100, Tel. 592-2201 (14. II. 1949).

König, Robert, Dr. phil., em. o. Professor für Mathematik an der Ludwig-Maximilians-Universität München, o. Mitglied der Bayerischen Akademie der Wissenschaften in München, geb. 11. IV. 1885 in Linz (Österreich), 8 München 13, Adelheidstraße 21, Tel. 376005 (31. VII. 1934).

Kramer, Kurt, Dr. med., o. Professor für Physiologie an der Ludwig-Maximilians-Universität München, o. Mitglied der Akademie der Wissenschaften in Göttingen, Mitglied der Deutschen Akademie der Natorforscher Leopoldina in Halle, Mitglied der Gesellschaft zur Förderung der Naturwissenschaften in Marburg (Lahn), geb. 16. VI. 1906 in Münster, 8 München 15, Schubertstraße 4, Tel. 531199 (24. VI. 1944).

Kulenkampff, Helmuth, Dr. phil., em. o. Professor für Physik an der Julius-Maximilians-Universität Würzburg, Träger der Röntgen-Plakette, o. Mitglied der Bayerischen Akademie der Wissenschaften in München, geb. 5. XII. 1895 in Bremen, 87 Würzburg, Mittlerer Neuburgweg 13b, Tel. 75207 (19. VI. 1943). † 12. VI. 1971 Würzburg.

Leutwein, Friedrich, Dr. phil., Dr. phil. nat., Directeur de Recherches au Centre National de la Recherche Scientifique am Centre de Recherches Pétrographiques et Géochimiques de Nancy-Vandoeuvre, Hon.-Professor an der Universität Hamburg, Nationalpreisträger, korresp. Mitglied der Deutschen Akademie der Wissenschaften zu Berlin, Mitglied der Geologischen Vereinigung in Bonn, der Deutschen Mineralogischen Gesellschaft in Bonn, der Gesellschaft Deutscher Metallhütten- und Bergleute in Clausthal, der Geochemical Society in Washington und der Sociéte Française de Minéralogie et de Cristallographie in Paris, geb. 9. VIII. 1911 in Berlin, 54 Vandoeuvre (Frankreich), Chemin de Houdemont, Tel. Nancy 537913 (17. XI. 1956).

Staude, Herbert, Dr. phil., em. (1969) o. Professor für physikalische Chemie an der Johann-Wolfgang-Goethe-Universität Frankfurt (Main), Mitglied der Deutschen Bunsengesellschaft für Physikalische Chemie in Frankfurt (Main), der Gesellschaft Deutscher Chemiker in Frankfurt (Main), der Faraday Society in London und der Chemischen Gesellschaft in der Deutschen Demokratischen Republik, geb.

20. III. 1901 in Schmölln, 6 Bergen-Enkheim, Ostpreußenstraße 13, Tel. (06194), 22372 (17. XI. 1956).

Treibs, Wilhelm, Dr. phil., Dr. rer. nat. h. c. (Humboldt-Universität Berlin), Gastprofessor für organische Chemie an der Ruprecht-Karl-Universität Heidelberg, Nationalpreisträger, Hervorragender Wissenschaftler des Volkes, Träger des Vaterländischen Verdienstordens, Inhaber der August-Kekulé-Medaille der Chemischen Gesellschaft in der Deutschen Demokratischen Republik, o. Mitglied der Deutschen Akademie der Wissenschaften zu Berlin, Mitglied der Deutschen Akademie der Naturforscher Leopoldina in Halle, der Gesellschaft Deutscher Chemiker in Frankfurt (Main), der Schweizerischen Chemischen Gesellschaft in Basel, der Chemical Society in London, der International Society for Fat Research in Hannover, Mitglied des Editorial Advisory Board des ‚Tetrahedron' (International Journal of Organic Chemistry) und der ‚Tetrahedron Letters', des Herausgeberstabes der „Chemischen Berichte" und des Expertenbeirates von ‚Parfümerie und Kosmetik' in Heidelberg, Ehrenmitglied der Chemischen Gesellschaft in der Deutschen Demokratischen Republik, geb. 6. XI. 1890 in Oberstein (Nahe), 69 Heidelberg, Bergstraße 33 (14. III. 1955).

van der Waerden, Bartel, Dr. phil., Dr. h. c. (Athen), o. Professor für Mathematik an der Universität Zürich, Inhaber der Goldenen Cothenius-Medaille der Deutschen Akademie der Naturforscher Leopoldina, Mitglied der Deutschen Akademie der Naturforscher Leopoldina in Halle, korresp. Mitglied der Bayerischen Akademie der Wissenschaften in München, der Akademie der Wissenschaften in Göttingen und der Heidelberger Akademie der Wissenschaften, ausländ. Mitglied der Koninklijke Nederlandse Akademie van Wetenschappen in Amsterdam, geb. 2. II. 1903 in Amsterdam, CH 8053 Zürich, Carl-Spitteler-Straße 186, Tel. 552179 (31. VIII. 1934).

Korrespondierende Mitglieder der mathematisch-naturwissenschaftlichen Klasse

Chadwick, James, Sir, Ph. D., D. Sc. h. c. (Birmingham, Exeter Dublin, Leeds, McGill, Oxford, Reading), LL. D. h. c. (Edinburgh, Liverpool), Fellow of Gonville and Caius College in Cambridge, Nobelpreisträger, Inhaber der Hughes Medal und der Copley Medal der Royal Society, der Franklin Medal des Franklin Institute of the State of Pennsylvania, Mitglied der Royal Society in London und der Pontificia Academia Scientiarum, Vatikanstadt, ausländ. Mitglied der Kongelige Danske Videnskabernes Selskab in Kopenhagen, der Koninklijke Nederlandse Akademie van Wetenschappen in Amsterdam, der Académie Royale de Belgique in Brüssel, der American Philosophical Society in Philadelphia, Ehrenmitglied des American Institute of Physics in New York, ausländ. Mitglied des Ordens pour le mérite für Wissenschaften und Künste, geb. 20. X. 1891 in Cheshire, 16 Grange Court, Pinehurst, Cambridge, England (1. VII. 1932).

Eggert, John, Dr. phil., Dr.-Ing. E. h. (Karlsruhe), Dr. rer. nat. h. c. (Freie Universität Berlin), em. o. Professor für Photochemie und Photographie an der Eidgenössischen Technischen Hochschule Zürich, Inhaber der Goldenen Medaille der Photographischen Gesellschaft in Wien, der Goldenen Medaille der Universität Padua, der Traill Taylor Medal und der Progress Medal 1949 der Royal Photographic Society of Great Britain, der Médaille Péligot der Société Francaise de Photographie et Cinématographie, der Plakette der Stadt Paris, der Gauss-Weber-Medaille der Mathematisch-naturwissenschaftlichen Fakultät der Georg-August-Universität Göttingen, der Special Citation of the Photographers' Association of America, der Photokina-Plakette Köln, der Goldenen Adolf-von-Baeyer-Denkmünze der Gesellschaft Deutscher Chemiker, des Kulturpreises der Deutschen Gesellschaft für Photographie in Köln, korresp. Mitglied der Bayerischen Akademie der Wissenschaften in München, der Heidelberger Akademie der Wissenschaften und der Société Royale des Sciences in Liège, Ehrenmitglied der Royal Photographic Society of Great Britain in London, der Photographic Society of America in Philadelphia, der Society of Photographic Scientists and Engineers in Washington, der Japanischen Gesellschaft für wissenschaftliche Photographie in Tokio, der Fédération internationale de l'Art photographique in Bern, der Deutschen Bunsengesellschaft für Physikalische Chemie in Frankfurt (Main), des Schweizerischen Photographenverbandes und der Physikalischen Gesellschaft Zürich, Mitglied der Gesellschaft Deutscher Chemiker in Frankfurt (Main) und der Deutschen Physikalischen Gesellschaft Zürich, Mitglied der Gesellschaft Deutscher Chemiker in Frankfurt (Main) und der Deutschen Physikalischen Gesellschaft in Frankfurt (Main), geb. 1. VIII. 1891 in Berlin, CH 8702 Zollikon, Höhestraße 44, Tel. (051) 65 82 72 (12. V. 1958).

Fejes Tóth, László, Dr. phil., Professor für Mathematik an der Ungarischen Akademie der Wissenschaften in Budapest, Kossuth-Preisträger, Mitglied der Ungarischen Akademie der Wissenschaften in Budapest, geb. 12. III. 1915 in Szeged, Budapest II., Pusztaszeri út. 32, Tel. 68 8636 (13. VI. 1966).

Frumkin, Alexander Naumowitsch, Dr. chem., Dr. rer. nat. h. c. (Dresden), Professor für Elektrochemie an der Lomonossow-Universität Moskau, Held der sozialistischen Arbeit, Staats- und Leninpreisträger, Inhaber der Medaille „Sichel und Hammer", des Leninordens und der Palladium Medal der Electrochemical Society, o. Mitglied der Akademie der Wissenschaften der UdSSR in Moskau, der Deutschen Akademie der Naturforscher Leopoldina in Halle, ausländ. Mitglied der Polnischen Akademie der Wissenschaften in Warschau, der Bulgarischen Akademie der Wissenschaften in Sofia, der Koninklijke Nederlandse Akademie van Wetenschappen in Amsterdam und der Jugoslawischen Akademie der Wissenschaften und Künste in Zagreb, Ehrenmitglied der Ungarischen Akademie der Wissenschaften in Budapest, Foreign Honorary Member of the American Academy of Arts and Sciences, Boston, Foreign associate National Academy of Sciences, Washington, Ehrenmitglied der All-Union Mendelejew Chemischen Gesellschaft in Moskau, des Council of the National Institute of Sciences of India in New Delhi und der Société Chimique de Belgique in Brüssel, geb. 24. X. 1895 in Kischinev, Moskau, Leninsky Prospekt 13, W. 97, Tel. 232-14-26 (24. X. 1966).

Hill, Archibald Vivian, Sc. D., LL. D. h. c. (Edinburgh, Belfast), D. Sc. h. c. (Algier, Baltimore [Maryland], Bristol, Columbia, Exeter, John Hopkins, Liège, Manchester, Oxford, Pennsylvania, Rio de Janeiro, Rochester- und Rockefeller Universities), M. D. h. c. (Louvain, Bruxelles, Toulouse), em. Profeeor für Physiologie, Hon. Research Associate und Hon. Fellow am University College London, Hon. Fellow am Trinity College und King's College Cambridge, Nobelpreisträger, Inhaber der Copley Medal der Royal Society und der Goldenen Cothenius-Medaille der Deutschen Akademie der Naturforscher Leopoldina in Halle, Mitglied der Royal Society in London, der National Academy of Sciences in Washington, der Kongelige Danske Videnskabernes Selskap in Kopenhagen und der Deutschen Akademie der Naturforscher Leopoldina in Halle, ausländ. Ehrenmitglied der Rumänischen Akademie der Wissenschaften in Bukarest, geb. 26. IX. 1886 in Bristol, 11a Chancer Road, Cambridge, Tel. 54551 (1. VII. 1929).

Kaischev, Rostislav, Dr.-Ing., o. Professor für physikalische Chemie an der Universität Sofia, Vizepräsident der Bulgarischen Akademie der Wissenschaften in Sofia, Mitglied der Deutschen Akademie der Naturforscher Leopoldina in Halle, korresp. Mitglied der Deutschen Akademie der Wissenschaften zu Berlin, geb. 16. II. 1908 in Petersburg, Universität Sofia, ul. „7 noemvri" 1 (19. II. 1968).

Keldysch, Mstislav V., Dr. phil., Dr. h. c. (Lagos/Nigeria), Professor für Mathematik, Präsident der Akademie der Wissenschaften der UdSSR in Moskau, Held der sozialistischen Arbeit, Staats- und Leninpreisträger, Inhaber von Leninorden und Orden des Roten Arbeitsbanners, korresp. Mitglied der Deutschen Akademie der Wissenschaften zu Berlin, Mitglied der Tschechoslowakischen Akademie der Wissenschaften in Prag, ausländ. Ehrenmitglied der Rumänischen Akademie der Wissenschaften in Bukarest und der National Academy of Sciences in Washington, geb. 10. 11. 1911 in Riga, Moskau Leninsky Prospekt 14, Tel. V-1-02-06 (24. X. 1966).

Klimaszewski, Mieczysław, Dr. phil., Dr. rer. nat. h. c. (Jena, Kiew, Bratislava), o. Professor für physische Geographie an der Jagiellonischen Universität Kraków, Stellvertreter des Vorsitzenden des Staatsrates der VR Polen, Träger des Offizierskreuzes mit Stern Polonia Restituta, Grand officier du l'ordre de Mérite, Inhaber der Alexander-von-Humboldt-Gedenkmedaille der Deutschen Demokratischen Republik und der Karl-Sapper-Medaille der Geographischen Gesellschaft in Würzburg, korresp. Mitglied der Polnischen Akademie der Wissenschaften in Warschau, Mitglied der Deutschen Akademie der Naturforscher Leopoldina in Halle, der Societas Academia Scientiarum Fennica, der Wissenschaftlichen Gesellschaft in Wrocław, der Geographischen Gesellschaft der UdSSR in Leningrad, der Koninklijk Nederlandsch Aardrijkskundig Genootschap in Amsterdam, der Société Belge de Geologie, de Paléontologie et d'Hydrologie in Brüssel, der Suomen Maantieteellinen Seura-Geografiska Sällskapet i Finland in Helsinki, Ehrenmitglied des Wissenschaftlichen Rates der Universitäten Kiew und Jena, geb. 26. VII. 1908 in Stanisławów, Kraków, Wyspiańskiego 3, Tel. 37573 (13. VI. 1966).

Lange, Erich, Dr.-Ing. em. o. Professor für physikalische Chemie an der Friedrich-Alexander-Universität Erlangen—Nürnberg, Mitglied der Deutschen Bunsengesellschaft für physikalische Chemie in Frankfurt (Main), der Gesellschaft Deutscher Chemiker in Frankfurt (Main), des Comité International de Thermodynamique et de Cinétique Electrochimiques — Nomenklaturkommission — in Brüssel, der Gesellschaft Deutscher Naturforscher und Ärzte in Bonn und der American Electrochemical Society in New York, geb. 26. XI. 1896 in Hartha b. Waldheim, 852 Erlangen, Hindenburgstraße 61, Tel. 21419 (10. VI. 1961).

Müller, Karl Otto, Dr. phil., Professor für Phytopathologie, Oberregierungsrat a. D., Mitglied der American Phytopathological Society, der Deutschen Botanischen Gesellschaft in Berlin-Zehlendorf und der Australian Academy of Science in Canberra, geb. 16. XII. 1897 in Berlin, 75 Karlsruhe-Waldstadt, Schneidemühler Str. 22a (13. VI. 1966).

Myrberg, Pekka Juhana, Dr. phil., Dr. techn. h. c. (Helsinki), Dr. phil. h. c. (Turku und Stockholm), em. o. Professor für Mathematik an der Universität Helsinki, ehem. Kanzler der Universität Helsinki, o. Mtglied der Suomalainen Tiedeakatemia in Helsinki, der Suomen Tiedeseura in Helsinki, ausländ. Mitglied der Kongelige Danske Videnskabernes Selskap in Kopenhagen und der Norske Videnskaps-Akademi in Oslo, geb. 30. XII. 1892 in Wiipuri, Helsinki, Mannerheimintie 75 (5. XII. 1942).

Nissen, Rudolf, Dr. med., Dr. med. h. c. (Humboldt-Universität Berlin, Technische Universität München), em. oö. Professor der Chirurgie an der Universität Basel, 1956 Master of Surgery des International College of Surgeons, Inhaber der Rudolf-Virchow-Medaille in Gold der Virchow-Society in New York, der Vesalius-Medaille der Akademie für ärztliche Fortbildung in Stuttgart, des Ordens Civil de Sanidad Medico, Categoria Europienda, der Cron of Academic Honor of the Academic Council of the American International Academy, des Bayerischen Verdienstordens und der Paracelsus-Medaille der Deutschen Ärztegesellschaft, Mitglied der Schweizerischen Akademie der Medizinischen Wissenschaften in Basel (1961—1967 Senatsmitglied), der Deutschen Akademie der Naturforscher Leopoldina in Halle, korresp. Mitglied der Van Swieten-Gesellschaft in Wien, Mitglied der Rudolf-Virchow-Society of the City of New York, früher deren Präsident, Mitglied des International College of Surgeons, der Bayerischen Chirurgen-Vereinigung, der Deutschen Gesellschaft für Chirurgie in Berlin, der Schweizerischen Gesellschaft für Angiologie und der Schweizerischen Gesellschaft für Chirurgie, des Beirates der Fakultät für Medizin der Technischen Hochschule

München, Ehrenmitglied der Accademia Lancisiana in Rom, des American College of Surgeons, Chicago, der International Mark Twain Society, St. Louis, der American International Academy, New York, des American College of Gastroenterology, der Physikalisch-medizinischen Sozietät Erlangen, der Schweizerischen Gesellschaft für Anaesthesiologie in Zürich, der Société Hellénique de Chirurgie, Athen, der Società Piemontes di Chirurgia, der Bayerischen Chirurgen-Vereinigung in München, der Nordwestdeutschen Chirurgen-Vereinigung in Hamburg, der Society of Thoracic Surgeons of Great Britain and Ireland in London, der Deutschen Gesellschaft für Anaesthesiologie in Freiburg (Br.), der Deutschen Gesellschaft für Verdauungs- und Stoffwechselkrankheiten in Gießen, der Deutschen Gesellschaft für klinische Medizin, Sektion Chirurgie in Berlin, der Österreichischen Gesellschaft für Chirurgie und Traumatologie in Wien, der Berliner Chirurgen-Gesellschaft, der Schweizerischen Gesellschaft für Gastroenterologie, der Società Italiana di Chirurgia in Rom, der Schweizerischen Gesellschaft für Angiologie, der Deutschen Röntgengesellschaft in Mainz, des American College of Chest Physicians in Chicago, der International Society of University Colon and Rectal Surgeons, der Société Européenne de Chirurgie Cardio-Vasculaire, der Deutschen Gesellschaft für Angiologie und der Schweizerischen Gesellschaft für Chirurgie, geb. 9. IX. 1896 in Neisse (Schlesien), CH 4125 Riehen b. Basel, Höhenstraße 45, Tel. 49 23 23 (20. IV. 1963).

Răduleţ, B. Remus, Dr. phil., Professor für Grundlagen der Elektrotechnik an der Technischen Hochschule „Gh. Gheorgiu-Dej“ in Bukarest, Staatspreisträger, o. Mitglied der Rumänischen Akademie der Wissenschaften in Bukarest, Vizepräsident dieser Akademie, Mitglied der Académie du Monde Latin in Paris, Präsident des Comités d'Etudes Nr. 1 der Internationalen Elektrotechnischen Kommission in Genf, geb. 3. V. 1904 in Hendorf, Bucureşti, Strada Dimitrie Orbescu 11, Tel. 12-56-29 (24. X. 1966).

Spitzin, Viktor Iwanowitsch, Dr. chem., Dr. h. c. (Leipzig und Wrocław), Professor für anorganische Chemie an der Lomonossow-Universität in Moskau, Inhaber von zwei Leninorden und des Ordens des Roten Arbeitsbanners, o. Mitglied der Akademie der Wissenschaften der UdSSR in Moskau, Direktor des Instituts für Physikalische Chemie dieser Akademie, geb. 25. IV. 1902 in Moskau, Moskau, Leninsky Prospekt 31 (24. X. 1966).

Ţiţeica, G. Şerban, Dr. phil., Professor für Physik an der Universität Bukarest, o. Mitglied der Rumänischen Akademie der Wissenschaften in Bukarest, Vizepräsident dieser Akademie, korresp. Mitglied der Akademie der Wissenschaften der UdSSR in Moskau, geb. 27. III. 1908 in Bukarest, Bucureşti, B-dul-Magheru 35, Tel. 15-81-99 (24. X. 1966).

Wagner, Carl, Dr. phil., Dr. rer. nat. h. c. (Darmstadt), Dr.-Ing. E. h. (Clausthal-Zellerfeld), Hon.-Professor für physikalische Chemie an der Georg-August-Universität Göttingen, Inhaber der Palladium Medal der Electrochemical Society, der Wilhelm-Exner-Medaille des Österreichischen Gewerbevereins und der Carl-

Friedrich-Gauß-Medaille der Braunschweigischen Wissenschaftlichen Gesellschaft, o. Mitglied der Akademie der Wissenschaften in Göttingen, Mitglied der Deutschen Akademie der Naturforscher Leopoldina in Halle, des Max-Planck-Institutes für Physikalische Chemie in Göttingen, der American Academy of Arts and Sciences in Boston, auswärt. Mitglied der National Academy of Sciences in Washington, Mitglied der Deutschen Bunsengesellschaft für physikalische Chemie in Frankfurt (Main), der Deutschen Gesellschaft für Metallkunde in Stuttgart, der Gesellschaft Deutscher Chemiker in Frankfurt (Main), der Faraday Society in Washington, der American Physikal Society in New York, der National Association of Corrosion Engineers in Houston (Texas) und des American Institute of Mining, Metallurgical and Petroleum Engineers in New York, geb. 25. V. 1901 in Leipzig, 34 Göttingen, Nikolausberger Weg 63, Tel. 44051/670 (9. III. 1959.)

Zhdanov, German Stepanowitsch, Dr. phys. math., Professor für Metallphysik an der Lomonossow-Universität Moskau, Verdienter Wissenschaftler und Techniker der UdSSR, Inhaber des A. N. Bach-Preises und des D. I. Mendelejew-Preises, Vorsitzender der Kommission für Röntgenographie der Akademie der Wissenschaften der UdSSR in Moskau, Mitglied des Nationalkomitees für Kristallographie in Moskau, geb. 11. VIII. 1906 in Leningrad, Moskau B-234, Moskauer Staatliche Universität, Block I, W. 52, Tel. 139-16-34 (13. VI. 1966).

Ordentliche Mitglieder der philologisch-historischen Klasse

Baetke, Walter, Dr. phil., D. theol. h. c. (Leipzig), em. Professor mit Lehrstuhl für nordische Philologie und Religionsgeschichte an der Karl-Marx-Universität Leipzig, Hervorragender Wissenschaftler des Volkes, Träger des Vaterländischen Verdienstordens, geb. 28. III. 1884 in Sternberg (Neum.), 703 Leipzig, Turmweg 18, Tel. 32981 (19. VI. 1943).

Blumenthal, Lieselotte, Dr. phil., em. Professor an der Deutschen Akademie der Wissenschaften zu Berlin, Inhaberin der Goethe- und Schiller-Plaketten in Gold und Silber der Nationalen Forschungs- und Gedenkstätten der klassischen deutschen Literatur in Weimar, geb. 30. IX. 1906 in Bielefeld, 53 Weimar, Belvederer Allee 22a, Tel. 3461 (5. XII. 1960).

Buchda, Gerhard, Dr. jur., em. Professor mit Lehrstuhl für deutsche Rechtsgeschichte und Handelsrecht an der Friedrich-Schiller-Universität Jena, Träger des Vaterländischen Verdienstordens, Inhaber der Deutschen Friedensmedaille des Deutschen Friedensrates in Berlin, Leiter der Historischen Kommission der Akademie, Mitglied der Vereinigung der Deutschen Rechtshistoriker und der Société Jean Bodin pour l'histoire comparative des institutions in Brüssel, geb. 22. X. 1901 in Stadtroda (Thür.), 654 Stadtroda (Thür.), Straße der Jugend 5, Tel. Stadtroda 798 (15. IX. 1958).

Eißfeldt, Otto, Dr. phil., D. theol. h. c. (Berlin), DD. (Glasgow), D. theol. h. c. (Budapest), em. Professor mit Lehrstuhl für Altes Testament und semitische Religionsgeschichte an der Martin-Luther-Universität Halle—Wittenberg, Ehrensenator dieser Universität, Träger des Vaterländischen Verdienstordens in Silber und des Ordens „Banner der Arbeit", o. Mitglied der Deutschen Akademie der Wissenschaften zu Berlin, auswärt. Mitglied des Institut de France/Académie des Inscriptions et Belles-Lettres in Paris, Mitglied der Kungl. Humanistiska Vetenskapssamfundet in Lund (Regia societas humaniorum litterarum Lundensis), korrespond. Mitglied der Akademie der Wissenschaften und der Literatur in Mainz und der British Academy in London, o. Mitglied des Deutschen Archäologischen Instituts in Berlin-Dahlem, Ehrenmitglied der Deutschen Morgenländischen Gesellschaft in Mainz, der Society for Old Testament Study (Great Britain) und der Society of Biblical Literature and Exegesis (USA), geb. 1. IX. 1887 in Northeim (Hann.), 402 Halle (Saale), Steffensstraße 7, Tel. 29566 (1. VII. 1948).

Fischer, Rudolf, Dr. phil., em. Professor mit Lehrstuhl für Bohemistik an der Karl-Marx-Universität Leipzig, Träger des Vaterländischen Verdienstordens, Mitglied der Historischen Kommission der Akademie, Mitglied des Comité International des Sciences Onomastiques, der Onomastischen Kommission des Internationalen Slawistenkomitees und Vorsitzender der Onomastischen Kommission des Deutschen Slawistenkomitees, geb. 18. XII. 1910 in Königsberg (Eger), 521 Arnstadt (Thür.), Berggartenweg 21, Tel. 3042 (14. III. 1955). † 2. VIII. 1971.

Fück, Johann, Dr. phil., em. Professor mit Lehrstuhl für semitische Philologie und Islamkunde an der Martin-Luther-Universität Halle—Wittenberg, Nationalpreisträger, korresp. Mitglied der Akademie der arabischen Sprache der VAR in Kairo, Mitglied des Executive Committee of the Union for Scientific Collaboration in Islamic Studies, der Association pour l'Avancement des Études Islamiques in Paris, Ehrenmitglied des Instituto Peruano de Altos Estudios Islámicos in Lima und der Deutschen Morgenländischen Gesellschaft in Mainz, geb. 8. VII. 1894 in Frankfurt (Main), 402 Halle (Saale), Karl-Liebknecht-Straße 23, Tel. 33728 (1. VII. 1948).

Große, Rudolf, Dr. phil., o. Professor für deutsche Philologie an der Karl-Marx-Universität Leipzig, Mitglied der Historischen Kommission der Akademie, Vorsitzender der Germanisten-Kommission der Deutschen Demokratischen Republik und der Volksrepublik Polen, Ausschlußmitglied der Internationalen Vereinigung für Germanische Sprach- und Literaturwissenschaft, Mitglied der Zentraldirektion der Monumenta Germaniae Historica in München und des Comité International de Dialectologie in Louvain, geb. 28. VII. 1924 in Heldrungen, 703 Leipzig, Aschenbrödelweg 36, Tel. 31592 (24. V. 1965).

Hauschild, Richard, Dr. phil., em. Professor mit Lehrstuhl für vergleichende Sprachwissenschaft und Indologie an der Friedrich-Schiller-Universität Jena, Mitglied der Deutschen Morgenländischen Gesellschaft in Mainz und der Mommsen-

Gesellschaft in München, geb. 2. XII. 1901 in Roschütz (Krs. Gera), 69 Jena, Schillbachstraße 43, Tel. 22801 (7. XII. 1959). † 15. II. 1972.

Jahn, Johannes, Dr. phil., Dr. phil. h. c. (Leipzig), em. Professor mit Lehrstuhl für Kunstgeschichte an der Karl-Marx-Universität Leipzig, Präsident des Nationalen Museumsrates, Träger des Vaterländischen Verdienstordens und des Ordens ‚Banner der Arbeit', Ehrenmitglied des Verbandes Bildender Künstler in Berlin, geb. 22. XI. 1892 in Orlandshof (Krs. Wissek), 701 Leipzig, Auenstraße 13, Tel. 208634 (11. XII. 1961).

Lau, Franz, D., D. theol. h. c. (Rostock), o. Professor für Kirchengeschichte an der Karl-Marx-Universität Leipzig, Mitglied und stellv. Vorsitzender der Historischen Kommission der Akademie, Domherr und Domdechant des Hochstiftes Meißen, Präsident des Gustav-Adolf-Werkes in der Deutschen Demokratischen Republik, Vorsitzender der Arbeitsgemeinschaft für sächsische Kirchengeschichte und der Vereinigten Arbeitsgemeinschaften für Kirchengeschichte in den evangelischen Landeskirchen der Deutschen Demokratischen Republik, Mitglied der Kommission zur Herausgabe der Werke Martin Luthers, geb. 18. II. 1907 in Leipzig, 7113 Markleeberg I, Mittelstraße 8, Tel. 30619 (18. I. 1965).

Lehmann, Edgar, Dr. phil., Dr.-Ing. e. h. (Eidgenössische Technische Hochschule Zürich), Professor, em. Direktor des Geographischen Instituts der Deutschen Akademie der Wissenschaften, Träger des Vaterländischen Verdienstordens in Silber, Inhaber der Alexander-von-Humboldt-Gedenkmedaille der Deutschen Demokratischen Republik, der Hermann-Haack-Medaille der Geographischen Gesellschaft der Deutschen Demokratischen Republik, der Lajos-Lóczy-Gedenkmedaille der Ungarischen Geographischen Gesellschaft und der Medaille für wissenschaftliche Verdienste der Polnischen Geographischen Gesellschaft, Mitglied der Historischen Kommission der Sächsischen Akademie der Wissenschaften, o. Mitglied der Deutschen Akademie der Wissenschaften, Vorsitzender der problemgebundenen Klasse „Optimale Gestaltung der Umweltbedingungen (Mensch und Umwelt)", Vorsitzender der „Kommission zur Herausgabe des Atlas DDR" und Vorsitzender des Wissenschaftlichen Beirates für Heimatforschung bei dieser Akademie, Ehrenmitglied der Geographischen Gesellschaft der UdSSR, Vorstandsmitglied der Geographischen Gesellschaft der Deutschen Demokratischen Republik, Mitglied des Nationalkomitees für Geographie und Kartographie der Deutschen Demokratischen Republik bei der Deutschen Akademie der Wissenschaften, Ordentliches Mitglied der Kommission thematische Kartographie der Internationalen Kartographischen Assoziation (ICA), Mitglied des Wissenschaftlichen Beirates des Forschungsbereiches „Kosmische Physik" der Deutschen Akademie der Wissenschaften, geb. 25. III. 1905 in Berlin, 703 Leipzig, Heilemannstraße 29, Tel. 31219 (7. 12. 1959).

Markov, Walter, Dr. phil., Dr. phil. h. c. (Leipzig), o. Professor für mittelalterliche und neuere Geschichte an der Karl-Marx-Universität Leipzig, Nationalpreisträger, Träger des Vaterländischen Verdienstordens, Inhaber der Medaille für Kämpfer gegen den Faschismus 1933—1945 und der Ehrennadel für Verdienste um die Freundschaft der Völker in Gold, o. Mitglied der Deutschen Akademie der Wissenschaften zu Berlin, Mitglied der Société des Études Robesspierristes in Paris, der Société d'Histoire Moderne et Contemporaine in Paris, der Société Française d'Étude du XVIIIe Siècle in Paris, der Association Européenne d'Histoire Contemporaine in Strasbourg und der Historical Society of Nigeria in Zaria, geb. 5. X. 1909 in Graz, 7124 Holzhausen (Sachs.), Weißdornweg 4, Tel. 61384 (7. XII. 1964).

Meyer, Rudolf, Dr. theol., D. theol. h. c. (Humboldt-Universität Berlin) o. Professor für Altes Testament und rabbinische Literatur an der Friedrich-Schiller-Universität Jena, Sektion Theologie, Leiter des Fachbereiches Altes Testament, Kurator der Hilprecht-Sammlung Vorderasiatischer Altertümer, geb. 8. IX. 1909 in Leipzig, 69 Jena, Hornstraße 1, Tel. 24382 (15. IX. 1958).

Müller, Joachim, Dr. phil., o. Professor für Deutsche Literatur an der Friedrich-Schiller-Universität Jena, Inhaber der Schiller-Plakette der Deutschen Schiller-Stiftung, der Schiller-Plakette der Friedrich-Schiller-Universität und der Johann-Heinrich-Pestalozzi-Medaille in Bronze, korresp. Mitglied des Adalbert-Stifter-Institutes des Landes Oberösterreich in Linz, Mitglied des PEN-Clubs, geb. 12. VII. 1906 in Oberwiesenthal (Sa.), 69 Jena, Schillbachstraße 39, Tel. 23808 (7. XII. 1959).

Neumann, Gotthard, Dr. phil., em. Professor mit Lehrstuhl für Ur- und Frühgeschichte an der Friedrich-Schiller-Universität Jena, o. Mitglied des Deutschen Archäologischen Instituts in Berlin-Dahlem und der Berliner Gesellschaft für Anthropologie, Ethnologie und Urgeschichte, korresp. Mitglied der Gesellschaft für Coburger Heimatkunde und Landesgeschichte, geb. 8. VI. 1902 in Schwabsdorf (Krs. Weimar), 69 Jena, Riemannstraße 4, Tel. 25363 (7. XII. 1964). † 29. IV. 1972.

Peek, Werner, Dr. phil., em. Professor mit Lehrstuhl für klassische Philologie an der Martin-Luther-Universität Halle—Wittenberg, Nationalpreisträger, Inhaber der Verdienstmedaille der Martin-Luther-Universität, o. Mitglied der Deutschen Akademie der Wissenschaften zu Berlin, korresp. Mitglied der Heidelberger Akademie der Wissenschaften und des Deutschen Archäologischen Instituts in Berlin-Dahlem, geb. 6. VI. 1904 in Bielefeld, 403 Halle (Saale), Am Krähenberg 21, Tel. 32822 (7. XII. 1959).

Peukert, Herbert, Dr. phil., o. Professor für slawische Sprachen an der Friedrich-Schiller-Universität Jena, Mitglied des Deutschen Slawistenkomitees der Deutschen Demokratischen Republik bei der Deutschen Akademie der Wissenschaften zu Berlin, ausländ. Mitglied der Makedonischen Akademie der Wissenschaften und Künste zu Skopje, geb. 29. IV. 1907 in Reichenau, 69 Jena, Okenstraße 33, Tel. 24186 (24. V. 1965).

Schubart-Fikentscher, Gertrud, Dr. jur., em. Professor mit Lehrstuhl für Rechtsgeschichte und Zivilrecht an der Martin-Luther-Universität Halle—Wittenberg, Trägerin des Vaterländischen Verdienstordens, Mitglied der Historischen Kommission der Akademie, korresp. Mitglied der Monumenta Germaniae Historica in München, geb. 23. XII. 1896 in Zwickau (Sa.), 403 Halle (Saale), Marsstraße 10, Tel. 32710 (7. XII. 1959).

Straub, Werner, Dr. phil., em. Professor mit Lehrstuhl für Psychologie an der Technischen Universität Dresden, Träger des Vaterländischen Verdienstordens in Silber und Bronze, des Ordens ‚Banner der Arbeit' und der Verdienstmedaille der Deutschen Demokratischen Republik, Ehrenmitglied der Gesellschaft für Psychologie in der Deutschen Demokratischen Republik, geb. 14. VII. 1902 in Stuttgart, 8051 Dresden-Bad Weißer Hirsch, Collenbuschstraße 10, Tel. 36036 (16. V. 1949).

Weller, Friedrich, Dr. phil., em. Professor mit Lehrstuhl für Indologie an der Karl-Marx-Universität Leipzig, Nationalpreisträger, Hervorragender Wissenschaftler des Volkes, Mitglied der Deutschen Gesellschaft für Natur- und Völkerkunde Ostasiens in Tokio, korresp. Mitglied der School of Oriental and African Studies in London, Ehrenmitglied der Deutschen Morgenländischen Gesellschaft in Mainz und der Kőrösi Csoma-Gesellschaft in Budapest, geb. 22. VII. 1889 in Markneukirchen, 701 Leipzig, Stephanstraße 12, Tel. 25801 (19. VI. 1943).

Früher ordentliche, gegenwärtig auswärtige Mitglieder der philologisch-historischen Klasse

Aland, Kurt, D., D. theol. h. c. (Göttingen), D. D. h. c. (St. Andrews), D. Litt. h. c. (Wartburg College, Iowa), o. Professor für Kirchengeschichte und neutestamentliche Einleitungswissenschaft an der Ev. Theologischen Fakultät der Westfälischen Wilhelms-Universität Münster, Direktor des Instituts für neutestamentliche Textforschung und Geschäftsführer der Stiftung zur Förderung der neutestamentlichen Textforschung, Leiter der Arbeitsstelle Münster der Patristischen Kommission, Träger des Athos-Kreuzes in Gold, verliehen vom ökumenischen Patriarchen von Konstantinopel, korresp. Mitglied der British Academy, Mitglied der Studiorum Novi Testamenti Societas (England), des Kuratoriums der Vetus Latina in Beuron (Hohenzollern), Ehrenmitglied auf Lebenszeit der American Bible Society und Ehrenmitglied der Society of Biblical Literature and Exegesis (USA), geb. 28. III. 1915 in Berlin, 44 Münster (Westf.), Schaumburgstraße 17b, Tel. 65474 (14. III. 1955).

Bahner, Werner, Dr. phil., Professor, stellvertr. Direktor des Zentralinstituts für Literaturgeschichte bei der Deutschen Akademie der Wissenschaft zu Berlin, o. Mitglied der Deutschen Akademie der Wissenschaften zu Berlin, Mitglied des Büros des Comité International Permanent des Linguistes, der Société de Linguistique Romane in Paris und Straßburg und der Asociación Internacional de

Hispanistas, geb. 18. VI. 1927 in Neuwiese/Erzgeb., 1138 Berlin-Kaulsdorf, Scharnauer Straße 23, Tel. 6561782 (24. V. 1965).

Bischoff, Karl, Dr. phil., em. o. Professor für deutsche Philologie und Volkskunde an der Johannes-Gutenberg-Universität Mainz, Mitglied der Historischen Kommission der Akademie, o. Mitglied der Akademie der Wissenschaften und der Literatur in Mainz, korresp. Mitglied der Akademie der Wissenschaften in Göttingen, geb. 19. V. 1905 in Aken (Elbe), 65 Mainz, In der Meielache 15, Tel. 98174 (14. III. 1955).

Friedrich, Johannes, Dr. phil., em. o. Professor für altorientalische Sprachen an der Freien Universität Berlin, korresp. Mitglied des Orientalischen Instituts in Prag, des Istituto Lombardo di Scienze e Lettere in Mailand, der Vooraziatisch-Egyptisch Gezelschap „Ex Oriente Lux" in Leiden und der Societas Orientalis Fennica in Helsinki, Ehrenmitglied der Deutschen Morgenländischen Gesellschaft und der Linguistic Society of America, geb. 27. VIII. 1893 in Leipzig, 1 Berlin 41 (Steglitz), Schloßstraße 49 (20. III. 1940). † 12. VIII. 1972.

Gadamer, Hans-Georg, Dr. phil., o. Professor der Philosophie an der Ruprecht-Karl-Universität Heidelberg, o. Mitglied der Heidelberger Akademie der Wissenschaften, Präsident dieser Akademie, geb. 11. II. 1900 in Marburg, 6904 Ziegelhausen, Büchsenackerhangweg 41, Tel. 59536 (15. VI. 1940).

Heimpel, Hermann, Dr. phil., Dr. jur. h. c. (Freiburg/Br.), em. o. Professor der mittelalterlichen und neueren Geschichte an der Georg-August-Universität Göttingen, Direktor des Max-Planck-Instituts für Geschichte in Göttingen, Inhaber des großen Verdienstkreuzes des Verdienstordens der Deutschen Bundesrepublik und des Kulturpreises der Stadt Goslar für das Jahr 1965, o. Mitglied der Akademie der Wissenschaften in Göttingen, korresp. Mitglied der Deutschen Akademie für Sprache und Dichtung in Darmstadt, der Bayerischen Akademie der Wissenschaften in München, der Heidelberger Akademie der Wissenschaften, der Akademie der Wissenschaften und der Literatur in Mainz und der Royal Historical Society in London, o. Mitglied der Zentraldirektion der Monumenta Germaniae Historica in München und der Historischen Kommission bei der Bayerischen Akademie der Wissenschaften in München, Mitglied der Verwaltungsausschusses des Germanischen Museums in Nürnberg und des Wissenschaftlichen Beirates des Deutschen Historischen Instituts in Rom, Ehrenmitglied des Instituts für Österreichische Geschichtsforschung in Wien, geb. 19. IX. 1901 in München, 34 Göttingen, Dahlmannstraße 14, Tel. 59382 (5. VI. 1935).

Jahn, Martin, Dr. phil., em. Professor mit Lehrstuhl für Vor- und Frühgeschichte an der Martin-Luther-Universität Halle—Wittenberg, em. Direktor des Landesmuseums für Vorgeschichte in Halle, o. Mitglied des Deutschen Archäologischen Instituts in Berlin-Dahlem, Mitglied der Deutschen Akademie der Naturforscher Leopoldina in Halle, geb. 20. IX. 1888 in Berlin, 852 Buckenhof b. Erlangen, Hallerstraße 33 I, Tel. Erlangen 87933 (1. VII. 1948).

Krauss, Werner, Dr. phil., emerit. Professor mit Lehrstuhl für romanische Philologie an der Karl-Marx-Universität Leipzig, Nationalpreisträger, Hervorragender Wissenschaftler des Volkes, Träger des Vaterländischen Verdienstordens, Inhaber des Friedrich-Engels-Preises der Deutschen Akademie der Wissenschaften zu Berlin und der Medaille für Kämpfer gegen den Faschismus 1933—1945, o. Mitglied der Deutschen Akademie der Wissenschaften zu Berlin und em. Direktor des Instituts für romanische Sprachen und Kultur dieser Akademie, korresp. Mitglied der Academia Nacional de Derecho y Ciencias Sociales in Buenos Aires, ausländ. korresp. Mitglied der Rumänischen Akademie der Wissenschaften in Bukarest, Vizepräsident der Asociacion Internacional de Hispanistas und Mitglied des Büros der Association Internationale de Littérature Comparée, geb. 7. VI. 1900 in Stuttgart, 1167 Berlin-Hessenwinkel, Kanalstraße 35, Tel. 649636 (14. II. 1949).

Kühn, Johannes, Dr. phil., em. o. Professor für neuere Geschichte an der Ruprecht-Karl-Universität Heidelberg, Mitglied der Historischen Kommission bei der Bayerischen Akademie der Wissenschaften in München, geb. 24. I. 1887 in Bogschütz, 69 Heidelberg, Mühlingstraße 23 (19. VI. 1943).

Ladendorf, Heinz, Dr. phil., o. Professor der Kunstgeschichte an der Universität Köln, Träger des Ordens Officier des Palmes Académiques, o. Mitglied des Deutschen Archäologischen Instituts in Berlin-Dahlem, geb. 29. VI. 1909 in Leipzig, 5 Köln-Lindenthal, Kunsthistorisches Institut, Albertus-Magnus-Platz, Tel. 4702349, und 5 Köln-Lindenthal, Kerpener Straße 4, Tel. 416058 (14. III. 1955).

Lersch, Philipp, Dr. phil., oö. Professor für Psychologie und Philosophie an der Ludwig-Maximilians-Universität München, o. Mitglied der Bayerischen Akademie der Wissenschaften in München, Mitglied der Deutschen Akademie der Naturforscher Leopoldina in Halle, korresp. Mitglied der Deutschen Gesellschaft für Psychiatrie und Nervenheilkunde in Marburg (Lahn), Ehrenmitglied der Deutschen Gesellschaft für Psychologie in Münster, und der Spanischen Gesellschaft für Psychologie, geb. 4. IV. 1898 in München, 8 München 23, Dreschstraße 5, Tel. 340413 (20. VI. 1942). † 15. III. 1972.

Schadewaldt, Wolfgang, Dr. phil., o. Professor für klassische Philologie und für Geschichte der Fortwirkung des Griechentums an der Eberhard-Karls-Universität Tübingen, Träger des Ordens Pour le mérite für Verdienste um die Wissenschaft und um die Künste und des Großen Verdienstkreuzes mit Stern des Verdienstordens der Deutschen Bundesrepublik, Inhaber des Reuchlin-Preises der Stadt Pforzheim 1963 und des Übersetzerpreises der Deutschen Akademie für Sprache und Dichtung in Darmstadt 1965, o. Mitglied der Deutschen Akademie der Wissenschaften zu Berlin und der Heidelberger Akademie der Wissenschaften, korresp. Mitglied der Österreichischen Akademie der Wissenschaften in Wien, Mitglied der Deutschen Akademie für Sprache und Dichtung in Darmstadt, der Zentraldirektion des Deutschen Archäologischen Instituts in Berlin-Dahlem und des PEN-Clubs, geb. 15. III. 1900 in Berlin, 74 Tübingen, Stauffenbergstraße 65, Tel. 22509 (5. VI. 1935).

Schmidt, Eberhard, Dr. jur., Dr. med. h. c. (Göttingen), em. o. Professor der Rechte (Straf- und Strafprozeßrecht, Rechtsgeschichte) an der Ruprecht-Karl-Universität Heidelberg, Träger des Großen Verdienstkreuzes des Verdienstordens der Deutschen Bundesrepublik, Inhaber des Ehrenzeichens der deutschen Ärzteschaft, o. Mitglied der Heidelberger Akademie der Wissenschaften, korresp. Mitglied der Österreichischen Akademie der Wissenschaften in Wien und der Deutschen Gesellschaft für Psychiatrie und Nervenheilkunde in Marburg (Lahn), geb. 16. III. 1891 in Jüterbog, 69 Heidelberg, Werderplatz 9, Tel. 40796 (14. VI. 1941).

Thieme, Paul, Dr. phil., o. Professor für Indologie und vergleichende Religionswissenschaft an der Eberhard-Karls-Universität Tübingen, geb. 18. III. 1905 in Berlin, 74 Tübingen, Wilhelmstraße 36 (12. XI. 1949).

Vossler, Otto, Dr. phil., em. o. Professor für mittlere und neuere Geschichte an der Johann-Wolfgang-Goethe-Universität Frankfurt am Main, Inhaber der Jusserand Medal der American Historical Association in Washington, geb. 14. II. 1902 in Heidelberg, 60 Frankfurt (Main), Grüneburgweg 143, Tel. 726269 (20. VI. 1942).

von Wartburg, Walther, Dr. phil., Dr. phil. h. c. (Lausanne, Leeds, Brüssel, Straßburg), em. o. Professor der romanischen Philologie an der Universität Basel, Träger des Ordens Pour le mérite für Verdienste um die Wissenschaft und um die Künste der Deutschen Bundesrepublik und des Gran Cruz de la Orden Civil de Alfonso X el Sabio, Inhaber des Prix Volney des Institut de France, korrespond. Mitglied der Deutschen Akademie der Wissenschaften zu Berlin, ausländ. Mitglied der Koninklijke Nederlandse Akademie van Wetenschappen in Amsterdam, der Suomalainen Tiedeakatemia in Helsinki, der Kungl. Svenska Vetenskapsakademien und der Kungl. Vitterhets-Historie-och Antikvitets-Akademien in Stockholm, der Accademia Nazionale der Lincei in Rom, der Accademia della Crusca in Florenz, der Academia de Buenas Letras in Barcelona, der British Academy in London, des Institut de France/Académie des Inscriptions et Belle-Lettres in Paris und des Consejo Superior de Investigaciones Científicas in Madrid, Mitglied des Comité de patronage de l'Encyclopédie Linguistique beim Centre International de Dialectologie Générale in Louvain, Ehrenmitglied der philosophisch-historischen Klasse der Österreichischen Akademie der Wissenschaften in Wien, der Linguistic Society of America und des 2. Internationalen Dialektologenkongresses v. 5.—10. IX. 1965 in Marburg (Lahn), Ehrenpräsident der Société de Linguistique Romane in Paris und Straßburg, geb. 18. V. 1888 in Riedholz b. Solothurn, CH 4000 Basel, Predigerhofstraße 25, Tel. 356700 (1. VII. 1930). † 15. VIII. 1971.

Wieacker, Franz, Dr. jur., Dr. phil. h. c. (Freiburg i. Br.), LL. D. h. c. (Glasgow), o. Professor des römischen und bürgerlichen Rechts an der Georg-August-Universität Göttingen, o. Mitglied der Akademie der Wissenschaften in Göttingen, korresp. Mitglied der Heidelberger Akademie der Wissenschaften und der Accademia Nazionale dei Lincei in Rom, geb. 5. VIII. 1908 in Stargard (Pommern), 34 Göttingen, Prinzenstraße 21 (14. VI. 1941).

Zucker, Friedrich, Dr. phil., em. Professor mit Lehrstuhl für klassische Philologie und Papyruskunde an der Friedrich-Schiller-Universität Jena, Nationalpreisträger, o. Mitglied der Deutschen Akademie der Wissenschaften zu Berlin und des Deutschen Archäologischen Instituts in Berlin-Dahlem, geb. 30. VI. 1881 in Fürth (Bayern), 2 Wedel/Holst., Hans-Böckler-Platz 15, Graf-Luckner-Haus, App. 225 (1. VII. 1948).

Korrespondierende Mitglieder der philologisch-historischen Klasse

Aebischer, Paul, Dr. phil., em. Professor für romanische Philologie an der Universität Lausanne, auswärt. Mitglied der Deutschen Akademie der Wissenschaften zu Berlin und der Accademia delle Scienze in Turin, korresp. Mitglied der Accademia de Buenas Letras in Barcelona, des Institut d'Estudis Catalans in Barcelona und der Accademia della Crusca in Florenz, geb. 8. XII. 1897 in Hauterive (Kanton Fribourg), CH 1680 Romont (Fribourg), route d'Arruffens, 573 (29. XI. 1943).

Bruford, Walter Horace, M. A., LL. D. h. c. (Aberdeen), D. Litt. h. c. (Newcastle), em. Professor für Germanistik an der Universität Cambridge (England), Inhaber der Goethe-Medaille in Gold des Goethe-Instituts in München, Mitglied der British Academy in London, korresp. Mitglied der Deutschen Akademie für Sprache und Dichtung in Darmstadt, Mitglied der Modern Humanities Research Association in Cambridge, 1965 deren Präsident, Mitglied der Internationalen Vereinigung für germanische Sprach- und Literaturwissenschaft, 1955—1960 deren Vizepräsident, geb. 14. VII. 1894 in Manchester (England), Moorhouse, Abbey St. Bathans, Duns, Berwickshire/Great Britain, Tel. Abbey St. Bathans 215 (21. VI. 1965).

Erben, Johannes, Dr. phil., o. Professor der älteren deutschen Sprache und Literatur an der Leopold-Franzens-Universität Innsbruck, Nationalpreisträger, Inhaber des Konrad-Duden-Preises 1969 der Stadt Mannheim, korresp. Mitglied der Deutschen Akademie der Wissenschaften zu Berlin, Kuratoriumsmitglied des Instituts für deutsche Sprache in Mannheim, geb. 12. I. 1925 in Leipzig, A-6020 Innsbruck, Reithmannstraße 20 I, Tel. 522623 (11. XII. 1961).

Georgiev, Vladimir, Dr. phil., Dr. phil. h. c. (Berlin und Prag), o. Professor für allgemeine und indoeuropäische Sprachwissenschaft, Slawistik und Balkanistik an der Universität Sofia, Inhaber des Nationalpreises für Wissenschaft, Mitglied und Vizepräsident der Bulgarischen Akademie der Wissenschaften in Sofia, Mitglied des Institut de France/Académie des Inscriptions et Belles-Lettres in Paris, korresp. Mitglied der Societas Scientiarum Fennica-Finska Vetenskaps-Societeten-Suomen Tiedeseura in Helsinki und Mitglied der Société Linguistique in Paris, geb. 3. II. 1908 in Gabare (Bulg.), Sofia, ul. „7 noemvri“ 1, Tel. 88-40-46, Privatanschrift: Sofia, Oberište 11, Tel. 44-16-40 (19. II. 1968).

van Giffen, Albert Egges, Dr. phil., Dr. phil. h. c. (Köln), em. o. Professor für Prä- und Protohistorie an der Universität Groningen, em. o. Professor an der Universität Amsterdam, Rijksadviseur voor de Bescherming en de Instandhouding van de Hunnebedden en van gerestaureerde archaeologische Monumenten, Direktor a. D. des Biologisch-Archäologischen Instituts der Rijksuniversiteit in Groningen, Direktor a. D. des Instituts für Prä- und Protohistorie (IPP) der Universität Amsterdam, Konservator a. D. des Museums der Provinz Drente, Chevalier de l'Ordre National de la Légion d'Honneur, Ridder in de Orde van de Nederlandsche Leeuw, Inhaber der Gold Medal of the Society of Antiquaries in London, Mitglied der Koninklijke Nederlande Akademie van Wetenschappen in Amsterdam, der Koninklijke Vlaamsche Academie voor Taal- en Letterkunde in Gent und der Akademie der Wissenschaften in Göttingen, korresp. Mitglied der Académie Royale de Belgique in Brüssel, Mitglied der Society of Antiquaries in London und der Society of Antiquaries of Scotland, der Hollandsche Maatschappij der Wetenschappen in Haarlem, o. Mitglied des Deutschen Archäologischen Instituts in Berlin-Dahlem, ausländ. Mitglied der Suomen Muinaismuistoyhdistys-Finska Fornminnesföreningen in Helsinki, korresp. Mitglied des Institute of Prehistory and Archaeology, University Aarhus, Ehrenmitglied des Marschenrates zur Förderung der Forschung im Küstengebiet, geb. 14. III. 1884 in Noordhorn (Holland), Zwolle (Holland), Zalnéflat 62, Weteringpark 7 (5. XII. 1960).

Havránek, Bohuslav, Dr. phil., Dr. phil. h. c. (Leipzig, Brno und Olomouc), o. Professor für Slawistik an der Karls-Universität Prag, Träger des Ordens der Tschechoslowakischen Sozialistischen Republik, Inhaber der J. A. Comenius-Medaille, der Josef Dobroský-Medaille und der Medaille für Verdienste um Wissenschaft und Menschheit, o. Mitglied der Tschechoslowakischen Akademie der Wissenschaften in Prag, korresp. Mitglied der Deutschen Akademie der Wissenschaften zu Berlin, ausländ. Mitglied der Bulgarischen Akademie der Wissenschaften in Sofia, der Serbischen Akademie der Wissenschaften in Belgrad, der Jugoslawischen Akademie der Wissenschaften in Zagreb und des Comité International Permanent des Linguistes in Louvain, stellv. Vorsitzender des Internationalen Komitees der Slawisten, geb. 30. I. 1893 in Prag, Praha 6 — Hradčany, Na Valech 8, Tel. 325-103 (10. XII. 1962).

Iordan, Iorgu, Dr. phil., Dr. phil. h. c. (Humboldt-Universität Berlin, Gent, Jassy, Montpellier), em. o. Professor für roman. Philologie an der Universität Bukarest, Verdienter Wissenschaftler, Staatspreisträger I. und II. Klasse, Inhaber des „Ordinul Muncii“ I. Klasse, des Ordens „Steaua Republicii Populare Române“ I. Klasse, des Ordens „Meritul Ştiintific“ I. Klasse, des Ordens „23. August“

II. Klasse, der Medaille „40 de ani de la întemeierea Partidului Comunist din România“ und der Medaille „A XX-a aniversare a Eliberării Patriei“, o. Mitglied der Rumänischen Akademie der Wissenschaften in Bukarest, früher Vizepräsident dieser Akademie und Präsident der Klasse für Sprache, Literatur und Kunst, korresp. Mitglied der Deutschen Akademie der Wissenschaften zu Berlin, der Bayerischen Akademie der Wissenschaften in München, der Österreichischen Akademie der Wissenschaften in Wien, Präsident der Rumänischen Gesellschaft für romanische Sprachforschung, und des Rumänischen Nationalkomitees für Volksmusik, Vizepräsident der Rumänischen Gesellschaft für Beziehungen mit der UdSSR, Ehrenpräsident der Société de Linguistique Romane in Paris und Straßburg, Mitglied der Société de Linguistique in Paris, der Asociación Internacional de Hispanistas, der Junta directiva dieser Asociación, der Asociación de Lingüística y Filología Hispanoamericana, des Comité International des Sciences Onomastiques in Louvain und des Comité International Permanent des Linguistes (CIPL), korresp. Mitglied des Instituts Mexicano de Cultura in Mexico City, geb. 29. IX. 1888 in Tecuči (Rumänien), București, str. Sofia, 12, Tel. 331886 (10. III. 1958).

Kumaniecki, Kazimierz, Dr. phil., Dr. phil. h. c. (Debrecen und Warszawa), o. Professor für klassische Philologie an der Universität Warschau, Staatspreisträger, Inhaber des Kommandeur- und Kavalierkreuzes des Ordens Polonia Restituta und des Tapferkeitskreuzes, o. Mitglied der Polnischen Akademie der Wissenschaften in Warschau, auswärt. Mitglied der Koninklijke Vlaamse Academie voor Taal- en Letterkunde in Gent, ordentl. Mitglied des Centro di Studi Ciceroniani in Rom, Präsident der Union Académique Internationale in Brüssel, ehemals Vizepräsident des Conseil International de la Philosophie et des Sciences Humaines in Paris, Präsident und Ehrenmitglied der Polnischen Philologischen Gesellschaft, geb. 18. V. 1905 in Krakau, Warszawa, Sewerynów 6/10, Tel. 269305 (21. VI. 1965).

Ligeti, Lajos, Dr. phil., Dr. lit., Professor mit Lehrstuhl für innerasiatische Studien an der Eötvös-Loránd-Universität Budapest, Träger des Arbeiterordens, Inhaber des Kossuth-Preises, des Fahnenordens der Ungarischen Volksrepublik, der Goldmedaille der Ungarischen Akademie der Wissenschaften in Budapest und der Goldmedaille der Permanent International Altaistic Conference, o. Mitglied des Präsidiums der Ungarischen Akademie der Wissenschaften in Budapest, Präsident des Bibliotheksausschusses und des Ausschusses für Orientalistik dieser Akademie, o. Mitglied der Akademie der Wissenschaften der Mongolischen Volksrepublik in Ulan-Bator, korresp. Mitglied des Institut de France/Académie des Inscriptions et Belles-Lettres in Paris und der Suomalaisurgilainen Seura in Helsinki, Ehrenmitglied der Société Asiatique in Paris, der Royal Asiatic Society in London und der Türk Dil Kurumu in Ankara, Vizepräsident des Permanent Comittee of the International Congress of Mongolists, geb. 26. X. 1902 in Balassagyarmat, Budapest V., Belgrád-rkp. 26, Tel. 187-529 (18. I. 1965).

Lissa, Zofia, Dr. phil., Dr. d. Musikwissenschaft, o. Professor für Musikwissenschaft an der Universität Warschau, Staatspreisträger, Träger des Ordens Sztandar

Pracy II. Klasse, des Goldenen Verdienstkreuzes, des Ordens Polonia Restituta IV. und V. Klasse, des Kavalier- und Offiziersordens, Inhaber von Verdienstmedaillen, korresp. Mitglied der Deutschen Akademie der Künste in Berlin, Präsidentin der Polnischen Gesellschaft für Musikwissenschaft in Warschau, Mitglied des Direktoriums der Internationalen Gesellschaft für Musikwissenschaft, der Gesellschaft für Musikforschung in Kiel, des Polnischen Komponisten-Verbandes und des Komitees für Theorie und Geschichte der Kunst der Polnischen Akademie der Wissenschaften in Warschau, Vizepräsident des Polnischen Nationalkomitees des Musikrates des Conseil International de Musique/UNESCO und des Wissenschaftlichen Rates der Chopin-Gesellschaft, geb. 19. X. 1908 in Lwów, Warszawa 87, ul. Miączyńska 37, Tel. 44-09-85 (21. VI. 1965).

Michałowski, Kazimierz, Dr. phil., Dr. phil. h. c. (Straßburg und Cambridge), o. Professor für Mittelmeer-Archäologie an der Universität Warschau, stellv. Direktor des Nationalmuseums Warschau, Leiter des Polnischen Zentrums für Mittelmeer-Archäologie in Kairo und des Zentrums für Mittelmeer-Archäologie der Polnischen Akademie der Wissenschaften, Träger des Silbernen Kreuzes des Ordens Virtuti Militari, zweifacher Träger des Goldenen Verdienstkreuzes, der Fahne der Arbeit I. Klasse, der Kommandeurkreuze Polonia Restituta und Corona d'Italia und des Offizierskreuzes der Ehrenlegion, Inhaber des Polnischen Nationalpreises I. und II. Klasse, der Medaille George Perrot des Institut de France/Académie des Inscriptions et Belles-Lettres in Paris, Herder-Preisträger 1971 in Wien, o. Mitglied und Präsidiumsmitglied der Polnischen Akademie der Wissenschaften in Warschau, Mitglied der Accademia Nazionale dei Lincei in Rom und der British Academy in London, korresp. Mitglied der Deutschen Akademie der Wissenschaften zu Berlin, o. Mitglied des Deutschen Archäologischen Instituts in Berlin-Dahlem, der Association Internationale des Égyptologues und des Tschechoslowakischen Orientalischen Instituts, Ehrenmitglied des Institut d'Égypte in Kairo, des Archaelogical Institute of America in Washington und des Archaeologiki Hetairia in Athen, stellv. Präsident der Association Internationale d'Epigraphie Latine, Präsident des Internationalen Komitees für archäologische und historische Museen ICOM, des Internationalen Komitees des Experten für Abu Simbel bei der UNESCO und des Internationalen Komitees der Nubiologischen Studien, geb. 14. XII. 1901 in Tarnopol, Warszawa, Sewerynów 6, Tel. 263979 (5. XII. 1960).

Németh, Julius, Dr. phil., em. o. Professor für Turkologie an der Eötvös-Loránd-Universität Budapest, o. Mitglied der Ungarischen Akademie der Wissenschaften in Budapest und em. Direktor des Sprachwissenschaftlichen Instituts dieser Akademie, Träger des Arbeiterordens, des Ordens „Kirill i Metod" (Sofia), Inhaber des Kossuth-Preises und des Indiana University Prize for Altaic Studies, korresp. Mitglied der Deutschen Akademie der Wissenschaften zu Berlin, und der Bulgarischen Akademie der Wissenschaften in Sofia, Ehrenmitglied der Royal Asiatic Society in London, der Suomalaisugrilainen Seura in Helsinki, der Societas Uralto-altaica in Göttingen, der Türk Dil Kurumu und der Türk Tarih Kurumu in Ankara und der Polnischen Orientalischen Gesellschaft in Warschau, geb. 2. XI. 1890 in Karcag (Ungarn), Budapest XI, Karinthy út. 24. III. 1., Tel. 257-382 (13. X. 1958).

Petschow, Herbert, Dr. phil. et jur., o. Professor für antike Rechtsgeschichte an der Ludwig-Maximilians-Universität München, Gastprofessor für altorientalische Rechtsgeschichte an der Karl-Marx-Universität Leipzig, o. Mitglied der Bayerischen Akademie der Wissenschaften in München, Mitglied der Deutschen Morgenländischen Gesellschaft in Mainz, geb. 26. XII. 1909 in Dresden, 8000 München 90, Mailänder Straße 8, Tel. 6422883 (10. XII. 1962).

Préaux, Claire, Dr. phil., Dr. phil. h. c. (Straßburg), Dr. jur. h. c. (Freiburg i. Br.), o. Professor für Klassische Altertumswissenschaft an der Universität Brüssel, Abteilungsleiter in der Fondation Égyptologique Reine Elisabeth, Inhaberin des Prix de la Société pour l'Encouragement des Études grecques en France und des Prix Francqui, Mitglied der Académie Royale des Sciences, des Lettres et des Beaux Arts des Belgique in Brüssel, korresp. Mitglied der British Academy in London, des Institut de France/Académie des Inscriptions et Belles-Lettres in Paris, der Koninklijke Nederlandse Akademie von Wetenschappen in Amsterdam, geb. 21. XII. 1904 in Liège, 1050 Bruxelles, 109 rue de l'Abbaye, Tel. 442753 (14. III. 1955).

Průšek, Jaroslav, Dr. phil., Dr. Sc., Dr. phil. h. c. (Berlin, Olmouc, Stockholm), Professor für Sinologie und Japanologie an der Karls-Universität Prag, zweifacher Träger des Staatspreises für Wissenschaft und Kunst, Inhaber der Medaille für Verdienste um Wissenschaft und Menschheit der Tschechoslowakischen Akademie der Wissenschaften, o. Mitglied der Tschechoslowakischen Akademie der Wissenschaften in Prag und korresp. Mitglied der Deutschen Akademie der Wissenschaften zu Berlin, Mitglied der Société Asiatique in Paris und der American Oriental Society in New Haven, geb. 14. IX. 1906 in Prag, Praha 1, Malá Strana, Lázeňská 4, Tel. 342639 (21. VI. 1965).

Siebenschein, Hugo, Dr. phil., em. o. Professor der neuen deutschen Literaturgeschichte an der Karls-Universität Prag, Mitglied des Kuratoriums des Thomas-Mann-Archivs in Berlin, der Hölderlin-Gesellschaft in Tübingen, der Internationalen Vereinigung für germanische Sprach- und Literaturwissenschaft, der Fédération internationale des Langues et Littératures modernes in Liège, der Literaturwissenschaftlichen Gesellschaft der ČSSR in Prag, des Kreises der modernen Philologen bei der Tschechoslowakischen Akademie der Wissenschaften in Prag, Begründer und Vorsitzender des Adalbert-Stifter-Kreises in Prag, korresp. Mitglied des Thomas-Mann-Kreises in Potsdam, geb. 6. IV. 1889 in Strážnice (Mähren, ČSSR), Praha 7, Čechova 21, Tel. 370612 (12. II. 1959). † 12. XII. 1971.

Tackenberg, Kurt, Dr. phil., em. o. Professor der Vor- und Frühgeschichte an der Westfälischen Wilhelms-Universität Münster, Mitglied der Historischen Kommission für Niedersachsen in Hannover, Mitglied des Deutschen Archäologischen Instituts in Berlin-Dahlem, Ehrenmitglied des Niedersächsischen Landesvereins für Urgeschichte in Hannover, geb. 30. VI. 1899 in Tschammendorf (Schlesien), 44 St. Mauritz b. Münster/Westf., Parkallee 2, Tel. Münster 315158 (19. X. 1959).

von Weizsäcker, Carl Friedrich, Freiherr, Dr. phil., Honorar-Professor der Philosophie an der Universität München, Direktor des Max-Planck-Instituts zur Erforschung der Lebensbedingungen in der technisch-wissenschaftlichen Welt in Starnberg (Obb.), Träger des Ordens Pour le mérite für Verdienste um die Wissenschaft und um die Künste und des Großen Verdienstkreuzes mit Stern der Deutschen Bundesrepublik, Inhaber der Goldenen Wilhelm-Bölsche-Medaille der Kosmos-Gesellschaft der Naturfreunde in Stuttgart, der Max-Planck-Medaille des Verbandes Deutscher Physikalischer Gesellschaften in Braunschweig, des Goethe-Preises der Stadt Frankfurt (Main), des Prix Arnold Reymond der Universität Lausanne und des Friedenspreises des Deutschen Buchhandels, o. Mitglied der Akademie der Wissenschaften in Göttingen, Mitglied der Deutschen Akademie der Naturforscher Leopoldina in Halle und der Deutschen Akademie für Sprache und Dichtung in Darmstadt, korresp. Mitglied der Bayerischen Akademie der Wissenschaften in München und der Österreichischen Akademie der Wissenschaften in Wien, Senator der Max-Planck-Gesellschaft zur Förderung der Wissenschaft, Mitglied des Verwaltungsausschusses des Deutschen Museums in München und des PEN-Zentrums in Darmstadt, geb. 28. VI. 1912 in Kiel, 813 Starnberg/Obb., Riemerschmidstraße 7, Tel. 7169 und 8135 Söcking, Alpenstraße 15.

EHRUNGEN

Nobelpreisträger

(Das ordentliche Mitglied)

Ostwald, Wilhelm †	1909	Chemie

(Die auswärtigen, früher ordentlichen Mitglieder)

Debye, Peter †	1936	Chemie
Heisenberg, Werner	1932	Physik
Hertz, Gustav	1925	Physik
Mommsen, Theodor †	1902	Literatur

(Die korrespondierenden Mitglieder)

Bothe, Walter †	1954	Physik
Chadwick, James	1935	Physik
Hill, Archibald Vivian	1922	Physiologie und Medizin
Planck, Max †	1954	Physik

Nationalpreisträger

(Die ordentlichen Mitglieder, einschließlich der auswärtigen, früher ordentlichen Mitglieder)

Barkhausen, Heinrich †	1949
Besseler, Heinrich †	1960
Binder, Ludwig †	1951
Bredt, Heinrich	1954
Brockelmann, Carl †	1951
Bürger, Max †	1952
Deubel, Fritz †	1952
Dornseiff, Franz †	1959
Drischel, Hans	1967
Frenzel, Walter †	1953
Frings, Theodor †	1949, 1961
Fück, Johann	1956
Gersch, Manfred	1958
Görlich, Paul	1954
Heidebroek, Enno †	1952
Hein, Franz	1952
Hertwig, Paula	1956
Hertz, Gustav	1955
Hoffmeister, Cuno †	1951
Hund, Friedrich	1949

Kegel, Karl †	1949	Rammler, Erich	1951
Keller, Ott-Heinrich	1966	Runge, Franz	1959
Klinkowski, Maximilian †	1960	Scheunert, Arthur †	1951
Krauss, Werner	1949	Schmalfuß, Karl	1953
Langenbeck, Wolfgang †	1955	Schröder, Robert †	1949
Leutwein, Friedrich	1956	Schulze, Gustav E. R.	1967
Lissner, Anton †	1952	Schwabe, Kurt	1954, 1961
Lösche, Artur	1958	Simon, Arthur †	1953
Markov, Walter	1961	Strack, Erich	1960
Morenz, Siegfried †	1953	Stubbe, Hans	1949, 1960
Mothes, Kurt	1953	Treibs, Wilhelm	1954
Obenaus, Fritz	1972	Weller, Friedrich	1955
Peek, Werner	1961	Willers, Friedrich Adolf †	1953
Peiper, Albrecht †	1953	Wolf, Leopold	1957
Pfeifer, Richard Arwed †	1954	Zucker, Friedrich	1954

(Die korrespondierenden Mitglieder)

Baumgarten, Arthur †	1951	Erben, Johannes	1961
Blaschke, Wilhelm †	1954	Täufel, Kurt †	1952

Träger des Vaterländischen Verdienstordens

(Die ordentlichen Mitglieder,
einschließlich der auswärtigen, früher ordentlichen Mitglieder)

Arland, Anton
Baetke, Walter
Buchda, Gerhard
Buder, Johannes †
Eißfeldt, Otto
Eßbach, Hasso
Fischer, Rudolf †
Frings, Theodor † (in Silber u. Gold)
Görlich, Paul
Hertwig, Paula
Hertz, Gustav
Hoffmeister, Cuno †
Jacobi, Erwin †
Jahn, Johannes
Karg-Gasterstädt, Elisabeth †
Krauss, Werner
Lehmann, Edgar
Leipoldt, Johannes † (in Silber u. Gold)
Markov, Walter
Mothes, Kurt
Obenaus, Fritz
Rammler, Erich
Schmalfuß, Karl
Schröder, Robert †
Schubart-Fikentscher, Gertrud
Schwarz, Egbert †
Simon, Arthur †
Straub, Werner (in Silber u. Bronze)
Stubbe, Hans (in Silber u. Gold)
Treibs, Wilhelm
Wolf, Leopold

(Das korrespondierende Mitglied)

Baumgarten, Arthur †

Träger des Ordens „Banner der Arbeit"

(Die ordentlichen Mitglieder)

Eißfeldt, Otto
Jacobi, Erwin †
Jahn, Johannes
Mothes, Kurt
Schwabe, Kurt
Straub, Werner
Stubbe, Hans

(Das auswärtige, früher ordentliche Mitglied)

Hertz, Gustav

Hervorragende Wissenschaftler des Volkes

(Die ordentlichen Mitglieder, einschließlich der auswärtigen, früher ordentlichen Mitglieder)

Alt, Albrecht †
Baetke, Walter
Bürger, Max †
Frenzel, Walter †
Frings, Theodor †
Fromme, Albert †
Hein, Franz
Hertwig, Paula
Hertz, Gustav
Kegel, Karl †
König, Walter †
Krauss, Werner
Lissner, Anton †
Mothes, Kurt
Peiper, Albrecht †
Rammler, Erich
Scheunert, Arthur †
Schröder, Robert †
Schubart, Wilhelm †
Schwabe, Kurt
Spaekeler, Georg †
Stather, Fritz
Stubbe, Hans
Treibs, Wilhelm
Weller, Friedrich

(Die korrespondierenden Mitglieder)

Baumgarten, Arthur †
Täufel, Kurt †

Verdienter Bergmann der Deutschen Demokratischen Republik

(Die ordentlichen Mitglieder)

Rammler, Erich
Spackeler, Georg †

Verdiente Ärzte des Volkes

(Die ordentlichen Mitglieder)

Fromme, Albert †
Matzen, Peter Friedrich
Merrem, Georg †
Peiper, Albrecht †
Schröder, Robert †
Schwarz, Egbert †

Verdiente Techniker des Volkes

(Die ordentlichen Mitglieder)

Görlich, Paul
Obenaus, Fritz

Held der Arbeit

(Das ordentliche Mitglied)

Schwabe, Kurt

Medaille für Kämpfer gegen den Faschismus 1933—1945

(Das ordentliche Mitglied)

Markov, Walter

(Das auswärtige, früher ordentliche Mitglied)

Krauss, Werner

Verdienstmedaille der Deutschen Demokratischen Republik

(Die ordentlichen Mitglieder)

Hentschel, Walter †
Klinkowski, Maximilian †
Neef, Ernst
Schulze, Gustav E. R.
Straub, Werner

Deutsche Friedensmedaille des Deutschen Friedensrates in Berlin

(Das ordentliche Mitglied)

Buchda, Gerhard

(Das auswärtige, früher ordentliche Mitglied)

Leipoldt, Johannes †

Medaille für Verdienste in der Rechtspflege

(Das korrespondierende Mitglied)

Baumgarten, Arthur †

Joh.-Heinr.-Pestalozzi-Medaille

(Die ordentlichen Mitglieder)

Müller, Joachim
Winnefeld, Friedrich †

TODESFÄLLE

Der Vizepräsident der Gesamtakademie

Morenz, Siegfried, Dr. phil., D. theol. h. c. (Tübingen), Professor mit Lehrstuhl für Ägyptologie und antike Religionsgeschichte an der Karl-Marx-Universität Leipzig, Nationalpreisträger, korresp. Mitglied der Bayerischen Akademie der Wissenschaften in München, o. Mitglied des Deutschen Archäologischen Instituts in Berlin-Dahlem, Vorstandsmitglied der Deutschen Morgenländischen Gesellschaft in Mainz, Ehrenmitglied des Tschechoslowakischen Ägyptologischen Instituts in Prag und Kairo, geb. 22. XI. 1914 in Leipzig, 701 Leipzig, Schillerstraße 6, Tel. 7061 und 9933 Bad Elster-Reuth, Haus Ludwig Svoboda (14. III. 1955). † 14. I. 1970.

Schriftenverzeichnisse. S. vorliegendes Jahrb. S. 238—247. — Kürschners Dtsch. Gelehrten-Kalender *7* (Bln 1950) Sp. 1389; *9* (Bln 1961) S. 1376; *10* (Bln 1966) S. 1645—1646; *11* (Bln 1970) S. 2015. — Jahrb. Sächs. Akad. d. Wiss. Leipzig *1954—1956* (Bln 1958) S. 204—205; *1957—1959* (Bln 1961) S. 282—283; *1960*—1962 (Bln 1964) S. 318—319; *1963—1965* (Bln 1967) S. 257—258; *1966—1968* (Bln 1970) S. 262—263.

Würdigungen. Zum 50. Geburtstag: o. V., in: Universitäts-Ztg Leipzig 8 (1964) Nr. 47/48, S. 2. — Zum Nationalpreis: o. V., in: Leipziger Volksztg 8 (1953) Nr. 237 v. 31. Okt., S. 4. — Zum Ehrendoktorat der Univ. Tübingen: O. K., in: Schwäbisches Tageblatt, Tübinger Chronik 15 (1959) Nr. 261 v. 11. Nov.

Nachrufe. H. Brunner, in: Archiv f. Orientforschung *22* (1970) S. 222—223 (m. Bildn.). — Ph. Derchain, in: Chronique d'Egypte *45* (Brüssel 1970) Nr. 89, S. 132—133. — S. Hermann, in: Frankfurter Allgemeine Ztg v. 2. Febr. *1970*. — A. Heuß, in: HZ *211* (1970) S. 516—517. — E. Hornung, in: Neue Zürcher Ztg, Nr. 49 v. 30. Jan. *1970*, S. 33. — E. Hornung u. K. Schefold, in: Basler Nachrichten, Nr. 24 v. 17./18. Jan. *1970*, S. 25. — R. Mayer, s. vorliegendes Jahrb. S. 235—238 (m. Bildn.). — K. Mothes, Gedenkrede am Sarge von Siegfried Morenz, 2 S. Manuskript [bei den Akten der Sächs. Akad. d. Wissenschaften]. — G. Wiemers, in: Neue Zeit 26 (Bln 1970) Nr. 20 v. 24. Jan., S. 5. — o. V., in: Universitäts-Ztg Leipzig *14* (1970) Nr. 4/5 v. 29. Jan., S. 2.

Ordentliches Mitglied
der mathematisch naturwissenschaftlichen Klasse

Lissner, Anton, Dr. techn., em. Professor mit Lehrstuhl für anorganische und technische Chemie an der Bergakademie Freiberg, Ehrensenator der Bergakademie, ehemals Direktor und Abteilungsleiter im Deutschen Brennstoffinstitut Freiberg, Nationalpreisträger, Hervorragender Wissenschaftler des Volkes, Inhaber der

Clemens-Winkler-Medaille der Chemischen Gesellschaft in der Deutschen Demokratischen Republik und der Goldenen Ehrennadel der Bergakademie Freiberg, Ehrenbürger der Bergstadt Freiberg, o. Mitglied der Deutschen Akademie der Wissenschaften zu Berlin, Ehrenmitglied der Brennstofftechnischen Gesellschaft in der Deutschen Demokratischen Republik in Berlin, geb. 21. VIII. 1885 in Großschönau (Böhmen), 92 Freiberg, Johann-Sebastian-Bach-Straße 11, Tel. 2703 (11. II. 1957). † 6. II. 1970.

Schriftenverzeichnisse. A. Dierichs, in: Berkakademie [Freiberg] *7* (1955) S. 387–388. – Poggendorffs Handwörterbuch *VII*$_3$^{a} (Bln 1959) S. 112–113. – Kürschners Dtsch. Gelehrten-Kalender *4* (Bln-Leipzig 1931) Sp. 1763; *5* (Bln-Leipzig 1935) Sp. 820; *6*$_2$ (Bln 1940/41) Sp. 70; *7* (Bln 1950) Sp. 1227–1228; *9* (Bln 1961) S. 1209; *10* (Bln 1966) S. 1442 [ohne Literaturangaben]; *11* (Bln 1970) S. 1777 [ohne Literaturangaben]. – Jahrb. Sächs. Akad. Wiss. Leipzig *1954–1956* (Bln 1958) Beilage S. 6–7; *1957–1959* (Bln 1961) S. 246–247; *1960–1962* (Bln 1964) S. 282; 1963–1965 (Bln 1967) S. 214. – E. Rammler. s. Gedenkschrift Lissner S. 141–146 u. vorliegendes Jahrb. S. 251–256.

Gedenkschrift. Beiträge zur Chemie und Technologie der Brennstoffe. Gedenkschrift für Professor Dr. techn. habil. Anton Lissner. Hrsg. v. E. Rammler. Bln 1971. 146 S. m. einem Titelbild, 57 Textabbildungen, davon 6 auf 3 Tafeln, und 35 Tabellen (= Abh. Sächs. Akademie d. Wiss., math.-nat. Kl., Bd 51, H. 1).

Festschrift. Brikettierung – Technische Brennstoffverwertung. Internationale Braunkohlenklassifikation u. physikalisch-chemische Methoden der Braunkohlenuntersuchung. Prof. Dr. techn. habil. Anton Lissner zum 80. Geburtstag gewidmet. Leipzig 1965. 105 S. m. Titelbild (= Freiberger Forschungshefte A 373).

Würdigungen. Zum 70. Geburtstag: A. Dierichs, in: Bergakademie *7* (1955) S. 384 bis 386. – H.-G. Schäfer, Ein erfahrener Bergmann wurde geehrt. In: Bergbautechnik *5* (1955) S. 492. – o. V., in: Erdöl u. Kohle *8* (1955) S. 606. – Zum 75. Geburtstag: R. Birthler, Ehrenkolloquium zum 75. Geburtstag von A. Lissner. Brennstofftechn. Gesellschaft DDR. In: Chem. Technologie *13* (1961) S. 120–121. – K. Hofmann, in: Freiberger Forschungshefte *A 225* (1962) S. 5–8. – o. V., in: Neues Dtschl. *15* (1960) Nr. 239 v. 30. Aug. – o. V., in: Erdöl u. Kohle *13* (1960) S. 616. – Zum 80. Geburtstag: W. Mannchen, in: Mitt.-Bl. chem. Gesellschaft DDR *12* (1965) S. 229–230 (m. Bildn.). – E. Rammler, in: FuF *39* (1965) S. 253–254. – H. Schiefer, in: Mitt.-Bl. chem. Gesellschaft DDR *12* (1965) S. 221–222. – Kl. Strzodka, in: Freiberger Forschungshefte *A 373* (1965) S. 5–6. – Allgemein: E. Rammler, in: Nationalpreisträger *1952* (Bln 1953) S. 151–153 (m. Bildn.). – H.-G. Schäfer, in: Bergakademie [Freiberg] *4* (1952) S. 414 (m. Bildn.). – o. V., in: Chem. Technik *5* (1953) S. 336. – Degeners Wer ist's? *10* (Bln 1935) S. 983. – Meyers Neues Lexikon in 8 Bänden *5* (Leipzig 1963) S. 426 (m. Bildn.).

Nachruf. E. Rammler, s. vorliegendes Jahrb. S. 247–250 (m. Bildn.).

Früher ordentliche, dann auswärtige Mitglieder der mathematisch-naturwissenschaftlichen Klasse

Frenzel, Walter, Dr.-Ing., em. Professor mit Lehrstuhl für Textiltechnik an der Technischen Universität Dresden, Nationalpreisträger, Hervorragender Wissenschaftler des Volkes, o. Mitglied der Deutschen Akademie der Wissenschaften zu

Berlin, geb. 29. IX. 1884 in Klein-Zschachwitz b. Dresden, 1 Berlin 37 (Zehlendorf), Jaehnstraße 5, Tel. 846159 (11. XII. 1950). † 14. X. 1970.

Nach ihm benannt: Garnprüfmaschine „Fre-Ha" (Frenzel-Hahn), DRP 535023; Decordisator-Spinnverfahren.

Schriftenverzeichnisse. S. vorliegendes Jahrbuch S. 259—264. — Poggendorffs Handwörterbuch *VII₂ᵃ* (Bln 1958) S. 105—106. — Mitteilungen d. TH Dresden *6* (1959) H. 2 v. 1. Febr., S. 2. — Kürschners Dtsch. Gelehrten-Kalender *8* (Bln 1954) Sp. 577; *9* (Bln 1961) S. 481; *10* (Bln 1966) S. 586; *11* (Bln 1970) S. 721. — Jahrb. Sächs. Akad. d. Wiss. Leipzig *1949—1953* (Bln 1954) S. 61; *1954—1956* (Bln 1958) S. 182; *1960—1962* (Bln 1964) S. 276; *1963—1965* (Bln 1967) S. 202; *1966—1968* (Bln 1970) S. 206.

Würdigungen. Zum 70. Geburtstag: o. V., in: Wiss. Annalen *3* (1954) S. 698—699. — o. V., in: Hochschulwesen *2* (1954) S. 91—92. — o. V., in: FuF *28* (1954) S. 288. — Zum 75. Geburtstag: W. Liebscher, in: FuF *33* (1959) S. 284—285. — o. V., in: Hochschulwesen *7* (1959) S. 378. — Zum 80. Geburtstag: H. Perner, in: Dtsch. Textiltechnik *14* (1964) S. 558. — o. V., in: FuF *38* (1964) S. 256. — Allgemein: Degeners Wer ist's? *8* (Leipzig 1922) S. 423; *10* (Bln 1935) S. 438. — Meyers Neues Lexikon in 8 Bänden *3* (Leipzig 1962) S. 424 (m. Bildn.). — Die Mitglieder d. Dtsch. Akad. d. Wiss. zu Berlin 1700—1950. Bearb. E. Amburger (Bln 1950) S. 49, 52.

Nachrufe. W. Bobeth, s. vorliegendes Jahrb. S. 256—259 (m. Bildn.); ders., in: Faserforschung u. Textiltechnik *22* (1971) H. 4, S. 219. — H. Perner, in: Deutsche Textiltechnik *21* (1971) H. 1, S. 55 (m. Bildn.).

Lendle, Ludwig, o. Professor für Pharmakologie und Toxikologie an der Georg-August-Universität Göttingen, o. Mitglied der Akademie der Wissenschaften in Göttingen, Mitglied und Senator der Deutschen Akademie der Naturforscher Leopoldina in Halle, Ehrenmitglied der Deutschen Pharmakologischen Gesellschaft in Marburg/Lahn und der Japanischen Pharmakologischen Gesellschaft Nihon Yakuri Gakkai in Tokio, geb. 6. II. 1899 in Wiesbaden, Göttingen, Stettiner Straße 17, Tel. 56307 (24. VI. 1944). † 19. VIII. 1969.

Schriftenverzeichnisse. W. Vogt, Zum 70. Geburtstag von Professor Dr. L. Lendle, in: Arzneimittel-Forschung *19* (1969) S. 243—246 (m. Bildn.). — Poggendorffs Handwörterbuch *VII₃ᵃ* (Bln 1959) S. 69—71. — Kürschners Dtsch. Gelehrten-Kal. *6₂* (Bln 1940/41) Sp. 46—47; *7* (Bln 1950) Sp. 1197; *8* (Bln 1954) Sp. 1378; *9* (Bln 1961) S. 1177; *10* (Bln 1966) S. 1402. — s. vorliegendes Jahrb. S. 265—275.

Würdigungen. Zum 65. Geburtstag: G. Kerstein, in: Nachrichtenbl. d. Dtsch. Gesellschaft f. Geschichte d. Medizin, Naturwissenschaft u. Technik e. V. *14* (1964) Nr. 23, S. 8—9. — Zum 70. Geburtstag: H. H. Eulner, in: Nachrichtenbl. d. Dtsch. Gesellschaft f. Geschichte d. Medizin, Naturwissenschaft u. Technik e. V. *19* (1969) S. 16. — W. Vogt, Zum 70. Geburtstag von Professor Dr. L. Lendle, in: Arzneimittel-Forschung *19* (1969) S. 243, 246 (m. Bildn.). — Allgemein: Gesamtverzeichnis des Lehrkörpers der Univ. Berlin. Bearb. v. J. Asen *1* (1880—1945) (Leipzig 1955) S. 115. — Catalogus Professorum Gottingensium 1734—1962. Hrsg. W. Ebel. Göttingen 1962. M 1, Nr. 107. — Wer ist wer? Hrsg. W. Habel. *14* (Bln 1962) S. 892. — Who's who in Germany? Hrsg. H. G. Kliemann, St. S. Taylor *1* (München 1956) S. 712; *2* (München 1960).

Nachrufe. H.-J. Deuticke, in: Jahrb. d. Akad. d. Wiss. in Göttingen *1969* (Göttingen 1970) S. 79—82. — R. Emmrich, s. vorliegendes Jahrb. S. 264—265 (m. Bildn.). —

W. D. Erdmann, Kl. D. Friedberg, A. Hasselblatt, G. Schmidt, in: Dtsch. Med. Wochenschrift *94* (Stuttgart, 21. Nov. 1969) Nr. 47, S. 2455—2457 (m. Bildn.). — F. Gross, Erinnerungen an Ludwig Lendle. In: Arzneimittel-Forschung *19* (1969) S. 2029—2030 (m. Bildn.). — E. Heischkel-Artelt, in: Nachrichtenbl. d. Dtsch. Gesellschaft f. Geschichte d. Medizin, Naturwissenschaft u. Technik e. V. *20* (Dez. 1970) H. 2, 2 S. — P. Holtz, in: Naunyn-Schmiedebergs Arch. Pharmak. *266* (1970) S. 1—2 (m. Bildn.). — H.-H. Voigt, Nachruf des Rektors der Georg-August-Universität Göttingen, Göttingen, Sept. 1969, 2 S.

Thomas, Karl, Dr. med., Dr. med. h. c. (Freiburg i. Br.), Dr. rer. nat. h. c. (Göttingen), em. oö. Professor für physiologische Chemie an der Friedrich-Alexander-Universität Erlangen-Nürnberg, Hon.-Professor an der Georg-August-Universität Göttingen, em. Direktor der Medizinischen Forschungsanstalt der Max-Planck-Gesellschaft zur Förderung der Wissenschaften, komm. Leiter der Arbeitsgemeinschaft ‚Silikoseforschung' der Medizinischen Forschungsanstalt der Max-Planck-Gesellschaft zur Förderung der Wissenschaften, Träger des Großen Verdienstkreuzes des Verdienstordens der Deutschen Bundesrepublik, Inhaber der Carl-von-Voit-Medaille der Deutschen Gesellschaft für Ernährung, der Albrecht-von-Haller-Medaille der Universität Göttingen und der Plakette der Muscular Dystrophy Association of America, Mitglied der Deutschen Akademie der Naturforscher Leopoldina in Halle, Wissenschaftliches Mitglied des Max-Planck-Instituts für experimentelle Medizin in Göttingen, Ehrenmitglied der Deutschen Gesellschaft für Physiologische Chemie in Frankfurt (Main), der Schweizerischen Gesellschaft für Ernährungsforschung und der Japanese Biochemical Society in Tokio, geb. 28. XI. 1883 in Freiburg i. Br., 34 Göttingen, Hermann-Rein-Straße 3, Tel. 23653-7 (27. II. 1932). † 6. IX. 1969.

Schriftenverzeichnisse. G. Weitzel, in: Hoppe-Seyler's Z. physiol. Chem. *351* (1970) S. 12—14. — ders., s. vorliegendes Jahrb. S. 277—281. — Poggendorffs Handwörterbuch *VI*$_4$ (Bln 1939) S. 2649; *VII*$_{4}$^{a} (Bln 1961) S. 670—671. — Kürschners Dtsch. Gelehrten-Kalender *5* (Bln-Leipzig 1935) Sp. 1410; *6*$_2$ (Bln 1940/41) Sp. 922; *7* (Bln 1950) Sp. 2100; *8* (Bln 1954) Sp. 2388; *9* (Bln 1961) S. 2096; *10*$_2$ (Bln 1966) S. 2493. — Jahrb. Sächs. Akad. Wiss. Leipzig *1954—1956* (Bln 1958) S. 193.

Gedenkschrift. H. J. Einbrodt: Das heitere Darüberstehen. Aussprüche und Begebenheiten von, mit und um Karl Thomas. Göttingen 1970. 108 S. (m. zahlreichen Abb.).

Festschrift. Festschrift zum 70. Geburtstag (= Hoppe-Seyler's Z. physiol. Chem. *295* [1953] 345 S.).

Würdigungen. Zum 70. Geburtstag: W. Heubner, in: Arzneimittel-Forschung *3* (1953) S. 594. — J. Kapfhammer, in: Hoppe-Seyler's Z. physiol. Chem. *295* (1953) S. VII bis VIII (m. Bildn. u. Faks.). — Zum 75. Geburtstag: H. J. Einbrodt, W. Koll, in: Mitteilungen Max-Planck-Gesellschaft *1959*, S. 194—201 (m. Bildn.). — Beiträge zur Silikoseforschung. Sonderbd. *3*: Grundfragen aus d. Silikoseforschung (Bochum 1959) 385 S. Herrn Prof. Dr. Karl Thomas zum 75. Geburtstag gewidmet. — Zum 80. Geburtstag: W. Koll, W. Schoedel, Die Medizin. Forschungsanstalt d. Max-Planck-Gesellschaft. In: Naturwissenschaften *50* (1963) S. 703—704. — E. Schütte, ebda S. 701—702. — Allgemein: Biographisches Lexikon der hervorragenden Ärzte der letzten 50 Jahre. Hrsg. J. Fischer *2* (Bln-Wien 1932) S. 1563. — Gesamtverzeichnis des Lehrkörpers der

Univ. Berlin. Bearb. v. J. Asen *1* (1810—1945) (Leipzig 1955) S. 200. — Catalogus Professorum Gottingensium 1734—1962. Hrsg. W. Ebel, (Göttingen 1962) M 2, Nr. 7. — W. Rotzsch, Physiol.-chem. Institut. In: 550 Jahre Med. Fak. Wiss. Z. Karl-Marx-Univ. Leipzig, Math.-nat. R. *14* (1965) H. 1, S. 58 (m. Bildn.) S. 57). — Degeners Wer ist's? *10* (Bln 1935) S. 1606—1607. — Who's who in Germany? Hrsg. H. G. Kliemann, St. S. Taylor *1* (München 1956) S. 1164; *2* (München 1960). — Wer ist wer? Hrsg. W. Habel *14* (Bln 1962) S. 1581.

Nachrufe. E. Strack, s. vorliegendes Jahrb. S. 275—277 (m. Bildn.). — G. Weitzel, in: Hoppe-Seyler's Z. physiol. Chem. *351* (1970) S. 3—12 (m. Bildn.). — ders., in: Dtsch. med. Wochenschr. *95* (1970) S. 291—296 (m. Bildn.). — ders., in: Arzneimittel-Forschung *20* (1970) S. 160—162 (m. Bildn.). — ders., in: Mitteilungen aus der Max-Planck-Gesellschaft München *1970*, H. 1, S. 4—13 (m. Bildn.). — o. V., [Max-Planck-Institut für experimentelle Medizin], Kondolenzadresse. Göttingen *1969*, 1 S.

Korrespondierende Mitglieder der mathematisch-naturwissenschaftlichen Klasse

Nenitzescu, D. Costin, Dr.-Ing., Professor für organische Chemie an der Technischen Hochschule „Gh. Gheorgiu Dej" in Bukarest, Staatspreisträger der Sozialistischen Republik Rumänien, Träger des Ordens „Stern der Sozialistischen Republik Rumänien", und der August-Wilhelm-von-Hofmann-Denkmünze der Gesellschaft Deutscher Chemiker in München [die Verleihung erfolgte postum am 6. Oktober 1970], o. Mitglied der Akademie der Sozialistischen Republik Rumänien in Bukarest, Präsident der chemischen Abteilung dieser Akademie, korresp. Mitglied der Deutschen Akademie der Wissenschaften zu Berlin und der Bayerischen Akademie der Wissenschaften in München, Mitglied der Deutschen Akademie der Naturforscher Leopoldina in Halle, Ehrenmitglied der Akademie der Wissenschaften der UdSSR in Moskau, der Polnischen Akademie der Wissenschaften in Warschau, der Ungarischen Akademie der Wissenschaften in Budapest und der Tschechoslowakischen Chemischen Gesellschaft, 1968 Wahl zum „Max-Tishler-Lecture" von der Harvard University (USA), geb. 15. VII. 1902 in Bukarest, București 22, Strada Școalei 8, Tel. 12-92-35 (24. X. 1966). † 28. VII. 1970.

Nach ihm benannt: Nenitzescu-Indolsynthese, Nenitzescu-Acylierung, Nenitzescusche Dimere.

Schriftenverzeichnisse. M. Avram, in: Chem. Ber. *104* (1971) H. 7, S. LIX—LXV. — dies., in: Rev. Roumaine Chim. *16* (1971) S. 1011—1022. — Jahrb. Sächs. Akad. d. Wiss. Leipzig *1966—1968* (Bln 1970) S. 220—221; s. vorliegendes Jahrb. S. 284—298.

Festschrift. Zum 60. Geburtstag (= Rev. Roumaine Chim. *7* [1962] Nr. 2, S. 651—1415).

Würdigungen. Zum 60. Geburtstag: o. V., in: Angew. Chem. *74* (1962) Beilage: Nachrichten aus Chemie u. Technik *10* (1962) S. 200 (m. Bildn.). — o. V., in: Rev. Roumaine Chim. *7* (1962) S. 651—654 (m. Bildn.).

Nachrufe. M. Avram, in: Chem. Ber. *104* (1971) H. 7, S. XVII—LIV (m. Bildn.). — dies., in: Rev. Roumaine Chim. *16* (1971) S. 959—1011 (m. Bildn.). — F. Runge, s. vorliegendes Jahrb. S. 281—284 (m. Bildn.).

Täufel, Kurt, Dr. phil., Dr. rer. nat. h. c. (Dresden), em. Professor mit Lehrstuhl für Lebensmittelchemie und -technologie an der Humboldt-Universität Berlin, Direktor am Institut für Ernährung in Potsdam-Rehbrücke der Deutschen Akademie der Wissenschaften zu Berlin, Nationalpreisträger, Hervorragender Wissenschaftler des Volkes, Inhaber der Wilhelm-Normann-Medaille der Deutschen Gesellschaft für Fettwissenschaft in Münster (Westf.) und der Ehrenurkunde des Fachverbandes „Lebensmittelindustrie" der Kammer der Technik in Berlin, Mitglied der Deutschen Akademie der Naturforscher Leopoldina in Halle und der Studiengruppe europäischer Ernährungswissenschaftler in Rüschlikon-Zürich, Ehrenmitglied der Chemischen Gesellschaft in der Deutschen Demokratischen Republik, der Deutschen Forschungsanstalt für Lebensmittelchemie in München, der Österreichischen Gesellschaft für Ernährungsforschung in Wien und des Ungarischen Wissenschaftlichen Vereins für Lebensmittelindustrie in Budapest, geb. 10. XII. 1892 in Crimmitschau (Sa.), 1505 Bergholz-Rehbrücke, In den Gehren 20, Tel. Rehbrücke 309 (23. II. 1959). † 10. II. 1970.

Schriftenverzeichnisse. A. Täufel, s. vorliegendes Jahrb. S. 303—334. — Poggendorffs Handwörterbuch *VI*$_4$ (Bln. 1939) S. 2600—2601; *VII*$_4$^{a} (Bln 1961) S. 617—620. — Kürschners Dtsch. Gelehrten-Kal. *3* (Bln-Leipzig 1928/29) Sp. 2434—2435; *4* (Bln-Leipzig 1931) Sp. 2991—2992; *5* (Bln-Leipzig 1935) Sp. 1398; *6*$_2$ (Bln 1940/41) Sp. 902; *7* (Bln 1960) Sp. 2080; *8* (Bln 1954) Sp. 2365—2366; *9* (Bln 1961) S. 2073; *10*$_2$ (Bln 1966) S. 2469—2470; *11* (Bln 1970) S. 3006—3007). — Jahrb. Sächs. Akad. Wiss. Leipzig *1957—1959* (Bln 1961) S. 260—263; *1960—1962* (Bln 1964) S. 295—299; *1963—1965* (Bln 1967) S. 230—233; *1966—1968* (Bln 1970) S. 232—233.

Würdigungen. Zum 60. Geburtstag: K. Rauscher, in: Chem. Technik *4* (1952) S. 518. — Zum 65. Geburtstag: U. Freimuth, K. Rauscher, in: Nahrung *2* (1958) S. 1—5 (m. Bildn. u. Faks.). — R. Pohloudek-Fabini, in: Pharmazie *12* (1957) S. 851 (m. Bildn.). — M. Ulmann, in: Ernährungsforschung *2* (1957) S. 671—675 (m. Bildn. u. Faks.). — Zum 70. Geburtstag: U. Freimuth, in: Mitteilungsbl. Chem. Gesellschaft *9* (1962) S. 226—228. — H. R. Gräfe, in: Ernährungsforschung *7* (1963) S. 477—478. — R. Pohloudek-Fabini, in: Pharmazie *17* (1962) S. 791—792. — W. Souci, in: Die Nahrung *6* (1962) S. 589—593 (m. Bildn.). — o. V., Glückwunsch des ZK d. SED. In: Neues Dtschl. 17 (1962). 10. Dez. — o. V.: Festkolloquium in Potsdam-Rehbrücke. In: Sächs. Tageblatt *17* (1962) 13. Dez. — Zum 75. Geburtstag: J. Schormüller, in: Die Nahrung *11* (1967) S. 535—537 (m. Bildn.). — W. Souci, in: FuF *41* (1967) S. 381—382 (m. Bildn.). — M. Ulmann, in: Ernährungsforschung *12* (1967) S. 563—564 (m. Bildn.). o. V., in: Hochschulwesen *15* (1967) S. 811. — Zum Nationalpreis: A. Kaiser, in: Nationalpreisträger *1952* (Bln 1953) S. 93—96 (m. Bildn.). — Zum Ehrendoktor: o. V., in: Mitteilungsbl. TH Dresden *5* (1958) Nr. 2 v. 20. 1. S. 7. — Allgemein: Degeners Wer ist's? *10* (Bln 1935) S. 1589—1590. — Meyers Neues Lexikon in 8 Bänden *7* (Leipzig 1964) S. 961.

Nachrufe. U. Freimuth, s. vorliegendes Jahrb. S. 299—303 (m. Bildn.). — ders., in: Mitteilungsbl. Chem. Gesellschaft *17* (1970) H. 5/6, S. 97—98. — ders., in: Ernährungsforschung *15* (1970) S. 125—129. — H. Haenel, ebda S. 29—30 (m. Bildn.). — ders., ebda S. 119—124. — J. Kisser, in: Lebensmittel u. Ernährung *23* (1970) Nr. 3, S. 3. — K. Mothes, in: Ernährungsforschung *15* (1970) S. 124—125. — o. V., in: Ernährungs-

Umschau *17* (1970) S. 204. — o. V., in: Fette/Seifen/Anstrichmittel *72* (1970) S. 352. — o. V., in: Die Stärke *22* (1970) S. 5, 180. — o. V., in: Brandenburgische Neueste Nachrichten v. 11. Febr. *1970*. — o. V., in: Märkische Volksstimme v. 11. Febr. *1970*.

Ordentliche Mitglieder der philologisch-historischen Klasse

Besseler, Heinrich, Dr. phil., Dr. phil. h. c. (Chicago), em. Professor mit Lehrstuhl für Musikwissenschaft an der Karl-Marx-Universität Leipzig, Nationalpreisträger, Ehrenmitglied des Instituto Español de Musicologia in Barcelona und der Vereniging voor Nederlandse Muzickgeschiedenis in Amsterdam, geb. 2. IV. 1900 in Dortmund-Hörde, 701 Leipzig, Nikischplatz 3, Tel. 25158 (14. III. 1955). † 25. VII. 1969.

Schriftenverzeichnisse. P. Gülke, s. vorliegendes Jahrb. S. 337—343. — Festschrift Heinrich Besseler zum 60. Geburtstag. Leipzig 1961. S. 529—534. — Kürschners Dtsch. Gelehrten-Kal. *3* (Bln-Leipzig 1928/29) Sp. 150—151; *4* (Bln-Leipzig 1931) Sp. 189; *5* (Bln-Leipzig 1935) Sp. 88; *6_1* (Bln 1940/41) Sp. 114—115; *7* (Bln 1950) Sp. 130—131; *8* (Bln. 1954) Sp. 142; *9* (Bln 1961) S. 127—128; *10* (Bln 1966) S. 157—158; *11* (Bln 1970) S. 192. — Jahrb. Sächs. Akad. Wiss. Leipzig *1957—1959* (Bln 1961) S. 270; *1960—1962* (Bln 1964) S. 303; *1963—1965* (Bln 1967) S. 237—238; *1966—1968* (Bln 1970) S. 239 bis 240.

Festschrift. Heinrich Besseler zum 60. Geburtstag. Hrsg. v. Institut f. Musikwissenschaft d. Karl-Marx-Univ. Leipzig. Leipzig 1961. 538 S. (m. Bildn.).

Würdigungen. Zum 60. Geburtstag. G. Hausswald, in: Musica *14* (1960) S. 248. — E. H. Meyer, in: Festschrift H. Besseler zum 60. Geburtstag. Leipzig 1961. S. 5. — wd., in: Die Union v. 4. April *1960*. — F. Zschoch, Musikwissenschaftler im Portrait: Heinrich Besseler. In: Beilage zum Börsenbl. f. d. Dtsch. Buchhandel *1960*, Nr. 17, S. 15—16. — o. V., in: Sächs. Tageblatt *15* (1960) Nr. 79 v. 2. April. — o. V., in: Univ. Ztg Karl-Marx-Univ. Leipzig *4* (1960) Nr. 14. — Zum 65. Geburtstag: K. Laux, in: Musik und Gesellschaft *15* (1965) S. 245—247. — W. S., in: Univ. Ztg Karl-Marx-Univ. Leipzig *9* (1965) Nr. 14, S. 2 (m. Bildn.). — o. V., Glückwunsch d. ZK d. SED, in: Leipziger Volks-Ztg *20* (1965) 2. April. — Zum Nationalpreis: P. Schmiedel, in: Leipziger Volks-Ztg *15* (1960) Nr. 287 v. 15. Okt. (m. Bildn.). — D. Weisig, in: Kulturspiegel d. Messestadt Leipzig *1960*, Nr. 12, S. 813—814. — Allgemein: R. Bockholdt, Zu H. Besselers „Grundsätzliches zur Übertragung von Mensuralmusik". In: Musikforschung *16* (1963) S. 275—277. — o. V., Pflegestätte d. nationalen Kulturerbes. In: Sächs. Tageblatt *16* (1961) Nr. 105 v. 6. Mai. — Der Große Brockhaus. 16. Aufl. in 12 Bdn *2* (Wiesbaden 1953) S. 56. — Brockhaus Enzyklopädie in 20 Bdn. 17. Aufl. d. Großen Brockhaus *2* (Wiesbaden 1967) S. 622. — Das Große Duden-Lexikon in 8 Bdn. Hrsg. Bibliogr. Institut *1* (Mannheim 1964) S. 566. — Der Große Herder. 5. Aufl. *1* (Freiburg i. Br. 1956) Sp. 1363. — Meyers Neues Lexikon in 8 Bdn *1* (Leipzig 1961) S. 762.

Nachrufe. E. B[rüll], in: Musikrat der Deutschen Demokratischen Republik. Bulletin *6* (1969) Nr. 2, S. 39. — P. Gülke, in: Beiträge zur Musikwissenschaft *12* (1970) H. 1, S. 69—73. — L. Hoffmann-Erbrecht, in: Die Musikforschung *23* (1970) S. 1—4

(m. Bildn.). — ders., in: Nuova Rivista Musicale Italiana *4* (1970) Nr. 1, S. 97—104 [ital.]. — ders., in: Musica *23* (1969) H. 5, S. 498. — Z. Lissa, s. vorliegendes Jahrb. S. 335—337 (m. Bildn.). — E. E. Lowinsky, in: Journal of the American Musicological Society *24* (1971) H. 3, S. 499—503. — E. H. Meyer, in: Musik u. Gesellschaft *19* (1969) S. 718. — W. Salmen, in: Acta musicologica *17* (1970) S. 219—220. — W. Siegmund-Schultze, in: Musik u. Gesellschaft *19* (1969) S. 718—719. — G. Wiemers, in: Mitteldeutsche Neueste Nachrichten *18* (1970) Nr. 178 v. 31. Juli. — ders., in: Die Union *24* (1970) Nr. 180 v. 1. Aug. — o. V., Nachruf des ZK d. SED, in: Neues Dtschl. *24* (1969) Nr. 208 v. 30. Juli. — o. V., in: Sonntag *23* (1969) Nt. 32 v. 10. Aug. — o. V., in: Leipziger Volks-Ztg *24* (1969) Nr. 208 v. 30. Juli. — o. V., in: Sächs. Tageblatt *24* (Leipzig 1969) Nr. 177 v. 31. Juli. — o. V., in: Schweizerische Musikztg *109* (Zürich 1969) S. 316. — o. V., in: Musik u. Kirche *39* (1969) S. 244—245.

Blaschka, Anton, Dr. phil., em. Professor mit Lehrauftrag für Historische Hilfswissenschaften, Mittellatein und Bohemistik an der Martin-Luther-Universität Halle—Wittenberg, geb. 7. X. 1892 in Oberprausnitz (Nordostböhmen), 402 Halle (Saale), Fischer-von-Erlach-Str. 52, Tel. 21784 (18. I. 1965). † 30. VII. 1970.

Schriftenverzeichnisse. W. Zöllner, Bibliographie Prof. Dr. Anton Blaschka anläßlich seines 70. Geburtstages zusammengestellt. In: Wiss. Z. Martin-Luther-Univ. Halle—Wittenberg, Ges.-sprachwiss. R. *11* (1962) S. 987—992. — ders., in: Orbis Mediaevalis. Festgabe für Anton Blaschka zum 75. Geburtstag am 7. Oktober 1967. Weimar 1970. S. 273—274. — ders., s. vorliegendes Jahrb. S. 347—357. — Kürschners Dtsch. Gelehrten-Kal. 6_1 (Bln 1940/41) Sp. 139—140; *7* (Bln 1950) Sp. 158—159; *9* (Bln 1961) S. 153; *10* (Bln 1966) S. 188—189; *11* (Bln 1970) S. 230. — Jahrb Sächs. Akad. Wiss. Leipzig *1963—1965* (Bln 1967) S. 238.

Festschrift. Orbis Mediaevalis. Festgabe für Anton Blaschka. zum 75. Geburtstag am 7. Oktober 1967. Hrsg. v. H. Gericke, M. Lemmer, W. Zöllner. Weimar 1970. 274 S. (m. Bildn.).

Würdigungen. Zum 70. Geburtstag: W. Zöllner, in: Wiss. Z. Martin-Luther-Univ. Halle—Wittenberg, Ges.-sprachwiss. R. *11* (1962) S. 987. — ders., in: ZfG *10* (1962) S. 1666—1668. Zum 75. Geburtstag: o. V., in: FuF *41* (1967) S. 287.

Autobiographisches. Autobiograph. Bemerkungen: Vom Lebenswerk A. Blaschkas. Zu seinem 65. Geburtstag. In: ZfS *2* (1957) S. 597—598.

Nachrufe. E. Müller, in: Namenkundliche Informationen. Okt. *1970*, Nr. 17, S. 40. — K. Oberdorffer, in: Prager Nachrichten 21 (München 1970) Nr. 9, ständige Beilage „Alma mater Pragensis" S. 3—4. — G. Wiemers, in: Die Union *25* (1970) Nr. 261 v. 3. Nov. — W. Zöllner, s. vorliegendes Jahrb. S. 343—347 (m. Bildn.).

Hentschel, Walther, Dr. phil., Professor mit Lehrstuhl für Kunstgeschichte und Denkmalpflege an der Technischen Universität Dresden, Inhaber der Verdienstmedaille der Deutschen Demokratischen Republik, Mitglied der Historischen Kommission der Akademie, Mitglied des erweiterten Vorstandes des Deutschen Vereins für Kunstwissenschaft in Berlin-Charlottenburg, geb. 25. III. 1899 in Zwickau/Sa., 8051 Dresden-Bad Weißer Hirsch, Sonnenleite 21, Tel. 376107 (11. XII. 1961). † 22. XII. 1970.

Schriftenverzeichnisse. Kl. Mertens, s. vorliegendes Jahrb. S. 360—368. — Kürschners Dtsch. Gelehrten-Kal. *3* (Bln-Leipzig 1928/29) Sp. 899; *4* (Bln-Leipzig 1931) Sp. 1124; *5* (Bln-Leipzig 1935) Sp. 525; *7* (Bln 1960) Sp. 774; 9_1 (Bln 1961) S. 733—734; *10* (Bln 1966) S. 893; *11* (Bln 1970) S. 1100. — Jahrb. Sächs. Akad. Wiss. Leipzig *1963—1965* (Bln 1967) S. 248; *1966—1968* (Bln 1970) S. 250.

Festschrift. Walter Hentschel zum 70. Geburtstag. In: Wiss. Z. TU Dresden *18* (1969) H. 1, S. 19—76.

Würdigungen. Zum 65. Geburtstag: o. V., in: FuF *38* (1964) S. 64. — o. V., in: Hochschulwesen *12* (1964) S. 154. — Zum 70. Geburtstag: Kl. Mertens, Mit der Kunst Sachsens verbunden. In: Die Union *24* (Dresden 1969) Nr. 71 v. 25. März. — Allgemein: Kl. Mertens, Im Dienst sächsischer Kunst. In: Die Union *21* (Dresden 1966) Nr. 203 v. 30. Aug.

Nachrufe. S. Asche, in: Kunstchronik *24* (1971) S. 139—140. — F. Ficker, in: Die Kunst und das schöne Heim *83* (1971) S. 136—137. — J. Jahn, s. vorliegendes Jahrb. S. 357—360 (m. Bildn.). — Kl. Mertens, in: Die Union *26* (Dresden 1971) Nr. 71 v. 25. März. — W. Schmidt, in: Dresdener Kunstblätter *15* (1971) H. 2, S. 58—59. — ders., in: Sächs. Heimatblätter *17* (1971) H. 3, S. 144—145.

Früher ordentliches, dann auswärtiges Mitglied der philologisch-historischen Klasse

Behn, Friedrich, Dr. phil., em. Professor mit Lehrstuhl für Vor- und Frühgeschichte an der Karl-Marx-Universität Leipzig, Kustos i. R. am Römisch-Germanischen Zentralmuseum in Mainz, Ehrenbürger der Stadt Lorsch, Inhaber der Ehrenplakette des Kreises Bergstraße, o. Mitglied des Deutschen Archäologischen Instituts in Berlin-Dahlem und des akademischen Senats der Humboldt-Gesellschaft für Wissenschaft, Kunst und Bildung, geb. 14. II. 1883 in Neustrelitz, (Mecklenburg), 65 Mainz, Göttelmannstraße 42a, Tel. 21313 (14. II. 1949). † 15. VIII. 1970.

Schriftenverzeichnisse. R. Busch, s. vorliegendes Jahrb. S. 369—377. — Kürschners Dtsch. Gelehrten-Kal. *1* (Bln-Leipzig 1925) Sp. 49; *2* (Bln-Leipzig 1926) Sp. 93; *3* (Bln-Leipzig 1928/29) Sp. 115—116; *4* (Bln-Leipzig 1931) Sp. 145; *5* (Bln-Leipzig 1935) Sp. 67; 6_1 (Bln 1940/41) Sp. 87; *7* (Bln 1950) Sp. 102; *9* (Bln 1961) S. 99; *10* (Bln 1966) S. 123; 11 (Bln 1970) S. 148. — Jahrb. Sächs. Akad. Wiss. Leipzig *1957—1959* (Bln 1961) S. 269 bis 270; *1960—1962* (Bln 1964) S. 303; *1963—1965* (Bln 1967) S. 237; *1966—1968* (Bln 1970) S. 239.

Festschrift. Zum 70. Geburtstag. Leipziger Beiträge zur Vor- und Frühgeschichte. Leipzig 1955. VI, 167 S. (= Forschungen zur Vor- und Frühgeschichte. Hrsg. v. Institut f. Vor- u. Frühgeschichte d. Karl-Marx-Univ. Leipzig, 1).

Gedenkschrift. Jahrb. Röm.-German. Zentralmuseum *17* (Mainz 1970) XXIV, 348 S., 21 Taf. (m. Bildn.).

Würdigungen. Zum 75. Geburtstag: o. V., in: FuF *32* (1958) S. 31. — o. V., in: Hochschulwesen *6* (1958) S. 51. — o. V., in: Die Union v. 14. Febr. *1958.* — o. V., in: Leipziger Volks-Ztg v. 14. Febr. *1958.* — Zum 80. Geburtstag: M. Jahn, in: FuF *37* (1963) S. 61 bis 62. — W. Kilian, Künder von Forschungserfolgen. In: Die Neue Zeit v. 14. Febr.

1963. — ders., Nestor der Vor- und Frühgeschichte. In: Sächs. Tageblatt v. 9. Febr. *1963.* — o. V., in: FuF *37* (1963) S. 32. — o. V., in: Hochschulwesen *11* (1963) S. 87. — Allgemein: Degeners Wer ist's? *10* (Bln 1935) S. 86. — Das Große Duden-Lexikon in 8 Bänden. Hrsg. Bibliograph. Institut *1* (Mannheim 1964) S. 517. — Brockhaus Enzyklopädie in 20 Bänden. 17. Aufl. d. Großen Brockhaus *2* (Wiesbaden 1967) S. 463.

Nachrufe. W. Hofmann, in: SV-Zeitung, Aachen, Nr. 4 v. Sept.-Okt. *1970,* S. 11 (m. Bildn.). — H. Klumbach, in: Allgemeine Ztg Mainz v. 19. Aug. *1970.* — F. Knöpp, Dem Erforscher der Lorscher Klosteranlage zum Gedächtnis. In: Geschichtsblätter Kreis Bergstraße H. 3, *1970,* S. 3—6 (m. Bildn.). — G. Neumann, s. vorliegendes Jahrb. S. 368—369 (m. Bildn.). — o. V., in: Lorscher Anzeiger v. 19. Aug. *1970.* — K. Böhner, in: *Gedenkschrift,* S. IX—XIII.

Korrespondierendes Mitglied der philologisch-historischen Klasse

Grundmann, Herbert, Dr. phil., Präsident der Monumente Germaniae Historica in München, Hon.-Professor für Geschichte des Mittelalters an der Ludwig-Maximilians-Universität München, o. Mitglied der Bayerischen Akademie der Wissenschaften in München, korresp. Mitglied der Akademie der Wissenschaften in Göttingen, der Österreichischen Akademie der Wissenschaften in Wien, des Institut de France/Académie des Inscriptions et Belles-Lettres in Paris, der Accademia Nazionale dei Lincei in Rom und der Société des Bollandistes in Brüssel, o. Mitglied der Historischen Kommission bei der Bayerischen Akademie der Wissenschaften in München, geb. 14. II. 1902 in Meerane (Sa.), 8 München 27, Kolberger Straße 11 I, Tel. 485787 (11. II. 1957). † 20. III. 1970.

Schriftenverzeichnisse. H. Lietzmann, in: Dtsch. Archiv f. Erforschung d. Mittelalters *26* (1970) H. 2. — dies., s. vorliegendes Jahrb. S. 380—390. — Kürschners Dtsch. Gelehrten-Kal. 6_1 (Bln 1941) Sp. 585; *7* (Bln 1950) Sp. 652—653; *8* (Bln 1954) Sp. 735; *9* (Bln 1961) S. 612; *10* (Bln 1966) S. 743; *11* (Bln 1970) S. 916. — Jahrb. Sächs. Akad. Wiss. Leipzig *1954—1956* (Bln 1958) Ergänzungen, S. 7; *1957—1959* (Bln 1961) S. 275; *1960—1962* (Bln 1964) S. 311; *1963—1965* (Bln 1967) S. 246; *1966—1968* (Bln 1970) S. 249—250.

Würdigungen. Allgemein: Who's who in Germany? Hrsg. H. G. Kliemann, St. S. Taylor. *1* (München 1956) S. 428; *3* (München 1964) S. 590. — Wer ist wer? Hrsg. W. Habel. *14* (Bln 1962) S. 473. — Das Bertelsmann Lexikon in 7 Bänden *3* (Gütersloh 1966) S. 542.

Nachrufe. H. Appelt, in: Almanach Österr. Akad. Wiss. f. 1970. *120* (Wien 1971) S. 391 bis 394 (m. Bildn.). — F. Baethgen, in: Jahrb. Bayer. Akad. Wiss. *1970* (München 1970) S. 214—223 (m. Bildn.). — A. Borst, in: Dtsch. Archiv f. Erforschung d. Mittelalters *26* (1970) H. 2. — H. Heimpel, in: HZ *211* (1970) S. 781—786. — ders., s. vorliegendes Jahrb. S. 377—380 (m. Bildn.). — K. Jordan, in: Geschichte in Wiss. u. Unterricht *26* (1970) H. 7, S. 389. — R. Reinhardt, in: Revue d'histoire ecclésiastique *65* (1970) S. 622. — F. Wagner, in: AfKg. 52 (1970) S. 1—3. — gr., in: Westf. Nachrichten Nr. 70 v. 25. März *1970.*

GEDENKTAGE

100. Geburtstage

Mathematisch-naturwissenschaftliche Klàsse

1971	Garten, Siegfried	29. Juni
	Kossmat, Franz	22. August
1973	Joest, Ernst	14. Februar
	Meisenheimer, Johannes	30. Juni

Philologisch-historische Klasse

1971	Clemen, Otto	30. Dezember
1972	Hertel, Johannes	13. März
1973	Schubart, Wilhelm	21. Oktober

150. Geburtstage

Mathematisch-naturwissenschaftliche Klasse

1972	D'Arrest, Heinrich	13. August
	Leuckart, Rudolf	7. Oktober
1973	Schlömilch, Oscar	13. April
	Carus, Julius Victor	25. August
	Mettenius, Georg	24. November

Philologisch-historische Klasse

1971	Schleicher, August	19. Februar

200. Geburtstage

Philologisch-historische Klasse

1972	Hermann, Gottfried	28. November
1973	Hasse, Friedrich Christian August	4. Januar

50. Todestage

Mathematisch-naturwissenschaftliche Klasse

1971	Thomae, Johannes	2. April
	Knorr, Ludwig	4. Juni
1972	Hallwachs, Wilhelm	20. Juni
1973	Beckmann, Ernst	13. Juli
	Garten, Siegfried	7. August

Philologisch-historische Klasse

1971	Treu, Georg	5. Oktober
	Seeliger, Gerhard	24. November
	Mitteis, Ludwig	26. Dezember
1972	Delbrück, Berthold	3. Januar
	v. Seidlitz, Woldemar	16. Januar
	Delitzsch, Friedrich	19. Dezember
1973	Roscher, Wilhelm Heinrich	9. März

100. Todestage

Mathematisch-naturwissenschaftliche Klasse

1971	Weber, Eduard Friedrich	18. Mai
1973	Naumann, Karl Friedrich	26. November

Philologisch-historische Klasse

1971	Franke, Friedrich	23. Januar

ARCHIV

701 Leipzig, Goethestraße 3—5, Tel. 22886
Archivare: Dipl. phil. Elisabeth Lea (seit 1. I. 1970) und Diplom-Archivar/Diplom-Historiker Gerald Wiemers

BIBLIOTHEK

Bibliothekar im Nebenamt: Dr. Dietmar Debes, wissenschaftlicher Bibliothekar an der Universitätsbibliothek Leipzig, 701 Leipzig, Beethovenstraße 6, Tel. 34391
Bibliothekarin im Nebenamt: Barbara Heider geb. Jahn (bis 15. VII. 1969), Jutta Sporleder (seit 1. X. 1969)
Magazinverwalter: Paul Tottermusch

KASSE

Leiter im Nebenamt: Herbert Kaesehagen, Leiter der Abteilung Finanzen an der Karl-Marx-Universität Leipzig, 701 Leipzig, Ritterstraße 26, Tel. 7156/214
Buchhaltung: Lea Zimmermann
Gehaltrechnerin: Lotte Schröter

VERWALTUNG UND SEKRETARIAT

701 Leipzig, Goethestraße 3—5, Tel. 26090 und 22886
Verwaltungsleiterin: Gerda Rüprich
Hauptsachbearbeiterin: Christa Meister (15. VIII. 1969 bis 11. I. 1971)
Angestellte: Hilda Hilse, Heinz Kunze

VERLAG DER AKADEMIE

Akademie-Verlag GmbH, 108 Berlin, Leipziger Straße 3—4, Tel. 220441

VERTRAGSHEIM DER AKADEMIE

Kurhaus Masserberg, Tel. Masserberg/Thür. 221

KOMMISSIONEN UND UNTERNEHMUNGEN

Mathematisch-naturwissenschaftliche Klasse

Kommission für größere Forschungsangelegenheiten der mathematisch-naturwissenschaftlichen Klasse

701 Leipzig, Goethestraße 3—5, Tel. 26090 und 22886
Vorsitzender: Arland
Mitglieder: Emmrich, Neef, Schwabe, Strack, Wolf

Kommission für J. C. Poggendorff, Biographisch-literarisches Handwörterbuch der exakten Naturwissenschaften

701 Leipzig, Goethestraße 3—5, Tel. 26090 und 22886
Vorsitzender: Neef
Mitglieder: Arland, Mothes, Runge, Strack
Prof. Dr. Hans Salié als außerakademisches Mitglied
Leiter der Redaktion: Prof. Dr. Hans Salié
701 Leipzig, Beethovenstraße 6, Tel. 34391, App. 88 und 89
Wiss. Arbeitsleiter: Dr. Lebrecht Weichsel, wiss. Assistentinnen: Dipl.-Chem. Margot Köstler, Dipl. phil. Winnifred Schenk (seit 1. VII. 1970); Bibliothekarinnen: Dr. Hildegard Delling, Dorothea Johow (bis 31. XII. 1970), Luise Lützenberg; Hauptsachbearbeiterinnen: Irene Börnert, Gertrud Lindemann, Lona Meischner, Margot Mohs, Gudrun Scheibe; wiss. Sekretärinnen: Juliana Becker (bis 31. XII. 1970), Ella Kandtler; Mitarbeiter: Dr. Otto Rübesame (bis 31. XII. 1970), Dipl. phil. Winnifred Schenk (bis 30. VI. 1970), Dipl. phil. Lili Schneyer, Margarete Vilhelmson (bis 30. VI. 1969)

Düngung der Pflanzen

701 Leipzig, Johannisallee 19, Tel. 63002 und 64256
Leiter: Arland
Mitarbeiter: Dr. Ruth Zwicker, Dr. Charlotte Enzmann, Fritz Schulz

Spektroskopische Untersuchung von Heilwässern

92 Freiberg (Sa.), Gustav-Zeuner-Straße, Tel. 512 und 591
Leiter: Buchheim
Wiss. Assistent: Dipl.-Phys. Manfred Klose

Laboratorium für Alternsforschung

701 Leipzig, Johannisallee 32, Tel. 3970
Leiter: Emmrich
Technische Hilfskraft: Jörg Rathmann (bis 31. VIII. 1969), Angelika Titel (seit 1. IX. 1970)

Untersuchungen über die Wirkungsmechanismen von Neurohormonen

69 Jena, Ebertstraße 1, Teil. 27122, App. 399, 425
Leiter: Gersch
Mitarbeiter: Dr. Klaus Richter, wiss. Arbeitsleiter; wiss. Assistenten: Dr. Gustav-Adolf Böhm, Dr. Jörg Stürzebecher (bis 31. X. 1970), Dr. Heiner Birkenbeil (ab 1. XII. 1970)
Technische Hilfskräfte: Harry Rabe, Ingenieur; Bärbel Fabian (bis 23. II. 1969), Rosemarie Meißner (seit 1. IX. 1970), Annemaria Tilz, Edith Wolschner (bis 30. VI. 1970)

Untersuchungen über den Bildungsmechanismus der Chromoorganoverbindungen und Studium ihrer Reaktionsweisen

69 Jena, August-Bebel-Straße 2, Tel. 2 3472 und 2 2578/App. 262
Leiter: Hein
Mitarbeiter: Dr. Bodo Heyn (bis 31. XII. 1970)

Entwicklung einer Theorie spezieller analytischer Funktionen

69 Jena, Helmholtzweg 1, Tel. 27122/App. 391
Leiter: Maier
Mitarbeiter: Dipl.-Math. Friedhelm Götze, Dr. Wolfdietrich Müller, Dipl.-Math. Heinz Toparkus, Dr. Gerd Wechsung (alle bis 31. XII. 1970)

Untersuchungen über Naturhaushalt und Gebietscharakter

8027, Zellescher Weg 19, Tel. 4833278
Leiter: Neef
Wiss. Arbeitsleiter: Dr. Gottfried Andreas (bis 31. VIII. 1970), Dr. Arnd Bernhardt (ab 1. IX. 1970)

Wiss. Oberassistent: Dr. Arnd Bernhardt (bis 31. VIII. 1970), Dr. Karl Mannsfeld (ab 1. IX. 1970)
Wiss. Assistenten: Dipl.-Geograph Joachim Dornbusch (ab 1. IX. 1970), Dr. Inge Hartsch (ab 1. IX. 1970), Dr. Karl Mannsfeld (bis 31. VIII. 1970)
Ingenieur-Kartograph: Joachim Bieler
Laborantin: Karin Kießling
Mitarbeiter: Dipl.-Forst-Ingenieur Felix Lampadius, Dipl.-Geograph Wassil Zikandeloff (bis 31. VII. 1969)

Erweiterte Regionalbibliographie von Mitteldeutschland

8027 Dresden, Zellescher Weg 19, Tel. 4833278
Leiter: Neef
Mitarbeiter: Dipl.-Geograph Ernst Benedict, Dr. Inge Hartsch (bis 31. VIII. 1970)

Reinigung von Abwässern mit Hilfe von Adsorbentien

402 Halle (Saale), Schloßberg 2, Tel. 21191, App. 17
Leiter: Runge
Wiss. Oberassistent: Dr. Rolf Hildebrandt (bis 31. VIII. 1969)
Wiss. Assistenten: Dr. Erika Laqua (ab 1. I. 1969), Dr. Sabine Lindau
Technische Hilfskräfte: Friederike Frahm, Ingeborg Schwab
Mitarbeiter: Dipl.-Chem. Jürgen Ackermann, Dipl.-Chem. Helmut Fiedler (ab 10. XI. 1969), Dr. Eberhard Taeger (bis 31. XII. 1970)

Kristallstruktur und Katalyse. Aziditätsmessungen. Massenspektrometrie

8028 Dresden, Bergstraße 66b, Tel. 4834670
Leiter: Schwabe
Wiss. Assistentin: Dipl.-Chem. Sonnhild Giese (bis 14. X. 1970)

Wirkung von Carnitinester auf den physiologischen und pathologischen Stoffwechsel sowie auf den Tumorstoffwechsel

701 Leipzig, Liebigstraße 16, Tel. 31114, App. 379
Leiter: Strack
Wiss. Assistent: Dipl.-Chem. Detlef Müller
Med.-techn. Assistentin: Helga Landmann

Philologisch-historische Klasse

Althochdeutsches Wörterbuch

701 Leipzig, Beethovenstraße 6, Tel. 44391, App. 83—85
Leiter: Große

Wiss. Arbeitsleiter: Dr. Siegfried Blum, Dr. Heinrich Götz (zugleich als Geschäftsführer), Dr. Rolf Heller, Dr. Gertraud Müller, Dr. Elfriede Ulbricht, Dr. Gerhard Wolfrum
Wiss. Oberassistentin: Dr. Ingeborg Köppe
Wiss. Assistentin: Dipl. phil. Sybille Blum
Wiss. Hilfskraft: Bernhard Langer

Erforschung der Sprache der frühen deutschen Lyrik

701 Leipzig, Goethestraße 3—5, Tel. 22886
Leiterin: Blumenthal
Wiss. Assistentin: Dipl. phil. Elisabeth Lea (bis 31. XII. 1969)

Wörterbuch der obersächsischen Mundarten

701 Leipzig, Goethestraße 3—5, Tel. 7156334 und 7156338
Leiter: Große
Wiss. Arbeitsleiter: Dr. Gunter Bergmann
Wiss. Assistenten: Dipl. phil. Lieselotte Flechsig (bis 31. XII. 1969), Dr. Dagmar Helm, Dipl. phil. Ingrid Pak, Dipl. phil. Lothar Wezel (seit 1. I. 1970)
Wiss. Mitarbeiter: Dr. Isolde Neumann, Dr. Walter Krug (seit 1. II. 1970)
Wiss. Hilfskräfte: Dipl. paed. Erika Weber, Dipl. phil. Lothar Wezel (bis 31. XII. 1969), Fachlehrer Hartmut Wittkowski (seit 1. X. 1970)

Bibliographie zur Vor- und Frühgeschichte Mitteldeutschlands

852 Buckenhof über Erlangen, Hallerstraße 33, Tel. 8594
Leiter: M. Jahn
Bearbeiter: Liddy Bierbaum

Herausgabe der syrischen liturgischen Lieder

69 Jena, Hornstraße 1, Tel. 24382
Leiter: Besseler † und Meyer

Erschließung der Handschriftenbestände des Hauptarchivs der Franckeschen Stiftung in Halle

402 Halle (Saale), Franckeplatz 1, Tel. 8147
Leiter: Lau
Bearbeiter: Dr. Günther Wartenberg (bis 31. XII. 1969), Rosemarie Wünsche (seit 1. I. 1970)

Untersuchungen sprachlicher Überlieferungen in den Gebieten am Niederrhein

701 Leipzig, Goethestraße 3—5, Tel. 26090
Dr. Gabriele Schieb: Herausgabe der Eneide des Henric van Veldeken
Mitarbeiterin: Dr. Anneliese Plätzsch
Dr. Elisabeth Linke †: Herausgabe des rheinischen Denkmals Morant und Galie
Mitarbeiterin: Dipl. phil. Brigitte Mattausch (alle bis 31. III. 1970)

Historische Kommission

701 Leipzig, Goethestraße 3—5, Tel. 22886
Leiter: Buchda
Stellv. Leiter: Lau
Beisitzer: Dr. Hans Eberhardt
Mitglieder: Dr. Friedrich Beck, Prof. Dr. K. Bischoff, Dr. phil. habil. Karlheinz Blaschke, Dr. Werner Coblenz, Prof. Dr. Karl Czok, Dr. Dietmar Debes, Dr. phil. habil. Ernst Eichler, Prof. Dr. R. Fischer († 2. VIII. 1971), Dr. Hanns Gringmuth-Dallmer, Prof. Dr. R. Große, Prof. Dr. Gerhard Heitz, Prof. Dr. W. Hentschel († 22. XII. 1970), Prof. Dr. Dr.-Ing. e. h. E. Lehmann, Prof. Dr. Dr. h. c. W. Markov, Prof. Dr. Dr. Hans-Joachim Mrusek, Dr. Ernst Müller (†), Prof. Dr. G. Neumann (†), Prof. Dr. Erich Neuß, Dr. Paul Nowotny, Dr. Horst Schlechte, Prof. Dr. G. Schubart-Fikentscher, Prof. Dr. Max Steinmetz, Prof. Dr. Dr. h. c. Leo Stern, Dr. Manfred Unger, Dr. phil. habil. Hans Walther, Prof. Dr. Dr. Hermann Weidhaas
Wiss. Sekretär: Dr. phil. habil. Hans Walther
Verwaltung: Brigitte Simon (bis 30. IV. 1969), Elisabeth Hüttel von Heidenfeld (bis 10. V. 1969), Christa Meister (1. XI. 1969 bis 11. I. 1971)

Mitteldeutsche Studien
Leiter: Große

Deutsch-Slawische Forschungen (in Verbindung mit dem Ministerium für das Hoch- und Fachschulwesen)
Leiter: Große und Fischer († 2. VIII. 1971)
Mitarbeiter (hauptamtlich): Dr. phil. habil. Hans Walther (zugleich als Geschäftsführer), Johannes Schultheis

Bibliographie zur Sächsischen Geschichte
Leiter: Buchda

Dresden-Bibliographie, Ergänzungen, Biographie (in Verbindung mit der Sächsischen Landesbibliothek)
Leiter: Dr. Dietmar Debes
Bearbeiter: Dorothee Denecke (bis 31. III. 1969), Dr. Friedrich Seydel (bis 31. XII. 1969), Rosemarie Wünsche (seit 1. I. 1970)

Leipzig-Bibliographie (in Verbindung mit dem Stadtarchiv)
Leiter: Dr. Manfred Unger
Bearbeiterin: Hildegard Heilemann

Akten und Briefe zur Kirchenpolitik Herzog Georgs von Sachsen
Leiter: Buchda und Lau
Bearbeiterin: Dr. Elisabeth Werl

Politische Korrespondenz des Herzogs und Kurfürsten Moritz von Sachsen
Leiter: Buchda und Lau
Bearbeiter: Dr. Johannes Herrmann, Siegfried Müller (bis 31. XII. 1969), Dr. Günther Wartenberg (seit 1. I. 1970)

Historischer Atlas von Sachsen
Leiter: Lehmann mit Dr. phil. habil. Karlheinz Blaschke

Quellen und Forschungen zur sächsischen Geschichte
Leiter: Buchda mit Dr. phil. habil. Karlheinz Blaschke und Dr. phil. habil. Hans Walther

Jahrbuch für Regionalgeschichte
Leiter: Buchda mit Prof. Dr. Karl Czok

Codex diplomaticus Saxoniae regiae
Hauptteil 1, Bd 3: Urkunden der Markgrafen von Meißen und Landgrafen von Thüringen. 1196—1234
Leiter: Manfred Kobuch
Bearbeitung des Registers: Dr. phil. Elisabeth Boer und Manfred Kobuch

ZUSCHÜSSE

werden geleistet für die Veröffentlichungen
der Monumenta Germaniae Historica,
des Thesaurus Linguae Latinae.

Für die Unternehmungen innerhalb der Union Académique Internationale ist je ein Mitarbeiter eingesetzt:

für das Corpus Vasorum Antiquorum: Dr. phil. habil. Eberhard Paul,
für das Mittellateinische Wörterbuch: Dr. phil. Anneliese Grau

VERTRETER DER AKADEMIE

Zentraldirektion der Monumenta Germaniae Historica
Rudolf Große

Internationale Thesaurus-Kommission
Wolfgang Schadewaldt

Verwaltungsausschuß des Deutschen Museums
Franz Runge (seit 24. III. 1969)

Redaktionsausschuß der Deutschen Literaturzeitung
Gerhard Buchda
Ernst Neef

Kommission für die Herausgabe einer Enzyklopädie der mathematischen Wissenschaften
Ernst Hölder

Unternehmungen der deutschen Akademien der Wissenschaften innerhalb der Union Académique Internationale

Corpus Vasorum Antiquorum
Siegfried Morenz († 14. I. 1970)

Mittellateinisches Wörterbuch
Wolfgang Schadewaldt

SITZUNGSKALENDER FÜR DIE JAHRE 1969 UND 1970

Die Vorträge werden nacheinander gehalten und vom Plenum entgegengenommen. Im Anschluß an die Vorträge finden getrennte Geschäftssitzungen der Klassen statt, an diese schließen Gesamtsitzungen an.

1969

		Mathematisch-naturwissenschaftliche Klasse	*Philologisch-historische Klasse*
Montag,	20. Januar	Runge	Bahner
Montag,	17. Februar	Wolf	Hentschel
Montag,	24. März	Neef	Morenz
Sonnabend,	19. April	Öffentliche Gesamtsitzung zur Erinnerung an den Geburtstag von Leibniz	Große
Montag,	19. Mai	Buchheim	Eißfeldt
Montag,	23. Juni	Merrem	Lau
Montag,	15. November	—	Jahn
Montag,	8. Dezember	Stather	Lehmann

1970

Montag,	19. Januar	Schwabe	Müller
Montag,	23. Februar	Schulze	—
Montag,	16. März	Emmrich	Peuckert
Sonnabend,	18. April	Öffentliche Gesamtsitzung zur Erinnerung an den Geburtstag von Leibniz	Markov
Montag,	25. Mai	Maier	Peek
Montag,	15. Juni	Klinkowski	Buchda
Montag,	12. Oktober	Drischel	—
Sonnabend,	14. November	Öffentliche Gesamtsitzung zur Erinnerung an den Todestag von Leibniz	Neef
Montag,	7. Dezember	Mothes	Schubart-Fikentscher

ANSPRACHE DES PRÄSIDENTEN, HERRN SCHWABE

bei der öffentlichen Gesamtsitzung am 19. April 1969

Die öffentliche Frühjahrssitzung der Sächsischen Akademie der Wissenschaften ist wie in jedem Jahr dem Andenken von Gottfried Wilhelm Leibniz gewidmet, dem großen Gelehrten, der vor 323 Jahren (1646) in dieser Stadt geboren wurde und der auch die Gründung der Sächsischen Akademie angeregt hat. Seine Forderung, daß die Wissenschaft der menschlichen Gesellschaft zu nützen habe, war damals nicht selbstverständlich, weil die wissenschaftliche Arbeit kaum in Beziehung zu den materiellen Bedürfnissen der Menschen stand. Sie ist auch heute nicht trivial, obwohl das rasche Anwachsen der Bevölkerung auf unserem Globus sie unabdingbar macht.

Daß die Wissenschaft zur Entwicklung von Massenvernichtungsmitteln der verschiedensten Art mißbraucht wird und diese zur Sicherung oder Gewinnung politischer Macht skrupellos eingesetzt werden, ist leider eine bekannte Tatsache. Aber auch die friedliche Nutzung der Wissenschaft zur Steigerung von Wohlstand und Wohlleben ist mit Gefahren verbunden, die zu bannen eine ernste Pflicht der Wissenschaftler ist. Friedrich Engels hat auf diese Gefahren in seiner Dialektik der Natur vor weit über 100 Jahren mit prophetischen Worten hingewiesen:

„Schmeicheln wir uns indes nicht zu sehr mit unseren menschlichen Siegen über die Natur. Für jeden solchen Sieg rächt sie sich an uns. Jeder Sieg hat in erster Linie zwar die Folgen, auf die wir gerechnet, aber in zweiter und dritter Linie hat er ganz andere, unvorhergesehene Wirkungen, die nur zu oft jene ersten Folgen wieder aufheben ... Und so werden wir bei jedem Schritt daran erinnert, daß wir keineswegs die Natur beherrschen, wie ein Eroberer ein fremdes Volk beherrscht, wie jemand, der außer der Natur steht — sondern daß wir mit Fleisch und Blut und Hirn ihr angehören und mitten in ihr stehen, und daß unsere ganze Herrschaft über sie darin besteht, im Vorzug vor allen anderen Geschöpfen ihre Gesetze erkennen und richtig anwenden zu können.“

Heute wissen wir, daß diese Warnung nur zu berechtigt war. Die neue Verfassung der DDR sieht daher prinzipielle Maßnahmen zur Verhütung von Schäden durch Verunreinigung der Biosphäre mit toxischen Produkten der Technik vor. Die Sächsische Akademie hat ihre Forschungsvorhaben seit etwa 3 Jahren auf Probleme der Ermittlung und Beseitigung von Schadstoffen der Industrie gerichtet. Sie hofft dabei auf allseitige Unterstützung auch der Industrie, da die Informationen über das Anwachsen der Immission von schädlichen Abgasen und flüssigen Schadstoffen alarmierend sind. Dazu nur einige Beispiele: In New York ist festgestellt worden, daß jeder Bürger im Jahre über 300 kg Schmutzstoffe inhaliert, dabei enthält 1 m^3

Straßenstaub mehrere kg des hochtoxischen Bleis aus den Verbrennungsprodukten der Kraftfahrzeuge. In Paris werden durch die Kraftfahrzeuge täglich etwa $100 \cdot 10^6$ m^3 Kohlenoxid emittiert, dadurch erreicht der Kohlenoxidgehalt in Mundhöhe etwa 0,4%, während die Verträglichkeitsgrenze bei 0,01% liegt. Deswegen ist der Einsatz von Brennstoffelementen für den Fahrzeugantrieb, über die hier vor einigen Jahren gesprochen wurde, besonders aktuell. Gleichzeitig ist durch die Staubemission in Paris die Zahl der Nebeltage in den letzten 25 Jahren um das Dreifache gestiegen. Auch in Charkow hat sich seit der Industrialisierung der Stadt die Zahl der Nebeltage von 15% auf 30% erhöht. Dadurch wird auch der Ultraviolettanteil der Sonnenstrahlung beträchtlich geschwächt. Neben den gesundheitlichen Schäden für Mensch und Tier treten in der DDR durch die hohen Emissionen an Schwefeldioxid aus den schwefelhaltigen Kohlen große Verluste durch vorzeitige Zerstörung von Werkstoffen auf, die Gesamtverluste werden auf über 1 Milliarde Mark pro Jahr für die metallischen Werkstoffe in der DDR geschätzt. Wie sich die Aggressivität der Industrieatmosphäre auswirkt, geht u. a. auch daraus hervor, daß der Ramses-Obelisk in Paris während der letzten 100 Jahre wesentlich stärker angegriffen wurde als vorher in den 3000 Jahren in Ägypten.

Bei dem Übergang zur Deckung unseres Energiebedarfes durch Kernspaltung, die wegen der Erschöpfung der Kohlevorräte notwendig wird, werden wir zwar die Schäden durch Schwefeldioxid stark reduzieren können, andererseits fallen aber dann große Mengen radioaktive Abwässer an, die soweit wie möglich entseucht werden müssen. Auch wenn die Wässer selbst eine Radioaktivität zeigen, die unter der Schädlichkeitsgrenze liegt, bestehen noch Gefahren insofern, als die Algen radioaktive Elemente auf das 300000fache und Wildenten in ihren Eiern sogar auf das 1,5millionenfache anzureichern vermögen. Die Probleme der Wasserversorgung werden in den nächsten 30 Jahren generell dieselbe Bedeutung erlangen wie die der Energieerzeugung.

Aus diesen wenigen Beispielen geht hervor, daß diese großen Gefahren der Technisierung und Industrialisierung nur durch enges Zusammenwirken von Naturwissenschaftlern und Ingenieuren der verschiedensten Disziplinen erfolgreich bekämpft werden können.

Die Wissenschaft, und das gilt für alle Wissenschaftsbereiche, schafft sich aber durch ihre explosive Entwicklung auch selbst Probleme, die zwar nicht so sehr materielle Sorgen hervorrufen, aber den Erfolg geistiger Arbeit und allgemein die Bildung ernsthaft gefährden können.

Allein die technisch-wissenschaftliche Literatur ist jetzt so angeschwollen, daß man (nach Gutenmacher) jedes Jahr 300 km Regalfächer brauchte, um sie aufzustellen. Die größte Bibliothek der Welt, die Leninbibliothek, vergrößert ihren Regalbestand aber jährlich „nur“ um 10 km, dabei wird die Hälfte der Neuanschaffungen in der Leninbibliothek niemals gelesen. Das hat zu der paradoxen Formulierung geführt: „Der Weg zur Unbildung wird durch den Fortschritt geebnet.“

Gewiß kann man hier durch moderne Informationstechnik und Speicher Abhilfe schaffen. Die Zeit für das Studium der Informationen wird aber dadurch nicht verändert, wenn sie nicht in einer präzisen, auf das Neue und Wesentliche konzentrierten

Form geliefert oder aufbereitet werden. Die unübersehbare Fülle des Schrifttums macht es möglich, Ergebnisse, die schon früher publiziert wurden, als neu, eventuell sogar an verschiedenen Stellen zu veröffentlichen, andererseits können wichtige neue Erkenntnisse in der Fülle des Schrifttums untergehen. Neben dem Verlust an wissenschaftlicher Arbeit sollte der Aufwand für die Herstellung nie genutzter Informationsmaterialien nicht übersehen werden.

Wenn aber Bildung, wie dies einer meiner Fachkollegen kürzlich formuliert hat, „in der Bemühung um Vertrautsein mit den Dingen der Welt besteht, in der wir leben“, dann brauchen wir dazu in unserer Welt der Technik schon heute so viel Zeit, daß wir zur eigenen schöpferischen Arbeit nicht mehr kommen. Ein noch so gründliches Spezialwissen würde uns als ungebildet erscheinen lassen. Derselbe Kollege vertritt außerdem den Standpunkt: „Wahre Wissenschaft beruht immer auf Bildung. Aus einer Schule, die statt Bildung nur Ausbildung betreibt, werden nie Wissenschaftler hervorgehen, und wenn die Universität mehr als 500 Jahre alt ist.“ Tatsächlich sind neue spektakuläre wissenschaftliche Ergebnisse nur auf der Grundlage eines sehr breiten Allgemeinwissens zu gewinnen. Von den großen Erfindungen auf dem Gebiet der Elektronik, Ingenieurwissenschaften und Medizin der letzten 20 Jahre wird gesagt, daß sie zu 70% auf der nicht auftraggebundenen Grundlagenforschung beruhen.

Bildung ist unteilbar, sie enthält auch das, was mit dem nicht mehr zeitgemäßen Wort Herzensbildung gemeint ist. Die rasante Entwicklung der Technik kann außerdem zu ihrer Überbewertung und einer Entfremdung gegenüber der Natur, deren Geschöpfe wir sind, führen. Darauf hat schon Engels hingewiesen und deswegen hat wohl der 1. Sekretär der KPdSU, Leonid Breshnew, in seiner Festansprache zum 50. Jahrestag der Großen Sozialistischen Oktoberrevolution hervorgehoben, daß gerade die stürmische Entwicklung von Wissenschaft und Technik eine verstärkte Bindung des Menschen zur Natur verlangt.

Die 3. Hochschulreform in der DDR steht vor der schwierigen Aufgabe, den Studenten zum Wissenschaftler zu bilden, aber auch zu dem von Industrie und Wirtschaft benötigten Fachmann auszubilden. Durch Studienprogramme allein läßt sich diese Aufgabe nicht lösen. Nur vom Inhalt der Lehrveranstaltungen her kann versucht werden, diesen doppelten Auftrag zu erfüllen, indem immer wieder geprüft wird, was zu vermitteln wesentlich ist und große Zusammenhänge erkennbar macht.

Allgemein können nur die Wissenschaftler selbst die Fluten des Wissens so eindämmen, daß das Wertvolle nicht verlorengeht und neben Spezialistentum wissenschaftliche Bildung möglich bleibt. Dazu muß eine weltweite, vom Prestigegedanken befreite, disziplinierte Zusammenarbeit der Wissenschaftler stattfinden und die Gründung neuer Publikationsorgane auf ihre Notwendigkeit geprüft werden. Alle Herausgeber und Verleger müssen an die Publikationen den Maßstab der Unentbehrlichkeit legen, vor allem aber hat jeder Wissenschaftler selbst verantwortungsvoll zu prüfen, ob seine Veröffentlichung sich angesichts der angedeuteten Sintflut der wissenschaftlichen Literatur rechtfertigen läßt. Eine gelehrte Gesellschaft, wie die Sächsische Akademie der Wissenschaften zu Leipzig, hat heute den Auftrag von

Leibniz, so meine ich, auch so zu verstehen, daß sie auf alle Möglichkeiten hinweist, um Wissenschaft und Technik vor Mißbrauch zu schützen, Gefahren, die aus ihrer friedlichen Anwendung entstehen, zu beseitigen und ihr Wachstum in überschaubare, geordnete Bahnen zu lenken.

ANSPRACHE DES PRÄSIDENTEN, HERRN SCHWABE

bei der öffentlichen Gesamtsitzung am 18. April 1970

Die Sächsische Akademie der Wissenschaften zu Leipzig führt seit altersher jährlich zwei öffentliche Sitzungen durch, um über den Kreis ihrer Mitglieder hinaus von ihrer Tätigkeit und ihren Zielen Kenntnis zu geben, sowie in Vorträgen über Themen von allgemeiner Bedeutung zu berichten. Die öffentliche Herbstsitzung des Jahres 1969 hat nicht stattgefunden, weil die von Partei und Regierung angeregte Akademiereform Veränderungen im Statut und der Organisation der Sächsischen Akademie notwendig macht. Die Diskussion über die Durchführung der Akademiereform in unserer gelehrten Gesellschaft ist auch jetzt nicht beendet, so daß noch kein neu gewähltes Präsidium und keine neuen Mitglieder vorgestellt werden können. Auch in der DAW wird ja die Reform weitergeführt, wie die Staatsratssitzung im März dieses Jahres gezeigt hat. Ihren Charakter als gelehrte Gesellschaft wird aber die Sächsische Akademie weiterhin bewahren, und so will sie bewährten Traditionen entsprechend in diesem Jahr wieder den Weg in die Öffentlichkeit wagen, auch wenn noch nicht über die Ergebnisse der Akademiereform im Bereiche unserer Akademie berichtet werden kann.

Es ist mir eine besondere Freude und Ehre, nach dieser kurzen Unterbrechung des Turnus unserer öffentlichen Veranstaltungen eine große Zahl von Gästen begrüßen zu können.

Die Ideen von Leibniz über die Aufgaben der Wissenschaft für die Gesellschaft und die Praxis zu verwirklichen, war und ist die Sächsische Akademie bemüht, indem sie neue naturwissenschaftliche Erkenntnisse zum Schutz der Menschen und der Natur, vor allem vor den Folgen der Industrialisierung und Technisierung unserer Gesellschaft zu verwerten versucht.

Die philosophische und die historische Forschung sieht sie vor allem als ein Mittel an, der gesellschaftlichen Entwicklung in der Vergangenheit nachzuspüren, und daraus Erkenntnisse und Lehren für die Prognose unseres künftigen Lebens in der immer rascher anwachsenden und damit vor immer neue Probleme gestellten Menschengemeinschaft zu gewinnen. Die wissenschaftliche Beschäftigung mit der Sprache, unserer eigenen und fremden, ihrer Entstehung, ihren Wandlungen im Laufe der Geschichte bietet wesentliche Einblicke in das Wesen der Menschen, die sie verwendet haben, und in die (soziale) Struktur ihrer Gemeinschaft. *Fichte* hat außerdem einmal gesagt und *Goethe* hat diese Bemerkung unterstrichen:

„Die Menschen werden weit mehr von der Sprache bestimmt, denn die Sprache von den Menschen.“

Wenn dem so ist — und jeder, der viel mit den sprachlichen Ausdrucksformen junger Menschen zu tun hat, wird bestätigen, daß enge Korrelationen zwischen Sprache und Charaktereigenschaften bestehen —, wenn dem also so ist, wie Fichte sagt, dann sollte man den erzieherischen Wert philosophischer Forschung gerade in einer Zeit beachten, die die Mechanisierung des Informationsaustausches mit Computern und Übersetzungsmaschinen immer dringender benötigt. Das Verstehen der Sprache ist nicht nur eine Angelegenheit des Dolmetschers, sondern erst auf der Grundlage wissenschaftlicher Arbeit zu erlangen. Die Untersuchungen der Sächsischen Akademie der Wissenschaften auf philologisch-historischem Gebiet werden den charakterformenden Aspekten der Sprache dadurch verstärkt Rechnung tragen, daß wesentliche Ergebnisse dieser Forschungen auch dem Nichtphilologen zugänglich und verständlich gemacht werden. *Theodor Frings* hat in seiner Festrede zur Wiedereröffnung der Sächsischen Akademie der Wissenschaften zu Leipzig unter der Schirmherrschaft der sowjetischen Besatzungsmacht nach dem zweiten Weltkrieg den Wandel der Bedeutung des Wortes W i s s e n s c h a f t im Laufe der Zeiten sehr eindrucksvoll dargelegt:

Leibniz dachte dabei an das Nützliche, *Goethe* an das Bildende. Erst zuletzt sind Wissenschaft und Wahrheit bei uns als Wörter zusammengetreten.

„So steht Wissenschaft als verpflichtendes u n d ‚bildendes' Wort in der Hut des Weltgewissens."

So sagte damals Theodor *Frings*.

Viele fundamentale Gedanken von Leibniz haben beinahe Jahrhunderte gebraucht, um in ihrer Bedeutung für die Wissenschaft und Gesellschaft voll erkannt zu werden. Daß sie auch heute noch volle Gültigkeit haben, z. B. die Idee von der Einheit der Wissenschaften und der gegenseitigen Durchdringung verschiedener Disziplinen, beweist den genialen Weitblick von Leibniz, aber auch die Kontinuität in der Entwicklung der Wissenschaft. Zuzeiten von Leibniz haben sich Wissenschaft und Gesellschaft noch relativ langsam entwickelt, heute vollzieht sich die Umsetzung neuer naturwissenschaftlicher Ideen in die Technik in wenigen Jahren, dadurch werden oft ganz neue Industriezweige geschaffen und manche Lebensbedingungen wesentlich verändert.

Die Sächsische Akademie der Wissenschaften zu Leipzig kann auf dem naturwissenschaftlich-technischen Sektor, da sie als Gelehrte Gesellschaft nicht über eigene Institute verfügt und verfügen wird, d i r e k t e Beiträge zur wissenschaftlich-technischen Revolution nur in anderen Forschungseinrichtungen leisten, in denen unsere Mitglieder tätig sind, insbesondere den Universitäten und Hochschulen. Die Regierung der DDR hat in dankenswerter Weise solche Arbeiten durch Bereitstellung zusätzlicher Mittel unterstützt.

Ein Kreis von erfahrenen Wissenschaftlern, wie ihn die Sächsische Akademie darstellt, kann aber sowohl auf dem Gebiete der Wissenschaftsprognose, die ja untrennbar mit der wirtschaftlichen und gesellschaftlichen Zukunftsschau verbunden ist, als auch der wissenschattlichen Ausbildung wertvolle Hilfe leisten. Wenn auch heute und in Zukunft der Umschlag neuer wissenschaftlicher Ideen in die industrielle Anwendung oft innerhalb weniger Jahre stattfindet, so kann dennoch jede Vorausschau auf die wissenschaftlich-technische Zukunft nur von Grunderkenntnissen und Erfahrungen ausgehen, wenn sie nicht eine wertlose Spekulation werden soll. Auch die Anwendung der systematischen Heuristik wird um so mehr konkrete Ergebnisse liefern, wenn sie auf gesichertem Wissen aufbaut. Selbst im politisch-gesellschaftlichen Bereich muß sich jede Prognose und Planung auf bereits vorhandene Fakten stützen:

In wenigen Tagen feiert man in der ganzen Welt den 100. Geburtstag *Lenins*, eines seine Zeit überragenden, epochemachenden Gesellschaftswissenschaftlers und Politikers. Von den Ideen von *Marx* und *Engels* ausgehend, hat er ein Bild der menschlichen Gesellschaftsordnung entworfen, das schon heute einen großen Teil der Menschheit zu verwirklichen sich anschickt — darunter auch wir in der DDR. So hat *Wladimir Iljitsch Lenin* betont, daß der Marxismus auf dem Boden der Tatsachen und nicht der Möglichkeiten steht. Der Marxist darf als Prämisse seiner Politik nur genau und unbestreitbar bewiesene Tatsachen annehmen.

Im naturwissenschaftlich-technischem Bereich können auch nur von gesicherten Erkenntnissen und experimentellen Ergebnissen aus neue Wege zur besseren Ausnutzung unserer Rohstoffe und Energiequellen erschlossen werden. Eine gelehrte Gesellschaft unserer Tage kann dabei durch Ideenkonferenzen und Aussprachen im kleineren Kreis einer solchen Aufgabe gut gerecht werden, weil solche neuen Wege nur durch einen interdisziplinären Erfahrungsaustausch gefunden werden können. (Ich darf z. B. darauf hinweisen, daß neue Hoffnungen für eine erfolgreiche Kernfusion, die uns aller Energiesorgen in der Welt entheben würde, nur durch Zusammenarbeit von Chemikern, theoretischen und Experimentalphysikern erweckt werden konnten.) Wenn eine Akademie, gestützt auf die Erfahrungen hervorragender Wissenschaftler, mobilisiert durch das Vorwärtsdrängen junger Forscher und unbelastet durch Terminzwang, prognostische Grundfragen von Wissenschaft und Technik in interdisziplinären Diskussionen behandelt, kann sie sicher wertvolle Ratschläge für daraus abzuleitende Maßnahmen erteilen und damit auch heute noch im Sinne von Leibniz der Gesellschaft nützen. Ein solches Kollektiv, das nicht direkt in vordringlich zu lösende Forschungs- und Entwicklungsaufgaben einbezogen ist, kann z. B. untersuchen, welche neuen Wissenschaftsgebiete sich aus den Wechselbeziehungen traditioneller Bereiche entwickeln und volkswirtschaftlich wichtig zu werden versprechen oder wie die verschiedenen Ausbildungsstufen für die rasche Erzielung von Spitzenleistungen besetzt sein müssen, um zwei wichtige Fragen zu nennen. Generell eignen sich Probleme, die nicht unmittelbar produktionswirksam werden, aber hohe gesellschaftliche und volkswirtschaftliche Bedeutung haben, für die prognostische Behandlung in einer Akademie ohne eigene Forschungskapazität. Dazu gehören auch die Fragen zur Reinhaltung der Biosphäre, die von der Sächsischen Akademie vor längerer Zeit in Angriff genommen wurden und deren Bedeutung unserer Regierung durch das neue Gesetz zur sozialistischen Landeskultur nachdrücklich hervorgehoben hat.

Der Blick in die Zukunft wird um so notwendiger, je rascher sich durch die Entwicklung der Wissenschaft und der menschlichen Gesellschaft selbst grundlegende Veränderungen der Lebensbedingungen vollziehen.

Jede Reform, auch die Akademie- und Hochschulreform, wird wohl dann am erfolgreichsten sein, wenn sie von einer umfassenden Kenntnis der Situation in Vergangenheit und Gegenwart ausgeht und aus der zu erwartenden Entwicklung die Veränderungen ableitet, die eine kontinuierliche Anpassung an die künftigen Bedingungen gewährleisten.

ANSPRACHE DES PRÄSIDENTEN, HERRN SCHWABE

bei der öffentlichen Gesamtsitzung am 14. November 1970

Die Sächsische Akademie der Wissenschaften zu Leipzig hat seit mehreren Jahren als den Schwerpunkt ihrer Aufgaben die Untersuchungen der Wirkung von Technisierung und Industrialisierung auf die Natur und den Menschen betrachtet. Wiederholt ist auf die Bedeutung dieser Fragen in den öffentlichen Sitzungen der Sächsischen Akademie der Wissenschaften zu Leipzig hingewiesen worden. Inzwischen wird in allen Industrieländern gefordert, daß energische Maßnahmen zur Reinhaltung der Luft und der Gewässer, zur Beseitigung des Mülls usw. ergriffen werden. Die Regierung der DDR hat bereits vor einem Jahr durch das Gesetz zur sozialistischen Landeskultur die rechtlichen Grundlagen für solche Maßnahmen geschaffen. Eines Tages wird man bei der rasch zunehmenden Technisierung und den gefährlichen Folgen für den Menschen und seine Umwelt die Leistungen der Staatsführung nicht nur nach ihrer außen- oder innenpolitischen Erfolgen, sondern vor allem auch danach bewerten, wie weit es ihr gelungen ist, die ihr anvertraute Bevölkerung und ihr Land vor den nachteiligen Folgen unserer eigenen technischen Aktivität zu schützen. Luftverunreinigung und die Verseuchung der Flüsse macht an Landesgrenzen nicht halt. Die weiträumige internationale Zusammenarbeit in gesetzgeberischer und technisch-wissenschaftlicher Hinsicht wird daher, allein von diesem Aspekt aus, unabdingbar sein.

Die Sächsische Akademie der Wissenschaften mit ihrem Sitz in einem industriellen Ballungsgebiet der DDR sieht auch ihre Zukunfsaufgaben darin, auf Probleme des Umweltschutzes gegen die Wirkung der Industrialisierung und Technisierung hinzuweisen, und sie, soweit möglich, in den ihren Mitgliedern zur Verfügung stehenden Einrichtungen zu bearbeiten.

Es hat Zeiten gegeben, wo die sogenannte Bildung des bürgerlichen Menschen allein und ausschließlich an seiner Kenntnis auf dem Gebiet von Kunst und Literatur gemessen wurde, wo es beinahe als unfein galt, sich mit technischen Fragen zu befassen. Inzwischen werden wir durch Verkehrsmittel, Nachrichtenwesen und sogar im Haushalt täglich mit der Technik konfrontiert. Eine Kenntnis ihrer Grundlagen ist also angemessen, wenn wir unter Bildung, die Beschäftigung mit der Welt, in der wir stehen, auch von ihrer Entwicklung her, begreifen.

Unser immer stärker von Produkten des technischen Fortschrittes geformtes äußere Leben führt aber andererseits zur Entfremdung von der Natur, deren Geschöpf der Mensch ja doch ist und bleiben wird. Die Folge davon sind nicht nur physische Schäden der Natur in ihrer Gesamtheit, denen jetzt durch den Umweltschutz begegenet wird, sondern die einseitige Orientierung auf die Technik raubt auch die moralische Kraft, die aus der Natur selbst, naturverbundener Kunst und der Geschichte fließt und die wir brauchen, um verantwortungsbewußte Mitglieder unserer Gesellschaft im Zeitalter der technischen Revolution sein zu können. Der Respekt vor den Leistungen des menschlichen Geistes ohne die Mittel moderner Technik, den man aus der Geschichte unseres Volkes und fremder Völker gewinnt, die moralische Kraft großer Persönlichkeiten, die die gesellschaftliche Entwicklung oft entscheidend beeinflußt hat, führt zu der Erkenntnis, daß die Technik ein Mittel zur Steigerung des Lebensstandards, aber nicht einzige Voraussetzung für eine glückliche Menschheit ist. Deshalb bleibt es eine Aufgabe gelehrter Gesellschaften und damit der Sächischen Akademie, die Bereiche der Wissenschaften, Geschichte im weitesten Sinne des Wortcs, einschließlich Kunst und Literaturgeschichte zu pflegen, die Achtung vor dem kulturellen Schaffen der Vergangenheit, den Beziehungen des Menschen zur Natur und ihren Schönheiten zu vermitteln, gleichzeitig aber eine naturwissenschaftlich-technische Forschung zu betreiben, die alle Folgen des technischen Fortschritts berücksichtigt und die Naturgesetze richtig anwendet, d. h. zur Erhaltung der Natur in ihrer Gesamtheit.

Wenn heute unser Vizepräsident, Herr Neef, einen Vortrag über den Schutz des Naturhaushaltes hält, so gedenken wir damit gleichzeitig eines großen Wissenschaftlers, der mit Karl Marx zusammen die Notwendigkeit der gesellschaftlichen Veränderung der Welt wissenschaftlich begründet hat: Friedrich Engels, dessen 150. Geburtstag wir am 24. November begehen, hat schon eindringlich mit prophetischen Worten auf die Gefahren unserer Siege der Technik über die Natur hingewiesen und damit einen Probelmkreis aufgezeigt, über den nunmehr Herr Neef sprechen wird.

KURZFASSUNGEN DER VORTRÄGE UND AUSZÜGE AUS DEN PROTOKOLLEN ÜBER DIE SITZUNGEN DER JAHRE 1969 UND 1970

Mathematisch-naturwissenschaftliche Klasse

1969

Sitzung am 20. Januar

Vortrag des Herrn Franz Runge: „Organische Disulfimide in Wissenschaft und Technik". — Die organischen Disulfimide werden abgehandelt gemäß ihrer Konstitution, Darstellungsweise, Reaktionsfähigkeit, ihrem wissenschaftlichen und technischen Einsatz. Das erste Disulfimid wurde von *G. Gerhardt* 1854 dargestellt. Die Verbindung blieb in der Folgezeit ziemlich unbeachtet, bis *B. Helferich* 1940 eine Reihe aliphatischer Disulfimide darstellte und die Industrie etwa gleichzeitig auf diesen Verbindungstyp aufmerksam wurde.

$R-SO_2-NH-SO_2-R$, wobei R ein aliphatischer oder aromatischer Rest sein kann. Der aromatische Rest kann noch weitgehend durch Hydroxy-, Nitro-, Amino-Gruppen, durch Chlor usw. substituiert sein, wodurch sich besondere Eigenschaften der Verbindungen erzeugen lassen. — Die Darstellung findet z. B. nach folgender Umsatzformel statt:

$$R-SO_2Cl + NH_3 + ClSO_2R \rightarrow R-SO_2-NH-SO_2-R + 2\,HCl.$$

Die Disulfimide sind sehr starke Säuren, vor allem, wenn R(= Phenyl) noch mit saurem Chlor, mit Hydroxy- oder Nitrogruppen substituiert ist.

Da die stark sauren Disulfimide kristallisierte beständige, wasserlösliche Verbindungen darstellen, werden sie von uns als Urtitersubstanz vorgeschlagen. In Zusammenarbeit mit dem Hydrierwerk Rodleben wurden pharmazeutische Präparate, in der Konstitution ähnlich dem Novakain usw., dargestellt, wobei der Wasserstoff am Stickstoff substituiert ist. Entsprechend abgewandelte Verbindungen wurden als Weichmacher vorgeschlagen. Die konstitutionelle Ähnlichkeit der Disulfimide mit dem pharmazeutisch so wichtigen Sulfonamiden führte zu zahlreichen Vergleichsparaten. Richtig im Phenylrest substituierte Disulfimide ergeben Waschmittel, Färbereihilfsprodukte und Präparate, die die Bauschelastizität von Textilfasern beeinflussen.

Wir haben aus Disulfimide Ionenaustauscher sowohl nach dem Polykondensations-, wie nach dem Polymerisationsverfahren mit interessanten Eigenschaften aufgebaut, die auch infolge der Ausbildung von Wasserstoffbrückenbindungen für eine Neutraladsorption eingesetzt werden können. Man vermag mit ihnen, Phenol adsorptiv aus

Abwässern zu entfernen, und das Adsorbens dann mit Wasserdampf zu regenerieren, wobei das Phenol gewonnen werden kann. — Erschienen in den Sitzungsberichten Bd 108 (1969) H. 7.

Vorgelegt werden Veröffentlichungen von: Paul Buchner, Eberhard Hopf, Maximilian Klinkowski, Rudolf Nissen, Fritz Obenaus, Erich Rammler, Kurt Täufel.

Sitzung am 17. Februar

Vortrag des Herrn Leopold Wolf: „100 Jahre Periodensystem der chemischen Elemente". — Nach kurzer Schilderung der frühen Entwicklung der Systematik der chemischen Elemente werden die historisch klassischen Leistungen von L. Meyer und D. I. Mendelejeff gewürdigt und das Wesentliche des Aufbaus periodischer Systeme und deren Aussagekraft behandelt. Die Erkenntnis, die Eigenschaften und das Verhalten der Elemente als periodische Funktionen ihrer Atomgewichte darzustellen und die Periodizität streng aus dem Zuwachs des Atomgewichts zwischen dem aufeinanderfolgenden Elementen gleicher „Familien" (Meyer) bzw. gleicher „Gruppen" (Mendelejeff) herzuleiten, findet sich bei L. Meyer in bewundernswerter Klarheit ausgesprochen, welcher alsbald auch die doppelte Periodizität im System entdeckte, und diese in der berühmten Atomvolumina-Darstellung zur Veranschaulichung brachte. D. I. Mendelejeff als Pragmatiker zielte dagegen intensiv auf die Vervollständigung des Systems, die Feststellung noch vorhandener Lücken und die Voraussage noch zu entdeckender Elemente sowie die Vorhersage vieler spezieller chemischer und physikalischer Eigenschaften solcher Elemente und ihrer Verbindungen hin. Neben manchen Fehlschlägen gelangen Mendelejeff die triumphalen Vorhersagen des Eka-Bor, des Eka-Aluminiums und des Eka-Siliciums, welche, später entdeckt, als Scandium, Gallium und Germanium benannt und mit vorhergesagtem Atomgewicht auf den vorhergesagten Plätzen in das Periodensystem eingeordnet werden konnten.

Anschließend wird auf die strengere Fassung des Systems nach Einführung des Rutherford-Bohrschen Atommodells (Variable Ordnungszahl Z anstelle des Atomgewichts) eingegangen.

Im Hauptteil des Vortrages werden die Strukturen und Symmetrien von Elektronenhüllen bis zu beliebig hohen Periodenzahlen (Hauptquantenzahlen) behandelt und der Begriff des „homologen" Elements bzw. der homologen Atomhülle verallgemeinert, wobei 4 Typen homologer Hüllen aufgezeigt und bewiesen werden können. Im besonderen wird der Begriff der Requentisierung eingeführt und seine Bedeutung für die geochemischen Häufigkeit der Elemente erläutert. — Angenommen zum Druck in den Sitzungsberichten.

Vorgelegt werden Veröffentlichungen von: John Eggert, Horst Hanson, Werner Heisenberg, Martin Kersten, Maximilian Klinkowski, Kurt Täufel, Wilhelm Treibs, Carl Wagner.

Sitzung am 24. März

Vortrag des Herrn Ernst Neef: „Größen des Naturhaushaltes und ihre Rolle in verschiedenen Betrachtungssystemen". — Aus verschiedenen Gründen gewinnt das

Problem, die maximale Nutzung der Naturreichtümer mit weitestgehender Erhaltung der natürlichen Potentiale zu verbinden sei, an Bedeutung. Die Unsicherheiten bei der Nutzung natürlicher Ressourcen und viele nachteilige Rückwirkungen beruhen darauf, daß die Beziehungen zwischen Systemen verschiedener Kausalordnung nur unzureichend geklärt sind. Daher steht die Frage im Vordergrund, was zu beachten ist, wenn Naturgrößen in ökonomische Systeme überführt werden und in welcher Weise die gesellschaftliche Aktivität auf den Naturhaushalt zurückwirkt. Eine Klärung kann nur durch Systemuntersuchungen herbeigeführt werden. Die materiellen Systeme der Erdoberfläche, in der Geographie als Geosysteme bezeichnet, werden als dreifach integrierte Systeme betrachtet, da die Wirkung der strengen Naturgesetze der anorganischen Welt, der Lebensgesetze der organischen Welt und die gesetzmäßige Ordnung gesellschaftlichen Handelns ineinandergreifen und zum Teil zur Integration kommen. Die Beziehungen der Kausalbereiche werden im Stoff und Energiefluß der Systeme erfaßt. Die Ausdrucksformen richten sich nach dem jeweiligen Aspekt. Im ökonomischen Zusammenhang erscheinen die Größen des Naturhaushaltes als ökonomische Kategorie. Sollen die Erkenntnisse der Naturwissenschaften in der Nutzung der Territorien wirksam werden, so müssen sie in einer Form abgebildet werden, die numerische Behandlung und die Einbeziehung in ökonomische Bilanzierungen gestattet. Auf den Wert der Karte als Datenspeicher und Datenverarbeitungsinstrument wird besonders hingewiesen. Aus Systembetrachtungen ergeben sich Einblicke in die Struktur der Geosysteme, die für Fragen der Analyse, wie für Fragen der Synthese, wesentliche Anregungen bieten. Das kleinste Strukturglied der Geosysteme, die Abbildung homogener topologischer Einheiten und die Fragen der räumlichen Verflechtung in chorologischen Einheiten werden erörtert. Für den Ansatz einer Untersuchung, insbesondere für die Auswahl der einzubeziehenden Glieder ist die jeweilige Zielsetzung von maßgeblicher Bedeutung. Dies wird am Beispiel der Nutzung einer Lagerstätte und am Beispiel der biologischen Produktion dargelegt. Insgesamt ergibt sich aus der Integration der verschiedenen Wirkungsfelder eine vielfältige Verflechtung, die insbesondere zu der Erkenntnis führt, daß das gesamte System ständigen Veränderungen unterworfen ist. Von entscheidender Bedeutung für die Praxis ist die Frage, wo übermächtige Impulse die Invarianz der Systeme brechen, die Selbstregulierung aufhört und über weitreichende Reaktionsketten eine neue Ordnung in einem anders gearteten System erfolgt. Daher müssen Schwellenwerte und Belastungsgrenzen in die Systemuntersuchung eingebaut werden. Ihre Kenntnis gestattet es, Schädigungen des Naturhaushaltes rechtzeitig vorherzusehen und die landeskulturellen Maßnahmen darauf abzustimmen. — Angenommen zum Druck in den Sitzungsberichten.

Vorgelegt werden Veröffentlichungen von: Anton Arland, Wolfgang Buchheim, Walter Frenzel, Erich Lange, Friedrich Leutwein, Peter Friedrich Matzen, Kurt Mothes, Kurt Schwabe.

Sitzung am 19. Mai

Vortrag des Herrn Wolfgang Buchheim: „Zum Problem der nichtlinearen Elektrodynamik“. — Die Maxwellsche Theorie des elektromagnetischen Feldes wurde in ihrer ursprünglichen Fassung zunächst für ruhende Körper formuliert. Hierbei handelt es sich entsprechend den strömungsmechanischen Bildern, wie sie Faraday eingeführt hat, um eine mathematische Präzisierung in Form von acht linearen partiellen Differentialgleichungen (Grundgleichungen) für die Komponenten der elektrischen Feldgrößen $\mathfrak{E}$ und $\mathfrak{D}$ und die magnetischen Feldgrößen $\mathfrak{H}$ und $\mathfrak{B}$. Zu diesen 8 Grundgleichungen gesellen sich 9 „Materialgleichungen“. Das Relativitätsprinzip zwingt zu einer kovarianten Fassung der Grundgleichungen (Einstein 1905, Minkowski 1908), womit die Elektrodynamik bewegter Körper eine eindeutige, mit allen Erfahrungen im Bereiche hinreichend schwacher Felder im Einklang stehende Formulierung erhält. Die Frage nach nichtlinearen Erweiterungen für hohe Feldstärken (innere Felder im Festkörper, Felder in nächster Nachbarschaft der Elementarteilchen) wird durch die Existenz einer diskreten elektrischen Elementarladung, die mit der linearen Theorie unverständlich bleibt, aufgeworfen. Nichtlineare Erweiterungen auf Grund des Wirkungsprinzipes sichern zwar stets in einer sehr durchsichtigen Weise die Kovarianz der Grundgleichungen, sind aber starken Einschränkungen insofern unterworfen, als

1. die Gültigkeit eines Wirkungsprinzipes postuliert werden muß,
2. an der Linearität der einen Hälfte der Grundgleichungen festgehalten werden muß,
3. die Theorie auf Vakuum mit darin dünn und stetig verteilter Ladung eingeschränkt bleiben muß.

(Versuche von G. Mie, M. Born, L. Infeld, E. Schrödinger.) Damit bleibt eine volle Ausdehnung des Einstein-Minkowskischen Konzeptes (s. o.) auf nichtlineare Effekte, d. h. eine nichtlineare Elektrodynamik beliebig dichter inhomogener und bewegter Körper, unerreichbar. Vom Autor wird unter Einführung einer einzigen komplexen Vierertensors anstelle der bisher üblichen beiden „reellen“ Minkowski-Tensoren F_{ik} und H_{ik} zunächst die Zusammenfassung aller 8 linearen Grundgleichungen in eine kovariante Tensordivergenzgleichung erzielt. Mittels des Satzes von Cayley und Hamilton kann dann gezeigt werden, daß ein beliebiges ungerades Koeffizienten-Polynom 3. Grades dieses komplexen Feldtensors, dessen Koeffizienten beliebige Lorentz-Invarianten sind, eine nichtlineare Erweiterung der Grundgleichungen liefert, die zusätzlich folgenden Bedingungen genügt:

1. Nichtlineare Erweiterung sämtlicher Grundgleichungen,
2. Vermeidung des Wirkungsprinzips,
3. Erhaltung der 1. Ordnung in sämtlichen Ableitungen ($i = 1, 2, 3, 4$),
4. stetiger Anschluß an die lineare Theorie.

Eine Übertragung in die allgemeine nichteuklidische Raum-Zeit ist möglich. — Angenommen zum Druck in den Sitzungsberichten.

Vorgelegt werden Veröffentlichungen von: Franz Hein, Wilhelm Maier, Costin D. Nenitzescu, Rudolf Nissen, Hans Stubbe.

Sitzung am 23. Juni

Vortrag des Herrn Georg Merrem: „Die parasagittalen Meningiome“, zum Gedächtnis von Fedor Krause 1857—1937. — Fedor *Krause* gilt als Begründer der deutschen Neurochirurgie. Nach einer Vorbildung bei *Weigert*, Frankfurt/Main, Robert *Koch*, Berlin, und Julius *Hirschberg*, Berlin, wurde er Assistent bei Richard v. *Volkmann* in Halle. Aus den vorliegenden Protokollen der Medizinischen Fakultät Halle und den Personalakten aus Halle und Berlin läßt sich der wissenschaftliche und persönliche Werdegang dieses bedeutenden deutschen Chirurgen verfolgen. Seiner Habilitation mit einer Arbeit über „Maligne Neurome“ folgte die Ernennung zum a. o. Professor in Halle 1889. Danach übte er eine Tätigkeit in Altona aus und wurde 1900 als Chefarzt der Abteilung des Augusta-Hospitals Berlin berufen. Neben zahlreichen Arbeiten auf den verschiedenen Gebieten der Chirurgie sind besonders die Abhandlungen über die Trigeminus-Neuralgie zu erwähnen, die das operative Feld auf diesem Gebiet eröffneten. 1908 und 1911 erschien zweibändig das erste Buch über die „Chirurgie des Gehirns und des Rückenmarkes“. Mit zahlreichen Abbildungen versehen, brachte dieses Werk viele Geschwülste und entzündliche Erkrankungen in Einzeldarstellungen, auch die Epilepsie-Operationen wurden klassisch geschildert.

Besonderes Gewicht erhalten die beiden Bücher durch die enge Bindung an die Neurologie und an die damaligen neurophysiologischen Erkenntnisse sowie durch die präzise Schilderung des operativen Vorgehens. Das parasagittale Meningiom, damals noch Duraendotheliom genannt, wird herausgestellt und die weitere Entwicklung auf dem operativen Gebiet dieser Geschwulstart besprochen. Nach Erscheinen einer Monographie von *H. Olivecrona* über die „Parasagittalen Meningiome“ 1934, die zum Teil auf amerikanischen Beobachtungen beruhte, werden in der vorliegenden Abhandlung die pathologisch-anatomischen Kenntnisse (*Tönnis*, *Zülch* und *Essbach*) dargestellt. Es schließt sich eine Information über die verschiedenen instrumentellen Möglichkeiten der Lokal- und Artdiagnostik an, wobei auch die modernen elektronischen Methoden (Elektroenzephalographie und Szintigraphie) besprochen und gegeneinander abgewogen werden.

Es war eines der großen Verdienste von Fedor *Krause*, daß er auch für die parasagittalen Meningiome, die in dieser Lokalisation etwa ein Drittel dieser Tumorart betreffen, erste wertvolle Hinweise mit der strengen Logik der klassischen Neurologie der Jahrhundertwende gegeben hat, die Weiterentwicklung der späteren Jahrzehnte hatte somit eine klare Grundlage für Diagnostik und Therapie. — Erschienen in den Abhandlungen Bd 51 (1971) H. 3.

Sitzung am 8. Dezember

Vortrag des Herrn Fritz Stather: „Grundlegende Erkenntnisse zur Rauchwarenzurichtung und Rauchwarenveredlung.“ — In jahrhundertealter Entwicklung Leipzigs ist internationaler Rauchwarenhandel und die Entwicklung der Rauchwarenveredlung von nicht unerheblicher Bedeutung.

Rauchwarenzurichtung gehört wie Ledererzeugung zu ältesten, rein empirisch entwickelten handwerklichen Tätigkeiten, deren wissenschaftliche Grundlagen erst in den letzten 50 Jahren aufzuklären versucht wurden. Beide haben gemeinsame Aufgabe, leicht verderbliche tierische Haut in ein haltbares gebrauchsfähiges Material durch einen Gerbprozeß umzuwandeln. So wird Bearbeitung dieser Probleme durch ausgesprochenen Gerbereichemiker verständlich.

Histologische Untersuchungen über den Aufbau von Pelztierfellen ergaben neben dünner, meist ausschließlich aus Papillarschicht bestehender Lederhaut stark ausgeprägte Sammelhaarbälge mit büschelförmiger Haarordnung, für manche Pelzfelle starke Muskelbänder im unteren Lederhautgewebe.

Der chemische Aufbau der Pelztierfelle ist durch erhöhten Gehalt an wasser- und neutralsalzlöslichen unstrukturierten Eiweisstoffen sowie erhöhten Gehalt an verseifbaren Fettstoffen gekennzeichnet. Eingehende Kenntnis des Aufbaus des tierischen Haars in seiner ganzen Länge macht Verhalten beim Töten, Bleichen, Beizen und Färben verständlich.

Vergleichende Untersuchungen über Gerbverlauf bei enthaarter Hautblöße und Pelzhaut mit Epidermis und Haaren ergaben bei Pelzleder ungleichmäßigere, schichtenmäßige Gerbstoffverteilung durch Hautdicke, langsamer und in geringerer Menge aufgenommen, daraus resultierend ungünstigere chemische und physikalische Eigenschaften des Pelzleders gegenüber normalem Leder.

Für Pelzzurichtung ist Geeignetheit der üblichen Zurichtungsarten besonders wichtig. Weit verbreitete Leipziger Zurichtung mit Salz und Säure für sich allein ist völlig unbefriedigend, aber in Kombination mit anderen Zurichtarten als hautaufschließende Komponente von Bedeutung. Chromgerbung vermag wasserechte Zurichtung bei allen geforderten Haareigenschaften zu gewährleisten und hat entsprechende Bedeutung erlangt.

Untersuchungen über Alkalibehandlung beim Töten und Einfluß verschiedener Tötungschemikalien ist für Pelzveredlung wichtig.

Bei für Färben auf hellere Farben und rein weiße Felle erforderlicher Oxydationsbleibe wird ausreichender Bleicheffekt nur nach Ferrosulfat-, nicht Ferrisulfatbeize, erreicht; Cu-Beizen verursachen starke Haar- und Lederschädigungen. Mikroskopisch werden in Haarmark und Rindensubstanz abgelagerte Melanine verändert, aber auch Keratinsubstanzen der Cuticula und des Haarmarks angegriffen.

Modelluntersuchungen an schichtmäßiger Farbbildung in Gelatinegallerten mit unterschiedlicher Eindringtiefe verschiedener Beizmaterialien und Schichtdicke des gebildeten Farblacks unter variierten Bedingungen sowie Untersuchungen über mengenmäßige Farblackbildung in wäßriger Lösung in Abhängigkeit von Oxydationsfarbstoffen und mit Beizsalzen erweiterten grundlegende Kenntnisse zum Färben von Pelzfellen sind ebenso wichtig wie weitere mikroskopische Untersuchungen über den Färbeverlauf nach verschiedenen, unterschiedlich konzentrierten und gepufferten Beizen.

Eine abschließende Arbeit über das Schwarzfärben von Persianerfellen konnte zeigen, wie jahrhundertealte Farbrezepte aufgeklärt und bei besserer Färbeintensität wesentlich vereinfacht werden können.

Für Pelzzurichtung und Pelzveredlung ist wie bei allen technischen Prozessen die Zeit rein empirischen Arbeitens endgültig vorbei. Die weitere Fortentwicklung kann nur auf systematisch erstrebten wissenschaftlichen Erkenntnissen basieren. — Der Vortrag wird nicht in den Berichten abgedruckt.

Vorgelegt werden Veröffentlichungen von: Artur Lösche, Franz Runge, Kurt Schwabe.

1970

Sitzung am 19. Januar

Vortrag des Herrn Kurt Schwabe: „Untersuchungen an konzentrierten Elektrolytlösungen.“ — Konzentrierte, wäßrige Lösungen von starken Elektrolyten, wie sie in der Technik verwendet werden (2—10 mol/kg Wasser), zeigen thermodynamische und elektrochemische Eigenschaften, die von denen verdünnter Lösungen vielfach stark abweichen und durch die Coulombsche Wechselwirkung zwischen Kationen und Anionen nicht ausreichend erklärt werden können.

Durch Messung der Aktivitätskoeffizienten, der elektrischen Leitfähigkeit, der Viskosität und der Exzeßvolumina in wäßrigen Lösungen insbesondere von quarternären Ammoniumsalzen hoher Konzentrationen werden weitere Werte für bisher nicht untersuchte Systeme gewonnen. Aus Untersuchungen an Lösungen, die Säuren oder Basen in sehr niedriger konstanter Konzentration und veränderliche, hohe Konzentrationen von Neutralsalzen (m_s) enthalten, ergibt sich, daß die Aktivitätskoeffizienten der Säuren oder Basen im allgemeinen exponentiell mit der Konzentration m_s anwachsen:

$$\log f_{\pm s} = \log f_{\pm o} + K m_s.$$

Dabei ist die Steigung der $\log f_{\pm s}/m_s$-Geraden (K) dem Ionenradius der Salzkationen umgekehrt proportional. Es kann gezeigt werden, daß dabei in erster Linie der Aktivitätskoeffizient der Wasserstoffionen verändert wird, während der des betreffenden Anions relativ konstant bleibt. Analoge Beziehungen erhält man auch, wenn man zu Salzlösungen niedriger Konzentration und stark hydratisierten Kation hohe Konzentrationen an Fremdsalzen setzt. Analoge Untersuchungen über die spezifische Leitfähigkeit in solchen ternären Systemen und das völlig entgegengesetzte Verhalten quarternärer Ammoniumsalze, auch in bezug auf das Exzeßvolumen, führen zu dem Schluß, daß zum Verständnis des Verhaltens konzentrierter Elektrolytlösungen vor allem die Wechselwirkung zwischen den Ionen und dem Wasser wesentlich ist. Von diesem Standpunkt aus läßt sich das Verhalten solcher Lösungen qualitativ sowohl in bezug auf die Aktivitätskoeffizienten wie auch auf die Leitfähigkeit und Volumeneffekte deuten. Auf die Problematik der Bestimmung von Aktivitätskoeffizienten in konzentrierten Lösungen und ihrer physikalischen Interpretation wird hingewiesen. — Erschienen in den Sitzungsberichten Bd 109 (1972) H. 5.

Vorgelegt werden Veröffentlichungen von: Maximilian Klinkowski.

Sitzung am 23. Februar

Vortrag des Herrn Gustav E. R. Schulze: „Über die Plastizität von Metallen und intermetallischen Verbindungen." — Einleitend wird auf die Bedeutung der Plastizität eines Werkstoffes für seinen wirtschaftlichen Einsatz hingewiesen und auf die sich daraus ergebende Frage, warum intermetallische Verbindungen meistens so spröde sind, daß die technische Nutzung ihrer sonstigen interessanten Eigenschaften daran scheitert.

Nachdem dann die Elementarprozesse der plastischen Verformung für die metallischen Elemente in ihren Grundzügen erläutert worden sind, wird eingehender über die Ergebnisse des Studiums der bei Raumtemperatur spröden, bei hohen Temperaturen aber plastisch verformbaren Lavesphase $MgZn_2$ als charakteristischem Beispiel einer intermetallischen Verbindung mit überwiegend metallischer Bindung berichtet. Die Untersuchungen, die von Dr. Paufler und Mitarbeitergruppe im Bereich Experimentalphysik II der Sektion Physik der TU Dresden durchgeführt wurden, erstrecken sich auf einen Temperaturbereich von etwa 250 bis 450 °C und wurden mit der Ausarbeitung von Verfahren zur Herstellung und Behandlung der erforderlichen Einkristallpräparate sowie der Ermittlung der Gleitsysteme begonnen. Sie umfassen weiterhin die Aufnahme von Verfestigungs- und Kriechkurven, elektronenmikroskopische und röntgenographische Untersuchungen sowie die Beobachtung der Bewegung von Versetzungen nach der Ätzgrubenmethode.

Die Meßergebnisse konnten anhand bekannter Modelle analytisch dargestellt werden. Die dabei gewonnenen Parameterwerte, z. B. hohe, stark temperaturabhängige kritische Schubspannung, hohe Aktivierungsenergie, kleines Aktivierungsvolumen, deuten darauf hin, daß die Fließvorgänge wesentlich durch die Peierlsspannung bestimmt werden, deren hoher Wert dürfte, zumindest zum großen Teil, auf die starke Verzahnung der Netzebenen zurückzuführen sein.

Mit dieser Untersuchung ist erstmals für (metallische) intermetallische Verbindungen eine Synthese der makroskopischen Verformungseigenschaften aus mikroskopischen Meßdaten gelungen, die bisher nur für einige Halbleiter durchgeführt werden konnte. — Erschienen in erweiterter Form in den Abhandlungen Bd 51 (1972) H. 5.

Vorgelegt werden Veröffentlichungen von: Horst Hanson, Peter Friedrich Matzen, Georg Merrem, Erich Rammler, Kurt Schwabe.

Sitzung am 16. März

Vortrag des Herrn Rolf Emmrich: „Hochdruck und Hyperlipidämie (Hypercholesterinämie) als Risikofaktoren für die Entstehung der Arteriosklerose". — Klinische Beobachtungen und epidemiologische Studien haben zur Kenntnis sogenannter Risikofaktoren geführt, die für die Entstehung und für die Fortentwicklung von Arteriosklerose (Atherosklerose) verantwortlich sind. Vorrangige Bedeutung haben die Hypertonie und die Hyperlipidämie (Hypercholesterinämie), ihre Kombination gilt als besonders ungünstig. Eingegangen wird auf die Beziehungen dieser Faktoren zur Arteriosklerose, auf ihr Zusammentreffen mit verschiedenen Krankheiten, die mit arteriosklerotischen Gefäßprozessen einhergehen und auf die Probleme, die sich hierbei ergeben.

Die Pathogenese der Arteriosklerose läßt die Einwirkung bislang bekannter Risikofaktoren erkennen. Einige dieser Faktoren sind noch zu wenig untersucht, zur Zeit auch nicht meßbar. Für die Morbidität entscheidend ist Organbeteiligung als Folge von Gefäßveränderungen, sie nimmt im fortgeschrittenen Alter laufend zu und wird dann schicksalbestimmend. Auffallend bleibt im hohen Alter der wiederum niedrige Wert für β-Pipoproteide einschließlich Serum-Cholesterin. Das Verhalten der Chylomikronen im Serum weist auf die Bedeutung der Nahrungsfette hin, zugleich auch auf einen noch möglichen unbekannten Stoffwechselfaktor.

Unter dem Aspekt der pathogenetischen Verkettung arteriosklerotischer Gefäßveränderungen zeichnen sich Wege einer therapeutischen Einflußnahme, vor allem einer wirksamen Vorbeugung, ab. — Erschienen in den Sitzungsberichten Bd 109 (1971) H. 4.

Vorgelegt werden Veröffentlichungen von: Paul Görlich.

Sitzung am 25. Mai

Vortrag des Herrn Wilhelm Maier: „Aus dem Gebiet der Funktionalgleichungen.“ — Die Inhaltsbestimmung euklidischer Dreiecke aus deren Seiten wurde vor 2 Jahrtausenden durch Heron in Alexandria geleistet. Auf Flächen fester Krümmung führt die Auswertung von Dreiecksinhalten zu stetigen Lösungen f einer linearen Funktionalgleichung [Fu.Gl.]

$$f(x_1) + f(x_2) = f(x_1 + x_2). \qquad (1)$$

Der Übergang zur Bestimmung von Simplexinhalten im R_n fester Krümmung verlangt für $n \leqq 4$ die Heranziehung einer vieldeutigen Funktion, die in Ursprungsnähe durch

$$L_2(x) = \sum_{k=1}^{\infty} \frac{x^K}{k^2}, \qquad |x| \leqq 1 \qquad (2)$$

zu geben ist. Aus ihr entsteht

$$h(x) = \int_{\varepsilon}^{x} dt \left\{\frac{\log(1-t)}{t} + \frac{\log t}{1-t}\right\}, \quad 2\varepsilon = -1 + \sqrt{5} > 0,$$

und diese Hilfsfunktion genügt einer linearen Fu.Gl.

$$\sum_{v=1}^{5} h(x_v) = 0; \quad x_{v+1} = \frac{1 - x_{v-1}}{1 - x_{v-1}}\, x_{v+1}, \quad (v \text{ mod. } 5). \qquad (2')$$

Konstruiert man nach E. Kummer die sogenannten m-Logarithmen

$$L_m(x) = \int_0^x dt\; t^{-1}\, L_{m-1}(t); \quad m = 3, 4, \ldots,$$

so können die entsprechenden Simplexinhalte des R_n für $n \leqq 6$ noch durch endliche Ausdrücke in L_2 und L_3 dargestellt werden. Andererseits existieren als Verallgemeinerung von (2') auch noch für L_4 und L_5 lineare Fu.Gln., deren Systematik durch G. Wechsung [1] aus Sätzen der Gruppentheorie verständlich gemacht wurde. Dagegen reichen für $m \leqq 3$ im R_n mit $n > 6$ die Funktionen $L_m(x)$ zur Simplexmessung nicht mehr aus. Es muß für $n > 6$ die Inhaltsbestimmung auf Funktionen von mehr Veränderlichen begründet werden. Die seit Lobatschewski betonte Vorzugstellung rechtwinkliger Orthoscheme tritt dann in den Hintergrund. Eine einheitliche Theorie zur Berechnung von Simplexinhalten als additiven Funktionalen gelingt aber nach Weissbach und Effenberger durch Heranziehen von Eigenwerten quadratischer Formen. Beim Auftreten vielfacher Eigenwerte verringert sich die Anzahl benötigter Integrationen; der Integrand enthält Produkte aus Gauß'schen Fehlerfunktionen [2].

Schrifttum

[1] Aus dem Gebiet der Funktionalgleichungen.
Sitzungsber. Heidelberger Akademie, Math.-nat. Kl. (1971, 3).
[2] Funktionalgleichungen mit analytischer Lösung.
Dtsch. Verlag d. Wissenschaften Berlin, 1971, Kap. IV.

Erschienen in der selbständigen Publikation: W. Maier u. H. Kiesewetter, Funktionalgleichungen mit analytischen Lösungen. Berlin 1971.

Vorgelegt werden Veröffentlichungen von: Wolfgang Buchheim, Paul Görlich.

Sitzung am 15. Juni

Vortrag des Herrn Maximilian Klinkowski: „Epedemien und Pandemien pflanzenpathogener Krankheitserreger in ihrer Beziehung zum Menschen." — Durch die modernen Möglichkeiten des Verkehrs ist heute nahezu jedes Land der Erde durch Einschleppung von Parasoten bedroht, die dort Epedemien und Pandemien auslösen können. Daneben gibt es Erreger von Pflanzenkrankheiten, die von ihrem epedemischen Herkunftsgebiet aus auf dem betreffenden Kontinent Epedemien von großer wirtschaftlicher Bedeutung ausgelöst haben. In diesem Zusammenhang wurden eingehender nachstehend genannte Virosen besprochen: Das Zuckerrohrmosaik, der Birnenverfall, die Scharkakrankheit der Pflaume, die Sproßschwellungskrankheit des Kakaos und die Rübenvergilbung. Oft ist es nicht die Ausbreitung eines bisher bekannten Virus, das unsere Aufmerksamkeit beansprucht, sondern das Auftreten eines bisher nicht nachgewiesenen Stammes des betreffenden Virus. Als instruktives Beispiel der letzten 2 Jahrzehnte werden die sog. Tabakrippenbräunestämme des Y-Virus der Kartoffel näher erläutert. Unter den pilzparasitären Krankheiten nimmt die Kraut- und Knollenfäule der Kartoffel eine besondere Stellung ein. Eingehend wurde für die Jahre 1845 und 1846 die europäische Situation beschrieben, die u. a. in Irland eine Hungersnot bisher unbekannten Ausmaßes erregte. 1 Million Menschen fielen der Hungersnot zum Opfer, eine weitere Million wurde zur Auswanderung gezwungen. Das Jahr 1960 ist durch den beispielhaften Seuchenzug des Erregers des Blauschimmels des Tabaks in Europa gekennzeichnet, dessen einzelne Etappen aufgezeigt werden. Im Zeitraum 1924—1926 hat in Europa das Auftreten der Hopfenperonospora alarmierend gewirkt und auch außerhalb der betroffenen Kreise Aufsehen erregt. Wundübertragung und Verschleppung durch den Wind und durch den Menschen verdankt das Ulmensterben seine schnelle Ausbreitung, was an Beispielen auf den europäischen und auf dem amerikanischen Kontinent dargelegt wird. Einer Schilderung von Rostepidemien in Nordamerika schloß sich das Beispiel der Bengalischen Hungersnot an, das durch die Braunfleckenkrankheit des Reises im Jahre 1943 ausgelöst worden ist. Abschließend wird dargelegt, daß Berichten aus der Römerzeit zufolge über die Erschöpfung des Bodens die Erklärung zulassen, daß das Auftreten parasitärer Nematoden hierfür verantwortlich zu machen ist und damit zum Untergang Roms beitrug. Auch für die geheimnisvolle Auswanderung der Mayas im 7. Jahrhundert n. Chr. wird dem Auftreten der Nematoden eine maßgebliche Rolle hierbei zugebilligt. Eine schlüssige Beweisführung ist jedoch in beiden Fällen nicht zu erbringen. — Erschienen in den Abhandlungen Bd 51 (1971) H. 4.

Vorgelegt werden Veröffentlichungen von: Franz Runge.

Sitzung am 12. Oktober

Vortrag des Herrn Hans Drischel: „Biologische Rhythmen.“ — Die biologische Rhythmusforschung ist eine noch recht junge Wissenschaftsdisziplin; eine International Society for Biological Rhythm wurde 1937 gegründet. Das Interesse beschränkt sich nicht nur auf den zirkadianen (diurnalen) Rhythmus des Tag-Nacht-Wechsels, der zwar medizinisch besonders wichtig ist, sondern umfaßt ein breites Spektrum von Rhythmen. Dieses reicht von den elektrischen Signalen im Nervensystem (Millisekundenbereich) über die periodische Tätigkeit von Herz, Atmung und glattmuskeligen Organen, den diurnalen und menstrualen Zyklus bis zu jahreszeitlichen und langjährigen Rhythmen bei Populationen von Lebewesen. Die Mikrorhythmen am kurzwelligen Ende des Spektrums verlaufen spontan, ohne Korrelat aus der Umwelt, sind ausgesprochen temperaturabhängig und ihrem Charakter nach am besten mit Kippschwingungen zu vergleichen (Variabilität der Frequenz, Konstanz der Amplitude). Demgegenüber besitzen die langwelligen Makrorhythmen ein äußeres Korrelat; es existieren exogene Ursachen (Synchronisatoren oder Zeitgeber). Sie sind temperaturunabhängig und am ehesten mit Pendelschwingungen zu vergleichen (annähernd sinusförmig, Konstanz der Frequenz, Variabilität der Amplitude).

Im zweiten Teil des Vortrags werden an Hand von graphischen Darstellungen Beispiele für biologische Rhythmen aus dem gesamten Spektrum angeführt, die in erster Linie deren Phänomenologie darstellen, aber bereits allgemeine Gesetzmäßigkeiten erkennen lassen sollen.

Im dritten Abschnitt wird versucht, einige theoretische Ansätze über die den biologischen Rhythmen zugrunde liegenden Mechanismen zu geben. Dabei erfolgt eine Beschränkung auf wenige wesentliche Punkte: 1. Die Beziehungen der Rhythmenlehre zur Kybernetik (manche biologische Regelsysteme können unter gewissen Umständen zu Oszillatoren werden); sie äußern sich in der Verwandtschaft der beiden biologischen Prinzipien von Rhythmizität und Homöostase; 2. Versuche zur einheitlichen mathematischen Erfassung der biorhythmischen Prozesse (*Wever*sche Ableitungen aus der *van der Pol*schen Schwingungsgleichung); 3. Betrachtung zur Genese der Biorhythmen und ihrer Synchronisierbarkeit durch externe Faktoren; außer den starken Zeitgebern Licht und Temperatur können schwache oder subtile Zeitgeber (Änderungen des erdmagnetischen oder elektrischen Feldes, Strahlungen u. a.) in Frage kommen; besonderes Interesse erfordert ferner die Wechselwirkung verschiedener Oszillatoren innerhalb des Organismus (absolute und relative Koordination usw.). — Erschienen in den Sitzungsberichten Bd 109 (1972) H. 5.

Vorgelegt werden Veröffentlichungen von: Walter Brednow, Wolfgang Buchheim, Horst Hanson, Ernst Neef, Erich Strack.

Sitzung am 7. Dezember

Vortrag des Herrn Kurt Mothes: „Über sekundäre Pflanzenstoffe." — Der biochemische Unterschied zwischen der grünen Pflanze und dem Tier liegt in erster Linie in der Stoffwechselautarkie der Pflanze. Sie kann prinzipiell ohne Hilfe anderer Organismen mit anorganischen Stoffen und Sonnenlicht ihren Organismus aufbauen. Damit hängt zusammen die Fähigkeit, Kohlendioxyd in organische Substanz zu verwandeln, elementaren Stickstoff zu binden, Nitrat und Sulfat zu reduzieren, vor allem aber auch alle für das Leben, für die Eiweißsynthese, die Atmung notwendigen Materialien bereitzustellen und die nötigen Enzyme völlig zu synthetisieren.

Darüber hinaus bildet die höhere Pflanze aber eine Unzahl „sekundärer" Stoffe; zur Zeit sind etwa 10000 bekannt. Dazu gehören die Alkaloide, viele Steroide, die Gerbstoffe u. a. m. Für diese Stoffe ist charakteristisch, daß sie physiologisch nicht notwendig sind. Sie mögen gelegentlich ökologische Bedeutung haben. Wir beobachten diese Stoffe erst dann, wenn sie zur Akkumulation kommen. Das erfolgt bei wasserlöslichen Stoffen in erster Linie in den Vakuolen besonderer Zellen. Der Prozeß zur Bildung und Speicherung dieser Stoffe ist als eine metabolische, innere Exkretion aufzufassen. Viele dieser Stoffe sind technisch oder medizinisch wertvoll.

Das Tier, das — von wenigen Phasen der Entwicklung ganz bestimmter Organisationstypen abgesehen — auf eine Eliminierung der Exkrete aus dem Organismus angewiesen ist, zeigt eine Akkumulation von Sekundärstoffen normalerweise nicht; den Zellen fehlen die großen Vakuolen. So finden wir Sekundärstoffe bei Tieren in erster Linie in Vogelfedern, Schmetterlingsflügeln, Insektenpanzern, also außerhalb der lebenden Bezirke. Dann gibt es nach den neuesten Arbeiten eine interessante, ökologisch bedeutungsvolle Speicherung von Sekundärstoffen in den Hauttaschen von Salamandern, Kröten usw. und in den Wehrdrüsen von Käfern, Heuschrecken, Tausendfüßlern. Dort werden in besonderen Räumen Stoffe von hoher Aktivität in großen Konzentrationen abgeschieden: Cardenolide, Blausäureverbindungen, Wasserstoffsuperoxyd, Säuren, Alkaloide u. a. m. Daß es sich im Grunde hierbei wirklich um eine Ausscheidung metabolisch nicht genutzter und meist auch toxischer Stoffe handelt, zeigt der Fund von 2,5 D, also einem Herbizid, im Heuschrecken-Abwehrexkret. — Erschienen in den Abhandlungen Bd 52 (1972) H. 1.

Vorgelegt werden Veröffentlichungen von: Rolf Emmrich, Kurt Schwabe.

Philologisch-historische Klasse

1969

Sitzung am 20. Januar

Vortrag des Herrn Werner Bahner: „Cervantes' Auseinandersetzungen mit seinen literarischen Gegnern und ihre Konsequenzen für den Aufbau des ‚Don Quijote'". — Zwischen Cervantes und dem sich unter dem Pseudonym Avellaneda verbergenden Autor des apokryphen zweiten Teils des Don Quijote kam es zu Auseinandersetzungen, die nicht ohne Folgen für die Gestaltung des echten zweiten Teils des Don Quijote blieben. Cervantes erhob nicht nur schwerwiegende Einwände gegen die Konzeption und Komposition von Avellanedas Machwerk. Er bemühte sich darüber hinaus auch, die Elemente in seinem Don Quijote schärfer zu akzentuieren, die seines Erachtens bei der Parodierung der Ritterromane durch Avellaneda gröblich mißachtet worden waren, weil dieser Raubritter der Feder die wesenhaften Merkmale der damals aus ästhetischen und moralischen Gründen geschmähten Romangattung der „libros de caballerias" nur sehr ungenügend beachtet hatte. Entgegen einer vielfach vertretenen Ansicht wird dargelegt, daß sich Cervantes durch das Erscheinen der Pseudoromanfortsetzung nicht veranlaßt sah, das Grundschema seines zweiten Teils noch zu ändern, sieht man von der Veränderung der Reiseroute des Helden und einer eventuellen Beschleunigung des Romanabschlusses ab. Eine menschliche Vertiefung der Charaktere von Don Quijote und Sancho Panza zeichnete sich früh schon im zweiten Teil von Cervantes' Roman ab. Im ersten Teil seines Don Quijote war Cervantes bereits darauf bedacht, das authentische Wesen seiner Protagonisten zu sichern. Durch eine Distanzhaltung gegenüber dem Erzählten sollte der Leser veranlaßt werden, selbst über dessen Echtheit zu befinden. Auch nach dem Erscheinen von Avellanedas Werk verfolgte Cervantes diese Linie weiter. Dabei betonte er allerdings mehr denn je die Authentizität seiner beiden Hauptgestalten als Produkt seiner künstlerischen Phantasie. Auch der Tod des Helden nach vollzogener Genesung vom ritterlichen Wahn war gegenüber allen sonstigen Deutungen von Cervantes' Kunstverstand eingeplant. Er führt wieder auf den Ausgangspunkt des Romans zurück, auf die provinzielle Enge und Funktionslosigkeit des Hidalgodaseins, die zur Evasion verlockten und einen Don Quijote ermöglichten. Das Erscheinen des apokryphen zweiten Teils hatte hier nur zur Folge, daß Cervantes von verschiedenen Romanfiguren so nachdrücklich Don Quijotes Ende verbürgen ließ. — Erscheint in den Sitzungsberichten.

Vorgelegt werden Veröffentlichungen von: Walter Baetke, Lieselotte Blumenthal, Rudolf Fischer, Rudolf Große, Werner Straub.

Sitzung am 17. Februar

Herr Johannes Jahn hat den Vortrag des erkrankten Herrn Walter Hentschel: „Johann Christoph Knöffel, der Architekt des sächsischen Rokoko“ vorgetragen. — Unter den Architekten des Dresdner Barocks ist bis heute Johann Christoph Knöffel (1686—1752) der am wenigsten bekannte, obwohl er als Amtsnachfolger Pöppelmanns und auch als Architekt privater Auftraggeber eine außerordentlich umfangreiche Tätigkeit entfaltet hat, deren Nachwirkungen bis in das letzte Viertel des 18. Jahrhunderts reichten. Verursacht wurde diese Fehleinschätzung einerseits durch eine die Wahrheit entstellende, aber immer wieder nachgeschriebene Charakterzeichnung, andererseits aber dadurch, daß die Mehrzahl von Knöffels Bauten vernichtet ist — nicht nur im letzten Weltkrieg, sondern z. T. schon bald nach seinem Tode, da Friedrich II. von Preußen die von ihm für den Grafen Brühl errichteten Bauten zerstören oder verwüsten ließ. Trotzdem läßt sich Knöffels Schaffen vollständig rekonstruieren, da von allen seinen Bauten, ausgeführten wie nicht ausgeführten, die Originalpläne erhalten sind. Knöffel stammte aus einer Familie von Maurern. Er lernte selbst dieses Handwerk und erwarb sogar das Meisterrecht, nachdem er längst schon dem Oberlandbauamt angehörte. Im Rahmen dieser Behörde vollzog sich sein Aufstieg, bis er 1736 ihre Leitung übernahm. Daneben spielten private Auftraggeber in seinem Schaffen eine große Rolle, vor allem die Grafen Wackerbarth und Brühl. Das erste Werk, in welchem Knöffel greifbar wird, ist der Park von Großsedlitz mit seinen Bauten, welche noch die Art seines ersten Vorgesetzten M. D. Pöppelmann erkennen lassen. Doch schon im nächsten Bau, der Ritterakademie in Dresden-Neustadt, 1723ff., hat Knöffel seinen eigenen Stil gefunden, indem er die Fassaden durch Lisenen gliederte und sie dadurch wie auch durch Putzspiegel oder ornamentale Füllungen in einem aufs feinste abgestuften Relief schichtete. Das Meisterwerk dieser Art ist das Kurländer Palais, dem dann in Dresden u. a. das Brühlsche Palais, die aus dem Stallhof des 16. Jahrhunderts umgebaute Gemäldegalerie sowie Gartensaal, Galeriegebäude und Belvedere auf der Brühlschen Terrasse folgten, so daß Knöffel als eigentlicher Schöpfer dieser weltberühmt gewordenen Dresdner Anlage anzusehen ist. Außerhalb Dresden entstanden die Schlösser Wackerbarths Ruhe, Zabeltitz, Heidecksburg bei Rudolstadt, Hubertusburg, Grochwitz, Pförten und Nischwitz — die drei letzteren für Brühl. In all diesen Werken wurde der sächsische Hochbarock in einen Stil übergeleitet, den man am besten als Rokoko-Klassizismus bezeichnen kann, mit einer trotz französischer Einflüsse durchaus eigenständigen Note. Der Übergang zum Rokoko läßt sich auch ablesen in den zahlreichen Gartenanlagen Knöffels mit ihrer fortschreitenden Verselbständigung einzelner kleiner Teile, wie auch in der Dekoration seiner Innenräume, die bei Sälen aus Stukkolustro in Verbindung mit Gemälden, Spiegeln, figürlichen Reliefs und vergoldeten Ornamenten bestand, während bei Kabinetten — überliefert nur in einigen Entwürfen für Schloß Pförten — in weiß gehaltener Vertäfelung mit gemalten Gesellschaftsstücken in asymmetrischer Rahmung und locker verteiltem Porzellan das Intime des Rokokostils am reinsten zur Geltung kam. — Erschienen in den Abhandlungen Bd 64 (1972) H. 1.

Vorgelegt werden Veröffentlichungen von: Herbert Grundmann, Walter Hentschel, Rudolf Meyer, Joachim Müller, Werner Peek, Otto Voßler.

Sitzung am 24. März

Vortrag des Herrn Siegfried Morenz: „Prestige-Wirtschaft im alten Ägypten." — Die Wirtschaft ist ins Gefüge der altägyptischen Kultur einzuordnen. Es stellt sich heraus, daß sie mit mindestens drei Lebensäußerungen der Gesellschaft zusammenhängt: Herrschaft, Götterglaube und Totendienst. Die Herrschaft wird von einem Königtum ausgeübt, das durch eine ausgeprägte Bürokratie zentral regiert. Für Hof und Verwaltung hat die Wirtschaft die Mittel freizusetzen. Sie dienen teils deren Unterhalt, teils den Investitionen in die Bewässerung und wirken so auf die Produktion zurück, die von der Herrschaft reguliert wird. König und Gesellschaft fühlen sich den Göttern verpflichtet, die das Wohl des Landes spenden. Ihre Verpflichtung gelten sie ab in Leistungen, die als Bauten (Tempel), Kulte (Opfer) und Dientsleistungen (Priester) erscheinen. Der Tote bleibt Glied der ägyptischen Gesellschaft. Um seinen historisch gewachsenen Status zu bewahren, sind materielle Aufwendungen nötig. Sie setzen sich aus Grabbauten plus Beigaben und Stiftungen für einen dauernden Totendienst zusammen. Die Investitionen in den Kult der Götter und die Versorgung der Toten machen einen erheblichen Teil des Aufkommens der ägyptischen Überflußgesellschaft aus. Sie lassen sich spezifizieren, ohne daß man jedoch vorerst ihr Verhältnis zum Konsum der (lebenden) Ägypter genauer bestimmen könnte.

Um das Zusammenwirken von Herrschaft, Götterglaube, Totendienst und Wirtschaft zu erkennen und aus dem Grund des Ganzen zu verstehen, empfiehlt sich die Begriffswelt der modernen Ethnosoziologie, die im Anschluß an die alte Schrift von Th. Veblen, "Theory of leisure class" (1899), jetzt entwickelt wird, der das Sozialprestige als Formelement und Triebkraft der Geschichte erkannt hat. Wenn man das Wort „Prestige" auf die besonderen altägyptischen Verhältnisse hin definiert, erweist es seine heuristische Kraft. Dazu sei bemerkt, daß so ziemlich alle in den Kulturwissenschaften gebräuchlichen Begriffe (wie Eigentum, Geschichte, Kunst, Religion, Wissenschaft) bei der Anwendung auf schriftlose Völker und fremde Hochkulturen eigens definiert werden müssen, um legitim zu bleiben.

Prestige als Formprinzip der Wirtschaft gibt sich dem Ägyptologen vielfach kund. In der Herrschaft legitimiert und stimuliert das Sozialprestige des Pharao, nach außen und innen wirkend, die ökonomischen Aufwendungen für Hof und Bürokratie. Die als Bürokratie tätige Oberschicht und ihr Konsum sind ebenfalls vom Sozialprestige bestimmt. Die Götter erhalten ihre Investitionen, weil sich in einer als Sozialkörper religiösen Gesellschaft das Prestige des Königs vom rechten Verhältnis zu den Göttern und ihrem daraus folgenden Segen herleitet. Die Natur ist in Gestalt „hoher Nile" darin eingeschlossen. Der Totendienst läßt sich, natürlich neben seinem religiösen Ziel, insofern nach der theory of leisure class definieren, als die Ägypter im Tode nach dem königlichen Status als Inbegriff des höchsten Sozialprestiges greifen. Alle Aufwendungen, von der Mumizierung angefangen, sind von diesem

Ziel formal geprägt. Sozialprestige gehört zum „Sein“ des Ägypters, darf also nicht als bloße Ruhmgier abqualifiziert werden. Es hängt mit der Struktur ägyptischer Gesellschaft zusammen, daß es bezüglich der Imitation des Königs auf das Totenreich abgedrängt erscheint. Indem dieses seinerseits nur eine Fortsetzung der Lebenswelt ist, schließen sich die Dinge wiederum auf spezifisch ägyptische Weise zur höheren Einheit zusammen. — Erschienen in den Sitzungsberichten der Bayerischen Akademie der Wissenschaften Jg. 1969 (München 1969) H. 4.

Vorgelegt werden Veröffentlichungen von: Richard Hauschild, Rudolf Meyer, Friedrich Weller.

Sitzung am 19. Mai

Vortrag des Herrn Otto Eißfeldt: „Adonis und Adonaj.“ — Den beiden Gottesnamen Adonis und Adonāj liegt das semitische *'ādôn* „Herr“ zugrunde, und nach der Communis opinio haben sie auch das gemein, daß ihre Endungen *is* und *āj* Possessiv-Suffixe der 1. Person des Singulars darstellen, Adonis und Adonāj von Haus aus „Mein Herr“ bedeuten, aber die Funktion des Possessiv-Suffixes verloren haben und einfach „(Der) Herr“ ausdrücken, wie Parallelen dazu, etwa Monsieur und Madonna, vielfach vorkommen. Wie der Name Adonis semitisch ist, so kann auch darin kein Zweifel aufkommen, daß seine Verehrung, die uns für das 6. Jahrhundert v. Chr. bis zum 4. Jahrhundert n. Chr. durch griechische Kulte und Mythen in den Mittelmeerländern bezeugt ist, auf semitische Vorbilder zurückgeht und in Phönizien, genauer in Byblos, ihre Heimat hat. Wenn uns trotzdem nur griechische Belege für den Adonis-Kult vorliegen und auch in Dura-Europos am mittleren Euphrat, wo 1924—1926 ein ziemlich großer Adonis-Tempel des 3. Jahrhunderts n. Chr. ausgegraben ist, ausschließlich griechische Inschriften — diese in größerer Zahl — zu Tage gekommen sind, so mag sich das daraus erklären, daß nach Ausweis von Hes 8, 14—15 und einiger Tammuz darstellenden Tesserae aus Palmyra die assyrisch-babylonische Religionspolitik ihren dem Adonis entsprechenden Gott Tammuz an die Stelle des Adonis gesetzt und so den semitischen Namen *'ādôn* verdrängt hat. In Ras Schamra, dem antiken Ugarit, ist aber vor etwa vier Jahrzehnten ein aus dem 14. Jahrhundert v. Chr. stammender Test gefunden, der von der Benennung eines jugendlichen Gottes, des Ba'al, als *'ādôn* handelt, und eine Angabe des im 6. Jahrhundert n. Chr. blühenden, also 2000 Jahre jüngeren, alexandrinischen Lexikographen Hesychius besagt, daß Adonis ein Name des Bôl, also des Ba'al des ugaritischen Textes, sei. Was Adonāj angeht, so haben *Gustav Dalman* und *W. W. Graf Baudissin* in ihren Untersuchungen über diesen Gottesnamen von 1889 und 1929 eindrucksvoll und erfolgreich der Auffassung Ausdruck gegeben, seine Endung *āj* sei ein Possessiv-Suffix, das seine Bedeutung verloren habe, so daß Adonāj allmählich aus „Mein Herr“ „Der Allherr“ geworden sei. Ugaritische Texte aus dem 14. Jahrhundert v. Chr. nötigen nun auch zu einer Nachprüfung der Erklärung von *'ᵃdōnāj*. Einige dieser Texte bringen nämlich Belege für das Afformativ *āj*, das dem Grundwort eine Steigerung seiner Bedeutung bringt. So wird die Endung von *'ᵃdōnāj*, also *āj*, auch als emphatisches Afformativ aufzufassen und *'ᵃdōnāj* mit „Der Allherr“ wieder zu geben sein. — Erschienen in den Sitzungsberichten Bd 115 (1970) H. 4.

Vorgelegt werden Veröffentlichungen von: Lieselotte Blumenthal, Walter Markov, Rudolf Meyer, Joachim Müller, Herbert Peukert, Otto Voßler.

Sitzung am 23. Juni

Vortrag des Herrn Franz Lau: „Bemerkungen zum wissenschaftlichen Ertrag des Reformationsjubiläums 1967“. — Herr Lau stellte seinen Vortrag unter das Thema „Bemerkungen zum wissenschaftlichen Ertrag des Reformationsjubiläums 1967“ und ging in ihm drei Linien nach. Einerseits ging es um die Entwicklung, die, soweit es sich um wissenschaftliche Arbeiten handelt, dahin geführt hat, daß das diesmalige Jubiläum gefeiert worden ist nicht als eine Angelegenheit einer einzelnen christlichen Konfession, sondern als eine gemeinsame Angelegenheit der gesamten Christenheit, speziell gemeinsam von evangelischen und römischen Katholiken.

An zweiter Stelle stand die seit längerem über die Konfessionsgrenzen hinaus erfolgte Anerkennung der Bedeutung Luthers für die Geschichte der deutschen Sprache. Das hat auch beim Reformationsjubiläum 1967 erneut seinen Ausdruck gefunden, wenn schon vielleicht nicht in genügend starkem Maße. Die dritte Linie bezog sich dann auf die Tatsache, daß alles hinging auf eine Begegnung zwischen christlichen Theologen und marxistischen Historikern. Das, was erreicht werden kann und möchte, ist mit dem Reformationsjubiläum 1967 gewiß noch nicht erreicht worden. Aber ein Anstoß könnte gegeben sein, das noch zu tun, was notwendig ist und was möglichst bald erfolgen sollte.

Der erste Teil des Vortrages brachte eine geraffte Übersicht der katholischen Reformations- und Lutherforschung von Cochläus an über Denifle und Grisar, über Lortz und Herte bis Peter Manns und Augustin Hasler. Im zweiten Teil konnten als Gegenstück zu den Arbeiten Erbens, Birgit Stolts und Heinz Bluhms die Beiträge von der Wittenberger Germanistentagung aus dem November 1967 zwar erwähnt werden, aber noch nicht eigentlich zur Sprache kommen, weil der Berichtsband noch nicht erschienen ist. Die marxistische Reformationsforschung beginnt mit Friedrich Engels’ großer Abhandlung über den Deutschen Bauernkrieg von 1850 und ist neben sowjetischen Arbeiten, die bereits vor Ende des Krieges erschienen sind, speziell in der Deutschen Demokratischen Republik seit etwa 1950 ganz stark aufgeblüht.

Herr Lau mußte darauf hinweisen, daß er in der Veröffentlichung von Hans-Werner *Koch* über Martin Luthers Reformation in kommunistischer Sicht nur einen gefährlichen Versuch sehen könne, das echte wissenschaftliche Gespräch im Keime zu ersticken, so daß das, was nicht nur von der marxistischen Lutherbiographie von Gerhard Zschäbitz her durchaus möglich ist, nicht zustande kommen könnte; nicht allein Zschäbitz bietet Ansätze und weist auf Möglichkeiten für ein wirkliches Gespräch. Herr *Lau* gab der Hoffnung Ausdruck, daß durch das Jubiläum ein Anstoß gegeben sein möchte, so, daß etwa beim IV. Internationalen Kongreß für

Lutherforschung, der 1971 in Nordamerika stattfinden soll, das Gespräch wirklich in Gang kommt und zu fruchtbaren Erfolgen führt. — Erscheint in den Sitzungsberichten.

Sitzung am 15. November

Vortrag des Herrn Johannes Jahn: „Albrecht Dürer in der neueren deutschen Forschung." — Eine auf die wissenschaftliche Erschließung der Hinterlassenschaft Dürers in ihrem ganzen Unfang gerichtete deutsche Forschung bahnte sich erst im späteren 19. Jahrhundert an. 1876 veröffentlichte der Wiener Kunsthistoriker Moritz Thausing eine Dürermonographie, die zum erstenmal alles über den Künstler Bekannte kritisch zusammenfaßte. Sein Buch enthält freilich eine Anzahl von Irrtümern und Fehlurteilen, die aber nicht zuletzt aus der zu seiner Zeit noch herrschenden Unkenntnis der deutschen Kunst der Spätgotik zu erklären sind. Daß nur aus deren Stileigentümlichkeiten auf allen Gebieten Dürer verstanden werden könne, versuchte Robert Vischer nachzuweisen in seinem großangelegten Aufsatz „Albrecht Dürer und die Grundlagen seiner Kunst" (1886). Er schlägt die Brücke zur Dürermonographie von Heinrich Wölfflin (1905), die nach dem Grundsatz geschrieben ist, die erste Aufgabe des Kunsthistorikers bestehe in der Analyse der anschaulichen Form. Wölfflin entromantisierte unsere Vorstellung von Dürer als eines betont vaterländischen Künstlers und untersuchte dessen Beziehungen zu Italien im einzelnen, die z. T. negativ eingeschätzt werden.

Seit den 80er Jahren ging man auch in größerem Ausmaß daran, Dürers Werke zu vervielfältigen, was der Forschung für Vergleiche allmählich eine breite Grundlage gab. Das gilt vor allem von den Handzeichnungen mit ihrem hohen Quellenwert für die Erkenntnis des Werdens und Wachsens von Dürers Kunst. Desgleichen wandte man sich der Veröffentlichung und kritischen Interpretation des schriftlichen Nachlasses zu, eine Aufgabe, die jedoch bis heute noch nicht ganz abgeschlossen ist. Im Dürerjahr 1928 erschienen zwei Werke, die gewissermaßen Gegenpole der Dürerforschung darstellen: Eduard Flechsig bemühte sich um objektive Kriterien zur Feststellung der Chronologie besonders der Zeichnungen; Hans und Erika Tietze erarbeiteten, allerdings mehr unter subjektiven Gesichtspunkten, ein kritisches Verzeichnis aller mit dem Namen Dürer verbundenen Arbeiten.

Die wichtigste unter den Dürermonographien der letzten Jahrzehnte stammt von Erwin Panofsky (1943), der vor allem durch Anwendung der ikonologischen Betrachtungsweise manches Werk Dürers in ein neues Licht rücken konnte. Die letzte Zusammenfassung der vielen Einzelforschungen vollzog Friedrich Winkler (1957). — Der Vortrag war gedacht als Rechenschaftsbericht am Vorabend von Dürers 500. Geburtstag im Jahre 1971. — Erschienen in den Sitzungsberichten Bd 115 (1971) H. 1.

Vorgelegt werden Veröffentlichungen von: Heinrich Besseler, Karl Bischoff, Rudolf Hauschild, Rudolf Meyer, Gotthard Neumann, Werner Peek.

Sitzung am 8. Dezember

Vortrag des Herrn Edgar Lehmann: „Der Trend der territorialen Flächennutzung“. — Referent faßt die areale Flächennutzung als Spiegelfläche auf, in der zu einem nicht geringen Anteil gegenläufige, für die Organisation des Territoriums wichtige Prozesse reflektiert werden. In dem wissenschaftlichen Konzept, das er in einer perspektivischen Einschätzung der Flächennutzung zugrunde legt, wird dem Flächen*anspruch*, der durch die wirtschaftlichen, technischen und gesellschaftlichen Aktivitäten in einem immer schneller wachsenden Ausmaß hervorgerufen wird, eine besondere Bedeutung für die Ermittlung von Optima in dem Verhältnis der Produktionsstruktur zur Infrastruktur und zur natürlichen Ressourcenentwicklung beigemessen. Das Problem der territorialen Prognostik wird aus der Dynamik der sozialistischen Gesellschaft heraus erörtert und mit dem Stand der territorialen Strukturforschung in kapitalistischen Ländern in Beziehung gesetzt. Nicht das Kausaldenken, sondern das Systemdenken bestimmt das methodische Verfahren. An verschiedenen Beispielen, die aus Gebieten der Agglomeration von Bevölkerung und Industrie Europas und Amerikas gewählt wurden, werden die jeweils stärksten Faktoren der Raumdifferenzierung geprüft und in Vergleich gestellt. Hierbei zeigt sich, daß Untersuchungen über die formale Struktur, z. B. den Grundriß städtischer Agglomerationsgebiete, so fundamental sie sind, eine sekundäre Bedeutung gegenüber den Funktionen haben, deren optimale Erfüllung im planerischen Vorgriff zu sichern ist. Von der Analyse der Funktionen her sind Aufschlüsse über den Trend der Flächennutzung zu erhalten. Es ist nicht irgend ein wirtschaftlich empirisch, gleichsam sich automatisch ergebender Formalzustand, der Ziel einer bestmöglichen Flächennutzungsentwicklung sein kann. Alle Kräfte der gesellschaftlichen, wirtschaftlichen und physischen Teilsysteme sind auf eine optimale Lebensordnung hin steuernd so abzustimmen, daß sich eine für einen bestimmten Zeitraum hin gültige, stabile Systemorganisation ergibt. — Erscheint in den Sitzungsberichten.

Vorgelegt werden Veröffentlichungen von: Friedrich Baethgen, Herbert Grundmann, Johannes Jahn, Joachim Müller, Friedrich Weller.

1970

Sitzung am 19. Januar

Vortrag des Herrn Joachim Müller: „Die Figur des Kindes und des Jugendlichen in der deutschen Literatur von Goethe bis Thomas Mann“. — Bei dem literarhistorisch gefaßten und auf ausgewählte Erscheinungen der Epik beschränkten Thema geht es um solche vom Dichter erfahrenen oder beobachteten, autobiographisch erinnerten oder erzählerisch gestalteten Phänomene kindlichen und jugendlichen Seins und Verhaltens, die als zentrale Aspekte dargeboten werden.

Ausgangs ist Goethes zweifache literarische Darstellung seiner eigenen Kindheit und Jugend, einmal in der poetisierten Autobiographie „Dichtung und Wahrheit“, und zum anderen in der Romanform „Wilhelm Meisters Lehrjahre". In „Dichtung und Wahrheit" wechseln frühe Schrecknisse mit kindlichen Streichen, im „Wilhelm Meister" werden Krisensituationen am Helden wie an seinem unglücklichen Schützling Mignon dargestellt. Dazu ein neues Thema: Der Herangewachsene muß die Erziehung seines eigenen Kindes verantworten.

In der späten „Novelle" Goethes begegnet die Figur des reinen unschuldigen Kindes. Der autobiographische Roman „Anton Reiser" von K. Ph. Moritz ist für früheste Kindheitseindrücke ebenso ergiebig wie die Lebensgeschichte Ulrich Bräkers. Einen wertvollen Beitrag zum Thema leistete die Romantik mit Friedrich Schlegels „Charakteristik der kleinen Wilhelmine". Die beiden bedeutendsten dichterischen Gestalter von Kindern und Jugendlichen im 19. Jahrhundert, A. Stifter und G. Keller, gaben uns aus eigenen Erfahrungen und sorgfältigen Beobachtungen ihrer Umwelt ihren poetischen Transformationen den konkreten psychischen und sozialen Grund. Stifter hat zudem mit seiner Fixierung allerfrühester Kindheitseindrücke ein einzigartiges Dokument geschaffen. In „Brigitta" und „Waldsteig" gestaltet er das Verhängnis einer falschen Erziehung. In „Bergkristall" werden die Kinder aus Bergnot durch ihr Selbstvertrauen und durch ihre sichere Reaktionsfähigkeit gerettet. In „Turmalin" wird das durch Schuld der Umwelt kommunikationslos gewordene Mädchen noch eben vor dem Schlimmsten bewahrt. Im „Grünen Heinrich" hat Keller widerspruchsvolles kindliches Verhalten psychisch exakt analysiert und in „Romeo und Julia auf dem Dorfe" die zu Jugendlichen heranwachsenden Kinder als tragische Opfer einer korrupten und selbstzerstörerischen Väterwelt zu Hauptfiguren der Novelle gemacht. Ebenfalls Opfer einer zeitgeschichtlichen und sozialkritisch entfalteten Umwelt patrizisch-bürgerlichen Niedergangs ist Thomas Manns Hanno Buddenbrock, der vom gefährdeten Kleinkind bis zu dem im musikalischen Rausch Pubertierenden und mit 16 Jahren vom Typhus Dahingerafften mit ergreifender Intensität verfolgt wird. Das von Meningitis erbarmungslos getötete Kind Nepomuk-Echo im „Doktor Faustus" ist dennoch Sinnbild des Reinen, das zerstört wird. Die tragischen Akzente in der Gestaltung des Kindes in der spätbürgerlichen Literatur resultieren aus den nicht gelösten Spannungen zwischen Kind und Erwachsenen in einer die natürlichen Lebensforderungen pervertierenden Gesellschaftssituation. — Erschienen in den Sitzungsberichten Bd 116 (1971) H. 1.

Vorgelegt werden Veröffentlichungen von: Theodor Frings, Joachim Müller, Gotthard Neumann.

Sitzung am 16. März

Vortrag des Herrn Herbert Peukert: „Gibt es eine ‚slawische' Volksdichtung?". — Bei der Frage nach einer „slawischen" Volksdichtung handelt es sich sowohl um eine prinzipielle slawistisch-folkloristische wie rezeptionelle Problematik, indem davon ausgegangen wird, daß im deutschen Sprachraum gern global von der slawischen Volksdichtung, ähnlich wie von dem slawischen Volkslied, der slawischen Musik, der slawischen Seele usw., die Rede war und ist. Bei näherer Betrachtung läßt sich jedoch unschwer erkennen, daß die Zahl der übergreifenden konstitutiven Merkmale, die sich in der Volksdichtung nur der Slawen, und zwar aller Slawen, finden, sehr klein ist, wenn es die überhaupt gibt. An den beiden nicht selten als typisch slawisch angesehenen Gattungen des Heldenliedes und der Volkslyrik wird — stellvertretend für die übrigen Genres — darzulegen versucht, daß deren extraslawischen Bindungen ähnlich evident sind wie die interslawischen. Eine wesentliche Hilfe bei einer neuen und aus der wissenschaftlich kaum zu begründenden Isolierung und Enge herausführenden Interpretation solcher internationaler Übereinstimmungen von Gattungen, Motiven, Sujets, Gestaltungsverfahren der Volksdichtung leistet die moderne historisch-typologisch orientierte Folkloristik, darunter die sowjetische (vgl. besonders V. M. Žirmunskij). Die Tatsache der relativ nahen sprachlichen Verwandtschaft erweist sich im gegebenen Zusammenhang bei der geringen unmittelbaren muttersprachlichen Kommunikationsfähigkeit der verschiedennationalen Slawen untereinander als ein irrelevantes Akzidens. Wenn die Slawen selbst mit verbindenden „slawischen" Gemeinsamkeiten und „Wechselseitigkeiten" operierten, dann liegt dem trotz der divergenten historischen Schicksale in erster Linie ein gemeinsame Aktionen auslösendes und bis in die Gegenwart fortwirkendes historisch bedingtes und gefördertes Zusammengehörigkeitsbewußtsein zugunde. In der deutschen Slawenrezeption wie der mit ihr kausal verknüpften Rezeption der „slawischen" Volksdichtung spielen die integrierenden Selbsteinschätzungen slawischer Völker eine erhebliche Rolle, wobei den ehemaligen „Austroslawen" auch als Vermittlern eine besondere Bedeutung zukommt. Auf dieser wohlverstandenen „panslawischen" historischen Basis werden die verschiedenen deutschen rezeptionellen Folgeerscheinungen verständlich, zu deren wichtigeren ohne Zweifel die Aufnahme der Volksdichtung gehört. Weil es aber eine schlechthin „slawische" Volksdichtung nicht gibt, ist es zweckmäßig, diese ebenfalls terminologisch zwischen den einzelnen slawischen Nationen zu differenzieren. Dadurch wird freilich der auch von namhaften Deutschen so oft betonte Wert gerade der „slawischen" Volksdichtung in keiner Weise eingeschränkt, sondern vielmehr ihre ganze reizvolle Vielfalt sowohl in ihren Eigenheiten wie in ihrem produktiv-variierenden Eingebettetsein in weite Zusammenhänge erkennbar und erlebbar gemacht. — Erschienen in den Sitzungsberichten Bd 116 (1972) H. 2.

Vorgelegt werden Veröffentlichungen von: Joachim Müller.

Sitzung am 25. Mai

Vortrag des Herrn Werner Peek: „Die Samia des Menander". — Der Vortragende sprach nach einem Überblick über das Schaffen des Menander und die Geschichte seiner Wiederentdeckung durch die Papyrusfunde (seit 1907) über die durch einen in Privatbesitz befindlichen Pyparus-Codex seit dem Jahre 1969 fast vollständig vorliegende „Samia" dieses von der antiken Kunstkritik hochgefeierten Hauptrepräsentanten der „Neuen attischen Komödie". — Von der „Samia" waren bis zum Jahre 1969 nur größere Stücke aus dem dritten und vierten Akt und Reste vom Schluß des fünften bekannt gewesen (diese Verteilung auf die Akte war, wie sich jetzt zeigt, richtig bestimmt worden), erhalten auf einigen Blättern eines in Kairo aufbewahrten Papyrus-Buches. Der Vortragende referierte zunächst über die Bemühungen früherer Gelehrter, aus diesen Trümmern (insgesamt 340, z. T. verstümmelte Verse) den Gang der Handlung der „Samia" zu rekonstruieren, zeigte die Schwächen dieser Versuche auf und formulierte die Fragen, die hier offen geblieben waren. Ein Überblick über den Handlungsablauf, wie ihn die neue Handschrift erkennen läßt, erwies, daß diese Probleme jetzt im ganzen als gelöst gelten dürfen. Durch eine Analyse der erhaltenen Partien des zweiten Aktes, der größere Lücken aufweist, wurde versucht, die Schwierigkeiten aufzuklären, die dem Verständnis des Zusammenhanges hier immer noch entgegenstehen.

Anschließend wurde die Stellung der „Samia" im Gesamtwerk Menanders, d. h. wesentlich im Vergleich mit den anderen Neufunden bestimmt und die Kunst des Dichters gewürdigt. Das Lustspiel, das mit dem Vater-Sohn-Konflikt (ausgelöst von der eifersüchtigen Liebe des Älteren zu einer von ihm ins Haus genommenen Hetäre) an ein Thema rührt, das der Tragödie gemäßer scheint als einem heiteren Spiel um menschliche Irrungen und Wirrungen (aus dem denn auch wirklich einige Male bitterer Ernst zu werden droht), erweist sich durch Elemente, die noch an die „Mittlere Komödie" erinnern (Anspielungen auf Zeitgenossen), durch allzuviele und gelegentlich überdehnte Monologe sowie durch die nicht immer glücklich ausgewogene Dialogführung (Stichomythie durchbrochen von längeren Partien des einen Sprechers) deutlich als ein Jugendwerk des Dichters. Die „Samia" zeigt Menander freilich auch schon im Besitz jener Kunstmittel, die als für ihn charakteristisch, wenn nicht als seine Erfindung gelten dürfen: noch ins Haus Hineinsprechen eines aus der Tür kommenden, Auftreten von Personen, die ein hinter der Bühne begonnenes Gespräch fortsetzen, Berichte über Gespräche, Laute, Vorgänge, die ein Akteur angeblich aus dem Inneren eines Hauses vernimmt, Belauschen (und Glossieren) eines Dialogs durch einen Dritten. Im besonderen wurde deutlich gemacht, daß es diesem Dichter nicht auf „Sensationen" ankommt; Funktion und Eigenart des Spannungsmomentes bei Menander wurden bestimmt, das eine andere und viel geringere Rolle spielt als im modernen europäischen Theater: das „Wie" erweist sich schon in der „Samia" wesentlicher als das „Was", die Gestaltung wichtiger als der Stoff. Die Kunst der Handlungsführung, des Aufbaus der Monologe und Dialoge, der (indirekten) Zeichnung der immer durchaus individuell angelegten Charaktere, die feinen Nuancen des sprachlichen Ausdrucks, die Musikalität seiner Werke wurden aufgezeigt. Abschließend wurde am Beispiel der Auseinandersetzung zwischen Vater und Sohn über den Begriff der Echtbürtigkeit der weltanschauliche Aspekt dieses Dichters, sein unüberhörbares Bekenntnis zur humanitas, sein Glaube an das Gute im Menschen, die ganze Liebenswürdigkeit seines Wesens und Schaffens unter Heranziehung besonders bezeichnender Äußerungen in anderen Stücken zusammenfassend gewürdigt.

Der Vortrag wandte sich an eine humanistisch interessierte, aber des Griechischen zumeist nicht mächtige Hörerschaft. Die der dort entwickelten Rekonstruktion des zweiten Aktes der „Samia" zugrunde liegenden Einzelanalysen des griechischen Textes sowie die auf sie gegründeten Herstellungsversuche teilweise zerstörter Verse sollen in einer Fachzeitschrift veröffentlicht werden, sofern der Vortragende sich nicht davon überzeugen muß, daß andere inzwischen Besseres oder Einleuchtenderes gefunden haben. — Erscheint in den Sitzungsberichten.

Vorgelegt werden Veröffentlichungen von: Lieselotte Blumenthal, Johannes Erben.

Sitzung am 15. Juni

Vortrag des Herrn Gerhard Buchda: „Menschen und Tiere. Eine rechtsgeschichtliche Untersuchung.“ — Das Thema „Menschen und Tiere“ bleibt unerschöpflich, und da es auch dann noch, wenn man es allein aus rechtsgeschichtlicher Sicht in Angriff nimmt, weltweit ist und sich als überaus komplex erweist, kann sich die Untersuchung nur in einem begrenzten geographischen Raum bewegen. Die Ausführungen sind auf Rechte europäischer Völker gegründet. Orientalisches und graeko-ägyptisches Recht ist nur gelegentlich zum Vergleich herangezogen. — Die frühesten durch Schrift überlieferten Rechtsquellen lassen bereits eine hochentwickelte Tierhaltung mit planvoller Tierzucht erkennen. Die Domestikation von Wildtieren war längst vollzogen. Demnach drängt sich für eine Gliederung des Stoffes neben dem Tierfang als erstem Hauptpunkt die Tierhaltung als zweiter Hauptpunkt auf. Ein großer Teil des rechtshistorischen Materials läßt sich diesen beiden Begriffen zwanglos zuordnen. Beim Tierfang wird man neben der freien Aneignung wilder herrenloser Tiere besonders an Jagd- und Fischereirecht denken, unter Tierhaltung sind allerlei Fragen ethnologischer und wirtschaftshistorischer Art, auch staats- und privatrechtlichen Charakters zu erörtern und eine Menge Einzelerscheinungen beschreibend zu erfassen. Doch zu diesen beiden Hauptpunkten müssen weitere hinzutreten. Da Tiere mannigfach in die Sphäre des Strafrechts geraten sind, macht sich ein ergänzendes Kapitel über Tiere im Strafrecht notwendig. Tiere wurden in der Vergangenheit an rechtsförmlichem Geschehen beteiligt. Man nahm Lebensäußerungen von Tieren für verbindliche Maße, leitete aus ihrem Verhalten wohl auch gelegentlich einen rechtlichen Ratschlag ab. Wir begegenen den Tieren im rechtssprachlichen Sektor (Terminologie, Redensart, Rechtssprichwort, rechtliche Hochsprache), ebenso in der Rechtsallegorie. Politiker und Poeten, Staats-, Rechts- und Moralphilosophen, Kritiker und Satiriker, Juristen und Nichtjuristen haben die Tiere gern als Akteure auf die Bühne gerufen, um mit ihrer Hilfe Rechtserscheinungen und Rechtsprobleme zu demonstrieren, besonders auch, um gegen Mißstände in Staat und Recht anzugehen. Schon in der römischen Rechtsliteratur ist sogar zu lesen, daß gewisse rechtliche Institutionen den Menschen und den Tieren gemeinsam seien (J. I, 2, pr.: Jus naturale est, quod natura omnia animalia docuit, nam ius istud non humani generis proprium est, sed omnium animalium, quae in caelo, quae in terra, quae in mari nascuntur; ganz ähnlich Ulpian in D. I, 1, 1, 3). Bei alldem zeigt sich, daß die Menschen über Tiere in bestimmten Beziehungen früher anders gedacht haben, als wir heute über sie denken. Anthropomorphe und weitere merkwürdige Auffassungen, wie sie in der Mythologie und in der Tierdichtung geläufig sind, kommen auch im Rechtsbereich, obwohl es dort im allgemeinen nüchterner zugeht, an die Oberfläche

(Tiere als Missetäter, Tiere in der Gewalt von Dämonen, Verwandlung von Mensch zu Tier, von Tier zu Mensch). Das Thema führt näher zu den Tieren hin, es gewährt aber auch tiefere Einblicke in das Wesen und in die Seele des Menschen. — Erscheint in den Sitzungsberichten.

Vorgelegt werden Veröffentlichungen von: Rudolf Hauschild, Walter Markov, Friedrich Weller.

Sitzung am 7. Dezember

Vortrag der Frau Gertrud Schubart-Fikentscher: „Studienreform, Fragen von Leibniz bis Goethe." — Die Untersuchung behandelt keine Rechtsfrage, sondern sie geht alle Fakultäten an. Sie mußte aber der Stoffülle halber sachlich auf die Rechtswissenschaft und zeitlich eingeschränkt werden. Der Wunsch nach Reformen, verbunden mit Kritik am überkommenen Bildungswesen, wurde immer erhoben, vor allem seit dem 17. Jahrhundert mit seinem pädagogischen Charakter, getragen vom Geist der Aufklärung. Leibniz' Nova methodus discendae docendaeque jurisprudentia (1667) steht zwischen gleichen alten und neueren Äußerungen bis zu Goethes amtlichen Schriften. Das Ziel der Universität: fachliche und allgemeine Ausbildung künftiger Staatsdiener war nicht fraglich, wohl aber sie selbst. Das betraf schon die ungenügende Vorbildung, der man mit einer Art Auslese, ständisch betonten Charakters, später mit Reifeprüfung, i. d. R. mit einem Pflicht-Vorstudium in der philosophischen Fakultät zu begegenen suchte. Die Dauer des Fachstudiums wurde allmählich auf 3 Jahre verkürzt. Dabei war streitig, was als überholt abgestoßen und an neuen Erkenntnissen einbezogen, ob nach der bisherigen Legalordnung (Grundlage Corpus juris civilis Justinians) gelehrt werden solle, oder nach einer modernen Systematik, die an und mit heimischen Rechten gebildet wurde. Sie setzte sich durch. Die überkommene lateinische Unterrichtssprache hielt sich noch lange neben der umstrittenen, schließlich erfolgreichen Muttersprache, bes. in Dissertationen und Disputationen. Thomasius war nicht der erste und einzige Vertreter, wohl aber der energischste (1. deutschsprachige Ankündigung 1687 Leipzig). — Das Studium sollte, so wird wiederholt betont, auf gegenseitiger Achtung aufgebaut sein und zu eigener vernunftgegründeter Urteilsfähigkeit führen. Durch Beratungs-, allgemeine Konversationsstunden, Übungen u. ä. wurde versucht, die Studenten zum Selbststudium anzuleiten und sich von autoritätsgebundenen Meinungen zu lösen. Das „Licht" solle auch bei anderen gesucht werden (Chr. Wolff). Äußere und innere Schwierigkeiten, die zeitlose Klage über die„ Jugend", in der üblichen irreführenden Verallgemeinerung gab es genug. „Ungebärden", „Unmoral" in vieler Hinsicht, von Mißfallensäußerungen bis zu Tumulten und zum Auszug aus der Universität (Jena 1792) wurden durch Verbote und Eingreifen der Behörden beizulegen gesucht, meistens mit erstaunlich einfühlendem Verständnis, das Generationsproblem zu bewältigen. Wieweit hier Studienreformfragen auch aus der Sicht der Jugend eine Rolle spielten, läßt sich kaum sagen. Trotz dem allmählich neu gewonnenen Menschenbild von ihr als sittlich autonomen Wesen wurden Studium und Reform noch von der Traditionsgesellschaft der Erwachsenen aus gesehen und darauf eingerichtet. Nur wenige Ansätze zu eigener Verantwortlichkeit und Mitgestaltung der Studenten lassen sich in dieser Zeit erkennen. — Erschienen in den Sitzungsberichten Bd 116 (1972) H. 4.

Vorgelegt werden Veröffentlichungen von: Werner Bahner, Karl Bischoff, Otto Eißfeldt, Franz Lau, Rudolf Meyer, Joachim Müller.

Öffentliche Gesamtsitzungen

19. April 1969

Ansprache des Präsidenten, Herrn Schwabe, Bericht des Vizepräsidenten, Herrn Neef, über die Arbeiten der math.-nat. Klasse und Bericht des Vizepräsidenten, Herrn Morenz, über die Arbeiten der philologisch-historischen Klasse, — Vortrag des Herrn Große: „Grammatik im Umbruch“.

Die Grammatikforschung hatte ein Jahrhundert lang in der von J. Grimm und seiner Generation begründeten Tradition der historischen Betrachtungsweise gestanden, während andererseits die Schulgrammatik, insbesondere mit ihrem Kernstück, der Satzgliedlehre, über K. F. Becker auf die französische Aufklärung zurückging und logische Kriterien, allerdings nur inkonsequent zur Anwendung brachte. Aus diesem Dilemma konnte die junggrammatische Schule nicht herausführen, weil sie, obwohl die Untersuchung lebender Sprachen und Mundarten einbeziehend, dem Historismus verpflichtet blieb und in der positivistischen Grundhaltung nur die konkrete Sprechäußerung als Gegenstand der Sprachwissenschaft gelten ließ.

Mit der Frage nach dem Wesen der Sprache als Ganzes leitete F. de Saussure die Wende ein, indem er der diachronistischen Betrachtungsweise die synchronische Beschreibung des Systems von Elementen und Relationen gegenüberstellte, langue und parole als Sprachgestalt und Sprechakt unterschied und das sprachliche Zeichen als Einheit von signifiant und signifié erfaßte. Seine Lehre wurde zunächst in der Phonologie am Teilsystem der Phoneme ausgeführt; die relevanten Lauteigenschaften der Prager Schule hat R. Jakobson als generell gültige distinktive Merkmale erkannt, aus denen die verschiedenen Sprachen eine unterschiedliche Auswahl treffen. Segmentierung und Klassifizierung liegen auch den Verfahren der Distributionsanalyse in der taxonomischen Theorie zugrunde. Sie hat durch methodologische Strenge wichtige Einsichten in die Struktur der Sprachen ermöglicht; ihr sind jedoch objektive Grenzen gesetzt. Sie kann vor allem nicht die schon von Humboldt erkannte Kreativität und Rekursivität der Sprache erklären. Deshalb hat sich die generative Grammatik entwickelt als Theorie von der menschlichen Fähigkeit, mit einer endlichen Zahl von sprachlichen Elementen unendlich viele, grammatisch richtige Sätze zu bilden. Transformationsregeln verbinden darin die Tiefenstruktur mit der Oberflächenstruktur der Sprachen. Mit Subkategorisierungs- und Selektionsregeln werden semantische Merkmale der Wörter in die Grammatik eingeführt. Die Relationen der sprachlichen Tiefenstruktur haben verwandte Züge mit den Beziehungen, die die Aussagenlogik erfaßt.

Exaktheit, Explizitität und Formalisierbarkeit ermöglichen eine maschinelle Bearbeitung der Sprache. Die Entwicklung in dieser Richtung war jedoch in der Linguistik selbst bereits angelegt, sie ist von der Automatentheorie nur befördert worden und darf an ihren Anforderungen gemessen werden. Die genannten Qualitäten der neuen Grammatikmodelle sind auch Voraussetzungen für statistische Untersuchungen, die zur Klärung von Fragen der Verwendung sprachlicher Strukturen in den verschiedenen Kommunikationssituationen und Funktionalstilen angestellt werden müssen. Die Forschung hat auch bereits eine Stufung der Grammatikalität erkannt, die Abweichungen, gerade auch in der dichterischen Sprache, ermöglicht.

18. April 1970

Ansprache des Präsidenten, Herrn Schwabe. — Vortrag des Herrn Markov: „Aufklärung und Revolution“.

Marat verstand Aufklärung als Zieleinstellung auf die Revolution: „Unstreitig hat die Philosophie der gegenwärtigen Revolution den Weg bereitet, sie eröffnet und gefördert.“ In Antizipierung der *Feuerbach-Thesen* präzisierte er: „Doch sind Worte allein unzureichend, es bedarf der Taten. Und wem sonst außer der Erhebung des Volkes verdanken wir die Freiheit?“ Obgleich Leibniz für solche Ausdeutung seines Mottos „Theoria cum praxi“ nicht haftet, trug schon die Frühaufklärung Merkmale sozialer Spannung, Streisands „bürgerlichen Kern in feudaler Hülle“. Mit den Philosophen mutierte in der Folgezeit unter dem Appell der Geschehnisse auch der urspünglich unverfängliche Begriff der Revolution. Wird sich 1789 der Aufklärer in ihr wiedererkennen gleich dem Revolutionär in der Aufklärung?

Marats erstes Kriterium scheint stichhaltig: Die Aufklärung widerlegte mit Beweisgründen der Vernunft Absolutismus, Feudalität, Ständeordnung und sie schützendes, metaphysisches Vorurteil; sie entwarf das tragfähige Antimodell eines bürgerlichen Staates. Die Auflösung des im Hemmungseffekt verspürten Widerspruchs zwischen pays légal und pays réel rief nach politischer und sozialer Umwälzung, die naturrechtliche Berufung auf Gemeinwille und Volkssouveränität legitimierte.

Auch Marats zweiter Punkt dürfte zutreffen: Eine Zusammenführung der klassenheterogenen Opposition zum Angriff auf die alte Ordnung war nicht selbstverständlich. Sie setzte Denkarbeit voraus und gipfelte in der Verwandlung einer Benennung von Abgeordneten zu den Generalständen in den dramatischen ersten „Wahlkampf“ der Geschichte. Das zur Revolutionsideologie aufgeladene demokratische Prinzip befähigte Bourgeoisie und Sansculotterie zu gemeinsamer Aktion.

Schwierigkeiten bereitet der dritte Lobspruch: Wie lange hielt die Förderung der sich im Fortschreiten vertiefenden Revolution durch die Aufklärer vor? Nicht ein gelehrtes Theorem rettete im Tageswerk ertrinkende Politiker; es war der Revolutionär, der die Texte der Lumières an der Wirklichkeit maß und das Risiko sinnverändernder Aktualisierung trug. Die dem Aufklärungsarsenal entnommene Substitution des Bourgeois durch den Citoyen machte sich hinwiederum entbehrlich, sobald der Neureichtum fest im Sattel saß: Im Thermidor erhielten Revolution und Aufklärung ihren schlichten Abschied.

Indem Marx die entidealisierte jakobinische Revolution hegelisch aufhob und zu einer anderen Qualität weiterdachte, blieb Kontinuität zur Aufklärung jedoch gewahrt, und das Problem Theorie-Praxis stellte sich auf höherer Stufe von neuem. Verhält sich mithin der Dialektiker zur sozialistischen Revolution wie der Aufklärer zur bürgerlichen?

Insofern sozialistische Neuordnung die Aufwertung der Machtfrage und ihre Entscheidung durch die Revolution nicht ans Ende, sondern an den Beginn setzte, verlangt sie nach strengerer Verwissenschaftlichung einer Theorie, deren Bestimmung sich in der Ergreifung von Massen erfüllte. Mit der Praxis konfrontiert, wurde ein in der Aufklärung zwangsläufig verborgen gebliebenes Instrumentarium ausgemittelt: die regulative Kraft der organisierten Kampfpartei, des Denkgebäudes als Verklammerung von Klassenbewußtsein, der planenden Leitung und der revolutionären Perspektive; Kategorien und Methoden, die Theorie und Praxis in der Verschmelzung addierten, wo nicht multiplizierten. Sie lassen den Großen Roten Oktober, ganz unähnlich dem improvisierten Bastillesturm, gleichsam als Leninsches Netzwerk mit Marxschen Koordinaten erscheinen.

Der erste Vorsitzende des Rates der Volkskommissare war indessen kein Niveleur, der die Schiffe verbrannte, die ihn an neue Ufer getragen hatten. Über den Tag hinausdenkend, faßte er die in der Aufklärung geborene Idee des gesellschaftlichen Fortschritts in ihrer universal-historischen Verwobenheit. Beharrung auf die Grundverschiedenheit der Epochen verband er mit dem Hinweis an Rosa Luxemburg, daß sie durch keine Mauer getrennt, sondern durch zahlreiche Zwischenglieder miteinander verbunden seien, auf die zu verzichten er nicht gewillt war. In Voraussicht einer Erhebung zur Produktivkraft dehnte er noch inmitten vom Bürgerkrieg, Blockade und Hungersnot seine unmittelbare Sorgepflicht auch auf die Akademie aus, statt sie gleich Robespierre als Versteinerung gelehrter Ehr- und Eifersucht abzuschreiben. Den unbestechlichen Jünger Rousseaus auch darin aufhebend, stand der Marxist Lenin dennoch nicht an, ihm das Denkmal zu setzen, das ihm der Undank seiner eigenen Klasse in Frankreich bis heute verwehrt.

14. November 1970

Ansprache des Präsidenten, Herrn Schwabe. — Vortrag des Herrn Neef: „Die Sicherung des Naturhaushaltes“.

Ausgehend von der Verfassung der Deutschen Demokratischen Republik vom Jahre 1967 und dem Landeskulturgesetz vom 14. 5. 1970 und unter Hinweis auf die internationalen Bemühungen um die Reinhaltung der Biosphäre wird die Sicherung des Naturhaushaltes als eine der vordringlichsten interdisziplinären Aufgaben gekennzeichnet. Das spontane Wirken der Naturgesetze verbindet die einzelnen Naturelemente zu einem großen Wirkungsgefüge, so daß man veranlaßt ist, vom Naturhaushalt als einem Ganzen zu sprechen, isolierte Teilbetrachtungen hingegen als bedenklich zu betrachten, da dadurch oft wesentliche Zusammenhänge unbeachtet bleiben.

Die für die Sicherung des Naturhaushaltes wichtigsten Merkmale sind:

1. Der Naturhaushalt ergibt sich aus Eingängen und Ausgängen an Stoff und Energie. Dieser Stoff- und Energieaustausch, meist bezogen auf ein bestimmtes Areal, ermöglicht und erfordert die Bilanzierung aller Glieder.

2. Der Naturhaushalt als offenes System strebt einem Gleichgewicht zu, das Stetigkeit in der Zeit gewährt. Dieses Gleichgewicht ist ein wichtiger Standard, an dem Veränderungen abgeschätzt oder gemessen werden können.

3. Der Haushalt der Natur trägt mit seinen Teilgliedern und insgesamt in wesentlichem Maße die Wirtschaft. Vom Stoffwechsel zwischen Gesellschaft und Natur hängen die Existenz- und Lebensbedingungen der Gesellschaft weitgehend ab. Ohne Überwachung und Regelung dieses Stoffwechsels ist die Sicherung des Naturhaushaltes nicht möglich.

4. Von der Sicherung des Naturhaushaltes hängen insbesondere auch das Leben und die Gesunderhaltung der Menschen ab.

5. Sicherung und Regelung des Naturhaushaltes sind immer an konkrete territoriale Situationen gebunden. Die Verflechtung der zahlreichen Faktoren macht die Analyse der Interferenzen und die territoriale Integration als Synthese zu besonders dringlichen Anliegen.

Gegenwärtig erhält die Umweltproblematik, in deren Kern die Sicherung des Naturhaushaltes steht, besonderes Gewicht durch eine Reihe auch prognostisch klar abschätzbarer Entwicklungstrends, nämlich 1. die Zunahme der Bevölkerung und die Steigerung der Lebensbedürfnisse, 2. die Entwicklung der Technik, die in zweierlei Hinsicht bedeutsam wird, durch die zunehmende Chemisierung der Volkswirtschaft und durch die Konzentration von Produktion und Bevölkerung in begrenzten Gebieten, die daher eine wesentlich höherere Belastung im Stoffwechsel zwischen Gesellschaft und Natur erfahren müssen. Daraus ergibt sich, daß Fragen des Naturhaushaltes nicht mehr als Probleme der reinen Naturforschung bearbeitet werden können. Die entscheidenden Veränderlichen gehen von der Einwirkung des Menschen auf den Naturhaushalt aus.

Aus der großen Zahl der möglichen Betrachtungsweisen werden einige wenige Gesichtspunkte herausgearbeitet, die für die Aufhellung der Problematik wesentlich erscheinen.

Die Veränderlichkeit der Größen des Naturhaushalts können natureigenen Prozessen (Klimaschwankungen, periodische Schwankungen des Naturgeschehens) oder dem Eingriff des Menschen zugeordnet werden. In jedem Falle sind die Grenzsituationen von besonderer Bedeutung. Extrem hohe Anforderungen an die Naturressourcen, die deren Dargebot übersteigen, führen zu solchen Grenzsituationen, die an Wirkungskraft deswegen besonders gefährlich sind, weil sie sehr rasch entstehen können und auch sehr rasch auf das Naturmilieu mindernd übergreifen. Es erweist sich als zweckmäßig, folgende Unterscheidungen vorzunehmen: reversible Änderungen haben zeitweilige Wirkungen, irreversible hingegen in der Regel nicht mehr auszugleichende Schadenswirkungen zur Folge. Kurzzeitige Schädigungen verursachen Nachteile, die unter Mitwirkung natürlicher Regenerationsprozesse bald wieder ausgeglichen werden können, während bei langzeitigen Schädigungen die Summierung der Nachteile zu großen volkswirtschaftlichen Verlusten führen kann. Engräumige Schäden sind von geringerer Bedeutung als solche, die sich über größere Areale auswirken. Die sorgfältige Prüfung der Konsequenzen technischer Eingriffe in den Naturhaushalt wird vor allem die volkswirtschaftlich relevanten Grenzbelastungen und Schwellenwerte erfassen müssen. Insgesamt kann man diese Veränderungen unter dem Problem der Invarianz der Natursysteme zusammenfassen.

Die Ausweitung des ökologischen Denkens von der Bioökologie zur Geoökologie ist in vollem Gange und beruht auf der Tatsache, daß die Veränderungen der abiotischen Grundlagen des Lebens durch technische Einflüsse eindeutig im Vordergrund stehen, also auch die Sicherung des Naturhaushaltes durch die Überwachung der technischen Prozesse schon bei der Planung und Projektierung unumgänglich wird. Die Gesellschaft denkt notwendigerweise in Nutzungssystemen, nicht in biologischen Ökosystemen. Wenn auch die Verknüpfung gesellschaftlicher, technischer, ökonomischer und naturwissenschaftlicher Aspekte die Naturhaushaltsforschung bestimmen wird, so bleibt die Bioökologie, insbesondere der Ökosystemforschung, insofern eine zentrale Stellung gesichert, als sie die Voraussetzungen dafür schafft, daß die bedrohten Natursysteme mit Hilfe der biologischen Regulationsmechanismen gesichert, die Invarianz erhalten und große volkswirtschaftliche Nachteile vermieden werden können.

Die Chemisierung der Volkswirtschaft ist eine Notwendigkeit und es kommt darauf an, die richtigen Proportionen für den Einsatz der Chemikalien zu finden. Reaktionsketten, Belastungsgrenzen, örtliche Konzentrationen mit schwerwiegenden Folgen müssen erkannt werden, um die Sicherung der Naturressourcen zu gewährleisten. Am Beispiel der Eutrophierung der Oberflächengewässer kann gezeigt werden, wie vielfältig sich einzelne Maßnahmen im Naturhaushalt auswirken. Daher kommt insbesondere dem Studium der Reaktionsketten große Bedeutung zu, da unerkannte Nebenwirkungen oftmals volkswirtschaftlich besondere Belastungen mit sich bringen.

Die Beherrschung der Prozesse im Territorium ist Voraussetzung für die Lösung der Aufgaben im einzelnen. Daher muß die territoriale Strukturforschung diejenigen Grundlagen bereitstellen, die es erlauben, die richtigen Entscheidungen zu fällen. Je sorgsamer und komplexer diese Entscheidungsgrundlagen erarbeitet werden, umso besser kann die vom Gesetz vorgeschriebene Sicherung des Naturhaushaltes gewährleistet werden.

Der Vortrag bot Gelegenheit, immer wieder an Beispielen aufzuzeigen, daß die Grunderkenntnisse Friedrich Engels', des Mitbegründers des wissenschaftlichen Sozialismus, in unserer heutigen Zeit noch volle aktuelle Bedeutung haben und unser wissenschaftliches Denken wie unser praktisches Handeln maßgeblich befruchten.

BERICHTE
ÜBER DIE ARBEITEN DER AKADEMIE

Mathematisch-naturwissenschaftliche Klasse

J. C. Poggendorff: Biographisch-literarisches Handwörterbuch der exakten Naturwissenschaften

Die vier großen, im letzten Jahrbuch (Berichtszeit 1966—1968) gekennzeichneten Aufgaben der Poggendorff-Redaktion der Sächsischen Akademie der Wissenschaften zu Leipzig sind in der Berichtszeit 1969—1970 plangemäß weiter bearbeitet worden.

1. Vom Band VIIb wurde Teilband 3: F — Hem (Seiten 1313 bis 1948) vollendet und vom Teilband 4 ein Teil der Manuskripte druckfertig gemacht.
2. Den stärksten Arbeitseinsatz der Redaktion erforderte die Fertigstellung des Supplements zu Band VIIa, dessen Arbeitsmaterialien von Herrn Prof. Dr. Rudolph Zaunick († 13. Nov. 1967) hinterlassen wurden. Es gelang bis zum Juli 1970, ein umfangreiches Manuskript nach der von R. Zaunick gegebenen Gliederung zu erstellen und dem Akademie-Verlag zu übergeben. Es handelt sich um fünf Lieferungen von insgesamt 800 Druckseiten. Erschienen sind bis Ende 1970 drei Lieferungen.
3. Mit der Bearbeitung des Gesamtregisters für die Poggendorff-Bände I bis VII ist begonnen worden.
4. Für die Mathematiker-Bände des geplanten „neuen“ Poggendorff wurde weiteres Material zusammengetragen.

Für die Poggendorff-Redaktion
Prof. Dr. Hans Salié

Für die Poggendorff-Kommission
Ernst Neef

Düngung der Pflanzen

In Weiterführung der die „Düngung der Pflanzen“ betreffenden Arbeiten kam es darauf an, das Anwelkverfahren weiter zu vereinfachen, um den Kostenaufwand zu senken, der bisher der Einführung in die Praxis entgegenstand. In diesem Zusammenhang galt es, das Verfahren erneut in der Praxis zu prüfen, was in fünfjähriger Zusammenarbeit mit der Betriebsökonomischen Abteilung der Prager Landwirtschaftlichen Hochschule in Č. Budějovice (ČSSR, Südböhmen) geschah.

In Anlehnung an die von uns im Klimaraum erarbeitete Methodik gelang es dem zuständigen Sachbearbeiter der genannten Hochschule, Herrn Dipl. Ing. Jaroslaw

Kindlmann CSc, für praktische Zwecke einen Vegetationsschrank zu entwickeln, der in LPGen vor allem auch während der Wintermonate sachgemäße Anzucht der Pflanzen gewährleistet. Vergleiche der im Vegetationsschrank erzielten Ergebnisse der Anwelkmethode mit den in unserem Klimaraum festgestellten ergaben Übereinstimmung. Des weiteren zeigte ein Vergleich der von Herrn Kindlmann im Vegetationsschrank erzielten Befunde der Anwelkmethode mit den Ergebnissen der chemischen Bodenanalyse sowie den örtlichen Erfahrungen im Hinblick auf die Feldversuchsertragszahlen eindeutig Überlegenheit der Anwelkmethode. Die Senkung der bisher je Bodenprobe üblich gewesenen Kostenaufwandes beträgt rund 70 Prozent.

Eine weitere Vereinfachung und damit Verbilligung des Verfahrens gelang Herrn Kindlmann insofern, als nachgewiesen werden konnte, daß auch schon die sehr einfach durchzuführende Ermittlung der Evapotranspiration (bei Getreide zu Beginn der Infloreszenzphase) zu zuverlässigen Werten führt.

Die in den Vorjahren in Leipzig zur Rationalisierung der Anwelkmethode vorwiegend bei Hafer vorgenommenen Untersuchungen wurden auf drei Sommerweizensorten („Carola“, „Sonora“, „Jufy“) ausgedehnt. Wie bei Hafer konnte die Methode unter klimatisierten Bedingungen und Blaulicht-Einfluß eine Bestätigung erfahren. Es gelang, sowohl Düngungs- als auch Sortenunterschiede zu erfassen, wobei jeweils niedrige Evapotranspirationswerte mit hohen Kornerträgen negativ korrelierten:

Düngungs- und Sortenunterschiede konnten bei Sommerweizen sowohl an Hand der Evapotranspiration als auch an Hand der osmotischen und der Refraktometerwerte des Zellsaftes ermittelt werden, zwischen denen sich positive Korrelationen ergaben. Untersuchungen unter Freilandbedingungen bestätigten die im Klimaraum erzielten Befunde, indem Mittagslicht im Freien eine ähnliche Wirkung auf die Komponenten des Wasserhaushaltes erkennen läßt wie Tageslicht mit relativ hohem Anteil an Blaulicht unter klimatisierten Bedingungen. Blaulicht erweist sich somit als Testfaktor zur Klärung von Düngungs- und Sortenfragen. Einzelheiten gelangen im Rahmen einer Dissertation von Herrn Rolf Gebhardt zur Veröffentlichung.

Anton Arland

Untersuchungen zur Physik der Thermalwässer

Die Arbeiten im Berichtszeitraum setzten die vorangegangenen Untersuchungen fort, über deren Grundgedanken und Einzelergebnisse bereits im Jahrbuch 1966—68 berichtet wurde. Während anfangs das Studium der UV-Extinktion, angeregt durch die scheinbaren Anomalien der Akratotherme von Jánske Lázně (Johannisbad — ČSSR) im Vordergrund stand, führte die Frage der Deutung der Beeinflussung der UV-Extinktion an diesem Quellwasser zur Aufnahme von massenspektrometrischen Untersuchungen von Eindampfungsrückständen, die am Institut für stabile Isotope der DAW, Leipzig, ausgeführt wurden. Es mußte geprüft werden, ob die niedrige UV-Extinktion, die Jánské Lázně zu einer Unterwasser-UV-Bestrahlungstherapie nach dem Vorbild von Warm-Springs (Georgia, USA) geführt hatte, nicht durch Resonanzfluoreszenz im UV- und sichtbaren Gebiet, zum Beispiel an seltenen Erden vorgetäuscht wird, was zwar den faktischen therapeutischen Effekt nicht mindern, aber seine hydrophysikalische Deutung ändern würde. Die auch an der Akratotherme von Warmbad Wolkenstein nachweisbare schwache Fluoreszenz kann jedoch nicht nur, wie ursprünglich vermutet, den 3^+-Ionen seltener Erden zugeschrieben werden, da diese nach Ausweis des Massenspektrogramms in einer hierfür zu schwachen Konzentration (10^{-2} bis 10^{-3} mg/l) vorliegen. Möglicherweise ist diese Fluoreszenz aber F- bzw. Si-Ionen-Übergängen zuzuordnen. Jedenfalls dürfte sie zu schwach sein, um das Extinktionsverhalten im vollen Umfange zu deuten.

Die massenspektrometrischen Untersuchungen wurden im übrigen auf Proben der Thermalquellen von Wiesenbad, Teplice (Teplitz), ČSSR, und Karlovy Vary (Karlsbad), ČSSR, ausgedehnt, wobei im Vergleich zu den klassischen chemischen Analysenmethoden eine Vielzahl von Elementen zusätzlich nachgewiesen werden konnte, deren Mehrzahl in Konzentrationen von weniger als 0,1 mg/l vorliegt. Zum Teil erhebliche Abweichungen zwischen den chemisch und den massenspektrometrisch bestimmten Konzentrationswerten zeigen, daß die Erarbeitung matrixabhängiger, elementspezifischer Korrekturfaktoren für eine quantitative Massenspektralanalyse unerläßlich ist [1]. Für Warmbad Wolkenstein und Wiesenbad wurde dem Massenspektrogramm der gelösten chemischen Bestandteile des Thermalwassers das des Oberflächenwassers der Quellumgebung gegenübergestellt, was zu interessanten Schlußfolgerungen hinsichtlich der balneologischen Wirkfaktoren führt [2]. Zahlreiche mit Instituten der ČSSR angebahnte Verbindungen, die das Ziel hatten, während des Berichtszeitraumes weitere Thermalquellen der ČSSR in die Untersuchungen einzubeziehen, kamen infolge der Ereignisse im August 1968 bisher nicht zum Tragen.

Um Strukturunterschiede an Thermalwässern auch von der thermodynamischen Seite zu fassen, wurden osmometrische Versuche nach dem bekannten Prinzip der isothermen Destillation unternommen. Die Meßeinrichtung (Dampfdruckosmometer [3]) wurde in unmittelbarer Nachbarschaft der Quelle von Warmbad Wolkenstein vorübergehend installiert. Die dem osmotischen Druck entsprechenden Konzentrationen der Mineralisierung konnten gemessen werden, doch wurde das Auflösungsvermögen infolge unzureichender Raumthermostatisierung so beeinträchtigt, daß die Erfassung von balneotechnischen Unterschieden und Relaxationseffekten noch nicht möglich war. Ähnliches gilt für Messungen der Viskosität, die an den Thermalquellen von Jánske Lázně und Warmbad Wolkenstein ausgeführt wurden. Dagegen ergaben Brechungsindexbestimmungen Unterschiede zwischen Quellaustritt, Reservoir und Entnahmestellen im Badehaus und einen Relaxationseffekt mit der charakteristischen Abklingzeit von größenordnungsmäßig 20 Stunden. Am deutlichsten werden diese Relaxationseffekte aber an der UV-Absorption nachweisbar, wobei eine „Kurzzeit-Relaxation" von nur wenigen Stunden Dauer von einer „Langzeit-Relaxation" der oben geschilderten Art unterschieden werden konnte. Vermutlich beruhen diese bisher nur optisch nachgewiesenen „Alterungseffekte" zum Teil nur auf CO_2-Austritt, O_2-Absorption und Veränderung des

Dissoziationsgrades, möglicherweise aber auch auf der Umbildung von Gelstrukturen gelöster SiO_2 oder anderer gelöster Bestandteile.

Diese Gelstrukturen, die von der relativ langen Verweilzeit des Thermalwassers in Gesteinskapillaren unter hohen Temperaturen und Drücken herrühren könnten, dürften sehr empfindlich auf Schwermetallionenzusatz reagieren und damit die starke Veränderlichkeit der UV-Extinktion bei Berührung des Wassers mit Schwermetallen in Leitungen, Speicherbehältern usw. (bes. Pb) erklären.

Die Methode des Nachweises von Strukturänderungen an Wässern mittels Infrarotabsorption wurde weiter verfeinert. Wegen der äußerst intensiven Absorption des Wassers im Bereich der insbesondere interessierenden OH-Valenzassoziationsbande muß dabei — falls eine Verdünnung des Wassers oder der wässrigen Lösung (z. B. mit D_2O) ausgeschlossen werden soll — mit kapillaren Schichtdicken gearbeitet werden. Um Fehlinterpretationen zu vermeiden, muß die dabei auftretende Sorption der Wässer an den jeweils benutzten Küvettenfenstern bei der Deutung ihrer Feinstruktur ebenso wie evtl. Inhomogenitäten der Schichtdicke oder der Konzentration der Lösung bei vollständiger Bedeckung des Lichtstrahls berücksichtigt werden [4, 5]. Diesbezügliche energetische Abschätzungen zeigten, daß zum Beispiel bei monomolekularer Bedeckung der Küvettenfenster (KRS-5) die Gesamtwechselwirkungsenergie etwa 22 kcal mol^{-1} beträgt. Demgegenüber ist das nach *Debye* und *Hückel* [6] bestimmte elektrische Potential dieser Thermalwässer vernachlässigbar gering, im Falle Warmbad Wolkenstein $0{,}099 \cdot 10^{-3}$ cal mol^{-1}, im Falle Teplice (ČSSR) $52{,}13 \cdot 10^{-3}$ cal mol^{-1}, so daß geschlossen werden kann, daß der Einfluß der gelösten Ionen auf die Struktur der akratothermalen Wässer IR-spektrometrisch nicht nachweisbar ist.

Alle bisher ausgeführten spektrometrischen und thermodynamischen Untersuchungen an Akratothermen weisen darauf hin, daß es sich in 1. Nährung um Elektrolytlösungen schwacher Konzentration handelt, die der Debye-Hückel-Theorie gehorchen. Weiterer besonderer Nachprüfung bedarf allerdings die Frage, ob die Umbildung von Gelen, wie sie neuerdings zur Deutung der Eigenschaften des sogenannten „anomalen Wassers" in Quarzkapillaren angenommen werden, bei akratothermalen Heilwässern eine Rolle spielt.

Die experimentellen Untersuchungen führte Dipl.-Phys. M. Klose mit großem Fleiß und z. T. eigener Initiative durch. Er bereicherte die Thematik mit zahlreichen Vorschlägen und Anregungen experimenteller Art. Der ganze Forschungskomplex wird durch seine an der Bergakademie Freiberg demnächst vorgelegte Dissertation einen vorläufigen Abschluß finden.

Literatur

1. Klose, M.: Massenspektrographische Analyse von pulverförmigen Thermalwasserrückständen. Z. Anal. Chem. *254* (1971), 7—15.
2. Klose, M.: Analysenvergleiche einiger Thermal- und Oberflächenwasser durch Massenspektrometrie und UV-Absorptionsspektrometrie. Z. Anal. Chem. *254* (1971), 195—198.
3. Klose, M.: „Dampfdruckosmometer". Patentschrift (WP 83477), 1971.

4. Luck, W. A. P., Ditter, W.: Kann man anomales Wasser spektroskopisch in Kapillaren nachweisen? Naturwiss. *57*, H. 3, (1970).
5. Jones, R. N.: The absorption of radiotion by inhomogenously dispersed systems. J. Amer. Chem. Soc. *74* (1952), 2681—2689.
6. Debye, P., Hückel, E.: Zur Theorie der Elektrolyte. Physik. Z. *24* (1923), 185—206.

Wolfgang Buchheim

Laboratorium für Alternsforschung

Vergleichende Bausteinanalysen zwischen großen Gefäßen und dem Skelettsystem in Abhängigkeit vom Alter

Bei einer verkalkenden Atherosklerose der Aorta findet man in einem hohen Prozentsatz auch eine Osteoporose, Osteochondrose und Spondylose der Wirbelsäule. Über die Beziehungen zwischen Knochen und Gefäßen beim Alternsvorgang, auch im Hinblick auf weitere chemische Bausteine, sollten vergleichende Analysen Aufschluß geben, die an Wirbelkörper und Zwischenwirbelscheibe einerseits und an Aorta abdominalis und Arterie femoralis durchgeführt wurden.

Untersucht wurden jeweils vom gleichen Individuum a) der dritte Lendenwirbel, b) die Zwischenwirbelscheibe zwischen dem zweiten und dritten Lendenwirbel, c) die Aorta abdominalis (5 cm langes Stück oberhalb ihrer Aufzweigung), d) die Arterie femoralis (5 cm vor dem Eintritt in den Adduktorenkanal). Für die Untersuchungen wurde Sektionsmaterial von Unfalltoten, Suiziden und Vergifteten verwendet (Gerichtsmedizinisches Institut der Karl-Marx-Universität Leipzig).

Im einzelnen wurden bestimmt: der Trockenrückstand, der Gehalt der Trockensubstanz an Stickstoff, Kalzium, Kalium und Natrium, an Hexosamin und Sulfat (als relatives Maß für Polysaccharide), das Hydroxyprolin (als charakteristischer Bestandteil des Kollagens des Bindegewebes), schließlich der Gesamtlipidgehalt. Hinsichtlich des Altersunterschiedes wurden zwei Gruppen gebildet:

Gruppe I: 17—32 Jahre alt (15 Fälle)
Gruppe II: 53—86 Jahre alt (31 Fälle).

Ergebnisse:

Die großen Gefäße haben im Alter einen höherer Wassergehalt, jedoch einen geringeren Stickstoffgehalt gegenüber der jüngeren Gruppe. Dem entspricht auch die im Alter beobachtete Zunahme an Hexosamin in der arteriellen Gefäßwand: Alle Mukopolysaccharide haben ein starkes Wasserbindungsvermögen. Der Sulfatgehalt war nach unseren Analysen in den großen Gefäßen der Altersgruppe II stark erhöht, im Wirbelkörper und in der Zwischenwirbelscheibe vermindert. Sulfatgruppen verhalten sich wie Kationenaustauscher mit einer speziellen Affinität zum Kalzium. Entsprechend fanden wir einen enormen Anstieg des Kalziumgehaltes in den Gefäßen der älteren Gruppe, einen weniger ausgeprägten Anstieg des Natriums. Der Wirbelkörper dagegen verliert Kalzium und Natrium. Derartige Erscheinungen werden als Transmineralisation bezeichnet. Der Lipidgehalt der Gefäße nimmt im Alter stark zu, es findet sich aber auch eine erhebliche Lipidzunahme im Wirbelkörper und etwas weniger in der Zwischenwirbelscheibe; man kann daher mit Recht von einer Alterslipoidose sprechen. Das Hydroxyprolin als Maß für das Kollagen des Bindegewebes nimmt in den großen Gefäßen im Alter ebenfalls zu, bleibt dagegen im Wirbelkörper und in der Zwischenwirbelscheibe nahezu konstant.

Biochemisch sind arteriosklerotische Veränderungen vor allem durch vier Merkmale charakterisiert:

1. die Transmineralisation, insbesondere die Einlagerung von Kalzium in die Gefäße, Verarmung der Knochensubstanz daran;
2. Anreicherung von Lipoiden, sowohl in den Gefäßen als auch im Wirbelkörper;
3. Veränderungen der Mukopolysaccharide;
4. Verlust an Elastin und Zunahme von Kollagen.

Im wesentlichen entsprechen unsere Analysen der *Alters*-Gruppe II diesen vier Merkmalen. Die Unterschieden gegenüber der jüngeren Gruppe sind statistisch gesichert.

Rolf Emmrich

Untersuchungen über die Wirkungsmechanismen von Neurohormonen

In Fortsetzung der Untersuchungen zum Wirkungsmechanismus von Neurohormonen (s. Jahrbuch 1966—68) standen die beiden Insektenhormone, Neurohormon D und der Aktivationsfaktor der Insektenentwicklung im Mittelpunkt der Arbeiten.

1. Weitere Untersuchungen zur chemischen Kennzeichnung und zur Reindarstellung

Für die genaue Kenntnis der Wirkungsmechanismen bestand nach wie vor die Aufgabe, die aus dem Nervensystem der Insekten extrahierten Faktoren chemisch näher zu charakterisieren, nachdem zunächst ihre Peptidnatur festgestellt werden konnte [15]. Für die Peptidnatur von Neurohormon D wurden durch Reduktion der Disulfidbrücke mittels Überschuß von Verbindungen mit SH-Gruppen neue Hinweise erbracht. Es zeigte sich, daß Cystein die permeabilitätssteigende Wirkung des Neurohormon D gänzlich unterdrückt. Neurohormon D verfügt demnach über gleiche oder zumindest ähnliche Gruppierungen wie Vasopressin.

Eine ungefähre Bestimmung der Molekülgewichte ergab für Neurohormon D und den hyperglykämischen Faktor ca. 2000. Für beide Neurohormone wurde die Anwesenheit einer Dithiogruppe nachgewiesen. Bursicon hat ein Molekulargewicht von 50000 und das Aktivationshormon mit der stärksten häutungsanregenden Wirkung, der sogenannte Faktor II zwischen 10000 und 20000. Geringere häutungsanregende Wirkung hatte Faktor I, dessen Molekulargewicht zu ca. 50000 bestimmt wurde. Das Aktivationshormon ließ sich bisher nicht als einheitliche Verbindung fassen. Zwei hochmolekulare Faktoren und Neurohormon D zeigten entwicklungsanregende Aktivität.

2. *Untersuchungen zum Wirkungsmechanismus von Neurohormon D*

Im Anschluß an Untersuchungen über die Beeinflussung des Wasserfluxes am biologischen Modell der Harnblase der Kröte Bufo bufo durch Neurohormon D [7], wurde an gleichen Systemen die permeabilitätsbeeinflussende Wirkung dieses Neurohormons am Na^+Flux geprüft. [6] Es ergab sich, daß Neurohormon D eine

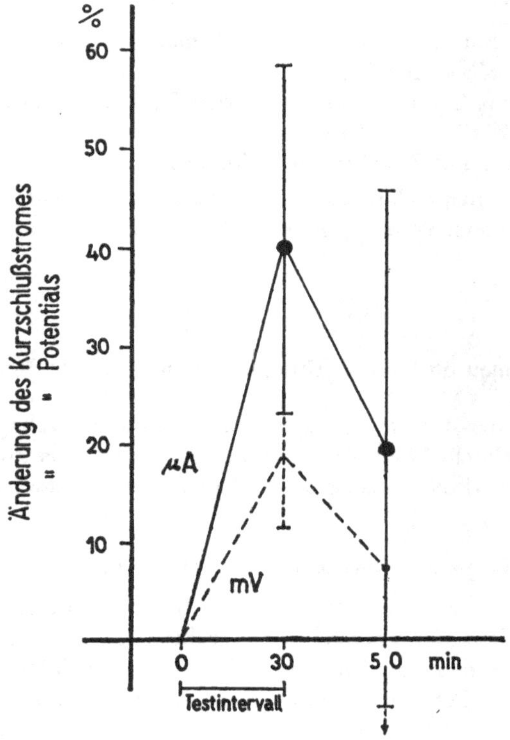

Abb. 1. Wirkung von Homogenaten der Corpora cardiaca (je Versuch 20 Paar) auf den Kurzschlußstrom und das Potential. Die Kurven geben die Mittelwerte aus 11 Versuchen wieder. Die stimulierende Wirkung des Homogenats zeigt sich während der ersten 30 Minuten

signifikante Steigerung des Kurzschlußstromes hervorruft (Abb. 1). Andere neurohormonale Faktoren (Aktivationsfaktor I und II, hyperglykämischer Faktor), die vergleichsweise ebenfalls untersucht wurden, erwiesen sich als inaktiv. Die Befunde zeigen, daß in dem vorliegenden Versuchssystem die primäre Wirkung von Neurohormon D in der Aufhebung der mucosalen Permeabilitätsschranke der Krötenblase besteht. Damit wird erneut bestätigt, daß die primäre Wirkung von Neurohormon D allgemein in einer Veränderung der Permeabilität entsprechend erregbarer Membransysteme zu sehen ist.

In enger Beziehung zu der Beeinflussung der Permeabilität erregbarer Membransysteme durch Neurohormon D steht auch die mögliche Wirkungsweise dieses Neurohormons als eine Art von Neurotransmitter [12]. In elektrophysiologischen Untersuchungen am lateralen Herznerven der Schabe *Periplaneta americana* wurde die Wirkung von Neurohormon D geprüft [14]. Potentialmessungen am lateralen Herznerven mittels Saugelektroden ergaben, daß Neurohormon D in sehr starkem Maße die neurosekretorischen Potentiale einer bestimmten Impulsgrößenklasse erhöht. Die Steigerung dieser Impulsgrößenklasse ist signifikant von den Veränderungen zu unterscheiden, die Acetylcholin bewirken. Die Ergebnisse zeigen somit, daß neben der Steuerung der Herztätigkeit auf hormonalem Wege über das Blut durch Neurohormon D noch eine zweite Möglichkeit in Betracht gezogen werden muß, bei der die gleiche Substanz über Nervenbahnen direkt an den Herzmuskel herangeführt wird und in Art von Transmittern unmittelbar zur Wirkung kommt.

Die doppelte Art der Kontrolle deutet daraufhin, daß die humorale Steuerung, bei der Neurohormon D als eine Art von Transmitter bewirkt, als eine phasische, die hormonale Steuerung dagegen eine tonische Regulation anzusehen ist. Die Befunde über die doppelte Form der Steuerung werfen eine Anzahl grundlegender Probleme über die gegenseitige bzw. wechselseitige Beeinflussung der humoralen und hormonalen Wirkungsweise sowie über die möglichen Formen der Modulation bestimmter Aktivitäten aus. In Übereinstimmung mit den physiologischen Befunden ließ sich auch elektronenmikroskopisch der Nachweis verschiedener Axontypen führen. Submikroskopische Untersuchungen des Lateralnerven vom Herzen der Schabe *Blaberus* ließen einen motorischen (cholinergen) und einen neurosekretorischen Bezirk erkennen.

Um die Wirkung von Neurohormon D auf die postsynaptische Zelle zu untersuchen, wurde zu einem Modellfall gegriffen, da die bekannten Synapsenstrukturen mit neurosekretorischen Elementragranula bei wirbellosen Tieren für solche Untersuchungen nicht geeignet erscheinen. Es wurde an den in ihren elektrophysiologischen Eigenschaften gut bekannten Riesenneuronen der Gastropoden geprüft, ob Neurohormon D die Spontanaktivität einzelner Neurone im Zentralnervensystem von *Lymnaea* in einer Weise beeinflußt, die einem Transmitter adäquat ist [13]. Bestimmte Neurone mit einem spezifischen Impulsmuster reagierten auf Neurohormon D mit charakteristischen Aktionspotentialen, denen zum Teil exzitatorische synaptische Depolarisation vorausging. Die Versuche ergaben, daß durch Neurohormon D vornehmlich synaptische Aktivitäten ausgelöst werden. Die Schwellenkonzentration von Neurohormon D erwies sich für einzelne Neurone unterschiedlich. Auch diese Ergebnisse fügen sich gut in die aus den bisherigen Befunden entwickelten Vorstellungen über die Wirkung von Neurohormon D ein. Aus den zuletzt erwähnten Ergebnissen ist zu entnehmen, daß dieses Neurohormon in ähnlicher Weise wie ein Transmitter exzitatorische synaptische Aktivitäten auslösen kann. Der dabei ablaufende Wirkungsmechanismus bleibt dabei jedoch ungeklärt.

Die Ergebnisse zur synaptischen exzitatorischen Wirkung von Neurohormon D stellen einen weiteren Beitrag über die Permeabilitätsbeeinflussung durch Neurohormon D im Anschluß an die exzitatorische Wirkung neurosekretorischer Axone im lateralen Herznerven der Insekten und der Permeabilitätsbeeinflussung an den Modellsystemen der Krötenblase dar.

3. *Untersuchung der Multiplizität des neurohormonalen Systems*

Unter Ausnützung der bereits in früheren Untersuchungen angewandten Methode, Neurohormone durch Nervenreizung aus bestimmten Ganglien freizusetzen, wurden an der Mückenlarve *Chaoborus* (*Corethra*) zwei neurohormonale Faktoren nachgewiesen, die den Wasserhaushalt dieser Larve beeinflussen und deren Wirkungsmechanismus somit ebenfalls auf Veränderungen der Membranpermeabilität beruht [3]. Reizung des 2. Thoracalganglions führte zur Ausschüttung eines antidiuretischen, Reizung des 7. Abdominalganglions zur Ausschüttung eines diuretischen Faktors. Die experimentelle Ausschaltung der jeweiligen Ganglien bewirkte umgekehrt den Ausfall des betreffenden Faktors und dementsprechende Veränderungen des Wassergehaltes der Versuchstiere. Die Befunde weisen einerseits auf die funktionelle Multiplizität des neuroendokrinen Systems innerhalb des ventralen Nervenstrangs hin, andererseits lassen sie zugleich erkennen, daß hier durch Reizung nicht unspezifische Metaboliten, sondern spezifisch wirkende Faktoren freigesetzt werden.

Die Multiplizität eines weiteren neuroendokrinen Systems wurde mittels differenter Reizung untersucht. Durch getrennte Reizung der beiden die Corpora cardiaca von *Periplaneta americana* innervierenden Nerven (N.c.c. I und II) in vitro mit Saugelektroden wurde die selektive Ausschüttung von 4 Neurohormonen in Verbindung mit biologischen Testen ermittelt: Neurohormon D, ein nervenaktivierender Faktor, das hyperglykämische Neurohormon und der Aktivationsfaktor der Insektenhäutung [5]. Nach Reizung von Nervi corporis cardiaci I (N.c.c. I) werden Neurohormone D und der nervenaktivierende Faktor in die Außenflüssigkeit abgegeben. Durch Reizung des N.c.c. II werden das hyperglykämische Neurohormon und der Aktivationsfaktor ausgeschüttet.

Die Reizung am N.c.c. I zeigte für Neurohormon D und für das hyperglykämische Neurohormon am N.c.c. II, daß auch mehrfache hintereinander folgende Reizperioden keine physiologisch spürbare Verminderung der Aktivität der Corpora cardiaca zur Folge haben. Die Menge des in den Corpora cardiaca gespeicherten Neurosekrets ist demnach so groß, daß die experimentellen Stimuli keine wesentliche physiologisch spürbare Verminderung verursachen.

Von allgemeiner Bedeutung ist dabei noch die Tatsache, daß Ca^{2+} eine unterschiedliche Bedeutung für die Ausschüttung dieser beiden Neurohormone besitzt, denn nur Neurohormon-D-Ausschüttung wird in Ca^{2+}-freier Außenlösung nach Reizung des N.c.c. I behindert.

Untersuchungen des Gehirnanhangsdrüsenkomplexes von *Periplaneta americana* mittels Immundiffusion und Immunelektrophorese ergaben weitere Hinweise zur Diversity und zur Multiplizität dieses Systems [1]. Für die Corpora cardiaca erscheint hierbei besonders der Nachweis mehrerer für diese charakteristischen Präzipitate bemerkenswert.

In weiteren immunbiologischen Untersuchungen wurden die neurosekretorischen Zellen der Pars intercerebralis des Gehirns sowie das in den Corpora cardiaca gespeicherte Neurosekret und das Plasma der Sekretzellen der Drüsen durch polyvalente Anti-Seren des neuroendokrinen Retrocerebralkomplexes (NRK) mittels Fluoresceinisothiocyanat und mit Peroxydase markiert [2]. Dabei konnten außer den PAF-positiven Zellen zwei weitere PAF-negative sekretorische Zelltypen im Gehirn nachgewiesen werden. Die Feststellung, daß Anti-NRK-Seren die Sekretionsprodukte verschiedener Neurone des Gehirns von *Periplaneta americana* kennzeichnen, beweist, daß die PAF-Färbung von Neurosekreten keine umfassende Aussage über diese sekretorische Aktivität von Neuronen erlaubt.

Somit weisen auch diese Befunde eindeutig daraufhin, daß die Corpora cardiaca als Speicherort verschiedenartiger Neurosekrete anzusehen sind. Die spezifischen Immunreaktionen lassen mit sehr viel größerer Sicherheit den Schluß zu, daß mehrere hochmolekulare Sekrete im Gehirn gebildet und zu den Corpora cardiaca geleitet werden.

4. *Untersuchungen zum Wirkungsmechanismus des Aktivationsfaktors*

In Weiterführung von Untersuchungen der direkten Aktivierung der Häutungsdrüse der Insekten durch den Aktivationsfaktor (s. Jahrbuch 1966—1968) wurden außer der RNS-Erhöhung in den Drüsenzellen die durch diese Aktivierung gebildeten Substanzen nach Extraktion und entsprechender Auftrennung untersucht [8]. Hierbei zeigte sich überraschenderweise, daß entgegen den Erwartungen nicht eines der Häutungshormone Ecdyson, bzw. Ecdysteron nachzuweisen war. Vielmehr ergab das Massenspektrum dieser UV-spektroskopisch feststellbaren Substanzen, daß es sich um das unaufgetrennte Gemisch von Stearin-, Öl-, Linol-, Linolen-, Palmitin- und Myristinsäure handelt. Die Beziehung dieser Fettsäuren und ihre Bedeutung zu der bisher allgemein angenommenen Funktion der Prothoracaldrüse ist noch unbekannt. Die Befunde sprechen dafür, daß der Häutungsdrüse zumindest nicht allein die Aufgabe der Produktion des Häutungshormons zufällt. Diese Auffassung wurde inzwischen durch weitere Befunde nach Injektion von H^3-Cholesterin in geschnürte Abdomina von Raupen des Schmetterlings *Mamestra* vor der kritischen Periode unterstützt. Hier konnte die Synthese von H^3-Ecdyson und H^3-Ecdysteron ohne Beteiligung der Prothoracaldrüse nachgewiesen werden [2]. (Abb. 2.)

Die Feststellungen umfangreicher Nachuntersuchungen an *Periplaneta americana* und *Galleria mellonella*, in denen auf den Larvenstadien die Prothoracaldrüsen experimentell entfernt wurden, weisen in die gleiche Richtung.

Bei zahlreichen Individuen beider Objekte erfolgten ungeachtet der vorausgegangenen Entfernung der Prothoracaldrüsen, die nach allgemeiner Auffassung den Produktionsort des Häutungshormons darstellt, eine oder mehrere Häutungen.

Die bisherigen Versuchsergebnisse, die allerdings durch weitere Untersuchungen noch gestützt werden müssen, sind von allgemeiner Bedeutung, weil sie neuartige

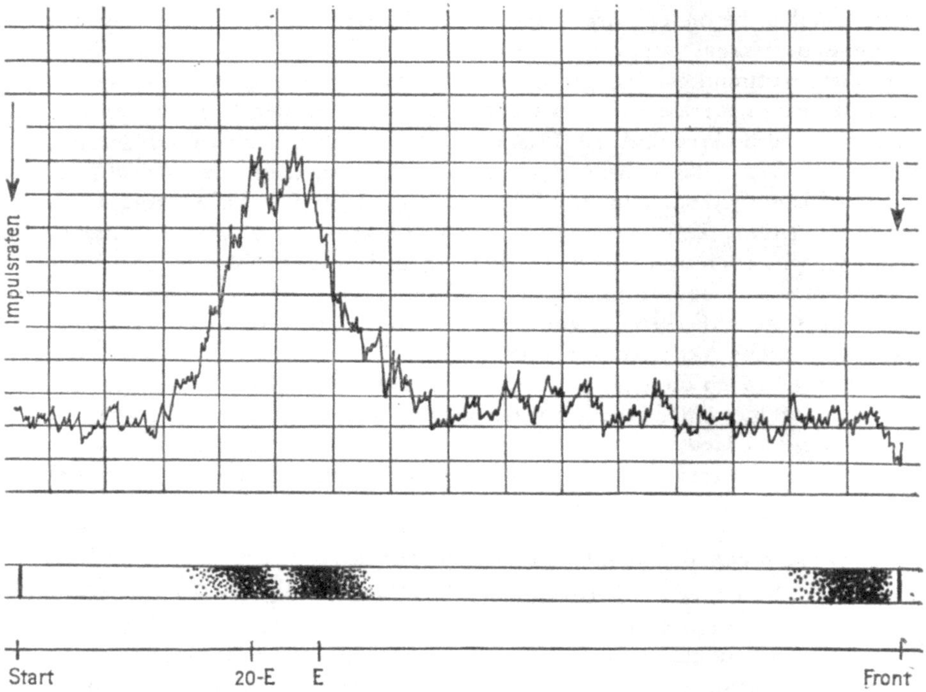

Abb. 2. Radio- und Dünnschichtchromatogramm von Ecdyson — ^{3}H und Ecdysteron — ^{3}H aus hämolymphfreien Abdomina von *Mamestra brassicae* nach Applikation von Cholesterin — ^{3}H. Laufmittel: Chloroform/Methanol (36/4, dreimaliger Durchlauf). Zur Orientierung wurden unmarkiertes Cholesterin (CH), Ecdyson (E) und Ecdysteron (20–E) mit aufgetragen

Aspekte gegenüber den jetzt allgemein angenommenen Vorstellungen von der endokrinen Kontrolle der Insektenentwicklung eröffnen.

Für die weiteren Untersuchungen der Wirkung des Aktivationsfaktors erwies sich die Entwicklung eines in-vitro-Testverfahrens der Prothoracaldrüse von besonderer Bedeutung, mit dessen Hilfe bei gleichzeitiger Verwendung von H^3-markierten Uridins die Einbaurate mit einem Flüssigkeits-Szintillationszähler ermittelt werden kann. Die dabei gewonnenen Werte entsprechen den mittels histochemischen Methoden und cytophotometrisch ausgemessenen Daten vollständig.

Literatur

1. Eckert, M., M. Gersch und M. Wagner: Immunologische Untersuchungen des neuroendokrinen Systems von Insekten. II. Nachweis von Gewebeantigenen des Gehirns und der Corpora cardiaca von *Periplaneta americana* durch Immunfluoreszenz und enzymgekoppelte Antikörper. In: Zool. Jahrbuch, Physiol. *76*, 29—35, 1970/71.

2. Eckert, M., H. Götze und M. Gersch: Immunologische Untersuchungen des neuroendokrinen Systems von Insekten: I. Kennzeichnung der Antigene von Corpora cardiaca und der Corpora allata von *Periplaneta americana* durch Immundiffusion und Immunelektrophorese. In: Zool. Jahrb., Physiol. *75*, 134—140, 1970
3. Gersch, M.: Experimentelle Untersuchungen zur endokrinen Regulation des Wasserhaushaltes der Larve von Corethra (Chaoborus). In: Zool. Jahrb., Physiol. *75*, 1—16, 1969.
4. Gersch, M.: Generelle Probleme der Neuroendokrinologie wirbelloser Tiere. In: Biol. Rundschau *8*, 77—90, 1970
5. Gersch, M., K. Richter, G.-A. Böhm u. J. Stürzebecher: Selektive Ausschüttung von Neurohormonen nach elektrischer Reizung der Corpora cardiaca von *Periplaneta americana* in vitro. In: J. Insect Physiol. *16*, 1991—2013, 1970.
6. Gersch, M., K. Richter, J. Stürzebecher: Weitere experimentelle Untersuchungen zum Wirkungsmechanismus des Neurohormons D von *Periplaneta americana* (L.) am „biologischen Modell" der Harnblase von *Bufo bufo* (L.): Beeinflussung des Na^+-Transportes. In: Gen. Comp. Endocrinologie.
7. Gersch, M., K. Richter, J. Stürzebecher u. B. Fabian: Experimentelle Untersuchungen zum Wirkungsmechanismus des Neurohormons D von *Periplaneta americana* (L.) am biologischen Modell der Harnblase von *Bufo bufo* (L.). In: Gen. Comp. Endocrinologie *12*, 40—50, 1969.
8. Gersch, M., J. Stürzebecher: Experimentelle Stimulierung der zellulären Aktivität der Prothoracaldrüsen von *Periplaneta americana* durch den Aktivationsfaktor. In: J. Insect Physiol. *16*, 1813—1826, 1970.
9. Gersch, M., J. Stürzebecher: Über eine Synthese von Ecdyson-^{3}H und Ecdysteron-^{3}H aus Cholesterin-^{3}H in geschnürten Abdomina von *Mamestra*-Raupen. In: Experimentia (im Druck).
10. Gersch, M., J. Ude: Licht- und elektronenmikroskopische Untersuchungen über die Beeinflussung der Dynamik neurosekretorischer Zellen von *Enchytraeus* (Oligochaeta) durch Aktinomycin D. In: Z. Zellforsch. *107*, 87—103, 1970.
11. Gersch, M. und J. Ude: Untersuchungen über die Beeinflussung der Substrukturen neurosekretorischer Zellen von *Enchytraeus* durch Puromycin. In: Z. Zellforsch. *114*, 95—105, 1971.
12. Richter, K.: Zur Frage der Funktion des neurohormonalen Systems bei Wirbellosen. In: Biol. Rundschau *7*, 26—32, 1969.
13. Richter, K.: Zur Wirkung von Neurohormon D aus *Periplaneta americana* (L.) (Insecta) auf Neurone des Visceralganglions von *Lymnaea stagnalis* (L.) (Gastropoda). In: Zool. Jahrb., Physiol. *75*, 309—318, 1970.
14. Richter, K. und J. Stürzebecher: Elektrophysiologische Untersuchungen zum Wirkungsmechanismus von Neurohormon D am lateralen Herznerven von *Periplaneta americana* (L.). In: Z. w. Zool. *180*, 148—163, 1969.
15. Stürzebecher, J.: Differenzierung und Charakterisierung verschiedener neurohormonaler Faktoren aus dem Nervensystem der Schabe *Periplaneta americana* (L.) mit Hilfe der Gelfiltration. (MS, unveröffentlicht, 1969).

Manfred Gersch

Untersuchungen über den Bildungsmechanismus der Chromorganoverbindungen und Studium ihrer Reaktionsweisen

Abschlußbericht

Versuche zur Herstellung von Alkyl-Molybdän-Verbindungen. Ausgehend von $Li_3Mo(C_6H_5)_6$ wurde in Analogie zu der Reaktionsfolge

$$Li_3Cr(C_6H_5)_6 \xrightarrow[-LiC_5H_5]{C_5H_6} Li_2Cr(C_6H_5)_5 \xrightarrow{CH_3Li} Li_3Cr(C_6H_5)_5CH_3$$

die Reaktion des $Li_3Mo(C_6H_5)_6$ mit C_5H_6 untersucht. Die Umsetzung geht nur in geringem Ausmaß vor sich, wie an der minimalen Bildung von LiC_5H_5 erkennbar war. Eine dem $Li_2Cr(C_6H_5)_5$ analoge Molybdän-Verbindung konnte auch nicht dabei isoliert werden. Aus Reaktionsmischungen von $Li_3Mo(C_6H_5)_6$ und $LiCH_3$ ließ sich ebenfalls nur umgesetztes $Li_3Mo(C_6H_5)_6$ gewinnen.

Versuche zur Herstellung von π-C_5H_5-Mo-Alkylverbindungen ergaben, daß π-$(C_5H_5)_2MoCl_2$ mit $LiCH_3$ zu einem braunen Produkt reagiert, dessen analytische Zusammensetzung aber von Ansatz zu Ansatz variiert.

Die Aluminiumalkyle $(C_2H_5)_3Al$ und $(C_2H_5)_2Al(OC_2H_5)$ reagieren ebenso wie $Al(C_6H_5)_3$ mit $MoCl_5$ nur unter Reduktion des Molybdäns zu $NoCl_4$, das sich aus Tetrahydrofuran als gelbes $MoCl_4 \cdot 2THF$ gewinnen läßt. Nachdem sich gezeigt hatte, daß Alkyl-Mo-Verbindungen aus $MoCl_5$ und Lithiumalkylen sowie Alkylmagnesiumverbindungen bzw. Aluminiumalkylen nicht zu erhalten sind, sondern alle entsprechenden Umsetzungen — selbst bei tiefer Temperatur — lediglich zu einer Reduktion des $MoCl_5$ führen, wurde versucht, Alkyl- und Aryl-Mo-Verbindungen durch Alkylierung bzw. Arylierung *nieder*wertiger Mo-Verbindungen herzustellen, die zusätzlich Liganden enthalten, welche die Mo-C-Bindung stabilisieren.

Auf der Suche nach geeigneten Ausgangsverbindungen erwies sich die Umsetzung von $MoCl_5$ mit NO als eine sehr bequeme Synthese des $ONMoCl_3$, das sich mit Tetrahydrofuran in ein grünes Addukt $MoNOCl_3 \cdot 2THF$ überführen ließ, indem bei Einwirkung von $P(C_6H_5)_3$ ein THF-Molekül durch das Phosphin ersetzbar ist. Auch das gelbe $MoNOCl_3 \cdot 2P(C_6H_5)_3$ ließ sich aus dem polymeren $MoNOCl_3$ gewinnen.

Diese Addukte sind in Äther so löslich, daß die Umsetzungen mit Li-organischen Reagenzien einigermaßen übersichtlich verlaufen.

Mit $Li(C_6H_5)$ entsteht ein dunkelbraunes, kristallines Produkt, das nach allem eine Mo-Phenylverbindung darstellt. Die Einwirkung von NO auf $Li_3Mo(C_6H_5)_6$ führt ebenfalls zu einer braunen Verbindung, die noch am Mo fixierte Phenylgruppen enthält.

Franz Hein

Entwicklung einer Theorie spezieller analytischer Funktionen

Abschlußbericht

Schon vor der Jahrhundertwende war von den Mathematikern F. Klein und H. Minkowski der Begriff des Zahlengitters benutzt worden zu analytischen Aufgaben mit arithmetischem Hintergrund. Naheliegend ist es, ein lineares Gitter als Lage der singulären Punkte einer periodischen meromorphen Funktion zu wählen. Doppelt periodischen Funktionen werden dann Flächengitter entsprechen. Es erscheint zweckmäßig, den Begriff der Gitterfunktion so allgemein zu fassen, daß wir nach Ausübung von Integraltransformationen im Gebiet der Gitterfunktionen bleiben. Demgemäß werden vieldeutige Transzendenten und sowohl Potenz- wie auch Dirichletsche Reihen beansprucht werden. Beim Zerfall eines Gitters in Halbgitter können die Transzendenten am Halbgitter so bestimmt werden, daß ihre Summe oder ihr Produkt Gitterfunktion bleibt. Unter den klassischen Transzendenten erscheint Eulers $\gamma(z)$ wie auch Riemanns $\zeta(s)$ als Beispiel von Funktionen des linearen Halbgitters. Bekanntlich müssen transzendente Additionssätze solcher Halbgitterfunktionen eingreifen, um gewisse Wachstumseigenschaften von $\zeta(s)$ zum Ausdruck zu bringen. Ein auf G. H. Hardy zurückgehender Grenzwert gefalteter ζ-Faktoren erweist sich bei Betrachtung von Quadrantengittern als direkte Folgerung von Transformationen der affinen Geometrie. Reichert man nach A. Hurwitz und M. Lerch andererseits die ζ-Funktion mit weiteren Parametern an, so zeigen diese Transzendenten des linearen Gitters sich als gutes Hilfsmittel bei der Abzählung von Gitterpunkten im R_{2l}; $1 = 1, 2, \ldots,$ die auf einer Überkugel liegen. Arithmetisch handelt es sich hier um die Lösung der unbestimmten Gleichung

$$x_1^2 + x_2^2 + \cdots + (x_{2r})^2 = n; \qquad x_1, x_2, \ldots, x_{2r}, \quad n \text{ ganz.} \tag{1}$$

Daß die Lösungsanzahl $r_{2l}(n)$ von (1) sich durch verallgemeinerte Teilerpotenzsummen darstellen läßt, konnte mit Hilfe der oben erwähnten Lerch'schen Bildung

$$\Phi(z, x, s) = \sum^{\infty} e(xm)\,(z + m)^{-s}, \qquad 0 < x < 1 \tag{2}$$

bewiesen werden; in (2) steht $e(x)$ für $e^{2\pi i x}$.

Diese und verwandte Neubildungen führten zu Anwendungen in Arithmetik und Geometrie.

Wilhelm Maier

Naturhaushalt und Gebietscharakter

Von den im Vorbericht erwähnten Untersuchungen wurden die Studien zum Naturhaushalt des mittleren und östlichen Erzgebirges weitergeführt und die speziellen Studien über das Einzugsgebiet der Trinkwassertalsperre Saidenbach zum Abschluß gebracht. Dabei wurden über das Eutrophierungsproblem hinaus eingehende Aufnahmen der Gemeinde Lippersdorf durchgeführt, die als Modelle für Entwicklungsprobleme im Erzgebirge dienen können.

Im Rahmen der Untersuchungen wurden erarbeitet:

a) Grundkarte für das mittlere und östliche Erzgebirge einschließlich Elbsandsteingebirge im Maßstab 1:100000 als allgemeine Arbeitsgrundlage;
b) morphographische Übersichtskarte 1:100000 mit tabellarischer Übersicht und Kurzcharakteristik; auf einer Deckpause die morphographischen Teilräume. Dieses Material dient zugleich als Beitrag für den Atlas der DDR;
c) 8 Kartenblätter im Maßstab 1:25000 mit ausgewählten morphographischen Elementen. Diese enthalten u. a. die derzeit kritischen Hangneigungen für die Landwirtschaft: 7° bzw. 12% für die Beeinträchtigung des vollmechanisierten Hackfruchtbaues und 12° bzw. 22% für generelle Beeinträchtigung vollmechanisierter Landwirtschaft;
d) Bodenformenkarte 1:10000 für das gesamte Einzugsgebiet der Saidenbachtalsperre;
e) Hangneigungsanalyse und Flächenanteil des Kolluviums, des Alluviums und der Moore;
f) Bodenformenkarte der Gemeinde Lippersdorf 1:5000 mit tabellarischer Übersicht und Kurzcharakteristik;
g) Wasserspeichertypenkarte der Gemeinde Lippersdorf 1:10000 nach einer verbesserten Methode *Schlichting* und *Blume*, mit Erläuterungstext;
h) hydrogeographische Komplexkarte der Gemeinde Lippersdorf 1:5000 als Beitrag zum Eutrophierungsproblem, mit Erläuterungstext;
i) Aktualkarte 1:10000;
k) Schlageinteilungsbasiskarte 1:10000 Lippersdorf.

In diesen Karten wird der aktuelle Flächenzustand bzw. die mögliche Großschlageinteilung dargestellt, wobei alle physischen, ökonomischen und historischen Störfaktoren eingearbeitet sind.

Die Materialien zur Analyse des Talsperrengebietes wurden auf Grund einer Vereinbarung mit der Wasserwirtschaftsdirektion Dresden für die Untersuchung des Nährstoffeintrages in die Talsperre dieser Dienststelle zur Verfügung gestellt und ging in die Dissertation von K.-H. Arnold ein.

Weiterhin wurden Erfahrungen, Materialien und zusätzliche Auswertungen für einen an der TU Dresden laufenden Forschungsauftrag über Flächen gleicher Abflußbereitschaft im Einzugsgebiet der Flöha genutzt. Die ökonomisch orientierten Studien zur Gemeinde Lippersdorf wurden von der LPG als wertvoll angesehen und angefordert. Tabellarisches Material einschließlich der Flächenanteile von Störgrößen verschiedener Art, die die Nutzung erschweren, wurden der Anforderung beigefügt.

Die Verknüpfung verschiedener Zielsetzungen bei der geoökologischen Analyse des östlichen Erzgebirges ließen nicht nur eine mehrfache Auswertung der Ergebnisse zu, sondern wirkten unmittelbar auf die landschaftsökologische Auswertung zurück, so daß für die verschiedensten Fragen der Landnutzung wie für die spezielle wissenschaftliche Auswertung ein reiches Basismaterial modellhaften Charakters zur Verfügung steht. Insbesondere wurden damit auch Fragen der Inwertsetzung bzw. der Landeskultur unterbaut.

Die naturräumliche Gliederung Nordsachsens im Maßstab 1:200000 wurde mit der Erarbeitung des Blattes Dresden auf der Basis der Mikrochorendarstellung fertiggestellt. Damit wurde der Versuch unternommen, die großmaßstäbig erarbeiteten Detailaufnahmen in einer Übersichtskarte so zu verallgemeinern, daß daraus sowohl die regionale Gliederung nach Naturkomplexen als auch Bilanzbetrachtungen dieser Einheiten möglich sind. Außer der Bearbeitung der Sachverhalte selbst, das heißt der Mikrochoren nach Inhalt und Abgrenzung, mußten Fragen der Systematisierung und der kartographischen Information überprüft werden mit dem Ziel, die in der Komplexkarte enthaltenen Aussagen zu erschließen und für großräumigere Flächennutzungsprobleme nutzbar zu machen. Gleichzeitig würde eine solche Darstellung für landeskulturelle Fragen und für die regionale Beurteilung des Dargebotes an Naturressourcen von größter Bedeutung sein, da sie die sehr zeitaufwendigen Teiluntersuchungen in gewissem Maße durch Analogieschlüsse verwandter Mikrochorensysteme ersetzen würde. Spezielle Untersuchungen zum Zwecke dieser Überprüfung wurden an 3 Mikrochoren nördlich von Dresden durchgeführt, wobei die Standortskennzeichnungen durch quantifizierbare Angaben ergänzt wurden. Mit deren Hilfe gelingt es, die Kosten für die volle Inwertsetzung dieser Areale unter verschiedenen gesellschaftlichen und technischen Prämissen abzuschätzen. Dieser Beitrag zum Transformationsproblem hat unmittelbar praktische Bedeutung für Entscheidungsfragen über die optimale Nutzung eines Gebietes. Die Auswertung der Mikrochorenkarte 1:200000 für diese Fragen wird in einem größeren Forschungszusammenhang in den nächsten Jahren erfolgen.

Die Bodenfeuchtemeßreihe im Gebiet der Westlausitzer Platte wurde nach $3^1/_2$jähriger Meßdauer im Sommer 1970 abgeschlossen. Aus der in Angriff genommenen Auswertung lassen sich als erste Zwischenergebnisse folgende Aussagen formulieren:

- Die konsequente Anwendung eines methodischen Ansatzes (Klausing, 1961) ermöglichte es, für repräsentative Bodentypen auf typischen Substraten (Löß, Sand, Grundgebirge) bilanzmäßige Aussagen zu treffen (Versicherung, Verdunstung, Speicherung).
- Die Korrelation der empirisch ermittelten Ergebnisse mit langjährigen Lysimetermeßstationen ließ verblüffend enge Beziehungen erkennen.
- Daraus scheint sich trotz gewisser methodischer Einschränkungen ableiten zu lassen, daß auch kurzfristigen Meßserien bei zielgerichteter Auswertung zu einer Quantifizierung des Naturrauminventars führen können, wobei die aus den Messungen gewonnenen Einsichten in den Bodenwasserhaushalt eine langfristige Bilanz ergeben, die größenordnungsmäßig dem übergeordneten hydrologischen Regime entspricht.
- Die praktischen Ausnutzungsmöglichkeiten (z. B. für Meliorationsvorhaben) liegen auf der Hand, zumal der agrarökologische Aspekt (Speichervermögen, kritische Versorgungsphasen, Dynamik der Wiederauffüllung nach Austrocknung), einen eigenen Auswertungsschwerpunkt bildet.

Aufbauend auf einigen Diplomarbeiten an der Technischen Universität Dresden über das Erholungsgebiet der Sächsischen Schweiz wurden Fragen der Rangordnung konkurrierender Funktionen in einem Erholungsgebiet untersucht, und damit Fragen der Bewertung von Naturfaktoren in einem speziellen Funktionsgefüge aufgegriffen. Aus diesem Beispiel werden einige Fragen der Kartierung von Umweltfaktoren abgeleitet, die für die gegenwärtige internationale Diskussion der kartographischen Abbildung von Umweltbeziehungen beispielgebend sein können, indem sie die Funktionsanalyse, bezogen auf ein bestimmtes Nutzungssystem, bis zur Gewinnung von Entscheidungsgrundlagen weiterführen.

Die Arbeitsgruppe „Naturhaushalt und Gebietscharakter" leistete mit ihren theoretischen Studien wesentliche Vorarbeiten für eine Reihe von wissenschaftlichen Entwicklungen, so an der TU Dresden für den Aufbau der Profillinie „Soz. Umweltgestaltung" und für die Errichtung einer Arbeitsgruppe „Territorialökonomie", für die geoökologische Forschungsrichtung in der DDR durch die Bereitstellung von Teilprogrammen und nicht zuletzt für die internationale Zusammenarbeit im Rahmen der Internationalen Geographischen Union, Kommission „Man and Environment", und für die Geosystemforschung, mit deren gegenwärtigem Zentrum, dem Institut für Geographie Sibiriens und des Fernen Ostens in Irkutsk, Sibirischer Zweig der Akademie der Wissenschaften der UdSSR, eine enge wissenschaftliche Verbindung hergestellt wurde.

Literatur

Mannsfeld, K.: Bodenfeuchtemessungen im Bereich der Westlausitzer Platte und erste Ergebnisse aus dem Zeitraum 1967/68. In: Wiss. Z. TU Dresden 18 (1969) S. 601—610.

— Landschaftsökologie und ökonomische Wertung der Westlausitzer Platte. Diss. TU Dresden. 1970. XII, 235 S., 13 Tab., 43 Abb. u. 2 Ktn.

Neef, E.: Die Karte der naturräumlichen Gliederung Nordsachsens 1:200000. In: Wiss. Z. TU Dresden 19 (1970) S. 783—787 m. einer mehrfarbigen Karte.

Ernst Neef

Erweiterte Regionalbibliographie des sächsisch-thüringischen Raumes

Im Zuge der Rationalisierung und Konzentration der Forschung wurde die Arbeit an der Regionalbibliographie des sächsisch-thüringischen Raumes mit der Arbeitsstelle „Naturhaushalt und Gebietscharakter" enger verbunden und auf die bibliographische Grundlegung der dort behandelten Probleme bezogen. Die vorliegenden Forschungsstandsberichte wurden für den Fall der Veröffentlichung laufend gehalten.

Ernst Neef

Reinigung von Abwässern mit Hilfe von Adsorbentien

Unsere in früheren Jahren hergestellten Phenoladsorbentien [1] haben sich nunmehr auch im industriellen Einsatz bestens bewährt. Es zeigt sich jetzt aber, daß man heute auch die phenolhaltigen Abwässer nicht mehr fast ausschließlich durch Extraktions- oder Adsorptionsmethoden reinigt, sondern vorwiegend biologisch. Es kann jedoch sein, daß man eine gewisse Wassermenge schnell reinigen möchte; dann käme unser Adsorptionsverfahren durchaus noch in Frage. Auch reüssiert die biologische Reinigung meist nicht 100%ig. Die neue Aufgabe lautet also, auch die letzten Spuren Phenol aus Wasser zu entfernen. Etwa das gleiche Problem liegt in manchen Fällen beim Trinkwasser vor. Hier zeigen sich die Spuren Phenol vielfach erst, wenn man zur Desinfektion dem Wasser Chlor zugibt. Es bildet sich dann nämlich das stark riechende und stark schmeckende Chlorphenol. Überhaupt orientierten wir uns, bedingt durch die Zusammenarbeit mit dem Institut für Allgemeine und Kommunale Hygiene, Halle, mehr auf die Trinkwasserproblematik. Wir haben dementsprechend unsere Präparate modifiziert, worüber im folgenden berichtet werden soll.

Zunächst waren wir bei der Verwendung von Vinyl-trimethoxy-silan als Vernetzer in unseren Hochpolymeren geblieben, hatten nur das Vinylacetat durch Acrylsäure, Methacrylsäure, Vinylpyridin und Vinylimidazol ersetzt, wobei besondere Adsorptionseffekte festzustellen waren, die aber gerade für ganz verdünnte Lösungen nicht ausreichten.

Dann wurde versucht, die Vernetzung andersartig durchzuführen. So wurden Versuche mit Maleinsäureanhydrid angestellt und das aus früher hier durchgeführten Arbeiten bekannte Dimethyl-divinyl-oxysilan erneut eingesetzt. Jedoch ergaben die mit großem Arbeitseinsatz hergestellten Präparate keine wesentlich verbesserten Adsorptionseigenschaften.

An einer Stelle waren wir aber doch erfolgreich, als wir vom Disiloxan —Si—O—Si— ausgingen und dieses in die Makromoleküle von Vinylacetat usw. einbauten. Wir konnten zu unserem Glück das von der Industrie angebotene Vinyltrichlorsilan $CH_2{=}CH{-}SiCl_3$ als Ausgangssubstanz einsetzen.

Vinyltrichlorsilan wurde also mit 2 Mol Butylalkohol umgesetzt und dann in dem Dibutoxy-vinyl-chlorsilan das Chlor durch die OH-Gruppe ersetzt, worauf automatisch die Kondensation zum Disiloxan vor sich geht:

$$CH_2 = CH{-}SiCl_3 + 2\ n\text{-}C_4H_9OH \longrightarrow CH_2 = CH{-}SiCl(OC_4H_9)_2$$

$$2\ CH_2 = CH{-}SiCl(OC_4H_9)_2 + 2\ H_2O \xrightarrow[-HCl]{} CH_2 = CH{-}Si(OC_4H_9)_2{-}OH +$$

$$HO(C_4H_9)_2Si{-}CH = CH_2 \xrightarrow[-H_2O]{} CH_2 = CH{-}Si(OC_4H_9){-}O{-}(C_4H_9O)Si{-}$$

$$OH = CH_2.$$

Dieses Divinyl-disiloxan wurde nun mit verschiedenen Vinyl-Verbindungen copolymerisiert. Die entstandenen Harze wurden darauf wie früher hydrolysiert und durch Wasserabspaltung gleichzeitig vernetzt, wodurch nun wieder poröse Harze entstanden, die sich als Adsorbentien bewährten, gerade auch für verdünnte Lösungen. Die entsprechenden Kurven s. Abb. 1 und 2.

Außer Vinylacetat wurden auch Acrylsäureester, Methacrylsäuremethylester, Acrylnitril mit diesem Disiloxan copolymerisiert. Besonders günstig erwiesen sich die Tripolymerisate von Vinylacetat, Acrylsäureester mit diesem Vernetzer Disil-

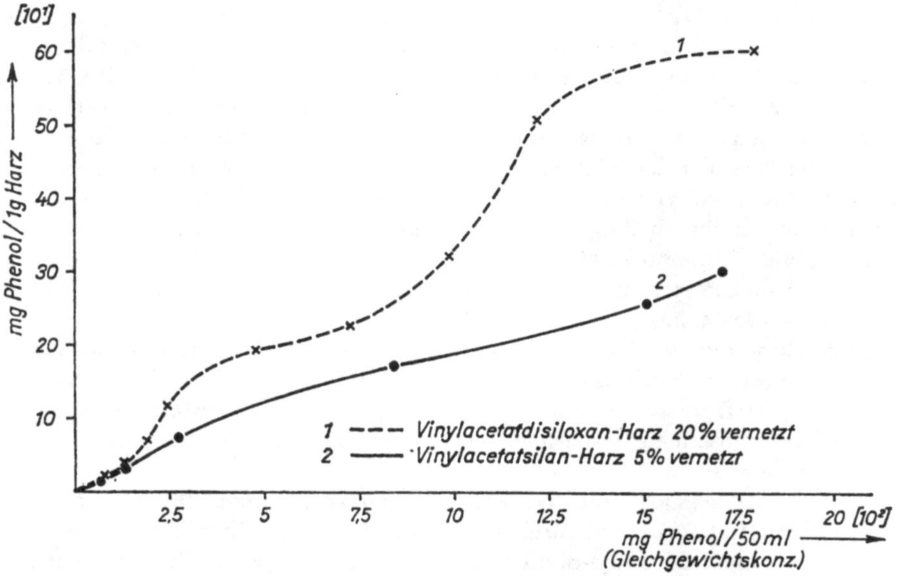

Abb. 1. Adsorptionsisothermen (bei hohen Phenolkonzentrationen) von Phenol aus wäßrigem Medium an verschiedenen Polyvinylacetat-Adsorbentien bei 20 °C

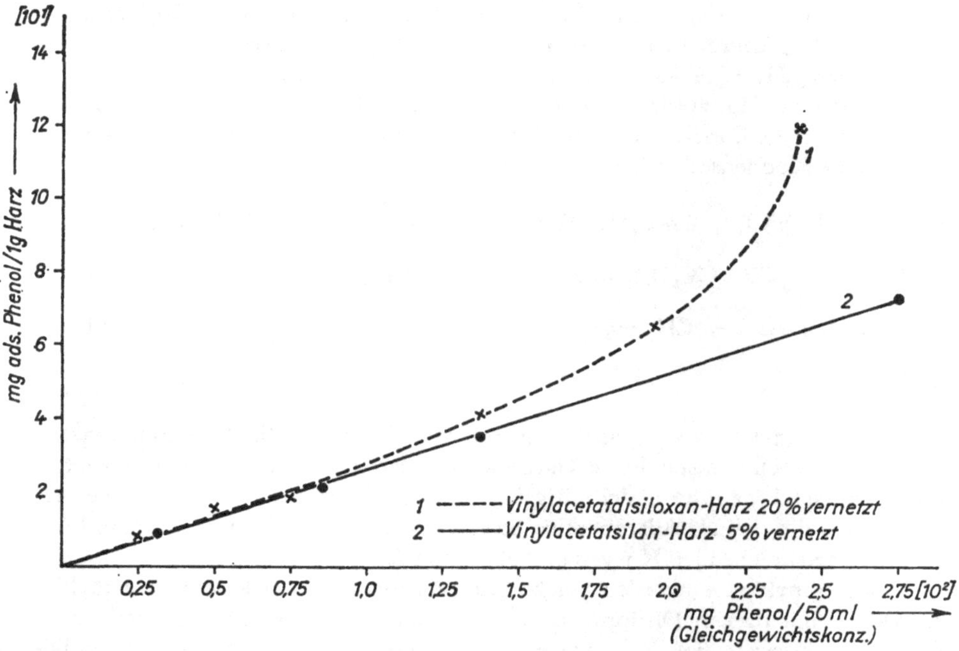

Abb. 2. Adsorptionsisothermen (bei niedrigen Phenolkonzentrationen) von Phenol aus wäßrigem Medium an verschiedenen Polyvinylacetat-Adsorbentien bei 20 °C

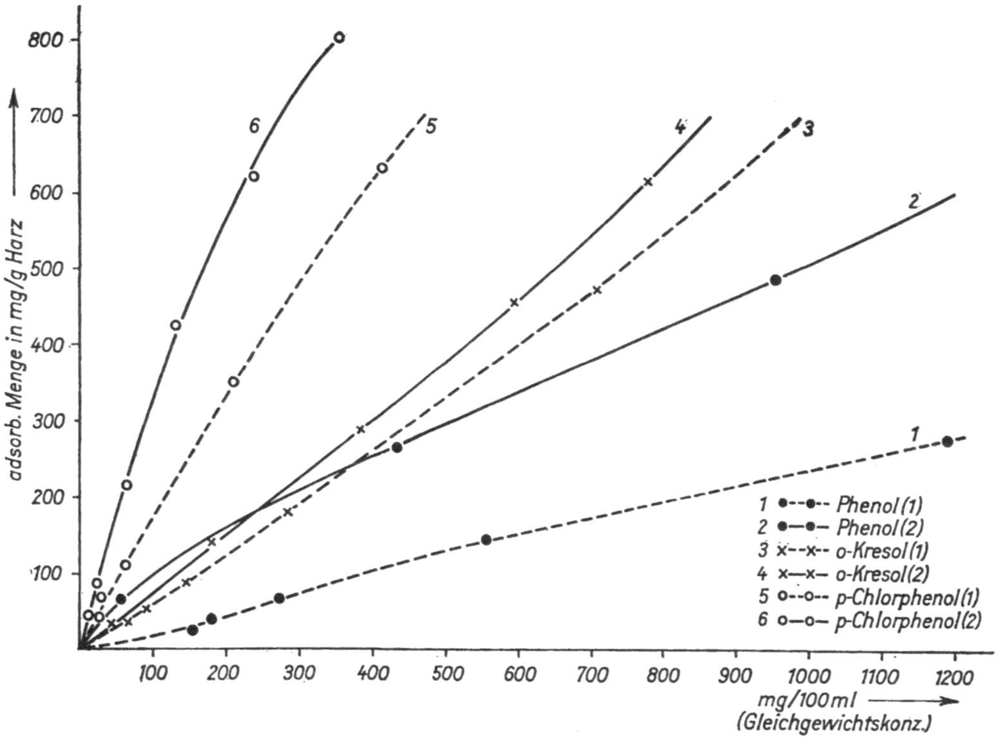

Abb. 3. Adsorptionsisothermen von Phenol, o-Kresol und p-Chlorphenol an 5% vernetzten Vinylacetatsilan-Harz ohne Intertkomponente (1) und mit 40 Gew.-% Testbenzin Siedebereich 150—190°C (2). Versuchsbedingungen: 2 g Harzeinwaage (Lufttr.), 6 Std. Schütteln mit je 50 ml Adsorbatlösung bei 20°C

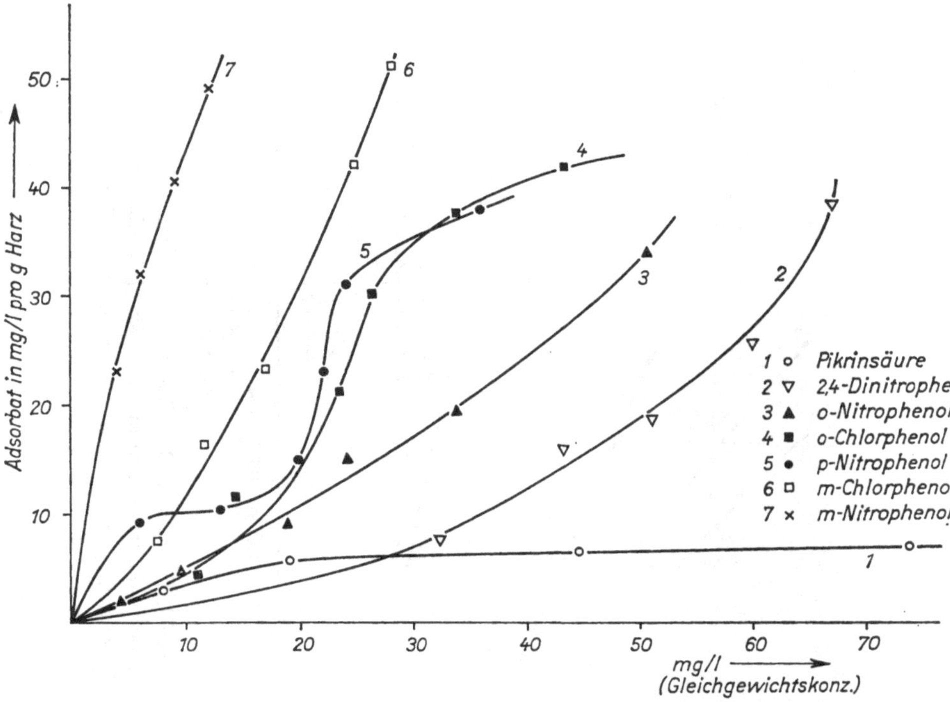

Abb. 4. Adsorptionsisotherme verschiedener Adsorbate an Vinylacetatsilanharz (5 Gew.-% Vern. mit 40 Gew.-% Inertmittel) bei 20 °C, Körnung 0,3—0,6 mm wäßriges Medium

oxan. Da die Adsorptionsuntersuchungen z. Z. im Rahmen einer Dissertation durchgeführt werden, wird später ausführlicher darüber berichtet.

Noch nach einer anderen Methode hofften wir die Adsorptionskraft unserer Präparate zu erhöhen, nämlich durch Erhöhung ihrer Porosität. Diese Strukturveränderung erzielten wir bei 5 Gew.-% silanvernetztem Polyvinylacetat-Harz, indem wir die Copolymerisation in Gegenwart von 40 Gew.-% Testbenzin durchführten. Diese Präparate zeigten tatsächlich eine Erhöhung der Adsorptionsfähigkeit von Phenol, Chlorphenol und o-Kresol, wie aus der Abb. 3 zu sehen ist.

Auch in den niederen Konzentrationsbereichen (10—120 mg/1 Ausgangskonzentration) bewährten sie sich, was aus den Kurven der Abb. 4 und 5 hervorgeht, wobei wir die Palette unserer Adsorbate um verschiedene Nitroverbindungen des Phenols erweiterten. Die Kurven veranschaulichen deutlich den Einfluß sterischer Effekte, bedingt durch Mehrfachsubstitution am Benzolring auf die Adsorbierbarkeit der jeweiligen Sorbate. Hervorzuheben ist noch die Art der Adsorption bei p-Nitrophenol und o-Chlorphenol; und zwar erfolgt sie in diesen Fällen unter Ausbildung mehrerer Schichten, was der S-förmige Kurvenverlauf dokumentiert.

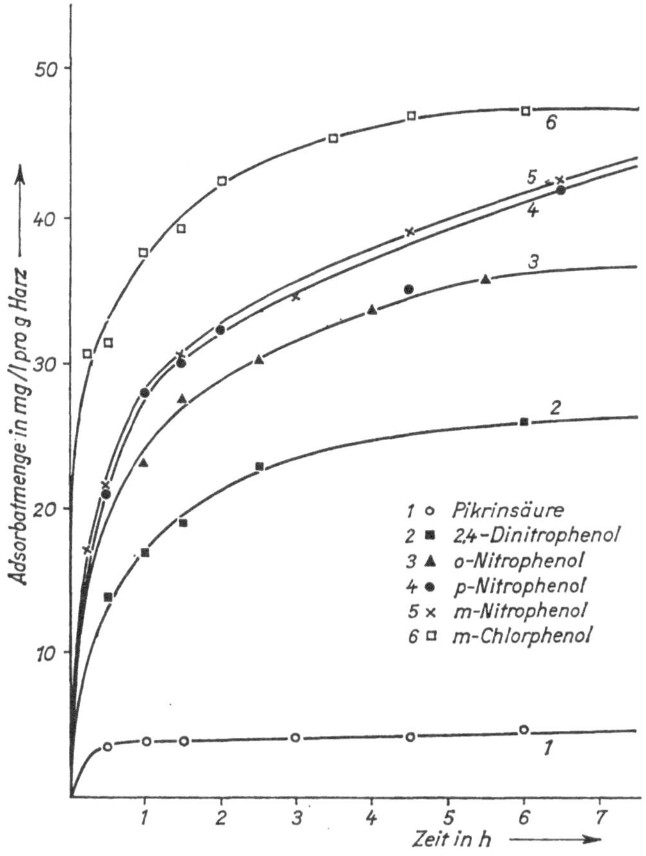

Abb. 5. Adsorptionskinetik versch. Adsorbate an Vinylacetatsilanharz (5 Gew.-% Vern. mit 40 Gew.-% Inertmittel) bei 20 °C, Anfangskonzentration durchschnittlich 120 mg/l, aus wäßrigem Medium, Harzkörnung: 0,3—0,6 mm, Lufttr.

Im Hinblick auf eine Konstitutionsaufklärung kamen wir auf Grund gezielter Hydrolyseuntersuchungen (Abb. 6) zu dem Schluß, daß im vorliegenden Falle von einem reinen Polyvinylacetat-Harz nicht gesprochen werden kann; denn der Teil der leicht zugänglichen Acetatgruppen wird bei der Hydrolyse der Trimethoxygruppen des einpolymerisierten Silans mit verseift, so daß ein gemischtes Polyvinyl-Polyvinylalkohol-Harz resultiert. Dieser Befund konnte auch auf IR-spektroskopischem Wege bestätigt werden.

Die Aufnahme eines Derivatogramms (Abb. 7) gab Aufschluß über das thermische Verhalten unseres Harzes: Die bei 50 °C beginnende und bei 110 °C beendete geringe Gewichtsabgabe von 10 mg läßt auf Grund des endothermen Charakters dieses Vor-

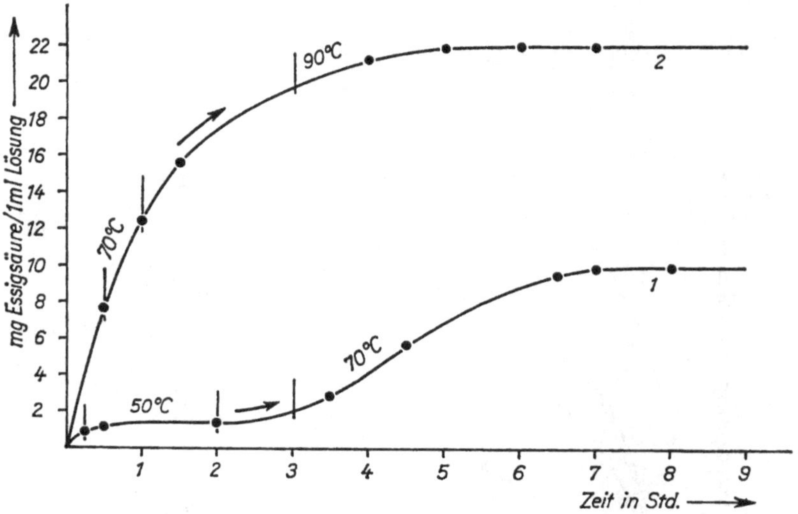

Abb. 6. Hydrolyseuntersuchung an silanvernetztem Polyvinylacetat in Abhängigkeit von Zeit und Temperatur. Kurve 1: 5% vernetzt, Kurve 2: 10% vernetzt. Harzeinwaage (Lufttr.): 51 g, Harzauswaage (Lufttr.): 42 g (Kurve 2), H_2O-Menge: 275 ml, Proben für Titration: je 2 ml

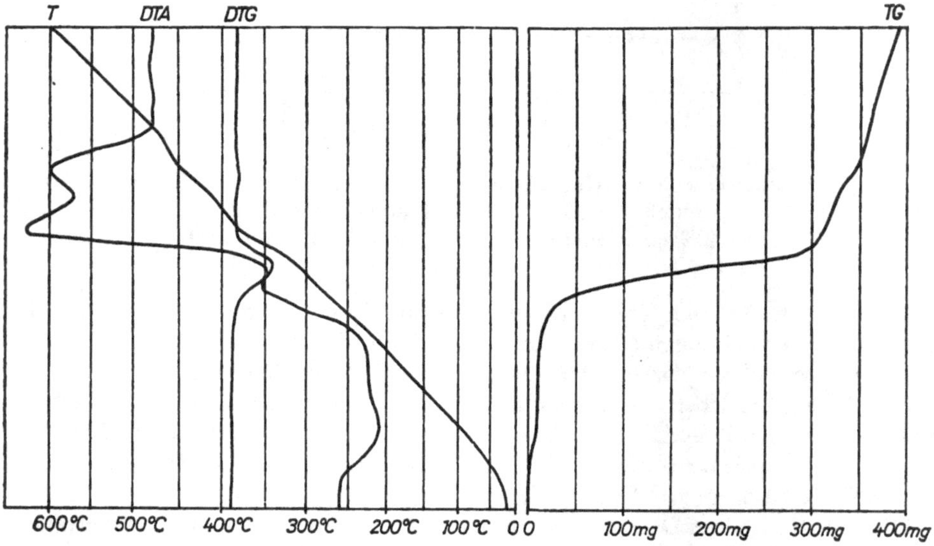

Abb. 7

ganges auf die Desorption von Lösungsmittelresten (eventuell noch von der Regenerierung herrührend) schließen. Bis 200 °C (senkrechter Anstieg des TG-Kurvenzuges) bleibt das Gewicht konstant, dann erfolgt eine starke Gewichtsabgabe von 405 mg, die bei 425 °C beendet ist. Diese 2. Gewichtsstufe trägt den Charakter einer stark exothermen Reaktion, was sich in zwei Peaks der DTA-Kurve äußert. Sie bildet den Beweis für die ausgeprägte Acetatgruppen-Abspaltung, die sich schon früher beim Erhitzen der Substanz an der Luft durch das Auftreten eines unverkennbaren Essigsäuregeruches sowie deutlicher Sublimationserscheinung unter dem Mikroskop in diesem Temperaturbereich bemerkbar gemacht hatte. Mit dem Steigen der Temperatur geht eine weitere kontinuierliche Gewichtsabnahme einher, die offensichtlich bei 600 °C noch nicht abgeschlossen ist. Auch sie beginnt mit einem exothermen Vorgang und wird durch das Auseinanderbrechen der Kohlenwasserstoff-Ketten interpretiert. Die wenigen Milligramm reinweißen Rückstandes, die bei längerem (2 Stunden) Aussetzen der Substanz einer Temperatur von 600 °C resultierten, ließen sich als SiO_2 identifizieren.

Literatur

Franz Runge: Silanvernetztes Polystyrol als katalytisch wirksames Kationenaustauscherharz. Makromolekulare Chemie. Bd *136* (1970) 315—317.

— Siloxanvernetztes Polyvinylacetat als Adsorbens für Phenole. Journal für praktische Chemie, Bd *312* (1970) 734.

Franz Runge

Massenspektrometrische Untersuchung organischer Schwefelverbindungen

Abschlußbericht

Die experimentellen Arbeiten an der Forschungsstelle Dresden zum Thema „Massenspektrometrische Untersuchung organischer Schwefelverbindungen" wurden zum Abschluß gebracht. Im zweiten Teil[1] der Untersuchungen wurden zur Verbesserung der Meßtechnik und Erhöhung der Reproduzierbarkeit der Spektren zunächst einige apparative Verbesserungen am Gerät in Angriff genommen. So wurden u. a. durch Einbau eines wahlweise zu bedienenden zusätzlichen Brückenzweiges in der Widerstandsmeßanordnung eine Erweiterung des Meßbereichs der Ionenquellentemperaturanzeige für niedere Temperaturen sowie eine Meßeinrichtung zur Bestimmung der Temperatur des Verdampfers entwickelt.

Die Massenspektren einer Reihe nicht enolisierbarer Thiocarbonylverbindungen, die bisher noch unbekannt waren, wurden erstmalig aufgenommen und das Fragmentierungsverhalten dieser Spezies unter Elektronenbeschuß systematisch unter-

[1] Über den 1. Teil vergl. Jahrbuch der Sächs. Akad. d. Wiss. *1966—1968* (Bln 1970) S. 180 bis 181.

sucht. Ein Vergleich des chemischen Verhaltens der Thioverbindungen zeigte eine weitgehende Übereinstimmung mit den massenspektrometrischen Befunden.

Der Einfluß verschiedener benachbarter Substituenten auf Umlagerungsreaktionen des exocyclischen Schwefels stellte das Hauptinteresse der Untersuchungen dar, wobei besonders die Abhängigkeit von energetischen Parametern (Temperatur, Energie der Stoßelektronen) Berücksichtigung fand. Als interessantes Ergebnis konnte dabei festgestellt werden, daß bei nahezu allen untersuchten Verbindungen durch geeignete Wahl der Versuchsbedingungen der massenspektrometrische Zerfall vollständig zurückzudrängen ist, so daß, je nach Absicht, ein sehr bruchstückarmes Spektrum oder im Grenzfalle nur der Molekülpeak erhalten werden kann. Auf dieser Grundlage ließ sich eine einwandfreie Methode zur Analyse dieser zum Teil auch als Korrosionsinhibitoren wirksamen Schwefelverbindungen aufbauen.

Die Ergebnisse im einzelnen werden noch ausgewertet und in einer *Dissertation* zusammengefaßt.

Kurt Schwabe

Carnitinesterwirkung

Der Forschungsauftrag „Wirkung von Carnitinester auf den physiologischen und pathologischen Stoffwechsel sowie auf den Tumorstoffwechsel" (kurz: Carnitinesterwirkung) führt laufende Arbeiten [1] weiter. 1. Es wurden neue chemische Darstellungsverfahren entwickelt. 2. Es wurden biologische Wirkungsweisen studiert. 3. Es wurde eine neue, breite Anwendungsmöglichkeit für Carnitin bei Krankheiten mit Stoffwechselstörungen aufgezeigt und teilweise erprobt.

Chemie: 1. Carnitin, $(CH_3)_3N^+CH_2CHOHCH_2COO^-$, ist der Grundstoff biologisch wichtiger Metaboliten im Stoffwechsel. Von ihnen sind die O-Acylester mit geradzahligen Fettsäuren die heute am meisten studierten Derivate. Im Lebensprozeß kommen nur die L(—)-Formen vor. Da das L-Carnitin zur Zeit industriell kaum erhältlich ist, so ist die Voraussetzung für die Darstellung, biologische Erprobung und medizinischen Einsatz seiner Ester, ein lukratives Darstellungsverfahren des Grundstoffes L(—)-Carnitin. Eine früher von uns erarbeitete und patentierte Synthese dieses Stoffes [2] wurde von unserer Industrie nicht verwertet, weil ihr zwei Bedingungen nicht erfüllt schienen. Einmal war die klinische Anwendbarkeit noch nicht umfangreich genug belegt, und zweitens erforderte die notwendige Vorstufe zur Trennung in die optischen Isomeren — das D,L-Carnitinnitrilchlorid — zu seiner Synthese den Einsatz von Blausäure. Die notwendigen industriellen Schutzmaßnahmen für diesen Syntheseschritt schienen zu aufwendig. Wir hielten beide Einwände für nicht überzeugend. Denn L(—)-Carnitin hatte einen außerordentlich hohen Katalogpreis, und es zeigten sich neue Ansätze im medizinischen Einsatz ab, die sich als sehr entwicklungsfähig erwiesen.

Aus diesen Gründen arbeiteten wir ein neues Verfahren für die Darstellung der optisch isomeren Formen des Carnitins aus, bei dem die blausäurehaltige Vorstufe nicht notwendig war. Dieses Verfahren ist zur Patentierung angemeldet (Strack, Müller). In ihm wurden Wege beschritten, die sowohl von der Theorie als auch von der experimentellen Erfahrung her kaum durchführbar sein sollten. Wir nahmen die Darstellung trotzdem in Angriff, und es gelang uns in mühevoller Kleinarbeit, ein Verfahren zu finden, das auch in industriellem Maßstab gut und billig arbeiten kann. Hierdurch ist die materielle Basis für unsere weiteren Forschungen wieder gesichert, und ein Großeinsatz für klinische Erprobungen wird möglich. Wir selbst konnten bisher nur begrenzte Mengen an L(—)-Carnitin darstellen und haben Forscher und Kliniken in dem uns möglichen Umfang damit versorgt. Jedoch ist es uns auch künftig nicht möglich, erforderliche Mengen von L(—)-Carnitin für ausgedehnte klinische Erprobungen herzustellen.

2. Die Reinstdarstellung von O-Acylcarnitinen war deswegen schwierig, weil sie gegen esterspaltende Einflüsse empfindlich sind. Bei ihrer Darstellung fallen die O-Acylcarnitine als Chloride an. Wir stellten sie nach einem früher von uns entwickelten Verfahren aus Carnitinbetain und Acylchloriden dar [3]. Die anfallenden Salze reagieren stark sauer und sind in Lösung wenig beständig. Ihre Betainform ist für den Gebrauch praktischer, sie ist recht haltbar, ist wenig hygroskopisch, reagiert neutral und ist deshalb auch zur intravenösen Infusion geeignet. Um die Betainform aus den Salzen zu gewinnen, sind besondere Vorsichtsmaßnahmen angebracht. Wir fanden die Esterbindung am besten geschützt, wenn wir die Salze in alkoholischer Lösung über einen starken Anionenaustauscher schickten, der mit CO_2 abgesättigt worden war. In dem schwach sauren Milieu wird die Salzsäure gut herausgenommen, und die Estergruppe ist in ihm beständig. Da die O-Acylcarnitine mit Kohlensäure keine Salze bilden, fällt beim Eindampfen des Eluates sogleich das reine Esterbetain quantitativ an [4].

3. Weiterhin untersuchten wir die Vorgänge beim Acylieren von Carnitin mit Acylchloriden in den jeweils entsprechenden Säuren, die eine Gruppe belgischer Forscher [5] beschrieben hatte. Sie nahmen bei dieser Reaktion unbekannte Zwischenstufen an, die die Acylierungen erst voll ermöglichen sollen. Diese Besonderheiten könnten dann biologische Bedeutung erlangen, wenn die Verzögerungen in den Acylierungen auf möglichen Modifikationen des Carnitinmoleküls beruhen sollten. Bei kritischen und ausgeweiteten Nachprüfungen konnten wir die Angaben jener Forschergruppe nicht bestätigen, die besonders bei der Acetylierung hervortraten. Auch die von ihnen beobachteten Abweichungen bei der Acylierung des Carnitins mit höhermolekularen Fettsäuren, die ihre Vorstellungen bestätigen würden, lassen die Abweichungen vom normalen Reaktionsablauf durch Umesterungen in ihrem Lösungsgemisch leicht erklären (experimentell abgeschlossen).

4. Eine neue Untersuchungsreihe über den Energieinhalt der O-Acylgruppen im Carnitin wurde begonnen. Bekannt ist, daß ihr ΔG mit annähernd 8 Cal/Mol etwa gleich groß ist wie das der Thioesterbindung im Co-Enzym A. Auf dem energielosen Austausch der Estergruppe beruht die Wirkungsweise des Carnitins im mitochondrialen Fettsäureabbau. O-Acylcarnitine können in vitro und in vivo andere acylierungsfähige Substanzen ohne Energiezufuhr acylieren, deren Ester bzw. Amide einen geringeren Energieinhalt haben, dagegen ist die Rückübertragung der

Acylgruppe nicht möglich. Unsere Vorstellung ging davon aus, ob Carnitin dann ohne Energiezufuhr energiearm gebundene Acylgruppen übernehmen könnte, wenn durch Änderung in der Carnitinstruktur die Bindungsenergie seiner O-Acylester herabgesetzt ist. Eine solche Änderung stellt die Substitution der Carboxylgruppe dar, wodurch die Dipolstruktur des Carnitins verloren geht, und es in eine quaternäre Base übergeführt wird.

Wir untersuchten an den Verseifungswärmen der Estergruppe in den O-Acylcarnitinen und in ihren Carboxylderivaten die Enthalpie ΔH. Wir benutzten hierfür das Mikrocalorimeter 10700 (L. K. B. Stockholm). Insgesamt wurden 31 Substanzen, sowohl im Batch- als auch im Flowsystem gemessen. Die Substanzen wurden zum Teil von uns synthetisiert. Als Beispiel sei das O-Acetylcarnitinamid im Vergleich zum O-Acetylcarnitin angeführt. Während beim O-Acetylcarnitin ein ΔH von 14,6 Cal/Mol gefunden wurde, hatte das O-Acetylcarnitinamid nur ein ΔH von 9,0 Cal/Mol, was in der Größenordnung etwa den Verseifungswärmen einfacher Fettsäureester entsprechen dürfte.

Kann Carnitin analog dem Amid in vivo an einer NH_2-Gruppe gebunden oder in einer ähnlich wirksamen Form festgelegt werden, so könnte es Acylgruppen aus energiearmen Estern ohne Energiezufuhr aufnehmen. Diese besonderen Verhältnisse lassen eine Reihe von Hypothesen über weitere funktionelle Wirkungsweisen des Carnitins herleiten, unter denen eine Mitwirkung im tierischen Reizsystem besonders interessant ist. Bekannt ist, daß Carnitinzufuhren nervöse Störungen, zum Beispiel bei Hyperthyreosen, sichtlich beeinflussen, und Carnitinzufuhren den Acetylcholingehalt der Gewebe in vivo verringern.

Weitere Untersuchungen, besonders über die Bestimmung des ΔG der Estergruppen, werden folgen. Die Ergebnisse des ersten Arbeitsabschnittes hat Dipl.-Chem. D. M. Müller auf der Tagung der Biochemischen Gesellschaft der DDR 1970 vorgetragen. [6]

Biologie: L(—)-Carnitin zeigt bei Hyperthyreosen sedative und normalisierende Wirkungen auf das rhythmusgestörte Herz. Bei einem leistungsschwachen Altersherzen sahen wir vor Jahren positive Carnitinwirkungen (Strack). Diese und weitere Wirkungen waren Anlaß, die möglichen Carnitinwirkungen auf das Herz zusammenzustellen [7]. Der Vortrag wurde 1969 unter dem Titel „Beziehung zwischen Carnitin und Herz“ von der Zeitschrift für Alternsforschung zur Publikation angenommen.

Wir nahmen ab 1969 neue Untersuchungen am Froschherzen mit O-Acylcarnitinen auf. Es wurden vorwiegend die negativen und positiven inotropen Wirkungen studiert.

Da O-Acylester mit Fettsäuren über C_{10} kräftige Detergentienwirkungen besitzen, wurde die Herabsetzung der Oberflächenspannung durch die freien Fettsäuren mit der der entsprechenden O-Acylcarnitine verglichen. Außerdem verglichen wir die Größe der Oberflächenaktivität der O-Acylcarnitine mit ihrer Wirkung auf die Permeabilität der Mitochondrienmembran in Fortsetzung früherer Studien. Diese Versuchsreihen werden in einer Doktorarbeit niedergelegt werden (H. Seim, wiss. Aspirant; Biologie und Chemie).

Im Rahmen einer Doktorarbeit studierte Dr. med. H.-J. Wolff [8] in vielen Experimenten den Verteilungsraum von Carnitin und Acetylcarnitin im quergestreiften Muskel. Als Warmblütermuskel diente das Rattendiaphragma, als Kaltblütermuskel der Musculus gastrognemius von Rana temporaria. Der Verteilungsraum entsprach etwa dem Thiosulfatraum, damit also dem extracellulären Lösungsraum.

Im Rahmen einer weiteren Doktorarbeit untersuchte Dr. med. Rosemarie Oeppert [9] die nicotinartige Reizwirkung von Carnitinderivaten auf den rectus abdominus von Fröschen. Bei verschlossener Carboxylgruppe erhöht sich die Reizkraft beträchtlich gegenüber der Betainform des Carnitins. Die optischen Formen haben eine unterschiedliche Reizkraft.

Von erhöhtem Interesse für biologische und klinische Anwendung der O-Acylcarnitine ist ihre Toxicität. [10] Mäusen wurden subcutan die O-Acylcarnitine als D(+)- und L(—)-Isomere injiziert. Die D(+)-Isomeren erwiesen sich toxischer als die L(—)-Isomeren. Vom O-n-Butyryl- und dem O-iso-Butyrylcarnitin ist die iso-Form etwas toxischer als die n-Form. Die LD_{50} aller 4 Substanzen bewegte sich jedoch noch in der Größenordnung des L(—)-Carnitins. Demgegenüber waren O-Acylcarnitine mit Laurin- bzw. Palmitinsäure infolge ihrer Oberflächenaktivität erheblich toxischer. Außerdem wurde festgestellt, daß die Art der Methodik und das Tiergewicht die LD_{50} erheblich beeinflussen kann.

Geprüft wurde weiterhin die Verträglichkeit von O-Acetylcarnitin und O-Propionylcarnitin in ihren beiden isomeren Formen mit intravenöser Dauerinfusion am Kaninchen. Mit diesem Verfahren sollen Umsatzgröße und Abbaustufen der O-Acylcarnitine sowie der Einfluß dieser Substanzen auf den physiologischen Stoffwechsel der Tiere studiert werden. Die beiden O-Acylderivate waren auch in größeren Mengen ohne sichtliche Einwirkung auf das Verhalten der Tiere.

Klinische Anwendung von Carnitin: Aus unseren früheren Beobachtungen an Mäusen und Ratten ergaben sich Hinweise auf eine positive Einwirkung auf Granulationsprozesse. Weitere Beobachtungen an Hyperthyreosen, an den Transaminasen, am tierischen Eiweißumsatz usw. ließen einen normalisierenden Einfluß von Carnitin auf gestörte Stoffwechselvorgänge herleiten [11]. Daher ließ sich erwarten, daß Carnitin auch einen fehlgeleiteten Eiweißstoffwechsel beeinflussen kann. So konnte eine beginnende Dupuytren'sche Kontraktur der Hände durch Carnitinzufuhr gestoppt werden. Alle diese Beobachtungen führten dahin, zu versuchen, mit Carnitin bindegewebige Erkrankungen zu behandeln. Gute Besserungen zeigten sich bei Patienten mit Sklerodermia progressiva, mit Skleroedema adultorum Buschke und bei einem Fall von Myxoedema circumscriptum. Weitere Erkrankungen, die mit einem örtlich gestörten Zellhaushalt einhergehen, konnten durch den Mangel an L(—)-Carnitin bisher nur unzureichend oder gar nicht studiert werden. Die kurzen Erprobungen zeigten jedoch Ansätze zur Besserung dieser Störungen.

In einer Publikation [12] wurden die Wirkungen von L(—)-Carnitin im Tierkörper diskutiert sowie einige Fälle der obengenannten Erkrankungen kurz bekanntgegeben. Obwohl unsere Ergebnisse noch nicht genügend ausgereift waren, hatten wir die Behandlungsmöglichkeiten mit Carnitin bekannt gemacht, denn für die tödlich verlaufende chronische Sklerodermia progressiva gibt es bisher keine Heilung. Wir sehen vorerst im Carnitin und seinen O-Acylestern einen Leitfaden, der es uns ermöglicht, in die komplexen Stoffwechselvorgänge und ihre Störungen Einblick zu gewinnen und an Hand der Beobachtungen weitere Wege zu eröffnen, um Krankheiten dieser Art zu heilen. Möglicherweise erweist sich das körpereigene Carnitin selbst als die helfende Substanz durch seine Wirkung auf die fundamentalen Stoffwechselabläufe in den Mitochondrien.

Literatur

1. Strack, E.: Kurzreferat. In: Jahrbuch *1966—1968* d. Sächs. Akademie d. Wiss. zu Leipzig, S. 181, Akademie-Verlag Berlin 1970.
2. Strack, E., und I. Lorenz: Z. physiol. Chem. *318*, 129 (1960).
3. Strack, E., und I. Lorenz: Z. physiol. Chem. *346*, 314 (1966).
4. Strack, E., und D. M. Müller: Z. physiol. Chem. *351*, 95 (1970).
5. Ziegler, H. J., P. Bruckner und F. Binon: J. Organ. Chem. *32*, 3989 (1967).
6. Müller, D. M., H.-J. Böhme und E. Strack: Vortrag 2. Gemeinschaftstagung der Gesellschaft Exper. Med. d. DDR, Leipzig, Sept. 1970.
7. Strack, E.: Vortrag Tagung für Alternsforschung, Leipzig, März 1969.
8. Wolff, H.-J.: Dissertation, Med. Leipzig 1968.
9. Oeppert, R.: Dissertation, Med. Leipzig 1969.
10. Wolff, H.-J., D. M. Müller und E. Strack: Acta biol. med. german. *26*, 1237 (1971).
11. Strack, E.: Das Dtsche. Gesundheitswesen *22*, 2055 (1967).
12. Strack, E., H. Nitzschner und F. Liebsch: Das Dtsche. Gesundheitswesen *25*, 1233 (1970).

Erich Strack

Philologisch-historische Klasse

Althochdeutsches Wörterbuch

Die Arbeit am Althochdeutschen Wörterbuch wurde planmäßig am zweiten Band mit den Buchstaben C/D und am dritten Band mit den Buchstaben E/F weitergeführt. Erschienen ist die erste Lieferung des zweiten Bandes (C — *thanān* 1. Teil AI2aα). Die erste Lieferung des dritten Bandes ist im Druck, an der zweiten Lieferung des zweiten Bandes wie an der zweiten und der dritten Lieferung des dritten Bandes wird gearbeitet.

Im Bestreben, die Effektivität der Arbeit zu erhöhen, wurde — zunächst auf dem Gebiet der Syntax mit ihren materialreichen Artikeln — versucht, einen Weg formaler Kürzung ohne Einbuße an Informationswert zu finden. Dieser Versuch soll auch auf materialreiche Appellativartikel ausgedehnt werden.

Die Reihe der Werkstattberichte wurde mit einem Bericht zu drei Glossenbelegen im Band 90 der Beiträge zur Geschichte der deutschen Sprache und Literatur (Halle) fortgesetzt. Im Band 92 derselben Zeitschrift sind von Mitarbeitern der Arbeitsstelle die im Jahrbuch 1963—1965 angekündigte umfangreiche Studie über die

Problemgeschichte der Präpositionen sowie ein Aufsatz erschienen, der einen althochdeutschen Text in einer französischen Handschrift als fehlerhafte Wiedergabe des Vaterunsers aus dem Evangelienbuch Otfrids von Weißenbuch erweist.

In der Berichtszeit suchten Besucher aus der Deutschen Bundesrepublik, aus Finnland, Frankreich, der VR Polen, der VR Rumänien und den USA die Arbeitsstelle auf. Materialauskünfte wurden an Fragesteller aus Dänemark, der Deutschen Bundesrepublik, den Niederlanden und Schweden erteilt. Vereinzelt stellten sich Besucher Material in der Arbeitsstelle selbst zusammen. Rudolf Große

Wörterbuch der obersächsischen Mundarten

Das Kollektiv der Arbeitsstelle Wörterbuch der obersächsischen Mundarten bemüht sich darum, das vorhandene Material in möglichst kurzer Frist so zu bearbeiten, daß einer kontinuierlichen Manuskriptabfassung nichts mehr im Wege steht. Diesem Ziel, die Vorarbeiten rasch abzuschließen, ist alles untergeordnet. Der stetige Fortgang der Arbeiten gewährt ständig tiefere Einsichten in sprachhistorische Entwicklungen, sprachgeographische Gliederungen und soziolinguistische Fragestellungen, verlangt aber auch von allen Beteiligten die Bereitschaft zum Mitdenken und setzt voraus, daß jeder den wachsenden wissenschaftlichen Anforderungen mit dem Willen begegnet, ihnen gerecht zu werden. So steckt hinter den Leistungen der letzten Jahre nicht nur eine steigende Quantität, sondern in entscheidendem Maße eine höhere Qualität.

In der Berichtszeit wurden wieder 100000 Belegzettel mit dem hochdeutschen Stichwort versehen, so daß die Kartei jetzt über 500000 Zettel enthält. Unter den Zetteln, die in letzter Zeit der Kartei zugeführt wurden, befand sich bereits eine Vielzahl jener, die der Fragebogenauswertung entstammt. Diese Zettel sollen später dem Bearbeiter über die Problematik des betreffenden Wortes Aufschluß geben. Zu einigen Fragen wurden wortgeographische Karten gezeichnet, von denen jetzt 200 vorliegen, und die onomasiologische Kartei wurde mit Hilfe dieses Materials vervollständigt. Das Sprachgut aus mundartlicher Belletristik und aus Monographien zur Dialektologie wird laufend verzettelt. Zu erwähnen sind hier besonders zwei Dissertationen, die sich mit Dialekten im Norden des Untersuchungsgebietes beschäftigen. Die Auswertung des Stoffes aus dem Deutschen Wortatlas steht vor ihrem baldigen Abschluß. Dem Wörterbuch ist auf diese Weise eine Fülle von Sprachaltertümern vermittelt worden, die heute fast alle in Vergessenheit geraten sind. Die lebendige Sprache der obersächsischen Landschaft, die sich durchaus nicht etwa mit der hochsprachlichen Norm deckt, wird vorwiegend den vorhandenen Tonbandaufnahmen entnommen; der Abschluß auch dieser Arbeiten steht kurz bevor.

An etwa vierzig bewährte und zuverlässige Helfer im Lande wurden kontinuierlich in jedem Jahr fünf Listen mit etwa je 200 Wörtern ausgesandt, bei denen das Material noch Lücken aufweist, die auf diese Art geschlossen werden sollen. Diesen Mitarbeitern und ihren Vorgängern verdankt das Wörterbuch der obersächsischen Mundart letztlich seine Grundlage, und ihnen ist — auch an dieser Stelle — aufrichtiger, herzlicher Dank zu sagen. Im Jahr 1970 verstarben Herr E. Kopprasch aus Kleinhennersdorf bei Pirna und Herr F. Löser aus Wahrenbrück bei Bad Liebenwerda, und am 22. Januar 1970 nahm der Tod dem wohl verdienstvollsten Gewährsmann des Wörterbuchs, Herrn Dr. Max Jänecke aus Dresden, die Feder für immer aus der Hand. Er hatte seinen Lebensabend vollständig in den Dienst am Wörterbuch gestellt, hatte nicht nur zu jedem Wort kleine wissenschaftliche Abhandlungen auf seinen Sammelzetteln geliefert, sondern vor allem durch seine menschliche Wärme solch enge Kontakte zu Mundartsprechern in zwei Dörfern bei Dresden gefunden, daß aus jedem seiner Zettel die echte volkstümliche Sprache zu entnehmen ist.

Zwanzig Mitarbeiter aus dem Lande versammelten sich am 15. 7. 1970 an der Leipziger Arbeitsstelle zu einem Gedankenaustausch. Die Wörterbuchangestellten hielten Kurzreferate, die Einblicke in Methoden und Ergebnisse der bisherigen Arbeiten gewährten. — Allen Mitarbeitern am Wörterbuch der obersächsischen Mundarten ist auch die „Sächsische Mundartkunde" gewidmet, die 1969 erschien. G. Bergmann hat das aus dem Jahr 1937 stammende Buch von H. Becker neu bearbeitet. Es gibt einen Überblick über Entstehung, Geschichte und sprachlichen Bestand der Mundarten des obersächsischen Raumes. Rudolf Große

Arbeiten zur Erschließung der Handschriftenbestände im Archiv der Franckeschen Stiftungen in Halle

Der genannte Forschungsauftrag wurde im Jahre 1969 von Herrn Dr. phil. Günther Wartenberg weitergeführt. Dabei konnten die Kurzbiographien für die Buchstaben *K* und *L* abgeschlossen werden, so daß diese inzwischen auch im Schreibmaschinenmanuskript vorliegen. Der Buchstabe *K* umfaßt 425 Namen, *L* 228. Die bereits im vorigen Bericht genannte Korrespondenz mit den Bearbeitern der noch ungedruckten Pfarrerbücher wurde fortgeführt, ebenso zahlreiche Sekundärliteratur, ältere und vor allem auch neuere, herangezogen. Die Abfassung der Kurzbiographien erfolgte nach den auch früher schon genannten Grundsätzen: Lebensdaten, Ausbildung, beruflicher Werdegang, Angabe der Quellen. Ein einheitliches System von Abkürzungen soll die Biographien kurz und übersichtlich gestalten.

Am 1. 1. 1970 wurde der Forschungsauftrag von Frau cand. theol. Regina Hirth übernommen, da Herrn Dr. Wartenberg ein anderer Forschungsauftrag der Sächsischen Akademie übertragen wurde. Sie begann neu mit der Bearbeitung des Buchstaben *M*, der insgesamt 442 Namen umfaßt. Dieser ist inzwischen abgeschlossen, so daß das Schreibmaschinenmanuskript hergestellt werden kann. Zur Erstellung der Kurzbiographien war wiederum eine umfangreiche Literaturdurchsicht erforderlich. Um die weitere Arbeit zu erleichtern, wurde neben dem durch neu hinzugekommene Literatur ständig ergänzten Verzeichnis ein umfangreicher Sachkatalog aufgebaut, der das zum Teil recht mühevolle Suchen nach Sekundärliteratur in den Katalogen der Bibliotheken auf ein Minimum einschränkt. Die von Herrn Dr. Wartenberg aufgebaute Korrespondenz wurde fortgeführt. Neu hinzu kamen die Zusammenarbeit mit der Zentralstelle für Genealogie in Leipzig, mit dem Archiv der Brüdergemeinde in Herrnhut und mit der Genealogin Margarethe Paatz in Halle. Daneben wurden zahlreiche Archive und Pfarrämter in beiden deutschen Staaten angeschrieben. Für den Buchstaben *M* gingen etwa 150 Briefe und Karten ein, die als Unterlagen für die Biographien dienen. Neben dem Buchstaben *M* ist bereits *N* in Arbeit genommen worden (ca. 140 Namen). Dieser wird bis zum Sommer 1971 im wesentlichen abgeschlossen sein, so daß die zum 1. 9. 1971 vorgesehene Übergabe des Forschungsauftrages von Frau Hirth an Herrn cand. theol. Bernd Stephan reibungslos erfolgen kann.

Franz Lau

Untersuchungen sprachlicher Überlieferungen in den Gebieten am Niederrhein

Abschlußberichte

a) Herausgabe der Eneide des Henric van Veldeken

Als Band 62 der „Deutschen Texte des Mittelalters“, für deren Herausgabe Frau Dr. habil. Gabriele Schieb, Zentralinstitut für Sprachwissenschaft bei der Deutschen Akademie der Wissenschaften zu Berlin, verantwortlich ist, erschien 1970 beim Akademie-Verlag Berlin, Band III der Ausgabe von Veldekes Eneide von G. Schieb und Th. Frings†: Henric van Veldeken, Eneide, III. Wörterbuch von Gabriele Schieb mit Günter Kramer und Elisabeth Mager, XXXV und 911 S. (Vorwort, von G. Schieb, S. VIIff.; Einleitung, von G. Schieb, S. IXff.; Alphabetisches semasiologisches Wörterbuch der Gesamtüberlieferung, von G. Schieb mit G. Kramer und E. Mager, S. 1ff.; Veldekes Wortschatz nach Form und Inhalt, mit Anhang Alphabetisches Synonymenverzeichnis von G. Schieb, S. 697ff.; Namenverzeichnis, von E. Mager, S. 830ff.). Eine von der Sächsischen Akademie der Wissenschaften finanzierte Hilfskraft unterstützte die Bearbeiter bei den mühevollen Korrekturen und Kontrollarbeiten.

Dr. Gabriele Schieb

b) Herausgabe des rheinischen Denkmals Morant und Galie

Der erste Band der niederrheinischen Studien zur Karl-Meinet-Überlieferung liegt bei den Deutschen Texten des Mittelalters mit dem kritischen Text und der dazugehörigen sprachlichen Begründung von ‚Morant und Galie‘ seit 1970 im Manuskript vor. Diese Arbeit gehört zur großen Aufgabe der Erforschung der Anfänge frühmittelhochdeutscher Epik, die seit 1920/21 mit der handschriftlichen Überlieferung von ‚Morant und Galie' in den Rheinischen Beiträgen und Hülfsbüchern von Theodor Frings begonnen worden ist.

Der Abschluß von Veldeken-Untersuchungen und eine Reihe von Spezialuntersuchungen ermöglichten dann, den bereits bestehenden kritischen Text von ‚Morant und Galie' mit der sprachlichen Begründung endgültig zu überprüfen. Damit stehen nun weitreichende Ergebnisse im Hinblick auf das besondere genre der chanson de geste im Deutschen, wie deren sprachliche Begründung zur Verfügung. Die aktive Rolle des Kölner Kulturkreises um 1200, wie auch in der Folgezeit, findet hier besonderen Ausdruck.

Es liegen weiter vor: das aufgearbeitete Material einer Grammatik zu ‚Morant und Galie' wie das zur Reimgrammatik von ‚Karlmeinet I', dazu das Muster einer Druckfassung zu einem Wörterbuch zu ‚Morant und Galie', im Buchstaben D, außerdem eine Zusammenstellung der gesamten Reimformeln und formelhaften Reime, der, wie die Aufarbeitung des Wortschatzes am Ende einem Vergleich zwischen der frühen mittelniederländischen und der frühen mittelhochdeutschen Epik dienen sollten.

Die Veröffentlichung von Band I von ‚Morant und Galie' ist nunmehr für 1972 beim Akademie-Verlag vorgesehen. Dr. Elisabeth Linke †

Das Corpus Vasorum Antiquorum Leipzig

Die Arbeiten am Corpus Vasorum Antiquorum werden von Dr. phil. habil. E. Paul weitergeführt. In den Jahren 1969 und 1970 wurden die Bestände der attisch rotfigurigen Keramik des Antikenmuseums der Karl-Marx-Universität zur Veröffentlichung in einem 3. Band des CVA Leipzig vorbereitet.

Voraussetzung für die wissenschaftliche Bearbeitung der Gefäße und Scherbenkomplexe ist ihre konservatorische Behandlung.

Die zur Zeit ihrer Erwerbung meist unzureichend restaurierten Vasen müssen in vielen Fällen vollständig auseinandergenommen und neu zusammengefügt werden; Übermalungen sind zu beseitigen und fehlende Teile in einem originalgetreuen Farbton zu ergänzen. Bei teilerhaltenen Gefäßen wird die ursprüngliche Form auf der Töpferscheibe rekonstruiert, damit die Fragmente originalgetreu in den Gefäßkörper eingesetzt werden können.

Unter den bisher technisch und wissenschaftlich bearbeiteten Objekten befinden sich zahlreiche Werke sowohl von bedeutenden als auch von durchschnittlichen Vasenmalern des spätarchaischen und klassischen Stiles, u. a. Gefäße des Duris, des Euergides-, Bonn-, Triptolemos-, Alkestorides-, Loeb-, Geras-, Menelaos- und Orleans-Malers. Dr. Eberhard Paul

Bericht über die Arbeit für das Mittellateinische Wörterbuch

Im Berichtszeitraum wurde die Lektüre und Exzerpierung der Leipzig als Hauptaufgabengebiet zugewiesenen Zeitschriftenreihen fortgesetzt. An ihrer Spitze stand dabei, was die Zahl der gelesenen (114) und exzerpierten (99) Aufsätze sowie die Anzahl der gewonnenen Exzerpte (nahezu 1000) angeht, das „Deutsche Archiv für Erforschung (bzw. Geschichte) des Mittelalters". Von ihm wurden die zehn in der Gesamtreihe noch fehlenden Jahrgänge (2 bis 5; 7 bis 12) und die zwei zuletzt erschienenen (24 [1968]; 25, 1 [1969]) durchgearbeitet. Vier Jahrgänge (73 [1965] bis 76 [1968]) der „Mitteilungen des Instituts für österreichische Geschichtsforschung" lieferten aus vierzehn Aufsätzen ungefähr die gleiche Zahl von Exzerpten (über 240) wie die sechs durchgesehenen Jahrgänge (9 [1963] bis 14 [1968]) des „Archivs für Diplomatik, Schriftgeschichte, Siegel- und Wappenkunde" aus siebzehn Arbeiten (rd. 230). Von der „Zeitschrift der Savigny-Stiftung für Rechtsgeschichte" wurden von ihrer Germanistischen Abteilung zwei Jahrgänge (84 [1967] und 85 [1968]), von ihrer Kanonistischen Abteilung der Jahrgang 85 [1968] ausgewertet; aus zusammen zwölf Aufsätzen ergaben sich fast 110 Exzerpte. Die letzte der Zeitschriftenreihe, das „Archiv für Kulturgeschichte", war am wenigsten ertragsreich: aus vier Jahrgängen (46 [1964] bis 49 [1967]) konnten aus zwölf Arbeiten nur 72 Exzerpte herausgeschrieben werden.

Insgesamt wurden aus 29 Zeitschriftenbänden über 220 Aufsätze gelesen. 154 von ihnen konnten exzerpiert werden und erbrachten nahezu 1650 Exzerpte. Hinzu kommen noch 90 Quellenverweise, meist dem „Deutschen Archiv" und dem „Archiv für Diplomatik" entnommen, und die zu jedem exzerpierten Aufsatz gehörenden Bibliographiezettel.

Das Ziel, mit der Lektüre der Zeitschriften möglichst dicht an den Zeitpunkt ihres Erscheinens heranzurücken, konnte, soweit es die Umstände erlaubten, annähernd erreicht werden. Dr. Anneliese Grau

Historische Kommission

I. Personelle Veränderungen

Nach Ablauf der vierjährigen Amtszeit wurde im Frühjahr 1970 der bisherige Vorstand wiedergewählt und bestätigt.
Leiter: Prof. Dr. Gerhard Buchda. Stellv. Leiter: Prof. Dr. Franz Lau. Beisitzer: Dr. Hans Eberhardt. Aus dem Kreise der Mitglieder verstarb am 22. XII. 1970 Prof. Dr. Walter Hentschel. Zuwahlen fanden nicht statt.

II. Fortgang der Arbeiten

Die älteren Unternehmungen der Kommission liefen planmäßig weiter (Akten und Briefe zur Kirchenpolitik Herzog Georgs von Sachsen, Bibliographie der sächsischen Geschichte, Historischer Atlas von Sachsen). Von der „Politischen Korrespondenz des Herzogs und Kurfürsten Moritz von Sachsen" konnte der III. Band nahezu abgeschlossen werden. Von der Leipzig-Bibliographie befindet sich der I. Hauptband im Druck.

Das „Jahrbuch für Regionalgeschichte" hat die Kommission als eigenes Publikationsorgan übernommen, seitdem die Abteilung Deutsche Regionalgeschichte des Instituts für Deutsche Geschichte an der Karl-Marx-Universität Leipzig, die dieses Jahrbuch begründete, der Auflösung verfallen ist. Das Manuskript zu Band IV wurde dem Verlag übergeben.

III. Quellenpublikationen, Schriftenreihen und Einzelschriften

Die Reihe der „Quellen und Forschungen zur sächsischen Geschichte" (Rotaprintdruck) wuchs um vier Bände:

Band 4: Walther Haupt, Die Meißener Bistumsmatrikel von 1945. Dresden 1968, 82 S.

Band 5: Willy Richter, Geschichte der Dreikönigschule in Dresden-Neustadt bis 1685. Dresden 1969. X, 60 S., 1 Abb.

Band 6: Ernst Müller, Die Leipziger Neubürgerliste 1471—1501. Dresden 1969. 80 S.

Band 7: Gerhard Schmidt, Reformbestrebungen in Sachsen in den ersten Jahrzehnten des 19. Jahrhunderts. Dresden. VI, 128 S.

Ferner erschienen im Druck:

a) Mitteldeutsche Studien, hrsg. von R. Große

Heft 29: Walter Krug: Laut- und wortgeographische Untersuchungen in der Heidelandschaft zwischen unterer Mulde und Elbe. Textband: Halle (Saale) 1969. 200 S.; Kartenband: Halle (Saale) 1969. 40 Ktn.

b) Deutsch-Slawische Forschungen zur Namenkunde und Siedlungsgeschichte, begründet von Theodor Frings und Rudolf Fischer†, hrsg. von Rudolf Fischer† und Rudolf Große

Band 23: Volkmar Hellfritzsch: Vogtländische Personennamen. Untersuchungen am Material der Kreise Plauen und Oelsnitz. Berlin 1969. 255 S. mit einer Übersichtskarte und 18 Abb.

Band 24: Günther Hänse: Die Flurnamen des Stadt- und Landkreises Weimar. Berlin 1970. 278 S. m. 3 Ktn.

Band 25: Isolde Neumann: Obersächsische Familiennamen. I: Die bäuerlichen Familiennamen des Landkreises Oschatz. Berlin 1970. 242 S. m. 2 Ktn u. 20 Abb.

c) mit Unterstützung der Kommission

Erich Neuß, Wüstungskunde des Saalkreises, der Stadt Halle und der Mansfelder Kreise. Erster Teil: Wüstungskunde des Saalkreises und der Stadt Halle. Weimar 1969: Hermann Böhlaus Nachfolger. 1. Heft: S. I—LXIX, 1—208; 2. Heft: S. 209—477, 8 Übersichtskarten.

Gerhard Buchda

VERÖFFENTLICHUNGEN DER AKADEMIE IN DEN BERICHTSJAHREN

Jahrbuch 1966—1968. 1970. 393 S., 9 Taf., 12 Abb.

Mathematisch-naturwissenschaftliche Klasse

Abhandlungen

Band 50

Heft 2: Oskar Intrau: Kompositionstafeln quaternärer quadratischer Formen. 1970. XXIV, 121 S.

Heft 3: Felix Lampadius: Der Burckhardtswald bei Aue als klassisches Beispiel waldbaulicher Rauchschadenabwehr. 1969. 24 S., 1 Faltkarte.

Sitzungsberichte

Band 108

Heft 4: Ott-Heinrich Keller: Über eine Definition von S. Lefschetz in der topologischen Schnitttheorie. 1969. 29 S., 1 Abb.

Heft 5: Wolfgang Tutschke: Das Reziprozitätstheorem für eine Klasse pseudoholomorpher Funktionen mehrerer komplexer Variabler. 1969. 19 S.

Heft 6: Walter Brednow: Von Lavater zu Darwin. 1969. 31 S., 14 Abb. im Anhang.

Heft 7: Franz Runge: Organische Disulfimide in Wissenschaft und Technik. 1970. 24 S., 2 Abb.
Titelblatt und Register

Band 109

Heft 1: Erich Rammler: Über die Theorien der Braunkohlenbrikettentstehung. 1970. 38 S., 13 Abb., davon 2 auf 2 Kunstdrucktaf.

Heft 2: Wolfgang Tutschke: Stammfunktionen komplexwertiger Funktionen. 1970. 20 S.

Heft 3: Günther Eisenreich: Zur Syzygientheorie und Theorie des inversen Systems perfekter Ideale und Vektormoduln in Polynomringen und Stellenringen. 1970. 88 S.

Abhandlungen

Band 60

Heft 1: Walter Hentschel: Die Zentralbauprojekte Augusts des Starken. Ein Beitrag zur Rolle des Bauherrn im deutschen Barock. 1969. 93 S., 113 Abb. auf 67 Taf.

Heft 2: Werner Peek: Inschriften aus dem Asklepieion von Epidauros. 1969. 156 S., 184 Fasimilia im Text, 100 Abb. auf 58 Taf.

Band 61

Heft 1: Elke Blumenthal: Untersuchungen zum ägyptischen Königtum des Mittleren Reiches. I: Die Phraseologie. 1970. 471 S.

Heft 2: Beiträge zum Slawischen Onomastischen Atlas. Theodor Frings zum Gedächtnis. Herausgegeben von Rudolf Fischer und Ernst Eichler. 1970. 198 S., 28 Ktn.

Heft 3: Fritz Bönisch: Genauigkeitsuntersuchungen am Öderschen Kartenwerk von Kursachsen. 1970. 67 S., 4 Ktn im Text, 3 Faltktn als Beilage.

Band 62

Heft 1: Werner Peek: Inschriften von den Dorischen Inseln. 1969. 65 S., 28 Faksimilia im Text, 11 Abb. auf 8 Taf.

Heft 2: Onomastica Slavogermanica V. Rudolf Fischer zum 60. Geburtstag gewidmet. Herausgegeben von Rudolf Große und Ernst Eichler. 1970. 156 S., 2 Ktn, 13 Tab.

Band 63

Heft 1: Friedrich Winnefeld: Ergebnisse unterrichtspsychologischer Untersuchungen. 1970. 18 S., 5 Abb., 2 Tab.

Sitzungsberichte

Band 114

Heft 5: Gertrud Schubart-Fikentscher: Untersuchungen zur Autorschaft von Dissertationen im Zeitalter der Aufklärung. 1970. 135 S. — Titelblatt und Register.

Band 115

Heft 1: Johannes Jahn: Entwicklungsstufen der Dürerforschung. 1971. 19 S.

Heft 2: Jussi Aro: Mittelbabylonische Kleidertexte der Hilprecht-Sammlung Jena. Mit einem Anhang: Fünf alt-, mittel- und neubabylonische Texte verschiedenen Inhalts aus der gleichen Sammlung. 1970. 42 S.

Heft 3: Werner Bahner: Die lexikalischen Besonderheiten des Frühromanischen in Südosteuropa. 1970. 124 S.

Heft 4: Otto Eißfeldt: Adonis und Adonaj. 1970. 28 S., 16 Abb. auf 15 Taf.

WEITERE VERÖFFENTLICHUNGEN

Mathematisch-naturwissenschaftliche Klasse

J. C. Poggendorff

Biographisch-literarisches Handwörterbuch der exakten Naturwissenschaften, herausgegeben unter Mitwirkung der Akademien der Wissenschaften zu Berlin, Göttingen, Heidelberg, München und Wien von der Sächsischen Akademie der Wissenschaften zu Leipzig. Leitung der Redaktion: Prof. Dr. Hans Salié.

Die bisher vollständig vorliegenden Bände I—VI (1858—1940) umfassen neben den Autorenbiographien die Schriftenverzeichnisse bis zum Jahre 1931. Band VII mit den Bibliographien ab 1932 gliedert sich in zwei Teile: Teilband VIIa, der die Gelehrten Deutschlands, Österreichs und der Schweiz enthält, ist bis auf die letzten drei Lieferungen des Supplementbandes bereits erschienen (vgl. vorhergehende Jbb. 1954—1956, S. 177f.; 1957—1959, S. 236; 1960—1962, S. 270; 1936—1965, S. 195; 1966—1968, S. 200) im Teilband VIIb werden nur die in früheren Bänden begonnenen Bibliographien der Gelehrten der übrigen Länder fortgeführt bzw. abgeschlossen.

Bisher liegt vor: Band VIIb Teil 1: A—B (1967) S. 1—686; Teil 2: C—E (1968) S. 687—1312; Teil 3: F-Hem (1970) S. 1313—1948.

Philologisch-historische Klasse

Althochdeutsches Wörterbuch

Auf Grund der von Elias von Steinmeyer hinterlassenen Sammlung im Auftrag der Sächsischen Akademie der Wissenschaften zu Leipzig begründet von Elisabeth Karg-Gasterstädt und Theodor Frings und herausgegeben von Rudolf Große. Bd 2: C u. D, Lfg 1. 1970. Sp. 1—72.

Corpus Vasorum Antiquorum

Der 2. Band des CVA Leipzig befindet sich im Druck. Vorläufige bibliographische Angabe: Deutschland Band 37, Leipzig, Antikenmuseum der Karl-Marx-Universität, Band 2, Bearbeiter: Dr. phil. habil. Eberhard Paul. Im Druck.

Thesaurus Linguae Latinae

Mit Unterstützung der Akademie kamen im Berichtszeitraum folgende Faszikel heraus:

Neuerscheinungen

Vol. VII	Pars 2	Fasc.: V	iugum-labor
Vol. IX	Pars 2	Fasc.: II	obscenus-obrius

Nachdrucke

Vol. V	Pars 2	Fasc: X	exhorresco-expavesco
Vol. VI	[Pars 3]	Fasc: XVI	homicidium-hospes
Vol. VI	[Pars 3]	Fasc: XVII	hospes-hystrix
Vol. VII	Pars 1	Fasc: VII	inclutus-inde
Vol. VII	Pars 1	Fasc: VIII	inde-induviae
Vol. VII	Pars 1	Fasc: XII	inordinatus-insipiens
Vol. VII	Pars 2	Fasc: II	inverecundus-iocus
Vol. VII	Pars 2	Fasc: III	iocus-is

Historische Kommission

Mitteldeutsche Studien,
begründet von Th. Frings und hrsg. von R. Große

Heft 29: Walter Krug: Laut- und wortgeographische Untersuchungen in der Heidelandschaft zwischen unterer Mulde und Elbe. Textband: Halle (Saale) 1969. 200 S.; Kartenband: Halle (Saale) 1969. 40 Ktn.

Deutsch-Slawische Forschungen zur Namenkunde und Siedlungsgeschichte, begründet von Th. Frings und R. Fischer †, hrsg. von R. Fischer † und R. Große

Band 23: Volkmar Hellfritzsch: Vogtländische Personennamen. Untersuchungen am Material der Kreise Plauen und Oelsnitz. Berlin 1969. 255 S. m. einer Übersichtskarte u. 18 Abb.

Band 24: Günther Hänse: Die Flurnamen des Stadt- und Landkreises Weimar. Berlin 1970. 278 S. m. 3 Ktn.

Band 25: Isolde Neumann: Obersächsische Familiennamen. I: Die bäuerlichen Familiennamen des Landkreises Oschatz. Berlin 1970. 242 S. m. 2 Ktn u. 20 Abb.

Quellen und Forschungen zur sächsischen Geschichte, für die Hrsg. verantwortlich K. Blaschke u. H. Walther

Band 4: Walther Haupt: Die Meißener Bistumsmatrikel von 1495. Dresden 1968. 82 S.

Band 5: Willy Richter: Geschichte der Dreikönigschule in Dresden-Neustadt bis 1685. Dresden 1969. X, 60 S., 1 Abb.

Band 6: Ernst Müller: Die Leipziger Neubürgerliste 1471—1501. Dresden 1969. 80 S.

Band 7: Gerhard Schmidt: Reformbestrebungen in Sachsen in den ersten Jahrzehnten des 19. Jahrhunderts. Dresden 1969. VI, 128 S.

Veröffentlichungen mit Unterstützung durch die Kommission

Erich Neuß: Wüstungskunde des Saalkreises, der Stadt Halle und der Mansfelder Kreise. Erster Teil: Wüstungskunde des Saalkreises und der Stadt Halle. Weimar 1969: 1. Heft, S. I—LXIX, 1—208; 2. Heft, S. 209—477, 8 Übersichtsktn.

VERÖFFENTLICHUNGEN VON AKADEMIEMITGLIEDERN IN DEN JAHREN 1969 UND 1970

Mathematisch-naturwissenschaftliche Klasse

Arland, Anton u. R. Zwicker (Ref.): Wasserhaushalt und Ertragsbildung bei Hafer auf organogenetischer Grundlage. In: Aktuelle Fragen der Pflanzen- und Tierphysiologie, hrsg. v. Ministerium für Hoch- und Fachschulwesen, Zentralabt. f. d. Hochschulfernstudium d. Landwirtschaftswissenschaften (Kolloquium d. Landwirtsch. Fakultät anläßlich d. 50. Jahrestages d. Großen Sozialistischen Oktoberrevolution am 26. Sept. 1967). Leipzig 1969. S. 55—63.

Brednow, Walter: Von Lavater zu Darwin. Berlin 1969. 31 S. u. 14 Abb. (= Sitzgsber. Sächs. Akad. Wiss., math.-nat. Kl. Bd 108, H. 6).
— Dietrich Georg Kieser. Sein Leben und Werk. Wiesbaden 1970. 176 S. u. 15 Abb. (= Sudhoffs Archiv. Beihefte, H. 12).
— Wandlungen der Wissenschaftslehre im Leben des Jenaer Professors D. G. Kieser. In: Dt. med. Journal *3* (1969) S. 95—102.
— Wilhelm von Humboldt und die Physiognomik. In: Clio Medica *4* (1969) S. 33—42.
— Guillermo de Humboldt y la ciencia fisionomica. In: Humboldt. *1969*. Nr. 40, S. 32—36.
— Maturidade e velhice — um problema antropologico. Ebda Nr. 21, S. 13—17.
— Altern und Reifen — ein anthropologisches Problem. In: Z. f. Gerontologie *2* (1969) H. 3, S. 140—150.
— Wesen und Bedeutung der „Physiognomischen Fragmente" J. C. Lavaters. In: Physiognomische Fragmente, zur Beförderung der Menschenkenntnis und Menschenliebe, von J. C. Lavater. 4. Versuch. 1778. Bd 4 (Leipzig 1969) S. 1—47 [Facsimiledruck].
— Die „Wehmut" bei Wilhelm von Humboldt. In: Z. f. Philosophische Forschung *24* (1970) H. 4, S. 499—515.
— Der XII. Präsident (1858—1862): Dietrich Georg Kieser (1779—1862). In: Nunquam otiosus. Beiträge zur Geschichte der Präsidenten der Deutschen Akademie der Naturforscher Leopoldina. Festgabe zum 70. Geburtstag des XXII. Präsidenten Kurt Mothes. Nova Acta Leopoldina NF *36* (Leipzig 1970) Nr. 198, S. 169—197, 4 Abb.

Buchheim, Wolfgang: Po voprosu značenija koéfficientov γ i sdvigov faz $\varkappa$ pri naklonomernich nabljudenijach [Erfahrungsaustausch auf dem Gebiete der Neigungsmessungen und kritische Betrachtung ihrer physikalischen Bedeutung]. Vortrag, gehalten auf dem Internationalen Symposium 1968 in Leningrad. In: Veröffentlichung der Kommission der Akademien sozialistischer Länder für die multilaterale Bearbeitung des komplexen Problems „Planetare Geophysikalische Forschungen". Moskau 1969. S. 132—149.
— William Rowan Hamilton und das Fortwirken seiner Gedanken in der modernen Physik, Teil II. In: Schriftenreihe für Geschichte der Naturwissenschaften, Technik und Medizin *6* (1969) H. 1, S. 43—60.

Buchheim, Wolfgang: Die Korrektur von Erdgezeitenbeobachtungen auf indirekte Effekte als Randwertproblem der Mechanik. In: Comm. d l'Obs. Roy. de Belgique, *Série A No. 9* (1970): „Sixième Symposium International sur les Marées Terrestres". S. 137—146.
— u. D. Simon: Anwendung der Lückendiffusionstheorie auf die Setzung von Kippen und von Lockermassen über bergbaulichen Hohlräumen. In: Archiwum Gornictva *XV* (1970) H. 1, S. 73—89.
— [Nachr.] Peter Debye 23. 3. 1884—2. 11. 1966. In: Jahrb. Sächs. Akad. Wiss. *1966—1968* (Berlin 1970) S. 338—340, m. Abb.

Drischel, Hans: Biokybernetik. In: W. Beier: Physikalische Grundlagen der Medizin. Abhandlungen aus der Biophysik *7* (1967) S. 165—171.
— Möglichkeiten der kybernetischen Analyse des Augenfolgesystems. In: Wiss. Z. Univ. Lpz., math.-nat. Reihe *18* (1969) H. 2, S. 205—211.
— Carl Ludwig — über Leben und Wirken eines großen deutschen Physiologen. Ebda. *19* (1970) H. 2, S. 305—313.
— Der Pupillarapparat des Menschen — ein biologischer Lichtintensitätsregler. In: W. Oppelt u. G. Vossius: Der Mensch als Regler. Berlin 1970. S. 113—137.
— Systemanalytische Aspekte der medizinisch-biologischen Forschung. In: Studia biophysica *21/22* (1970) S. 67—70.
— Iwan Pawlow. In: Die Großen der Weltgeschichte. Bd *9* (Zürich 1970) S. 124—135.

Eggert, John: Prof. Dr. Hans Ammann zur Vollendung seines 60. Lebensjahres. In: Chimia *21* (1967) S. 262, m. Abb.
— u. W. Jost, H. Witte: Prof. Dr. Paul Günther zum 75. Geburtstag. In: Ber. Bunsenges. *71* (1967) S. 933—934, m. Abb.
— u. B. Högg: Weitere Versuche über den Weigert-Effekt (IV). In: Z. physik. Chem. *64* (1969) S. 115—121, m. 5 Abb.
— The stability of the latent image and of the print-out silver „The photographic image", Symposium Tokyo Sept. 1967. London 1970, S. 130—136 [dt. Übersetzung in: Z. wiss. Photographie, Photophysik und Photochemie *62* (1968) S. 25—31.
— u. H. J. Elster, W. Gerlach, W. Haupt, M. Himmelheber, A. Huning, W. A. P. Luck, H. Schaefer, H. Schimank, V. Weidemann: Die „Baiersbronner Erklärung [zur „Lindauer Rede" von Kardinal König]. In: Internationale Dialog-Zeitschrift *3* (1970) H. 1, S. 3—5.
— [Vortr.] Fifty years Weigert-Effekt. Internationaler Kongreß für fotografische Wissenschaft. Moskau, 29. Juli—5. August 1970. Plenarvortrag Section A, S. 1—9.

Emmrich, Rolf: Erkrankungen der Nieren, der ableitenden Harnwege und der männlichen Geschlechtsorgane. In: A. Sundermann: Lehrbuch der inneren Medizin. 3. Aufl. Bd I (Jena 1969) S. 661—810.
— u. W. Lembcke: Schock und Schockbehandlung. Leipzig 1970. 148 S.
— Die Bedeutung der Risikofaktoren Hypertonie und Hyperlipidämie für die Pathogenese der Arteriosklerose. In: Symposium „Arterielle Hypertonie und Koronarinsuffizienz im Altern und im Alter" [russ.]. Kiew 1969. S. 250—255.
— La terapia dell'arteriosclerosi. In: Panorama medico (Sandoz). Maggio-Giugno *1969*, Nr. 3, S. 8—12.
— Gefäßstoffwechsel. In: Deine Gesundheit *7* (1969) S. 202—204.
— Pathokinese und Kybernetik. In: Z. inn. Med. *24* (1969), S. 593—599.
— Die Hydroxyprolinausscheidung im Harn bei Endoangiitis und Arteriosclerosis obliterans. Ebda S. 747—748.

Emmrich, Rolf, u. P. Drechsler: Hypalbuminämien und ihre prognostische Bedeutung. Ebda S. 161—167.
— u. V. Kleint: Kritische Betrachtungen zur Therapie und Diagnostik in der inneren Medizin. Ebda S. 359—363.
— u. J. Wagner, E.-H. Axthelm: Die Bindungskapazitäten der Serumproteine für Herzglykoside, speziell für Pengitoxin. Zum 75. Geburtstag von Prof. Dr. Bennhold. In: Münch. med. Wschr. *111* (1969) S. 401—404.
— Die Chronizität der Entzündung. Prinzipien und Mechanismen. In: Deutsches Gesundheitswesen *25* (1970) S. 56—61.
— Infarktgefährdung und Präinfarkt. Ebda S. 1072—1077.
— Arzt und Arzneimittel. In: Z. ärztl. Fortbild. *64* (1970) S. 1092—1096.
— Die Therapie der Angina pectoris und des Herzmuskelinfarktes bei älteren Patienten. In: Scriptum Geriatricum. Wien 1970. S. 163—171.
— Das hepatorenale Syndrom. In: Z. inn. Med. *25* (1970) S. 377—380.
— Die Hydroxyprolinausscheidung im Harn bei chronischen Krankheiten des Bindegewebes. Ebda S. 1062—1065.
— Zur Thematik „Gefäßwand und Blutplasma". In: Symposion-Bericht „Gefäßwand und Blutplasma" III. Jena 1970. S. 25—30.
— Die klinische Bedeutung des Kollateralkreislaufes bei peripheren arteriellen Verschlußkrankheiten. Ebda S. 197—200.
— u. H. Marek, H. Koch: Autoradiographische Untersuchungen über die Aufnahme von tritiummarkierten Hydroxyprolin und Prolin in der Rattenaorta. Ebda S. 157—164.
— u. R. Hafermalz, D. Jäger, R. Klaus, P. Schneider: Vergleichende Bausteinanalysen zwischen großen Gefäßen und dem Skelettsystem in Abhängigkeit vom Altern. In: Z. Alternsforsch. *23* (1970) S. 29—33.
— u. H. Marek, H. Koch: Experimentelle autoradiographische Untersuchungen verschiedener Gewebe mit tritiummarkiertem Hydroxyprolin und Prolin. In: Z. inn. Med. *25* (1970) S. 889—895.
— u. H. Marek, H. Koch: Tierexperimentelle Untersuchungen über die Verteilung und Ausscheidung von tritiummarkiertem Hydroxyprolin und Prolin. Ebda S. 830—834.
— [Nachr.] Max Bürger 16. 11. 1885—5. 2. 1966. In: Jahrb. Sächs. Akad. Wiss. *1966—1968* (Berlin 1970) S. 337—338.
— [Nachr.] Albrecht Peiper 23. 10. 1889—7. 10. 1968. Ebda S. 349—350.
— [Hrsg.] Arbeitsmethoden der inneren Medizin und ihr verwandter Gebiete. Jena: Bd V, 1. Lfg: Klinisch-chemische Labormethoden. Jena 1969. 244 S.; Bd V, 2. Lfg.: Klinisch-chemische Labormethoden. Jena 1969. 235 S.; Bd VI, 3. Lfg: Mikroskopische Untersuchungsmethoden und Arbeitsmethoden auf verschiedenen Spezialgebieten. Jena 1970. 160 S.; Bd VIII, 2. Lfg: Physiotherapie. Jena 1970. 176 S.
— [Mithrsg.] Gefäßwand und Blutplasma, III. Symposion 17. u. 18. Sept. 1968 in Leipzig. Jena 1970. 408 S.
— [Mithrsg.] Zeitschrift für die gesamte innere Medizin und ihre Grenzgebiete. Leipzig 1969 u. 1970.
— [Mithrsg.] Archiv für klinische Medizin. München/Berlin, Heidelberg, New York 1969.

Eßbach, Hasso: Allgemeine Pathologie. Vorlesungsskizze. [Privatdruck]. 144 S.
— Die Bedeutung der Morphologie in der Heilkunde. Berlin 1968. 16 S., 13 Abb. auf 8 Kunstdrucktaf. u. 1 Textabb. (= Sitzgsber. Sächs. Akad. Wiss., math.-nat. Kl. Bd 108, H. 3).

Eßbach, Hasso: Spezielle Pathologie. Vorlesungsskizze. [Privatdruck] 100 S.
— [Nachr.] Max Clara 12. 2. 1899—13. 3. 1966. 2 S. Manuskript [Archiv d. Sächs. Akad. Wiss. zu Leipzig].

Fejes Tóth, László: On the Dido-position of three discs. In: Matematikai Lapok *19* (1968) S. 55—58 [ungar.].
— On the power-sum of the sides of a polygon. Ebda S. 9—12 [ungar.].
— Solid circle-packings and circle-coverings. In: Stud. Sci. Math. Hung. *3* (1968) S. 401 bis 409.
— Über die Nachbarschaft eines Kreises in einer Kreispackung. Ebda *4* (1969) S. 93—97.
— Remarks on a theorem of R. M. Robinson. Ebda S. 441—445.
— Iterationsverfahren bei konvexen Polygonen. In: Acta Math. Acad. Sci. Hung. *1—2* (1969) S. 15—23 [ungar.].
— Scheibenpackungen konstanter Nachbarnzahl. Ebda *3—4* (1969) S. 375—381.
— Über eine affininvariante Maßzahl bei Eipolyedern. In: Stud. Sci. Math. Hung. *5* (1970) S. 173—180.

Frumkin, Alexander Naumowitsch: Der Mechanismus elektrochemischer Prozesse und die elektrische Doppelschicht. In: Vestnik Akademii Nauk SSSR 1969. Nr. 9, S. 39—52 [russ.].
— u. V. N. Koršunov, I. A. Bagockaja: Die Absonderung von Wasserstoff aus alkalischen Lösungen an Metallen mit hoher Überspannung. In: Vsesojuznaja konferencija po ėlektrochimii. Tbilisi, 10.—14. XI. 1969 g. Tezisy dokladov. Tbilisi 1969 [Unionskonferenz über Elektrochemie, Tbilisi 10.—14. XI. 1969. Thesen der Vorträge], S. 676 [russ].
— u. O. A. Petri, Ju. G. Kotlov: Über die Abhängigkeit des Potentials von Platin- und Rhodiumelektroden vom *pH*-Wert der Lösung. In: Elektrochimija *5* (1969) S. 476—479 [russ.].
— u. O. A. Petri, Ju. G. Kotlov: Die Rolle adsorbierter Atome des Wasserstoffs und der Ionen der Doppelschicht beim Potentialsprung an Platin- und Rhodiumelektroden. Ebda S. 735—739 [russ.].
— u. O. A. Petri, V. V. Topolev: Adsorptionseigenschaften der Platinelektrode in Lösungen von Säuren ohne Zusatz von indifferentem Elektrolyt. Ebda S. 1104—1108 [russ.].
— u. O. A. Petri, Ju. G. Kotlov: Die Bestimmung der Adsorption von Ionen mit Hilfe der Methode der Adsorptionspotentiale. Die Adsorption von K^+ und Br^- an Platin. Ebda S. 1214—1218 [russ.].
— Elektrochemische Kinetik. In: Sovremennoe problemy fizičeskoj chimii [Moderne Probleme der physikalischen Chemie] *4* (Moskau 1970) S. 3—19 [russ.].
— u. O. A. Petri, B. B. Damaskin: The notion of the electrode charge and the Lippmann equation. In: J. électroanalyt. Chem. *27* (1970) S. 81—100; dasselbe in: Dvojnoj sloj i adsorbcija na tverdych ėlektrodach. 2. Materialy simpoziuma. Tartu, 18—21 ijunia 1970 g. Tartu (Gos. un-t) 1970 [Die Doppelschicht und die Adsorption an festen Elektroden. 2. Materialien eines Symposiums. Tartu, 18.—21. Juni 1970, Tartu (Staatliche Universität) 1970] S. 5—51 [russ.].
— u. N. V. Nikolaeva-Fedorovič, Ch. Ė. Kejs: Der Einfluß des Charakters der Elektrode auf die Reaktionsgeschwindigkeit der Reduktion von Persulfantanion. Ebda S. 262 bis 268 [russ.].
— u. S. I. Vol'fkovič, A. N. Nesmejanov, V. I. Spicyn: Die Entwicklung der Chemie in der UdSSR. In: Lenin i sovremennaja nauka. Kn. 2. Leninskie idei i sovremennoe estestvoz-

nanie. Rascvet nauki v sojuznych respublikach. Moskva 1970 [Lenin und die moderne Wissenschaft. Bd. 2: Die Leninschen Ideen und die moderne Naturwissenschaft. Die Entfaltung der Wissenschaft in den Unionsrepubliken. Moskau 1970] S. 39—76 [russ.].

Frumkin, Alexander Naumowitsch, u. E. V. Stepanina, N. V. Nikolaeva-Fedorovič: Über einen neuen Effekt der Wirkung oberflächenaktiver organischer Stoffe im Verlauf elektrochemischer Reaktionen auf die Quecksilbertropfelektrode. In: Vlijanie organičeskich veščestv na katodnoe vydelenie i anodnuju ionizaciju metallov (Materialy republikanskoj konferencii). Dnepropetrovsk (Chim.-techn. in-t) [Der Einfluß organischer Stoffe auf die Katodenabscheidung und Anodenionisierung von Metallen (Materialien einer Republikkonferenz). Dnepropetrovsk (Chemisch-technisches Institut)] 1970, S. 18—19 [russ.].
— u. N. S. Poljanovskaja: Die Elektrokapilar-Eigenschaften einer Gallium-Indium-Legierung. In: Elektrochimija *6* (1970) S. 246—249. [russ.].
— u. O. A. Petri, I. G. Ščigorev: Untersuchung der Adsorption von Lithium- und Zäsium-Kationen an Platin. Ebda S. 400—404 [russ.].
— u. O. A. Petri, B. B. Damaskin: Der Begrift der Elektrodenladung und die Lippmannsche Gleichung. Ebda S. 614—630 [russ.].
— u. A. M. Brodskij: Über die Thermoemission von Elektronen als Zwischenstadium bei der katodischen Abscheidung von Wasserstoff aus alkalischen Lösungen. Ebda S. 658 bis 661 [russ.].
— u. O. A. Petri, Ju. G. Kotlov: Über die Abhängigkeit des Potentials einer Doppelschicht vom *pH*-Wert der Lösung an Platin- und Rhodiumelektroden im Bereich der Adsorption von Sauerstoff. Ebda S. 725—728 [russ.].
— u. E. V. Stepanina, N. V. Fedorovič: Polarographische Maxima dritter Art. T. 1. Ebda S. 1572—1577 [russ.].
— u. Korshunov, I. Bagozkaya: Hydrogen evolution from alkaline solutions on metals of high overvoltage. In: Electrochim. Acta *15* (1970) S. 289—301.
— u. O. A. Petri: Adsorption of ions and atoms on platinum-group metals. Ebda S. 391 bis 403.
— u. B. Damaskin, A. Chizov: Generalized model of the surface layer for the case of adsorption of organic molecules on the electrode. Ebda *28* (1970) S. 93—104.
— u. O. A. Petri, I. G. Schchigorev, W. A. Safonow: Die Beeinflussung der Wasserstoffadsorption an Platin durch anorganische Kationen. In: Z. physik. Chem. *243* (1970) S. 261—266.

Gersch, Manfred: Entwicklung und Differenzierung. In: Jahrb. Dt. Akad. Wiss. Berlin *1968* (Berlin 1969) S. 54—68.
— Experimentelle Untersuchungen zur endocrinen Regulation des Wasserhaushaltes der Larve von *Corethra* (*Chaoborus*). In: Zool. Jb. Physiol. *75* (1969) S. 1—16.
— Neurohormones of Periplaneta americana extruded by electrical stimulation of corpora cardiaca in vitro. In: Gen. Comp. Endocr. *13* (New York, London 1969) S. 507—508.
— Neurosecretory phenomena in invertebrates. Ebda, Suppl. 2, S. 553—564.
— u. K. Richter, J. Stürzebecher, B. Fabian: Experimentelle Untersuchungen zum Wirkungsmechanismus des Neurohormons D von *Periplaneta americana* (L.) am „biologischen Modell“ der Harnblase von *Bufo bufo* (L.). Ebda *12* (1969) S. 40—50.
— Generelle Probleme der Neuoendokrinologie wirbelloser Tiere. In: Biol. Rundschau *8* (1970) S. 77—90.
— u. J. Ude: Licht- und elektronenmikroskopische Untersuchungen über die Beeinflussung

der Dynamik neurosekretorischer Zellen von Enchytraeus (Oligochaeta) durch Aktinomycin D. In: Z. Zellforschung *107* (1970) S. 87—103.

Gersch, Manfred, u. J. Stürzebecher: Experimentelle Stimulierung der zellulären Aktivität der Prothorakaldrüsen von Periplaneta americana durch den Aktivationsfaktor. In: J. Insect Physiol *16* (Oxford, London 1970) S. 1813—1826.
— u. K. Richter, G.-A. Böhm, J. Stürzebecher: Selektive Ausschüttung von Neurohormonen nach elektrischer Reizung der Corpora cardiaca von *Periplaneta americana in vitro*. Ebda S. 1991—2013.
— M. Eckert, H. Götze, M. Gersch: Immunologische Untersuchungen des neuroendokrinen Systems von Insekten. 1. Kennzeichnung der Antigene der Corpora cardiaca und der Corpora allata von *Periplaneta americana* durch Immundiffusion und Immunelektrophorese. In: Zool. Jb. Physiol. *75* (1970) S. 134—140.
— [Hrsg.] Phyletisches Museum. Friedrich-Schiller-Universität Jena. Museumsführer. 3., überarb. u. ergänzte Aufl. Jena 1970. 92 S.

Görlich, Paul: In Memorian Erich Habann. In: messen, steuern, regeln *12* (1969) S. 344 bis 345.
— u. H. Pohlack: Zu Problemen des „Wissenschaftlichen Gerätebaus“. In: Feingerätetechnik *18* (1969) S. 435—440.
— u. L. Moenke-Blankenburg: Laser in der Spektrometrie. In: Exp. Techn. d. Phys. *17* (1969) S. 105—125.
— u. K. Sumi: Zur Systematik von Photoemissionsschichten. Ebda S. 193—203.
— E. Feldner, P. Görlich, J. Heyder: Vergleich der thermischen und photoelektrischen Austrittsarbeiten von Photokathoden der Typen Ag—O—Cs und Cs_3Sb. Ebda S. 37—41.
— Theoretische Grundlagen, Geräte- und anwendungstechnische Probleme der Meßtechnik bei der Automatisierung vorwiegend diskontinuierlicher Prozesse. In: Techn. Gemeinschaft KdT Heft 5. *1970*. S. 8—13.
— IV. Symposium des Imeko-Subkomitees „Photon-Detectors“. In: messen, steuern, regeln *13* (1970) S. 14.
— u. W. Skarus: Theoretische Grundlagen, Geräte- und anwendungstechnische Probleme der Meßtechnik bei der Automatisierung vorwiegend diskontinuierlicher Prozesse. Ebda S. 172—177.
— u. C. Hofmann: Aspekte der Nichtlinearen Optik. In: Feingerätetechnik *19* (1970) S. 49—55, 101—104.
— u. W. Haunstein, H. Patzke, H. Zapfe: Die Bedeutung der Hochvakuumtechnik für den wissenschaftlichen Gerätebau. Ebda S. 193—194.
— u. K. Sumi: Photoemission and Band Struture. In: phys. stat. sol. (a) *2* (1970) S. 427—440.
— W. Bollmann, P. Görlich, W. Hauk, H. Mothes: Ionic Conduction of Pure and Doped CaF_2 and SrF_2 Crystals. Ebda S. 157—170.
— E. Fledner, P. Görlich, K. Wagner: Enhancement of Quantum Efficiency of Cs_3Sb Photocathodes. Ebda *1* (1970) S. 221—227.
— H. Gause, P. Görlich: On Ernst Abbe's Relations with a few English Microscopists of his time. In: the microscope *18* (1970) S. 147—158.
— M. Berndt, H. Franke, P. Görlich: Two-Photon Photoelectric Emission of Cs_3Sb. In: phys. stat. sol. (a) *1* (1970) K95—K99.

Hanson, Horst: Die Autolyse als biochemisches Phänomen in ihrer Verknüpfung mit der Pathophysiologie der Organe und des Blutes. In: Wiss. Z. Univ. Halle, math.-nat. R. *17* (1968) H. 2, S. 225—235.

H a n s o n, Horst, u. B. Wiederanders: Fraktionierung hydroxyprolin-haltiger Harnpeptide mittels Sephadex-Gelfiltration. In: Clin. Chim. Acta *25* (1969) S. 255—262.

— u. M. Fritsche, K. Iwig: Stereospezifität und Aktivität einiger Exopeptidasen und Azylase von grampositiven Bakterien unter besonderer Berücksichtigung des Zellalters. In: Acta biol. med. germ. *22* (1969) S. 507—517.

— J. Grävinghoff, H. Hanson: Der Einfluß von Licht und reduzierenden Substanzen auf die Reaktion von Tyrosin mit 1-Nitrose-2-naphthol. Ebda S. 461—471.

— M. Fritsche, H. Hanson: Über die Lokalisation von Exopeptidasen in Bacillus brevis. Ebda S. 519—523.

— M. Frohne, H. Hanson: Untersuchungen zur Struktur und enzymatischen Aktivität der Leucinaminopeptidase aus Rinderaugenlinsen in Harnstoff-, Guanidin-hydrochlorid- und Natriumdodecylsulfatlösungen. In: Hoppe-Seyler's Z. physiol. Chem. *350* (1969) S. 207—212.

— M. Frohne, H. Hanson: Untersuchungen zur Reaktion der kristallinen Leucinaminopeptidase aus Rinderaugenlinsen mit SH-Reagentien. Ebda S. 213—222.

— H. Kirschke, H. Hanson: Untersuchungen über den Kollagenabbau durch Rattenorgane. Differenzierung und Charakterisierung Prolinpeptid-spaltender Enzyme. Ebda S. 1437 bis 1448.

— H. Kirschke, J. Lasch, H. Hanson: Untersuchungen über Vorkommen und Kinetik von Tripeptidasen in der Rattenniere. Ebda S. 1449—1459.

— M. Frohne, R. Michael, S. Fittkau, H. Hanson: Über die Einwirkung von N-Bromsuccinimid und Jod auf die Leucinaminopeptidase aus Rinderaugenlinsen. Ebda S. 223 bis 229.

— M. Iwig, D. Gläßer, H. Hanson: Eignung der „klassischen" Leucinaminopeptidase (LAP) als Indikator-Enzym bei Hepatitis epidemica acuta. In: Z. klin. Chem. u. klin. Biochem. *7* (1969) S. 225—238.

— Der XX. Präsident (1931—1950): Emil Abderhalden (1877—1950). In: Nunquam otiosus. Beiträge zur Geschichte der Präsidenten der Deutschen Akademie der Naturforscher Leopoldina. Festgabe zum 70. Geburtstag des XXII. Präsidenten Kurt Mothes. Nova Acta Leopoldina. Abhandlungen der Deutschen Akademie der Naturforscher Leopoldina NF *36* (1970) Nr. 198, S. 257—317.

— D. Felicetti, H. Hanson: Charakterisierung einer D-Leucyl-glycinspaltenden Aktivität aus menschlichen Nieren. In: Hoppe-Seyler's Z. physiol. Chem. *351* (1970) S. 1253 bis 1259.

— D. Felicetti, H. Hanson: Charakterisierung einer Glycyl-D-leucin spaltenden Präparation aus menschlichen Nieren. Ebda S. 1260—1267.

— D. Gläßer, U. Kettmann, H. Hanson: Über die Eignung des Zink-Hitze-Verfahrens zur Gewinnung und Anreicherung von Enzympräparationen aus verschiedenen Organen. Leucin-Aminopeptidase und Lactat-Dehydrogenase aus Augenlinsen, Nieren und Lebern. Ebda S. 1329—1336.

— D. Gläßer, M. John, H. Hanson: Zur Organ- und Speziesspezifität der Leucin-Aminopeptidase aus Rinderaugenlinsen. Ebda S. 1337—1343.

— R. Koelsch, J. Lasch, H. Hanson: Untersuchungen zur kovalenten und nichtkovalenten Bindung von Leuzinaminopeptidase aus Rinderaugenlinsen an wasserunlösliche Träger. In: Acta biol. med. germ. *24* (1970) S. 833—846.

— [Autorreferat] Zum Stoffwechsel des Kollagens, eines Hauptbestandteils des Bindegewebes. In: Jahrb. Sächs. Akad. Wiss. *1966—1968* (Berlin 1970) S. 98.

Hein, Franz, u. F. Meier: Zur Kenntnis der isomeren C-Phenyl-Äthanolamine und ihrer N,N-Diäthyl-Derivate. In: Z. anorg. allg. Chem. *376* (1970) S. 296—302.
— u. F. Meier: Wechselwirkung der C-Phenyl-äthanolamine mit Kupfer(II)-Salzen. Ebda *377* (1970) S. 205—220.

Heisenberg, Werner: Der Teil und das Ganze. Gespräche im Umkreis der Atomphysik. München 1969. 334 S., 1 Portr.
— u. H. Wagner, K. Yamazaki: Magnons in a Model with Antiferromagnetic Properties. In: Nuovo Cimento *X*, 59 A (1969) S. 377—391.
— Änderungen der Denkstruktur im Fortschritt der Wissenschaft. In: Studium Generale *23* (1970) S. 808—816.
— Die Tendenz zur Abstraktion in moderner Kunst und Wissenschaft. In: Festschr. W. Schadewaldt. Stuttgart 1970. S. 485—494.

Helferich, Burckhardt, u. W. M. Müller: Notiz zur Synthese von Glykosiden. In: Chem. Ber. *103* (1970) S. 3350—3352.
— u. W. M. Müller: Synthese von α-D-Glucopyranosiden. In: Die Naturwissenschaften *57* (1970) H. 10, S. 496.

Hill, Archibald Vivian: First and Last Experements in Muscle Mechanics. Cambridge 1970. 137 S. u. etwa 50 Figures.
— Autobiographical sketch. Perspective in Biology and Medicine. Chicago 1970.

Hölder, Ernst: Navigationsformel zu A. Busemanns Variationsproblem der Raumfahrt. Übergang kleinsten Raketenbrennstoffverbrauchs zwischen Keplerellipsen einer Ebene. In: Celestical Mechanics *2* (1970) S. 435—445.

Hopf, Eberhard: On the right weak solution of the Cauchy Problem for a quasilinear equation of first order. In: J. of Mathematics and Mechanics *19* (1969) Nr. 6, S. 483 bis 487.

Hund, Friedrich: Grundbegriffe der Physik. Mannheim 1969. 234 S. m. 55 Abb. (= Hochschul-Taschenbücher 449—449a).
— Zeit als physikalischer Begriff. In: Studium Generale *23* (1970) S. 1088—1101.

Keldysch, Mstislav V.: Bündnis zwischen Wissenschaft und Produktion. In: spektrum *1* (1970) H. 8, S. 20.
— [Interview] Wissenschaft — Quelle des gesellschaftlichen Fortschritts. Ebda (1970) H. 1, S. 12—15, m. Abb.
— The USSR Akademy of Sciences: Centre of Soviet Scientific Thought. In: Social Sciences *2* (Moskau 1970) S. 5—9.

Keller, Ott-Heinrich: Bestimmung von Homologiebasen durch Projektionen. In: Mathematische Nachrichten *45* (1970) S. 295—306.

Kersten, Martin: Der Physiker in der modernen Gesellschaft. Bemerkungen nach einem Symposium der European Physical Society. In: Physikal. Blätter *26* (1970) H. 4, S. 169 bis 172.

Kersten, Martin: Die Physikalisch-Technische Bundesanstalt sucht einen Präsidenten. Ebda, H. 3, S. 126—132.
— Wege und Ziele der Europäischen Physikalischen Gesellschaft (EPS). In: Mitteilungen der TU Carolo-Wilhelmina zu Braunschweig *V* (1970) H. 2, 8 S.
— A Symposium on Physics and Society. In: europhysics news *1970*, H. 9.
— Physikalisch-Technische Bundesanstalt (PTB). Braunschweig und Berlin. In: Achema-Jahrbuch *1968/1970*. Bd *I*: Europäische Forschungen und Lehre im Chemie-Ingenieur-Wesen. S. 197—200.

Klimaszewski, Mieczysław: Concept of a common key to the detailed geomorphological map. Report on the activities of the international Committee for the preparation of a uniform map legend. In: Comptes Rendus du XXI Intern. Geograph. Congress. New Delhi 1968.
— Remarks on the Pleistocene glaci ation of the Carpathians and on the methods of delimiting the snow-line. Ebda.
— The unified key to the detailed geomorphological map of the world. In: Folia Geographica *2* (Kraków 1968) S. 26—40.
— u. N. Bashenina, J. Gellert, F. Joly, E. Scholz: Project of the unified key to the detailed geomorphological map of the world. Ebda S. 1—25.
— Geomorphological research for town planning purposes. In: Travaux du Symposium International de Géomorphologie Appliquée. Bucarest 1969. S. 17—22.
— Warunki geograficzne rozwoju Małopolski. In: Conditions géographiques du développement de la Petite-Pologne. Kraków i Małopolska przez dzieje. Kraków 1970. S. 11 bis 31.
— The effect of solifluction processes on the formation of mountain slopes in the Beskidy (Flysch Carpathions). In: Folia Quaternaria *38* (Kraków 1970) S. 1—18.

Klinkowski, Maximilian: Virus research in ornamental cultures. Problems and perspectives. In: Plant Virology, Proc. 6th Conf. Czechoslovak Plant Virologists, Olomouc 1967. 1969. S. 179—183.
— Große Aufgaben in der Agrarwissenschaft. In: Feldwirtschaft *10* (1969) S. 452.
— Bericht über den I. Internationalen Kongreß für Pflanzenpathologie, London 14. bis 28. 7. 1968. In: Nachrichtenbl. dt. Pflanzenschutzdienst NF *23* (1969) S. 207—215.
— H. H. Schimanski, M. Klinkowski: Hemmstoffe bodenbewohnender Actinomyceten gegen das Tabakmosaikvirus. In: Zbl. Bakteriol., II. Abteilung *123* (1969) S. 473—500.
— Catastrophic plant diseases. In: Ann. rev. phytopathology *8* (1970) S. 37—56.

Lange, Erich: Der Winkel, eine geometrische Grundgröße im Sinne des Größenkalküls. In: Chemiker-Ztg *93* (1969) S. 421—423.
— Auch der Raumwinkel — eine geometrische Grundgröße im Sinne des Größenkalküls. Ebda S. 855—857.
— „Sorptions-Analyse" statt „Chromatographie". In: Chromatographia *2* (1969) S. 517.
— Die Mensur — auf den Kehrichthaufen der Geschichte! In: Reformer-Ztg Wien, Sept. *1969*, Nr. 120, S. 8
— Moral und Kraftverkehr. Ebda Okt. *1969*, Nr. 121, S. 7—10.
— Gegen das Relikt der Mensur. Ebda Dez. *1969*, Nr. 123, S. 2.
— Für Bildungsförderung, gegen Nur-Spezialistentum in der Hochschulreform. Ebda Febr./März *1970*, Nr. 125/126, S. 5—8.

Lange, Erich: Zur Bildungspolitik, Friedenspolitik und Mensur. Ebda Aug. *1970*, Nr. 131, S. 14—16.
— „Dimension“ und „Dimensionsausdruck“. In: Chemiker-Ztg *94* (1970) S. 161—163.

Leutwein, Friedrich, u. L. Chauris, J. Sonet, J. L. Zimmermann: Principaux résultats de mesures géochronologiques dans le Nord-Ouest de la Bretagne. In: C. R. Acad. Sc. Paris *268* (28 Mai 1969) S. 2552—2555.
— u. L. Chauris, J. Sonet, J. L. Zimmermann: Etudes géochronologiques et géotectoniques dans le Nord-Finistère (Massif Armoricain). In: Extrait de „Sciences de la Terre“ *XIV* (Nancy, Décembre 1969) Nr. 4, S. 329—358, 5 Abb., 1 Tab.
— Analyse spectrale des objets microscopiques dans le domaine de la géologie. Colloques Nationaux du Centre National de la Recherche Scientifique, n° 923, „Dosage des éléments à l'état de traces dans les roches et les autres substances minérales naturelles“. Nancy, 4—6 Décembre 1968. Paris 1970. S. 453—464. (= Editions du Centre National de la Recherche Scientifique.)
— Preliminary remarks on some geochronological analyses of irish granites and gneisses. In: Irish naturalists Journal *16* (1970) Nr. 10, S. 306—308.
— u. F. Saupé, J. Sonet, E. Bouyx: Première mesure géochronologique en Sierra Morena: la granodiorite de Fontanosas (Province de Ciudad Real, Espagne). In: Geologie en Mijnbouw *49* (1970) S. 297—304.
— u. B. Poty, J. Sonet, J. L. Zimmermann: Age des cavités à cristaux du granite du Mont Blanc. In: C. R. Acad. Sc. Paris *271* (15 Juillet 1970) S. 156—158.
— Y. Fuchs, F. Leutwein, J. L. Zimmermann: Etude géochronologique et géochimique des roches volcaniques du Stéphanien et Autun ien du Détroit de Rodez. Ebda *270* (20 Mai 1970) S. 2415—2417.
— J. Blaise, P. Bordet, J. Lang, A. F. de Lapparent, F. Leutwein, J. Sonet: Mesures géochronologiques de quelques roches cristallines d'Afghanistan Central. Ebda (8 Juin 1970) S. 2772—2775.
— M. Roubault, P. Bordet, F. Leutwein, J. Sonet, J. L. Zimmermann: Ages absolus des formations volcaniques du Tanneron-Esterel (Var). Ebda *271* (5 Octobre 1970) S. 1157 bis 1160.
— M. Roubault, P. Bordet, F. Leutwein, J. Sonet, J. L. Zimmermann: Ages absolus des formations cristallophylliennes des Massifs des Maures et du Tanneron. Ebda (28 Septembre 1970) S. 1067—1070.
— Contribution à l'étude chronostratigraphique du Précambrien Supérieur et du Permien francaise. Compte-Rendu de fin de contat d'une recherche financée par la Délégation Générale à la Recherche Scientifique et Technique. In: Action concertée „Science de la Terre“ (Comité Scientifique). Avril *1970*. 13 Manuskriptseiten, 6 Tab.
— [Nachr.] Fritz Deubel 9. 9. 1898—16. 12. 1966. In: Jahrb. Sächs. Akad. Wiss. *1966* bis *1968* (Berlin 1970) S. 340—343, m. Abb.

Lösche, Artur: Some problems of dynamical polarization. In: 25 Jahre paramagnetische Resonanz, Tagungsbd Kasan *1969*, 4 S.
— u. S. Grande, W. Windsch: Paramagnetic resonance in ferroelectrics. In: Magnetic Res. and Related Phenomena. Bukarest *1970*. S. 143—158 (= Proc. XVI. Congr. *Ampere*).
— u. S. Grande, P. Braun: NMR-shifts in III-V-type semiconductors. Ebda S. 883—886.
— u. D. Dietze, S. Grande: Einfaches Verfahren zur Erhöhung der Meßgenauigkeit von Kernspinresonanz-Spektrometern bei shift-Messungen. In: Z. exp. Techn. d. Physik *19* (1971) S. 75—76.

M a i e r, Wilhelm: Funktionalgleichungen mit analytischen Lösungen. In: Zeszyty Naukowe Uniwersytetu Jagiellońskiego. Prace Matematyczne *14* (Kraków 1969) Nr. CCXXIII, S. 57—62.
— u. A. Effenberger: Additive Inhaltsmasse im positiv gekrümmten Raum. Herrn Professor A. M. Ostrowski zum 75. Geburtstag gewidmet. In: aequationes mathematicae *2* (Basel 1969) S. 304—318.

M a t z e n, Peter Friedrich, u. H. Fleißner: Orthopädischer Röntgen-Atlas. Stuttgart 1969. 478 S. u. 1356 Abb. [jap., engl. u. ital. Ausgabe 1969].
— Orthopädie für Studierende. Lpz. 1970, 2., erweiterte Aufl. 458 S. u. 488 Abb.
— Die Knorpelkappenplastik in der Behandlung der Präarthrose und der Arthrose des Hüftgelenks. In: Die Therapie der Coxarthrose, hrsg. v. A. Rütt. Stuttgart 1969. S. 290 bis 306 m. 10 Abb.
— Das homologe Transplantat zur Schließung von Knochendefekten. In: Z. f. Orthopädie u. ihre Grenzgeb. *106* (1969) H. 1, S. 41—50 m. 15 Abb.
— Die Indikation zur Korrekturosteotomie des proximalen Femur. In: Beitr. zur Orthop. u. Traumatol. *17* (1970) H. 2/3, S. 103—107 m. 5 Abb.
— u. H. Nenning, H. W. Neumann: Probleme der Alternsforschung. In: Z. f. Alternsforschung *23* (1970) H. 1, S. 13—21.

M e r r e m, Georg: Lehrbuch der Neurochirurgie. 3. Aufl. Berlin 1970. 485 S. u. 412 Abb.
— Die parasagittalen Meningeome. Zum Gedächtnis des Begründers der Deutschen Neurochirurgie Professor Fedor Krause 1857—1937. In: Acta Neurochirurgica *23* (1970) S. 203—216 m. 11 Abb.
— [Geleitwort zu:] W. Fischer: Symptomatologie und Diagnostik der Tumoren des Kleinhirnraumes. Leipzig 1965. 184 S. m. 39 Abb. (= Beiträge zur Neurochirurgie, H. 10, hrsg. v. Prof. Dr. W. Tönnis, Köln).
— [Geleitwort zu:] G. Goldhahn: Psychopathologie der Tumoren des Großhirns. Leipzig 1970. 122 S. m. 6 Abb.

M o t h e s, Kurt: Die Alkaloide im Stoffwechsel der Pflanze. In: Experientia *25* (1969) S. 225—239.
— Biologie der Alkaloide. In: Biosynthese der Alkaloide. Berlin 1969. S. 1—20.
— Rede, gehalten anläßlich der Jahresversammlung der Deutschen Akademie der Naturforscher Leopoldina am 20. Okt. 1967. In: Nova Acta Leopoldina NF *33* (1969) S. 11 bis 28.
— Az Alkaloid-Bioszintézis Problemái. In: Gyogyszerészet *14* (1970) S. 49—55.
— Biogenese der Halluzinogene. In: J. Mond. Pharm. *13* (1970) S. 206—219.
— Alkaloidforschung in Halle. In: Pharmazie *25* (1970) S. 372.
— Plant hormones and transport. In: Internat. Sympos. Stofftransport und Stoffverteilung in Zellen höherer Pflanzen. Reinhardsbrunn Okt. 1968. S. 43—48 (= Abh. Dt. Akad. Wiss. Berlin 1970, Bd b).
— [Nachr.] Gedenkfeier für Johannes Buder am 14. 11. 1966. In: Jahrb. Sächs. Akad. Wiss. zu Leipzig *1966—1968* (Berlin 1970), S. 336—337.
— [Hrsg.] u. H. R. Schütte: Biosynthese der Alkaloide. Berlin 1969. 730 S.
— [Hrsg.] u. K. Schreiber, H. R. Schütte: 4. Internat. Sympos. Biochemie und Physiologie der Alkaloide. Halle, Juni 1969. (= Abh. Dt. Akad. Wiss. Berlin, 1969, Bd b).
— [Hrsg.] u. E. Müller, A. Nelles, D. Neumann: Internat. Sympos. Stofftransport und

Stoffverteilung in Zellen höherer Pflanzen. Reinhardsbrunn Okt. 1968 (= Abh. Dt. Akad. Wiss. Berlin 1970, Bd b).

Müller, Karl Otto: Die Phytoalexine, in Sicht einer allgemeinen Immunbiologie. In: Zentralblatt f. Bakteriologie, Parasitenkunde, Infektionskrankheiten und Hygiene. 2. naturwiss. Abt. *123* (1969) H. 3, S. 259—265.

Neef, Ernst: Der Stoffwechsel zwischen Gesellschaft und Natur als geographisches Problem. In: Geogr. Rundschau *21* (1969) S. 453—459; dasselbe in: Izv. Ak. Nauk SSSR, Ser. Geogr. 1969, S. 125—135 [russ.].
— Entscheidungsfragen der Geographie. In: Peterm. Geogr. Mitt. *113* (1969) S. 277—278.
— „Erkenne die Welt". Über populärwissenschaftliche Zeitschriften. Ebda S. 279.
— Bedeutung der optimalen Flächennutzung. Wiss. Konferenz „Sozialistische Umweltgestaltung" TU Dresden, v. 4. 12. 1969. Tagungsmaterialien 4 S. Manuskript.
— Vom Fachgebiet Geographie zum Erkenntnisbereich Geographie. In: Peterm. Geogr. Mitt. *114* (1970) S. 132—135.
— Geomorphologische Argumente für rezente Krustenbewegungen im Wesenitzgebiet. In: Wiss. Z. TU Dresden *19* (1970) S. 129—131.
— Die Karte der naturräumlichen Gliederung Nordsachsens 1:200000. Ebda S. 783—787 m. einer mehrfarbigen Karte.
— Zu einigen Fragen der vergleichenden Landschaftsökologie. In: Geogr. Z. *59* (1970) S. 161—175.
— [Bespr.] Westermann Lexikon der Geographie Bd I. In: DLZ *90* (1969) H. 11, Sp. 1043 bis 1046.
— [Hrsg.] Wissenschaftliche Konferenz der Fakultät für Bau-, Wasser- und Forstwesen des Wissenschaftsrates der TU Dresden: „Sozialistische Umweltgestaltung" am 4. 12. 1969. In: Hochschulreden der TU Dresden 1969. H. 22, 86 S.
— [Hrsg.] Das Gesicht der Erde. Brockhaus Nachschlagewerk Physische Geographie. Mit einem ABC der physischen Geographie. 3., verbesserte Aufl. Leipzig 1970. 2 Bde, 908 S. u. 32 Taf.; dasselbe: Taschenbuch der physischen Geographie. Frankfurt/M. 908 S. u. 32 Taf., darin Artikel v. Ernst Neef: Einleitung S. 11—33, Europa (Übersicht) S. 34—45, Mitteleuropa S. 46—106, Südosteuropa (Pannonisches Becken) S. 142—145, Westeuropa S. 181—203, Asien (Übersicht) S. 204—220, Nordasien S. 221—233, Zentralasien 234—247, Südasien S. 270—291, Vorderasien (Kaukasien) S. 295—298, Südamerika S. 428—464.

Nissen, Rudolf: Helle Blätter — dunkle Blätter. Erinnerungen eines Chirurgen. Stuttgart 1969. 399 S.
— Das Problem des Todes. In: Bild der Wissenschaft *6* (1969) H. 4, S. 33—337.
— Noch einmal: Zur Colitis ulcerosa. Bemerkungen zum Beitrag von A. Staehelin [in: Schweiz. med. Wschr. *99* (1969) S. 334]. In: Schweiz. med. Wschr. *99* (1969) S. 819.
— Elektive Chirurgie der Abdominalorgane im Senium. In: Handbuch der praktischen Geriatrie. III (Stuttgart 1968) S. 281—297.
— u. W. Hess: Bauchschmerzen. In: „Vom Symptom zur Diagnose". Hrsg. W. Hadorn. 6. Aufl. Basel, New York 1969. S. 140—152.
— Ulcus ventriculi und duodeni. 50 Jahre operative Behandlung. In: Schweiz. med. Wschr. *100* (1970) S. 9—18.
— Reminiscences — Reflux Esophagitis and Hiatal Hernia. In: Review of Surgery *27* (1970) Nr. 5, S. 307—314.

Nissen, Rudolf, u. W. Hess: Operationen am Magen und Duodenum. In: Chirurgische Operationslehre. Hrsg. L. Zukschwerdt u. H. Kraus, begründet v. B. Breitner. IV/1 (München, Berlin, Wien 1970) Ergänzungen zur Aufl. v. 1958: S. 26 1/2; 42 1/2; 56; 64 1/2; 70; 75–81 1/6; 135–187.

— [Übersetzung] Owen H. Wangensteen: The Bern Surgical Clinic Revisited in Memory. In: The American Journal of Surgery *111* (1969) S. 388ff.: Erinnerungen an einen Besuch der Berner Chirurgischen Klinik. In: Helvetica Chirurgica Acta *37* (1970) S. 286 bis 295 [gekürzt] mit Vorwort v. R. Nissen S. 286.

— [Hrsg.] Lehrbuch der Chirurgie. Hrsg. H. Hellner, R. Nissen, K. Voßschulte. 6., neubearb. Aufl. Stuttgart 1970; darin Kapitel v. R. Nissen: Brustwand und Brustdrüse. S. 326–347; Oesophagus. S. 400–419; Zwerchfell. S. 420–426; Peritoneum. S. 528 bis 541; Magen und Duodenum. S. 542–573; Einige Noteingriffe, deren Ausführung dem praktischen Arzt zufallen kann. S. 936–940.

— [Hrsg.] Handbuch der praktischen Geriatrie. Hrsg. W. Doberauer, A. Hittmair, R. Nissen, F. H. Schulz. Stuttgart 1968; darin v. R. Nissen in Bd III, S. 281–297: Elektive Chirurgie der Abdominalorgane im Senium.

— [Hrsg.] Medizin in 3 Bänden. Das Fischer Lexikon. Hrsg. F. Hartmann, J. Linzbach, R. Nissen, H. Schaefer. Italienische Übersetzung von Bd 1 und 2. Frankfurt 1969 (= Fischer Bücherei).

— [Hrsg.] Intra- und postoperative Zwischenfälle. 4 Bde. Hrsg. G. Brandt, H. Kunz, R. Nissen. Bd III: Extremitäten und Urologie. Stuttgart 1970.

Obenaus, Fritz: Nichtdurchschlagbare Stabisolatoren für Freileitungen der höchsten Betriebsspannungen. In: Hermsdorfer Technische Mitteilungen *10* (Jan. 1970) H. 28, S. 861–865.

Răduleț, B. Remus: Cercetarea ştiinţifica, obiect de cercetare [Die wissenschaftliche Forschung als Forschungsgegenstand]. In: Viaţa Românească *8* (1969) S. 97–107 u. *9* (1969) S. 104–112.

— Contribuţia Institutului de energetică la dezvoltarea energeticii româneşti în anii puterii populare [Beitrag des Instituts für Energie zur Entwicklung der rumänischen Energiewirtschaft in den Jahren der Volksrepublik]. In: Studii şi cercetări de energetică si electrotehnică *19* (1969) H. 4, S. 675–690.

— Scoli ştiinţifice româneşti: Electrotehnica [Rumänische Schulen wissenschaftlicher Forschung: Die Elektrotechnik]. In: Forum *11* (1969) H. 7/8, S. 169–174.

— Creativitatea ştiinţifică izvor de realizări în România [Wissenschaftliche Schöpfungskraft als Verwirklichungsquelle in Rumänien]. In: Buletinul Consiliului Naţional al Cercetării Stiinţifice *1* (1969) S. 1–10.

— u. A. Timotin, A. Ţugulea: Réseaux thermiques et de diffusion en régime variable. In: Rev. Roum. Sciences Techn., Sér. Electrotechn. et Energétique *14* (1969) S. 229–266.

— u. A. Ifrim: Zugkraft linearer Induktionsmotoren mit Ankerlamelle. Ebda *15* (1970) S. 3–15.

— u. A. Timotin, A. Ţugulea: The Electromagnetic Field of Electric Lines with Losses. Ebda S. 351–371.

— u. A. Timotin, A. Ţugulea: The Propagation Equations with Transient Parameters for Long Lines with Losses. Ebda S. 585–599.

Rammler, Erich: Brikettieren für Bergleute und Aufbereiter. 8. Lehrbrief. 2., erw. Aufl. Bergakademie Freiberg, Weiterbildung. 1969. 78 S.

Rammler, Erich: Brikettieren für Bergleute und Aufbereiter. 9. Lehrbrief. 2., erw. Aufl. Bergakademie Freiberg, Weiterbildung. 1969. 116 S.
— Über die Theorien der Braunkohlenbrikettentstehung unter besonderer Würdigung der Verdienste des Akademie-Mitgliedes Karl Kegel. Berlin 1970. 38 S. (= Sitzgsber. Sächs. Akad. Wiss., math.-nat. Kl. Bd 109, H. 1).
— u. P. Hauk: Aufgaben der Begriffsstandardisierung in der Braunkohlenindustrie. In: Mitteilungen der Zentralstelle für Standardisierung Kohle. Informationsdienst Energiewirtschaft „Feste Brennstoffe". Freiberg 1968. H. 9/10, S. 53—55.
— [Geleitwort zu:] Psychometrische Tabellen von R. Döring, F. Gubatz, M. Gebauer. Leipzig 1968. 310 S.
— u. P. Göhler, E. Klose: Modellversuche über die Ausbildung von Wirbelschichten mit Niederlausitzer Braunkohle als Beispiel für ein Wirbelgut sehr unterschiedlicher Kornformen. In: Bergbautechnik *19* (1969) H. 2, S. 103—108.
— u. H. Krug, W. Naundorf: Grobmahlversuche an einer Prallhammermühle. Ebda H. 10, S. 540—547.
— u. A. Bahr: Untersuchungen an Kreislaufschaltungen für die Rohkohleaufbereitung, Teil II. Ebda H. 12, S. 649—656.
— u. W. Naundorf: Mathematische Darstellung der Zusammenhänge zwischen Mahlfeinheit, Durchsatz und Umfangsgeschwindigkeit bei Hammermühlen. In: Freiberger Forschungshefte A *461* (1969) S. 7—20.
— u. E. Knopfe: Untersuchungen über Brikettier-, Schwel- und Verkokungseigenschaften von südindischer Braunkohle. Ebda S. 21—62.
— u. H.-J. v. Alberti, W. Fischer: Beiträge zur Pyrolyse von Weichbraunkohle als Schwel- und Kokskohle. Ebda A *463* (1969) S. 7—35.
— u. K. Hofmann, W. Rademacher, G. Feist: Die Zusammenarbeit zwischen der sowjetischen und deutschen Kohleindustrie in den Jahren 1945 bis 1953. Ebda D *60* (1969) S. 25—36.
— u. M. Süß: Kohlenrohstoff und Veredlung — Beziehungen zwischen Braunkohlenveredlung und Braunkohlenpetrologie. Ebda C *235* (1969) S. 7—16.
— W. Heschel, E. Rammler: Die Bedeutung der Energie für die Kohleveredlung, dargestellt am Beispiel der Spülgasschwelung. Ebda A *461* (1969) S. 63—81.
— W. Werner, E. Rammler: Durchlässigkeitsmessungen an Braunkohlenbriketts und daraus entstandenen Koksstücken. Ebda A *467* (1969) S. 7—23.
— Zur Anwendung des Reduktionsverhältnisses der Korngröße nach Burstlein auf RRS- und GGS-Korngrößenverteilungen. In: Bergakademie *22* (1970) H. 11, S. 690—698.
— TGL 100-6028. Bl. 5 (April 1970): Begriffe für Braunkohlenbrikettfabriken. Betriebsabschnitt Pressung.
— TGL 100-6028. Bl. 6 (Dezember 1970): Begriffe für Braunkohlenbrikettfabriken. Betriebsabschnitt Brikettbehandlung und Verladung.
— u. D. Trommer: Beitrag zur Kennzeichnung der Haftfähigkeit oberflächenfeuchter Braunkohle. In: Bergbautechnik *20* (1970) H. 2, S. 93—99.
— u. W. Naundorf: Beiträge zur Charakteristik von Stachelwalzenbrechern. Ebda H. 6, S. 312—317.
— u. W. Naundorf: Beitrag zur Untersuchung von Siebmaschinen mit zwei oder drei Siebstraßen. In: Freiberger Forschungshefte A *469* (1970) S. 7—34.
— u. E. Klose, I. Kirsten: Betrachtungen und Untersuchungen über die Belüftungsverhältnisse beim Röhrentrockner. Ebda S. 35—65.
— u. E. Knopfe: Vergleich zweier Technologien für Fein- und Feinstkornbrikettierung

(an Hand von Brikettierversuchen mit einer österreichischen Braunkohle). Ebda S. 67 bis 98.

— u. W. Fischer, E. Kaltofen: Beiträge über das Verhalten von Schwefel und Asche bei der Pyrolyse von Braunkohlen. Ebda A *477* (1970) S. 7—30.

— [Geleitwort zu:] Johannes Bahr: Instandhaltung dargestellt an Beispielen des Bergbaus. Leipzig 1970. 410 S.

Runge, Franz: Organische Disulfide in Wissenschaft und Technik. Berlin 1970. 24 S. (= Sitzgsber. Sächs. Akad. Wiss., math.-nat. Kl. Bd 108, H. 7).

— u. G. Wilde, H. Berthold, H. Seume: Vorschlag eines komplexen Analysenverfahrens zur Charakterisierung technischer K-W im Siedebereich 160—250 °C. In: J. prakt. Chem. *312* (1970) H. 1, S. 55—68.

— u. E. Laqua: Silanvernetztes Polystyrol als katalytisch wirksames Kationenaustauscherharz. In: Makromolekulare Chemie *136* (1970) S. 315—317.

Schmalfuß, Karl: Pflanzenernährung und Bodenkunde. 11. Aufl. Leipzig 1969. 270 S. u. 27 Abb.

Schulze, Gustav E. R.: Einführung in die Konferenz „Kristallisation". 6. Gemeinschaftskonferenz der Reihe „Metall". Leipzig 1969. S. 11—15, m. Taf. I u. II.

— F. Eichhorn, M. Kosmowski, H.-G. Schöpf, G. E. R. Schulze: Dynamical neutron diffraction from Germanium crystals containing randomly distributed dislocations of low density. In: Acta cryst. A *25* (1969) Sekt. XVI, Nr. 2.

— D. Hinz, P. Paufler, G. E. R. Schulze: Temperature Change Experiments during Secondary Creep of the Intermetallic Compound $MgZn_2$. In: phys. stat. sol. *36* (1969) S. 609—615.

— P. Paufler, E. Wieser, K. Kleinstück, G. E. R. Schulze: Anwendung des Mössbauer-Effekts in der Metallphysik. In: Experm. Technik d. Physik *XVII* (1969) H. 6, S. 459 bis 475.

— P. Paufler, G. E. R. Schulze: Zum Einfluß der Biegung auf den Schubversuch. Ebda S. 543—552.

— P. Paufler, G. E. R. Schulze: Wechselbeziehung zwischen Kristallstruktur und plastischen Eigenschaften. In: Monatsber. d. Dt. Akad. d. Wiss. zu Berlin *11* (1969) H. 5/6, S. 426—440.

— P. Paufler, G. E. R. Schulze: Advances in the field of mechanical properties of intermetallic compounds at the department of Physics of the Technical University Dresden. Ebda *12* (1970) S. 67—82.

— P. Paufler, J. Marschner, G. E. R. Schulze: The Mobility of Grown-in Dislocations in the Intermetallic Compound $MgZn_2$ (I). In: phys. stat. sol. *40* (1970) S. 573—579.

— W. Brückner, K. Kleinstück, G. E. R. Schulze: Mössbauer Study of the Laves-Phase $Ti_{1-x}Fe_{2+x}$. Ebda (a) *1* (1970) K 1—4.

Schwabe, Kurt: Korrosion und Korrosionsschutz in der Zellstoff- und Papierindustrie. In: Zellstoff und Papier *18* (1969) S. 99—102, 133—138.

— Die volkswirtschaftliche Bedeutung des Korrosionsschutzes von Stahl. In: Neue Hütte *14* (1969) S. 321—328.

— The Passivity of Metals. In: Proc. Third Internat. Congress Metallic Corrosion, Moskau 1966. I (Moskau 1969) S. 52—72.

Schwabe, Kurt: Thermodynamics and kinetics of concentrated electrolytic solutions. In: Cronache di chimica *24* (Juni 1969) S. 22—32.
— Experimentelle Untersuchungen über die Aktivität und den Ionentransport in konzentrierten Elektrolytlösungen. In: J. de Chimie Physique *1969*, Nr. 2392, S. 205—214.
— Bildungsprobleme im Zeitalter der wissenschaftlich-technischen Revolution. In: Papier und Druck *18* (1969) S. 49—52.
— u. J. Dwojak: Bestimmungen der Aktivitäten von Natriumchloridlösungen mit Fremdsalzzusatz aus Kettenspannungen mit Na^+-sensitiven Glaselektroden. In: Z. physik. Chem. NF *64* (1969) S. 1—11.
— u. R. Müller: Über die Kette: Pt,H_2 (1 atm)/HCl/Hg_2Cl_2(s)/Hg in organischen Lösungsmitteln und ihren Gemischen mit Wasser. In: Ber. Bunsenges. *73* (1969) S. 178—184.
— u. Ch. Voigt: Über den Einfluß von Cl^-- und Br^--Ionen auf die Kinetik der Korrosion von Fe in sauren Lösungen. In: Electrochim. Acta *14* (1969) S. 853—869.
— u. G. Steyer, P. Kuzay: Aziditätsänderung verdünnter Säuren beim Zusatz von Aluminiumsalzen. In: Z. physik. Chem. *240* (1969) S. 428—432.
— u. K. Schaurich, G. Wasow: Untersuchungen über Entfettungs- und Sorptionsvermögen von Natrium-n-alkylsulfaten. In: Tenside *6* (1969) S. 261—266.
— H. Förster, K. Schwabe: Ein Kationentrennungsgang durch Lösungsmittelextraktion. In: Anal. Chim. Acta *45* (1969) S. 511—523.
— K. Taubald, K. Schwabe: Untersuchungen zur elektrolytischen Abscheidung von Titan aus wäßrigen Lösungen. In: Zachtsch. Metal. *5* (1969) H. 5, S. 579—588.
— J. Müller, K. Schwabe: Witterungsbeständiger Stahl zur Steigerung der Arbeits- und Materialökonomie. In: IfL-Mitt. *8* (1969) S. 86—89.
— U. Ebersbach, K. Schwabe, P. König: Zur Kinetik der anodischen Passivierung von Eisen, Kobalt und Nickel. II. Untersuchungen über die Passivierung von Nickel in Schwefelsäure und Perchlorsäure mit der rotierenden Scheibenelektrode. In: Electrochim. Acta *14* (1969) S. 773—781.
— Ch. Fischer-Bartelk, A. Lange, K. Schwabe: Klärung der Ursachen für die Schwierigkeiten der Kobalt- und Nickelentfernung aus Zinksulfatelectrolyten durch Zinkstaubzementation. Ebda S. 829—844.
— Kinetik der Korrosion, Passivierung und Inhibition der Eisenmetalle. In: Wiss. Zs. TH Magdeburg *14* (1970) H. 1, S. 67—76.
— u. W. Schmidt: Der Einfluß des Wassers auf die Passivierbarkeit von Nickel in schwefelsaurer Lösung. In: Corrosion Science *10* (1970) S. 143—155.
— u. U. Ebersbach: Kinetik der Passivierung. In: Wiss. Zs. TH Ilmenau *16* (1970) H. 2/3, S. 125—130.
— u. R. Müller: Über die Kette Pt,H_2 (1 atm)/HBr,Hg_2Br_2(s)/Hg in organischen Lösungsmitteln und ihren Gemischen mit Wasser. III. Pt,H_2 (1 atm)/HBr(m), Isopropanol(x), H_2O (100 — x), Hg_2Br_2(s)/Hg. In: Ber. Bunsenges. *74* (1970) S. 1248—1256.
— O. Hladik, K. Schwabe: Untersuchungen zum Nachweis der direkten Reduktion von Zinkoxid in der festen Phase. In: Electrochim. Acta *15* (1970) S. 635—641.
— J. Römer, K. Schwabe: Über pH-Messungen in der Diffusionsschicht an Anionenaustauschermembranen. Ebda S. 885—897.
— B. Klatt, K. Schwabe: Das Verhalten von Fulminaten an der tropfenden Quecksilberelektrode. In: J. Electroanalyt. Chem. *24* (1970) S. 61—78.
— G. Scheidhauer, K. Schwabe: Die coulometrische Bestimmung geringer Platinmengen. Ebda *25* (1970) S. 227—233.
— W. Leuschke, K. Schwabe: Die Bestimmung der Standardgalvanispannung der Hg/

Hg_2Br_2-Elektrode mit der Kette $Hg/Hg_2Cl_2(s) \frac{KCL\,xm}{KNO_3(1-x)m} \Big\| \frac{KBr\,xm}{KNO_3(1-x)m} Hg_2Br_2(s)/$ Hg. Ebda S. 219—226.
— H. Brandt, M. Fischer, K. Schwabe: Untersuchungen über die Sparbeizwirkung organischer Sulfide im System Eisen-Schwefelsäure. In: Corrosion Science *10* (1970) S. 631 bis 639.
— D. Rettig, Ch. Voigt, K. Schwabe: Untersuchungen über periodische Potentialschwankungen des Zirkons in NaF-Lösungen. I. Experimentelle Ergebnisse. Ebda (1970) S. 657—669.
— E. Kálmán, G. Horn, K. Schwabe: Bestimmung der Aktivitätskoeffizienten in konzentrierten Lösungen starker Elektrolyte mit Hilfe der isopiestischen Methode. In: Z. physik. Chem. *244* (1970) S. 106—112.

Staude, Herbert, u. E. W. Grabner: Photoleitungsuntersuchungen an Silberchlorid-Einkristallen. In: Z. physikal. Chemie NF *71* (1970) S. 65—90 m. 11 Abb.

Strack, Erich: Carnitinesterwirkung. In: Jahrb. Sächs. Akad. d. Wissenschaften *1966* bis *1968* (Berlin 1970) S. 181—185.
— u. D. M. Müller: Darstellung von *O*-Acyl-canitinen. In: Hoppe-Seyler's Z. Physiol. Chem. *351* (1970) S. 95—98.
— u. H. Nitschner, F. Liebsch: Carnitin und bindegewebige Erkrankungen. In: D. Dtsch. Gesundheitswesen *25* (1970) H. 26, S. 1233—1236.

Stubbe, Hans: Stand und wichtige Entwicklungstendenzen der sozialistischen Landwirtschaft der DDR. In: Wissenschaft und Menschheit. Leipzig, Jena, Berlin 1969. S. 83 bis 99.
— u. H. Schöneich: Moderne Genetik und ihre Bedeutung für die Menschheit. In: Wissenschaft und Fortschritt *19* (1969) H. 8, S. 350—356.
— u. Ch. Lehmann: Das Internationale Biologische Programm. In: Vorträge und Schriften der Deut. Akad. Wiss. zu Berlin 1969. H. 106.
— Mensch und Umwelt. In: Die Weltbühne *25* (1970) H. 27, S. 844—847.
— Die Verschmutzung der Gewässer. Ebda H. 47, S. 1492—1496.
— Nutzung und Mehrung der natürlichen Reichtümer zum Wohle aller Bürger unserer Republik. In: Biologie in der Schule *19* (1970) H. 7, S. 267—269.
— Sozialistische Landeskultur — Bestandteil des entwickelten gesellschaftlichen Systems des Sozialismus. In: Abt. Presse u. Information des Staatsrates der DDR, H. 18, 5. Wahlperiode, S. 32—36.
— Parallelmutationen in der Gattung Lycopersicon. In: Die Kulturpflanze *18* (1970) S. 209 bis 220.
— Experimentelle Untersuchungen zur Evolution von Kulturpflanzen. Bericht über die Arbeitstagung 1969 der Arbeitsgemeinschaft der Saatzuchtleiter in Gumpenstein vom 25.—27. November 1969.
— [Einleitung zu:] E. Geißler (Hrsg.): Desoxyribonukleinsäure (DNS) Schlüssel des Lebens. Berlin 1970. S. 9—11.
— [Nachr.] H. Kuckuck, H. Stubbe: Rudolf Schick. In: Theoretical and Applied Genetics *40* (1970) S. 1—5.

Van der Waerden, Bartel L.: Platon et les sciences exactes des Pythagoriciens. In: Bulletin de la société belge de logique *21* (1969) S. 115—123.

Van der Waerden, Bartel L.: Das Minimum von $D/f_{11}f_{22} \ldots f_{55}$ für reduzierte positive quinäre quadratische Formen. In: Aequationes math. *2* (1969) S. 233—247.
— The foundation of Algebraic Geometry. In: Rendiconti del Seminario Matematico e Fisico di Milano *39* (1969) S. 3—11.
— Das heliozentrische System in der griechischen, persischen und indischen Astronomie. In: Neujahrsblatt Naturforschende Gesellschaft Zürich 1970. 55 S.
— Ein Satz über räumliche Fünfecke. In: Elemente der Math. *25* (1970) S. 73—78.
— Berichtigung zu meiner Arbeit „Vergleich der mittleren Bewegungen in der babylonischen, griechischen und indischen Astronomie" (in: Centaurus *11*, S. 1—18). In: Centaurus *15* (1970) S. 21—25.

Wagner, Carl: Internal Oxidation of Cu-Pd and Cu-Pt Alloys. In: Corrosion Science *8* (1968) S. 889—893.
— The Distribution of Cations in Metal Oxide and Metal Sulphide Solid Solutions Formed During the Oxidation of Alloys. Ebda *9* (1969) S. 91—109.
— The Evaluation of Data Obtained with Diffusion Couples of Binary Single-Phase and Multiphase Systems. In: Acta Met. *17* (1969) S. 99—107.
— Limitations of the Determination of the True Surface Area of Spongy Metals with the Help of A-C Impedance Measurements. In: J. Electrochem. Soc. *116* (1969) S. 343—345.
— Der Begriff der virtuellen Maximalgeschwindigkeit des Einzelschritts einer Reaktionsfolge. In: Z. physik. Chem. NF *64* (1969) S. 49—53.
— Current Yield During Electrolysis of Metal Salt Solutions with Cations in Different Valency States. In: Electrochim. Acta *14* (1969) S. 971—979.
— Methods for Investigating the Mechanisms of Catalytic Hydrogen and Oxygen Transfer Reactions. Kronberg-Symposium (6.—11. 5. 1968). In: Molecular Processes on Solid Surfaces. New York 1969. S. 17—30.
— Beitrag zur Theorie der Adsorptionsverdrängung im Falle von Mehrstoffadsorption. In: Ber. Bunsenges. physik. Chem. *74* (1970) S. 398—401.
— Die Stabilität von Metallen und Metalloxiden als Katalysatoren in H_2-O_2-Gemischen und anderen reagierenden Gemischen. Ebda S. 401—409.
— Considerations on the Mechanism of the Hydrogenation of Organic Compounds on Aqueous Solutions on Noble Metal Catalysts. In: Electrochim. Acta *15* (1970) S. 987 bis 997.
— Dissociation of Molecular O_2 as the Rate-Determining Step During the Initial Stage of the Oxidation of Ni at 250 °C. In: Corrision Science *10* (1970) S. 641—647.
— The Concept of the Thermodynamic Activity of Atomic Species in Heterogeneous Kinetics. In: Heterogeneous Kinetics at Elevated Temperatures. Proceedings of an International Conference in Metallurgy and Materials Science held at the University of Pennsylvania, Septembre 8—10, 1969. New York 1970. S. 101—112.
— Physicochemical Measurements in Metals Research. In: Techniques of Metals Research, IV. New York 1970. Part 1, S. 1—20.
— Adsorbed Atomic Species as Intermediates in Heterogeneous Catalysis. In: Advances in Catalysis *21* (1970) S. 323—381.
— Der Angriff von Metallen durch Gase — 50 Jahre Grundlagenforschung — Rückblick und Ausblick. In: Werkstoffe und Korrosion *21* (1970) S. 886—894.
— Beitrag zur Deutung der Verminderung der Geschwindigkeit der Kohlenoxidverbrennung an NiO als Katalysator durch Dotierung mit Ga_2O_3. In: Ber. Bunsenges. physik. Chem. *74* (1970) S. 1270—1273.

Aebischer, Paul: Un écho norrois d'un détail curieux fourni par la Nota Emilianense. In: Cultura Neolatina. Bollettino dell' Istituto di filologia romanza della Università di Roma. Vol. *XXVIII* (1968) S. 5—15.

— La véritable identité d'Antoine, duc d'Avignon et père d'Aye d'Avignon. In: Marche Romane. Cahiers de l'Association des romanistes de l'Université de Liège, 18e année. T. *XVIII* (1968) S. 149—155.

— Bavardages érudits sur Olivier, Aude et leur père Rainier, d'après les chansons de geste ayant Girard de Vienne comme protagoniste. In: Mélanges offerts à Rita Lejeune, vol. II. Gembloux 1969. S. 709—737.

— Sur le vers 1776 du Roland d'Oxford. In: Mélanges de philologie offerts à Alf Lombard. Etudes romanes de Lund *XVIII*. Lund 1969. S. 17—21.

— Arnold de Winkelried, le héros de Sempach et Roland, le vainqueur de Roncevaux. Observations sur la technique du montage, du lancement et de la mise en orbite de quelques mythes dans le cosmos historico-littéraire. In: Revue suisse d'histoire *19* (1969) S. 1—33.

— Au dossier de fr. *flibustier*, esp. *filibustero*. In: Revue de linguistique romane *33* (1969) S. 39—52.

— Le concept d' „état latent" dans la préhistoire des chansons de geste. In: Revue belge de philologie et d'histoire *XLVII* (1969) S. 789—839.

— Abiaticus „petit fils" dans les chartes médiévales d'Italie. In: Phonétique et linguistique romane. Mélanges offerts à M. Georges Straka, t. I. Lyon, Strasbourg 1970. S. 370 bis 371.

— L'état actuel des recherches relatives aux origines de l'anthroponyme Olivier. In: Mélanges de langue et de littérature du moyen âge et de la Renaissance offerts à Jean Frappier. In: Publications romanes et françaises *CXII*. Genève 1970. S. 17—34.

— Histoire religieuse et linguistique: La christianisation de l'Europe occidentale d'après quelques faits lexicaux. In: Revue suisse d'histoire *90* (1970) S. 1—22.

Aland, Kurt: Die griechischen Handschriften des Neuen Testaments. Ergänzungen zur „Kurzgefassten Liste" (Fortsetzungsliste VI). In: Materialien zur Neutestamentlichen Handschriftenkunde I. Arbeiten zur neutestamentlichen Textforschung Bd 3 (Bln 1969) S. 1—53.

— Hilfsbuch zum Lutherstudium. 3. neubearbeitete u. erweiterte Aufl. Witten 1970. 677 S.

— Saints and Sinners. Men and Ideas in the Early Church. Philadelphia 1970. 250 S.

— Vad sägar Luther? Klippan (Schweden) 1970. 347 S.

— Bemerkungen zum Schluß des Markusevangeliums. In: Neotestamentica et Semitica. Festschrift M. Black. Edinburgh 1969. S. 157—180.

— Novi Testamenti graeci editio maior critica. Der gegenwärtige Stand der Arbeit an einer kritischen Aussage des Neuen Testaments. In: New Testament Studies *16* (1969) S. 163—177.

— Toleranz und Glaubensfreiheit im 16. Jahrhundert. In: Reformation und Humanismus. Festschrift R. Stupperich. Witten 1969. S. 67—90.

— Der wiedergefundene Markusschluß? Eine methodologische Bemerkung zur textkritischen Arbeit. In: Zs. f. Theologie u. Kirche *67* (1970) S. 3—13.

Aland, Kurt: Aus der Blütezeit der Kirchenhistorie in Berlin. Die Korrespondenz Adolf von Harnacks und Karl Holls mit Hans Lietzmann. In: Saeculum *21* (1970) H. 2—3, S. 235—263 (= Festschrift Vogt).

— Bemerkungen zu den gegenwärtigen Möglichkeiten textkritischer Arbeit aus Anlaß einer Untersuchung zum Cäsarea-Text der Katholischen Briefe. In: New Testament Studies *17* (1970) S. 1—9.

— Das Problem des neutestamentlichen Kanons. In: Das Neue Testament als Kanon. Hrsg. v. E. Käsemann. Göttingen 1970. S. 134—158.

— Ti grundsaetninger for Kirkenes genforening. Kirkens Verden. Kopenhagen 1970. S. 273—281.

— Hans Lietzmann und die katholischen Patristiker seiner Zeit. In: Kyriakon. Festschrift Johannes Quasten, Bd 2. Münster 1970. S. 615—635.

— Bibel und Bibeltext bei August Hermann Francke und Johann Albrecht Bengel. In: Pietismus und Bibel. Witten 1970. S. 89—147.

— Adiaphora II. In: Historisches Wörterbuch der Philosophen. Bd I (Basel u. Stuttgart 1970) S. 85.

— Apologetik. Ebda S. 446—447.

— [Hrsg.] Synopsis quattuor evangeliorum. 6. Aufl. Stuttgart 1969. 590 S.

— [Hrsg.] Luther Deutsch Bd 1: Die Anfänge. Stuttgart u. Göttingen 1969. 472 S.

— [Hrsg.] A. Harnack: Geschichte der altchristlichen Literatur. 2. vermehrte Aufl. in 4 Bdn. Leipzig 1969.

— [Hrsg.] E. Nestle, K. Aland: Novum Testamentum graece. 76.—85. Tausend der 25. Aufl. London 1970. 671 S.

— [Hrsg.] E. Nestle, K. Aland: Novum Testamentum graece et latine. 27.—36. Tausend der 22. Aufl. Stuttgart 1970. 671 S.

— [Hrsg.] Ignaz Heinrich v. Wessenberg. Unveröffentlichte Manuskripte und Briefe. Bd IV: Reisetagebücher. Freiburg, Basel, Wien 1970. 615 S.

— [Hrsg.] Adolf Jülicher, Itala II: Marcus-Evangelium. 2. verbesserte Aufl. Berlin 1970. 160 S.

Baethgen, Friedrich: Schisma und Konzilszeit. Reichsreform und Habsburgs Aufstieg. In: B. Gebhardt, Handbuch der Deutschen Geschichte. 9. neu bearb. Aufl., hrsg. v. H. Grundmann, Bd I. (Stuttgart 1970) S. 607—692.

— Ulrich von Hassell. In: NDB Bd 8 (Berlin 1969) S. 44—46.

— [Geleitwort zu:] Gesamtverzeichnis der Schriften der Bayerischen Akademie der Wissenschaften in den ersten beiden Jahrhunderten ihres Bestehens 1759—1959, bearb. v. W. Bachmann. Geist und Gestalt, Erg.-Bd, 2. Hälfte. München 1970. S. V.—VII.

— [Nachr.] Herbert Grundmann 14. 2. 1902—20. 3. 1970. In: Jahrb. Bayer. Akad. Wiss. *1970* (München 1970) S. 214—223.

— [Mithrsg.] Deutsches Archiv für Erforschung des Mittelalters *24* (1968/1969) u. *25* (1969/1970).

Baetke, Walter: Die Óláfs Saga Tryggvasonar des Oddr Snorrason und die Jómsvíkinga saga. Zur Historiographie des nordischen Frühmittelalters. In: Formen mittelalterlicher Literatur. Siegfried Beyschlag zu seinem 65. Geburtstag von Kollegen, Freunden und Schülern. Hrsg. von Otmar Werner und Bernd Naumann. Göppingen 1970. S. 1—18.

Bahner, Werner: Die lexikalischen Besonderheiten des Frühromanischen in Südosteuropa. Berlin 1970. 124 S. (= Sitzgsber. Sächs. Akad. Wiss., phil.-hist. Kl., Bd 115, H. 3).
— Nicolae Bălcescu (1819—1852). Ein rumänischer revolutionärer Demokrat im Kampf für soziale und nationale Befreiung. Berlin 1970. 24 S. (= Sitzgsber. des Plenums und der problemgebundenen Klassen der Dt. Akad. Wiss., H. 1).
— Der systematische Ausbau von Wortsippen als Mittel der Bereicherung der rumänischen Nationalsprache im 19. Jahrhundert. In: Mélanges de philologie offerts à Alf Lombard. Lund 1969. S. 29—38.
— Sprache und Gesellschaft. Einige Aspekte ihres wechselseitigen Verhältnisses. In: BrP *VIII* (1969) S. 316—335.
— Quelques observations sur le genre picaresque. In: Roman et lumières au 18e siècle. Paris 1970. S. 64—72 u. S. 106—108.
— Geschichtsbewußtsein in der Aufklärung und bei Hegel. In: Hegel-Jahrb. 1968/1969. Meisenheim am Glan 1970. S. 194—201.
— El vulgo y las luces en la obra de Feijóo. In: Actas del Tercer Congreso Internacional des Hispanistas. Mexiko 1970.
— „... Pus-am temeiul culturii" — Intre purism si modernizare [Über die sprachreformerischen Bemühungen von Budai-Deleanu]. In: Luceafărul 7. Februar 1970. S. 2, 7.
— u. W. Schröder: Literatur und revolutionäres Bewußtsein in der französischen Aufklärung. In: Weimarer Beiträge *16* (1970) H. 5, S. 58—91.
— u. a.: Zur Tradition des Realismus und Humanismus. Ebda H. 10, S. 31—119.
— [Nachw.] Klassisches Spanisches Theater. Hrsg. v. W. Bahner. Berlin 1969. Bd 2, S. 447—473.
— [Bespr.] Al. Graur: Istoria limbii române. Bucureşti 1965; F. Stolz u. A. Debrunner: Geschichte der lateinischen Sprache. 4. Aufl. Berlin 1966; J. Herman: Le latin vulgaire. Paris 1967. In: BrP *VII* (1968) S. 158—159.
— [Bespr.] Gh. Bulgăr: Problemele limbii literare in concepţia scriitorilor români. Bucureşti 1966. Ebda S. 157—158.
— [Bespr.] Kl.-H. Schroeder: Einführung in das Studium des Rumänischen. Berlin 1967. Ebda *VIII* (1969) S. 183—185.
— [Bespr.] W. T. H. Jackson: Die Literaturen des Mittelalters. Heidelberg 1967. In: DLZ *91* (1970) Sp. 205—207.
— [Bespr.] H. Lüdtke: Geschichte des romanischen Wortschatzes. Ebda Sp. 125—127.
— [Hrsg.] Zur Gegenwartsliteratur in den romanischen Ländern. Studien und Berichte. Berlin 1969—1970. Bd 3—6.
— [Hrsg.] Klassisches Spanisches Theater. 2 Bde. Berlin 1969.

Bischoff, Karl: Die 14. Aventiure des Nibelungenliedes. Zur Frage des Dichters und der dichterischen Gestaltung. Wiesbaden, Mainz 1970. 23 S. (= Abh. d. geistes- und sozialwissenschaftlichen Kl. d. Akad. d. Wiss. und Lit. zu Mainz, 1970, Nr. 8).
— Niederländer an der mittleren Elbe und in Brandenburg. In: Naamkunde *1* (Leuven 1969) S. 18—40.
— Zu Danneils Altmärkischem Wörterbuch. In: Gedenkschrift für William Foerste. Köln, Wien 1970. S. 305—318.

Blumenthal, Lieselotte: Schiller in Böhmen. In: Jahrb. d. Dtsch. Schillergesellschaft *13* (Stuttgart 1969) S. 221—250.

Blumenthal, Lieselotte: [Bespr.] Günter Niggl: „Fromm“ bei Goethe. Eine Wortmonographie. Tübingen 1967. In: Germanistik *10* (1969) H. 1, S. 121—122.
—. [Bespr.] Albert Fuchs: Goethe-Studien. Berlin 1968. Ebda H. 2, S. 363—364.

Bruford, Walter Horace: The Idea of ‚Bildung‘ in Friedrich Theodor Vischer's ‚Auch einer‘. In: Essays in German Language, Culture & Society. London *1969*, S. 7—17.
— [Bespr.] Kultur und Zivilisation. (Europäische Schlüsselwörter, 3) Wortvergleichende und wortgeschichtliche Studien, hrsg. vom Sprachwissenschaftlichen Colloquium, Bonn. München 1967. 460 S. In: Modern Language Review Okt. *1969*, S. 932—934.
— [Bespr.] W. Martens: Die Botschaft der Tugend. Die Aufklärung im Spigel der deutschen Moralischen Wochenschriften. Stuttgart 1968. 592 S. Ebda July *1970*, S. 691 bis 694.
— [Bespr.] H. Reich: Die Entstehung der ersten fünf Szenen des Goetheschen ‚Urfaust‘. München 1968. 159 S. Ebda S. 695.
— [Bespr.] H. Huesmann: Shakespeare-Inszenierungen unter Goethe in Weimar. Wien 1968. 264 S. (= Sitzgsber. Öster. Akademie d. Wiss., philos.-hist. Kl., Bd 258). In: German Life & Letters, New Series *24* (1970) Nr. 1, S. 116—118.
— [Bespr.] K. Müller-Vollmer: Poesie und Einbildungskraft. Zur Dichtungstheorie Wilhelm von Humboldts. Mit der zweisprachigen Ausgabe eines Aufsatzes Humboldts für Frau von Staël. Stuttgart 1967. VIII, 248 S. Ebda *23* (1970) Nr. 3, S. 293—294.
— [Bespr.] A. Busch: Die Geschichte des Privatdozenten. Eine soziologische Studie zur großbetrieblichen Entwicklung der deutschen Universitäten. Stuttgart 1959. IV, 163 S. (= Göttinger Abhgn zur Soziologie unter Einschluß ihrer Grenzgebiete, hrsg. von H. Pleßner, Bd 5). In: Erasmus *22* (1970) Nr. 4, Sp. 146—148.
— [Bespr.] H. Schanze: Romantik und Aufklärung. Untersuchungen zu Friedrich Schlegel und Novalis. Nürnberg 1966. VIII, 127 S. (= Erlanger Beiträge zur Sprach- und Kunstwissenschaft, Bd 27). Ebda Nr. 7—8, Sp. 364—365.

Buchda, Gerhard: Monarchie in Kursachsen. In: Recueils de la Société Jean Bodin pour l'histoire comparative des institutions. XXII: La monocratie. Deuxième partie. Brüssel 1969. S. 329—358.
— Rechtsgeschichtlicher Diskussionsbeitrag. Zu: J. Müller: Literarische Analogien in Heinrich von Kleists Novelle „Der Zweikampf“. Berlin 1969. S. 50—56 (= Sitzgsber. Sächs. Akad. Wiss., phil.-hist. Kl. Bd 114, H. 4).
— Über den Gesellschaftsvertrag. In: Die Entwicklung des Zivilrechts in Mitteleuropa (1848—1944). Budapest 1970. S. 183—190.
— Art. Fronbote. In: Handwörterbuch zur deutschen Rechtsgeschichte. Hrsg. v. A. Erler und E. Kaufmann, mitbegr. v. W. Stammler. 6. Lfg, Berlin 1969, Sp. 1304—1306.
— Art. Fronung. Ebda Sp. 1312—1315.
— Art. Gebundene Tage. Ebda Sp. 1424—1426.
— Art. Gelehrte Richter. Ebda Sp. 1477—1481.
— Art. Gelöbnis. Ebda Sp. 1490—1494.
— Art. Gemeines Sachsenrecht. Ebda Sp. 1510—1513.
— Art. Gerichtsgefälle. Ebda, 7. Lfg, Bln 1970, Sp. 1545—1547.
— Art. Gerichtsverfahren. Ebda Sp. 1551—1563.
— Art. Gerichtsverfassung. Ebda Sp. 1563—1576.
— Art. Gerüfte. Ebda Sp. 1584—1587.
— Art. Gesamthand, gesamte Hand. Ebda Sp. 1587—1591.

Buchda, Gerhard: Art. Görlitzer Rechtsbuch. Ebda Sp. 1755—1756.
— [Nachr.] Arthur Baumgarten 31. 3. 1884—27. 11. 1966. In: Jahrb. Sächs. Akad. Wiss. 1966—1968 (Bln 1970) S. 351—355.
— [Anz.] Gerhard Haas: Verfassung und Recht der Städte Arnstadt, Königsee, Saalfeld und Stadtilm von den Anfängen bis ins 19. Jh. Jenaer rechtswiss. Diss. 1967. Maschinenschr. In: ZRG (GA) *85* (1968) S. 435—436.
— [Anz.] Max Guldener: Über die Herkunft des schweizerischen Zivilprozeßrechtes (= Schriften zum Prozeßrecht, 2). Berlin 1966. Ebda S. 460—461.
— [Autorreferat] Europäische Rechtsgeschichte als wissenschaftliche Aufgabe. In: Jahrb. Sächs. Akad. Wiss. *1966—1968* (Bln 1970) S. 128—129.
— [Ber.] Historische Kommission. Ebda S. 195—196.
— [Bespr.] Karl August Eckhardt, Eschwege als Brennpunkt thüringisch-hessischer Geschichte (= Beitr. zur hessischen Gesch., 1). Marburg/L. u. Witzhausen 1964. In: ZRG (GA) *85* (1968) S. 310—312.
— [Bespr.] Wolfgang Heß; Hessische Städtegründungen der Landgrafen von Thüringen (= Beitr. zur hessischen Gesch., 4). Marburg/L. u. Witzhausen 1964. Ebda S. 312—314.
— [Bespr.] Johannes Schultze, Forschungen zur brandenburgischen und preußischen Geschichte. Ausgewählte Aufsätze. Mit einem Vorwort von Wilhelm Berges (= Veröff. d. Hist. Kommission zu Berlin beim Friedrich-Meinecke-Institut der Freien Universität Berlin, 13). Bln 1964. Ebda S. 314—315.
— [Bespr.] Clausdieter Schott, Rat und Spruch der Juristenfakultät Freiburg i. Br. (= Beitr. zur Freiburger Wissenschafts- und Universitätsgesch., in Verbindung mit Hans Gerber, Max Pfannenstiel, Gerhard Ritter und Joseph Schumacher hrsg. von Johannes Vincke, 30). Freiburg i. Br. 1965. Ebda S. 315—317.

Eißfeldt, Otto: Adonis und Adonaj. Berlin 1970. 28 S., 16 Abb. auf 15 Taf. (= Sitzgsber. Sächs. Akad. Wiss., phil.-hist. Kl. Bd 115, H. 4).
— Introduzione all'Antico Testamento. I: Aspetti letterari dell'Antico Testamento. Edizione italiana a cura di Antonio Ornella. Brescia 1970. 311 S. (= Biblioteca teologica 1).
— Kultvereine in Ugarit. In: Ugaritica *VI* (Paris 1969) S. 187—195.
— Bleiben im Hause Jahwes (Ps 23). In: Beiträge zur Alten Geschichte und deren Nachleben. Festschrift für Franz Altheim zum 6. 10. 1968, hrsg. von Ruth Stiehl u. Hans Erich Stier, Bd I. Berlin 1969. S. 76—81.
— Gilgal or Sichem? In: Proclamation and Presence. Old Testament Essays in Honor of G. Henten. Davis 1969. S. 90—101.
— Nachträge zu „Adrammelek und Demarus" und zu „Bist du Elia, so bin ich Isebel" (1 Kön XIX 2). In: Bibliotheca Orientalis *26* (1969) S. 182—184.
— Neue Belege für nabatäische Kultgenossenschaften. In: Mitteilungen des Instituts für Orientforschung *15* (1969) S. 217—227.
— Alles Ding währt seine Zeit. In: Archäologie und Altes Testament. Festschrift Kurt Galling. Tübingen 1970. S. 70—74.
— Walter Baumgartner (24. November 1887 bis 31. Januar 1970). In: AfO *23* (1970) S. 216—218.
— Ein Herold weltweiter Wissenschaften vom Alten Testament. In: ThLZ *95* (1970) Sp. 81—88.
— Πληρῶσαι πᾶσαν δικαιοσύνην in Matthäus 3, 15. In: Zs. für neutestamentliche Wissenschaft *61* (1970) S. 209—215.

Eißfeldt, Otto: [Hrsg.] Biblica Hebraica Stuttgartensia. Editio funditus renovata adjuvantibus ... O. Eißfeldt ... editerunt K. Elliger et W. Rudolph. 1: Liber Genesis praeparavit O. Eißfeldt. Stuttgart 1969. X, 85 S.

Erben, Johannes: '*Tun*' als Hilfsverb im heutigen Deutsch. In: Festschrift für Hugo Moser zum 60. Geburtstag am 19. Juni 1969. Hrsg. von U. Engel, P. Grebe u. H. Rupp. Düsseldorf 1969. S. 46—52.

— Synchronische und diachronische Betrachtungen im Bereiche des Frühneuhochdeutschen. In: Sprache der Gegenwart. Schriften des Instituts für deutsche Sprache. Bd 5: Sprache — Gegenwart und Geschichte. Jahrbuch des Instituts für deutsche Sprache 1968. Düsseldorf 1969. S. 220—237.

— Zu Rudolfs „Barlaam und Josaphat". In: Innsbrucker Beiträge zur Kulturwissenschaft. Bd *15*: Germanistische Studien. Innsbruck 1969. S. 33—39.

— Über Nutzen und Nachteil der Ungenauigkeit des heutigen Deutsch. Mannheim, Wien, Zürich 1970. 23 S. (= Duden-Beitr. 31).

— Frühneuhochdeutsch. In: Kurzer Grundriß der germanischen Philologie bis 1500. Hrsg. von L. E. Schmitt. Bd 1: Sprachgeschichte. Berlin 1970. S. 386—440.

— '*Er sitzt, weil er gestanden hat*' oder über den Zusammenhang von Valenz und Mitteilungswert des Verbs. In: Sprache der Gegenwart. Schriften des Instituts für deutsche Sprache. Bd *6*: Studien zur Syntax des heutigen Deutsch. Paul Grebe zum 60. Geburtstag. Düsseldorf 1970. S. 97—102.

— Theodor Fings, 1886—1968. In: 150 Jahre Rheinische Friedrich-Wilhelms-Universität zu Bonn 1818—1968. Bonner Gelehrte Beiträge zur Geschichte der Wissenschaften in Bonn. Bd Sprachwissenschaften. Bonn 1970. S. 113—119.

— [Bespr.] A. Bach: Geschichte der deutschen Sprache. 8. Aufl. Heidelberg 1965. 495 S. In: Colloquia Germanica *2* (Bern 1969) S. 261—262.

— [Bespr.] H. Paul: Mittelhochdeutsche Grammatik. 20. Aufl. von H. Moser und I. Schröbler. Tübingen 1969. XL, 502 S. In: Germanistik *11* (Tübingen 1970) S. 247—248.

— [Bespr.] M. Regula: Kurzgefaßte erklärende Satzkunde des Neuhochdeutschen. Bern, München 1968. 220 S. In: Beitr. zur Gesch. der dt. Sprache u. Literatur *92* (Tübingen 1970) S. 321—322.

Fischer, Rudolf: Tschechische Grammatik. Leitfaden zur Einführung in die tschechische Sprache. 2., neubearbeitete Aufl. unter Mitwirkung von Adolf Kařízek. Leipzig 1970. 104 S.

— u. E. Eichler: Slawische Ortsnamen am Böhmischen Mittelgebirge. II. Namen der Gegend um Litoměřice (Leitmeritz). In: Onomastica Slavogermanica IV. Wrocław 1968. S. 7—23.

— Zur Genesis der slawistischen Namenforschung in der DDR. Authentisches aus Jena und Leipzig zu den Jahren 1949 und 1954. In: Slawisch-deutsche Wechselbeziehungen in Sprache, Literatur und Kultur. Berlin 1969. S. 512—517.

— Zur Chronologisierung der Ortsnamen Böhmens/ČSSR. In: Proceedings of the Ninth International Congress of Onomastic Sciences. Louvain 1969. S. 211—216.

— Geleitwort. In: A. N. Radiščev und Deutschland. Beiträge zur russischen Literatur des ausgehenden 18. Jahrhunderts. Berlin 1969. S. 3 (= Sitzungsber. Sächs. Akad. Wiss., phil.-hist. Kl. Bd 114, H. 1).

Fischer, Rudolf: Theodor Frings und die Deutsch-Slawischen Forschungen. In: Beiträge zum Slawischen Onomastischen Atlas. Berlin 1970. S. 9—10 (= Abh. Sächs. Akad. Wiss., phil.-hist. Kl. Bd 61, H. 2).

— [Ber.] Die 13. und 14. Jahrestagung der Leipziger namenkundlichen Arbeitsgruppe. In: Onoma *12* (1966—1967) S. 238—240.

— [Ber.] u. a.: Bibliographia Onomastica 1963. Ebda *13* (1968) S. 30—46.

— [Ber.] u. a.: Bibliographia Onomastica 1964—1965. Ebda *14* (1969) S. 342—353.

— [Ber.] 15. Jahrestagung der Leipziger namenkundlichen Arbeitsgruppe. Ebda *15* (1970) S. 129—131.

— [Ber.] 15. Jahrestagung Deutsch-Slawische Forschung. In: Das Hochschulwesen *17* (1969) S. 679.

— [Ber.] Namenkundliche Habilitationsschriften an der Karl-Marx-Universität. In: Namenkundliche Informationen *15* (1969) S. 40—42.

— [Redakt.] u. H. Walther, J. Schultheis, J. Brankatschk, E. Eichler, W. Fleischer: Informationen der Leipziger namenkundlichen Arbeitsgruppe an der Karl-Marx-Universität. Leipzig 1969. Nr. 13—14, je 20 S.

— [Hrsg.] Th. Frings u. R. Fischer: Deutsch-Slawische Forschungen zur Namenskunde und Siedlungsgeschichte (Hist. Kommission d. Sächs. Akad. d. Wiss.) Nr. 23 u. 24. Berlin 1969—1970.

— [Hrsg.] u. R. Große: Deutsch-Slawische Forschungen zur Namenkunde und Siedlungsgeschichte (Hist. Komm. d. Sächs. Akad. d. Wiss.) Nr. 25. Berlin 1970.

— [Hrsg.] u. E. Eichler: Beiträge zum Slawischen Onomastischen Atlas. Theodor Frings zum Gedächtnis. Berlin 1970. 198 S. u. 28 Ktn (= Abh. Sächs. Akad. Wiss., phil.-hist. Kl. Bd 61, H. 2).

— [Hrsg.] u. J. Brankatschk, E. Eichler, W. Fleischer, J. Schultheis, H. Walther: Namenkundliche Informationen. Leipzig 1969—1970. Nr. 15—17, 48 u. 40 S.

— [Mitarb.] u. R. Große, hrsg. von W. Peek: Opuscula. Sammelausgaben seltener und bisher nicht selbständig erschienener wissenschaftlicher Abhandlungen. Bd I: Wilhelm Wattenbach, Kleine Abhandlungen zur mittelalterlichen Geschichte. Leipzig 1970.

Gadamer, Hans-Georg: Philosophisches Lesebuch in 3 Bänden. Frankfurt/M., Hamburg 1970 (= Fischer-Bücherei Bd 6019).

— u. a.: Idee und Zahl. Studien zur platonischen Philosophie. Heidelberg 1968. 173 S. (= Abh. Heidelberger Akad. d. Wiss., Phil.-hist. Kl. *1968*, 2).

Georgiev, Vladimir I.: Grundprobleme der slawischen historischen Morphologie. Sofia 1969. 208 S. [bulgarisch].

— Etruskische Sprachwissenschaft. I. Teil: Altetruskische Inschriften. Sofia 1970. 57 S. (= Linguistique Balkanique *14*, Fasc. 1).

— Etruskologie und Neotrombettianismus. In: Acta antique academiae scientiarum Hungaricae *17* (1969) Fasc. 1—2, S. 89—104.

— Grammatischer Kommentar zu einigen etruskischen Inschriften. In: Orbis *18* (1969) Nr. 1, S. 224—234.

— Problèmes méthodologiques de la linguistique. In: Actes du Xe Congrès international des Linguistes, Bucarest, 28 Août — 2 Septembre 1967, Bd I Bukarest (1969) S. 213 bis 221.

— Un sceau inscrit de l'époque chalcolithique trouvé en thrace. In: Studi Micenei ed Egeo-Anatolici *9* (1969) S. 32—35.

— L'iscrizione etrusca sulla seconda laminetta di bronzo di Pyrgi. Ebda S. 43—46.

Georgiev, Vladimir I: Common Slavic and Indo-European. In: Mélanges Marcel Cohen. La Haye, Paris 1970. S. 368—374.
— Drei Phasen in der slawischen Mythologie. In: Festschrift Michael Arnaudow. Sofia 1970. S. 469—475 [bulgarisch].
— [Bespr.] I. Ajeti: La présence de l'albanais dans les parlers des populations slaves de la Péninsule Balkanique. In: „Studia Albanica", 1968, Nr. 2, S. 131—136 und V. Pisani: L'articolo postposto in albanese e questioni connesse, „Studia Albanica" 1969, Nr. 1, 5. 129—131. In: Studia Albanica *1969*, Nr. 1, S. 145—146.
— [Hrsg.] Concise Bulgarian Encyclopaedia, Vol. 5. Sofia 1970. 588 S.
— [Hrsg.] u. a.: Bulgarian Ethymological Dictionary, Fasc. VII (Sofia 1970) S. 481—560.
— [Hrsg.] u. a.: Actes du premier Congrès international des études Balkaniques et Sud-Est européennes. II. Archéologie, histoire d' antiquité, arts. Sofia 1970. 1138 S.
— [Hrsg.] u. a.: Actes du premier Congrès international des études Balkaniques et Sud-Est européennes. IV. Histoire (XVIIIe—XIXe ss.). Sofia 1970. 890 S.
— [Hrsg.] u. a.: Bulgarian Language. Popular Scientific Periodical of the Institute of the Bulgarian Language at the Bulgarian Academy of Sciences. Year *XX* (1970) No. 1, 90 S.
— [Hrsg.] Nikolaj P. Kovachev: The Toponymy of the Troyan District. Sofia 1970. 264 S.
— [Hrsg.] u. St. Ilchev: M. Filipova-Bayrova, Greek Borrowings in the Contemporary Bulgarian Language. Sofia 1970. 186 S.

Van Giffen, Albert Egges: Das St. Bernardus-Kloster in Aduard. In: Bonner Jahrb. *168* (1968) S. 307—314.
— De papeloze kerk. Het gereconstrueerde rijkshunebed D 49 bij Schoonoord, gemeente Sleen. Met bijlage door dr. W. Groenman — van Waateringe. 3., erweiterte und mit Bildern versehene Aufl. Groningen 1969. 16 S., 3 Taf., 4 Fig.
— De Groninger Sint Walburg. 3., vermehrte Aufl. Groningen 1970. 46 S., 13 Abb.
— De excursie naar Toterfout en Halve Mijl. In: Akademiedagen XX. Koninklijke Nederlandse Akademie van Wetenschappen. Amsterdam 1969. S. 103—106.
— Een trechterbeker van de hunnebeddencultuur uit Lutjesaaksum. In: Groningse Volksalmanak [o. J.] S. 148—151, 16 Taf.
— [Nachr.] Vere Gordon Childe. D. Sc., D. Litt., F. B. A. (14 april 1892—19 oktober 1957). In: Jaarboek der Koninklijke Nederlandse Akademie van Wetenschappen *1959—1960*. S. 1—10.

Große, Rudolf: Die deutschen Modalverben in der neueren Forschung. In: Wiss. Zs. TU Dresden *18* (1969) H. 2, S. 407—412.
— Zum Verhältnis von landschaftlicher und gemeinsprachlicher Umgangssprache. In: Norma i social'naja differenciacija jazyka, Akademija Nauk SSSR, Institut Jazykoznanija. Moskva 1969. S. 112—121.
— Die soziologischen Grundlagen von Nationalsprache und Literatursprache, Umgangssprache und Halbmundart. In: Deutsch als Fremdsprache *6* (1969) H. 6, S. 401—407; als Manuskript gedruckt in: Wiss. Zs. Univ. Rostock, ges.- u. sprachwiss. R. *18* (1969) H. 6/7, S. 507—511.
— Luthers Stellung in der Geschichte der deutschen Sprache. In: Weltwirkung der Reformation. Hrsg. v. M. Steinmetz u. G. Brendler. Berlin 1969. S. 407—415.
— G. Lerchner u. R. Große: Phonologische Folgen geographischer Systemüberlagerungen. In: Mélanges pour Jean Fourquet. Paris 1969. S. 177—184.

Große, Rudolf: Zur Frage nach den Ursachen der Dialektgrenzen. In: Actes du Xe Congrès international des Linguistes, Bd II (Bucarest 1970) S. 67—72.

— O cootnošenii jazyka i nacii. In: Inostrannye jazyki v škole *1970*, H. 3, S. 2—10.

— Probleme der Phonologie und Morphologie. In: Deutsch als Fremdsprache *7* (1970) H. 1—2, S. 39—47.

— System und relative Lautchronologie der Vokale des Nordmeißnischen. In: Onomastica Slavogermanica V. Berlin 1970. S. 51—54 (= Abh. Sächs. Akad. Wiss., phil.-hist. Kl. Bd 62, H. 2).

— Zur Hypotaxe in den spätmittelalterlichen deutschen Rechtsbüchern und bei Luther. In: Beitr. zur Geschichte der dtsch. Sprache und Literatur *92* (1970) S. 76—92.

— u. A. Neubert: Thesen zur marxistischen Soziolinguistik. In: Linguistische Arbeitsberichte *3*. (1970) S. 3—15.

— u. A. Neubert: Rudolf Ruzicka zum 50. Geburtstag am 20. Dezember 1970. Ebda S. 1—2.

— Phonologie. In: Kleine Enzyklopädie. Die deutsche Sprache. Bd *2* (Leipzig 1970) S. 791—813.

— Rudolf Fischer zur Vollendung des 60. Lebensjahres. In: Namenkundliche Informationen *17* (1970) S. 2—4.

— [Nachr.] Theodor Frings 23. 7. 1886—6. 6. 1968. In: Beitr. zur Geschichte der dtsch. Sprache und Literatur *91* (1969) S. 1—16.

— [Nachr.] Theodor Frings 23. 7. 1886—6. 6. 1968. In: Jahrb. Sächs. Akad. Wiss. *1966* bis *1968* (Berlin 1970) S. 311—321.

— [Anz.] Beiträge zur Soziolinguistik. II. Sammelband des Leipziger Linguistenkreises. In: Wiss. Zs. Univ. Lpz., ges.- und sprachwiss. R. *19* (1970) H. 4, S. 627.

— [Ber.] Germanistenkommission der Deutschen Demokratischen Republik und der Volksrepublik Polen. Ebda S. 619—620.

— [Bespr.] K. Bischoff: Sprache und Geschichte an der mittleren Elbe und der unteren Saale. Köln—Graz 1967. In: Namenkundliche Informationen *14* (1969) S. 13—14.

— [Hrsg.] Mitteldeutsche Studien. Bd 29 (Halle/S. 1969).

— [Hrsg.] Althochdeutsches Wörterbuch. Begründet von Elisabeth Karg-Gasterstädt und Theodor Frings, hrsg. von Rudolf Große, bearbeitet von S. Blum, H. Götz, S. Habermann, R. Heller, I. Köppe, G. Müller, E. Ulbricht, G. Wolfrum. Bd 2 (Berlin 1970) 1. Lfg., 72 Sp.

— [Hrsg.] Beiträge zur Geschichte der deutschen Sprache und Literatur. Hrsg. von G. Schieb, W. Fleischer, R. Große, G. Lerchner. *91* u. *92* (Halle/S. 1969 u. 1970).

— [Hrsg.] Onomastica Slavogermanica V, Rudolf Fischer zum 60. Geburtstag gewidmet. Hrsg. von Rudolf Große und Ernst Eichler. Bln 1970. 156 S. (= Abh. Sächs. Akad. Wiss., phil.-hist. Kl. Bd 62, H. 2).

— [Hrsg.] Deutsch-slawische Forschungen zur Namenkunde und Siedlungsgeschichte. Begründet von Theodor Frings und Rudolf Fischer, hrsg. von Rudolf Fischer und Rudolf Große. Nr. 25 (Berlin 1970).

Hauschild, Richard: Die awestische Zahlenkette in Yt. 5, 54 usw. In: Orbis *XVIII* (1969) Nr. 2, S. 562—572.

— Zum Inhalt der drei Handschriften Roths. I. Sanskrit-Grammatik (Mss. Orientali 171); II. Mss. Orientali 172, 1. Teil; III. Mss. Orientali 172, 2. Teil. In: Z. für Missionswissenschaft und Religionswissenschaft *1969*. H. 3, S. 195—202.

Heimpel, Hermann: Drei Inquisitionsverfahren aus dem Jahre 1425. Akten der Prozesse gegen die deutschen Hussiten Johannes Drändorf und Peter Turnau sowie gegen Drändorfs Diener Martin Borchard. Hrsg. und erläutert. Göttingen 1969. 265 S. u. 2 Abb. (= Veröffentlichungen des Max-Planck-Instituts für Geschichte, 24).

Heimpel, Hermann: Zwei Wormser Inquisitonen aus den Jahren 1421 und 1422. Hrsg. u. erläutert. Göttingen 1969. 81 S. (= Abhandlungen der Akademie der Wissenschaften zu Göttingen, *73*).

— Die Vener von Gmünd und Straßburg und die Anfänge der Basler Kartause. In: Basler Zs. f. Gesch. u. Altertumskunde *69* (1969) S. 85—102.

— Albert Hauck (1845—1918). In: NDB Bd *8* (München 1969) S. 75—76.

— Wissenschaftliche Gesellschaften. In: Dahlmann-Waitz 10. Aufl. Stuttgart 1970. Abschnitt 46, Nr. 1—91.

— Jacob Burckhardt: Briefe. In: Göttingsche Gelehrte Anzeigen *222* (1970) S. 167—182.

— [Bespr.] Nicolai de Cusa. De concordantia catholica libri tres. Indices. 1968. Hrsg. v. G. Kallen. Ebda S. 270—272.

Iordan, Iorgu: Alexandru I. Philippide. XX Editura ştiinţifica. Bukarest 1969. 155 S.

— Note de lexicologie românească: *O*. In: Studii şi cercetari lingvistice *20* (1969) S. 3—11.

— Note de lexicologie românească: *P*. Ebda S. 131—141; 327—334.

— Despre „două ediţii Neculce", care, de fapt, sînt una singură. In: Limba română *XVIII* (1969) S. 131—141.

— Elementi di morfologia comuni alle due lingue (= rum., ital.). In: Il Veltro *XIII* (1969) H. 1—2, S. 261—264.

— Despre ediţiile de texte. In: Studii de limbă literară si filologie. Bukarest 1969. S. 259 bis 268.

— Les rapports entre la toponymie et l'anthroponymie. In: Proceedings of the Ninth International Congress of Onomastic Sciences (London, 3.—8. August 1966). Louvain 1969. S. 373—381.

— Alocuţiune la deschidera Congresului X al Ligviştilor. In: Actes du Xe Congrès International des Linguistes, Bd 1. Bukarest 1969. S. 1.

— Note sur le langage poétique de Tudor Arghezi. In: Romanische Philologie heute. Festschrift Rita Schober zum 50. Geburtstag. Hrsg. von der Humboldt-Univ. Berlin. Berlin 1969. S. 679—680.

— Despre reconsiderarea trecutului cultural. In: România literară vom 9. Januar *1969*.

— Lingvistica, un sector dinamic al culturii noastre. Interview. In: Scinteia vom 28. Mai *1969*.

— Efigie (Liviu Rebreanu). In: Tribuna vom 11. September *1969*.

— Le suffixe roumain -*(i)tate*. In: Mélanges Marcel Cohen. La Haye, Paris 1970. S. 375 bis 378.

— Aspects de la formation des mots dans les langues romanes actuelles. In: Phonétique et linguistique romanes. Mélanges offerts à M. Georges Straka, Bd 1. Lyon, Straßburg 1970. S. 211—222.

— Observations sobre la formación de palabras en español. In: Actas del III Congreso de la Associación Internacional de Hispanistas, Mexiko 1970. S. 455—463 und in: Observaţii asupra formării cuvintelor în spaniolă. Studii de hispanistică. Bukarest 1970. S. 56—65.

— Alocuţiunea de deschidere a Congresului XII de Lingvistică şi filologie romanică. In: Actele celui de-al XII-lea Congres Internaţional de Lingvistică si Filologie Romanică, Bd 1. Bukarest 1970. S. 3—4.

— Importanţa limbii române pentru studiul limbilor romanice. Ebda S. 67—76.

— Formaţii prefixate în limba română actuala. In: Studii şi cercetări lingvistice *XXI* (1970) S. 391—396.

Iordan, Iorgu: Roum. *pre-*. In: Revue roumaine de linguistique *XV* (1970) S. 474—476.
— Vstreča s sovetskimi lingvistami. In: Rumînskie gorizontî *1* (Bukarest 1970) S. 37.
— A fi sau a nu fi „tocilar". In: Gazeta învaţamîntului vom 20. März *1970*.
— Rolul hotărîtor al profesorului. Ebda, vom 5. Juni *1970*.
— Et in Arcadia ego! ... Ebda, vom 9. Oktober *1970*.
— La Liceul Internat, unde l-am avut profesor pe Ibraileanu. Interview. In: Cronica (Jassyi) vom 26. September *1970*.
— Amintiri despre profesorul Teodor Nicolau. In: Corolar, revista Liceului Internat „C. Negruzzi", (Iassyi) *1970*, Nr. 2, S. 25.
— La aniversarea Liceului Internat „C. Negruzzi". Gînduri ale foştilor săi elevi. Interview. In: Flacăra Jaşului vom 9. Oktober *1970*.
— [Prefata] la Al. Graur, Scrieri de ieri şi de azi. Bukarest 1970. S. 5—7.
— [Nachr.] Ramón Menéndez Pidal (1869—1968). In: Studii şi cercetări lingvistice *20* (1969) S. 685—687.
— [Bespr.] Cicerone Poghirc, B. P. Hasdeu. Lingvist şi filolog, Bukarest 1968. In: Limba română *XVIII* (1969) S. 285—291.
— [Hrsg.] Dicţionarul limbii române (DLR), Serie nouă. Redactori responsabili: Iorgu Iordan, Alexandru Graur, Ion Coteanu. Tomul VI, fascicula a 12-a si fascicula a 13-a: *Morsa-Muzur-Aga*. 1968. Tomul VII, Partea a 2-a, Litera *O*. 1969.
— [Hrsg.] Ion Creangă: Opere. 2 Bde, Bukarest 1970 (kritische Ausgabe unter Mitwirkung von Elisabeta Brîncuş).

Jahn, Johannes: Deutsche Renaissance. Leipzig 1969. 51 S. u. 308 Taf.
— Die 8. Generalkonferenz des Internationalen Museumsrates 1968. In: Neue Museumskunde *12* (1969) H. 3, S. 372—377.
— Rembrandt. Leben und Werk. In: Rembrandt. Die Radierungen im Dresdener Kupferstichkabinett, Staatliche Kunstsammlungen Dresden. Leipzig 1969, S. 8—18 u. 49 Abb.

Krauss, Werner: Fontenelle und die Aufklärung. Textauswahl und einleitende Abhandlung (= Theorie und Geschichte der Literatur und der schönen Künste, Bd 9). München 1969. 299 S.
— Motivrepertoire einer spanischen Zeitschrift des 18. Jahrhunderts. In: Iberoromania. München 1969. H. 1.
— Fontenelle. In: Encyclopaedia. Paris 1969.
— Poetik und Strukturralismus. In: Sprache im technischen Zeitalter. Stuttgart 1970. S. 269—290.
— [Bespr.] Leo R. Cole: The Religous Instinct in the Poetry of Juan Ramón Jiménez. Oxford 1967. In: DLZ *90* (1969) Sp. 408—409.
— [Bespr.] Don Pedro Calderón: Tan largo me lo fiais. Madrid 1967. Ebda Sp. 503—504.
— [Bespr.] Der moderne französische Roman. Interpretationen. Berlin 1968. Ebda Sp. 615—618.
— [Bespr.] E. van der Starre: Racine et le théâtre de l'ambiguïté. Etudes sur Bajazet. Leiden 1966. Ebda Sp. 703—704.
— [Bespr.] Juan Huarte: Prüfung der Köpfe zu den Wissenschaften. Übers. von G. E. Lessing. Nachdruck der Ausgabe Zerbst 1752 mit einer kritischen Einleitung und Bibliographie von Martin Franzbach. München 1968. Ebda Sp. 773—774.
— [Bespr.] Eike Barmeyer: Die Musen. Ein Beitrag zur Inspirationstheorie. München 1968. Ebda Sp. 787—788.

Krauss, Werner: [Bespr.] Ulrich Weisstein: Einführung in die Vergleichende Literaturwissenschaft. Stuttgart 1968. Ebda Sp. 883—884.
— [Bespr.] Ilse Nolting-Hauff: Vision, Satire und Pointe in Quevedos Sueños. München 1968. In: Beitr. z. roman. Philologie *VIII* (1969) S. 197—199.
— [Bespr.] Francisco Olmos García: Cervantes en su época. Madrid 1968. Ebda S. 199 bis 200.
— [Bespr.] Daniela dalla Valle: De Théophile à Molière, aspectos de una continuidad. I. II. Santiago de Chile 1968. In: DLZ *91* (1970) Sp. 27—28.
— [Bespr.] Jacques Derrida: De la grammatologie. Paris 1967. Ebda Sp. 106—107.
— [Bespr.] Michel Zeraffa: Personne et personnage. Le romanesque des années 1920 aux années 1950. Paris 1969. Ebda Sp. 308—310.
— [Bespr.] Léon Bopp: Psychologie des Fleurs du Mal. Bd I—IV. Genève 1964—1969. Ebda Sp. 492—494.
— [Bespr.] Fontenelle: Textes choisis (1683—1702). Paris 1966. Ebda Sp. 700—702.
— [Bespr.] Max Horkheimer u. Theodor W. Adorno: Dialektik der Aufklärung. Philosophische Fragmente. Frankfurt a. M. 1969. Ebda Sp. 869—871.
— [Bespr.] Kurt Wilhelm: Der Nouveau Roman. Ein Experiment der französischen Gegenwartsliteratur. Berlin 1969. Ebda Sp. 902—905.
— [Einleit. u. Hrsg.] u. M. Fontius: Französische Drucke des 18. Jh.s in den Bibliotheken der Deutschen Demokratischen Republik. Bibliographie nebst Register. Eingeleitet und hrsg. von Werner Krauss und Martin Fontius. Berlin 1970. XVII, 801 S. (= Dt. Akad. d. Wiss. zu Bln. Schriften d. Inst. f. roman. Sprachen und Kultur. Hrsg. v. W. Krauss u. W. Bahner. Bd 1).
— [Mithrsg.] Slawisch-Deutsche Wechselbeziehungen in Sprache, Literatur und Kultur. Berlin 1969. Hrsg. von W. Krauss, Z. Stieler, J. Belic, V. I. Borkovskij.

Kumaniecki, Kazimierz: Les discours égarós de Cicéron „Pro Cornelio". In: Mededelingen van de Koninklijke Vlaamse Academie voor Wetenschappen *32* (1970) H. 4.
— Ciceros „Cato". In: Forschungen zur römischen Literatur. Festschrift zum 60. Geburtstag von K. Büchner. 1970. S. 168—188.
— [Hrsg.] M. Tullius Cicero. Fasc. 3: De oratore. Leipzig 1969. XL, 412 S.
— [Hrsg.] Erasmi Roterodami Antibarbarorum liber. In: Opera Ominia Desiderii Erasmi Roterodami I (1969) S. 1—138.

Lau, Franz u. E. Bizer: Reformationsgeschichte Deutschlands bis 1555. 2. Aufl. Göttingen 1969. 170 S. (= Die Kirche in ihrer Geschichte 3 K.).
— Vorwort. Luther-Jahrbuch *36* (1969) S. 5—6 u. *37* (1970) S. 5—6.
— Luther und die Welt der Reformation (Sammelbesprechung). Ebda S. 93—132 u. S. 129—134.
— Die Königsherrschaft Jesu Christi und die lutherische Zweireichelehre. In: Reich Gottes und Welt. Darmstadt 1969. S. 484—513.
— Leges charitatis. Ebda S. 528—547.
— Luthers vierte Bauernschrift. In: Antwort aus der Geschichte. Betrachtungen und Erwägungen zum geschichtlichen Bild der Kirche. Walter Dress zum 65. Geburtstag. Berlin 1969. S. 84—98.
— Der neue Thesenstreit. In: Die Reformation, ihr geschichtlicher Ablauf und ihre Bedeutung für die Theologie der Gegenwart. Halle (S.) 1969. S. 48—54. (= Wiss. Beiträge d. Martin-Luther-Universität Halle—Wittenberg 1969/8 [A 7]).
— Vision eines ganz neuen Christentums. In: Luther *40* (1969) S. 86—91.

Lau, Franz: Vorwort zu: Herbergen der Christenheit. Jahrbuch für deutsche Kirchengeschichte 1969. Berlin 1970. S. 5—6 (= Beiträge zur Kirchengeschichte Deutschlands VII).
— [Bespr.] W. Schilling: Gotteslästerung strafbar? Religionswissenschaftliche, theologische und juristische Studie zum Begriff der Gotteslästerung und zur Würdigung der Religionsschutznormen im Strafgesetz. München 1966. In: ThLZ *94* (1969) Sp. 307—309.
— [Hrsg.] Luther-Bibliographie 1969. In: Luther-Jahrbuch *36* (1969) S. 133—176.
— [Hrsg.] Luther-Bibliographie 1970. Ebda *37* (1970) S. 135—176.
— [Hrsg.] Luther-Jahrbuch *36* (1969) u. *37* (1970)
— [Hrsg.] Herbergen der Christenheit. Jahrbuch für deutsche Kirchengeschichte 1969. Bln 1970 (= Beiträge zur Kirchengeschichte Deutschlands VII).

Lehmann, Edgar: Az. 1527. évi spanyol villágtérkép. [Die spanische Weltkarte aus dem Jahre 1527]. In: Geodézia és kartográfia, 3. Különszám. Budapest 1969. S. 61—64.
— Weltkongreß der Kartographen in New Delhi. In: Spektrum *15* (Bln 1969) H. 5, S. 187 bis 188.
— Ein thematischer Weltatlas. In: Peterm. Geogr. Mitt. *113* (1969) H. 3, S. 226—230.
— Charakteristik der themengebundenen kartographischen Gestaltungsgrundsätze. Der „Atlas DDR" im Vergleich zu anderen Nationalatlanten. Ebda *114* (1970) H. 2, S. 152 bis 158.
— Der Bildungswert der Geographie als Wissenschaft. In: Geographische Berichte *15* (1970) H. 54, S. 15—21.
— Systems of Symbols in thematical Cartography. — Paper presented in Section IV. International Cartographic Association, Fith International Conference on Cartography Stresa (Novara), 4—10 Mai 1970. S. 1—7.
— Aufgabenstellung und Ziele physisch-geographischer Forschungen im Döllnitzgebiet. In: Wiss. Veröff. d. Dtsch. Instituts f. Länderkunde NF *27/28* (Leipzig 1970) S. 387—395.
— [Hrsg.] Die Staaten der Erde und ihre Wirtschaft. 9. Aufl. Gotha 1969.
— [Hrsg.] Wiss. Veröff. des Geographischen Instituts der Deutschen Akademie der Wissenschaften zu Berlin. Leipzig 1970.

Lersch, Philipp: Zur Psychologie der Indoktrination. München *1969*. 29 S. (= Sitzgsber. Bayer. Akad. Wiss., phil.-hist. Kl., 1968, H. 3).
— Der Mensch als Schnittpunkt. Fragen der Psychologie und Anthropologie der Gegenwart. München *1969*. 176 S. (= Beck'sche schwarze Reihe. 62).
— Aufbau der Person. 11. Aufl. München 1970. 664 S.
— [Hrsg.] Psychologische Rundschau 1969—1970.
— [Mithrsg.] Zs. f. experimentelle und angewandte Psychologie 1969—1970.
— [Mithrsg.] Zs. Schule und Psychologie 1969—1970.

Ligeti, Lajos: Monuments préclassiques 1. XIIIe et XIVe siècles: Indices verborum linguae Mongolicae monumentis traditorum Bd I. Budapest 1970. 170 S.
— Glossaire supplémentaire au Vocabulaire sino-ouigour du Bureau des Traducteurs. In: Acta Orient. Hung. *22* (1969) S. 1—49, 191—243; als Einzeldruck: Budapest Oriental Studies 2.
— A jó szagu gyopártél a havasi gyopárig. In: Magyar Nyelv *65* (1969) S. 136—144.
— Tabgačkim jazyk — dialekt sjangijskogo. In: Narody Azii i Afriki *1969*. Nr. 1, S. 107 bis 117.
— Prof. L. Fekete. In: Acta Orient. Hung. *22* (1969) S. 379—381.

Ligeti, Lajos: Fekete Lajos 1891—1969. In: Magyar Tudomány *76* (1969) S. 633—636.
— Bucsu Fekete Lajostól. In: MTA I. Oszt. Közl. *26* (1969) S. 415—418.
— Orientalisztika. In: Magyar Tudomány *15* (1970) S. 217—219.
— Le tabgatch, un dialecte de la langue sienpi. In: Mongolian Studies *15* (1970) S. 265 bis 408.
— A propos de quelques textes mongols préclassiques. In: Acta Orient. Hung. *23* (1970) S. 251—284.
— Orsó szavunk török háttere. In: Magyar Nyelv *66* (1970) S. 412—421.
— Julius Németh zum Gruß. In: Acta Linguistica *20* (1970) S. 241—244.
— Macaristanda Türk dili kürsüsünün kurulusunun yüzincü yılını kutlama töreninde bu kürsünün profesörü ve Akademi üyesi Lajos Ligeti'nin acis konuşması. In: Türk Kültürü *IX* (Ankara 1970) sayi 98, S. 181—183.
— [Bespr.] G. D. Sanžeev: Sravniteljnaja grammatika mongoljskich jazykov (šüümž). In: Chel zochiol sudlal. Studia Linguae et Litterarium Academiae Scientiarum Reipublicae Populi Mongolici *8* (1970) fasc. 11, S. 321—339.
— [Hrsg.] Preklasszikus emlékek 4, közzéteszi Sárközi A. (= Mongol Nyelemléktár XV [Mongolische Sprachdenkmäler]), 3—5.
— [Hrsg.] H. Boros Vilma: Stein Aurél ifjusága [Hirschler Ignác és Stein Ernö levelezése Stein Aurélról. 1866—1891]. III—V. Budapest 1970.
— [Hrsg.] Bilimeyen Ic-Asya I, XVIII, 270. Istanbul 1970. Devlet kitaplari. Milli egitim basimevi. Macarcadan ceviren: Sadettin Karatay II, 244. Istanbul 1970.

Lissa, Zofia: Polonica Beethovenowskie [Beethovens Polonika]. Krakau 1970. 169 S.
— Wstęp do muzykologii [Einführung in die Musikwissenschaft]. Warschau 1970. 228 S.
— Aufsätze zur Musikästhetik. Berlin 1969/1970. 301 S.
— Studia nad twórczością Fryderyka Chopina [Studien zum Schaffen von Frédéric Chopin]. Krakau 1970. 510 S.
— Estietika kinomuziki [Ästhetik der Filmmusik]. Moskau 1970. 450 S. [Übersetzung der deutschen Auflage von 1965].
— Prolegomena to the Theory of Tradition in Music. In: International Review of Music Aesthetics and Sociology, Vol. 1 (Zagreb 1970) S. 35—55.
— Prolegomena zu einer Theorie der Tradition in der Musik. In: Archiv f. Musikwiss. *27* (1970) H. 3, S. 152—173.
— Regers Methamorphosen der Berceuse op. 57 von Chopin. In: Die Musikforschung *23* (1970) H. 3, S. 277—296.
— Beethovens Polonaisen. In: Beiträge zur Musikwissenschaft *12* (1970) S. 282—307.
— Wpływ faktury fortepianowej Beethovena na Chopina [Der Einfluß des Klaviersatzes von L. van Beethoven auf F. Chopin]. In: Muzyka *15* (1970) H. 3—4.
— [Bespr.] H. Husmann: Einführung in die Musikwissenschaft. Ebda, H. 1, S. 91—94.

Markov, Walter: Jacques Roux: Scripta et Acta. Textes présentés. Berlin 1969. 686 S.
— Exkurse zu Jacques Roux. Berlin 1970. XIV, 371 S. (= Abh. Dt. Akad. Wiss. Berlin, Jg. 1970).
— Wege und Formen der Staatsbildung in Asien und Afrika seit dem zweiten Weltkrieg. XIII. Internationaler Kongreß der historischen Wissenschaften. Moskau 16.—23. August 1970. Moskau 1970. 10 S.
— Istorija kontinentov. Puti i formy obrazovannija gosudarstv v Azii i Afrike posle vtoroj mirovoj vojny. XIII mezdunarodnyj kongress istoriceskich nauk. Moskva, 16—23 avgusta 1970 g. Moskva 1970. 16 S.

Markov, Walter: Revolutionen beim Übergang vom Feudalismus zum Kapitalismus. Eine vergleichende revolutionsgeschichtliche Betrachtung. In: ZfG *17* (1969) H. 5, S. 592—595.
— Wege und Formen der Staatsbildung in Asien und Afrika seit dem zweiten Weltkrieg. Thesen. Ebda H. 6, S. 726—749.
— Geschichtswissenschaft bei Rütten & Loening. In: 125 Jahre Rütten & Loening 1844 bis 1969. Ein Almanach. Berlin 1969. S. 314—315.
— Erinnerung und Wirklichkeit. In: Die Weltbühne *24* (Berlin 1969) H. 20, S. 613—615.
— Tschombes Tod. Ebda, H. 29, S. 911—912.
— Noppels Ehrentag. Ebda, H. 33, S. 1040—1042.
— Geschichtswissenschaft bei Rütten & Loening. Ebda, H. 43, S. 1360—1361.
— Burckhardt über Richelieu. Ebda, H. 50, S. 1597—1598.
— Ajaccio. In: LVZ *25* (1969) Nr. 223 vom 14. Aug.
— Volksnahe afrikanische Kunst. In: ND *24* (1969) Nr. 224 vom 15. Aug.
— Ein Porträt der Revolution. In: Wiss. Zs. Univ. Lpz., ges.- u. sprachwiss. Reihe, *19* (1970) H. 3, S. 369—375.
— Institutions napoléoniennes en Allemagne: Les deux faces d'un progrès. In: Revue d'histoire moderne et contemporaine. La France à l'époche napoléonienne. T. *XVII* (Paris 1970) Juillet-Sept., S. 893—896.
— Encore Epellet. In: Annales Historiques de la Révolution Française. Paris 1970. Nr. 4, S. 676.
— The Nigerian Civil War and its Aftermath. In: Instituto de Estudios Internacionales. Santiago de Chile. 14. Nov. 1970.
— Julia Moschkowskaja und Georg Forster. In: Die Weltbühne *25* (Berlin 1970) H. 12, S. 366—367.
— Vom Ende und vom Anfang. Ebda, H. 18, S. 545—547.
— Neue Freunde in Afrika. Ebda, H. 21, S. 654—657.
— Tote sterben auch. Ebda, H. 26, S. 875.
— Alpheus Hunton. Ebda, H. 34, S. 1086.
— Nochmals: Kongreß in Moskau. Ebda, H. 38, S. 1205—1206.
— Kriminelle Caritas. Ebda, H. 42, S. 1340.
— Entdeckung der Südsee. Ebda, H. 46, S. 1449—1450.
— u. H. Nimschowski, H. Stoecker: Forschungen zur Geschichte Afrikas. In: ZfG, Sonderbd „Historische Forschungen in der DDR 1960—1970". Analysen und Berichte. Zum 13. Internationalen Historikerkongreß in Moskau 1970. Berlin 1970. S. 746—762.
— Der Sozialismus wird so gut, wie wir ihn gestalten. Umfrage ... In: UZ Lpz. *14* (1970) Nr. 8 v. 19. Febr.
— Afrika im Jahre Zehn. In: Horizont *3* (1970) Nr. 36 v. 1. Sept.
— H. Piazza u. W. Markov: Leninsche Außenpolitik und antikolonialer Befreiungskampf. In: Wiss. Zs. Univ. Lpz., ges.- u. sprachwiss. Reihe, *19* (1970) H. 2, S. 261—288.
— [Nachr.] J. J. Moskovskaja zum Gedenken. In: ZfG *18* (1970) H. 5, S. 703.
— [Nachr.] A la mémoire de Julie Mochekovskaia. In: Annales Historiques de la Révolution Française. Paris 1970. Nr. 4, S. 719.
— [Bespr.] J. D. B. Miller: The Politics of the Third World. Issued under the auspices of the Royal Institute of International Affairs. London, New York, Toronto 1966 (= Chatam House Essays]. In: OLZ *64* (1969) H. 3/4, S. 127—129.
— [Bespr.] Kamerun unter deutscher Kolonialherrschaft. Studien, Bd II, Hrsg. v. H. Stoekker (= Schriftenreihe des Instituts für allgemeine Geschichte an der Humboldt-Univ. Berlin, Bd XII). Berlin 1968. In: ZfG *17* (1969) H. 5, S. 640—641.

Markov, Walter: [Bespr.] Miroslav Opelt (Ed.): Asian and African Studies in Czechoslovakia. 1970. In: OLZ *65* (1970) H. 5/6, S. 244.
- [Bespr.] G. F. Kariakine et E. G. Plimak: La pensée interdite (re)trouve la liberté. Moscou 1966. In: Annales Historiques de la Révolution Francaise. Paris 1970. Nr. 4, S. 710—711.
- [Anz.] R. u. M. Cornevin: Geschichte Afrikas von den Anfängen bis zur Gegenwart. Stuttgart 1966. In: ZfG *17* (1969) H. 4, S. 539—540.
- [Anz.] Francuzskij ežegodnik. Staty i materialy po istorii Francii (Französisches Jahrbuch. Aufsätze und Materialien zur Geschichte Frankreichs). Moskva 1969. Ebda, H. 10, S. 1366.
- [Anz.] F. G. Dreyfus: Société et mentalités à Mayence dans la seconde moitié du dixhuitième siècle (Gesellschaft und Ideologie von Mainz in der zweiten Hälfte des 18. Jahrhunderts). Paris 1968. Ebda, H. 11, S. 1491.
- [Anz.] R. Cornevin: Histoire de la colonisation allemande (Geschichte der deutschen Kolonisation). („Que sais-je?", Nr. 1331). Paris 1969. Ebda, H. 12, S. 1608.
- [Anz.] Ch. Carrière, M. Coururie u. F. Rebuffat: Marseille ville morte. La peste de 1720 (Die tote Stadt Marseille. Die Pest von 1720). Marseille 1968. Ebda S. 1617.
- [Anz.] T. O. Ranger: Revolt in Southern Rhodesia 1896—97. A Study in African Resistance (Revolte in Südrhodesien. Eine Studie zur afrikanischen Widerstandsbewegung). London 1967. Ebda S. 1619.
- [Anz.] N. Carcan-Chanel u. Delsemme: Agents diplomatiques belges et étrangers aux XIXe et XXe siècle (Belgische und ausländische Diplomaten im 19. und 20. Jahrhundert). Bruxelles 1968. Ebda *18* (1970) H. 1, S. 130.
- [Anz.] Beza, Brutus, Hotman. Calvinistische Monarchomachen. Hrsg. u. eingel. v. J. Dennert. Klassiker der Politik. NF Bd 8. Köln-Opladen 1968. Ebda S. 126—127.
- [Anz.] Francois-Joseph L'Ange: Oeuvres. Hrsg. v. P. Leutrat. Ed. sociales. Paris 1968. Ebda, H. 6, S. 847—848.
- [Anz.] Jean Orieux: Das Leben des Voltaire. Frankfurt/M. 1968. Ebda, H. 7, S. 960 bis 961.
- [Anz.] M. T. Blanc-Rouquette: La Presse et l'information à Toulouse. Des origines à 1789 (Presse und Information in Toulouse. Von den Anfängen bis 1789). Publication de la Faculté des lettres et sciences humaines de Toulouse, série A, t. 6. Toulouse 1967. Ebda S. 961.
- [Anz.] L. Bergeron, F. Furet u. R. Koselleck: Das Zeitalter der europäischen Revolution. 1780—1848. Fischers Weltgeschichte. Bd 26. Frankfurt/M. 1969. Ebda, H. 8, S. 1097.
- [Anz.] Occupants-Occupés. 1792—1815 (Occupanten—Okkupierte). Institut de Sociologie, Univ. Libre de Bruxelles. Bruxelles 1969. Ebda S. 1098.
- [Anz.] A. Pelletier u. J. Goblot: Matérialisme historique et histoire des civilisations (Der historische Materialismus und die Geschichte der Zivilisation). Paris 1969. Ebda, H. 11, S. 1521.
- [Hrsg.] Studien zur Geschichte Asiens, Afrikas und Lateinamerikas. Hrsg. v. W. Markov, in Verbindung mit M. Kossok und L. Rathmann. Bd 20: Jean Suret-Canale: Schwarzafrika. Geschichte West- und Zentralafrikas 1900—1945. Bd 2. Mit 25 Ktn u. 1 Tab. Dt. Ausgabe besorgt v. Achim Gottberg. Berlin 1969. 466 S.
- [Hrsg.] Studien zur Geschichte Asiens, Afrikas und Lateinamerikas. Hrsg. v. W. Markov, in Verbindung mit M. Kossok und L. Rathmann. Bd 22: Helmut Faulwetter u. Peter Stier: Indien. Bilanz und Perspektive. Berlin 1970. 246 S.

Markov, Walter: [Vortr.] A propos d'Ibn Khaldoun, historien de la culture [für das Symposium beim Kulturfestival in Algier vom 21. 7.—1. 8. 1969]. 4 S. Manuskript.
— [Vortr.] Ibn Khaldoun — Historian of Culture [für das Symposium beim Kulturfestival in Algier vom 21. 7.—1. 8. 1969]. 4 S. Manuskript.
— [Vortr.] W. Markov u. H. Nimschowski: L'Afrique à la lumière des sciences historiques de la R.D.A. (1960 à 1969) [für das Symposium beim Kulturfestival in Algier vom 21. 7. bis 1. 8. 1969]. 14 S. Manuskript.

Meyer, Rudolf: Hebräische Grammatik II. Formenlehre und Flexionstabellen. Sammlung Göschen 764/764a/764b. Berlin 1969. 221 S.
— Der Prophet aus Galiläa. Studie zum Jesusbild der drei ersten Evangelien. Mit einer Vorbemerkung zum Neudruck. Darmstadt 1970. 168 S.
— Pharisaios. A. Der Pharisäismus im Judentum. In: Theologisches Wörterbuch zum Neuen Testament IX (Stuttgart 1969) S. 11—36.
— [Bespr.] J. Zedner: Catalogue of the Hebrew Books in the Library of the British Museum. London 1867 — Reprint 1964. In: OLZ *64* (1969) Sp. 157—158.
— [Bespr.] Sh. Shaked: A Tentative Bibliography of Geniza Documents. The Hague 1964. Ebda Sp. 158—160.
— [Bespr.] G. Margoliouth: Catalogue of the Hebrew and Samaritan Manuscripts in the British Museum, Part I—III. London 1965 (Neudruck). Ebda Sp. 261—263.
— [Bespr.] Ch.-F. Jean u. J. Hoftijzer: Dictionnaire des inscriptions sémitiques de l'Ouest. Livr. IV et V. Leiden 1965. Ebda *65* (1970) Sp. 158—161.

Michałowski, Kasimierz: Das Wunder aus Faras. Wandgemälde und Altertümer aus polnischen Ausgrabungen im Rahmen der UNESCO-Aktion „Rettet die Altertümer Nubiens". Hrsg. von den Staatlichen Museen zu Berlin. Berlin 1968. 137 S. u. 65 Abb.
— Nie tylko piramidy. Sztuka danego Egiptu. 2. Aufl. Warszawa 1969. 333 S. u. 121 Abb.
— Ägypten. Kunst und Kultur. Freiburg/Br. 1969. 593 S. u. 1041 Abb.
— Art of Ancient Egypt. New York 1969. 600 S. u. 1109 Abb.
— Arte y civilization de Egipto. Barcelona 1969. 496 S. u. 816 Abb.
— Karnak. Warszawa 1969. 29 S. u. 90 Abb.; dass. London 1970.
— Haga 1969. Ausstellungsführer durch die Villa Hügel. Essen 1969. 152 S. u. 89 Abb.
— Jak Grecy tworzyli sztukę. Warszawa 1970. 233 S. u. 111 Abb.
— Palmyre. London 1970. 30 S. u. 88 Abb.
— Vorrede zu Wiesław Koziński: Organizacja procesu inwestycyjnego piramidy Cheopsa. Warszawa 1969 (Die englische Übersetzung des Buches mit Vorrede erschien 1968).
— Geneza sztuki hellenistycznej. In: Miesięcznik Literacki, April *1969*, S. 62—67.
— Problem ocalenia Mohendżo Daro. In: Biuletyn Polskiego Komitetu do spraw UNESCO *117* (1969) Nr. 2, S. 16—18.
— Wie wurde das römische Theater in Alexandria entdeckt? In: UNESCO-Dienst *16* (1969) H. 5, S. 8—10.
— Dongola. In: Archeologia *29* (1969) S. 30—33.
— Polish Excavations at Old Dongola, 1st Season, november-december 1964. In: Kush *14* (1969) S. 289—299 u. 9 Taf.
— Les fouilles polonaises de Faras. In: Université de Genève, Centre d'études orientales, conferences 1969—1970, S. 14—17.
— Dongola. In: Kontynenty *4* (1970) S. 22—23.
— Les fouilles polonaises à Dongola. In: Kunst und Geschichte Nubiens in christlicher Zeit. Recklinghausen 1970. S. 163—166, Abb. auf S. 130—141.

Michałowski, Kasimierz: Open Problems of Nubian Art and Culture in the Light of the Discoveries at Faras. Ebda S. 11—20.
— Les techniques de fouilles archéologiques. In: Musée et Recherches sur le terrain. In: UNESCO-Dienst *17* (1970) S. 59—73.
— The Techniques of Archeological Excavation. Field Manual for Museums. Ebda.
— Archaeology and Anthropology. Research and Cooperation in the Nile Valley. In: International Biological Programme, Biology of Man in Africa. Warsaw Meeting 1968. Wrocław 1970. S. 23—24.

Müller, Joachim: Literarische Analogien in Heinrich von Kleists Novelle „Der Zweikampf". Berlin 1969. 56 S. (= Sitzgsber. Sächs. Akad. Wiss., phil.-hist. Kl. Bd 114, H. 4).
— Neue Goethe-Studien. Halle/S. 1969. 304 S. (Gesammelte Studien Bd 1).
— Hauptphasen und Grundtendenzen der deutschen Literaturgeschichte. In: Wiss. Zs. Univ. Jena, ges.- u. sprachwiss. R., *18* (1969) H. 2, S. 145—165.
— Zur Entstehung der deutschen Novelle: Die Rahmenhandlung in Goethes „Unterhaltungen deutscher Ausgewanderter" und die Thematik der Französischen Revolution. In: Gestaltungsgeschichte und Gesellschaftsgeschichte. Hrsg. v. Helmut Kreuzer. Stuttgart 1969. S. 152—175.
— Zur Dialogstruktur und Sprachfiguration in Lessings Nathandrama. In: Sprachkunst *1* (1970) H. 1—2, S. 42—69.
— Der Lyriker Georg Trakl. In: Universitas *25* (1970) S. 35—48.
— Paul Celan und sein lyrisches Lebenswerk. Ebda S. 1015—1030.
— Die Motivstrukturen in Raabes Erzählung „Frau Salome". In: Jahrb. der Raabe-Gesellschaft *1970*, S. 37—62.
— Grillparzers Goethe-Verständnis. In: Jahrb. des Wiener Goethevereins *74* (1970) S. 30—57.
— Hegel und die Theorie des Romans. In: Wiss. Zs. Univ. Jena, ges.- u. sprachwiss. R., *19* (1970) H. 4, S. 637—644.
— [Bespr.] Gerhard Storz: Eduard Mörike. Stuttgart 1967. In: DLZ *90* (1969) Sp. 34—36.
— [Bespr.] Albert Fuchs: Goethe-Studien. Berlin 1968. Ebda Sp. 413—416.
— [Bespr.] Katharina Mommsen: Natur- und Fabelreich in Faust II. Berlin 1969; André Dabezies: Visages de Faust au XXe siècle. Paris 1967. Ebda Sp. 511—515.
— [Bespr.] Wolfgang Streicher: Die dramatische Einheit von Goethes Faust. Tübingen 1966. Ebda Sp. 709—711.
— [Bespr.] Moriz Enzinger: Adalbert Stifter im Urteil seiner Zeit. Wien 1968. Ebda Sp. 809—810.
— [Bespr.] Schillers Werke. Nationalausgabe Bd 42. Weimar 1967; Friedrich Schiller: On the Aesthetic Education of Man. Edited and translated by E. M. Wilkinson and L. A. Willoughby. Oxford 1967. Ebda Sp. 1080—1085.
— [Bespr.] Walter Muschg: Gestalten und Figuren. Bern 1968. Ebda *91* (1970) Sp. 36—40.
— [Bespr.] Manfred Karnick: Wilhelm Meisters Wanderjahre. München 1968. Ebda Sp. 137—139.
— [Bespr.] Hölderlin. Sämtliche Werke, Bd VII, 1. Stuttgart 1968; Bernhard Böschenstein: Hölderlins Rheinhymne. Freiburg 1968. Ebda Sp. 223—226.
— [Bespr.] Adalbert Stifter: Studien. Hrsg. v. Jürgen Jahn, Bd 1, 2. Leipzig 1968. Ebda Sp. 508—510.

Müller, Joachim: [Bespr.] Hanna Wildbolz: Mensch und Stand im Werke Gottfried Kellers. Bern 1969. Ebda Sp. 1075—1077.
Ferner 34 Kurzreferate in: Germanistik Jgg. *10—11* (1969—1970).
— [Hrsg.] Die Akten Gustav Falke und Max Dauthendey. Hrsg. v. Joachim Müller. Aus dem Archiv der Deutschen Schillerstiftung H. 15/16. Berlin u. Weimar 1970. 73 S.

Németh, Julius: Der Volksname Karluk und seine semantische Gruppe. In: Acta Linguistica Hung. *19* (Budapest) 1969 S. 13—18.
— Dva kipčakskich geografičeskich nazvanija v Vengrii. In: Issledovanija po tjurkologii. Akademija Nauk Kazachskoj SSR. Institut Jazïkoznanija. Izdatel'stvo Nauka Kazachskoje SSR. Alma-Ata 1969. S. 26—33.
— A török-magyar törzsnévadás korszakai [Die Perioden der türkisch-ungarischen Volksnamengebung]. In: Névtudományi Elöadások. II. Névtud. Konferencia, Budapest 1969 [Szerk. Kázmér Miklós és Végh József]. Nyelvtud. Ertekezések 70. sz. Akadémiai Kiadó. Budapest 1970. S. 229—235.
— [Bespr.] V. G. Egorov: Etimologičeskij slovarj čuvašskogo jazïka. Čeboksarï 1964. In: OLZ *65* (1970) Sp. 172—173.
— [Hrsg.] Acta Liguistica Academiae Scientiarum Hungaricae *19* (1969) u. *20* (1970).

Neumann, Gotthard: Burg Camburg an der Saale historisch und archäologisch. In: Siedlung, Burg und Stadt. Festschrift P. Grimm. Berlin 1969. S. 404—418, 7 Abb., Taf. 17—18.
— Die Glockenbecherkultur im Spiegel einiger thüringischer Siedlungsplätze. In: Die neolithischen Becherkulturen im Gebiet der DDR und ihre europäischen Beziehungen. Veröffgn des Landesmuseums für Vorgeschichte in Halle. *24* (Berlin 1969) S. 131—142, 5 Abb.
— Ur- und Frühgeschichte. In: W. Heinrich und L. Legger, Jena, Landschaft, Natur und Geschichte. Heimatkundlicher Lehrpfad. Jena [1970] S. 26—29, 6 Abb., 1 Taf.

Peek, Werner: Inschriften aus dem Asklepieion von Epidauros. Berlin 1969. 156 S., 58 Taf. (= Abh. Sächs. Akad. Wiss., phil.-hist. Kl. Bd 60, H. 2).
— Inschriften von den Dorischen Inseln. Berlin 1969. 65 S., 8 Taf. (= Abh. Sächs. Akad. Wiss., phil-hist. Kl. Bd 62, H. 1).
— Kritische und erklärende Beiträge zu den Dionysiaka des Nonnos. Berlin 1969. 52 S. (= Abh. Dt. Akad. Wiss. 1969, H. 1).
— Epigramme und andere Inschriften aus Lakonien und Arkadien. Heidelberg 1970. 40 S., 3 Taf. (= Sitzgsber. Heidelberger Akad. Wiss. 1970, H. 3).
— Verkannte Verse. In: Bulletin de Correspondance Hellénique *93* (1969) S. 838—840.
— Martys alektor. In: Wiss. Zs. Univ. Halle, ges.- u. sprachwiss. R., *18* (1969) S. 237—242.
— Ep Asopo damastheis. In: Archaiologika Analekte ex Athenon *3* (1970) S. 87—89.
— Grabepigramm aus Pantikapaion. In: Rheinisches Museum *113* (1970) H. 1, S. 95.
— [Bespr.] H. Beckby: Anthologia Graeca. Bd I—IV., 2. verb. Aufl. München 1965—1967. In: DLZ *91* (1970) Sp. 114—116.
— [Hrsg.] unter Mitarbeit von R. Fischer und R. Große: Opuscula, Sammelausgabe seltener und bisher nicht selbständig erschienener wissenschaftlicher Abhandlungen. Bd I: Wilhelm Wattenbach, Kleine Abhandlungen zur mittelalterlichen Geschichte. Leipzig 1970.

Petschow, Herbert: Neufunde zu keilschriftlichen Rechtssammlungen. In: ZSS, Rom. Abt. *85* (1968) S. 1—29.
— [Nachr.] Benno Landsberger 21. 4. 1890—26. 4. 1968. In: Jahrb. Sächs. Akad. Wiss. *1966—1968* (Berlin 1970) S. 371—376.

Peukert, Herbert: Ivan Gundulics 'Osman' in Deutschland. Berlin 1969. 99 S. (= Sitzgsber. Sächs. Akad. Wiss., phil.-hist. Kl. Bd 114, H. 2).
— O 'realizmu' makedonske narodne lirike. In: Rabotata na XIII kongres na Sojuzot na folkloristite na Jugoslavija. Skopje 1968. S. 25—35.
— Neuere Arbeiten zur serbokroatischen Akzentuation. In: Z. f. Slawistik *14* (1969) S. 73—76.
— Zum Bildparallelismus in der russischen Volkslyrik. In: Studia slavica *17* (Budapest 1969) H. 1—2, S. 87—102.
— Zum Verhältnis von Volks- und Kunstdichtung. Das Fatima-Lied in Njegošs „Gorki vijenae". In: Folklore (Belgrad) *1969*, H. 29—32, S. 33—43.
— Zum Wortakzent in den slawischen Volksliedsprachen. In: Sprache und Gesellschaft. Wissenschaftl. Beitr. der Friedrich-Schiller-Universität Jena. Gertrud Pätsch in honorem. Jena 1970. S. 122—143.
— [Bespr.] M. Jähnichen: Zwischen Diffamierung und Widerhall. Tschechische Poesie im deutschen Sprachgebiet 1815—1867. Berlin 1967. In: ZfSl. *14* (1969) S. 469—473.
— [Bespr.] M. Bakoš: Vývin slovenského verša od školy Štúrovej. Bratislava 1966. Ebda *15* (1970) S. 291—293.
— [Bespr.] K.-H. Pollok: Studien zur Poetik und Komposition des balkanslawischen lyrischen Volksliedes. Göttingen 1964. Ebda S. 461—464.

Préaux, Claire: Sur la stagnation de la pensée scientifique à l'époque hellénistique. In: Essays in honor of C. Bradford Welles. American Studies in Papyrology, I (New Haven [Conn.] 1966) S. 235—250.
— L'élargissement de l'espace et du temps dans la pensée grecque. In: Bulletin de la Classe des Lettres et des Sciences morales et politiques de l'Académie Royale de Belgique, Série 5, Bd *LIV* (1968) S. 208—267.
— Epoque hellénistique. In: Troisième conférence internationale d'Histoire Economique, Munich 1965. 1970. S. 41—74.

Průšek, Jaroslav: Chinese History and Literature. Collection of Studies. Part *I*: Ancient Literature, Literature of the Ch'ing Period. Folklore; Part *II*: Medieval popular Literature. Dordrecht (Holland) 1970. 577 S.

Schadewaldt, Wolfgang: Hellas und Hesperien. Ges. Schriften zur Antike und zur neueren Literatur in 2 Bänden. *I*: Zur Antike. 2. Aufl. Zürich, Stuttgart 1970. 827 S. (= Festschrift W. Schadewaldt zum 70. Geburtstag [m. Bildn.]).
— Antikes Drama auf dem Theater heute. Pfullingen 1970. 48 S. m. Abb.
— Griechische Sternsagen. Mit Zeichnungen v. Celestino Piatti. Neubearb. Ausgabe München 1970. 169 S. (= dtv Bd 660).
— [Übers. u. Nachw.] Sophokles: Elektra [Electra]. Stuttgart 1969. 80 S. (= Reclams Universal-Bibliothek Nr. 711).
— [Übers. u. Bearb.] Aristophanes: Die Vögel [Aves]. Bühnenfassung. Frankfurt/M. 1970. 109 S. (= Insel-Bücherei Nr. 946).

Schmidt, Eberhard: Nachtragsbd II zu Teil II des Lehrkommentars zur Strafprozeßordnung und zum Gerichtsverfassungsgesetz. Göttingen 1970. 159 S.
— Strafprozeß und Rechtsstaat. Strafprozeßrechtliche Aufsätze und Vorträge (1952—1969). Göttingen 1970. 323 S.
— Straftaten und Ordnungswidrigkeiten. In: Festschrift für Adolf Arndt. Frankfurt a. M. 1969. S. 415—433.
— Strafvollzug und Gerechtigkeit im Strafrecht. In: Festschrift für Albert Krebs. Neuwied, Berlin 1969. S. 97—103.
— Soziale Handlungslehre. In: Festschrift für Karl Engisch. Frankfurt a. M. 1969. S. 399ff.
— Zur Demokratisierung der Justiz. In: Der Staat *8* (1969) H. 1, S. 65—78.
— Persönliche Erinnerungen an Franz von Liszt. In: Z. für die gesamte Strafrechtswissenschaft *81* (1969) S. 545—555.
— Rechte und Pflichten, Funktionen und Konflikte des Strafverteidigers. In: Juristenzeitung *24* (1969) S. 316—320.
— Formen im Gerichtssaal. In: Z. für Rechtspolitik *1968/1969*, S. 254—259.
— Der Strafprozeß. Aktuelles und Zeitloses. In: Neue Juristische Wochenschrift *27* (1969) H. 27, S. 1137—1146.
— Ärztliche Mitwirkung bei Untersuchungen und Eingriffen nach StPO §§ 81a und 81c. In: Monatsschrift f. Dt. Recht *1970*, H. 6, S. 461—465.
— Repression und Prävention im Strafprozeß. In: Juristische Rundschau *1970*, S. 204 bis 208.
— § 261 StPO in der neueren höchstrichterlichen Rechtssprechung. In: Juristenztg. *25* (1970) Nr. 11/12, S. 337—343.
— Zur Reform des sogenannten „Demonstrationsstrafrechts". In: Z. für die gesamte Strafrechtswissenschaft *82* (1970) H. 1, S. 1—24.
— Amtsbezeichnung der Richter und Präsidialverfassung. Ebda, H. 2, S. 329—343.

Schubart-Fikentscher, Gertrud: Untersuchungen zur Autorschaft von Dissertationen im Zeitalter der Aufklärung. Berlin 1970. 135 S. (= Sitzgsber. Sächs. Akad. Wiss., phil.-hist. Kl. Bd 114, H. 3).
— Chr. Gottlieb Haubold (Jurist). In: NDB Bd 8 (München 1969) S. 72—73.
— Emil Goldmann (Jurist). In: Handwörterbuch zur deutschen Rechtsgeschichte. Berlin 1970. Lfg 7, Sp. 1747—1748.
— [Bespr.] Goethes Amtliche Schriften. Goethes Tätigkeit im Geheimen Consilium. Bd 1: Die Schriften der Jahre 1776—1786. Bearb. von W. Flach. Weimar 1950. CVI, 462 S. u. Bd 2: Die Schriften der Jahre 1788—1819. Bearb. von Helma Dahl. 1. Halbbd 1788 bis 1797. Weimar 1968. 552 S. In: ZSS, Germ. Abt. *87* (1970) S. 487—492.

Straub, Werner: Zur Eröffnung. In: Bericht über den 2. Kongreß der Gesellschaft für Psychologie in der DDR. Hrsg. von J. Siebenbrodt. Berlin 1969. S. 2—5.
— W. Hansch, E. Plath, K. Reibetanz, W. Straub: Psychophydiologische und psychologische Indikation psychonervaler Belastungswirkungen. Ebda S. 329—331.

Tackenberg, Kurt: Über die Schutzwaffen der Karolingerzeit und ihre Wiedergabe in Handschriften und auf Elfenbeinschnitzereien. In: Frühmittelalterliche Studien. Jahrb. des Instituts für Frühmittelalterforschung der Univ. Münster *3* (Berlin 1969) S. 227 bis 288, m. 10 Abb.
— Neue Geröllkeulen in Nordwestdeutschland. In: Quartär *21* (1970) S. 81—92.

Tackenberg, Kurt: [Bespr.] G. Loewe: Die Varusschlacht (clades Variana). Detmold 1968. 51 S., m. 1 Taf. u. 1 Kte. In: Lippische Mitteilungen aus Geschichte und Landeskunde *38* (1969) S. 336—338.

— [Bespr.] M. Desittere: De Urnenveldenkultuur in het Gebied tussen Neder-Rijn en Noordzee. Brügge 1968. 158 S., 117 Taf. In: Westfälische Forschungen *22* (Münster 1969—1970) S. 320—321.

— [Bespr.] J. Hoops: Reallexikon der Germanischen Altertumskunde. 2., völlig neu bearb. und stark erw. Aufl. unter Mitwirkung zahlreicher Fachgelehrter, hrsg. von Herbert Jankuhn — Göttingen, Hans Kuhn — Kiel, Kurt Ranke — Göttingen, Reinhard Wenskus — Göttingen. Bd 1 (Berlin 1968) Lfg 1, XI und 112 S. Ebda S. 323—324.

— [Bespr.] Neue Ausgrabungen und Forschungen in Niedersachsen. Bd 3, hrsg. von H. Jankuhn. Hildesheim 1966. XXIV und 308 S., 38 Taf., 5 Falttaf., 113 Strichzeichnungen. Ebda S. 324—326.

— [Hrsg.] u. K. J. Narr: Münstersche Beiträge zur Vor- und Frühgeschichte. Bd 5: Ph. Hömberg: Bibliographie zur Vor- und Frühgeschichte Westfalens. Hildesheim 1969.

— [Hrsg.] u. A. Alföldi: Antiquitas. Reihe 2, Bd 9: D. Hoof: Die Steinbeile und Steinäxte im Gebiet des Niederrheins und der Maas. Bonn 1970.

— [Hrsg.] u. A. Alföldi, J. Straub: Antiquitas. Reihe 3, Bd 6: W. Hübener: Absatzgebiete frühgeschichtlicher Töpfereien in der Zone nördlich der Alpen. Bonn 1969.

— [Hrsg.] u. A. Alföldi, J. Straub: Antiquitas. Reihe 3, Bd 7: S. J. Rudenko: Die Kultur der Hsiung-Nu und die Hügelgräber von Noin Ula. Bonn 1969.

Vossler, Otto: Gedanken über die Universität. Wiesbaden 1969. 24 S. (= Sitzgsber. d. Wiss. Gesellschaft an d. Joh.-Wolfgang-Goethe-Univ. Frankfurt/M. Jg. 1968, Bd 7, Nr. 2, S. 27—50).

von Wartburg, Walther: Evolución y estructura de la lengua francesa. Versión española de Carmen Chust. Gredos. Madrid 1966. 350 S. (= Bibliotheca Románica — Hispanica).

— Evolution et structure de la langue française. 8e éd. Bern 1967. 294 S. (= Bibliotheca Romanica).

— La fragmentation linguistique de la Romania. Traduit de l'allemand par J. Allières et G. Straka. Paris 1967. 150 S., 17 Ktn (= Bibl. française et romane, publiée par le Centre de philologie et de la littérature romanes de la Faculté des Lettres et Sciences humaines, Strasbourg).

— Problèmes et méthodes de la linguistique (avec la collaboration de S. Ullmann). Traduit de l'allemand par P. Maillard. 3e éd. Paris 1969. 350 S.

— Problems and Methods in Linguistics. Translated by Joyce M. H. Reid. Oxford 1969. 268 S.

— Einführung in die Problematik und Methodik der Sprachwissenschaft. 3., durchgesehene Aufl. Tübingen 1970. 248 S.

— Oscar Bloch † und Walther von Wartburg: Dictionnaire étymologique de la langue française. 5e éd. Paris 1968. 682 S.

— u. H. E. Keller, R. Geuljans: Bibliographie des dictionnaires patois-galloromans (1550—1967). Genève 1969. 376 S. (= Publications romanes et françaises).

— Les mots bretons en français et dans les parlers galloromans. In: Mélanges de linguistique et de philologie romanes offerts à Monseigneur Pierre Gardette. Strasbourg 1966. S. 503—507.

— *Tropare* und *turbare*. In: Estudis de llatí medieval i de filologia romànica dedicats a la

memoria de Lluís Nicolau d'Olwer. Bd I. Barcelona 1966. S. 95—104 (= Estudis Romànics VIII, 1961).
— Français *osier*. In: Revue de linguistique romane *31* (1967) S. 32—34 (= Hommage à la mémoire de John Orr).
— Ursprung und Geschichte des Wortes *bâtir*. In: Verba et Vocabula. E. Gamillschleg zum 80. Geburtstag. München 1968. S. 639—647.
— Spécimens d'une nouvelle rédaction d'articles parus dans le premier volume du „Französisches Etymologisches Wörterbuch". In: Mélanges offerts à Rita Lejeune. Bd II. Gembloux 1969. S. 1685—1696.
— Französisches Etymologisches Wörterbuch (FEW). Eine Darstellung des galloromanischen Wortschatzes. Basel und Paris. Fortsetzung der Publikation im Jahre 1966 mit Lfg 103 **wafla — *waso* (Bd 17, Germanische Elemente), Lfg 104 *tritare — *tukka* (Bd 13/II), Lfg 105/106 *supplicare — šibbolet* und Register (Bd 12), Lfg 107/108 *tenaculum — titus* (Bd 13/I), Lfg 109 *abar — qubba* (Bd 19, Orientalia), Lfg 110 Les plantes (Bd 21/I, Materialien unbekannten oder unsicheren Ursprungs, hrsg. von M. Hoffert, J. Hubschmid, H. Lüdtke, M. Müller), Lfg 111/112/113 *mobilis — mutare* (Bd 6/III), Lfg 114 **waso — zwinken* und Register (Bd 17, Germanische Elemente); im Jahre 1967 mit Lfg 115 Les plantes [Schluß]. Les animaux. L'homme, être physique (Bd 21/I), Lfg 116 **tukka — Tyrus* und Register (Bd 13/II), Lfg 117/118 *mercatio — mneme* (Bd 6/II), Lfg 119 L'habitation — La navigation (Bd 23/III, Materialien unbekannten oder unsicheren Ursprungs), Lfg 120 L'homme, être physique [poil — secouer] (Bd 21/I), Lfg 121 Anglizismen (Bd 18, 144 S.); im Jahre 1968 mit Lfg 122 *qubba — Zwawa* und Register (Bd 19, Orientalia), Lfg 123 **bu — *faihida* (Bd 15/II), Lfg 124 **aardeend — berman* (Bd 15/I, Germanische Elemente), Lfg 125 Entlehnungen aus den übrigen Sprachen (Bd 20, 127 S.), Lfg 126 *berman — *bosk* (Bd 15/I, Germanische Elemente), Lfg 127 La navigation [Schluß]. L'homme et l'univers [être — saleté] (Bd 23/III, Materialien unbekannten und unsicheren Ursprungs); im Jahre 1969 mit Lfg 130 **bosk — bryman* (Bd 15/I, Germanische Elemente), Lfg 131 L'homme, être physique [secouer — turban] (Bd 21, Materialien unbekannten oder unsicheren Ursprungs), Lfg 132 *mutare — myxa* (Bd 6/III), Lfg 133 **faihida — futtern* (Bd 15/II), Lfg 134 *a — acer* (Bd 24); im Jahre 1970 mit Lfg 135 *apaidentos — architectus* (Bd 25), Lfg 136 L'homme et l'univers [salir — alchimie] (Bd 23, Materialien unbekannten und unsicheren Ursprungs).

von Weizsäcker, Carl-Friedrich: Die Tragweite der Wissenschaft. Bd 1: Schöpfung und Weltentstehung. Die Geschichte zweier Begriffe. 2. Aufl. Göttingen 1966. XI, 243 S.
— Gedanken über unsere Zukunft. Drei Reden, Göttingen 1966. 78 S. 2. Aufl. Göttingen 1967 (= Kleine Vandenhoeck-Reihe 246).
— Die Verantwortung der Wissenschaft im Atomzeitalter. 5. Aufl. Göttingen 1969. 51 S. (= Kleine Vandenhoeck-Reihe 42).
— Der ungesicherte Friede. Göttingen 1969. 118 S. (= Kleine Vandenhoeck-Reihe 300/301).
— Zwei Vorträge. Das philosophische Problem der Kybernetik. Die Einheit der Physik als konstruktive Aufgabe. Mit 4 farbigen Serigraphien von Heinz Trökes. Stuttgart 1969. 72 S. (= Die Belser-Presse. Druck 5).
— Zum Weltbild der Physik. 11. Aufl. Stuttgart 1970. 378 S.
— Die Rolle der Kirche in der neuen Weltgesellschaft. In: Evangelische Kommentare 1970, Heft 11.
— J. Heinrichs, M. Kulessa, C. F. von Weizsäcker: Indiengespräche. München 1970. 196 S.

von Weizsäcker, Carl-Friedrich: [Geleitwort zu:] Ruth Moore: Niels Bohr. Ein Mann und sein Werk verändern die Welt. München 1970. S. 5—6.

Weller, Friedrich: Kāśyapaparivarta, nach der Han-Fassung verdeutscht. In: Buddhist Yearly 1968/69. Buddhist Centre Halle. Arbeitsgemeinschaft für Buddhistische Forschungen in der Deutschen Demokratischen Republik. Halle (Saale) 1970. S. 57—221.
— [Bespr.] Cl. Vogel: Vagbhaṭa's Aṣṭangahṛdaya-saṃhitā. The first five chapters of its Tibetan version. Edited and rendered into English along with the original Sanskrit. Accompanied by a literary introduction and a running commentary on the Tibetan translating-technique. Wiesbaden 1965 (= Abh. für die Kunde des Morgenlandes, hrsg. v. H. Franke, XXXVII, 2). In: OLZ *64* (1969) Sp. 5—14.
— [Bespr.] H. Bechert: Buddhismus, Staat und Gesellschaft in den Ländern des Therevāda-Buddhismus. I. Grundlagen, Ceylon. Frankfurt/M., Berlin 1966 (= Schriften des Instituts für Asienkunde in Hamburg, XVII, 1). Ebda Sp. 488—493.
— [Bespr.] J.-M. Casal: Fouilles d'Amri I, II. Paris 1964 (= Publikations de la Commission des Fouilles Archéologiques. Fouilles de Pakistan). Ebda Sp. 493—498.
— [Bespr.] G. v. Simson: Zur Diktion einiger Lehrtexte des buddhistischen Sanskritkanons. München 1965 (= Münchener Studien zur Sprachwissenschaft, hrsg. v. K. Hoffmann u. H. Humbach, Beiheft H). Ebda *65* (1970) Sp. 180—183.
— [Ber.] East and West N. S. 16 1966. Ebda *64* (1966) Sp. 97—101.
— [Ber.] Harvard Journal of Asiatic Studies 27 1967. Ebda Sp. 215—216.
— [Ber.] East and West N. S. 17 1967. Ebda Sp. 413—417.
— [Ber.] Monumenta Serica. Journal of Oriental Studies 22 1963. Ebda Sp. 424—427.
— [Ber.] Oriens Extremus 13 1966. Ebda Sp. 508—510.
— [Ber.] Indo-Iranian Journal 10 1967. Ebda *65* (1970) Sp. 105—107.
— [Ber.] Monumenta Serica. Journal of Oriental Studies 23 1964. Ebda Sp. 421—423 u. 24 1965. Ebda Sp. 208—210.
— [Ber.] Oriens Extremus 14 1967. Ebda Sp. 215—217.
— [Ber.] Indo-Irian Journal 11 1968. Ebda Sp. 418—420.
— [Ber.] Harvard Journal of Asiatic Studies 28 1968. Ebda Sp. 510—511.

Wieacker, Franz: Augustus und die Juristen seiner Zeit. In: Tijdschrift voor rechtsgeschiedenis *37* (1969) S. 331—349.
— Electronic Data-Processing, the Administration of Justice, Legislation and Legal Research. In: Law and State, Vol. 1 (Tübingen 1970) S. 124—136.
— Die römischen Juristen in der politischen Gesellschaft des zweiten vorchristlichen Jahrhunderts. In: Sein und Werden im Recht. Festgabe für Ulrich v. Lübtow zum 70. Geburtstag am 21. August 1970. Berlin 1970. S. 183—214.
— Solon und die XII Tafeln. In: Studi in onore di Edoardo Volterra, Vol. III (1970) S. 757 bis 784.
— [Bespr.] G. Kisch: Gestalten und Probleme aus Humanismus und Jurisprudenz. Neue Studien und Texte. Berlin 1969. In: Index *1* (Camerino 1970) S. 217—221.
— [Vorw. u. Hrsg.] Iherings Erbe. Göttinger Symposium zur 150. Wiederkehr des Geburtstages von Rudolph von Ihering. Hrsg. von Franz Wieacker und Christian Wollschläger. Göttingen 1970. S. 9—16 (= Abh. der Akademie der Wissenschaften in Göttingen).

Zucker, Friedrich [Hrsg.]: Ulrich von Wilamowitz-Moellendorff: Kleine Schriften. Bd 3: Griechische Prosa. Berlin 1969. VII, 523 S.

VERZEICHNIS DER MIT DER AKADEMIE IM SCHRIFTENTAUSCH STEHENDEN KÖRPERSCHAFTEN

I. Periodica

Ägypten

Kahira
Institut Français d'Archéologie Orientale
Bibliothèque d'études
Bulletin
Conférences

National Information and Documentation Centre
Journal of Chemistry

Argentinien

Buenos Aires
Biblioteca de la Facultad de Ciencias Exactas, Fisicas y Naturales
Contribuciones Científicas

Comisión Nacional de la Energía Atómica
Informe

Sociedad Científica Argentina
Anales

La Plata
Universidad Nacional. Facultad de Ciencias Fisicomatematicas
Revista

Mendoza
Universidad Nacional de Cuyo. Instituto de Linguística
Anales

Australien

Adelaide
Barr Smith Library
The Australian Journal of Experimental Biology and Medical Science

Brisbane
Royal Society of Queensland
Proceedings

Canberra
National Library of Australia
Australian Bibliography and bibliographical Services
Historical Records of Australia

Melbourne *Royal Society of Victoria*
Proceedings

Sydney *Royal Society of New South Wales*
Monographs

Belgien

Anvers *Académie Royale d'Archéologie de Belgique*
Revue belge d'archéologie et d'histoire de l'art

Bruxelles *Jardin Botanique de l'Etat*
Bulletin

Société des Bollandistes
Analecta Bollandiana

Union Académique Internationale
Archivum latinitis medii aevi Compte rendu

Université libre, Bibliothèque Centrale
Revue de l'Université

Gent *Koninklijke Vlaamse Academie voor Taalen Letterkunde*
Jaarboek
Leonard Willemsfonds
Verslagen en Mededeelingen

Liège *L'Institut Archéologique Liégois*
Bulletin
Chronique archéologique du pays de Liège

Louvain *Université Catholique de Louvain*
Annuaire
Bibliographie académique
Collection de l'École des sciences économiques
Orientalia et Biblica Lovaniensia

Namur *Les Etudes Classiques*
Les Etudes classiques

Brasilien

Rio de Janeiro *Academia Brasileira de Ciências*
Anais

Centro Brasileiro de Pesquisas Fisicas
Summa brasiliensis mathematicae

Bundesrepublik Deutschland

Aachen

Aachener Geschichtsverein
Zeitschrift

Bibliothek der Rheinisch-Westfälischen Technischen Universität
Jahrbuch

Augsburg

Historischer Verein für Schwaben
Zeitschrift

Naturwissenschaftlicher Verein für Schwaben
Bericht

Bad Godesberg

Deutsche Forschungsgemeinschaft
Bericht über die Tätigkeit
Deutscher Forschungsdienst
Deutscher Forschungsdienst. Angewandte Wissenschaft

Beuron

Bibliothek der Erzabtei Beuron
Erbe und Auftrag
Texte und Arbeiten
Vetus lat. inst. Bericht

Braunschweig

Braunschweigische wissenschaftliche Gesellschaft
Abhandlungen

Technische Hochschule
Geographische Rundschau

Bremen

Überseemuseum
Veröffentlichungen

Die Wittheit zu Bremen
Abhandlungen des Naturwissenschaftlichen Vereins
Abhandlungen und Vorträge
Bremisches Jahrbuch
Deutsche geographische Blätter
Jahrbuch der Bremischen Wissenschaft
Veröffentlichungen aus dem Staatsarchiv

Bremerhaven

Institut für Meeresforschung
Veröffentlichungen

Düsseldorf

Düsseldorfer Geschichtsverein
Düsseldorfer Jahrbuch

Erlangen

Institut für Fränkische Landesforschung
Jahrbuch
Schriften. Historische Reihe

Physikalisch-Medizinische Sozietät
Sitzungsberichte

Frankfurt a. M.	*Philosophisch-Theologische Hochschule St. Georgen* Theologie und Philosophie
	Physikalischer Verein Jahresbericht
	Senckenbergische Naturforschende Gesellschaft Abhandlungen Aufsätze und Reden Natur und Volk Senckenbergiana biologica Senckenbergiana lethaea
	Städtisches Museum für Völkerkunde Paideuma
Freiburg i. Br.	*Naturforschende Gesellschaft* Berichte
Gießen	*Bibliothek der Justus-Liebig-Universität* Hessische Blätter für Volkskunde Mitteilungen des Oberhessischen Geschichtsvereins Nachrichten der Gießener Hochschulgesellschaft Schriften der Justus-Liebig-Universität
	Oberhessische Gesellschaft für Natur- und Heilkunde Bericht. Medizinische Abteilung Naturwissenschaftliche Abteilung
Göttingen	*Akademie der Wissenschaften* Abhandlungen. Math.-phys. Klasse Phil.-hist. Klasse Göttingische gelehrte Anzeigen Jahrbuch Nachrichten. Math.-phys. Klasse Phil.-hist. Klasse
	Max-Planck-Gesellschaft Jahrbuch Mitteilungen
Hamburg	*Geographische Gesellschaft* Mitteilungen
	Gesellschaft für Natur- und Völkerkunde Ostasiens Mitteilungen Nachrichten
	Mathematische Gesellschaft Mitteilungen
	Staats- und Universitätsbibliothek Abhandlungen aus dem Gebiete der Auslandskunde Hamburger Universitätsreden

Hannover

Akademie für Raumforschung und Landesplanung
Raumforschung und Raumordnung

Bibliothek der Technischen Universität. Technische Informationsbibliothek
Jahrbuch

Naturhistorische Gesellschaft
Bericht

Niedersächsische Landesbibliothek
Niedersächsisches Jahrbuch für Landesgeschichte
Studia Leibnitiana

Heidelberg

Badische Landessternwarte
Mitteilungen
Veröffentlichungen

Heidelberger Akademie der Wissenschaften
Abhandlungen. Phil.-hist. Klasse
Jahrbuch
Sitzungsberichte. Math.-nat. Klasse
Phil.-hist. Klasse

Naturhistorisch-medizinischer Verein
Verhandlungen

Universitätsbibliothek
Heidelberger Jahrbücher
Veröffentlichungen aus der Heidelberger Papyrussammlung

Kiel

Naturwissenschaftlicher Verein für Schleswig-Holstein
Schriften

Universitätsbibliothek
Schriften des Geographischen Instituts der Universität Kiel

Leverkusen

Farbenwerke Bayer
Therapeutische Berichte

Lübeck

Stadtbibliothek
Ausblick
Mitteilungen der Geographischen Gesellschaft und des Naturhistorischen Museums

Verein für Lübeckische Geschichte und Altertumskunde
Zeitschrift

Verein „Natur und Heimat“
Berichte

Mainz

Akademie der Wissenschaften und der Literatur
Abhandlungen der Klasse Literatur
Abhandlungen der geistes- u. sozialwiss. Klasse
Abhandlungen der mathematisch-naturwiss. Klasse
Jahrbuch

Mainzer Altertumsverein
Mainzer Zeitschrift

Marburg

Deutsche Morgenländische Gesellschaft
Zeitschrift

Gesellschaft zur Beförderung der gesamten Naturwissenschaften
Sitzungsberichte

Universitätsbibliothek
Alma Mater Philippina

München

Bayerische Akademie der Wissenschaften
Abhandlungen. Math.-nat. Klasse
Phil.-hist. Klasse
Jahrbuch
Sitzungsberichte. Math.-nat. Klasse
Phil.-hist. Klasse
Sonderschriften

Deutsches Museum
Abhandlungen und Berichte

Kommission für bayerische Landesgeschichte
Bayerische Vorgeschichtsblätter

Zentralinstitut für Kunstgeschichte
Jahresbericht

Münster

Universitätsbibliothek
Westfälische geographische Studien

Nürnberg

Germanisches Nationalmuseum
Anzeiger
Bilder aus deutscher Vergangenheit

Offenbach

Bibliothek des Deutschen Wetterdienstes
Agrarmeteorologische Bibliographie
Berichte
Deutsches meteorologisches Jahrbuch

Remagen

Bundesanstalt für Landeskunde und Raumforschung
Berichte zur deutschen Landeskunde

Speyer

Historischer Verein der Pfalz
Mitteilungen

Pfälzische Gesellschaft zur Förderung der Wissenschaften
Pfälzische Bibliographie

Verein für Naturkunde und Naturschutz Pollichia
Mitteilungen

Stuttgart	*Kommission für geschichtliche Landeskunde in Baden-Württemberg* Württembergische Geschichtsliteratur Zeitschrift für Württembergische Landesgeschichte	
	Museum für Länder- und Völkerkunde Tribus. Jahrbuch des Lindenmuseums	
	Staatliches Museum für Naturkunde Stuttgarter Beiträge zur Naturkunde	
	Verband der deutschen Höhlen- und Karstforscher Bibliographie zur Karst- und Höhlenkunde in Deutschland Jahrshefte für Karst- und Höhlenkunde Mitteilungen	
	Württembergische Landesbibliothek Jahrbücher für Statistik und Landeskunde von Baden-Württemberg	
Ulm	*Verein für Kunst und Altertum in Ulm und Oberschwaben* Mitteilungen	
Wiesbaden	*Hessisches Landesamt für Bodenforschung* Abhandlungen Hessisches Lagerstättenarchiv Notizblatt	
	Nassauischer Verein für Naturkunde Jahrbücher	
	Verein für Nassauische Altertumskunde und Geschichtsforschung Nassauische Annalen	
Wolfenbüttel	*Braunschweigischer Geschichtsverein* Braunschweigisches Jahrbuch	
Würzburg	*Freunde Mainfränkischer Kunst und Geschichte* Mainfränkische Hefte Mainfränkisches Jahrbuch für Geschichte und Kunst	
	Physikalisch-medizinische Gesellschaft Berichte	

Bulgarien

Sofija	*Bulgarska Akademija na Naukite* Doklady Izvestija na Instituta za bŭlgarski ezik Izvestija na Instituta za literatura Izvestija na Zoologičeskija institut
	Universitetska Biblioteka Godišnik na Sofiskija Universitet. Filologičeski fakultet Juridičeski fakultet Naučni trudove na Visši medicinski institut

Upravlenie za geoložki proučvanija
Godišnik. Otdel A
Priloženie kŭm Godišnik

Ceylon

Colombo National Museum
Administration Report of the Director
Ceylon Journal of Science. Biological Series
Spolia Zeylanica. Geology, Zoology, Anthropology

Chile

Concepcion *Sociedad de Biologia*
Boletin

China

Pei-ching *Kuo li t'u shu kuan* (*National Library*)
Chinese Literature
Chinese Medical Journal
Scientia Sinica

Città del Vaticano
(vgl. auch Italien, Roma)

Archivum Historicum Societatis Jesu
Archivum

Biblioteca Apostolica Vaticana
Studi e Testi

Pontifico Istituto Biblico
Biblica
Orientalia

Specola Vaticana
Annual Report
Miscellanea astronomica
Ricerche astronomiche
Ricerche spettroscopiche

Dänemark

København *Det Kongelige Danske Videnskaberne Selskab*
Arkeologisk-kunsthistoriske meddelelser
Arkeologisk-kunsthistoriske skrifter

Biologiske meddelelser
Biologiske skrifter
Historisk-filologiske meddelelser
Historisk-filologiske skrifter
Matematisk-fysiske meddelelser
Matematisk-fysiske skrifter
Oversigt over selskabets virksomhed

Universitets Matematiske Institut
Mathematica Scandinavica

Deutsche Demokratische Republik

Berlin

Deutsche Akademie der Landwirtschaftswissenschaften
Albrecht-Thaer-Archiv

Deutsche Akademie der Wissenschaften zu Berlin
Abhandlungen. Klasse f Mathematik, Physik u. Technik
Klasse f. Chemie, Geologie u. Biologie
Klasse f. Bergbau, Hüttenwesen u. Montangeologie
Klasse f. Medizin
Klasse f. Sprachen, Literatur u. Kunst
Klasse f. Philosophie, Geschichte, Staats-, Rechts- u. Wirtschaftswissenschaften
Jahrbuch
Journal für Hirnforschung
Monatsberichte
Sitzungsberichte. Klasse f. Mathematik, Physik u. Technik
Klasse f. Chemie, Geologie u. Biologie
Klasse f. Bergbau, Hüttenwesen u. Montangeologie
Klasse f. Medizin
Klasse f. Sprachen, Literatur u. Kunst
Klasse f. Philosophie, Geschichte, Staats-, Rechts- u. Wirtschaftswissenschaften
Vorträge und Schriften

Deutsches Amt für Maß und Gewicht der DDR
Wissenschaftliche Abhandlungen

Geologischer Dienst. Staatliche Geologische Kommission
Abhandlungen
Geologie. Nebst Beihefte
Zeitschrift für angewandte Geologie

Universitätsbibliothek der Humboldt-Universität
Wissenschaftliche Zeitschrift der Humboldt-Universität
Gesellschafts- u. sprachwiss. Reihe
Mathematisch-naturwiss. Reihe

Dresden

Bibliothek der Hochschule für Verkehrswesen
Wissenschaftliche Zeitschrift der Hochschule für Verkehrswesen

Bibliothek der Technischen Universität
Wissenschaftliche Zeitschrift der Technischen Universität

Erfurt

Medizinische Akademie
Personal- und Vorlesungsverzeichnis

Wissenschaftliche Bibliothek der Stadt Erfurt
Aus der Vergangenheit der Stadt Erfurt
Beiträge zur Geschichte der Stadt Erfurt

Greifswald

Universitätsbibliothek
Personal- und Vorlesungsverzeichnis der Ernst-Moritz-Arndt-Universität
Wissenschaftliche Zeitschrift der Ernst-Moritz-Arndt-Universität.
Gesellschafts- u. sprachwiss. Reihe
Mathematisch-naturwiss. Reihe

Halle a.d.S.

Deutsche Akademie der Naturforscher „Leopoldina"
Nova Acta Leopoldina

Landesmuseum für Vorgeschichte
Jahresschrift für mitteldeutsche Vorgeschichte
Vorgeschichtliche Museumsarbeit und Bodendenkmalpflege

Universitäts- und Landesbibliothek
Hallische Monographien
Schriften zum Bibliotheks- und Büchereiwesen in Sachsen-Anhalt
Wissenschaftliche Zeitschrift der Martin-Luther-Universität.
Gesellschafts- u. sprachwiss. Reihe
Mathematisch-naturwiss. Reihe

Ilmenau

Technische Hochschule
Wissenschaftliche Zeitschrift

Jena

Universitätsbibliothek
Wissenschaftliche Zeitschrift der Friedrich-Schiller-Universität.
Gesellschafts- u. sprachwiss. Reihe
Mathematisch-naturwiss. Reihe

Leipzig

Deutsches Institut für Länderkunde
Geographische Berichte

Geophysikalisches Institut der Karl-Marx-Universität
Geophysikalische Meßreihen

Universitätsbibliothek
Wissenschaftliche Zeitschrift der Karl-Marx-Universität.
Gesellschafts- u. sprachwiss. Reihe
Mathematisch-naturwiss. Reihe

Magdeburg

Technische Hochschule Otto von Guericke
Wissenschaftliche Zeitschrift

Potsdam	*Geodätisches Institut* Veröffentlichungen
Rostock	*Universitätsbibliothek* Archiv der Freunde der Naturgeschichte in Mecklenburg Wissenschaftliche Zeitschrift der Universität Rostock. Gesellschafts- u. sprachwiss. Reihe Mathematisch-naturwiss. Reihe
Tautenburg (Kr. Jena)	*Karl-Schwarzschild-Observatorium* Mitteilungen
Weimar	*Zentralbibliothek der deutschen Klassik* Personal- und Vorlesungsverzeichnis der Hochschule für Architektur und Bauwesen Wissenschaftliche Zeitschrift der Hochschule für Architektur und Bauwesen

England

Cambridge	*Cambridge Philosophical Society* Proceedings
Edinburgh	*Royal Society of Edinburgh* Proceedings Transactions Year Book
Leeds	*Leeds Philosophical and Literary Society* Proceedings. Scientific section Literary and historical section
Liverpool	*Biological Society* Annual Report Proceedings and Transactions
London	*India Office Library* Report *London Mathematical Socitey* Journal *University of London. Library* Bulletin of the Institute of Historical Research Bulletin of the School of Oriental and African Studies Institute of Historical Research. Annual Report Report of the Library Committee Slavonic and East European Review Theses and Dissertations accepted for Higher Degrees *The Warburg Institute* Journal of the Warburg and Courtauld Institutes

Manchester *Manchester Literary and Philosophical Society*
Memoirs and Proceedings

University of Manchester. University Library
Journal of Semitic Studies
Rhodes-Livingstone Institute Journal

Finnland

Helsinki *Geologinen Tutkimuslaitos*
Bulletin de la Commission Geologique de Finlande

Societas Geographica Fenniae
Acta geographica
Fennia

Societas pro Fauna et Flora Fennica
Acta
Acta botanica fennica
Acta zoologica fennica
Memoranda

Societas Scientiarum Fennica
Acta. Nova series. B. C
Årsbok
Bidrag till kännedom af Finlands natur och folk
Commentationes biologicae
Commentationes humanorum litterarum
Commentationes physico-mathematicae

Societas Zoologica-Botanica Fennica Vanamo
Annales botanici
Annales zoologici

Société Finno-Ougrienne, Bibliothèque
Finnisch-ugrische Forschungen

Suomalainen Tiedeakatemia (Academia Scientiarum Fennica)
Ergebnisse der magnetischen Beobachtungen
Folklore Fellows Communications
Sitzungsberichte
Toimituksia (Annales). Sarja A 1.2.3.4.5.6. B

Turku *Academia Åboeniora*
Acta. Humaniora
Mathematica et physica

Turun Yliopiston Kirjasto (Bibliotheca Universitatia Turkuensis)
Turun Yliopiston Julkaisuja (Annales Universitatatis Turkuensis). Ser. A I. II. B.

Frankreich

Besançon	*Université de Besançon* Annales littéraires Annales scientifiques
Cherbourg	*Société Nationale des Sciences Naturelles et Mathématiques* Mémoires
Clermont-Ferrand	*Académie des Sciences, Belles-Lettres et Arts* Bulletin historique et scientifique de l'Auvergne
Lyon	*Bibliothèque de l'Université* Annales del'Université. Droit. Lettres. Sciences Sect. A. B. C Fascicule spécial *Société Linnéenne de Lyon* Bulletin mensuel
Marseille	*Bibliothèque de l'Université d'Aix-Marseille* Annales de la faculté des sciences Comptes rendus des travaux
Montpellier	*Académie des Sciences et Lettres* Bulletin
Paris	*École Normale Supérieure* Annales scientifiques *Institut de France. Académie des Inscriptions et Belles-Lettres* Comptes rendus Mémoires Mémoires présentés par divers savants *Institut de France. Acedémie des Sciences* Annuaire Bulletin bibliographique des publications périodiques Comptes rendus hebdomadaires. Ser. A.B.C.D. *Institut de France. Académie des Sciences Morales et Politiques* Revue des travaux *Muséum National d'Histoire Naturelle* Annuaire Bulletin *Société Mathématique de France* Bulletin Gazette des mathématiciens *Union Géodésique et Géophysique Internationale* Chronique

Rennes	*Société Scientifique de Bretagne* Bulletin
Saint-Martin-d'Hères	*Institut de mathématiques pures* Annales de l'Institut Fourier
Sèvres	*Bureau International des Poids et Mesures* Travaux et mémoires
Toulouse	*Académie des Sciences, Inscriptions et Belles-Lettres* Mémoires *Université de Toulouse. Bibliothèque* Annales. Homo Littératures Pallas Traveaux de l'Institut d'Art Préhistorique Via Domitia

Ghana

Accra	*Ghana Academy of Sciences* Ghana Journal of Science Preceedings

Griechenland

Atenai	*École Française d'Athènes* Bulletin de Correspondence hellénique

Indien

Allahabad	*Allahabad Mathematical Society* Indian Journal of Mathematics

Indonesien

Djakarta	*Perpustakaan-Museum Pusat* Madjalah ilmu sastra Indonesia

Irland

Dublin	*Royal Dublin Society* Economic Proceedings Scientific Proceedings. Ser. A. B Report *Royal Irish Academy* Proceedings. Sect. A. B. C. Minutes

Island

Reykjavík	*Vísindafélag íslendinga (Societas Scientiarum Islandica)*
	The Eruption of Hekla
	Rít
	Science in Iceland

Israel

Jeruschalajim	*Jewish National and University Library*	
	Atiquot	
	Israel Exploration Journal	
	Israel Journal of Botany	[= Sect. D]
	Israel Journal of Chemistry	[= Sect. A]
	Israel Journal of Earth-Sciences	[= Sect. G]
	Israel Journal of Experimental Medicine	[= Sect. E]
	Israel Journal of Mathematics	[= Sect. F]
	Israel Journal of Physics	[= Sect. F]
	Israel Journal of Technology	[= Sect. C]
	Israel Journal of Zoology	[= Sect. B]
	Kirjath Sepher	
	Scripta Hierosolymithana	

Italien

Acireale	*Accademia di Scienze, Lettere e Belle Arti*
	Memorie e Rendiconti. Classe di lettere
Bologna	*Accademia delle Scienze dell'Istituto*
	Annuario
	Atti. Classe di scienze fisiche
	Memorie
	Rendiconti
	Istituto di Geologie e Paleontologia dell'Università
	Giornale di geologia
Brescia	*Ateneo di Brescia*
	Commentari. Nebst Supplemento
	Guardare il firmamento dalla specola cidnea
Cremona	*Biblioteca Governativa e Libreria Civica*
	Annali
Ferrara	*Accademia delle Scienze Mediche e Naturali*
	Atti
Firenze	*Accademia della Crusca*
	Atti e Memorie
	Studi di filologia italiana

Biblioteca Nazionale Centrale
Bibliografia nazionale italiana

Genova *Museo Civico di Storia Naturale „Giacomo Doria“*
Annali
Doriana

Mantova *Accademia Virgiliana di Scienze, Lettere ed Arti*
Atti e Memorie

Milano *Istituto Lombardo, Accademia di Scienze e Lettere*
Memorie. Classe di lettere e scienze morali e storiche
Rendiconti. Classe di lettere e scienze moreali e storiche
Classe di scienze matematiche e naturali. A. B.
Parte generale e atti ufficiale

Società Storica Lombardo
Archivio

Modena *Accademia di Scienze. Lettere ed Arti*
Atti e Memorie

Istituto di Fisica dell'Università
Atti del Seminario Matematico e Fisico

Napoli *Società Nazionale di Scienze, Lettere ed Arti*
Annuario
Atti dell'Accademia di Scienze Fisiche e Matematiche
Atti dell'Accademia di Scienze Morali e Politiche
Memorie dell'Accademia di Archeologia, Lettere e Belle Arti
Rendiconti dell'Accademia di Archeologia, Lettere e Belle Arti
Rendiconti dell'Accademia di Scienze Fisiche e Matematiche
Rendiconti ed Atto dell'Accademia di Scienze Mediche e Chirurgiche

Stazione Zoologica di Napoli
Activity Report
Pubblicazioni

Università di Napoli. Biblioteca della Facoltà di lettere e filosofia
Annali

Padova *Seminario Matematico della Università*
Rendiconti

Pisa *Scuola Normale Superiore*
Annali. Classe di lettere, storia e filosofia
Classe di scienze fisiche e matematiche

Società Toscana di Scienze Naturali
Atti. Ser. A. B.

Roma — *Accademia Nazionale dei Lincei*
Atti. Rendiconti. Classe di scienze fisiche, matematiche e naturali
Classe di scienze morali, storiche e filologiche
Rendiconti della adunanze solenni

American Academy in Rome
Memoirs
Papers and Monographs

Servizio Geologico d'Italia
Bolletino

Università. Istituto di Geologia e Paleontologia
Geologica Romana

Sassari — *Università. Istituto giuridico*
Studi Sassaresi

Torino — *Accademia delle Scienze*
Atti. Classe di scienze fisiche, matematiche e naturali
Classe di scienze morali, storiche e filoloche
Memorie. Classe di scienze fisiche, matematiche e naturali
Classe di scienze morali, storiche e filologiche
Annuario

Trento — *Museo di Storia Naturale della Venezia Tridentina*
Memorie
Studi Trentini

Trieste — *Museo Civico di Storia Naturale*
Atti

Università degli Studi
Pubblicazioni

Venezia — *Istituto Veneto di Scienze, Lettere ed Arti*
Atti. Classe di science matematiche e naturali
Classe di scienze morali e lettere
Parte generale e atti ufficiale

Museo Civico di Storia Naturale
Bolletino

Japan

Fukuoka — *Kyūsyū University. Faculty of Science. Mathematical Institute*
Memoirs. Ser. A. Mathematics

Hiroshima — *Hiroshima University. Library*
Journal of Science. A-II. Physics and Chemistry
B-I. Zoology
B-II. Botany
C. Geology and Mineralogy
Memoirs of the Faculty of Engineering

Okayama	*Okayama University. Faculty of Science. Department of Mathematics* Mathematical Journal
Ōsaka	*Kansai University* Technology Reports *Ōsaka City University. Institute of Polytechnics* Journal of Biology *Ōsaka City University. Faculty of Science* Annual Reports of Scientific Works Ōsaka Journal of Mathematics
Sapporo	*Hokkaido University. Faculty of Science* Journal of the Faculty of Science. Physics
Sendai	*Tohoku University. Faculty of Letters. Laboratory of Psychology* Tohoku psychologica folia
Tōkyō	*Mathematical Society of Japan* Journal *Nippon Telegraph and Telephone Public Corporation. The Electrical Communication Laboratory* Review *Science Council of Japan* Japanese Journal of Mathematics *Tōkyō University of Education. Mathematical Institute* Science Reports. Sect. A. *University of Tōkyō. Faculty of Science* Journal of the Faculty of Science. Sect. 1.2.3.4.5.

Jugoslavien

Beograd	*Društvo matematičara i fizičara N.R.S.* Vesnik *Matematički institut* Matematički vesnik Publications *Observatoire Astronomique* Bulletin Publications *Srpska akademija nauka i umetnosti* Balcanica Bulletin de l'Académie Serbe des sciences Geografski institut „Jovan Cvijić". Posebna izdanja Sbornik radova Istoriski časopis

Glas
Glasnik
Glasnik Etnografskog instituta
Godišnjak
Godišnjak našeg neba
Gradja
Istoriski institut. Posebna izdanja
Jugoslovenske zemlje u XX veku
Jugoslovenske zemlje u XIX veku
Južnoslovenski Filolog
Muzička izdanja
Naš jezik
Naučno-popularni spisi. Odeljenje društvenih nauka
Posebna izdanja
Predavanja
Pregled razmene izdanja
Spomenik
Srpski etnografski zbornik
Starinar
Zbornik radova
Zbornik radova Vizantološkog instituta
Zbornik za istočnjačku istorisku i književnu gradju
Zbornik za istoriju, jezik i književnost srpskog naroda

Ljubljana

Conseil des Académies de la RPF Yougoslavie
Bulletin scientifique. Sect. A. B.

Geografsko društvo
Geografski vestnik

Nuklearni inštitut „Jozef Stefan"
Report

Slovenska akademija znanosti in umetnosti
Acta carsologica
Arheološki vestnik
Biblioteka
Dela. Classis I—V
Fontes rerum Slovenicarum
Geografski zbornik
Gradivo za narodopisje slovencev
Letopis
Linguistica
Razprave. Classis I—IV
Slavistična revija

Pula

Arheološki muzej Istre
Jadranski zbornik
Kulturhistorische Denkmäler in Istrien

Sarajevo *Biološki institut*
Godišnjak

Zemalski muzej
Glasnik. Arheologija
Istorija
Etnologija

Skopje *Faculté de Philosophie de l'Université*
Annuaire (Godišen zbornik)

Facultié des Sciences de l'Université. Institut de Mathématiques
Annuaire de la faculté des sciences (Godišen zbornik)

Filozofski fakultet na universitetot. Seminar za klasična filologija
Ziva antika

Makedonische Akademie der Wissenschaften und Künste
Pristapni
Letopis

Narodna i Univerzitetska Biblioteka „Kliment Ohridski"
Razgledi

Split *Institut za nacionalnu arheologiju*
Starohrvatska prosvjeta

Zagreb *Društvo matematičara i fizičara SRH*
Glasnik matematičko-fizicki i astronomski

Hrvatsko-prirodoslovno drustvo
Biološki glasnik

Jugoslovenska akademija znanosti i umetnosti
Bulletin international
Djela
Gradja za povijest književnosti hrvatske
Hrvatska bibliografija
Ljetopis
Prirodoslovna istraživanja
Rad
Zbornik Historijskog instituta

Staroslavenski Institut
Slovo

Kanada

Montréal *Université. Département d'Etudes Slaves*
Etudes slaves et est-européennes
Canadian Slavic Studies

Winnipeg *Ukrainska Vil'na Akademija Nauk*
Literatura
Litopys
Onomastica
Slavica Canadiana
Ucrainica Canadiana

Kolumbien

Bogotá *Academia Columbiana de Ciencias Exactas, Fisicas y Naturales*
Revista

Kongo (Leopoldville)

Kinshasa *Université Lovanium*
Publications

Luxemburg

Luxemburg *Institut Grand-Ducal de Luxembourg. Section des Sciences Naturelles, Physiques et Mathématiques*
Archives
Publications

Marokko

Rabat *Société des Sciences Naturelles et Physiques du Maroc*
Bulletin
Cahiers de la Faculté des Sciences
Comptes rendus des séances mensuelles
Travaux de l'Institut scientifique chérifien
Travaux de la section de pédologie

Mexico

Mexico *Academia Nacional de Ciencias*
Memorias y Revista

Biblioteca Instituto de Geologia. Ciudad Universitaria
Anales
Boletin
Paleontologia mexicana

Escuela Nacional de Ciencias Biologicas
Anales

Neuseeland

Wellington

Royal Society of New Zealand
Bulletin
Journal
Proceedings
Transactions

Niederlande

Amsterdam

Koninklijke Nederlandse Akademie van Wetenschappen
Jaarboek
Mededeelingen. Afd. Letterkunde
Proceedings. Ser. A. B. C.
Verhandelingen. Afd. Letterkunde
Afd. Natuurkunde

Wiskundig Genootschap
Nieuw Archief voor Wiskunde
Wiskundige opgaven met de oplossingen

Haarlem

Hollandsche Maatschappij der Wetenschappen
Archives néerlandaises de zoologie
Physica

Musée Teyler
Archives

Teylers Tweede Genootschap
Verhandelingen

Den Haag

Koninklijke Bibliotheek
Bibliografie
Mnemosyne
Neophilologus

Ministerie van Onderwijs, Kunsten en Wetenschappen
Bijdragen voor de Geschiedenis der Nederlanden

Leiden

Koninklijke Nederlandsche Botanische Vereenigung
Recueil des travaux botaniques néerlandais

Maatschappij der Nederlandsche Letterkunde
Jaarboek

Utrecht

Physiologisch Laboratorium der Rijksuniversiteit
Onderzoekingen

Provinciaal Utrechts Genootschap van Kunsten en Wetenschappen
Verslag van het verhandelde
Bijdragen en mededeelingen van het Historisch Genootschap

Norwegen

Bergen

Universitetsbiblioteket
Årbok. Hist.-antikv. rekke
Matemat.-naturvidenskapelig serie
Årsmelding.
Skrifter. Bergens Historiske Forening

Oslo

Norske Meteorologiska Institutt
Norsk Meteorologisk Årbok

Norske Videnskaps-Akademi
Årbok
Astrophysica Norvegica
Avhandlingar. Hist.-filos. klasse
Matem.-naturvid. klasse
Geofysiske Publikasjoner
Hvalrådets Skrifter
Physica Norvegica
Skrifter. Hist.-filos. klasse
Matem.-naturvid. klasse

Universitetets Oldsaksamling
Årbok
Norske Oldfunn
Skrifter
Viking

Universitetsbiblioteket
Archiv for Matematik og Naturvidenskab
Nytt Magasin for Botanikk
Nytt Magasin for Zoologi

Tromsö

Tromsö Museum
Acta Borealia. A. Scientia. B. Humaniora
Astarte

Trondheim

Det Kongelige Norske Videnskabers Selskabet
Årbok
Forhandlingar
Skrifter

Österreich

Graz

Historischer Verein für Steiermark
Blätter für Heimatkunde
Mitteilungen des Steiermärkischen Landesarchives
Zeitschrift. Nebst Sonderband

Naturwissenschaftlicher Verein für Steiermark
Mitteilungen

Steiermärkische Landesbibliothek
Jahrbuch der naturwissenschaftlichen Abteilung am Joanneum

Innsbruck

Universitätsbibliothek
Acta philologica Aenipontana
Innsbrucker Beiträge zur Kulturwissenschaft. Nebst Sonderheft

Wien

Bibliothek der Technischen Hochschule
Abhandlungen der Geographischen Gesellschaft in Wien
Mitteilungen der Geographischen Gesellschaft in Wien

Geologische Gesellschaft
Mitteilungen

Naturhistorisches Museum
Annalen

Österreichische Akademie der Wissenschaften
Almanach
Anzeiger. Math.-nat. Klasse
Phil.-hist. Klasse
Archiv für österreichische Geschichte
Denkschriften. Math.-nat. Klasse
Phil.-hist. Klasse
Fontes
Mitteilungen der prähistorischen Kommission
Monatshefte für Chemie
Sitzungsberichte. Math.-nat. Klasse
Phil.-hist. Klasse

Österreichische Mathematische Gesellschaft
Internationale mathematische Nachrichten

Universitätssternwarte
Annalen
Mitteilungen

Zoologisch-botanische Gesellschaft
Abhandlungen
Koleoptereologische Rundschau
Verhandlungen

Peru

Lima

Academia Nacional de Ciencias Exactas, Fisicas y Naturales
Actas

Polen

Kraków

Polska Akademia Nauk. Oddział w Krakowie
Acta archaeologica Carpathica
Acta biologica Cracoviensia. Ser. Botanica et Zoologica

Folia quaternaria
Materiały Komisji nauk historycznych
Prace Komisji archeologicznej
Prace Komisji filologii klasycznej
Prace Komisji nauk historycznych
Rocznik
Ruch literacki

Polskie Towarzystwo Geologiczne
Rocznik

Łódź

Łódzkie Towarzystwo Naukowe
Biuletyn peryglacjalny

Lublin

Biblioteka Uniwersytecka Katolickiego Uniwersytetu Lubelskiego
Roczniki filozoficzne
Roczniki teologiczno-kanoniczne

Uniwersytet Marii Curie-Skłodowskiej
Annales. A. AA. B. C. D. DD. E. F. G. H.

Poznań

Polskie Towarzystwo Antropologiczne
Przegląd antropologiczny

Polskie Towarzystwo Historyczne. Oddział w Poznaniu
Studia i materiały do dziejów Wielkopolski i Pomorza

Poznańskie Towarzystwo przyjaciół nauk
Bulletin. Ser. B. C.
Prace Komisji filologicznej
Prace Komisji historii sztuki
Prace Komisji językoznawczej
Roczniki historyczne
Zabytki języka i literatury polskiej

Szczecin

Muzeum Pomorza zachodniego
Materiały zachodnio-pomorskie

Toruń

Towarzystwo Naukowe
Fontes
Prace wydziału filologiczno-filozoficznego
Roczniki
Sprawozdania
Studia. Sect. C. E. F. G.
Zapiski historyczne

Warszawa

Centralny Instytut Informacji Naukowo-Technicznej i Ekonomicznej
Obzor pol'skoj techničeskoj literatury

Państwowe Muzeum Archeologiczne
Archeologia Materialy starożytne
Materiały starożytne
Materiały wczesnośredniowieczne

Sprawozdania
Wiadomości archeologiczne

Polska Akademia nauk
Archiwum budowy maszyn
Bulletin de l'Académie Polonaise des sciences.
  Sér. des sciences biologiques
  Sér. des sciences chimiques
  Sér. des sciences géol. et géogr.
  Sér. des sciences mathématiques
  Sér. des sciences techniques
Nauka polska
Review of the Polish Academy of Sciences
Sprawozdania z prac naukowych
Zeszyty problemowe nauki polskiej

Polska Akademia nauk. Instytut matematyczny
Annales polonici mathematici
Roczniki. Ser. I. II.
Studia mathematica

Polska Akademia nauk. Instytut podstawowych problemów techniki
Archiwum mechaniki stosowanej
Polska bibliografia analityczna mechaniki
Rozprawy inżynierskie
Scientific Activities

Polska Akademia nauk. Instytut zoologiczny
Acta ornithologica
Annales zoologici
Fragmenta faunistica

Polskie Towarzystwo Botaniczne
Acta Societatis botanicorum Poloniae

Polskie Towarzystwo Matematyczne
Roczniki. Ser. A. Prace matematyczne
  Ser. B. Wiadomości matematyczne

Wrocław

Polski Związek Entomologiczny
Polskie pismo entomologiczne. Ser. B.

Wrocławskie Towarzystwo Naukowe
Comptes rendus
Prace. Ser. A. B.
Sprawozdania. Ser. A. B.

Portugal

Lisboa

Academia das Ciências de Lisboa
Anuário
Boletim

Faculdade das Ciências
Portugaliae physica

Instituto Gulbenkian de Ciência
Arquivo. A. Estudos matématicos e físico-matemáticos

Rumänien

București

Academia Republicii Socialiste România
Analele
Comunicarile
Publicaţiile Comisiei pentru studiul şi formarea limbii şi poporului romîn
Revista de filozofie
Revue des études sud-est européennes
Revue roumaine des biologie. Sér. botanique
Sér. de zoologie
Revue roumaine de chimie
Revue roumaine de géologie, géophysique et géographie
Revue roumaine de mathématiques pures et appliquées
Revue roumaine des sciences sociales.
Sér. de philosophie et logique
Sér. de psychologie
Sér. des sciences économiques
Sér. des sciences juridiques
Revue roumaines des sciences techniques
Sér. de mécanique appliquée
Sér. de métallurgie
Sér. électrotechnique et énergétique
Revue roumaine d'histoire
Studii. Revista de istorie
Studii clasice
Studii şi cercetari istorie veche
Studii şi materiale de istorie moderna
Texte din literatura economică în Romînia sec. XIX

Institutul Geologic
Anuarul Comitetului geologic
Dări de seamă als şedinţelor

Societatea de Ştiinţe Matematice şi Fizice din R.P.R.
Bulletin mathématique
Gazeta matematica. Ser. A.

Schweden

Göteborg

Chalmers Tekniska Högskolas Biblioteket
Handlingar

Kungl. Vetenskaps- och Vitterhetssamhället
Handlingar. Ser. A. B. Bihang

Universitetsbibliotek
Årsredogörelse
Etnologiska studier
Fynd
Göteborgs Universitets Årsskrift.
Göteborger germanistische Forschungen
Gothenburg Studies in English
Romanica Gothoburgensia
Studia graeca et latina Gothoburgensia

Lund

Kungl. Fysiografiska Sällskapets
Förhandlingar

Kungl. Humanistiska Vetenskapssamfundet
Årsberättelse
Scripta minora
Skrifter

Slaviska Institutet vid Lunds Universitet
Årsbok
Meddelanden (Språkliga bidrag)

Universitetsbiblioteket
Lunds Universitets Årsskrift
Mémoires du Musée historique
Scando-Slavica

Stockholm

Geologiska Föreningens
Förhandlingar
Sveriges Geologiska Undersökning

Humanistiska Biblioteket. Stockholms Högskola
The Ethnographical Museum of Sweden. Monograph Series
Stockholm Studies in History of Literature

Kungl. Svenska Vetenskapsakademien
Arkiv för Astronomi
Arkiv för Botanik
Arkiv för Geofysik
Arkiv för Kemi
Arkiv för Matematik
Arkiv för Mineralogi och Geologi
Arkiv för Zoologi
Årsbok
Avhandlingar i naturskyddsärenden
Bidrag till Kungl. Svenska Vetenskapsakademiens historia
Chemica scripta
Handlingar
Levnadsteckningar

Skrifter i naturskyddsärenden
Stockholms Observatoriums Annaler
Physica scripta

Kungl. Tekniska Högskolas Bibliotek
Forskning och Framsteg

Kungl. Vitterhets Historie och Antikvitets Akademien
Antikvariskt arkiv
Årsbok
Filologiskt arkiv
Fornvännen
Handlingar. Antikvariska serien
Filosofisk-filologiska serien
Historiska serien
Historiskt arkiv
Samlingarnas tillväxt

Nordiska Museet
Fataburen
Handlingar

Uppsala

Kungl. Humanistiska Vetenskapssamfundet
Skrifter

Kungl. Vetenskaps-Societeten
Årsbok
Nova Acta

Universitetsbiblioteket
Acta Universitatis Upsaliensis
Acta Societatis linguisticae Upsaliensis
Historia litterarum
Historia religionum
Archives des traditions populaires Suédoises
Bulletin of the Geological Institute
Eranos
Uppsala Läkareförenings förhandlingar (Acta Societatis medicorum Upsaliensis)
Zoologiska bidrag

Schweiz

Aarau

Historische Gesellschaft des Kantons Aargau
Argovia

Basel

Historische und Antiquarische Gesellschaft
Basler Bibliographie
Basler Zeitschrift für Geschichte und Altertumskunde

Naturforschende Gesellschaft
Verhandlungen

Öffentliche Bibliothek der Universität
Akademische Vorträge
Jahresverzeichnis der Schweizerischen Hochschulschriften

Bern

Allgemeine Geschichtsforschende Gesellschaft der Schweiz
Bibliographie der Schweizergeschichte
Schweizerische Zeitschrift für Geschichte

Naturforschende Gesellschaft
Mitteilungen

Schweizerische Naturforschende Gesellschaft
Denkschriften
Verhandlungen

Chur

Naturforschende Gesellschaft Graubündens
Jahresbericht

Genf

Institut National Genevois
Bulletin

Musée d'Art et d'Histoire
Genava

Société Physique et d'Histoire Naturelle
Archives des sciences
Mémoires

Neuchâtel

Université
Mémoires
Publications du Séminaire de Géométrie
Recueil des travaux
Travaux de l'Institut botanique

Schaffhausen

Naturforschende Gesellschaft
Mitteilungen
Neujahrsblatt

Zürich

Eidgenössische Technische Hochschule. Bibliothek
Bibliographie der Schweizerischen Amtsdruckschriften
Plan. Revue Suisse d'Urbanisme

Geographisch-ethnographische Gesellschaft
Geographica helvetica

Naturforschende Gesellschaft
Neujahrsblatt
Vierteljahrsschrift. Nebst Beihefte

Schweizerisches Landesmuseum
Jahresbericht

Senegal

Dakar

Faculté des Sciences de l'Université
Annales

Sowjetunion

Alma-Ata

Akademija nauk Kazachskoj SSR
Astrofizika
Izvestija Astrofizičeskogo instituta
Trudy Astrofizičeskogo instituta

Char'kov

Char'kovskij gosudarstvennyj universitet im. A. M. Gor'kogo
Cirkuljar Astronomičeskoj observatorii

Dušanbe

Akademija nauk Tadžikskoj SSR
Bjulleteń Instituta astrofiziki
Bjulleteń Kommissii po kometan i meteoram Astronomičeskogo Soveta SSSR
Trudý Instituta astrofiziki

Erevan

Akademija nauk Armjanskoj SSR
Soobščenija Bjurakanskoj observatorii

Kazań

Kazanskij gosudarstvennyj universitet
Bjulleteń Astronomičeskoj observatorii
Izvestija Astronomičeskoj Engel'gardtovskoj observatorii

Kiev

Akademija nauk Ukrainskoj SSR
Avtomatičeskaja svarka
Doslidžennja i materialy z ukrainśkoïmovy
Geologičnyj žurnal
Izvestija Glavnoj astronomičeskoj observatorii
Leksykografičnyj bjuleteń
Prykladna mechanika
Trudy Poltavskoj gravimetričeskoj observatorii
Visnyk

Astronomičeskaja observatorija Gosudarstvennogo universitéta im. T. G. Ševčenko
Cirkuljar
Publikacii Kievskoj astronomičeskoj observatorii

Leningrad

Akademija nauk SSSR
Astronomičeskij cirkuljar izdavaemyj Bjuro astronomičeskich soobščenij Akademii nauk SSSR
Astronomičeskij ežegodnik
Astronomičeskij žurnal
Bjulleteń Instituta teoretičeskoj astronomii

Bjülleteń Vsesojuznogo astronomo-geodezičeskogo obščestva
Éfemeridy malych planet
Geobotanika
Izvestija Glavnoj astronomičeskoj observatorii v Pulkove
Izvestija Krymskoj astrofizičeskoj observatorii
Novosti sistematiki nizšich rastenij
Novosti vysšich rastenij
Peremennye zvezdy. Bjülleteń izdavaemyj Astronomičeskim Sovetom Akademii nauk SSSR
Sbornik Muzeja antropologii i etnografii
Trudy Biblioteki Akademii nauk SSSR
Trudy Gel'mintologičeskoj laboratorii
Trudy Glavnoj astronomičeskoj observatorii v Pulkove
Soobščenija Gosudarstvennogo astronomičeskogo instituta im. P. K. Šternberga
Trudy i materialy naučnych kongressov i soveščanij, opublikovannye za rubežom
Trudy Instituta morfologii životnych im. A. N. Severcova
Trudy Laboratorii geologii dokembrija
Trudy Paleontologičeskogo instituta

Lvov *Astronomičeskaja observatorija L'vovskogo gosudarstvennógo universiteta im. Ivana Franko*
Cirkuljar

Moskva *Gosudarstvennaja publičnaja naučno-techničeskaja biblioteka SSSR*
Uspechi chimii

Riga *Akademija nauk Latvijskoj SSR. Astrofizičeskaja laboratorija*
Trudy laboratorii
Zvaigžnotā debess

Tartu *Akademija nauk Estonskoj SSR. Institut fiziki i astronomii*
Soobščenija Tartuskoj astronomičeskoj observatorii
Trudy

Taškent *Akademija nauk Uzbekskoj SSR. Taškentskaja astronomičeskaja observatorija*
Cirkuljar
Trudy

Tbilisi *Akademija nauk Gruzinskoj SSR*
Bjülleteń

Südafrikanische Republik

Bloemfontein *Nasionale Museum*
Jaarverslag
Memoir
Navorsinge

Rondebosch
Royal Society of South Africa
Transactions

Tschechoslowakei

Bratislava
Geologický ústav D. Štúra
Geologické práce
Sborník geologických vied

Slovenská Akadémia vied
Acta geologica et geographica
Ekonomický časopis
Filozofia
Jazykovedný časopis
Slovenskie odborné nažvoslovie

Brno
Brněská základna Ceskoslovenské Akademie ved
Práce

Czechoslovak Academy of Sciences. Botanical Institute
Folia geobotanica et phytotaxonomica bohemoslavica

J. E. Purkyně-Universita
Ročenka
Sborník prací Filosofické fakulty. Řada C.E.F.G.
Spisy Filosofické fakulty
Spisy Lékarské fakulty
Spisy Prirodovědecké fakulty

Vysoká Škola Zemědělská
Sborník. Ř. A—C.
Spisy

Praha
Československá Akademie věd
Collection of Czechoslovak Chemical Communications
Rózpravy matemat. a přírod. věd
Rózpravy společenských věd
Rózpravy techn. věd.
Slovanský přehled
Věstnik

Československá Akademie věd. Geofysikální ústav
Bulletin čsl. seismických stanic
Geofysikální sborník
Special Papers
Výsledky geomagnetických

Československá Akademie věd. Historický ústav
Československý časopis historický

Československá Akademie věd. Matematický ústav
Aplikace matematiky
Časopis pro pestování matematiky
Czechoslovak Mathematical Journal

Československá Akademie věd. Orientali ústav
Archiv orientalní

Československá Akademie věd. Kabinet pro studia recká, římska a latinska
Byzantinoslavica

Československá Akademie věd. Ústav jazyků a literatur
Slavia

Československá Akademie věd. Ústav technické fysiky
Czechoslovak Journal of Physics

Československá Akademie věd. Ústřední ústav matematický
Časopis pro pěstování matematiky a fysiki

Československá entomologická společnost
Acta entomologica bohemoslovaca

Ministerstvo vnitra
Archivní časopis
Sborník archivních prací

Národní muzeum. Entomologické oddělení
Acta faunistica entomologica
Sborník (Acta entomologica)

Ústřední ústav geologický
Rozpravy
Sborník

Ungarn

Budapest

Bányaszati Kutatóintézet
Mitteilungen

Magyar Tudományos Akadémia
Acta biologica
Acta geologica
Acta historica
Acta historiae artium
Acta linguistica
Acta mathematica
Acta medica
Acta morphologica
Acta orientalia
Acta physiologica
Acta veterinaria
Könyvtárának kiadványai
Magyar tudomány
Studia historica

Magyar Tudományos Akadémia. Matematikai Kutató Intézetének
Studia scientiarum mathematicarum Hungaricae

Debrecen — *Institutum mathematicum Universitatis Debreceniensis*
Publicationes mathematicae

Szeged — *Institutum Bolyainum Universitatis*
Acta scientiarum mathematicarum

Uruguay

Montevideo — *Instituto de Matemática y Estadística. Facultad de Ingeniería y Agrimensura*
Publicaciones

Museo Nacional de Historia Natural
Anales
Communicaciones antropológicas
Communicaciones botánicas
Communicaciones zoológicas
Flora del Uruguay

Sociedad de Biologia
Archivos

Venezuela

Caracas — *Universidad Central de Venezuela. Facultad de Ciencias. Escuela de Biologia*
Acta biologica venezuelica

Vereinigte Staaten von Amerika

Albany — *New York State Museum and Science Service*
Bulletin
Educational Leaflet
Map and Chart Series

Berkeley — *University of California*
Lick Observatory Bulletin
Pacific Journal of Mathematics

Bloomington — *Goethe-Linck-Observatory*
Publications
Reprint

Indiana University. Library
Indiana University Publications. Social Science Series
Journal of Mathematics and Mechanics

Boston — *American Academy of Arts and Sciences*
Daedalus
Memoirs
Records

Cambridge — *Astronomical Observatory of Harvard College*
Annual Report

Massachusetts Institute of Technology
Journal of Mathematics and Physics

Museum of Comparative Zoology at Harvard College
Annual Report
Breviora
Bulletin

Chicago — *Chicago Natural History Museum*
Publication. Report Series

Columbus — *Ohio State University*
Chemical Abstracts

Eugene — *University of Oregon. Library*
Comparative Literature

Gainesville — *University of Florida. Florida State Museum*
Bulletin of the Florida State Museum. Biological Science
Report of the Director

Indianapolis — *Indiana Academy of Science*
Proceedings

Lawrence — *Kansas Acedemy of Science*
Transactions

University of Kansas. Library
Library Series
Science Bulletin

Lexington — *University of Kentucky. Library*
Directory
Kentucky Geological Survey. Bulletin
Report of Investigations. Special Publication

Los Angeles — *University of Southern California. Allan Hancock Foundation*
Allan Hancock Monographs in marine biology

Madison — *Wisconsin Academy of Sciences, Arts and Letters*
Transactions

Minneapolis — *University of Minnesota. Library*
Agricultural Experiment Station. Bulletin
Agricultural Experiment Station. Report
Agricultural Experiment Station. Technical Bulletin

New Haven — *Connecticut Academy of Arts and Sciences*
Memoirs
Transactions

	Yale University. The Bingham Oceanographic Laboratory Bulletin of the Bingham Oceanographic Collection
New York	*American Academy of Arts and Letters* Proceedings
	American Council of Learned Societies Annual Report
	American Museum of Natural History Annual Report Anthropological Papers Bulletin Natural History Novitates Science Guide
	Rockefeller Institute for Medical Research Journal of General Physiology
Philadelphia	*Academy of Natural Sciences* Notulae naturae Proceedings
	American Philosophical Society Memoirs Proceedings Transactions Year Book
San Francisco	*California Academy of Sciences* Annual Report Occasional Papers Proceedings
Seattle	*University of Washington. Library* Engineering Experiment Station. Bulletin Engineering Experiment Station. Reprint Publications in Anthropology Publications in Oceanography Trend in Engineering
Urbana	*University of Illinois. Library* Agricultural Experiment Station. Bulletin Agricultural Experiment Station. Circular Biological Notes Engineering Experiment Station. Bulletin Engineering Outlook Illinois Natural History Survey. Bulletin Illinois Natural History Survey. Circular

Washington *Library of Congress*
American Bibliography of Russian and East European Studies
World list of Future International Meetings

National Bureau of Standards
Journal of Research. Sect. B.

Smithsonian Institution
Annual Report of the Board of Regents
Bureau of American Ethnology. Annual Report
Bureau of American Ethnology. Bulletin
Contributions from the U. S. National Herbarium
Proceedings of the United States National Museum
Smithsonian Contributions to Astrophysics
Smithsonian Miscellaneous Collections

U.S. Geological Survey 18 G.S.A., Bldg.
Abstracts of North American Geology
Bulletins
New Publications

Westberlin

Deutsches Archäologisches Institut
Jahrbuch. Nebst: Archäologischer Anzeiger und Bibliographie

Staatsbibliothek. Preussischer Kulturbesitz
Monographien

Technische Universität
Humanismus und Technik

II. Einzelwerke

Es gingen ein an Einzelwerken im Jahr 1969 126 Bde
1970 166 Bde

Dr. Dietmar Debes

NACHRUFE

Siegfried Morenz

22. 11. 1914—14. 1. 1970

Nach kurzer, schwerer Krankheit verstarb am 14. 1. 1970 im Alter von erst 55 Jahren der Vizepräsident der philologisch-historischen Klasse seit 1966, das ordentliche Mitglied Siegfried Morenz. Er wurde am 22. 11. 1914 in Leipzig geboren. Nach dem Besuch des Schiller-Gymnasiums daselbst studierte er von 1934—1938 an der Leipziger Universität Theologie und legte am 13. 2. 1939 sein erstes theologisches Examen ab. Frühzeitig zog es ihn, den vielseitig Begabten, in den Bann der Ägyptologie: 1935 begann er mit dem Studium des Koptischen, dem in den folgenden Jahren die Einarbeitung in ägyptische Sprache und Literatur folgte. 1941 promovierte er unter Walther Wolf und Johannes Leipoldt mit einer koptologischen Dissertation über „Die Geschichte von Joseph dem Zimmermann". Am 1. 2. 1941 begann er seine wissenschaftliche Laufbahn am Leipziger Ägyptologischen Institut; 1946 habilitierte er sich unter Johannes Leipoldt und Bernhard Schweitzer für die Religionsgeschichte Ägyptens und des Hellenismus mit einer Arbeit über „Ägyptens Beitrag zur werdenden Kirche"; anschließend wurde er für das gleiche Fachgebiet zum Dozenten ernannt. Unter dem 9. 2. 1949 wurde seine venia legendi auf das Gesamtgebiet der Ägyptologie erweitert. Am 1. 1. 1952 wurde er zum Professor mit Lehrauftrag ernannt, gleichzeitig erhielt er das Amt des Direktors der Ägyptischen Abteilung der Staatlichen Museen zu Berlin, das er bis 1958 bekleidete. Für seine Verdienste um den Wiederaufbau des Ägyptischen Museums erhielt er 1953 den Nationalpreis für Kunst und Literatur. Nach der Ernennung zum Professor mit vollem Lehrauftrag am 1. 6. 1952 erfolgte am 1. 2. 1954 die Berufung auf den Lehrstuhl für Ägyptologie an der Karl-Marx-Universität; im gleichen Jahr wurde er zum korrespondierenden Mitglied des Deutschen Archäologischen Institutes ernannt. 1955 berief ihn unsere Akademie zum ordentlichen Mitglied, 1957 wurde er ordentliches Mitglied des Deutschen Archäologischen Institutes, und 1959 erhielt er die Ehrendoktorwürde der Evangelisch-Theologischen Fakultät Tübingen. Unter nebenamtlicher Verwaltung des Leipziger Lehrstuhls war er von 1961—1966 Ordinarius für Ägyptologie und Religionsgeschichte an der Universität Basel. 1965 wurde Morenz Ehrenmitglied des Tschechoslowakischen Ägyptologischen Institutes der Karls-Universität in Prag und Kairo; die letzte Ehrung erfolgte 1968 durch die Ernennung zum korrespondierenden Mitglied der Bayerischen Akademie der Wissenschaften.

Der viel zu früh aus einem überaus umfangreichen und fruchtbaren Schaffen Abgerufene brachte für seine wissenschaftliche Laufbahn die besten Voraussetzungen mit. Unter den zahlreichen bedeutenden Lehrern, denen er sich zeit seines Lebens dankbar verbunden fühlte, seien hier besonders unsere ehemaligen Mitglieder

Albrecht Alt, Johannes Leipoldt und Bernhard Schweitzer genannt. Sie öffneten ihm das Auge für die innere Seite religions- und kulturgeschichtlicher Phänomene und vermittelten ihm zugleich das methodische Rüstzeug, das ihn zu einem Religionsgeschichtler und Ägyptologen eigener Prägung machen sollte.

Morenz war von allem Anfang an alles andere als ein Nur-Spezialist, und er hat sich auch bis zuletzt nicht in die Grenzen eines engen Fachgebietes einfangen lassen. So verstand er als Ägyptologe seine Disziplin in dem Sinne, daß — bei selbstverständlicher Fortsetzung des Quellenstudiums — nach 150 Jahren der Realienforschung jetzt der Zeitpunkt gekommen sei, wo man die Fakten zu ordnen und zu interpretieren habe. Dabei bedeutet Interpretation des Materials die Verdeutlichung menschlicher Urphänomene, die hinter der Vielfalt geschichtlicher Formen verborgen sind, und — konkret gesprochen — die Frage nach der Struktur, das heißt, nach der idealen Gestalt der ägyptischen Hochkultur, auf die alle Einzelheiten bezogen werden müssen.

Dabei blieb freilich Morenz nicht stehen; auf einer weiteren Stufe ging es ihm darum, den Ertrag der ägyptologischen Fachforschung organisch in die Religionsgeschichte und darüber hinaus in die allgemeine Geschichtswissenschaft einzugliedern, somit aber zu einem gültigen Gesamtbild vom Alten Vorderen Orient beizutragen. Das alles war für ihn nicht nur kühl-objektive oder gar museale Gelehrtenarbeit, sondern wurzelte in der ihm besonders von Bernhard Schweitzer vermittelten Überzeugung, wonach „Geschichte die Wissenschaft nicht vom Toten, sondern vom Lebendigen ist“ (Jahrbuch 1966—1968, S. 377). So verhalf er seinen Studenten und seinen Lesern zu der Erkenntnis, daß echte Geschichtsforschung erst von ihrer Gegenwartsbezogenheit her ihren Sinn erhält.

Von seiner weitgespannten wissenschaftlichen Arbeit und den Tendenzen, die er verfolgte, geben schon die Titel seiner Veröffentlichungen einen lebendigen Eindruck, wobei wir uns hier auf einige Hauptwerke beschränken müssen: 1952 erschien seine reizvolle Abhandlung „Die Zauberflöte“, die den bezeichnenden Untertitel „Eine Studie zum Lebenszusammenhang Ägypten—Antike—Abendland“ trägt, acht Jahre später schloß sich die weitverbreitete „Ägyptische Religion“ an (1960), die man mit ihrer Klarheit in der Darstellung und dem tiefen Einfühlungsvermögen ihres Verfassers in die oft recht spröde Materie wohl als sein Hauptwerk betrachten darf. Es folgten „Gott und Mensch im alten Ägypten“ (1964), „Die Heraufkunft des transzendenten Gottes in Ägypten“ (SSAW, phil.-hist. Kl. 109,1 [1964]) und sein wichtiges Werk „Die Begegnung Europas mit Ägypten“ (SSAW 113,5 [1968]; 2. Aufl. Zürich [1969]), das als Bericht in der öffentlichen Sitzung vom 16. 11. 1963 vorgetragen worden war. Sein letzter Vortrag, den er am 24. 3. 1969 vor der Akademie gehalten hat und der im gleichen Jahre in München erschien, trug die Überschrift: „Prestige-Wirtschaft im alten Ägypten“. Hier vermittelt er einen Einblick in die Anfänge einer von ihm geplanten Geschichte Ägyptens, die über die üblichen Darstellungen — Kunstgeschichte eingeschlossen — hinausführen und unter anderem auch die enge Verflechtung von Religion und Wirtschaft in dem Auf und Ab dreitausendjähriger Pharaonenherrschaft darstellen sollte. Wenngleich es Morenz nicht mehr vergönnt war, das großangelegte Geschichtswerk zu vollenden, so hat er

SIEGFRIED MORENZ
22. 11. 1914 – 14. 1. 1970

dennoch in seinem Beitrag zur Propyläen-Weltgeschichte, „Der Alte Orient, von Bedeutung und Struktur seiner Geschichte“ (1965), einen äußerst aufschlußreichen und anregenden Grundriß seiner geschichtlichen und kulturkritischen Konzeptionen hinterlassen. Hier stellt er die ägyptische Großgesellschaft mit dem Gottkönig an der Spitze in Gegensatz zu Bürgertum und Kleingesellschaft der griechischen Polis, wertet Mesopotamiens Wissenschaft sowie Israels Religion und zeichnet mit der ihm eigenen und unnachahmlichen Formulierungskunst unseren eigenen kulturellen Standort mit den Worten: „Zu dauerhafter Wirkung sind Gaben aus dem Alten Orient erst gelangt, als sie zu den Griechen diesseits der Dorischen Wanderung, zu den Römern und ... in das sich räumlich und zeitlich hinter beiden aufbauende Europa im heutigen Vollsinn des Begriffes kamen“ (S. 35).

Morenz war ein Gelehrter ganz eigener Prägung. Ihm war es wie kaum einem anderen gegeben, in Wort und Schrift Zugang zu den Vertretern der Nachbardisziplinen, aber auch zu einer gebildeten Öffentlichkeit zu finden. Nicht zuletzt mag dies darin begründet sein, daß er seinem Stoff nie als Handwerker, sondern stets als ein vom Aussagewert des Forschungsgegenstandes zutiefst Betroffener gegenüberstand. Es konnte nicht ausbleiben, daß dieses starke Engagement, das jede Diskussion mit ihm so ausgesprochen fruchtbar machte, mitunter auch Kritik hervorrief, die ihm Subjektivismus in der Quellenauswahl und allzu starke Modernisierung beziehungsweise Überhöhung der altägyptischen Welt vorhielt. Wieweit diese Kritik berechtigt ist oder nicht, mag die weiterlaufende Forschung künftig beurteilen; auf jeden Fall war er ein dynamischer Geist, der eine kaum zu schließende Lücke hinterläßt, und dies nicht zuletzt bei einer jungen und kritischen Generation, die mitzureißen er die seltene Gabe besaß.

Über seine wissenschaftlichen Leistungen hinaus war Morenz ein Mann hervorragender organisatorischer Begabung. Abgesehen von seinen Verdiensten um den Wiederaufbau des Berliner Museums, die bereits erwähnt wurden, sei hier nur noch darauf verwiesen, daß er seit 1954 Mitherausgeber der „Zeitschrift für ägyptische Sprache und Altertumskunde“, der „Orientalistischen Literaturzeitung“, und — ab 1960 bis zu deren Stillegung — von „Forschungen und Fortschritte“ gewesen ist.

Seit 1966 als Vizepräsident unserer Akademie rastlos tätig, hat er auch hier sein wissenschaftsorganisatorisches Talent aufgeboten, wobei er — oft unter starkem, persönlichem Einsatz — auch in kritischen Situationen und in Konfrontation der Meinungen von der inneren Verbindung zur Akademie getrieben wurde, wie sie in folgenden Worten, die er zwei Jahre vor seinem Tode niederschrieb, zum Ausdruck kommt: „Wer über die Zufallsgrenzen heutiger Einzeldisziplinen ständig hinausgreifen muß, wird sich des Segens bewußt, den eine Gelehrte Gesellschaft spendet. Lebende und schon verstorbene Mitglieder haben den Schatz an Substanzen, vor allem aber die geistige Atmosphäre, schaffen helfen, ohne die man in einer Umwelt nichts zuwege bringen kann, die im Spezialistentum ihr Heil sieht und sich damit selbst in Fesseln schlägt.“ (SSAW 113, 5, S. 198.)

Dem Unterzeichneten war es vergönnt, Morenz unter seinen ersten Hörern zu haben, als er selbst noch Anfänger im akademischen Lehrbetrieb war. Er erinnert sich noch lebendig jenes geistig regsamen und aufnahmebereiten Studenten, der sich am Wochenende als Sportreporter sein Geld verdiente, um ein möglichst breitgefächertes Studium durchführen zu können. Weder das Nazi-Regime, das er bitter haßte, noch der Krieg mit allen seinen Nöten konnten seinen wissenschaftlichen Eros beeinträchtigen. Überschaut man jetzt seinen Weg — angefangen von den ersten kleinen Veröffentlichungen bis hin zu den umfassenden Konzeptionen der letzten Jahre —, so ergibt sich eine bemerkenswerte Gradlinigkeit in der Entfaltung seiner Persönlichkeit; am Rande stand ein Mann, der als Forscher in die Tiefe drang und daneben über eine glückliche Begabung zur Breitenwirkung verfügte, wie man sie besonders unter deutschen Gelehrten nur selten antrifft. Rudolf Meyer·

Für sachkundige Hilfe ist Verfasser dieses Nachrufes Dr. Elke Blumenthal, der Schülerin und langjährigen Mitarbeiterin des Heimgegangenen, zu besonderem Dank verpflichtet.

Bibliographie Siegfried Morenz

I. Herausgeber

Aus Antike und Orient. Festschrift Wilhelm Schubart zum 75. Geburtstag, Leipzig 1950.

Mitherausgeber:

Bibliothek der Alten Welt, Zürich: Artemis Verlag 1965—1970.
Forschungen und Fortschritte Jg. *34*, 1960 bis Jg. *41*, 1967.
Orientalistische Literaturzeitung Jg. *59*, 1964 bis Jg. *65*, 1970.
Zeitschrift für ägyptische Sprache und Altertumskunde Bd *79*, 1954 bis Bd *98*, 1971.

II. Selbständige Veröffentlichungen

1. Nilkultur, Halle [1947] = Iris. Hefte aus allen Wissensgebieten [3].
2. Einführung in das wissenschaftliche Arbeiten, Leipzig 1947 = Rat der Stadt Leipzig, Verwaltungsakademie.
3. Die Geschichte von Joseph dem Zimmermann. Übersetzt, erläutert und untersucht, Berlin 1951 = Texte und Untersuchungen zur Geschichte der altchristlichen Literatur. 56. Bd = V. Reihe — Bd 1.
4. Ägypten und das Berliner Ägyptische Museum (Titelkopf: Staatliche Museen zu Berlin), Berlin 1953; 2. Aufl. Berlin 1954; 3. Aufl. Berlin 1955.
5. Die Zauberflöte. Eine Studie zum Lebenszusammenhang Ägypten—Antike—Abendland, Münster/Köln 1952 = Münstersche Forschungen. Hrsg. v. J. Trier u. H. Grundmann, 5.
6. (mit J. Leipoldt), Heilige Schriften. Betrachtungen zur Religionsgeschichte der antiken Mittelmeerwelt, Leipzig 1953.
7. (mit J. Schubert), Der Gott auf der Blume. Eine ägyptische Kosmogonie und ihre weltweite Bildwirkung, Ascona-Schweiz 1954 = Artibus Asiae curat editionem A. Salmony, Suppl. XII.
8. Ägyptische Religion, Stuttgart [1960] = Die Religionen der Menschheit. Hrsg. v. Ch. M. Schröder, 8.
9. (mit D. Müller), Untersuchungen zur Rolle des Schicksals in der ägyptischen Religion, Berlin 1960 = Abhandl. d. SAW, Phil.-hist. Kl. 52, 1.

10. La religion égyptienne. Essai d'interprétation. Traduit de l'allemand par L. Jospin, Paris 1962 = Bibliothèque historieque. Collection: Les religions de l'humanité.
11. Gott und Mensch im alten Ägypten, Leipzig [1964]; Lizenzausg. Heidelberg 1965.
12. Die Heraufkunft des transzendenten Gottes in Ägypten, Berlin 1964 = Sitzungsber. d. SAW, Phil.-hist. Kl. 109, 2.
13. Altägyptischer Jenseitsführer. Papyrus Berlin 3127. Mit Bemerkungen zur Totenliteratur der Ägypter. Hrsg. v. S. Morenz, Leipzig 1964.
14. Die Begegnung Europas mit Ägypten. Mit einem Beitrag von M. Kaiser: Herodots Begegnung mit Ägypten, Berlin 1968 = Sitzungsber. d. SAW, Phil.-hist. Kl. 113, 5.
15. Die Begegnung Europas mit Ägypten. Mit einem Beitrag von M. Kaiser: Herodots Begegnung mit Ägypten. 2. Ausgabe (erw. u. verb.) Zürich/Stuttgart 1969 = Die Bibliothek der Alten Welt. Reihe Forschungen und Deutung.
16. Prestige-Wirtschaft im alten Ägypten, München 1969 = Sitzungsber. d. Bayerischen Akad. d. Wiss., Phil.-hist. Kl. 1969, 4.

III. Beiträge in Zeitschriften, Festschriften usw.

17. Ein koptischer Diogenes. Griechischer Novellenstoff in ägyptischer Mönchserzählung, in: ZÄS *77*, 1941, 52–54.
18. Vom hölzernen Sarge zur umfassenden Kulturschau. Leipziger Ägyptisches Museum feiert 1942 sein hundertjähriges Bestehen, in: Neue Leipziger Tageszeitung v. 4. Jan. 1942.
19. Der Apostel Andreas als νέος Σάραπις, in: ThLZ *72*, 1947, 295–297.
20. Dargestellte Theologie der alten Ägypter. Interpretation und Bestimmung eines bedeutenden Kleinfundes, in: Kunst und Forschung 1, Magdeburg [1947], 6–10.
21. Die „Zauberflöte" im Lichte der Altertumswissenschaft, in: FuF *21/23*, 1947, 232 bis 234.
22. „Eilebeute", in: ThLZ *74*, 1949, 697–699.
23. Totenaussagen im Dienste des Rechts. Ein ägyptisches Element in Hellenismus und Spätantike, in: Würzburger Jahrbücher für die Altertumswissenschaft *3*, 1948 [Würzburg 1949], 290–300.
24. Neue Urkunden zur Ahnenreihe des Klosters, in: ThLZ *74*, 1949, 423–429.
25. Ägypten und die altorphische Kosmogonie, in: Aus Antike und Orient, Festschrift Wilhelm Schubart zum 75. Geburtstag, Leipzig 1950, 64–111.
26. Entstehung und Wesen der Buchreligion, in: ThLZ *75*, 1950, 709–716.
27. Koptische Funde und Forschungen, in: FuF *26*, 1950, 57–59.
28. Vespasian, Heiland der Kranken. Persönliche Frömmigkeit im antiken Herrscherkult? in: Würzburger Jahrbücher für die Altertumswissenschaft *4*, 1949/50 [Würzburg 1950], 370–378.
29. Das Tier mit den Hörnern. Ein Beitrag zu Dan 7_{7f}, in: Zeitschr. f. alttestamentl. Wiss. *63*, 1951, 151–154.
30. Die ⲛ̄ϭⲓ- — Konstruktion als sprachliche und stilistische Erscheinung des Koptischen, in: ASAE *52*, 1952, 1–15.
31. Altägyptischer und hellenistisch-paulinischer Jenseitsglaube bei Schenute, in: Mitteilungen d. Inst. f. Orientforschung *1*, Berlin 1953, 250–255.
32. Feurige Kohlen auf dem Haupt, in: ThLZ *78*, 1953, 187–192.
33. Ein Reallexikon der ägyptischen Religionsgeschichte, in: OLZ *48*, 1953, 341–352.
34. Anubis mit dem Schlüssel, in: Wiss. Zeitschr. d. Karl-Marx-Universität *3*, 1953/54, Ges.- u. sprachwiss. Reihe 1 = Festschrift Albrecht Alt zum 70. Geburtstag, Leipzig 1954, 79–83.

35. Ägyptische Ewigkeit des Individuums und indische Seelenwanderung, in: Asiatica. Festschrift Friedrich Weller zum 65. Geburtstag, Leipzig, 1954, 414—427.
36. Ägyptische und davididische Königstitulatur, in: ZÄS *79*, 1954, 73—74.
37. Ptah-Hephaistos, der Zwerg. Beobachtungen zur Frage der interpretatio Graeca in der ägyptischen Religion, in: Festschrift für Friedrich Zucker zum 70. Geburtstag, Berlin 1954, 275—290.
38. (mit F. Hintze), Ein Streitgespräch Kyrills, in: ZÄS *79*, 1954, 125—140.
39. Ägyptische Tierkriege und die Batrachomyomachie, in: Neue Beiträge zur Klassischen Altertumswissenschaft = Festschrift Bernhard Schweitzer zum 60. Geburtstag, Stuttgart 1954, 87—94.
40. Die Einheit der Altertumswissenschaften. Gedanken und Sorgen zum 100. Geburtstag Eduard Meyers, in: Das Altertum, Berlin *1*, 1955, 195—205.
41. Die Erwählung zwischen Gott und König in Ägypten, in: ZDMG *105*, 1955, *32*.
42. Um Herkunft und Frühgeschichte des Christentums, in: ThLZ *80*, 1955, 525—532.
43. Rote Stiere. Unbeachtetes zu Buchis und Mnevis, in: Ägyptologische Studien, Dt. Akad. d. Wiss., Inst. f. Orientforschung 29 = Festschrift Hermann Grapow zum 70. Geburtstag, Berlin 1955, 238—243.
44. Die Erwählung zwischen Gott und König in Ägypten, in: Atti dell' VIII Congresso Internazionale di Storia delle Religioni, Firenze [1956], 228—230.
45. Die Erwählung zwischen Gott und König in Ägypten. in: Sino-Japonica, Festschrift André Wedemeyer zum 80. Geburtstag, Leipzig 1956, 118—137.
46. Schiffsbilder in Draufsicht, in: ZÄS *81*, 1956, 140.
47. Eine „Naturlehre" in den Sargtexten, in: Wiener Zeitschr. f. d. Kunde d. Morgenlandes *54*, Festschrift Hermann Junker, Wien 1957, 119—129.
48. Ägyptische Trinitäten. Ihre Voraussetzungen und ihr Fortwirken, in: DLZ *78*, 1957, 373—374.
49. Das Werden zu Osiris. Die Darstellung auf einem Leinentuch der römischen Kaiserzeit (Berlin 11651) und verwandten Stücken, in: Staatl. Museen zu Berlin, Forschungen und Berichte *1*, 1957 = Festschrift L. Justi, Berlin 1957, 52—70.
50. Wortspiele in Ägypten, in: Festschrift Johannes Jahn zum 22. November 1957, Leipzig [1957], 23—32.
51. Ägyptisches Museum, in: Staatl. Museen z. Berlin, Forschungen u. Berichte *2*, Berlin 1958, 128—129.
52. Rechts und links im Totengericht, in: ZÄS *82* (1957), 1958, 62—71.
53. Eine Wöchnerin mit Siegelring, in: ZÄS *83*, 1958, 138—141.
54. Joseph in Ägypten, in: ThLZ *84*, 1959, 401—416.
55. Eine weitere Spur der Weisheit Amenopes in der Bibel, in: ZÄS *84*, 1959, 79—80.
56. Zur Vergöttlichung in Ägypten, in: ZÄS *84*, 1959, 132—143.
57. Wortspiele in Ägypten, in: Akten des Vierundzwanzigsten Internationalen Orientalisten-Kongresses München, 28. August bis 4. September 1957, Wiesbaden 1959, 91—92.
58. Ägypten [Vorwort] = Die Schatzkammer *3*, Leipzig 1960, V—VI.
59. Drei Jahrtausende des Nillandes, in: Leipziger Volkszeitung v. 8. Okt. 1960, 9.
60. Von den Ursprüngen der Kultur, in: Zeichen der Zeit, Berlin *2*, 1960, 46—54.
61. Die Ägyptologie im Kosmos der Wissenschaften, in: Saeculum, Freiburg/München *12*, 1961, 345—357.
62. Bericht des Herrn Morenz über rückgeführte Kunstschätze des Leipziger Ägyptischen Museums. Entstehung und heutiger Stand der Sammlung, in: Jahrb. d. SAW 1957 bis 1959, Berlin 1961, 126—130.

63. Die orientalische Herkunft der Perseus-Andromeda-Sage. Ein Rekonstruktionsversuch, in: FuF *36*, 1962, 307—309.
64. Ägyptische Nationalreligion und sogenannte Isismission, in: ZDMG *111* (1961), 1962, 432—436.
65. Von der Rolle der Farbe im alten Ägypten, in: Palette, Basel *11*, 1962, 3—9.
66. (mit Sch. Allam), Warum hieß Sesostris Sesostris? in: FuF *36*, 1962, 8—9.
67. Ägyptologische Beiträge zur Erforschung der Weisheitsliteratur Israels, in: Les Sagesses du Proche-Orient Ancien, Paris 1963, 63—71.
68. Ein neues Dokument der Tierbestattung, in: ZÄS *88*, 1963, 42—47.
69. Fortwirken altägyptischer Elemente in christlicher Zeit, in: Koptische Kunst. Christentum am Nil. 3. Mai bis 15. August 1963 in Villa Hügel—Essen [Essen 1963], 54—57.
70. Lautliches und Sachliches in der Gleichung Min-Perseus, in: Revue d'Égyptologie, Paris *15*, 1963, 125—127.
71. Die Begegnung Europas mit Ägypten, in: Acta Tropica, Basel *21*, 1964, 324—342.
72. Die Geschichte Gottes im alten Aegypten, in: NZZ v. 18. Okt. 1964, 6—7.
73. Ägyptische Spuren in den Septuaginta, in: Mullus. Festschrift Theodor Klausner = Jahrb. f. Antike u. Christentum, Ergänzungsband *1*, Münster 1964, 250—258.
74. Akute Anliegen der Koptologie, in: Koptologische Studien in der DDR = Wiss. Zeitschr. d. Martin-Luther-Universität Halle-Wittenberg 1965, Sonderheft, 259—264.
75. Die Bedeutungsentwicklung von  „Das, was kommt" zu „Unheil" und „Unrecht", in: Mélanges offerts à Kasimierz Michałowski, Warszawa 1966, 139—150.
76. Die Geburt des ägyptischen Gottkönigs, in: FuF *40*, 1966, 366—371.
77. (mit E. Blumenthal), Spuren ägyptischer Königsideologie in einem Hymnus auf den Makkabäerfürsten Simon, in: ZÄS *93*, 1966, 21—29.
78. Aegypten und die europäische Antike, in: NZZ v. 29. April 1967, 20.
79. Das alte Aegypten und das nachantike Europa, in: NZZ v. 11. Juni 1967, 6—7.
80. Die Herkunft der „Uschebti", in: Gestalt und Geschichte. Festschrift Karl Schefold = 4. Beiheft zu „Antike Kunst", Bern 1967, 162—167.
81. Ägyptischer Totenglaube im Rahmen der Struktur ägyptischer Religion, in: Eranos-Jahrb. *34* (1965), Zürich 1967, 399—446.
82. Ägyptischer Totenglaube im Rahmen der Struktur ägyptischer Religion, in: FuF *41*, 1967, 48—54.
83. Wandlungen im Reich des Osiris. Ein Beitrag zur Geschichte der hellenistischen Mysterienreligion, in: NZZ v. 10. Dez. 1967, 6—7.
84. Aus Geschichte und Kultur des Pharaonenreiches (1): Historie aus der Sicht des Gotterwählten. Geschichtsbild und Geschichtsschreibung im alten Ägypten, in: Neue Zeit, Berlin, v. 18. Jan. 1968, 6.
85. Aus Geschichte und Kultur des Pharaonenreiches (2): Des Königs Partner: die Gesellschaft, in: Neue Zeit, Berlin, v. 18. Febr. 1968, 6.
86. Aus Geschichte und Kultur des Pharaonenreiches (3): Das Totengericht wird rituelles Spiel, in: Neue Zeit, Berlin v. 17. März 1968, 6.
87. Aus Geschichte und Kultur des Pharaonenreiches (4): Eine der Kronen des alten Orients. Ägyptens Kunst: Bildungsmacht für Umwelt und Nachwelt, in: Neue Zeit, Berlin, v. 21. April 1968, 6.
88. Aus Geschichte und Kultur des Pharaonenreiches (5): Mit dem Blick auf den Nil in der Praxis erprobt, in: Neue Zeit, Berlin, v. 25. Mai 1968, 6.

89. Koptische Literaturgeschichte als Aufgabe der Forschung, in: NZZ v. 23. Juni 1968, 51—52.
90. Das Nachleben der Antike in die Gegenwart, in: Antike und Abendland. Beiträge zum Verständnis der Griechen und Römer und ihres Nachlebens, Berlin 1, 1968, 70—74.
91. Zum Problem einer koptischen Literaturgeschichte, in: Martin-Luther-Universität Halle-Wittenberg, Wiss. Beiträge, Reihe K: Byzantinistische Beiträge *1*, 1968, Halle 1968, 11—16.
92. Ägypten, in: Fortwirken der Antike in unsere Gegenwart. Artemis Symposium, Zürich [1969], 58—68.
93. Das Problem des Werdens zu Osiris in der griechisch-römischen Zeit Ägyptens, in: Religions en Égypte hellénistique et romaine = Bibliothèque des Centres d'études superieures spécialisés d'Histoire des Religions de Strasbourg, Vendôme (France) 1969, 75—91.
94. Der Schrecken Pharaos, in: Liber amicorum. Studies in Honour of Professor Dr. C. J. Bleeker, Leiden 1969, 113—125.
95. Traditionen um Cheops. Zur überlieferungsgeschichtlichen Methode in der Ägyptologie I, in: ZÄS *97*, 1971, 111—118.
96. Traditionen um Menes. Zur überlieferungsgeschichtlichen Methode in der Ägyptologie II, in: ZÄS *99*.
97. Der Papyrus 2031 in Turin [Vorwort], hrsg. v. Jos. A. Omlin (i. Druck).
98. Die Farbe des Materials im ägyptischen Kunstschaffen, in: Palette *39*, Basel 1971, 18—27.

IV. Handbuchartikel

99. Die ägyptische Literatur und die Umwelt, in: HO *I*, *2*, Leiden 1952, 194—206.
100. Die koptische Literatur, in: HO *I*, *2*, Leiden 1952, 207—219.
101. Das Koptische, in: HO *I*, *1*, Leiden 1959, 90—104.
102. Der Alte Orient. Von Bedeutung und Struktur seiner Geschichte, in: Summa Historica. Die Grundzüge der welthistorischen Epochen = Propyläen Weltgeschichte [11], Berlin/Frankfurt/Wien [1965], 25—63.
103. Die ägyptische Literatur und die Umwelt, in: HO *I*, *2*, 2. Aufl. Leiden/Köln 1970, 226—239.
104. Die koptische Literatur, in: HO *I*, *2*, 2. Aufl. Leiden/Köln 1970, 239—250.

V. Lexikontitel

in: Biblisch-historisches Handwörterbuch, Göttingen

105. Moph, Bd *2*, 1964, 1236—1237.
106. Nechȯ, Bd *2*, 1964, 1297.
107. Nil, Bd *2*, 1964, 1313—1314.
108. No, Bd *2*, 1964, 1316—1317.
109. On, Bd *2*, 1964, 1342—1343.
110. Osiris, Bd *2*, 1964, 1356—1357.
111. Pharao, Bd *3*, 1966, 1445—1446.
112. Pibeseth, Bd *3*, 1966, 1471—1472.
113. Pihachiroth, Bd *3*, 1966, 1472.
114. Pithom, Bd *3*, 1966, 1476.
115. Potiphar, Bd *3*, 1966, 1481.
116. Potiphera, Bd *3*, 1966, 1481.

117. Pyramide, Bd *3*, 1966, 1533—1534.
118. Raemses, Bd *3*, 1966, 1546—1547.
119. Sinuhe, Bd *3*, 1966, 1807—1808.
120. Sisak, Bd *3*, 1966, 1810—1811.
121. Sisera, Bd *3*, 1966, 1811.
122. Skarabäus, Bd *3*, 1966, 1812—1813.
123. So, Bd *3*, 1966, 1817.
124. Sphinx, Bd *3*, 1966, 1831.
125. Thachpanhes, Bd *3*, 1966, 1963.

in: Die Religion in Geschichte und Gegenwart, 3. Aufl. Tübingen

126. Ägypten III. Ägypten und die Bibel. Bd *1*, 1957, 117—121.
127. Ägypten IV. Im christlichen Altertum, Bd. *1*, 1957, 121—124.
128. Alexandria, Bd *1*, 1957, 232—233.
129. Eid I. Religionsgeschichtlich, Bd *2*, 1958, 347—349.
130. Geist I. Religionsgeschichtlich, Bd *2*, 1958, 1268—1270.
131. Handauflegung I. Religionsgeschichtlich, Bd *3*, 1959, 52—53.
132. Hierakas, Bd *3*, 1959, 313.
133. Himmel I. Religionsgeschichtlich, Bd *3*, 1959, 328—331.
134. Himmelfahrt I. Religionsgeschichtlich, Bd *3*, 1959, 333—334.
135. Nil, Bd *4*, 1960, 1493—1494.
136. Pantheon, Bd *5*, 1961, 42.
137. Ritualbücher, Bd *5*, 1961, 1124—1126.
138. Schriften, heilige, Bd *5*, 1961, 1537—1538.
139. Segen und Fluch I. Religionsgeschichtlich, Bd *5*, 1961, 1648—1649.
140. Sohn Gottes I. Religionsgeschichtlich, Bd *6*, 1962, 118—119.
141. Theophanie I. Religionsgeschichtlich, Bd *6*, 1962, 840—841.
142. Tierkult, Bd *6*, 1962, 896—899.
143. Wort, Bd *6*, 1962, 1808—1809.

in: Evangelisches Kirchenlexikon, Göttingen

144. Orientalistik, Bd *2*, 1. Aufl. 1958, 2. unveränd. Aufl. 1962, 1730—1733.

in: Reallexikon für Antike und Christentum, Stuttgart

145. Buch II (heilig, kultisch), Bd *2*, 1954, 688—717 (mit J. Leipoldt).

VI. Würdigungen

146. Johannes Leipoldt 70 Jahre, in: FuF *26*, 1950, 315.
147. (mit F. Hintze), Grußwort an Friedrich Wilhelm Freiherr von Bissing zum 22. April 1953, in: ZÄS *79*, 1954, 1.
148. Georg Steindorff, in: Jahrb. d. SAW *1949—1953*, Berlin 1954, 56—57.
149. Georg Steindorff 12. November 1861 bis 28. August 1951, in: ZÄS *79*, 1954, V—VI.
150. Paul E. Kahle 27. 10. 1923 bis 30. 4. 1955, in: ZÄS *80*, 1955, V—VI.
151. Zum 75. Geburtstag von Prof. D. Dr. Johannes Leipoldt. Forscher von hohem Rang, in: Neue Zeit, Berlin, v. 20. 12. 1955.
152. Albrecht Alt 20. 9. 1883 bis 24. 4. 1956, in: Jahrb. d. SAW *1954—1956*, Berlin 1956, 266—268.
153. Albrecht Alt 20. September 1883 bis 24. April 1956, in: ZÄS *81*, 1956, I—III.

154. (mit F. Hintze), Grußwort an Hermann Junker zum 29. November 1957, in: ZÄS *82* (1957), 1958, V—VII.
155. Adriaan de Buck 22. September 1892 bis 28. Oktober 1959, in: ZÄS *85*, 1960, I—II.
156. (mit F. Hintze), Grußwort an W. Erichsen, in: ZÄS *85*, 1960, III.
157. Johannes Leipoldt 80 Jahre, in: FuF *34*, 1960, 380.
158. Hermann Kees 75 Jahre, in: FuF *35*, 1961, 379—380.
159. Wilhelm Schubart 21. August 1873 bis 9. August 1960, in: ZÄS *86*, 1961, I—II.
160. Zum 100. Geburtstag von Professor Dr. Georg Steindorff. Ausgräber und Forscher in Ägypten, in: Leipziger Volkszeitung v. 12. 11. 1961.
161. Ein Leben für die Aegyptenwissenschaft. Zum Tode von Hermann Junker, in: Basler Nachrichten v. 13./14. Januar 1962, 21.
162. Konservator Rudolf Kuhn 70 Jahre, in: FuF *36*, 1962, 30.
163. Jozef Janssen 10. November 1907 bis 28. August 1963, in: ZÄS *91*, 1964, IX—X.
164. Hermann Junker 29. 11. 1877 bis 9. 1. 1962, in: Jahrb. d. SAW *1960—1962*, Berlin 1964, 403—405.
165. Hermann Kees 21. Dezember 1886 bis 7. Februar 1964, in: OLZ *59*, 1964. 229—230.
166. Hermann Grapow 80 Jahre, in: FuF *39*, 1965, 285—287.
167. (mit F. Hintze), Grußwort an Hermann Grapow zum 1. September 1965, in: ZÄS *92* (1965), 1966, V.
168. Wissenschaft und Menschenliebe. Zum Gedenken an Prof. D. Dr. Johannes Leipoldt, den Lehrer und den Freund, in: Der Christ in unserer Zeit, Berlin, v. 13. März 1965, 5.
169. (mit F. Hintze), Grußwort an den Jubilar, in: ZÄS *93*, 1966 = Festschrift Rudolf Anthes zum 70. Geburtstag, V—VI.
170. Johannes Leipoldt 20. Dezember 1880 bis 22. Februar 1965, in: ZÄS *92* (1965), 1966, VII—VIII.
171. Hans Bonnet zum 80. Geburtstag am 22. Februar 1967, in: FuF *41*, 1967, 59—60.
172. Theodor Frings 23. 7. 1886 bis 8. 6. 1968, in: Jahrb. d. Bayerischen Akad. d. Wiss. *1969*, München 1969, 195—202; Der Niederrhein *38* (1971), 51—54.
173. Bernhard Schweitzer 3. 10. 1892 bis 16. 7. 1966, in: Jahrb. d. SAW *1966—1968*, Berlin 1970, 376—377.
174. Grußwort an den Jubilar, in: ZÄS *97*, = Festschrift Walther Wolf zum 70. Geburtstag, V—VI.

VII. Rezensionen

175. Alexander Böhlig, Untersuchungen über die koptischen Proverbientexte, Stuttgart 1936 (OLZ *45*, 1942, 289—291).
176. Maria Cramer, Das altägyptische Lebenszeichen ☥ im christlichen (koptischen) Ägypten. Eine kultur- und religionsgeschichtliche Studie, Wien 1942 (OLZ *46*, 1943, 208—212).
177. Alfred Hermann, Die Stellen der thebanischen Felsgräber der 18. Dynastie, Glückstadt 1940 (OLZ *46*, 1943, 346—350).
178. Constantin Emil Sander-Hansen, Der Begriff des Todes bei den Ägyptern, København 1942 (OLZ *47*, 1944, 21—26).
179. Alexander Scharff, Das Grab als Wohnhaus in der ägyptischen Frühzeit, München 1947 = Sitzungsber. d. Bayerischen Akad. d. Wiss., Phil.-hist. Kl. 1944, 6 (Orientalia *20*, 1951, 206—212).
180. Horapollo: The Hieroglyphics of Horapollo. Translated by George Boas, Pantheon

Books, [New York 1950] = Bollingen Series XXIII (Artibus Asiae *13*, 1952, 313 bis 315).
181. Walter Wolf, Die Stellung der ägyptischen Kunst zur antiken und abendländischen und das Problem des Künstlers in der ägyptischen Kunst, Hildesheim 1951 (DLZ *73*, 1952, 154—158).
182. Liselotte Greven, Der Ka in Theologie und Königskult des Alten Reiches, Glückstadt/Hamburg/New York 1952 = Ägyptologische Forschungen 17 (DLZ *74*, 1953, 333—337).
183. Siegfried Schott, Altägyptische Liebeslieder. Mit Märchen und Liebesgeschichten. Eingeleitet und übertragen. Zürich 1950 = Die Bibliothek der Alten Welt. Reihe: Der Alte Orient (OLZ *48*, 1953, 134—138).
184. Friedrich Wilhelm von Bissing, Der Tote vor dem Opfertisch, München 1952 = Sitzungsber. d. Bayerischen Akad. d. Wiss., Phil.-hist. Kl. 1952, 2 (Orientalia *23*, 1954, 85—88).
185. ders., Versuch zur Bestimmung der Grundbedeutung des Wortes NUTR für Gott im Altägyptischen, München 1951 = Sitzungsber. d. Bayerischen Akad. d. Wiss., Phil.-hist. Kl. 1951, 2 (OLZ *49*, 1954, 123—125).
186. Günther Roeder, Volksglaube im Pharaonenreich, Stuttgart [1952] = Sammlung Völkerglaube (OLZ *49*, 1954, 31—33).
187. Alexander Böhlig, Ägypten und Byzanz bis zur arabischen Zeit. Vorlesungen, München 1953 (ThLZ *79*, 1954, 555—556).
188. Eberhard Otto, Der Weg des Pharaonenreiches, Stuttgart [1953] = Urban-Bücher 5 (ThLZ *79*, 1954, 470—472).
189. Hermann Grapow, Worte des Gedenkens an Adolf Erman anläßlich seines 100. Geburtstages am 3. Oktober 1955, Berlin 1954 = Sitzungsber. d. Dt. Akad. d. Wiss. z. Berlin, Kl. f. Sprache, Literatur u. Kunst 1954, 3 (DLZ *76*, 1955, 729—730).
190. Ricardo A. Caminos, Late Egyptian Miscellanies, London 1954 (ZDMG *106*, 1956, 365—367).
191. Victorine von Gonzenbach, Untersuchungen zu den Knabenweihen im Isiskult der Römischen Kaiserzeit, Kevelae/Köln 1957 = Antiquitas 1, Bd. IV (Bonner Jahrbücher des Rheinischen Landesmuseums in Bonn, H. 117, 535—537).
192. Siegfried Schott, Die Deutung des Geheimnisses des Rituals für die Abwehr des Bösen. Eine altägyptische Übersetzung, Wiesbaden 1954 = Akad. d. Wiss. u. Literatur i. Mainz, Abhandl. d. geistes- u. sozialwiss. Kl. 1954, 5 (DLZ *78*, 1957, 22—24).
193. Paul Eric Kahle, Bala'izah. Coptic Texts from Deir el-Bala'izah in Upper Egypt. Two Volumes, London 1954 (OLZ *52*, 1957, 410—415).
194. Hermann Kees. Göttinger Totenbuchstudien. Totenbuch Kap. 69 und 70, Berlin 1954 = Untersuchungen zur Geschichte und Altertumskunde Ägyptens 8 (OLZ *52*, 1957, 122—125).
195. Jean Leclant, Enquêtes sur les sacerdotes et les sanctuaires égyptiens à l'époque dite „éthiopienne“ (XXVe Dynastie), Le Caire 1954 = Bibliothèque d'étude 17 (OLZ *53*, 1958, 536—538).
196. Claas J. Bleeker, Die Geburt eines Gottes. Eine Studie über den ägyptischen Gott Min und sein Fest. Deutsche Übers. v. Dr. Magrita J. Freie, Leiden 1956 = Studies in History of Religious, Suppl. to Numen III (ThLZ *83*, 1958, 750—751).
197. Wolja Erichsen — Siegfried Schott, Fragmente mephitischer Theologie in demotischer Schrift (Pap. demot. Berlin 13603), Wiesbaden 1954 = Akad. d. Wiss. u. Literatur i. Mainz, Abhandl. d. geistes- u. sozialwiss. Kl. 1954, 7 (ZDMG *108*, 1958, 181—182).

198. Alfred Hermann, Rilkes ägyptische Gesichte, Freiburg/München 1955 = Symposion. Jahrb. f. Philosophie 4 (ZDMG *108*, 1958, 184—185).
199. Hermann Kees, Der Götterglaube im alten Ägypten, 2. Aufl. Berlin 1956 (ZDMG *108*, 1958, 183—184).
200. Walter C. Till, Koptische Grammatik (Saidischer Dialekt). Mit Bibliographie, Lesestücken und Wörterverzeichnis, Leipzig 1955 (ZDMG *108*, 1958, 185—188).
201. Evangelium Veritatis. Codex Jung f. VIIIv—XVv (p. 16—32), f. XIXr—XXIIr (p. 37—43), von Michel Malinine, Henri Charles Puech, Gilles Quispel. Zürich 1956 = Studien aus dem C. G. Jung-Institut 6 (Bibliotheca Orientalis *14*, 1959, 230—232).
202. Mythological Papyri. 1. Texts, transl. with Introduction by A. Piankoff. Ed. with a Chapter on the Symbolisme of the Papyri by N. Rambova, 2. Plates, New York 1957 = Pantheon Books. Bollingen Series XL, Egyptian Religious Texts and Representations 3 (OLZ *54*, 1959, 572—576).
203. Ursula Schweitzer, Das Wesen des Ka im Diesseits und Jenseits der alten Ägypter, Glückstadt/Hamburg/New York 1956 = Ägyptologische Forschungen 119 (ZDMG *109*, 1959, 194—197).
204. Gerhard Fecht, Der Habgierige und die Maat in der Lehre des Ptahotep (5. und 19. Maxime), Glückstadt/Hamburg/New York 1958 = Abhandl. d. Deutschen Archäologischen Institutes Kairo (OLZ *55*, 1960, 249—252).
205. Hans Goedicke, Die Stellung des Königs im Alten Reich, Wiesbaden 1960 = Ägyptologische Abhandl. 2 (OLZ *56*, 1961, 244—247).
206. Sabatino Moscati, Geschichte und Kultur der semitischen Völker, Einsiedeln/Zürich/Köln 1961 (Schweizer Rundschau. Monatsschrift f. Geistesleben u. Kultur *61*, 1962, 606—608).
207. Günther Roeder, Kulte, Orakel und Naturverehrung im alten Ägypten, Zürich 1960 = Bibliothek der Alten Welt. Reihe: Der Alte Orient (Eine neue Übersetzung religiöser Texte aus Ägypten, in: Schweizer Rundschau. Monatsschrift f. Geistesleben u. Kultur *61*, 1962, 540—541).
208. Erich Zehren, Der gehenkte Gott. Zur Archäologie der Kultur, Berlin-Grunewald [1959] (Helikon *3*, 1963, 738—740).
209. Philippe Derchain, Rites égyptiens. 1. Le sacrifice de l'oryx, Bruxelles 1962 (OLZ *58*, 1963, 337—340).
210. Reinhold Merkelbach, Roman und Mysterium in der Antike, München 1962 (ZDMG *113*, 1963, 240—244).
211. Helmut Thierfelder, Die Geschwisterehe im hellenistisch-römischen Ägypten, Münster 1960 = Fontes et commentationes 1 (ZDMG *113*, 1963, 207—209).
212. Hermann Junker, Leben und Werk in Selbstdarstellung, Graz/Wien/Köln 1963 = Österreichische Akad. d. Wiss., Phil.-hist. Kl., Sitzungsber. 242, 5 (OLZ *60*, 1965, 348—350).
213. Erik Hornung, Das Amduat. Die Schrift des verborgenen Raumes. Hrsg. nach Texten aus den Gräbern des Neuen Reiches I: Text, II: Übersetzung und Kommentar. Wiesbaden 1963 = Ägyptologische Abhandl. 7 (ThLZ *90*, 1965, 501—503).
214. Eberhard Otto, Gott und Mensch nach den Tempelinschriften der griechisch-römischen Zeit. Eine Untersuchung zur Phraseologie der Tempelinschriften, Heidelberg 1964 = Abhandl. Akad. d. Wiss., Phil.-hist. Kl. 1964, 1 (ThLZ *90*, 1965, 669—673).
215. Annales du Service des Antiquités de l'Égypte 58, 1964 (und Mitarbeiter, Zeitungsschau, in: OLZ *61*, 1966, 202—204).
216. Alexandre Piankoff, The Litany of Re, New York 1964 = Pantheon Books. Bollingen

Series XL, Egyptian Religious Texts and Representations 4 (Bibliotheca Orientalis *25*, 1968, 181—183).

217. Bulletin de l'Institut français d'archéologie orientale 61, 1962 (und Mitarbeiter, Zeitungsschau, in: OLZ *63*, 1968, 613—614).
218. Erik Iversen, The Myth of Egypt and its Hieroglyphics in European Tradition, Copenhagen 1961 (OLZ *63*, 1968, 130—131).
219. Otto Kaiser, Israel und Ägypten. Die politischen und kulturellen Beziehungen zwischen dem Volk der Bibel und dem Land der Pharaonen = Vortrag Hildesheim Roemer-Pelizaeus-Museum 1963, Zeitschrift des Museums zu Hildesheim NF 14, 1963 (OLZ *63*, 1968, 354—356).
220. Erik Hornung, Das Amduat. Die Schrift des verborgenen Raumes. Hrsg. nach Texten aus den Gräbern des Neuen Reiches. III: Die Kurzfassung. Nachträge, Wiesbaden 1967 = Ägyptologische Abhandl. 13 (ThLZ *93*, 1968, 414—417).
221. Fritz und Ursula Hintze, Alte Kulturen im Sudan, Leipzig 1966 (Ethnographisch-Archäologische Zeitschrift *10*, 1969, 572—573).

Dipl. phil. Angela Heller

Anton Lissner

21. 8. 1885—6. 2. 1970

In der Bergstadt Freiberg, deren Ehrenbürger er war, verschied am 6. 2. 1970 im 85. Lebensjahr Dr. techn. habil. Anton Lissner, em. Professor mit Lehrstuhl der anorganischen und technischen Chemie an der Bergakademie Freiberg, ordentliches Mitglied der mathematisch-naturwissenschaftlichen Klasse unserer Akademie seit 1957.

A. Lissner wurde am 21. 8. 1885 in Großschönau (Nordböhmen) geboren. An der Technischen Hochschule in Prag erwarb er 1908 das Ing.-Diplom als Chemiker. Noch im gleichen Jahre wurde er nach vorübergehender Tätigkeit in der Industrie Assistent am Lehrstuhl für chemische Technologie anorganischer Stoffe an der Technischen Hochschule in Brünn. Die Zusammenarbeit mit dem Inhaber dieses Lehrstuhls, dem bekannten Chemiker Prof. Dr. Eduard Donath, war sehr glücklich. Sie förderte die Neigung des jungen Chemikers zur Nutzung der Erkenntnisse der Chemie in der Praxis. Sie brachte ihn, da sich sein Lehrer auch mit der Chemie und Technologie der Kohle, insbesondere mit Fragen der Kohlenentstehung befaßte, in Berührung mit der Brennstoffchemie. Schon 1910 erwarb Lissner den Doktorgrad mit der Dissertation: „Zur chemischen Charakteristik der Hangendgesteine von Braun- und Steinkohlen".

Im gleichen Jahre trat Lissner aus der Erwägung heraus, daß eine erfolgreiche wissenschaftliche Tätigkeit auf dem Felde der chemischen Technologie Industrieerfahrung voraussetze, in die Versuchsanstalt einer Eisen- und Stahlgießerei in Brünn ein, deren wissenschaftlich-technischer Leiter er in der Folgezeit wurde. Viele Probleme der Metallurgie traten an ihn heran, und wieder war es eine andere Seite der Welt des Kohlenstoffes, nämlich die Gruppe der Karbide, die ihn besonders reizte.

Lissner, der seine Bindung zur TH Brünn nicht vollständig aufgegeben hatte, strebte auch auf dem akademischen Sektor weiter. Im Jahre 1913 reichte er seine

Habilitationsschrift mit dem Thema: „Beiträge zur Kenntnis der Temperkohlebildung im Kupolofen-Temperguß“ ein. Sie war das Ergebnis von Studien über den Zerfall des Eisenkarbides unter Bildung von Temperkohle. Der Annahme dieser Habilitationsschrift folgte die Ernennung des Verfassers zum Privat- und Honorar-Dozenten an der TH Brünn auf dem Fuße.

Kriegswirtschaftliche Inanspruchnahmen, die seine Industrie- und Lehrtätigkeit im ersten Weltkrieg zeitweise unterbrachen, ermöglichten es dem stets regsamen jungen Wissenschaftler, sich Kenntnisse und Erfahrungen auf dem Sektor der Metallurgie der Buntmetalle, vor allem in Serbien, zu erwerben.

Im Jahre 1920 endete Lissners 10jährige Tätigkeit in der Praxis. Er, der sich Bemühungen, ihn für eine Lehrtätigkeit an der österreichischen montanistischen Hochschule in Leoben zu gewinnen, versagt hatte, wurde als Nachfolger seines Lehrers Donath auf den Lehrstuhl für chemische Technologie der TH Brünn berufen. Eine 22jährige Zeit fruchtbaren Schaffens begann. Auf dem Gebiet der Forschung setzte sie bezeichnenderweise wieder mit Arbeiten zusammen mit E. Donath über die Entstehung von Kohle und Erdöl ein. Sein Ruf in der Lehre führte Lissner zweimal zum Amt des Dekans der chemischen Abteilung; 1928/29 stand er der TH Brünn als Rektor vor.

Im Jahre 1942 wurde A. Lissner auf den Lehrstuhl für allgemeine und anorganische technische Chemie an der Technischen Hochschule Prag berufen und gleichzeitig mit Vorlesungen und Übungen an der Universität beauftragt.

Das Jahr 1945 brachte für Lissners Leben und Arbeit die große Zäsur. Nach der Übersiedlung in die sowjetische Besatzungszone Deutschlands wurde ihm bereits am 1. 10. 1945 der Lehrstuhl für anorganische und technische Chemie an der Bergakademie Freiberg, den einst der von ihm hochverehrte Clemens Winkler innegehabt hatte, und die Leitung der chemischen Abteilung des (damaligen) Braunkohlenforschungsinstitutes Freiberg übertragen. Mit rastloser Schaffenskraft entfaltete der Sechzigjährige erneut eine umfangreiche Lehr- und Forschungstätigkeit. Seiner Initiative war es zu verdanken, daß die vier chemischen Institute im neu erstellten Clemens-Winkler-Bau würdig untergebracht wurden.

Schon 1945 begann Lissner im Auftrage der Besatzungsmacht mit umfangreichen Untersuchungen zur Charakterisierung der Eigenschaften und des kohlechemischen Verhaltens zahlreicher sowjetischer Braun- und Steinkohlen, die sich bis 1948 erstreckten. Einige Monate vor der Gründung der Deutschen Demokratischen Republik setzte 1949 die Forschung über Veredlungsprobleme der Braunkohlen der DDR ein. Mit dem schlagkräftigen Forschungsstab, den Lissner während der Zeit der Untersuchungen für die sowjetische Besatzungsmacht entwickelt hatte, errang er bald Erfolge. Rasch erwarb er sich durch seine Forschungsarbeiten großes Ansehen in der Deutschen Demokratischen Republik. Wenn er sich auch im Alter von 70 Jahren von der Lehrtätigkeit entbinden ließ, behielt er doch weiterhin die Leitung der von ihm aufgebauten Forschungsstelle bei.

Der Siebzigjährige übernahm sogar eine neue große Aufgabe: Als 1956 die Leitung der Kohleindustrie das Deutsche Brennstoffinstitut Freiberg (DBI) gründete, wurde A. Lissner dessen erster Direktor. Er führte das Institut in den kritischen Anfangsjahren (1956–1959) seiner Existenz, als es allmählich dem Schoße der Bergakademie entwuchs, gliederte mehrere Außenstellen an, beschäftigte sich eifrig mit den Problemen der Gestaltung und Projektierung der eigenen Institutsanlagen. Lissners zielbewußter, dabei liebenswürdiger Art ist es zu verdanken, daß der Aufbau dieses großen Industrieinstituts rasche Fortschritte machte. Auch nach 1959 hat Lissner als Leiter der Abteilung Strukturforschung des DBI bis in sein 80. Lebensjahr aktiv auf dem Gebiet der Braunkohlenforschung gearbeitet.

Mustert man das 117 Nummern umfassende Verzeichnis der Veröffentlichungen von A. Lissner, das in der Gedenkschrift, die die Sächsische Akademie der Wissenschaften zu seinen Ehren herausgegeben hat, veröffentlicht ist, so zeigt sich auf den ersten Blick, daß er auf den Gebieten der anorganischen Chemie und der Brennstoffchemie sowie ihrer beiderseitigen Verfahrenstechnik in gleicher Weise zu Hause war. Ein großer Teil seiner Arbeiten ist daher Grenzgebieten zwischen anorganischer und organischer Chemie gewidmet. Zwei Elemente — der Kohlenstoff und der Schwefel — haben ihn stets besonders interessiert.

Viele Veröffentlichungen Lissners befassen sich daher mit den Karbiden im Eisen und in Eisenlegierungen, mit dem Vorkommen des Schwefels in Stein- und Braunkohle, mit seinen Bindungsformen und deren Wechsel bei der Veredlung und Verfeuerung der Kohle, sowie mit den Möglichkeiten seiner Entfernung aus Kohle und Koks. Gleichermaßen interessierten Lissner die Zusammensetzung der Mineralsubstanz in den Brennstoffen, die wechselseitigen Beziehungen zwischen anorganischer und organischer Substanz, die Lösung der metallorganischen Bindungen bei verschiedenartiger Behandlung der Braunkohlen, der Einfluß der Zusammensetzung der Mineralsubstanz auf das Ascheschmelzverhalten. Der Analytiker Lissner untersuchte die Fehler, die aus der anorganischen Substanz der Kohle sich für Kurz- und Elementaranalyse sowie Heizwert ergeben, wenn man auf wasser- und aschefreie Substanz umrechnet.

Es ist daher nicht verwunderlich, daß Lissner die salzhaltige Braunkohle der DDR, die große Schwierigkeiten bei der Verfeuerung bereitet — ihre Analytik, ihr Verhalten bei der Verbrennung und Pyrolyse — zu einem der großen Problemkreise gewählt hat, die er seit 1950 bearbeitete. Aus diesen Arbeiten ist ein Entsalzungsverfahren hervorgegangen. Noch in den letzten Jahren seiner aktiven Tätigkeit hat sich Lissner auch mit einem großen Salzkohlevorkommen in der VR Polen befaßt.

Bedeutend ist auch die Zahl der Arbeiten, die Lissner als anorganischer Chemiker und Technologe auf den Gebieten des Gießerei-, Metallhütten- und Eisenhüttenwesens in seiner Brünner und Prager, aber auch noch in seiner ersten Freiberger Zeit veröffentlicht hat. An diese intimen Kenntnisse metallurgischer Vorgänge knüpfte er an, indem er sich im zweiten Jahrzehnt seiner Freiberger Forschungstätigkeit zunehmend mit Fragen der Herstellung eines reaktionsträgen abriebfesten Formkokses aus Braunkohle für Gießereizwecke und für den Einsatz in der Metallurgie beschäftigte. Es ist zu hoffen, daß die erzielten Arbeitserfolge noch zu einer praktischen Nutzung führen werden.

Lissner hatte sich in seiner langen Forschungstätigkeit eine profunde Kenntnis fast aller Braunkohlen der Welt erworben. Daher wurde er ab 1954 als Experte der

DDR in die Arbeitsgruppe für Kohleklassifikation der Europäischen Wirtschaftskommission (ECE) in Genf entsandt. Im Rahmen maßgebender, z. T. leitender Mitarbeit an einer internationalen Klassifikation der Braunkohlen für technologische und statistische Zwecke konnte er an die gemeinsamen Arbeiten mit Donath aus den Jahren um 1920 wieder anknüpfen. So arbeitete er u. a. quantitative Verfahren zur Unterscheidung von Stein- und Braunkohle aus.

An der Vereinheitlichung der Analysenmethoden für Brennstoffe hat sich Lissner als langjähriger Leiter einer Arbeitsgruppe der Brennstofftechnischen Gesellschaft der DDR und auf internationaler Ebene durch seine Mitwirkung im Ausschuß TC 27 der Internationalen Standardisierungsorganisation besondere Verdienste erworben.

Es ist nicht möglich, im Rahmen dieser Übersicht alle Arbeitsgebiete Lissners zu behandeln. Es sei nur noch erwähnt, daß im Rahmen neuerer Auffassungen über die Bedeutung der Zellulose für die Kohlenentstehung die Arbeiten Donaths und Lissners aus dem Jahre 1922 über die Genesis der Kohle wieder gewürdigt werden. Der bekannte Kohlepetrologe E. Stach schreibt 1970: „Danach kann Zellulose über Methylglyoxal in Huminsäure und Humine übergehen. Dieses Ergebnis ist in großen Zügen von E. Donath und A. Lissner (1922) vorausgeahnt worden. Sie schreiben: ‚Es ist also die Annahme berechtigt, daß Huminsubstanzen oder diesen wenigstens nahestehende Stoffe durch Einwirkung von Abbauprodukten der Eiweißstoffe auf Abbauprodukte von Kohlenhydraten bzw. Zellulose entstehen können‘.“

Zahlreiche Ehrungen sind Lissner im Rahmen seiner Tätigkeit in unserem Staate zuteil geworden: 1952 wurde er mit dem Nationalpreis, 1955 als Hervorragender Wissenschaftler des Volkes ausgezeichnet. Er wurde 1957 ordentliches Mitglied der Sächsischen Akademie zu Leipzig und später ordentliches Mitglied der Deutschen Akademie der Wissenschaften zu Berlin. Im Jahre 1958 wurde ihm die Clemens-Winkler-Medaille der Chemischen Gesellschaft verliehen, 1960 wurde er Ehrenmitglied der Brennstofftechnischen Gesellschaft. Die Bergakademie Freiberg verlieh ihm 1960 die Ehrensenatorwürde; er trug ferner die Goldene Ehrennadel. Mit Clemens Winkler fühlte sich Lissner in der Arbeitsweise und in der engen Verbundenheit mit der Praxis verwandt; er hat Winklers Wirken in mehreren historischen Arbeiten gewürdigt. Die Verleihung der Clemens-Winkler-Medaille hat ihn daher besonders erfreut.

Mit Anton Lissner ging ein Wissenschaftler von uns, der als Realist mit beiden Beinen auf der festen Erde stand, der sich Vitalität, vielseitige Interessiertheit, Schaffenskraft und Schaffenslust, ernstes Streben, aber auch Freude an Leben und Natur und an ihren Gaben bis ins höchste Alter bewahrte. Seine Gattin stand ihm in stetiger Fürsorge und Liebe bis zu seinem Tod zur Seite. Seine Mitarbeiter liebten ihn, obwohl er viel verlangte und bei seinem starken Temperament bisweilen auch poltern konnte. Aber die größere Kraft in ihm, nämlich eine naturgegebene Liebenswürdigkeit und eine humorvolle Betrachtungsweise der Verhältnisse des Lebens, glättete immer rasch die Wogen. Anton Lissner war ein eifriger Leser, vor allem in der klassischen Literatur gut zu Hause, und er liebte das Theater. Er schätzte mehr diejenigen, die Greifbares und Nützliches schufen, wie Arbeiter und Bauern, Handwerker und Künstler, als Grübler über unlösbare und unbeweisbare metaphysische Probleme.

Erich Rammler

*Bibliographie Anton Lissner**

1. Aufsätze

1. Das Silicocalcium und seine Anwendbarkeit im Eisenhüttenwesen. In: Oesterr. Z. f. Berg- u. Hüttenwesen *57* (1909) S. 611—614 und S. 624—628 (mit Ed. Donath).
2. Über die Verwendbarkeit von Siliziumlegierungen zur Herstellung von säurefesten Stoffen. In: Österr. Chem.-Ztg. *13* (1910) S. 14—15.
3. Zur Elementaranalyse von tonhaltigen Kohlegesteinen. In: Chem.-Ztg. *34* (1910) S. 37—38.
4. Zur Bestimmung des spezifischen Gewichtes von festen fett- und wachsartigen Körpern. In: Chem.-Ztg. *34* (1910) S. 657.
5. Zur chemischen Charakteristik der Hangendgesteine von Braun- und Steinkohlen. In: Oesterr. Z. f. Berg- u. Hüttenwesen *58* (1910): S. 579—582; 595—597; 617—620; 630—633; 643—646; 653—656.
6. Beiträge zur Kenntnis der Temperkohlebildung im Kupolofen-Temperguß. In: Ferrum (Neue Folge der „Metallurgie") *10* (1912) S. 44—54.
7. Über Hochofendurchbrüche. In: Montan. Rundschau *5* (1913) S. 819—822; 929—935; 1033—1039; 1090—1095; 1157—1161; 1214—1220 (mit Ed. Donath).
8. Über Hochofendurchbrüche. In: Broschüre im Verlag der Montan. Rundschau, 1913, 31 Seiten (mit Ed. Donath).
9. Über den experimentellen Nachweis von Spannungen in Stahlgußstücken. In: Mitt. Techn. Vers. *3* (1914) S. 33—36.
10. Über das Schlackenschmelzen in der Bleihütte des einstigen k. u. k. Militärbergbaues Bube in Serbien. In: Berg- u. Hüttenmänn. Jahrbuch *67* (1919) S. 192/218.
11. Feuerungskontrolle. In: Mitt. Deutsch. Ing.-Verein Mähren *6* (1919) Sonderheft.
12. Zur Frage der Entstehung der Kohle. In: Brennstoffchem. *3* (1922) S. 231—237 (mit Ed. Donath).
13. Bemerkungen zur Frage der Unschädlichmachung des Kohlenschwefels. In: Chem.-Ztg. *46* (1922) S. 933.
14. Über die Verhüttung von Antimonerzen in Krupany, Serbien, während des Weltkrieges. In: Metall u. Erz *19* (1922) S. 373—384 und S. 399—404 (mit E. Eichelter).
15. Neue Verfahren zur Eisen- und Stahlerzeugung unmittelbar aus dem Erz. In: Mitt. Deutsch. Ing.-Verein Mähren, *11* (1922) S. 25—27 (Referat Stahl und Eisen *42* [1922] S. 1502).
16. Über das Verhalten des Kohlenschwefels beim Erhitzen im Wasserstoffstrom. In: Brennstoff-Chem. *4* (1923) S. 305—308 und 328—330.
17. Versuche zur Entschwefelung von Kokskohlen. In: M. Hönig-Festschrift „Naturprodukte", herausgegeben von B. Margoshes u. W. Fuchs 1923 (Dresden, Verlag Theodor Steinkopff).
18. Temperkohle und Eisengraphit als chemisch gleichartige Kohlenstoff-Formen. In: Stahl u. Eisen *45* (1925) S. 1297—1301 (mit R. Horny).

* Das Verzeichnis ist nicht ganz vollständig. Nach Angaben des Autors fehlen etwa 10 Titel aus der Zeit vor 1945. Sie sind in österreichischen und tschechoslowakischen Zeitschriften erschienen, die heute gar nicht mehr oder nur schwer zugänglich sind. Ferner kamen zwei Arbeiten „Die technische Chemie in Lehre und Forschung" und „Der Kohlenschwefel und seine technische Verwertbarkeit" in den Wirren des Zusammenbruches 1945 nicht mehr zur Veröffentlichung.

19. Rüttelherd zur Vergütung von flüssigem Gußeisen und Stahl. In: Stahl u. Eisen *46* (1926) S. 1705—1706.
20. Alte Verfahren der Gußveredelung in neuer Auflage. In: Gießereiztg. *23* (1926) S. 678—679.
21. Die „Verflüssigung" der Kohle. In: Hochschulwissen 1927.
22. Zur Abgrenzung der Begriffe Braunkohle und Torf. In: Braunkohle *27* (1928) S. 257 bis 264 (mit Ed. Donath).
23. Über die thermische Zersetzung des Eisencarbides. In: V. Z. f. angew. Chem. *43* (1930) S. 1076.
24. Zur Frage der Kohlenbildung. In: Forschungen und Fortschritte *7* (1931) S. 129/30.
25. Rißbildung in Steingutglasuren von Wandplatten. In: Ber. d. tschechoslow. keram. Gesellsch. 1932.
26. Über die Carbide in technischen Fe-Cr-Legierungen. In: V. Z. f. angew. Chem. *47* (1933) S. 747.
27. Über die Hitzebeständigkeit von chemisch widerstandsfähigen Legierungen. In: HDJ-Mitteilungen *23* (1934) S. 175—182.
28. Verbesserung von Grauguß. In: Bull. Ass. techn. Fonderie *8* (1934) S. 322—330.
29. Welche Anforderungen können wir derzeit an korrosions- und hitzebeständige Eisen- und Stahlsorten stellen? In: Montan. Rdsch. *27* (1935) S. 1—7.
30. Welche Anforderungen können wir derzeit an korrosions- und hitzebeständige Eisen- und Stahlsorten stellen? In: Petroleum *31* (1935) Suppl. S. 1—7.
31. Versuche zum Abbau des Kohlenschwefels. In: Brennstoff-Chem. *16* (1935) S. 101 bis 107 (mit A. Nemes).
32. Versuche zum Abbau des Kohlenschwefels. In: V. Chem.-Ztg. *59* (1935) S. 645.
33. Abbau des Kohlenschwefels. In: V. angew. Chemie *48* (1935) S. 40.
34. Versuche zum Abbau des Kohlenschwefels II — Die Bestimmung des Pyritschwefels mittels Wasserstoffperoxyd. In: Brennst.-Chem. *18* (1937) S. 81—84 (mit H. Brandeis).
35. Über den Verschleißwiderstand metallischer Werkstoffe. In: HDJ-Mitt. *27* (1938) S. 34—40.
36. Über den Verschleißwiderstand metallischer Werkstoffe. In: Schlägel und Eisen *36* (1938) S. 51—57.
37. Die Bedeutung des Kohlenschwefels für die deutsche Rohstoffwirtschaft. In: Technik in Niederdonau (früher HDJ-Mitt.) *1* (1940) S. 197—199 und S. 218—221.
38. Versuche zur Gewinnung von Schwefel aus Kohlen. In: V. angew. Chem. *54* (1941) S. 93—94.
39. Schwefel in Heizgasen. In: Glastechn. Ber. *29* (1942) S. 228—234.
40. Versuche zum Abbau des Kohlenschwefels III — Extraktion einer schwefelreichen Steinkohle mit organischen Lösungsmitteln. In: Brennst.-Chem. *24* (1943) S. 13—14 (mit H. Brandeis).
41. Über Entschwefelungskatalysatoren. In: Forschungen und Fortschritte, 1. Sonderheft 1948, S. 14.
42. Raney-Metalle als Entschwefelungskatalysatoren. In: Ztsch. f. anorg. Chem. *260* (1949) S. 141—153 (mit H. Herglotz).
43. Grundsätzliche Untersuchungen zur Herstellung reiner Kupfervitriolkristalle — Ein Beitrag zum System $CuSO_4-NiSO_4-FeSO_4-H_2O$. In: Chem. Technik *6* (1954) S. 18—23.
44. Neue Forschungsmöglichkeiten auf dem Gebiet der Silicone. In: Chem. Techn. *2* (1950) S. 181—183 (mit H. G. Schäfer).

45. Schnellverfahren zur Bestimmung des Gesamtschwefels in festen Brennstoffen. In: Chem. Technik *2* (1950) S. 179—181 (mit J. Barthel und H. Herglotz).
46. Schwefelgewinnung bei der Spülgasschwelung schwefelreicher Braunkohlen. In: Bergbau u. Energiewirtschaft *3* (1950) S. 188—191.
47. Schädliche Salzgehalte der Rohbraunkohlen. In: Bergbau u. Energiewirtschaft *3* (1950) S. 105—108.
48. Raney-Metalle als Entschwefelungskatalysatoren II. In: Z. anorg. Chem. *261* (1950) S. 237—247 (mit H. Herglotz).
49. Versuche zum Einbau von Fremdatomen in Siloxane. In: Z. f. angew. Chem. *62* (1950) S. 89 (mit H. G. Schäfer).
50. Versuche zum Einbau von Fremdatomen in Siloxane. In: Forschungen und Fortschritte *26* (1950) 2. Sonderheft, S. 17—19 (mit H. G. Schäfer).
51. Über Salzkohlen. In: Bergakademie 1950, März/April-Heft S. 6—8.
52. Chemische Aufbereitung von Salzkohlen. In: Bergbau und Energiewirtschaft *3* (1950) S. 321—325.
53. Chemische Aufbereitung von Salzkohlen. In: Freiberger Forschungshefte, H. 1 (1950) S. 88—93.
54. Salzbestimmung in Feuerungsgasen. In: Bergbau und Energiewirtschaft *3* (1950) S. 382—384 u. S. 394 (mit W. Göbel).
55. Salzbestimmung in Feuerungsgasen. In: Freiberger Forschungshefte, H. 1 (1950) S. 102—104 (mit W. Göbel).
56. Zur Frage der Verwertung von Braunkohlenharzen. In: Freiberger Forschungshefte *A 3* (1952) S. 144—149.
57. Zur genauen Bestimmung des Alkaligehaltes in Salzkohlen. In: Energietechnik *2* (1952) S. 112—115 (mit W. Göbel).
58. Zur genauen Bestimmung des Alkaligehaltes in Salzkohlen. In: Freiberger Forschungshefte *A 7* (1952) S. 139/143 (mit W. Göbel).
59. Über die Ermittlung des Pyritgehaltes in Braun- und Steinkohlen. In: Freiberger Forschungshefte *A 3* (1952) S. 134—139.
60. Untersuchungen an Salzkohle der Egelner Mulde. In: Energietechnik *2* (1952) S. 99 bis 111 (mit E. Rammler).
61. Neue Wege zur Entschwefelung von Braunkohlen. In: Freiberger Forschungshefte *A 14* (1952) S. 35—38.
62. Zur Bestimmung des Gesamtschwefels in Braunkohlen nach Eschka. In: Freiberger Forschungshefte *A 14* (1952) S. 31—34 (mit W. Göbel).
63. Derzeitiger Stand der Entsalzung von Braunkohlen. In: Freiberger Forschungshefte *A 14* (1952) S. 26—30.
64. Gewinnung von kokfähigen Bindemitteln aus Braunkohlenprodukten. In: Freiberger Forschungshefte *A 14* (1952) S. 5—11 (mit W. Göbel).
65. Aromatisierung von Hochtemperaturteer aus Braunkohlen. In: Freiberger Forschungshefte *A 14* (1952) S. 12—18 (mit W. Göbel).
66. Salzhaltige Braunkohle. In: SVT (Schriftenreihe des Verlages Technik) I, Bd *42* (1952) Nachdruck der Arbeiten 57, 61, 47 u. 52 auf S. 82—142.
67. Über die Zündeigenschaften salzhaltiger Braunkohle. In: SVT (Schriftenreihe des Verlages Technik) II, Bd *63* (1952) (mit E. Rammler).
68. Grundsätzliches zur Frage der Verkokung nichtbackender Kohlen. In: Freiberger Forschungshefte *A 23* (1954) S. 90—101.

69. Dem Altmeister der Chemischen Technologie Bernhard Neumann zum Gedächtnis. In: Chem.-Techn. *6* (1954) S. 317.
70. Clemens Winkler, der bedeutende Chemiker. In: Freiberger Forschungshefte *D 8* (1954) S. 51—68.
71. Clemens Winkler. Zum 50. Todestag des bekannten deutschen Chemikers und Entdeckers des Germaniums. In: Chem.-Technik *7* (1955) S. 105—108.
72. Auswirkung von Ballastart und -menge auf das Schmelzverhalten der Aschen von ballastreichen Braunkohlen. In: Energietechnik *5* (1955) S. 148—157 (mit E. Rammler).
73. Die Untersuchung des Steinkohlenteerpeches I. In: Journal für prakt. Chemie, 4. Reihe, *1* (1955) S. 230—236 (mit H. G. Schäfer).
74. Zur Klassifikation der Braunkohlen. In: Bergbautechnik *5* (1955) S. 237—241 (mit W. Göbel).
75. Zur Klassifikation der Braunkohlen. In: Freiberger Forschungshefte *A 36* (1955) S. 7—20 (mit W. Göbel).
76. Über niederwertige Rheniumcyanokomplexe. In: Chem.-Technik *8* (1956) S. 603 (mit D. Clauss).
77. Über die Mineralstoffe der Braunkohlen. In: Sitzungsbericht der Deutschen Akademie der Wissenschaften zu Berlin — Klasse für Chemie, Geologie und Biologie — Jahrgang 1956, Nr. 1, 30 S. (Akademie-Verlag Berlin).
78. Das Deutsche Brennstoffinstitut in Freiberg. In: Bergbautechnik *7* (1957) S. 57 (mit E. Rammler).
79. Die Beziehungen D. J. Mendelejeffs zur Bergakademie Freiberg. Zum 50. Todestag des großen russischen Gelehrten. In: Bergakademie *7* (1957) S. 380—382.
80. Die Bindungsform des Selens im Anodenschlamm der Kupferelektrolyse. In: Zeitschr. f. physik. Chemie *207* (1957) S. 111—117 (mit H. Bastius).
81. Untersuchungen zur Charakterisierung von Braunkohlen, insbesondere von Schwelkohlen. In: Freiberger Forschungshefte *A 80* (1958) S. 88—116 (mit W. Göbel).
82. Aufgaben und Ziele des Deutschen Brennstoffinstitutes. In: Freiberger Forschungshefte *A 87* (1958) S. 7—18 (mit E. Rammler).
83. Zum Salzkohlenproblem. In: Freiberger Forschungshefte *A 87* (1958) S. 28—45 (mit E. Rammler und G. Bilkenroth).
84. Alfred Dierichs †. In: Bergakademie *12* (1958) S. 654—656.
85. Über Hexacyanomanganate (I) und Hexacyanorhenat (I). In: Zeitschr. f. anorg. und allgem. Chemie *297* (1958) S. 300—310 (mit D. Clauss).
85a. Bildung flüchtiger Selenverbindungen in Flammengasen bei Röstprozessen. In: Chem.-Techn. *2* (1959) S. 82—86 (mit H. Bastius).
86. Edelkoks aus Braunkohlen. In: Freiberger Forschungshefte *A 119* (1958) S. 47—60 (mit E. Rammler).
87. Zur Kenntnis der Brikettierungseigenschaften der Braunkohle — V — Beitrag zum Fragenkomplex der Wasserbeständigkeit der Briketts (am Beispiel einer bulgarischen Braunkohle). In: Freiberger Forschungshefte *A 153* (1959) S. 5—25 (mit E. Rammler).
88. Stand der chemischen Erforschung der Xylitkohlen einschl. der Xylitbestimmungsmethoden. In: Freiberger Forschungshefte *A 148* (1959) S. 34—49 (mit W. Göbel).
89. Über die chemische Zusammensetzung einiger Xylite. In: Freiberger Forschungshefte *A 148* (1959) S. 50—57 (mit E. Preu).
90. Beziehungen zwischen den Stoffgruppen und Eigenschaften der Steinkohlenteerpeche (Die Untersuchung des Steinkohlenteerpeches II). In: Freiberger Forschungshefte *A 131* (1960) S. 54—63 (mit J. Hotowicka).

91. Charakteristische Eigenschaften der Braunkohlen. In: Sitzungsberichte der Sächsischen Akademie der Wissenschaften zu Leipzig. Bd *104* — H. 2, 19 Seiten.
92. Versuche zur Bestimmung des Salzgehaltes in Feuerungsgasen. In: Freiberger Forschungshefte *A 203* (1961) S. 5—17 (mit W. Göbel).
93. Zur Bestimmung der Alkalien in Brennstoffen mittels Flammenphotometrie. In: Freiberger Forschungshefte *A 203* (1961) S. 18—46 (mit W. Göbel).
94. Zur Kenntnis der Brikettierungseigenschaften der Braunkohle XXI. Untersuchungen zur Verbesserung der Wasserbeständigkeit der Briketts aus einer ungarischen Weichbraunkohle. In: Freiberger Forschungshefte *A 229* (1962) S. 27—42 (mit E. Rammler und E. Knopfe).
95. Untersuchungsverfahren für feste Brennstoffe unter besonderer Berücksichtigung der Braunkohlen. In: Freiberger Forschungshefte *A 219* (1962) 116 S. (mit einem Kollektiv).
96. Erzeugung von hochwertigem Koks aus Braunkohle I. In: Freiberger Forschungshefte *A 263* (1962) S. 51—72 (mit E. Rammler).
97. Schwelversuche mit Salzkohlen. In: Freiberger Forschungshefte *A 225* (1962) S. 13 bis 37 (mit E. Rammler, unter Mitwirkung von W. Göbel, A. Herrmann und A. Scheinpflug).
98. Konstitution und technologisches Verhalten der Braunkohle. In: Forschungen und Fortschritte *37* (1963) S. 357—360.
99. Die Elementarzusammensetzung der reinen Kohlensubstanz. In: Forschungen und Fortschritte *38* (1964) S. 225—229.
100. Versuche zur chemischen Aufbereitung von Salzkohlen. In: Freiberger Forschungshefte *A 340* (1964) S. 159—172.
101. Ascheprobleme bei der Vergasung unter besonderer Berücksichtigung der Druckvergasung. In: Freiberger Forschungshefte *A 338* (1965) S. 7—15 (mit E. Rammler, R. Schmidt und R. Birthler).
102. Ursachen von Ascheverfestigungen in Druckvergasern und ihre Bekämpfung im Betrieb. In: Freiberger Forschungshefte *A 338* (1965) S. 105—114 (mit E. Rammler, R. Schmidt und R. Birthler).
103. Variation der Aschezusammensetzung der Braunkohlenflöze des Tagebaues Böhlen und Aussagekraft der Analysen im Hinblick auf das Ascheverhalten bei der Druckvergasung. In: Freiberger Forschungshefte *A 338* (1965) S. 83—104 (mit R. Tannenberger, E. Rammler, S. Leischner, R. Birthler, G. Herbst).
104. Behaviour of ash in pressure gasification of brown coals. In: Serbische Akademie der Wissenschaft und Künste, Belgrad, Internationales Symposium für Gaserzeugung und Chemie der Braunkohle, Beograd 1963, Belgrad, Naučno delo 1965, S. 83—86 (mit E. Rammler).
105. Zur internationalen Klassifikation der Braunkohlen für statistische und technische Zwecke. In: Freiberger Forschungshefte *A 373* (1965) S. 42—89 (mit E. Rammler).
106. Bestimmung der physikalischen Oberfläche an Braunkohlen nach der Methode der Gasadsorption. In: Freiberger Forschungshefte *A 373* (1965) S. 7—17 (mit W. Mannchen).
107. Untersuchungen zur Bestimmung der Aschemenge, der organisch gebundenen Metalle und des Mineralstoffgehaltes von Braunkohlen. In: Freiberger Forschungshefte *A 373* (1965) S. 19—40 (mit W. Göbel).
108. Über eine salzhaltige Braunkohle der Volksrepublik Polen. In: Abhandlungen der Sächsischen Akademie der Wissenschaften zu Leipzig *51* (1971) H. 1 S. 9—41 (mit E. Rammler, M. Süss, E. Knopfe und L. Gläser).

109. Versuche zur Verbrennung von salzhaltiger Braunkohle in einer Halbgasfeuerung mit Rauchgasrückführung. In: Abhandlungen der Sächsischen Akademie der Wissenschaften zu Leipzig *51* (1971) H. 1 S. 43—56 (mit E. Rammler, R. Schmidt, W. Göbel, Ch. Sokoll und K. H. Pissoke).
110. Untersuchungen an einer schwefelreichen jugoslawischen Kohle (Raša-Kohle), insbesondere hinsichtlich der Brikettierbarkeit. In: Abhandlungen der Sächsischen Akademie der Wissenschaften zu Leipzig *51* (1971) H. 1, S. 59—73 (mit E. Rammler und E. Knopfe).

2. Bücher

111. Kohle und Erdöl. 1920 (Stuttgart, Verlag Ferd. Encke) (mit Ed. Donath), 116 Seiten.
112. Quantitative Analyse. In: Neubearbeitung der 2. Auflage des gleichnamigen Buches von O. Brunck 1950 (Dresden, Verlag Th. Steinkopff).
113. Chemie der Braunkohle, Bd. II: Chem.-techn. Veredlung. 3. Auflage, 1953 (VEB W. Knapp-Verlag, Halle/Saale) Herausgegeben von A. Lissner und A. Thau.
114. Die Chemie der Braunkohle. In: Bd. I: „Wissenschaftl. Teil" 3. vollständig neu bearbeitete und erweiterte Auflage. Mit 62 Abb. u. 130 Zahlentafeln 1956 (VEB W. Knapp-Verlag, Halle/Saale) (mit H.-G. Schäfer).

3. Lehrbriefreihen

115. Lehrbriefreihe „Anorganische Chemie" Herausgegeben vom Fernstudium Bergakademie Freiberg 1952 u. ff. (mit W. Koch).
116. Lehrbriefe „Chemische Technologie" Herausgegeben vom Fernstudium Bergakademie 1952 u. ff. (mit Krüger).
117. Lehrbriefe für das Fernstudium „Chemie" an der Landwirtsch.-Gärtnerischen Fakultät d. Karl-Marx-Universität Leipzig 1953 (mit W. Koch und G. Meiner).

Erich Rammler

Walter Frenzel

29. 9. 1884—14. 10. 1970

Kurz nach Vollendung des 86. Lebensjahres verstarb am 14. 10. 1970 Prof. em. Dr.-Ing. Walter Frenzel, dessen Name über viele Jahrzehnte unlösbar mit der Entwicklung der Textiltechnik und der Ausbildung von Textiltechnologen verbunden war. Walter Frenzel beeindruckte stets als ein auffallend ausgeglichener Mensch, der Wissenschaftler, Ingenieur und Lehrer zugleich war, woraus sich auch seine erfolgreiche Breitenwirksamkeit erklärt. Sein weitgespanntes, ereignisreiches und auch schicksalsschweres Leben formte ihn zu einer ausgesprochen markanten, fortschrittlich denkenden und handelnden, zugleich aber auch schlichten und stets hilfsbereiten Persönlichkeit.

Geboren am 29. September 1884 in Klein-Zschachwitz bei Dresden besuchte Walter Frenzel nach Absolvierung eines Realgymnasiums die Gewerbeakademie in Chemnitz. Es schloß sich ein Studium an der Technischen Hochschule zu Dresden an, wobei er sich unter Geheimrat Prof. Dr. Ernst Müller der Textiltechnik zuwandte. Nach dem Studium arbeitete er als wissenschaftlicher Assistent in den mechanisch-technologischen Abteilungen der Technischen Hochschulen Hannover und Dresden und promovierte 1912 über das Thema „Gasdurchlässigkeit von Ballonstoffen". Es schlossen sich Jahre der Industriepraxis (insbesondere in der Bastfaserindustrie) im In- und Ausland an. Längere Zeit arbeitete er in holländischen und belgischen Textilbetrieben in leitenden Stellungen, richtete hier Betriebe ein und war auch beauftragt, das Niederländische Reichs-Faserforschungsinstitut der Technischen Hochschule Delft einzurichten und zu leiten. 1932 kehrte Walter Frenzel nach Deutschland zurück, um sich als Leiter der Textilingenieurschule Chemnitz verstärkt der Lehre und Forschung zu widmen. Dieses Tätigkeitsfeld mußte er — politisch bedingt — 1942 nach Sorau verlegen. Nach dem Zusammenbruch Deutschlands stellte er sich zunächst der Wiederingangsetzung eines Textilbetriebes zur Verfügung, wurde aber bald zum Leiter der Abteilung Forschung und Forschungslenkung in die Landesverwaltung Sachsen berufen. 1947 erfolgte Walter Frenzels Berufung zum ordentlichen Professor am Institut für Textiltechnik der Technischen Hochschule Dresden. Als Institutsdirektor leitete er dieses Institut bis zu seiner Emeritierung im Jahre 1957. Seiner Tatkraft war es zu verdanken, daß das durch Kriegsschäden schwer zerstörte Institut unter schwierigsten Bedingungen bald wieder arbeitsfähig wurde. Gleichzeitig entstand auf Grund seiner Initiative auch in Pirna-Copitz eine Forschungsstätte, aus der das dann später in Dresden ansässige Institut für Technologie der Fasern der Deutschen Akademie der Wissenschaften zu Berlin hervorging, das Walter Frenzel von 1949 bis 1958 leitete. Walter Frenzel hat seinerzeit bewußt darauf hingearbeitet, beide Institute im Interesse der gegenseitigen Durchdringung von Lehre und Forschung gebäude- und leitungsmäßig zusammenzubringen. Dieser Weg konnte bis in die Gegenwart weitergegangen werden und bewährte sich unter den Bedingungen der 50er und auch 60er Jahre bestens.

Umfassendes Wissen und vielseitige Erfahrungen ließen Walter Frenzel bald zum Leiter oder Mitglied zahlreicher Institutionen und Fachgremien werden. Er war zeitweise Prorektor der Technischen Hochschule Dresden, erster Dekan deren Fakultät für Technologie, Mitglied des Forschungsrates der DDR und Leiter eines ZAK, Vorstandsmitglied des Textilnormenausschusses u. a. Berufungen zum Mitglied der Deutschen Akademie der Wissenschaften zu Berlin und der Sächsischen Akademie der Wissenschaften zu Leipzig bedeuteten Anerkennung seiner hervorragenden Leistungen, die staatlicherseits durch Verleihung des Nationalpreises und des Ehrentitels „Hervorragender Wissenschaftler des Volkes" noch besonders herausgestellt wurden.

Die wissenschaftliche Tätigkeit Walter Frenzels war überaus fruchtbar und mannigfaltig. Wenn man diese allerdings richtig würdigen will, muß man sich in die fünf Jahrzehnte seiner Wirksamkeit zurückversetzen können und sie aus der Sicht jener Zeit beurteilen. Stets war er bestrebt, wissenschaftliche Grundlagen für die rein empirisch gewachsene Textilindustrie zu schaffen und diese ständig zu erweitern. Daß er sich dabei auch sehr intensiv und erfolgreich mit der Entwicklung von Prüf- und Meßmethoden befaßte, war eine zwingende Notwendigkeit. Vielfach war er mit seinen Erkenntnissen und Verfahrensentwicklungen seiner Zeit voraus, regte die maschinenbauende Industrie an, neue Wege in der Verarbeitungs- und Prüftechnik zu beschreiten. Auf Grund seiner industriellen Tätigkeit und seiner Verbindung zu dem Sorauer Bastfaserforschungskollektiv des dortigen Kaiser-Wilhelm-Institutes war er eng mit der Bastfaserforschung verbunden. Er befaßte sich mit der Entwicklung von Verfahren zum maschinellen Verspinnen von Hartfasern und der Verarbeitung bisher nicht verwendeter Faserstoffe. Von ihm wurde für die Bastfaser- und Baumwollspinnerei das Gleitstreckwerk in Vorschlag gebracht, unter seiner Leitung das Spinnzentrifugenverfahren intensiv im Interesse der qualitativen und quantitativen Produktionsverbesserung bearbeitet und an der Bastfaser-Naßspinnmaschine Buntmetall gegen Plastmaterial erfolgreich ausgetauscht. Im Institut für Technologie der Fasern schuf er in den 50er Jahren die Voraussetzungen, daß seine Mitarbeiter rationellere Flachsaufschlußverfahren für unsere Volkswirtschaft entwickeln konnten, die in allen Flachsröstereien eingeführt wurden, wobei es auch um die Flachsschäbennutzung zur Plattenherstellung ging. Er förderte aber zugleich auch Arbeiten, die der Weiterentwicklung der physikalischen und mikroskopischen Prüftechnik galten, wobei er sich gegenüber den Belangen der Chemie- und Glasfaserstoffindustrie als ausgesprochen aufgeschlossen erwies. Walter Frenzel beschäftigte sich weit vorausschauend bereits Anfang der 50er Jahre intensiv mit grundlegenden Arbeiten zur Entwicklung einer Chemiefaserkabel-Schneidmaschine, die später in anderen Ländern als Converter bekannt wurde. Zu dieser Zeit liefen aber auch Studien zur Verbesserung des Spindel-Ring-Systems von Baumwollringspinnmaschinen, Versuche über ein flyerloses Decordisator-Spinnverfahren, Untersuchungen über den Einsatz fester Spindelaufsätze für die Streichgarn-Ringspinnmaschine, Untersuchungen zur Verbesserung technischer Gewebe (Reifencord) u. a.

Besonders bekannt wurden Walter Frenzels Arbeiten auf dem Gebiet der Textilprüfung. So ist z. B. die „Universal-Garnprüfmaschine Dr. Frenzel-Hahn", mit der bereits in den 30er Jahren die innere Gleichmäßigkeit von Fäden erfaßt werden konnte, eine schon damals vielbeachtete Prüfmaschine gewesen, die aber ihrer Zeit zweifellos voraus war; erst in den 50er und 60er Jahren kamen Prüfgeräte für die äußere und innere Fadengleichmäßigkeit in zeitgemäß moderner Ausführung in bemerkenswertem Umfang zur Nutzung. In den 70er Jahren wird die Prüfung am laufenden Faden in zunehmendem Maße in den Produktionsprozeß einbezogen, dann aber nicht nur zur Qualitätskontrolle, sondern vor allem zur Steuerung einer gleichbleibenden Fadenqualität. So gesehen steht Walter Frenzel hinsichtlich der „Prüfung am laufenden Faden" mit am Anfang einer bemerkenswerten Entwicklungslinie.

Ähnliches gilt auch für die Drehungsprüfung am Faden, die er erstmalig automatisierte (erst 10 Jahre später kamen im Ausland diesbezügliche Geräte in den Handel). An Ideen über fortschrittliche Prüf- und Meßmethoden hat es Walter Frenzel nie gefehlt. Zusammen mit seinem Freund Guido Hahn, Grüna/Sa., konnte er vieles verwirklichen, manches aber konnten beide leider nicht mehr realisieren, wozu z. B. eine neue Methode der Fadendrehungsprüfung am laufenden Faden gehörte. Noch in seinem letzten Lebensjahrzehnt beschäftigte sich Walter Frenzel mit zahlreichen Projekten, da er nie untätig sein konnte.

Es ist nicht möglich, ein lückenloses Bild über das weitgespannte Tätigkeitsfeld Walter Frenzels zu geben. Seine etwa 130 Veröffentlichungen, 30 Patente und zahlreiche Forschungsarbeiten spiegeln die Dynamik seines Lebens nur einigermaßen wider. Er war stets bestrebt, sein Wissen anderen mitzuteilen und den Austausch zwischen den Wissenschaftlern zu fördern. Unter diesem Aspekt ist er zusammen mit Erich Correns Gründer und Mitherausgeber der Zeitschrift „Faserforschung und Textiltechnik" im Akademieverlag gewesen und betreute die Herausgabe der Schriftenreihe „Veröffentlichungen auf dem Gebiete der Faserforschung und Textiltechnik". Bemerkenswert ist noch, daß er jährlich alle Veröffentlichungen seiner beiden Institute als „Mitteilungen" herausgab; heute können diese Dresdener Textil-Mitteilungen bereits als 20. Folge erscheinen. In ihnen spiegelt sich besonders beeindruckend wider, was Walter Frenzel leistete und wie sein Wirken sich in der nachrückenden Generation unter den sich stetig verändernden Bedingungen in Wissenschaft und Technik fortsetzte.

In diesem Zusammenhang muß noch etwas über Walter Frenzel als Lehrer und Mensch gesagt werden. Stets war er um ein fortschrittliches und lebensnahes Studienprogramm bemüht und hatte einen sehr persönlichen Kontakt zu seinen Studenten und Mitarbeitern, die ihn wegen seiner stets vorhandenen Aufgeschlossenheit und oft väterlichen Güte außerordentlich schätzten. Viele bekannte Fachleute der Gegenwart sind seine Schüler gewesen, ein Teil sind Träger seiner beiden Institute geworden. Obwohl Walter Frenzel von schweren Schicksalsschlägen in seiner Familie nicht verschont geblieben ist, war er stets freundlich, hilfsbereit, ausgeglichen und von echter Menschlichkeit. Er fand deshalb auch immer schnell Kontakt zum Produktionsarbeiter und verlor nie das große Ziel aus dem Auge, das er auf einer Akademietagung 1953 mit folgenden Worten zum Ausdruck brachte: „Die dringendsten Aufgaben der Wissenschaft entspringen der lebendigen Praxis und werden auch in engster Fühlung mit ihr gelöst". Der stellvertretende Ministerpräsident Heinrich Rau brachte zur 125-Jahr-Feier der TH Dresden zum Ausdruck, daß diese Worte in goldenen Lettern über der Arbeit aller Hochschulen und Universitäten stehen sollten.

Obwohl Walter Frenzel über ein Jahrzehnt aus dem beruflichen Leben ausgeschieden war, hat ihn die Fachwelt in unserer so schnellebigen Zeit nicht vergessen. Dazu war er eine zu starke Persönlichkeit, die auch noch weiter auf die nachrückende Generation Einfluß haben wird. Seine Mitarbeiter und Nachfolger werden ihm stets ein ehrendes Gedenken bewahren und ganz im Sinne seines so lebensnahen Ausspruches tätig sein.

Prof. Dr. Wolfgang Bobeth

Bibliographie Walter Frenzel

1. Über die Gasdurchlässigkeit gummierter Ballonstoffe. Diss. Dresden 1912. 8 u. 61 S.
2. Rechnen und Messen in Textilbetrieben. In: Monatschrift für Textil-Industrie *32* (1917) S. 117
3. Berechnung der Papiergewebe. In: Wilhelm Heinke: Handbuch der Papiergarnspinnerei und -weberei. Dresden 1917, Ergänzungsheft 1, S. 37—48.
4. Prüfung der Papiergewebe. Ebda S. 49—65.

5. Berechnung der Papiergewebe. In: Leipziger Monatsschrift für Textilindustrie *32* (1917) S. 84—85.
6. Über Zellulongarnherstellung. In: Monatsschrift für Textil-Industrie *34* (1919).
7. Cellulose als Spinnstoff. Ebda *35* (1920) S. 15.
8. Untersuchungen über den Kraftbedarf der Maschinen in der Jutespinnerei und -weberei. Ebda S. 99—102.

Mitteilungen des niederländischen Reichsfaserforschungs-Instituts in Delft 1920—1926 [niederländisch]: (9—19)

9. Stapellänge, mittlere Faserlänge und Stapeldiagramm [eigenes Untersuchungsverfahren].
10. Untersuchungen über die Veränderung des Baumwollstapeldiagramms während der Verarbeitung in der Spinnerei.
11. Zusammenhänge zwischen Garn- und Gewebefestigkeit.
12. Über einige juteartige Fasern.
13. u. I. A.ten Bruggencate: Spinn- und Webversuche mit Roselle-Faser.
14. Über die Faserlage in Baumwollgespinsten.
15. Prüfung der Ungleichmäßigkeit von Garnen in der Dicke (DRP).
16. Die Garnprüfung am laufenden Faden.
17. Beschreibung der im Institut angewendeten Untersuchungsverfahren.
18. Textilfasern [Abschnitt auch im Handbuch für die niederländische Wäscherei-Industrie].
19. Beschreibung zahlreicher Untersuchungen aus der Praxis der Textilprüfung u. a.

20. Das Taylor-System in der Spinnerei. In: Monatsschrift für Textil-Industrie *36* (1921) Nr. 7—8.
21. Stapellänge, mittlere Faserlänge und Stapeldiagramm. Ebda *37* (1922) S. 3—6, 23—26, 64—66.
22. Einige juteartige Fasern. Ebda S. 106—108.
22. Untersuchung der Garne auf Dehnung, Elastizität, Festigkeit und Gleichmäßigkeit mit dem Garnprüfer Frenzel-Hahn (DRP 535023). Ebda *46* (1931) S. 325—326, 354—355.
24. Die Prüfung am laufenden Faden. Ebda *48* (1933) Nr. 3.
25. Ein verbesserter Drehungszähler. In: Melliand-Textil-Berichte *14* (1934) Nr. 1.
26. Der Einfluß der Spinnspannung auf die Eigenschaften des Garns. In: Spinner & Weber *1934*, Nr. 20.
27. u. K. Langer: Kunstseideprüfungen am laufenden Faden. In: Kunstseide *16* (1934) Nr. 4, S. 124—127.
28. Deutsche Rohstoffversorgung auf dem Gebiet der Gespinstfasern. In: Zellstoff-Faser *32* (1935) S. 81—86.
29. Vergleichende Untersuchungen über den Verarbeitungswert von Garnen am laufenden Faden. In: Monatsschrift für Textil-Industrie *50* (1935) Nr. 2.
30. Über Betriebsleitung. In: Melliand-Textil-Berichte *16* (1935) Nr. 9.
31. Unterschiedliches Verhalten zweier Leinengarne bei der Verarbeitung im Webstuhl. Ebda *17* (1936) Nr. 2.
32. Zusammenfassender Bericht über die systematischen Untersuchungen von Garnen und Geweben aus heimischen Faserstoffen. Ebda Nr. 3, S. 185—191.
33. Weiterbildung in der Praxis. Ebda Nr. 9.
34. 150 Jahre mechanische Weberei (Edmund Cartwright). Ebda Nr. 7.
35. Ballonloses Ringspinnen. Ebda Nr. 11.

36. Textilmaschinen und Maschinen für die Bekleidungsindustrie. Technischer Bericht des Leipziger Messeamtes *1936*, Nr. 21.
37. Untersuchungen von Garnen und Geweben aus heimischen Zellwollen. In: Z.d.VDI *1936*, Nr. 39.
38. Kunstseidenkreppgarne, ihre Eigenschaften, ihre Herstellung. In: Kunstseide *18* (1936) Nr. 11, S. 431—434.
39. [Art.] Textilprüfung. In: Textillexikon von H. Glafey. Stuttgart 1937.
40. Verarbeitung von Zellwoll- und Mischgarn. In: Melliand-Textil-Bericht *18* (1937) Nr. 1, S. 34—35.
41. Der selbstschreibende Drehungszähler [eigene Konstruktion]. Ebda Nr. 3.
42. Bericht über die textiltechnische Tagung der Arbeitsgemeinschaft deutscher Textilingenieure des VDI und des Leipziger Messeamtes. Ebda Nr. 4.
43. Glaswolle, Zellwolle und Kunststoffe (Ausstellungsbericht). Ebda Nr. 7.
44. u. W. Harzer: Drehungsfestigkeit. Ebda Nr. 10, S. 774—776.
45. Charles Marie Jacquard zum 100jährigen Geburtstag. Ebda *19* (1938).
46. u. P. Clauss: Bruchdrehung und Drehungsfestigkeit. Ebda Nr. 7, S. 555—557.
47. u. H. Bach: Knotenprüfung. Ebda Nr. 5.
48. Die Prüfung am laufenden Faden. Ebda Nr. 3.
49. Textilien auf der Pariser Weltausstellung „Kunst und Technik". Ebda. Nr. 3.
50. Textilmaschinen auf der Frühjahrsmesse 1938. In: Rundschau deutscher Technik *1938*, Nr. 12.
51. Die Schau der Textilmaschinen (Messebericht). Ebda *1939*, N. 12.
52. [Art.] Textilien. In: VDI-Jahrbuch *1939*: Die Chronik der Technik.
53. Textilland Sachsen. In: Textiladreßbuch für Sachsen. Chemnitz 1939.
54. 350 Jahre mechanische Wirkerei. In: Melliand-Textil-Bericht *20* (1939) Nr. 2.
55. Betriebsführung. Ebda Nr. 5—7.
56. u. H. Bach: Dehnungs- und Belastungsuntersuchungen in Abhängigkeit von der Zeit. Ebda S. 331—335.
57. u. W. Harzer: Nähfadenprüfung. Ebda S. 403.
58. Über die Verarbeitungseigenschaften von Spinnpapier. Ebda *21* (1940) Nr. 2, S. 52 bis 54; auch in: Zellstoff und Papier *20* (1940) S. 38—42.
59. Die Ausbildung von Meistern im Textilbetrieb. In: Melliand-Textil-Bericht *21* (1940) Nr. 6.
60. Die Verrechnung des Leistungsgrades bei der Auswertung von Zeitstudien. Ebda *22* (1941) Nr. 1.
61. Umrechnung von Garnnummern, Gewebegewichten und Drehungsgraden. In: Fach- und Forschungsberichte Sorau. Klepzigs Textilzeitschrift *1942*, Nr. 37—38.
62. Die Bestimmung der Stapeleigenschaften von Bast- und Hart-Fasern. Ebda *1943*, Nr. 11—12.
63. Die Behandlung der Kalanderwalzen in der Jute- und Leinen-Weberei. In: Allgemeine Textil-Zeitschrift *1945*, Nr. 1.
64. Bestimmung der Biegefähigkeit und Faltbarkeit mit einem neuen Prüfgerät [eigene Konstruktion]. In: Melliand-Textil-Bericht *26* (1945) Nr. 1 und 2.
65. Die Verbesserung der Jutegewebe-Eigenschaften durch Kalandern und Mangeln. Ebda *27* (1946).
66. Rohstoffe der Textilwirtschaft. In: Textil-Praxis *4* (1949) S. 481—485.
67. u. A. Blümcke, P. Clauss: Spinn- und Webversuche mit Yuccafaser. Ebda S. 538 bis 542.

68. Normung in der Textilwirtschaft. In: Deutsche Wirker-Zeitung *71* (1950) S. 92, 101—103.
69. Die bei der Garnverarbeitung auftretende Fadenbeanspruchung und ihre Ermittlung. In: Miscellanea acad. Berolinensis, Bd 1. Berlin 1950. S. 240—251; auch in: Faserforschung und Textiltechnik *1* (1950) S. 36—41.
70. Textile Forschung. In: Faserforschung und Textiltechnik *1* (1950) S. 3—9.
71. Prüfgerät zur Bestimmung der Biegfähigkeit und -elastizität. Ebda S. 109—118.
72. Reifenkord. Ebda *2* (1951) S. 22—27.
73. u. H. Martin: Meßgeräte und Meßverfahren zur Bestimmung der Kettenfadenbeanspruchung beim Weben. Ebda S. 257—273.
74. Kräuselgewebe bei Kunstfasern und deren Bestandteilen. Ebda S. 383—390.
75. Flachsnaßspinnen. Ebda *3* (1952) S. 214—222.
76. u. G. Höhne: Herstellung von weichgedrehten und feinen Baumwollgarnen nach dem Topfspinnverfahren. Ebda S. 295—300.
77. u. K. Langer: Herstellung von Flachsnaßgespinsten auf Spinnzentrifugen. Ebda S. 390—400.
78. u. M. Luxa: Spinnen mit unterdrückten Fadenballon. Ebda S. 483—489.
79. u. H. Perner: Torsionsfestigkeits-Bestimmung. Ebda *4* (1953) S. 63—74.
80. Herstellung weichgedrehter Garne auf der Ringspinnmaschine. Ebda S. 100—116.
81. u. G. Wünsch: Über den Verzugswiderstand beim Naßspinnen von Bastfasern. Ebda S. 137—144.
82. u. H. Martin: Kettenfadenbeanspruchung und Schaftbewegung am Webstuhl. Ebda S. 319—336.
83. Faserlage im Gespinst. Ebda S. 363—371.
84. u. G. Wünsch: Verzugswiderstand beim Naßspinnen von Bastfasern. In: Wiss. Z. TH Dresden *2* (1952/53) S. 95—102.
85. Untersuchungen an garnverarbeitenden Maschinen. Berlin 1954. 14 S. m. 22 Abb. (= Abh. Sächs. Akad. Wiss. zu Leipzig, math.-nat. Kl. Bd 44, H. 5).
86. u. H. Martin: Über Belastung an der Schemelschaftmaschine. In: Faserforschung und Textiltechnik *5* (1954) S. 45—53.
87. u. B. Sturm: Die Gleichhaltung des Fadenzuges beim Spinnen und Zwirnen auf Flügelspinn- und Zwirnmaschinen. Ebda S. 467—474.
88. u. G. Uhlemann: Dehnungsmessungen an technischen Textilien. Ebda S. 187—192.
89. u. B. Sturm: Ein neuartiger Vorschlag zur Flachsverarbeitung. Ebda S. 211—213.
90. u. R. Bartel: Die Trocknung von naßgesponnenen und gezwirnten Fäden. Ebda *6* (1955) S. 1—13.
91. u. H. Hesse: Verfahren zur Untersuchung von garnverarbeitenden Maschinen. Ebda S. 190—198.
92. u. P. Kunze: Über die Spinnfähigkeit von Hechelflachs. Ebda S. 527.
93. Prof. Dr.-Ing. em. Alois Herzog. Ebda *7* (1956) S. 377.
94. u. R. Kuntze: Automatische Drehungszähler. Ebda S. 53—63.
95. u. H. Neumann: Gewinnung und Verarbeitung von Kokosfasern. Ebda S. 143—152.
96. u. H. Stöver: Direktspinnverfahren (Teil 2). Ebda S. 297—305.
97. u. R. Vieth: Über die Anwendung von radioaktiven Isotopen in der Textiltechnik. Ebda S. 437—446.
98. Flyerloses Spinnen. In: Deutsche Textiltechnik *7* (1957) S. 17—22; Textil-Praxis *12* (1957) S. 114—119; Faserforschung und Textiltechnik *8* (1957) S. 1—9.
99. u. W. Kittelmann: Einfluß der Garn- und Zwirndrehung auf die Gebrauchseigen-

schaften von Kunstseide — Reifencord. In: Faserforschung und Textiltechnik *8* (1957) S. 10—14.
100. u. K. H. Banke: Die Messung der Kringelneigung von Garnen und Zwirnen. Ebda S. 129—138.
101. u. W. Kittelmann: Reifencordprüfung. Ebda S. 222—230.
102. u. G. Uhlemann: Das Gleitstreckwerk in der Flachsspinnerei. Ebda S. 297—302.
103. u. H. Dittmann: Webstuhluntersuchungen. Über den Einfluß der Fachbildung auf den Webvorgang und den Gewebeausfall. Ebda S. 383—396.
104. u. S. Miersch: Messungen und Untersuchungen am Webstuhl. Ebda S. 504—520.
105. Verfahren zur Untersuchung von garnverarbeitenden Maschinen (Testverfahren). In: Textil-Praxis *12* (1957) S. 439—445.
106. u. H. Rothe: Theoretische Ermittlung der in Förderbändern auftretenden Zug- und Biegespannungen. In: Faserforschung und Textiltechnik *9* (1958) S. 203—213.
107. u. P. G. Müller: Untersuchung eines pneumatischen Spinnspindelantriebes. Ebda S. 273—285.
108. u. D. Miller: Vergleichende Untersuchungen an Baumwollringspindeln zur Herstellung weichgedrehter Garne. Ebda S. 455—467.
109. u. J. Schreiter: Vergleichende Spinnversuche auf der Streichgarn-Ringspinnmaschine. Ebda S. 537—542.
110. u. H. Frücht, G. Hahn: Physikalisch-technische Faserprüfung. Ebda *10* (1959) S. 193 bis 203.
111. u. A. Gaitsch: Ringspinnen mit hängendem Läufer beim Bastfasernaßspinnen. Ebda S. 331—337.
112. u. H.-J. Pursch: Ringspinnen mit hängendem Läufer beim Baumwollspinnen. Ebda S. 353—358.
113. Spinnversuche mit einem Gleitstreckwerk. In: Textil-Praxis *14* (1959) S. 118—122.
114. Über Ringspindel-Entwicklungen. Ebda *15* (1960) S. 118—126.
115. u. W. Kittelmann: Der kritische Drehungsgrad bei Chemieseiden. In: Deutsche Textiltechnik *10* (1960) H. 2, S. 59—61.
116. u. H.-J. Pursch: Reifencord-Herstellung. In: Faserforschung und Textiltechnik *11* (1960) S. 528—543.
117. u. G. Albrecht: Vergleichende Spinnversuche mit dem flyerlos arbeitenden Decordisator-Verfahren und der üblichen Spinnweise. Ebda S. 559—569.
118. Die Herstellung feiner Garne. Vergleichende Spinnversuche mit dem Decordisator- und dem Flyerspinnverfahren. In: Textil-Praxis *16* (1961) S. 1087—1093.
119. Ring-Spinnen und -Zwirnen ohne Fadenballon. In: Melliand-Textil-Berichte *43* (1962) S. 1253—1256.
120. Papierfaden. In: Faserforschung und Textiltechnik *14* (1963) S. 440—443.
121. u. G. Hahn, H. Hesse: Über die Bestimmung der Biegesteifigkeit und -elastizität von Faserstoffen und Folien mit einem neuen Gerät. Ebenda *15* (1964) S. 444—452.
122. u. G. Hahn, F. Stemmler: Untersuchungen am selbstschreibenden Drehungszähler. Ebda S. 325—332.
123. Die Bestimmung der Biegesteifigkeit und -elastizität von Papier, Pappe und anderen flächenförmigen Gebilden mit einem neuen Gerät. In: Das Papier *18* (1964) S. 444 bis 452.
124. Spinnversuche mit hartgedrehtem Vorgarn. In: Faserforschung und Textiltechnik *16* (1965) S. 128—135.
125. Leben und Wirken von Ernst Müller. In: Wiss. Z. TU Dresden *15* (1966) S. 305—306.

126. [Übersetzung] B. W. Berenschot, J. M. Louwerse, J. E. de Quay: Berufsausbildung für Weber. Berlin, St. Gallen, Stuttgart 1941. 30 S. (= Konradin-Textil-Betriebsbücher, Bd 6).
127. [Übersetzung] Pablo Rodon y Amigo: Das Weben von Doppelplüsch. In: Melliand-Textil-Berichte *19* (1938) Nr. 10.
128. [Übersetzung] H. L. van Nouhuis: Die Durchlässigkeit von Ballonstoffen für Wasserstoffgas. Ebda *25* (1944).
129. [Hrsg.] Konradin-Textil-Betriebsbücher, Bd *1* (Berlin, St. Gallen, Stuttgart 1940) ff.
130. [Mithrsg.] Faserforschung und Textiltechnik *1* (1950) ff.
131. [Mithrsg.] Veröffentlichungen auf dem Gebiet der Faserstoff-Forschung und Textiltechnik, Bd *1* (Berlin 1954) ff.
Diplom-Archivar Gerald Wiemers

Ludwig Lendle

6. 2. 1899—19. 8. 1969

Im August 1969 verstarb das auswärtige Mitglied der Mathematisch-Naturwissenschaftlichen Klasse der Sächsischen Akademie der Wissenschaften, Professor Dr. Ludwig Lendle, Direktor des Pharmakologischen Instituts an der Georg-August-Universität Göttingen, früher ordentliches Mitglied der Sächsischen Akademie der Wissenschaften und in den Jahren 1943—1948 Direktor des Pharmakologischen Instituts der Universität Leipzig. Professor Lendle war Mitglied der Akademie der Wissenschaften zu Göttingen und auch Mitglied der Deutschen Akademie der Naturforscher Leopoldina zu Halle/Saale.

In Wiesbaden geboren, legte er im Jahre 1917 am Humanistischen Gymnasium seiner Heimatstadt das Abitur ab und nahm 1917/18 am 1. Weltkrieg teil. Er absolvierte dann das Medizinstudium an den Universitäten Frankfurt/Main, Freiburg und Gießen, arbeitete als Medizinalpraktikant in Mainz und wurde 1924 Assistent am Pharmakologischen Institut in Kiel. Von Kiel aus folgte er einer Berufung seines damaligen Chefs, Professor Gros, an das Pharmakologische Institut Leipzig. Hier war er als Assistent und Oberassistent tätig und habilitierte sich 1928 für das Fachgebiet Pharmakologie und Toxikologie. Nachdem er 1935/36 als Oberassistent am Pharmakologischen Institut in Berlin unter Heubner gearbeitet hatte, übernahm er 1936 als Direktor das Pharmakologische Institut Münster, um 1943 dann einem Ruf als Direktor des Pharmakologischen Instituts nach Leipzig zu folgen. Seit 1949 ist er Direktor des Pharmakologischen Instituts Göttingen.

Seinen zahlreichen Freunden kam das Hinscheiden Ludwig Lendles überraschend, zumal er bis in das Alter hinein wissenschaftlich tätig war und sein vielseitiges Interesse und sein Temperament zu keiner Besorgnis Anlaß gaben. Er hat sein Fach der Pharmakologie ausgezeichnet beherrscht und es durch eine große Anzahl eigener experimenteller Untersuchungen bereichert. Dazu gehört die Bearbeitung von Fragen der Aufnahme, Verteilung und Ausscheidung von Herzglykosiden — ein sehr wichtiges Gebiet, das auch die Klinik auf das engste berührt. Schon frühzeitig wies er auf die Bedeutung der Pharmakokinetik hin, die jetzt als eigene Forschungsrichtung immer mehr hervortritt. Sein Handbuchbeitrag über die Digitalisglykoside aus dem Jahre 1935 ist auch heute noch ein Standardwerk der internationalen Literatur.

Sein Interesse galt auch der pharmakologischen Beeinflussung des vegetativen Nervensystems, darüber hinaus der Problematik der Narkose. So gab er 1934 zusammen mit den Klinikern Hesse und Schoen ein Lehrbuch der Narkose und der örtlichen Betäubung heraus. Toxikologische Fragen, wie die Entwicklung organischer Phosphorsäureester und die Anwendung dieser Stoffklasse als Pflanzenschutzmittel, waren ein weiteres Arbeitsgebiet. Ein Handbuchbeitrag aus dem Jahre 1958 faßte eigene Ergebnisse und Ergebnisse der Literatur zusammen.

Seine wissenschaftlichen Leistungen haben international Anerkennung gefunden, und er wurde zum Ehrenmitglied in- und ausländischer medizinischer Gesellschaften ernannt. So ist er seit 1963 Senator der Leopoldina in Halle gewesen.

Über die streng wissenschaftliche Arbeit hinaus befaßte er sich auch mit Fragen der praktischen Medizin, so dem „Arzneimittelunwesen" und mit Nebenwirkungen von Medikamenten.

Wer Ludwig Lendle persönlich gekannt hat, war von seiner außerordentlichen Wirkung angetan, seiner Ausstrahlungskraft und seinem tiefen Humor. Bei immer kritischem Denken und Empfinden suchte er das Gespräch sowohl mit der Jugend als auch mit gleichgesinnten Gelehrten. In seiner Lebensweise war er stets zurückhaltend und bescheiden. Er kannte die menschlichen Schwächen seiner Mitbürger und half, wo es möglich war. Seine Studenten waren von ihm beeindruckt, von ihm ging ein Strom von Anregungen aus, die zu selbständiger Auseinandersetzung auf vielen Gebieten der Pharmakologie und auch der klinischen Medizin führten. Eine Vorliebe hatte er für gute Bücher; der Kultur Ostasiens begegnete er mit besonderem Interesse. Er war nicht verheiratet, dennoch seiner Umwelt voll und ganz zugetan. Um ihn trauern seine vielen Schüler und Freunde, die seiner stets in dankbarer Verehrung gedenken werden.

Rolf Emmrich

Bibliographie Ludwig Lendle

Lendle, L., Untersuchungen über Acetaldehyd im Harn von Diabetikern und anderen Kranken. 1923 Dissertation.

Lendle, L., Untersuchungen über den pharmakodynamischen Grenzwert des Kurarin. Naunyn-Schmiedebergs Archiv *107*, 155—161 (1925).

Bürger, M., u. Lendle, L., Vergleichende Untersuchungen über Funktionsbeeinflussung des Nerven und Muskels durch osmotisch bedingten Wasserverlust. Naunyn-Schmiedebergs Archiv *109*, 1—21 (1925).

Lendle, L., Über die Wertbestimmung von per os verabreichten herzwirksamen Glykosiden am Frosch. Naunyn-Schmiedebergs Archiv *109*, 35—49 (1925).

Lendle, L., Untersuchungen über den Mechanismus der Gewöhnung. I. Mitteilung: Sind die isolierten Organe Alkohol-gewöhnter Frösche Alkohol-resistenter? Naunyn-Schmiedebergs Archiv *120*, 129—143 (1927).

Lendle, L., Vergleichende Untersuchungen über die Geschwindigkeit der Wirkung verschiedener Narkotica. Naunyn-Schmiedebergs Archiv *125*, 287—300 (1927).

Lendle, L., Untersuchungen über die Narkosegeschwindigkeit homologer und isomerer einwertiger Alkohole. Naunyn-Schmiedebergs Archiv *129*, 85—92 (1928).

Lendle, L., Beitrag zur allgemeinen Pharmakologie der Narkose: „Über die narkotische Breite“. Naunyn-Schmiedebergs Archiv *132*, 214—245 (1928).
Lendle, L., Gibt es eine Wirkungspotenzierung durch zeitliche Verteilung einer Giftdosis? Naunyn-Schmiedebergs Archiv *134*, 113—128 (1928).
Lendle, L., Experimentelle Untersuchungen über die Dosierung und die Elimination des Avertins. Narkose und Anaesthesie *1*, 239—253 (1928).
Lendle, L., Untersuchungen über kombinierte Narkose. Naunyn-Schmiedebergs Archiv *138*, 152 (1928).
Lendle, L., Untersuchungen über kombinierte Narkosen.
I. Mitteilung: Äther und Chloroform. Naunyn-Schmiedebergs Archiv *139*, 179—200 (1929).
II. Mitteilung: Stickoxydul und Äther. Naunyn-Schmiedebergs Archiv *139*, 201—210 (1929).
III. Mitteilung: Narcylen und Äther. Naunyn-Schmiedebergs Archiv *139*, 211—219 (1929).
Kärber, G., u. Lendle, L., IV. Mitteilung: Die Narkosebreite der kombinierten Avertin-Äthernarkose im Tierversuch. Naunyn-Schmiedebergs Archiv *142*, 1—16 (1929); V. Mitteilung: Über die Konzentrationswirkungskurve des Avertins am Atemzentrum des Kaninchens und über die kombinierte Avertin-Morphinwirkung auf die Atmung. Naunyn-Schmiedebergs Archiv *143*, 88—107 (1929).
Lendle, L., Untersuchungen über den verschiedenen Angriffspunkt einiger Narkotica im Zentralnervensystem. Naunyn-Schmiedebergs Archiv *143*, 108—116 (1929).
Lendle, L., Verhältnis von Dosis zur Wirkung bei narkotischen Substanzen aus verschiedenen Gruppen (nach Untersuchungen am Atemzentrum des Kaninchens). Naunyn-Schmiedebergs Archiv *144*, 76—82 (1929).
Lendle, L., Über die Narkosebreite des N_2O und die kombinierte N_2O-Äthernarkose. Naunyn-Schmiedebergs Archiv *146*, 167—176 (1929).
Lendle, L., Über Narkose unter verschiedenen Atmungsbedingungen. Naunyn-Schmiedebergs Archiv *147*, 68 (1929).
Lendle, L., Narkosestudien an Seetieren. Naunyn-Schmiedebergs Archiv *149*, 274—295 (1930).
Lendle, L., Über die Narkosebreite des Avertin und der kombinierten Avertinbasisnarkose. Dtsch. med. Wschr. I, 779—780 (1930).
Lendle, L., u. Tunger, H., Bedeutung der Narkosedauer und Narkosebreite für die Auswahl der Basisnarkotica unter besonderer Berücksichtigung der Verabreichungsart. Klin. Wschr. II, 1293—1296 (1930).
Lendle, L., Über die Bedingungen der „Basisnarkose“ bei kombinierten Narkoseverfahren. Klin. Wschr. II, 1609—1615 (1930).
Lendle, L., Über die Steuerbarkeit der Rückatmungsnarkose mit fortgesetzter CO_2-Atmung. Schmerz-Narkose-Anaesthesie *3*, 41—44 (1930).
Lendle, L., Über eine Auswertungsmethode des männlichen Sexualhormons auf der Grundlage seiner antifemininen Wirkung. Naunyn-Schmiedebergs Archiv *159*, 463—487 (1931).
Kärber, G., u. Lendle, L., Quantitative Untersuchungen über die Wirkung des Äthers auf die Atmung. Naunyn-Schmiedebergs Archiv *160*, 440—459 (1931).
Lendle, L., Über Hormonwirkungen auf Keimzellen (nach Versuchen an Seeigeleiern und Sperma). Naunyn-Schmiedebergs Archiv *161*, 523—543 (1931).
Lendle, L., u. Reinhardt, E., Untersuchungen über den Mechanismus der Arsenwirkung. Naunyn-Schmiedebergs Archiv *162*, 585—604 (1931).

Beck, A., u. Lendle, L., Quantitative Untersuchungen über das Avertinentgiftungsvermögen. Naunyn-Schmiedebergs Archiv *164*, 188—200 (1932).

Beck, A., u. Lendle, L., Über die Dauer der Avertinnarkose bei verschiedenen Tierarten. Naunyn-Schmiedebergs Archiv *164*, 201—210 (1932).

Lendle, L., Untersuchungen über die Avertinentgiftung bei verschiedener Dosierungsbelastung. Naunyn-Schmiedebergs Archiv *167*, 590—598 (1932).

Beck, A., u. Lendle, L., Über pharmakologische Einwirkungen auf das Avertinentgiftungsvermögen. Naunyn-Schmiedebergs Archiv *167*, 599—608 (1932).

Lendle, L., Die Bedeutung kombinierter Narkoseverfahren für den Ausbau zweckmäßiger Anaesthesierungsmethoden. Jahreskurse f. ärztl. Fortbildung (1932).

Lendle, L., Über herzwirksame Glykoside.

I. Mitteilung: Strophanthinelimination unter verschiedenen Bedingungen. Naunyn-Schmiedebergs Archiv *169*, 392—413 (1933).

II. Mitteilung: Pharmakologische Beeinflussung der Strophanthinwirkung am Herzen bei der Titration nach Hatcher. Naunyn-Schmiedebergs Archiv *169*, 585—603 (1933).

Lendle, L., Über hormonale Bedingungen der Froschempfindlichkeit für herzwirksame Glykoside. Naunyn-Schmiedebergs Archiv *171*, 269—275 (1933).

Lendle, L., Experimentelle Untersuchungen zur Avertinnarkose im Kindesalter. Schmerz, Narkose, Anaesthesie *5./6.* Jg. (1932—34).

Haferkorn, M., u. Lendle, L., Untersuchungen über die Wirksamkeit und Eliminationsgeschwindigkeit von Atropin und Genatropin. Naunyn-Schmiedebergs Archiv *171*, 276—283 (1933).

Haferkorn, M., u. Lendle, L., Untersuchungen über die Wirkungsweise des Tonephins sowie über das antagonistische Verhalten der Narkotica zur Tonephinwirkung. Naunyn-Schmiedebergs Archiv *172*, 501—524 (1933).

Lendle, L., Metalle der Erdsäuren: Vanadium, Niobium und Tantal; in Heffter Heubner's Hdb. d. exp. Pharmakol *III*, 3, 1535—1552 (1934).

Lendle, L., Titanium und Zirkonium; in Heffter-Heubner's Hdb. d. exp. Pharmakol. *III*, 3, 1553—1559 (1934).

Haferkorn, M., u. Lendle, L., Über die Abhängigkeit der Digitaliswirksamkeit von dem zeitlichen Ablauf der Herzbindung und der Verteilung auf extrakardiale Gewebe bei verschiedenen Injektionsweisen. Naunyn-Schmiedebergs Archiv *175*, 248—264 (1934).

Lendle, L., Über die Kumulationsneigung und Eliminationsfähigkeit von Digitaliskörpern beim Kaltblüter. Naunyn-Schmiedebergs Archiv *175*, 719—726 (1934).

Lendle, L., Die extrakardialen Digitaliswirkungen in der Therapie. Fortschr. Ther., *10*, 274—280 (1934).

Hesse, F., Lendle, L., u. Schoen, R., Allgemeinnarkose und örtliche Betäubung. Zusammenfassende Darstellung für die Praxis auf pharmakologischer und klinischer Grundlage. 307 S. Leipzig 1934.

Lendle, L., Über die antipyretische Wirkung der Digitaliskörper. Klin. Wschr. I, 86—87 (1934).

Lendle, L., Über die Narkosenbreite des Avertins im Tierversuch nach vorbereitenden therapeutischen Maßnahmen. Schmerz-Narkose-Anaesthesie *7*, 20—26 (1934).

Lendle, L., Wie steht die Medizin zur Frage der Verwertung einheimischer Arzneipflanzen und welche Aufgaben hat die Pharmakologie im Rahmen der Förderungsmaßnahmen zu vertreten? Die deutsche Heilpflanze, 1934.

Lendle, L., Digitaliskörper und verwandte herzwirksame Glykoside (Digitaloide), in Heffter-Heubner's Hdb. d. exp. Pharmakol. Erg.-Werk *1*, 11—265.(1935).

Böhm, R., Flaschenträger, B., u. Lendle, L., Über die Wirksamkeit von Substanzen aus dem Krotonöl. Naunyn-Schmiedebergs-Archiv *177*, 212—220 (1935).
Lendle, L., u. Pusch, F., Über die Bindung der Digitaliskörper an die Eiweißstoffe des Blutes. Naunyn-Schmiedebergs Archiv *177*, 550—563 (1935).
Lendle, L., u. Schmelzer, W., Über die *Baljet*'sche Farbreaktion der Digitaliskörper. Naunyn-Schmiedebergs Archiv *177*, 622—627 (1935).
Hauschild, F., u. Lendle, L., Über die Blutdruckwirkung des Ergotamins und die Abhängigkeit der Adrenalinumkehr nach Ergotamin von der Narkosetiefe des Versuchstieres. Naunyn-Schmiedebergs Archiv *178*, 367—371 (1935).
Lendle, L., Über die Eliminationsgeschwindigkeit und Kumulationsneigung von Digitalisglykosiden und Strophanthin. Naunyn-Schmiedebergs Archiv *180*, 518—538 (1936).
Lendle, L., Über Elimination und Kumulation von Digitalisstoffen. Naunyn-Schmiedebergs Archiv *181*, 155 (1936).
Lendle, L., Vergleichende Untersuchung über die Wirkungsbedingungen von Cardiazol und Coramin im Tierversuch. Naunyn-Schmiedebergs Archiv *181*, 408—420 (1936).
Lendle, L., Über die Wirkungsbedingungen des k-Strophanthidins (Verteilung, Elimination und Kumulation) sowie die Wirksamkeit einiger Strophanthidin-Esterverbindungen. Naunyn-Schmiedebergs Archiv *182*, 72—86 (1936).
Lendle, L., u. Lü, F. H., Experimentelle Untersuchungen über die Wirkungen von Analeptica bei Erstickung. Klin. Wschr., I, 775—778 (1936).
Lendle, L., Über die Elimination und Kumulation von Digitalisstoffen. Dtsch. med. Wschr. II, 1373—1376 (1936).
Lendle, L., u. Lü, F. H., Über eine spasmolytische Wirkung von Thymianextrakten. Naunyn-Schmiedebergs Archiv *184*, 89—90 (1936).
Lendle, L., Über Vergiftungsmöglichkeiten bei der örtlichen Betäubung mit Cocainersatzpräparaten. Deutsche Zeitschr. f. d. gesamte Gerichtliche Medizin *29*, 46—55 (1937).
Kingisepp, G., u. Lendle, L., Über die Eliminations- und Bindungsbedingungen von Digitalisglykosiden bei konstanter intraarterieller Dauerinfusion. Naunyn-Schmiedebergs Archiv *187*, 106 (1937).
Lendle, L., Über spasmolytische Wirkungen von kreislaufwirksamen Gewebsextrakten am künstlichen Bronchospasmus. Naunyn-Schmiedebergs Archiv *187*, 371—377 (1937).
Lendle, L., u. Primavesi, H., Zur Frage des Abbaus von Digitalisglykosiden in vivo. Klin. Wschr. I, 398 (1937).
Lendle, L., Wolfgang Heubner zum 60. Geburtstag. Klin. Wschr. I, 911 (1937).
Lendle, L., Über Verteilung, Elimination und Kumulation von Digitalisglykosiden. Wiener Klin. Wschr. 1937, Heft 35.
Lendle, L., Empfindlichkeitsschwankungen gegen Arzneistoffe. Med. Klin. 1937, Heft 51.
Lendle, L., u. Schwerbrock, W., Über die Wirkungsbedingungen von g- und k-Strophanthin am Meerschweinchen, insbesondere bei rektaler Zufuhr. Naunyn-Schmiedebergs Archiv *188*, 318—327 (1938).
Lendle, L., u. Puhlmann, H., Über die Bedeutung der Zuckerkomponente am k-Strophanthinmolekül für die Haltbarkeit, Eliminationsfähigkeit und andere Wirkungsbedingungen. Naunyn-Schmiedebergs Archiv *190*, 296—308 (1938).
Lendle, L., u. Puhlmann, H., Über die Veränderung der Adrenalinempfindlichkeit der Gefäße des isolierten Kaninchenohrs bei Durchströmung mit gefäßwirksamen Stoffen und Kapillargiften. Naunyn-Schmiedebergs Archiv *193*, 122—135 (1939).
Lendle, L., u. Tischer, M., Über Asthmadrogen in der Volksheilkunde und der Medizin seit dem 16. Jahrhundert. Med. Welt *13*, 818 (1939).

Lendle, L., Die Bedeutung biologischer Testreaktionen in der experimentellen Heilmittelforschung. Die technische Assistentin *6*, Heft 3 (1939).
Lendle, L., Zur Frage der Chloroformverwendung für die Narkose auch bei Kampfgaskranken. Der Deutsche Militärarzt *4*, 164—168 (1939).
Lendle, L., Zur Frage der Entstehung der toxischen Digitaliskumulation. Naunyn-Schmiedebergs Archiv *194*, 493 (1940).
Haarmann, W., Hagemeier, A., u. Lendle, L., Über die Bindung von Digitalisglykosiden und Digitaloiden an die Eiweißstoffe des Blutserums. Naunyn-Schmiedebergs Archiv *194*, 205—216 (1940).
Haarmann, W., Korfmacher, K., u. Lendle, L., Bedingungen der Bindung von Digitalisglykosiden an die Serumeiweißstoffe. Naunyn-Schmiedebergs Archiv *194*, 229—247 (1940).
Lendle, L., Zur Frage der Potentialgiftwirkungen. Naunyn-Schmiedebergs Archiv *197*, 519—535 (1941).
Lendle, L., u. Ruppert, H., Über Isolobinin, ein Hauptalkaloid der Lobeliadroge. Naunyn-Schmiedebergs Archiv *199*, 478—496 (1942).
Lendle, L., Vergiftungen durch russischen Fliegenpilz, Perlpilz oder Pantherpilz? Sammlung von Vergiftungsfällen *12*, 101—104 (1942).
Lendle, L., Vergiftung durch den Genuß von Rauschbeeren in Rußland. Sammlung von Vergiftungsfällen *12*, 105—106 (1942).
Lendle, L., Serienvergiftung durch den Genuß eines Gemisches von Tetrachlorkohlenstoff und Äthylalkohol. Sammlung von Vergiftungsfällen *12*, 123—124 (1942).
Lendle, L., u. Sentis, J., Über medizinale Vergiftungen. Klin. Wschr. II, 785—787 (1942).
Lendle, L., Über Vergiftungen bei der Truppe. Der Deutsche Militärarzt *8*, 109—114 (1943).
Lendle, L., Neubearbeitung des Lehrbuches der Arzneiverordnungslehre von P. Trendelenburg in V. Auflage, Berlin, 1944
Hoffmann, I., u. Lendle, L., Zur Wirkungsweise neuer insektizider Stoffe. Naunyn-Schmiedebergs Archiv *205*, 223—242 (1948).
Hohensee, F., u. Lendle, L., Über die Frage einer Vaguswirkung von Digitalisglykosiden. Naunyn-Schmiedebergs Archiv *207*, 388—408 (1949).
Lendle, L., Zur Frage der Vaguswirkung von Digitalisglykosiden. Naunyn-Schmiedebergs Archiv *208*, 196—199 (1949).
Lendle, L., u. Schneider, H.-.H., Über die Eignung des Insektizids Hexachlorcyklohexan als Oxyurenmittel. Naunyn-Schmiedebergs Archiv *210*, 119—136 (1950).
Lendle, L., u. Oldenburg, D., Prüfung extrakardialer Wirkungen an der digitalisunterempfindlichen Ratte. Naunyn-Schmiedebergs Archiv *211*, 243—263 (1950).
Lendle, L., Pharmakologische Bewertung der Strophanthin- und Digitalistherapie. Zschr. f. Kreisl.-Forsch. *39*, 193—206 (1950).
Lendle, L., Digitaliswirkung bei Herzinsuffizienz. Verh. d. Dtsch. Ges. f. Kreisl. Forsch. (Nauheim) *16*, 54—66 (1950).
Lendle, L., Kritisches zur peroralen Strophanthinbehandlung und zur Frage der Wirksamkeit von Geninen. Dtsch. med. Wschr. I, 797—800 (1950).
Lendle, L., u. Schneider, H.-H., Toxizität verschiedener Fraktionen von Hexachlorcyclohexan (HCC) bei verschiedenen Tierarten. Pharmazie *5*, 382—384 (1950).
Lendle, L., u. Richter, R., Pharmakologische Analyse der Brechwirksamkeit und asthmalösenden Wirkung der Lobelia-Tinktur. Klin. Wschr. *28*, 665—667 (1950).
Lendle, L., Rezepturarznei oder Spezialitäten? Medizinische, 1950, Heft 21.

Lendle, L., Pharmakologie der Rauschgifte und Betäubungsmittel. Öffentl. Gesundh. Dienst *12*, 372—386 (1950).

Lendle, L., Ursache und therapeutische Bedeutung der Pulsverlangsamung nach Digitalis. Medizinische, S. 75 (1950).

Lendle, L., Theoretische Beurteilung der praktischen Wege einer Digitalis-Strophanthin-Therapie. Die Therapiewoche 11/12, 617—620 (1950/51).

Hoffmann, G., u. Lendle, L., Kritisches zur Digitalisauswertung am Meerschweinchen. Naunyn-Schmiedebergs Archiv *212*, 376—385 (1951).

Lendle, L., u. Wienke, H., Zur Frage der Sensibilisierung von Vaguswirkungen auf die Herzfrequenz durch Digitalis. Naunyn-Schmiedebergs Archiv *213*, 373—386 (1951).

Lendle, L., Wirkungsbedingungen von Digitalisglykosiden und Saponinen auf glattmuskelige Organe. Arzneim.-Forsch. (Drug Res.) *1*, 104—107 (1951).

Wendhut, G., u. Lendle, L., Vergleichende Prüfung von Novocain, Chinidin und Strophanthin auf Erregbarkeitsverhältnisse und experimentelles Flimmern am Froschherz. Z. f. ges. exper. Med. *118*, 91—104 (1951).

Demuth, G., u. Lendle, L., Prüfung insektizider Stoffe auf Dehydrase-Systeme. Arch. Pharmaz. *284*, 298—305 (1951).

Lendle, L., u. Schneider, H.-H, Zur Frage der Giftigkeit des Insecticids HCC als Oxyurenmittel. Klin. Wschr. *29*, 388—389 (1951).

Krupp, H., Lendle, L., u. Stapenhorst, K., Pharmakologische Wirkungen am isolierten Ganglien-Muskel-Präparat des Gelbrandkäfers. Naunyn-Schmiedebergs Archiv *215*, 443—459 (1952).

Krupp, H., Lendle, L., u. Stapenhorst, K., Untersuchungen über Nikotin und Veratrumalkaloide als Insektizide. Arzneim.-Forsch. (Drug Res.) *2*, 258—262 (1952).

Lendle, L., u. Busse, W., Perorale Resorptionsbedingungen herzwirksamer Glykoside. Klin. Wschr. *30*, 264—268 (1952).

Lendle, L., Kritisches zur modernen Novocaintherapie. Medizinische 1952, Heft 29/30.

Lendle, L., Pharmakologische Beurteilung der Behandlung der Herzinsuffizienz. Dtsch. med. J. *3*, 376—379 (1952).

Lendle, L., Heubner als 75jähriger. Klin. Wschr. *30*, 574—576 (1952).

Lendle, L., Medizin und Homöopathie. Deutsche medizinische Wochenschrift I, 293—294 (1952).

Hoffmann, G., u. Lendle, L., Nachweis extrakardialer Digitaliswirkungen an der Ratte. Naunyn-Schmiedebergs Archiv *217*, 184—193 (1953).

Lendle, L., Zu Hermann Freunds Gedächtnis. Naunyn-Schmiedebergs Archiv *218*, I—VIII (1953).

Busse, W., u. Lendle, L., Beeinflussung reflektorisch toxischer Digitaliswirkungen (Bradykardie und Erbrechen) durch Novocain und Ganglienblocker. Naunyn-Schmiedebergs Archiv *218*, 159—168 (1953).

Busse, W., u. Lendle, L., Beeinflussung pharmakologischer Brechreaktionen durch Ganglienblocker, Spasmolytica, Novocain u. a. Naunyn-Schmiedebergs Archiv *218*, 169—176 (1953).

Busse, W., Wolf, J., u. Lendle, L., Zur Frage des nervösen oder muskulären Angriffspunktes von darmwirksamen Pharmaka (nach Versuchen am Trendelenburgschen Präparat). Naunyn-Schmiedebergs Archiv *218*, 177—192 (1953).

Lendle, L., Mercker, H., u. Rohr, H., Über die Herzvaguswirkung unter dem Einfluß von Digitalisglykosiden. Naunyn-Schmiedebergs Archiv *219*, 352—361 (1953).

Heubner, W., u. Lendle, L., Zum 70. Geburtstag von Professor Dr. Karl Thomas, Arzneim.-Forsch. (Drug Res.) *3*, 594 (1953).
Lendle, L., Pharmakologische Gesichtspunkte zur Behandlung akuter Vergiftungen. Dtsch. med. Wschr. I, 799—803 (1953).
Lendle, L., Zum 80. Geburtstag von Otto Loewi. Dtsch. med. Wschr. I, 857 (1953).
Lendle, L., Spezifische Behandlung von Vergiftungen mit Morphin und synthetischen Opiaten durch Nalorphine. Dtsch. med. Wschr. II, 1140—1141 (1953).
Lendle, L., Verwendung und Ersatz des Fingerhutes seit Withering. Münch. med. Wschr., Jubiläumsausgabe, S. 19—22 (1953).
Lendle, L., Digitalis purpurea L. Standort und Sammeln der Blätter. Institut für Film u. Bild in Wissensch. u. Unterricht. Hochschulfilm C 619/1952, Göttingen 1953.
Lendle, L., Milch als Antidot bei Vergiftungen in medizin.-historischer Kritik, Sudhoffs Arch. *37*, 283—289 (1953).
Lendle, L., Wandlungen der Arzneimittellehre. Regensb. Jahrb. f. ärztl. Fortbildung III, S. 1 (1953).
Lendle, L., Giftwirkungen als Eingriffe in normale Organfunktionen. Studium Generale *6*, 16—21 (1953).
Lendle, L., Kokain-Krämpfe bei der Katze. Institut f. d. wissensch. Film, Wissensch. Film C 535/1953, Göttingen.
Schultze, F., u. Lendle, L., Pharmakologische Beeinflussung von Vagusreizeffekten am Froschherzen. Naunyn-Schmiedebergs Archiv *221*, 95—107 (1954).
Lendle, L., Verdacht auf Scopolamin-Vergiftung bei Instillation von Hornatropin-Augentropfen. Arch. f. Toxikologie *15*, 10—17 (1954).
Lendle, L., Zum Gedächtnis von Helmut Weese. Dtsch. med. Wschr. I, 447—448 (1954).
Lendle, L., Zu den E605-Vergiftungen. Dtsch. med. Wschr. I, 725—726 (1954).
Busse, W., u. Lendle, L., Nikotingewöhnung und Nebenwirkungen des Nikotins beim Rauchen. Medizinische Nr. 17, 593—595 (1954).
Lendle, L., Rezepturarznei oder Industriespezialität? Der Deutsche Arzt *4*, 375—378 (1954).
Engelhardt, G., u. Lendle, L., Serumanaphylaktische Reaktionen am nervenfreien Hühneramnion. Naunyn-Schmiedebergs Archiv *225*, 402—420 (1955).
Lendle, L., u. Mohrmann, J. E., Ermittlung der Diffusionsgeschwindigkeit von lokalanaesthetisch wirkenden Stoffen mit Hilfe der „Austauschreaktion" im Schwimmversuch an Fischen. Arzneim.-Forsch. (Drug Res.) *5*, 249—251 (1955).
Göing, H., u. Lendle, L., Experimentelle Untersuchungen zur Strophanthin- und Digitalisüberempfindlichkeit geschädigter Herzen. Z. f. ges. exp. Med. *125*, 274—288 (1955).
Busse, W., Göing, H., u. Lendle, L., Einfluß des erhöhten Vagustonus auf die Strophanthintoxizität am Herzen. Z. f. Kreisl.-Forsch. *44*, 604—608 (1955).
Lendle, L., Theoretische Betrachtungen zur homöopathischen Lehre, Medizinische Nr. 36, 1260—1267 (1955).
Lendle, L., Einteilung und pharmakologische Beurteilung der Cardiaca, Nauheimer Fortbild.-Lehrgänge *21*, 9—18 (1955).
Lendle, L., Die Behandlung von Vergiftungen im Kindesalter. Dtsch. med. Wschr. II, 1220—1224 (1955).
Friedberg, K. D., u. Lendle, L., Zur Frage anaphylaxieartiger Reaktionen bei Einwirkung von Quarz und Kieselsäureverbindungen auf Serum und Gesamtorganismus. Beitr. Silikose-Forsch. Heft 41, 3—17 (1955).
Densch, H., u. Lendle, L., Ursprung und Verwendung des Begriffes „Tonische Bittermittel". Arzneim.-Forsch. (Drug Res.) *6*, 355—358 (1956).

Lendle, L., Pharmakologie. Blätter zur Berufskunde *3* (1956) (Pharmakologe IE 7).
Lendle, L., Aufgaben der Schwester bei der Ersten Hilfe und Behandlung in akuten Vergiftungsfällen. Dtsch. Schwesternzeitung *9*, 163—167 (1956).
Lendle, L., Pharmakologische Beurteilung therapeutischer Wirkungsmöglichkeiten. Dtsch. med. Wschr. I, 557—561 (1956).
Lendle, L., Moderne spezifische Antidote in der Vergiftungsbehandlung. Münch. med. Wschr. *98*, 968—972 (1956).
Lendle, L., Umfrage zum Placebo-Problem. Medizinische Nr. 36, 1244 (1956).
Lendle, L., Umstrittener Wert toxikologischer Gutachten über die Gesundheitsgefährdung durch chemische Nahrungsmittelzusätze. Med. Sachverständige *LII*, 102—104 (1956).
Erdmann, W.-D., u. Lendle, L., Toxizität und Elimination von esteraseblockenden Alkylphosphaten und Eserin bei Dauerinfusion. Naunyn-Schmiedebergs Archiv *230*, 208 bis 222 (1957).
Bethe, Kl., Erdmann, W.-D., Lendle, L., u. Schmidt, G., Spezifische Antidot-Behandlung bei protrahierter Vergiftung mit Alkylphosphaten (Paraoxon, Parathion, DFP) und Eserin an Meerschweinchen. Naunyn-Schmiedebergs Arch. *231*, 3—22 (1957).
Lendle, L., Zum Tode Wolfgang Heubners (am 26. Februar 1957), Dtsch. med. Wschr. I, 667—668 (1957).
Lendle, L., Pharmakologische Beurteilung von Arzneimittelnebenwirkungen auf Blut und Knochenmark. Internat. Sympos. Malmö/Schweden (3.—7. Juni 1956). In: Nebenwirkungen von Arzneimitteln auf Blut und Knochenmark. Schattauer-Verlag Stuttgart 1957, S. 5—26.
Lendle, L., Gewinnung und Bewertung neuer Arzneimittel, Saarländ. Ärzteblatt Nr. 8, August (1957).
Lendle, L., Stimulantia — Excitantia (Dopingmittel). Sportmedizin. *8*, Heft 1, Januar (1957).
Lendle, L., Leistungssteigerung und Ermüdung. Sportmedizin *8*, Heft 1, Januar (1957).
Erdmann, W.-D., u. Lendle, L., Vergiftungen mit esteraseblockierenden Insektiziden aus der Gruppe der organischen Phosphorsäure-Ester (E 605 und Verwandte). Ergebn. der inn. Med. u. Kinderheilk. *10*, 104—184 (1958).
Bludau, W., u. Lendle, L., Plasmagel als Plasmaersatzflüssigkeit. Melsunger med. pharmaz. Mitt. aus Wissensch. u. Praxis, Heft 90, S. 1705—1718 (1958).
Eickstedt, K.-W. v., Haun, G., u. Lendle, L., Pharmakologische Bedingungen der Steroidnarkose und 21-Hydroxy-pregnan-3,20-dion. Der Anaesthesist *7*, 143—147 (1958).
Lendle, L., Droge, Arzneistoff, Wirkstoff? Nachdruck in Pharmazeutische Zeitung *103*, 1056 (1958).
Lendle, L., Erkenntnis und Verantwortung im Gebiet der Arzneimittellehre. Zum Gedächtnis von Wolfgang Heubner. Pharmazeutische Zeitung *103*, 1205 (1958).
Lendle, L., Grundlagen der medikamentösen Therapie der Herzinsuffizienz. Ärztl. Fortbildung, Nr. 8 (1958).
Erdmann, W.-D., u. Lendle, L., E 605 — Rationelle Behandlung der akuten Vergiftung mit insektiziden Alkylphosphaten. Arzt und Apotheke, Folge 7 (1958).
Lendle, L., Antidotgaben auf Spezialitätenpackungen der pharmazeutischen Industrie? Ärztliche Mitteilungen Nr. 42 vom 15. 11. 1958.
Lendle, L., Vergiftung durch esteraseblockierende Alkylphosphate (Tabungruppe) und ihre Behandlung durch spezifisch fermentreaktivierende Antidote. „Wissenschaftliche Fragen des zivilen Bevölkerungsschutzes mit besonderer Berücksichtigung der Strahlungsgefährdung", Heft 11, S. 50—60 (1958).

ANTON LISSNER
21. 8. 1885 – 6. 2. 1970

LUDWIG LENDLE
6. 2. 1899 – 19. 8. 1969

WALTER FRENZEL
29. 9. 1884 – 14. 10. 1970

KARL THOMAS
28. 11. 1883 – 6. 9. 1969

COSTIN D. NENITZESCU
15. 7. 1902 – 28. 7. 1970

KURT TÄUFEL
10. 12. 1892 – 10. 2. 1970

Lendle, L., Fischer Lexikon: Medizin 2 Abschn. Pharmakologie, 182—210 (1959).
Lendle, L., Zur Reform des Medizinstudiums und insbesondere der Ausbildung von Medizinstudenten in Pharmakologie. Naunyn-Schmiedebergs Archiv *236*, 304—310 (1959).
Engelhardt, G., Zuckmayer, B., u. Lendle, L., Akute Vergiftung mit Phenacetin und phenacetinhaltigen Schlafmittel-Kombinationspräparaten. Arzneim.-Forsch. (Drug Res.) *9*, 728—734 (1959).
Lendle, L., W. S. Loewe zum 75. Geburtstag. Dtsch. Med. Wschr. *84*, 1495 (1959).
Engelhardt, G., u. Lendle, L., Experimentelle Untersuchungen zur Frage anaphylaktischer Reaktionen in Abhängigkeit vom Nervensystem. Klin. Wschr. *37*, 867—873 (1959).
Lendle, L., u. dal Ri, H., Zur Frage der Enteritis-Reaktion und Capillargiftwirkung von Colchicin, Arsenik und Cytostatica. Klin. Wschr. *37*, 1230—1234 (1959).
Lendle, L., Zur Pharmakologie der Ginseng-Wurzel-Präparate. Die Medizinische Welt 689 (1959).
Lendle, L., u. Erdmann, W. D., Erfahrungen bei der Behandlung von Alkylphosphatvergiftungen mit Cholinesterase-Reaktivatoren. „Wissenschaftliche Fragen des zivilen Bevölkerungsschutzes" (Vortrag) Karlsruhe, 1959.
Lendle, L., Kritisches zur Arsentherapie. Zschr. f. angew. Bäder- und Klimaheilkunde. *6*, 60—66 (1959).
Lendle, L., Spezifischer Nachweis von Vergiftungen mit Alkylphosphaten in Blut und Hirngewebe mit Hilfe eines fermentreaktivierenden Antidots (Pyridin-Aldoxim-Methjodid = PAM). Schriftenreihe über Zivilen Luftschutz; Wissenschaftliche Fragen des zivilen Bevölkerungsschutzes. Heft 12 (1959).
Lendle, L., Die Vergiftungen im Kindesalter und ihre Behandlung (Vortrag). Regensburger Jb. f. ärztl. Fortbildung *8* (1959/60).
Lendle, L., Ernst Peter Pick †. Dtsch. Med. Wschr. *85*, 980—981 (1960).
Lendle, L., Biologische Existenz des Menschen in der Hochzivilisation. Dtsch. Med. Wschr. *85*, 1213—1215 (1960).
Lendle, L., Nil nocere — mit „nilnocen"? Dtsch. Med. Wschr. *85*, 1217 (1960).
Lendle, L., Resorptiv-pharmakologische Wirkungen von Mineralquellen. Zeitschr. f. angewandte Bäder- und Klimaheilkunde *7*, 38—54 (1960).
Lendle, L., u. Mercker, H., Extracardiale Digitaliswirkungen. Ergebn. d. Physiol. biol. Chem. u. exper. Pharmakol. *51*, 200—298 (1961).
Lendle, L., Blätter zur Berufskunde, Band 3, Berufe für Abiturienten II. Aufl. 1961 „Pharmakologie".
Lendle, L., Herzschädigungen durch Genußgifte, Arzneistoffe und Umweltgifte. Münch. med. Wschr. *103*, 16—20 (1961).
Lendle, L., Zur Frage der „Wissenschaftlichkeit" der Homöopathie und ihres Ähnlichkeitssatzes. Med. Welt 592—593 (1961).
Lendle, L., Antwort an Dr. P. Mössinger. Med. Welt 594 (1961).
Weber, D., Friedberg, K. D., u. Lendle, L., Beurteilung therapeutischer Maßnahmen bei der Blausäurevergiftung unter konstanter Cyanid-Infusion. Naunyn-Schmiedebergs Archiv *244*, 1—16 (1962).
Bartelheimer, E. W., Friedberg, K. D., u. Lendle, L., Chemische Reaktionsmöglichkeiten von Kobaltverbindungen als Voraussetzung ihrer Toxizität und Antidotwirksamkeit gegen Blausäure. Arch. int. Pharmacodyn. *139*, 99—108 (1962).
Lendle, L., u. Weisser, U., Anaphylaktoide Reaktionen von Hühnereiweiß und Dextran an isolierten Organen von Ratten. Int. Arch. Allergy *20*, 143—173 (1962).

Lendle, L., Zum Tode des Nobelpreisträgers Loewi. Dtsch. Med. Wschr. *87*, 365—366 (1962).
Lendle, L., Antwort auf die Frage: Worin liegt der Unterschied zwischen pharmakologischer und pharmakodynamischer Wirkung? Dtsch. Med. Wschr. *87*, 755 (1962).
Lendle, L., Antwort auf die Frage: Gibt es Versuche über Nebenwirkungen von Pharmaka auf das vegetative Nervensystem? Dtsch. Med. Wschr. *87*, 1511—1512 (1962).
Lendle, L., Arzneimittelnebenwirkungen in der Kritik der Pharmakologie. Münch. Med. Wschr. *104*, 61—67 (1962).
Lendle, L., Bedeutung der Toxikologie als Forschungsgebiet und als angewandte Pharmakologie im Rahmen der praktischen Medizin. Med. Welt 1717—1722 (1962).
Lendle, L., Buchbesprechung Leeser, O., Lehrbuch der Homöopathie. Spezieller Teil Arzneimittellehre, C: Tierstoffe. Med. Welt 556—557 (1962).
Lendle, L., Pharmakologische Probleme in der Balneologie, Deutscher Bäderverband E.V., Bonn (1962).
Lendle, L., Antwort auf die Frage: Aufklärungspflicht vor subkutaner Histamin-Injektion? Dtsch. Med. Wschr. *88*, 1607 (1963).
Lendle, L., Antwort auf die Frage: Therapie des Erbrechens unter Opiatmedikation? Dtsch. Med. Wschr. *88*, 2062 (1963).
Lendle, L., Mitteilung des Vorstandes der Deutschen Pharmakologischen Gesellschaft und der Kommission zur Aufstellung von Richtlinien für die Prüfung neuer Arzneimittel. Naunyn-Schmiedebergs Archiv *245*, 20—31 (1963).
Lendle, L., Pharmakologisch-toxikologische Bewertung neuer Arzneistoffe als Voraussetzung der Erprobung am Menschen. Arzneim.-Forsch. (Drug Res.) *13*, 77 (1963).
Lendle, L., Karlsruher Therapiewoche, Einleitung. Therapiewoche *13*, 353 (1963).
Klimmer, O. R., u. Lendle, L., Erkennung und Erstbehandlung von Vergiftungen. Ärztl. Mitteilungen — Dtsch. Ärztebl. *60*, 2433—2438 u. 2498—2506 (1963).
Lendle, L., Analyse toxischer Atropinwirkungen und deren Bedeutung für die Antidotbehandlungen von Alkylphosphatvergiftungen. Vortrag in Japan. Pharmakolog. Gesellschaft, Osaka, April 1963.
Lendle, L., Die Arzneibehandlung des Schmerzes; Med. Welt *14*, 727—735 (1964).
Schmidt, G., dal Ri, H., u. Lendle, L., Der Einfluß hoher Nicotindosen auf die elektrische Aktivität im efferenten N. vagus und N. phrenicus der Ratte; Naunyn-Schmiedebergs Archiv *248*, 464—482 (1964).
Lendle, L., Wirkungsbedingungen von Blausäure und Schwefelwasserstoff und Möglichkeiten der Vergiftungsbehandlung. Jap. J. Pharmacol. *14*, 215—224 (1964).
Lendle, L., Aufgaben der Pharmakologie bei der Beurteilung des Wirkungswertes moderner Arzneimittel. Forum Phillippinum 1964 (S. 70—80).
Lendle, L., u. Paul, H. A., Eliminationsgeschwindigkeit und Wirksamkeit von Atropin bei verschiedenen Tierarten und Individuen. Naunyn-Schmiedebergs Archiv *249*, 295 bis 305 (1964).
Lendle, L., Paul, H. A., u. dal Ri, H., Zur Behandlung der Atropinvergiftung mit Parasympathicomimetica. Naunyn-Schmiedebergs Archiv *249*, 306—324 (1964).
Weber, H. D., u. Lendle, L., unter Mitarbeit von R. Bassey, Toxische Wirkungsbedingungen von Schwefelwasserstoff und Behandlungsmöglichkeiten der akuten Vergiftung. Arch. Toxikol. *20*, 290—312 (1965).
Friedberg, K. D., Grützmacher, J., u. Lendle, L., Aquocobalamin (Vitamin B 12a) als spezifisches Blausäureantidot. Arch. int. Pharmacodyn. *154*, 327—350 (1965).
Lendle, L., In memoriam Professor Dr. Dr. Wilhelm Neumann. Arzneim.-Forsch. (Drug Res.) *15*, 824—825 (1965).

Lendle, L., Gruß an Professor Gerhard Hecht, den 65jährigen! Arzneim.-Forsch. (Drug Res.) *15*, 1478—1480 (1965).
Lendle, L., Entwicklungsrichtungen und Methoden der modernen Forschung in Pharmakologie und Toxikologie. Nova Acta Leopoldina N. F. Bd *30*, Nr. 173, 235—245 (1965).
Lendle, L., Zur Deutung der Empfindlichkeitsunterschiede verschiedener Tierarten gegen Arzneistoffe und Gifte. Dtsch. Tierärztl. Wschr. *73*, 218—222 (1966).
Lendle, L., dal Ri, H., u. Schmidt, G., Zur Verwendung von β-Rezeptorenhemmstoffen bei Atropinvergiftungen. Dtsch. med. Wschr. *91*, 1299—1303 (1966).
Higuchi, H., u. Lendle, L., Zur Frage der zentralnervösen Wirkungen von toxischen Atropindosen. Arch. Toxikol. *22*, 92—97 (1966).
Friedberg, K. D., Grützmacher, J., u. Lendle, L., Die Bedeutung der Wirkungsgeschwindigkeit von Antidoten bei der Behandlung der Blausäurevergiftung. Arch. Toxikol. *22*, 176—191 (1966).
Nakagawa, A., u. Lendle, L., Verhalten der Nebennierenrinden-Funktion bei Vergiftungen mit Cytostatica. Naunyn-Schmiedebergs Archiv *256*, 149—159 (1967).
Lendle, L., Pharmakologie der Schmerzbekämpfungsmittel; Verhandl. d. Dtsch. Ges. f. inn. Med., 72. Kongr. 1966.
Lendle, L., u. dal Ri, H., Pathogenese und Behandlung resorptiver Lostschäden. Wehrmed. *5*, 1—12 (1967).
v. Clarmann, M., Erdmann, W. D., Henschler, D., Klimmer, O. R., u. Lendle, L., Die Frage der Oximtherapie bei Alkylphosphat-Vergiftungen. Dtsch. Ärzteblatt — Ärztl. Mitteilungen *64*, 1144—1145 (1967).
Lendle, L., Kritisches zur medikamentösen Rheumabehandlung. Z. Rheumaforsch. *26*, 460—471 (1967).
Egert, G. and Lendle, L., The Influence Exerted by a Glucofuranoside Derivative (Glyvenol) on the Toxic Effects of Cytostatic Agents and on Selye's TH Phenomenon. Pharmacology *1*, 154—160 (1968).
Lendle, L., Suchtgefährdung bei Verwendung von Betäubungsmitteln und Rauschgiften. Landarzt *44*, 1089—1097 (1968).
Lendle, L., In memoriam Professor Dr. phil. et med. Werner Koll, 25. 2. 1902—9. 11. 1968. Arzneim.-Forsch. (Drug Res.) *18*, 1618—1619 (1968).
Egert, G., u. Lendle, L., Reversibilität der Schädigung weiblicher Gonaden durch Cytostatica. Arzneim.-Forsch. (Drug Res.) *19*, 1—5 (1969).
Egert, G., Schuster, R., u. Lendle, L., Wechselseitige Toleranzerzeugung bei Vorbehandlung mit unterletalen N-Lost-Gaben oder Strahlendosen. Strahlentherapie *137*, 675 bis 679 (1969).
Lendle, L., Zur Geschichte der Begründung der Chemotherapie am Beginn des 20. Jahrhunderts. Medizinhistor. Journal *4*, 24—40 (1969).

Karl Thomas

28. 11. 1883—6. 9. 1969

Karl Thomas, em. o. Professor der Physiologischen Chemie, Dr. med., Dr. med. h. c., Dr. rer. nat. h. c. beendete im 86. Lebensjahr am 6. 9. 1969 in Göttingen sein arbeitsreiches Leben. Zahlreiche Auszeichnungen und Ehrenmitgliedschaften wissenschaftlicher Gesellschaften wurden ihm als Anerkennung seiner bedeutenden

Leistungen zuteil. 1922 wurde er zum ordentlichen Mitglied in unsere Akademie gewählt; er war unser ältestes Mitglied.

Thomas wurde am 28. 11. 1883 in Freiburg/Br. als Sohn des Professors der Medizin Ludwig Thomas geboren. Von 1901 bis 1906 studierte er Medizin. Da ihn die ärztliche Tätigkeit wenig anzog, wandte er sich medizinischen Forschungsfächern zu. Nach vorübergehender Tätigkeit in Berlin bei Rubner in Hygiene und Physiologie und anschließender Erweiterung seiner chemischen Kenntnisse habilitierte er sich 1913 in Greifswald bei Bleibtreu für das Fach Physiologie.

Von 1913 bis 1921 — unterbrochen durch Kriegsdienst und schwere Verwundung in den Jahren 1914 bis 1916 — war er wieder unter Rubner am Institut für Arbeitsphysiologie tätig, das er als stellvertretender Direktor mit aufbaute. Hier begann er mit chemischer Methodik Stoffwechselprobleme zu studieren.

1921 wurde Thomas als ordentlicher Professor für Physiologische Chemie nach Leipzig berufen. 1943 erlosch die wissenschaftliche Arbeit im zerbombten Institut weitgehend. 1945 wurde Thomas von den amerikanischen Truppen nach Westdeutschland zwangsevakuiert. Bald jedoch schon übernahm der unermüdliche 63jährige die kleine physiologisch-chemische Abteilung in Erlangen, die er nach 3 Jahren seinem Nachfolger als wohldotiertes Ordinariat hinterließ.

1948 trat Thomas als leitender Direktor in die neu zu gründende Medizinische Forschungsanstalt der Max-Planck-Gesellschaft ein, die er zu einem bedeutenden Forschungskomplex ausbaute. Ihr blieb er als Emeritus bis zu seinem Tode mit einem Forschungsauftrag über die Silikose verbunden.

In seinen etwa 70 Experimentalarbeiten, die weit gestreut in den Gebieten des tierischen Stoffwechsels und des intermediären Stoffwechsels lagen, heben sich 4 bemerkenswerte Schwerpunkte heraus.

In seiner Berliner Zeit studierte er das Stickstoffminimum und die biologische Wertigkeit der Eiweiße unter ganz einseitigen Ernährungsbedingungen, die er in heroisch zu nennenden Selbstversuchen durchführte. Ihre Ergebnisse sind fester Bestandteil der Grundlagen der Ernährungswissenschaften geworden.

In Leipzig erforschte er Verhalten und Entstehung des Kreatins und seiner Abkömmlinge, um damit die Ursachen der auch heute noch unheilbaren Muskeldystrophie zu ergründen. In den 30er Jahren untersuchte Thomas die Ausnutzung und den Abbau künstlicher Fette, die als Nahrungsstoffe für die Bevölkerung eingeführt werden sollten. Auf Grund ausgedehnter Versuche am Tier und an sich selbst lehnte er dieses Vorhaben strikt ab, was ihm nicht wenige Anfeindungen durch Politik und Wirtschaft einbrachte.

In Göttingen kam neben Fettforschungen als letztes, großes Arbeitsvorhaben eine Untersuchungsreihe über die Silikose hinzu, für deren Entstehung und Heilungsmöglichkeit er wesentliche, neuartige Erkenntnisse beisteuerte.

Für Thomas und sein Wirken sind jedoch charakterisierend und besonders hoch einzuschätzen seine allgemeinen Leistungen, die er für sein Fach unter Hintansetzung persönlicher Vorteile vollbrachte. Er hat nicht nur 4 große Institutionen in Berlin, Leipzig, Erlangen und Göttingen begründet oder neu gestaltet, er hat sie auch mit wissenschaftlichem Leben erfüllt.

Beispiel mag das uns nahestehende Leipziger Institut sein, das er aus einer kleinen Abteilung zu einem weltbekannten und zu einem der größten physiologisch-chemischen Institute entwickelte, die vor dem 2. Weltkrieg in Europa bestanden. Von nah und fern kamen wissensdurstige Kollegen, meist junge Mediziner, um sich hier eine fundierte und gezielte Ausbildung für ihren weiteren wissenschaftlichen Weg zu erwerben, und um in vielen persönlichen Kontakten und lebhaften Diskussionen das „Soll und Haben" des wissenschaftlichen Erkenntnisstandes kritisch einzufangen. Thomas sorgte für großzügige Arbeitsmöglichkeiten. Seinen fachgebundenen Mitarbeitern ließ er freie Hand, sich selbst zu formen und eigenständig zu arbeiten. Wer sich nicht bewährte, verließ von sich aus bald die Arbeitsgemeinschaft. Von Kollegen wurde seine Auslese in der Nachwuchsförderung oft verkannt. Ihm gab jedoch der Erfolg recht. Unter seinen etwa 250 Schülern waren kaum Versager. Sehr viele von ihnen brachten es in ihren Ländern zu hervorragenden Positionen. Ihnen blieb der „Chef" und die Leipziger Zeit immer eine der erinnerungswürdigsten Perioden ihres Lebens.

Karl Thomas gehörte zu jenen Gelehrten, die den fruchtbaren, biologisch orientierten Entwicklungsabschnitt der noch jungen Physiologischen Chemie in der ersten Hälfte unseres Jahrhunderts kräftig vorantrieben und mitprägten. Noch war der Gesamtorganismus vordergründig. Auch die Forschungen von Thomas zielten auf unmittelbar helfende Erkenntnisse für die Humanmedizin hin. Erst in den Göttinger Tagen stellte er seinen Arbeitskreis „Silikoseforschung" auf vorwiegend biochemische und physikochemische Arbeitsweisen ein. Aber auch für diese Studien war ein drängendes, humanmedizinisches Anliegen der Anlaß — die Bekämpfung der Staublunge, dieser großen Geißel der Bergleute.

In Karl Thomas verloren wir einen Kollegen, der nachhallend als Mensch und Gelehrter wirkt. Wir und die biochemischen Wissenschaften werden ihm eine dankbare Erinnerung bewahren.

Erich Strack

Bibliographie Karl Thomas

1. K. Thomas, Urobilinogen, seine klin. Bedeutung, seine chem. Eigenschaften und seine Farbenreaktionen, Dissertat. med., Freiburg *1907*.
2. K. Thomas, über die biolog. Wertigkeit der Stickstoffsubstanzen in verschiedenen Nahrungsmitteln, Arch. Anat. Physiol., Physiol. Abt. *1909*, 219.
3. K. Thomas, Über die Ausnutzung einiger Milchpräparate im menschlichen Darm, ebenda *1909*, 417.
4. K. Thomas, Die Banane als Volksnahrungsmittel, ebenda *1910*, Supp., 29—38.
5. K. Thomas, Über das physiologische Stickstoffminimum, ebenda *1910*, Suppl., 249—285.
6. K. Thomas, Über die Zusammensetzung von Hund und Katze während der ersten Verdopplungsperioden des Geburtsgewichts, ebenda *1911*, 9.
7. K. Thomas u. H. Thierfelder, Über das Cerebron, diese Z.* *77*, 511 [1912].

* Quellenangabe: *diese Z.*[eitschrift] = Hoppe-Seyler's Zeitschrift für Physiologische Chemie, wo diese Bibliographie im Band 351 (1970) zuerst erschienen ist.

8. K. Lock u. K. Thomas, Untersuchungen über den Gehalt der Blutplasmaproteine an basischen Bestandteilen, diese Z. *87*, 74 [1913].
9. K. Thomas, Über die Herkunft des Kreatins im tier. Organismus. I: Das Verhalten der Arginase zur γ-Guanidylbuttersäure und ε-Guanidylcapronsäure, diese Z. *88*, 465 [1913].
10. K. Thomas u. M. H. Goerne, II. Das Verhalten der ε-Guanido-, ε-Ureido- und ε-Amino-n-capronsäure im Organismus des Kaninchens, diese Z. *92*, 163 [1914].
11. M. Rubner u. K. Thomas, Die Verdaulichkeit des Roggens bei verschiedener Vermahlung, Arch. Anat. Physiol., Physiol. Abt., *1916*, 165.
12. G. Schröter u. K. Thomas, Die Umwandlung von Tetrahydronaphthalin (Tetralin) im Tierkörper, diese Z. *101*, 262 [1918].
13. M. Rubner u. K. Thomas, Die Ernährung mit Kartoffeln, Arch. Anat. Physiol., Physiol. Abt. *1918*, 1.
14. K. Thomas u. H. Pringsheim, Die Verdaulichkeit der Zellulose, ebenda 1918, 25.
15. K. Thomas u. M. H. Goerne, Weitere Untersuchungen über die Herkunft des Kreatins, diese Z. *104*, 73 [1919].
16. K. Thomas u. H. Schotte, Ein neues Beispiel von β-Oxydation im Tierkörper, diese Z. *104*, 141 [1919].
17. K. Thomas u. H. Straczewski, Weitere Untersuchungen über das Stickstoffminimum, Arch. Anat. Physiol., Physiol. Abt. *1919*, 249.
18. K. Thomas, Das Minimumgesetz in der Ernährungslehre, Z. angew. Chem. *34*, 601 [1921].
19. K. Thomas, Abbauwege des Organeiweißes, Festschrift Kaiser-Wilhelm-Ges. Förd. Wiss., Zehnjähr. Jub., Berlin, 208—217 [1921].
20. K. Thomas, J. Kapfhammer u. B. Flaschenträger, Über δ-Methylornithin und δ-Methylarginin, diese Z. *124*, 75 [1923].
21. K. Thomas u. J. Kapfhammer, Die Bestimmung pflanzlicher Zellmembrane bei Ausnutzungsversuchen, Pflüger's Arch. ges. Physiol., Menschen, Tiere *201*, 6 [1923].
22. K. Thomas u. B. Flaschenträger, Inwieweit ist der Cetylalkohol resorbierbar? Skand. Arch. Physiol. *32*, 1 [1923].
23. K. Thomas u. F. Bettzieche, Über die Einwirkung von Grignardreagenz auf Aminosäuren, I., diese Z. *140*, 244 [1924].
24. Dieselben, II., diese Z. *140*, 261 [1924].
25. Dieselben, III., diese Z. *140*, 279 [1924].
26. K. Thomas, Siegfried Garten, Ber. Verh. sächs. Akad. Wiss. Leipzig, math.-physische Kl. *76*, 172 [1924I.
27. K. Thomas u. J. Kapfhammer, Ein Beitrag zur Ermittlung des Aufbaus der Proteine, ebenda *77*, 181 [1925].
28. K. Thomas, Nachruf auf Rudolf Boehm, ebenda *78*, 348 [1926].
29. K. Thomas, Nachruf auf W. Ellenberger, ebenda *81*, 277—84 [1929].
30. K. Thomas, Biological values of protein and the behaviour of food and tissue proteins in metabolism, J. Nutrit, *2*, 419 [1930].
31. K. Thomas, Zur Roggenbrotfrage, Dtsch. med. Wschr. *56*, 687 [1930].
32. F. Techner u. K. Thomas, Verhalten eines Kreatinhomologen im Tierkörper, Ber. Verh. sächs. Akad. Wiss. Leipzig, math.-physische Kl. *82*, 219 [1930].
33. K. Thomas, A. T. Milhorat u. F. Techner, Untersuchungen über die Herkunft des Kreatins. Ein Beitrag zur Behandlung progressiver Muskelatrophien mit Glykokoll, diese Z. *205*, 93 [1932].

34. A. T. Milhorat, F. Techner u. K. Thomas, Bedeutung des Kreatins für die progressive Muskeldystrophie und deren Behandlung mit Glykokoll, Proc. Soc. exp. Biol. Med. *29*, 609 [1932]. (Significance of creatine in progressive muscular dystrophy and treatment of this disease with glycine).
35. K. Thomas, Max Rubner, Klin. Wschr. *11*, 926 [1932].
36. K. Thomas, A. T. Milhorat u. F. Techner, Weitere Untersuchungen über die Herkunft des Kreatins, diese Z. *214*, 121 [1933].
37. K. Thomas, Justus von Liebig, J. Nutrit. *7*, 3 [1934].
38. K. Thomas, Glykokoll in der Therapie, Dtsch. med. Wschr. *60*, 558 [1934].
39. K. Thomas u. A. Akao, Über γ-Guanidoglutarsäure, J. Biochemistry [Tokyo] *25*, 339 [1937].
40. K. Thomas, Der Stoffwechsel von Kreatin und Kreatinin, Annu. Rev. Biochem. *7*, 211 [1928].
41. K. Thomas, Unser Fettverzehr — ein Wunsch oder eine Notwendigkeit, Fette und Seifen *48*, 275 [1941].
42. K. Thomas, Martin Gildemeister, Ber. Verh. sächs. Akad. Wiss. Leipzig *96*, 61 [1944].
43. K. Thomas u. G. Weitzel, Über die Eignung des Kunstfettes aus Kohle als Nahrungsmittel, Dtsch. med. Wschr. *71*, 18 [1946].
44. K. Thomas u. G. Weitzel, Der derzeitige Stand des Kunstfettproblems. Süddtsch. Apotheker-Ztg *87*, 255 [1947].
45. K. Thomas u. G. Weitzel, Ein Verfahren zur Isolierung von Bernsteinsäure aus Harn, diese Z. *282*, 170 [1947].
46. K. Thomas u. G. Weitzel, Die Bernsteinsäure im Harn nach Genuß synthetischer Fette, diese Z. *282*, 180 [1947].
47. K. Thomas, G. Weitzel u. P. Neumann, Stoffwechselversuche mit höheren Monoalkylbernsteinsäuren, diese Z. *282*, 192 [1947].
48. K. Thomas u. G. Weitzel, Fett und Fettstoffwechsel, Naturforsch. Med. Dtschl. 1939—1946, *39* [1948].
49. K. Thomas, Franz Knoop, diese Z. *283*, 1 [1948].
50. K. Thomas u. W. Savelsberg, „Entgiftung“ durch Paarung mit Glykokoll im tier. Stoffwechsel, Bull. Fac. Med. Univ. Istanbul *12*, 353 [1949].
51. G. Weitzel, A. Fretzdorff, J. Wojahn, W. Savelsberg u. K. Thomas, Properties of branched aliphatic acids and their behaviour in the dog, Nature [London] *163*, 406 [1949].
52. K. Thomas u. G. Weitzel, Ist die Verwendung synthetischer Fettsäuren für Speisezwecke ungefährlich? Klin. Wschr. *27*, 784 [1949].
53. K. Thomas, L. Miller, U. Baumann u. J. Fitzek, Beiträge zur chemischen Bindung an Quarz, Ber. med.-wiss. Arbeitstagg. über Silikose, Bochum 18.—20. X. 1951 (Bochum 1952), S. 193—202.
54. K. Thomas, U. Baumann u. H. J. Einbrodt, Eine einfache Methode zur Auflösung von Lungengewebe unter milden Bedingungen und zur Darstellung seiner elastischen Fasern, ebenda S. 211—219.
55. K. Thomas u. G. Weitzel, Neue biochemische Erkenntnisse auf dem Fettgebiet, Jb. Max-Planck-Ges. *1952*, 223 (Göttingen).
56. K. Thomas u. G. Weitzel, Fütterungsversuche mit synth. Fettsäuren, Experientia [Basel], Suppl. *1*, 125—142 [1953].
57. K. Thomas u. H. Kalbe, Über das Vorkommen von Malonsäure im Harn, diese Z. *293*, 239 [1953].

58. K. Thomas, 50 Jahre Biochemie in Deutschland, Annu. Rev. Biochem. *23*, 1 [1954].
59. K. Thomas, G. Weitzel, H. Schön u. F. Gey, Beziehungen zwischen Fettsäuren mittlerer Kettenlänge und Hautfett, Arch. Tierernähr., Beih. 5, *1954*, 103.
60. K. Thomas und H. Stegemann, Darstellung der Fremdstäube aus Lungen und ihre Eigenschaften, Beitr. Silikoseforsch. *28*, 3 [1954] (Bochum).
61. K. Thomas, Max Rubner, Mitteil. Max-Planck-Ges. *1954*, 63—68.
62. K. Thomas u. H. Stegemann, Isolierung und Eigenschaften der Fremdstäube aus Lungen, Staublungenerkrankungen, *2*, 172—182 (Darmstadt 1954) (Wiss. Forsch.-Ber. Naturwiss. R. Bd 63).
63. K. Thomas, Versuch eines Nachweises von kolloidaler Kieselsäure im Lungenaufschluß. Beitr. Silikoseforsch., Grundfragen Silikoseforsch. S.-Bd *1*, 57 [1955].
64. K. Thomas, Vom Gedanken zum Experiment, Mitteil. Max-Planck-Ges. *1956*, 345 bis 352.
65. K. Thomas, Grundfragen auf der Silikoseforschung, Ber. physik.-chem. Ges. (Würzburg) (N. F.) *68*, 1—16 [1956/57].
66. K. Thomas, Grundfragen aus der Silikoseforschung, Beitr. Silikoseforsch. S.-Bd *2*, 261 [1957].
67. K. Thomas, Grundfragen aus der Silikoseforschung, Schweiz. med. Wschr. *87*, 381 [1957].
68. W. Stöber, K. Bauer u. K. Thomas, Chemisorption von Alkoholen an amorphem Siliciumdioxyd. Liebigs Ann. Chem. *604*, 104 [1957].
69. K. Thomas u. K. Stalder, Isolierung von Methylmalonsäure aus normalem menschlichem Harn, Chem. Ber. *90*, 970 [1957].
70. K. Thomas, H. Kalbe, J. Nagai u. K. Stalder, Über das Vorkommen von Methylmalonsäure im Harn, diese Z. *308*, 213 [1957].
71. K. Thomas u. K. Stalder, Über die Herkunft der Methylmalonsäure im Harn, diese Z. *313*, 22 [1958].
72. K. Thomas u. K. Stalder, Über die Herkunft der Malonsäure im Harn, diese Z. *315*, 256 [1959].
73. K. Thomas u. K. Stalder, Über das Vorkommen von C_5-Dicarbonsäuren im Harn, diese Z. *317*, 269 [1959].
74. K. Thomas, K. Stalder u. H. Stegemann, Stoffwechselversuche mit ε-Aminocapronsäure, diese Z. *317*, 276 [1959].
75. K. Thomas, K. Stalder u. H. Südhof, Ausscheidung aliphatischer Dicarbonsäuren im Harn bei verschiedenen pathologischen Zuständen, besonders der Leber und der Niere, Arzneimittel-Forsch. *9*, 725 [1959].
76. K. Thomas u. K. Stalder, Beobachtungen zur Methyloxydation, Naturwissenschaften *47*, 317 [1960].
77. M. Liefländer, u. K. Thomas, Zur Synthese von *N*-Aminoacylglucosaminen, die den Asparagyl- bzw. Glutamylrest enthalten, diese Z. *331*, 154 [1963].
78. K. Thomas, Otto Warburg zum achtzigsten Geburtstag, Naturwissenschaften *50*, 629 [1963].
79. K. Thomas, Dankansprache zur Verleihung der Carl-von-Voit-Medaille, Ernährungsumschau *10*, 260 [1963].
80. K. Thomas, „Historischer Rückblick" in: Myopathien, (Symposium 21./22. Sept. 1964 Hinterzarten), S. 1—5. Thieme-Verlag, Stuttgart 1965.
81. K. Thomas, Kieselsäure im Stoffwechsel, Dtsch. Z. Verdauungs- u. Stoffwechselkrankh. *25*, 260 [1965].

82. K. Thomas, Kieselsäure im Stoffwechsel, Mitteil. Max-Planck-Ges. *1965*, 156.
83. M. Liefländer, u. K. Thomas, Versuche zur Reindarstellung von Hyaluronsäuren aus Glaskörper und Nabelschnur, diese Z. *342*, 228 [1965].
84. K. Thomas, Zur biolog. Wirkungsweise fester SiO_2-Modifikationen, Beitr. Silikose-Forsch., Grundfragen Silikoseforsch. S.-Bd *6*, 21 [1965].
85. K. Thomas, Nierensteine, Mitteil. Max-Planck-Ges. *1965*, 397.
86. K. Thomas, u. W. Stöber, Zur Silikose-Entstehung, Naturwissenschaften *55*, 22 [1968].

Prof. Dr. Dr. Günther Weitzel

Costin D. Nenitzescu

15. 7. 1902—28. 7. 1970

Am 28. Juli verstarb in Busteni (Karpaten) das korrespondierende Mitglied der Sächsischen Akademie der Wissenschaften zu Leipzig, Dr. Ing. Costin D. Nenitzescu, Professor für organische Chemie am Polytechnischen Institut in Bukarest und Leiter des Organischen Chemie-Zentrums von Bukarest.

Geboren als Sohn des Rechtsanwaltes Dr. jur. der Universität Louvain Dimitri Nenitzescu, am 15. Juli 1902 in Bukarest, Rumänien, besuchte er dort die höhere Schule. Er stand in dieser Zeit sehr unter dem Einfluß seines überaus korrekten Vaters, der auch durch seine Unternehmungslust und Beharrlichkeit sicher dem Sohne ein Vorbild war. Schon in seiner Schulzeit beschäftigte sich Nenitzescu mit der Chemie und machte zu Hause selbständig Experimente, die sogar zu einem Brand des Dachstuhles führten. Mit 17 Jahren ging er nach Zürich, um dort mit seinem Chemiestudium zu beginnen, wo ihm damals die Vorlesung von Staudinger besonders angezogen hat. Nach drei Semestern, im Jahre 1920, ging er nach München, wo er bei Hans Fischer 1925 seine Dissertation über Phyllo-pyrrol-carbonsäuren, einem Abbauprodukt des Blutfarbstoffes, erfolgreich verteidigte, nachdem er vorher schon eine selbständige Arbeit über eine neue Indol-Synthese in den „Berichten der Deutschen Chemischen Gesellschaft" veröffentlicht hatte. Mit Hans Fischer veröffentlichte er noch zwei weitere Arbeiten über eine neue Synthese der Kryptopyrrol-carbonsäuren und die Aufklärung der Ehrlichen Diaminobenzaldehyd-Reaktion. Die Münchener Zeit, wo er Mitglied der Deutschen Chemischen Gesellschaft wurde, hat ihn entscheidend beeinflußt. Immer wieder erzählte er später seinen Mitarbeitern von seiner dortigen Studienzeit, und Hans Fischer ist ihm wohl lebenslang ein Vorbild gewesen.

Im Jahre 1926 kehrte Nenitzescu nach Rumänien zurück, um am Chemischen Institut der Universität Bukarest eine Assistentenstelle anzunehmen. Zwei Jahre später wurde er dort Dozent und wirkte ab 1935 als Professor für organische Chemie an der Technischen Hochschule Bukarest. Ab 1949 war er dann Direktor des Organischen Chemie-Zentrums von Bukarest.

Seine so erfolgreiche wissenschaftliche Tätigkeit lag hauptsächlich auf dem Gebiet der aliphatischen Chemie.

Nenitzescus wissenschaftliche Veröffentlichungen, etwa 250 an der Zahl, beschäftigten sich mit folgenden 6 Problemkreisen:

1. *Pyrrole und Indole.* Diese Veröffentlichungen gehen ursprünglich auf die Zusammenarbeit mit Hans Fischer zurück, haben ihn aber bis in die letzte Zeit immer wieder beschäftigt.

2. *Durch Aluminiumchlorid katalysierte Reaktionen.* In diesen Arbeiten hat er immer wieder versucht, in den katalytischen Mechanismus der Friedel-Crafts-Reaktion einzudringen, hat dabei wertvolle neue Erkenntnisse an den Tag gefördert und systematisch festgelegt, welche Verbindungstypen, auch aliphatischer Natur, dieser Reaktion zugänglich sind. Sehr schön ist die Entdeckung der auch durch $AlCl_3$ bewirkten Isomerisationen und Hydridverschiebungen. Außerdem entstanden Arbeiten über die Synthese von Ketonen und Säurechloriden aus Paraffinen, wobei auch Chromylchlorid als Oxydationsmittel verwandt und die Existenz von Carboniumionen als Zwischenprodukte wahrscheinlich gemacht wurde. Eine Zusammenfassung dieser Arbeiten ist 1939 in der „Angewandten Chemie" erschienen.

3. *Über die Wanderung von Halogenatomen in Kohlenstoffketten und -ringen.* Die gelegentlich bei der Friedel-Crafts-Reaktion auftretende Halogenwanderung wurde untersucht und in mehreren Veröffentlichungen Grundsätzliches über dieses Phänomen mitgeteilt.

4. *Arbeiten aus der Petrochemie.* Angeregt durch die Erdölindustrie seines Landes, sind seit 1937 laufend Arbeiten über Kohlenwasserstoffe erschienen, die teilweise technischen Hintergrund hatten. Internationales Aufsehen erregte sein origineller Deutungsversuch der Wirksamkeit von Ziegler-Katalysatoren bei der Niederdruckpolymerisation von Äthylen.

5. *Untersuchungen in der Reihe kleiner ringförmiger Verbindungen.* Sehr bedeutsam sind seine Arbeiten, die sich mit der Synthese und der Reaktionsweise von Cyclobutan- und Cyclopentan-Verbindungen befaßten. Die bisher nicht dargestellten unsubstituierten Cyclobutadiene und Pentalene bildeten dabei die Grundlagen. Die von ihm zuerst ausführlich beschriebenen Metallkomplexe dieser Ringe haben den Verfasser bekannt gemacht. Einen gewissen Höhepunkt in seinen experimentellen Arbeiten stellte die 1963 mitgeteilte Synthese des dimeren Cyclobutadiens dar (Angew. Chem. *75*, 86 [1963]).

6. Zahlreiche weitere Arbeiten auf den verschiedensten Gebieten der organischen Chemie legen von dem umfassenden Interesse und der Produktivität des Verfassers Zeugnis ab. Mehrere Reaktionen sind mit seinem Namen verknüpft, z. B. die Nenitzescu-Indolsynthese sowie die Nenitzescu-Acylierung.

Zusammenfassend kann man eigentlich sagen, daß Nenitzescu durch seine Forschertätigkeit auf dem Gebiet der aliphatischen Chemie das erreicht hat, was für die aromatische Chemie schon lange bekannt war. Man hatte sich bisher mit den Aliphaten nur zögernd beschäftigt, weil diese unbequem zu handhaben und die Reaktionsmethoden erst erforscht werden mußten. Dieses ist offenbar Nenitzescu im hervorragendem Maße gelungen.

Seine Arbeiten sind außer in rumänischen Zeitschriften auch in den „Berichten der Deutschen Chemischen Gesellschaft“ und den „Annalen der Chemie“ erschienen; einige in England, Frankreich und in den USA.

Nenitzescu hat sich auch mit technischen Problemen seines Landes beschäftigt. Eine Reihe von Verfahren in der Industrie stammt aus seinem Institut. Auch hatte er maßgeblichen Einfluß auf die Errichtung von Produktionsstätten für Farbstoffe, Zwischenprodukte, Arzneimittel, Kunststoffe, Schädlingsbekämpfungsmittel usw.

Die Persönlichkeit von Nenitzescu wäre aber nicht vollkommen beschrieben, wenn man nicht seine besonderen Erfolge als Lehrer erwähnte. Nenitzescu war ein begeisterter Lehrer, der seiner Experimentalvorlesung viel Zeit widmete und in seinem von ihm selbst ausgebauten Laboratorium in dauerndem Kontakt mit zahlreichen Schülern stand. „Man kann Wissenschaft nur lehren, wenn man selbst Wissenschaft betreibt“. So etwa äußerte er sich gelegentlich. Ein zweibändiges Lehrbuch der Organischen Chemie, die 6. Auflage 1966 und 1968, erschien von seiner Hand und wurde ins Russische und in andere Sprachen übersetzt. Weiter schrieb er 1949 ein Lehrbuch der Allgemeinen Chemie, 2. Auflage 1963, 3. Auflage im Druck. Außerdem wurden von ihm vier Handbücher für die letzten 4 Jahre der höheren Schule, 2 Kapitel über Friedel-Craft- und ähnliche Reaktionen und 2 Kapitel über Carboniumionen in Interscience, Band 2 bzw. Band 1, verfaßt.

Der Erfolg seiner Lehrtätigkeit zeigt sich in dem Vorhandensein zahlreicher Schüler und ehemaliger Mitarbeiter in hervorragenden Positionen im Unterrichtswesen und vor allem in der chemischen Industrie Rumäniens. Man kann geradezu von einer chemischen Schule sprechen, die Nenitzescu in seinem Lande begründet hat.

An Anerkennung seiner wissenschaftlichen Leistungen hat es in seinem Lande und im Ausland nicht gefehlt. 1940 wurde er korrespondierendes Mitglied der rumänischen Akademie; 1955 ordentliches Mitglied und Vorstandsmitglied der Chemischen Abteilung der Akademie der R. V. R.; 1949 und 1951 erhielt er den Staatspreis I. Klasse, 1957 den Arbeitsorden II. Klasse, 1962 den Stern der R. V. R., I. Klasse. 1963 wurde er Mitglied der Deutschen Akademie der Naturforscher Leopoldina, 1954 korrespondierendes Mitglied der Deutschen Akademie der Wissenschaften, Berlin, 1965 korrespondierendes Mitglied der Bayrischen Akademie der Wissenschaften, München, 1966 Mitglied der Akademie der Wissenschaften der UdSSR in Moskau, 1966 korrespondierendes Mitglied der Sächsischen Akademie der Wissenschaften zu Leipzig, 1967 Ehrenmitglied der Tschechoslowakischen Chemischen Gesellschaft und der Akademie der Wissenschaften, 1967 Mitglied der Polnischen Akademie der Wissenschaften und 1970 Ehrenmitglied der Ungarischen Akademie der Wissenschaften. 1970 erhielt er postum die A.-W.-v.-Hofmann-Denkmünze der Gesellschaft Deutscher Chemiker in München.

Nenitzescu hat viel Kontakt mit ausländischen Kollegen gehalten und war dadurch über alle wissenschaftlichen Geschehnisse unterrichtet. Er besuchte gern seine Freunde im Ausland und war besonders häufig in der BRD, wo er auch gelegentlich an den Hochschulen Vorträge hielt. Zur Erholung trieb er Sport. Nenitzescu war ein ausgezeichneter Bergsteiger, wobei er sich gern von seinen Mitarbeitern begleiten ließ.

Als Ausgleich zu den täglichen Erfordernissen seines Berufs kann man wohl seine Beschäftigung mit historischen Fragen, besonders mit denen des Altertums, bezeichnen. Schon als Schüler hatten ihn die historischen Gegebenheiten der alten Griechen und Römer sehr interessiert, und im Laufe seines Lebens hat er sich ein umfangreiches Wissen des humanistischen Kulturerbes angeeignet, was in unserem technischen Zeitalter bemerkenswert ist. Er kannte vor allem die griechische Geschichte aus den Originalquellen und hat bis zu seinem Lebensende immer wieder im Homer gelesen.

Aber auch die Literatur unserer Zeit war ihm nicht unbekannt. Proust und Huxley las er gern und kannte zahlreiche Verse von Goethe und Baudelaire auswendig. Auch für die Malerei interessierte er sich und versäumte keine Gelegenheit, Ausstellungen französischer Impressionisten zu besuchen.

Verheiratet war er mit Ecaterina Cioranescu, eine ehemalige Schülerin, mit der er zusammen mehrere Arbeiten veröffentlicht hat. Kinder sind aus der Ehe nicht hervorgegangen.

Mit Costin D. Nenitzescu ist eine Forscherpersönlichkeit von besonderem Rang dahingegangen, die nicht nur ihrem Heimatland Rumänien von besonderem Nutzen war, sondern die die wissenschaftlichen Kenntnisse der ganzen Welt auf chemischem und physikochemischem Gebiet vermehrt hat.

Franz Runge

Bibliographie Costin D. Nenitzescu

Lehrbücher

1. Tratat elementar de chimie organică. 2 volume, ca. 1600 pag. Ed. I, 1928 (vol. I); Ed. II, 1941—42; Ed. III, 1946—47; Ed. IV, vol. I 1956, vol. II 1958, Ed. V, vol. I 1960; Traducerea rusă vol. I, II, 1961. Ed. VI, vol. I 1966, vol. II 1968.
2. Chimie generală; Introducere in chimia anorganică si chimie fizică. 1 vol. 950 pag., 1949. 2. Aufl. 1963.
3. In colaborare cu Viorica Ioan: Manualul Inginerului Chimist. Tabele fizico.-chimice si tehnice. 2 vol., 2100 pag. Bucureşti, 1951—52.

Lucrări efectuate in cadrul tezei de doctorat

1. H. Fischer, C. D. Nenitzescu. Synthesen der Phyllo-pyrrol-carbonsäure, 2: Über Aufbau der sauren Spaltprodukte des Blutfarbstoffs. Liebigs Ann. Chem. *439*, 175 (1924).
2. H. Fischer, C. D. Nenitzescu. Einwirkung von Formaldehyd und von substituierten Alkoholen auf Pyrrolderivate und eine neue Synthese der Kryptopyrrolcarbonsäure. Liebigs Ann. Chem. *443*, 113 (1925).
3. H. Fischer, C. D. Nenitzescu. Synthese der carboxylierten Kryptopyrrol-carbonsäure und einiger Methene, zugleich ein Beitrag zur Kenntnis der Ehrlichschen Dimethyl-amidobenzyldehydreaktion. Hoppe-Seyler's Z. physiol. Chem. *145*, 295 (1925).

Comunicări

1. C. D. Nenitzescu. Über eine neue Indolsynthese. Ber. Dtsch. chem. Ges. *58*, 1063 (1925).
2. C. D. Nenitzescu. Considérations sur les configurations électronique des combinaisons comples. Bulet. Soc. Chim. Rom. *XX*, *8*, 10 (1926).

3. C. D. Nenitzescu. Contribuţii experimentale la cunoaşterea compuşilor organici a arsenului, folosiţi ca gaze de luptă. Revista Antigaz *3*, nr. 2—3, 1 (1928).
4. C. D. Nenitzescu. Dérivés du Bz-tétrahydroindol. Note I-ère. Bulet. Soc. Chim. Rom. *10*, nr. 3—4, 131 (1928).
5. C. D. Nenitzescu, V. Scortzeanu. Dérivés du Bz.-tétrahydro-indol. Note II-me. Bulet. Soc. Chim. Rom. *10*, nr. 3—4, 134 (1928).
6. C. D. Nenitzescu. Dérivés du Bz.-tétrahydro-indol. Note III-me. Bulet. Soc. Chim. Rom. *10*, nr. 3—4, 141 (1928).
7. S. Minovici, C. D. Nenitzescu, B. Angelescu. Sur quelques dérivés du 2,5-diphenyl-oxazole. Bulet. Soc. Chim. Rom. *10*, nr. 3—4, 149 (1928).
8. C. D. Nenitzescu. Über einige Umsetzungen der Magnesyl-Pyrrole und Indole. Bulet, Soc. Chim. Rom. *11*, 130 (1929).
9. C. D. Nenitzescu. Über einige Derivate des 2-Methyl-5-oxy-indols. Bulet. Soc. Chim. Rom *11*, 37 (1929).
10. C. D. Nenitzescu. Über die Einwirkung von Jod auf *aci*-Nitro-alkali-Verbindungen. Ber. dtsch. chem. Ges. *62*, 2669 (1929).
11. C. D. Nenitzescu, Dimitrie Isăcescu. Über eine Abänderung der Gattermannschen Methode zur Darstellung von Phenol und Pyrrol-aldehyden. Bulet. Soc. Chim. Rom. *11*, nr. 3—4, 135 (1929).
12. C. D. Nenitzescu, Ch. N. de Bie, I. Cantunieri. Arbanita. Cloro-cetone aromatice din petrolul românesc. Revista Antigaz, nr. 7—9, 1 (1930).
13. C. D. Nenitzescu, D. Isăcescu. Über die Einwirkung von Jod und von Halogen-Derivaten auf *aci*-Nitro-alkali-Verbindungen. Ber. dtsch. chem. Ges. *63*, 2488 (1930).
14. C. D. Nenitzescu. Le mécanisme de l'action des composés organo-magnésiens sur les amides N-disubstituées des acides α.β-nonsaturés. Bulet. Soc. Chim. Rom. *12*, nr. 1—2, 48 (1930).
15. C. D. Nenitzescu, D. Isăcescu. Über die Einwirkung von Reduktionsmitteln auf Jod-nitro-Verbindungen: III. Mitteilung. Bulet. Soc. Chim. Rom. *13*, 89 (1931).
16. C. D. Nenitzescu, C. N. Ionescu. Durch Metall-halogenide katalysierte Reaktionen, I. Über die Einwirkung von Aluminium-chlorid auf Halogenverbindungen in Gegenwart von Cycloparaffinen. Liebigs Ann. Chem. *491*, 189 (1931).
17. C. D. Nenitzescu, D. Isăcescu, C. N. Ionescu. Durch Metall-Halogenide katalysierte Reaktionen, II. Über den Mechanismus der Friedel-Craftsschen Reaktion. Liebigs Ann. Chem. *491*, 210 (1931).
18. C. D. Nenitzescu, E. Solomonica. Über die Einwirkung von aliphatischen Diazo-Verbindungen auf Pyrrol und seine Homologen. Ber. dtsch. chem. Ges. *64*, 1924 (1931).
19. C. D. Nenitzescu, C. N. Ionescu. Arbeiten mit präparativen Zweck. Bulet. Soc. Chim. Rom. *14*, 65 (1932).
20. C. D. Nenitzescu, D. Isăcescu. Über den Mechanismus des Überganges der Nitro-Derivate in Hydroxamsäuren, IV. Mitteilung. Über *aci*-Nitro-Verbindungen. Bulet. Soc. Chim. Rom. *14*, nr. 1—2, 53 (1932).
21. C. D. Nenitzescu, I. Cantuniari. Le mécanisme de l'action des composés organo-magnesiéns sur les amides N-disubstituées des acides α.β-nonsaturés. Note II-me. Bulet. Soc. Chim. Rom. *14*, nr. 1—2, 62 (1932).
22. C. D. Nenitzescu, I. Cantuniari. Durch Aluminiumchlorid katalysierte Reaktionen, III. Mitteil.; Versuche in der Cyclopentan-Reihe. Ber. dtsch. chem. Ges. *65*, 807 (1932).
23. C. D. Nenitzescu, I. Cantuniari. Durch Aluminiumchlorid katalysierte Reaktionen,

IV. Mitteil.: Versuche mit vergifteten Katalysatoren. Ber. dtsch. chem. Ges. *65*, 1449 (1932).
24. C. D. Nenitzescu, I. Chicos. Durch Aluminiumchlorid katalysierte Reaktionen, V. Mitteil.: Über die bei der Kondensation von Cyclohexan und Acetylchlorid entstehenden Verbindungen. Ber. dtsch. chem. Ges. *66*, 969 (1933).
25. C. D. Nenitzescu, I. Cantuniari. Durch Aluminiumchlorid katalysierte Reaktionen, VI. Mitteil.: Die Umlagerung des Cyclohexans in Methylcyclopentan. Ber. dtsch. chem. Ges. *66*, 1097 (1933).
26. C. D. Nenitzescu, D. Isăcescu. Durch Aluminiumchlorid katalysierte Reaktionen, VII. Mitteil.: Über Hydrierungs-Erscheinungen bei der gewöhnlichen Friedel-Craftsschen Reaktion. Ber. dtsch. chem. Ges. *66*, 1100 (1933).
27. C. D. Nenitzescu, C. Pană. A new method for the analysis of industrial phosgene. Bulet. Soc. Chim. Rom. *15*, 45 (1933).
28. C. D. Nenitzescu, A. Drăgan. Über die Einwirkung von Aluminiumchlorid auf *n*-Hexan und *n*-Heptan, allein und in Gegenwart von Halogenderivaten. Eine Überführung von Paraffin- in Cycloparaffin-Kohlenwasserstoffe. VIII. Mitteilung. Ber. dtsch. chem. Ges. *66*, 1892 (1933).
29. C. D. Nenitzescu, I. Gavăt. Einige Beobachtungen über die Cannizzaro'sche Reaktion. Bulet. Soc. Chim. Rom. *16*, 42 (1934).
30. C. D. Nenitzescu, I. Cantuniari. Durch Aluminiumchlorid katalysierte Reaktionen, IX. Mitteil.: Über den Mechanismus der Ketonbildung aus Cycloparaffinen und Acetylchlorid in Gegenwart von Aluminiumchlorid. Liebigs Ann. Chem. *510*, 269 (1934).
31. C. D. Nenitzescu, D. Isăcescu. Durch Aluminiumchlorid katalysierte Reaktionen, X. Mitteil.: Über die hydrierende Wirkung des Systems Aluminiumchlorid — gesättigter Kohlenwasserstoff gegenüber einigen anorganischen Halogeniden. Ber. dtsch. chem. Ges. *67*, 1391 (1934).
32. C. D. Nenitzescu, N. Scărlătescu. Über eine eigentümliche Umsetzung des β.β'-Dichlor-diaethylsulfids mit Halogenverbindungen. Ber. dtsch. chem. Ges. 67. 1142 (1934).
33. C. D. Nenitzescu, C. N. Ionescu, N. Scărlătescu. Une nouvelle méthode pour déterminer la pénétration de l'ypérite dans matériaux de protection. Bulet. Soc. Chim. Rom. *16*, 131 (1934).
34. C. D. Nenitzescu, N. Scărlătescu. Nouvelle méthode de fabrication de l'ypérite. Bull. École Polytechn. [Bucarest] *7*, 61 (1935—1936).
35. C. D. Nenitzescu, N Scărlătescu. Über eine Addition von Schwefel-Wasserstoff und Mercaptanen an Alkylen-oxyden. Ber. dtsch. chem. Ges. *68*, 587 (1935).
36. C. D. Nenitzescu, E. Solomonica. Phenyl-benzoyl-diazomethane. Org. Sýntheses *15*, 62 (1935); Coll. Vol. II, 496.
37. C. D. Nenitzescu, I. Chicos. Durch Aluminiumchlorid katalysierte Reaktionen, XI. Mitteil.: Über die Verzweigung der Kohlenstoffkette bei der Umsetzung gesättigter Kohlenwasserstoffe mit Acethylchlorid in Gegenwart von Aluminiumchlorid. Ber. dtsch. chem. Ges. *68*, 1584 (1935).
38. C. D. Nenitzescu, I. G. Gavăt. Durch Aluminiumchlorid katalysierte Reaktionen, XII. Mitteil.: Über eine Halogenwanderung in Kohlenstoffketten und -Ringen. Liebigs Ann. Chem. *519*, 260 (1935).
39. C. D. Nenitzescu, G. Vîntu. Études sur les cétones obtenues par condensation des hydrocarbures saturés avec le chlorure d'acétyle en présence du chlorure d'aluminium.

(Com. 13-a despre actiunea clorurii de aluminiu). Bull. Soc. Chim. France, serie 5, vol. *2*, 2209 (1935).
40. C. D. Nenitzescu, I. Gavăt, G. Vîntu. Sur le mécanisme de l'addition des hydrocarbures aromatiques aux doubles liaisons éthylèniques en présence du chlorure d'aluminium. (Note XIV sur le chlorure d'aluminium). Bull. École Polytechn. [Bucarest] 6-me année, nr. 1, 2, 3, (1934—1935).
41. C. D. Nenitzescu, E. Ciorănescu. Über eine Ring-Erweiterung bei der katalytischen Dehydrierung eines Cyclopentan-Derivats. Ber. dtsch. chem. Ges. *69*, 1040 (1936).
42. C. D. Nenitzescu, D. Ciorănescu. Durch Aluminiumchlorid katalysierte Reaktionen, XV. Mittel.: Über die Darstellung gesättigter Ketone durch Anlagerung von Säurechloriden an Olefine und Hydrierung mittels Aluminiumchlorid. Ber. dtsch. chem. Ges. *69*, 1820 (1936).
43. C. D. Nenitzescu, V. Przemetsky. Über die Wanderung von Halogenatomen in Kohlenstoffketten und -Ringen, II. Mitteil.: Über eine Halogen-Wanderung bei den Additionsprodukten von α-Halogenäthern an Olefine. Ber. dtsch. chem. Ges. *69*, 2706 (1936).
44. H. Hopff, C. D. Nenitzescu, D. Isăcescu, I. Cantuniari. Über die Einwirkung von Acetylchlorid und Kohlenoxyd auf gesättigte Kohlenwasserstoffe in Gegenwart von Aluminiumchlorid. Ber. dtsch. chem. Ges. *69*, 2244 (1936).
45. C. D. Nenitzescu, E. Ciorănescu, I. Cantuniari. Durch Aluminiumchlorid katalysierte Reaktionen, XVI. Mitteil.: Über die Struktur des aus Methyl-cyclohexan und Acetylchlorid gewonnenen Katons. Ber. dtsch. chem. Ges. *70*, 277 (1937).
46. C. D. Nenitzescu, D. Curcăneanu. Über Halogenwanderungen unter dem Einfluß des Aluminiumchlorids, III. Mitteil. Ber. dtsch. chem. Ges. *70*, 346 (1937).
47. C. D. Nenitzescu, I. Gavăt. Über Halogenwanderungen unter dem Einfluß des Aluminiumchlorids, IV. Mitteil. Ber. dtsch. chem. Ges. *70*, 1883 (1937).
48. C. D. Nenitzescu, S. Țițeica, I. Irimescu. Über eine empirische Beziehung zwischen Schmelzpunkt und Zahl der Kohlenstoffatome bei höheren normalen Paraffinen. Naturwissenschaften *26*, 629 (1938).
49. C. D. Nenitzescu, D. Isăcescu, C. Gruescu. Zur Merkurierung des Benzols und des Chlorbenzols. Bulet. Soc. Chim. Rom. *20*, 127 (1938).
50. C. D. Nenitzescu, D. Isăcescu, C. Gruescu. Zur Einführung des Arsens im aromatischen Kern mittels Quecksilber-Verbindungen. Bulet. Soc. Chim. Rom. *20*, 135 (1938).
51. C. D. Nenitzescu, D. V. Curcăneanu. Durch Aluminiumchlorid katalysierte Reaktionen, XVII. Mitteil.: Über den Mechanismus der Kondensation von Kohlenoxyd mit Cyclohexan. Ber. dtsch. chem. Ges. *71*, 2063 (1938).
52. C. D. Nenitzescu, D. A. Isăcescu, T. A. Volrap. Über die Isolierung einiger Säuren aus dem Erdöl. Ber. dtsch. chem. Ges. *71*, 2056 (1938).
53. C. D. Nenitzescu. Zur Kenntnis der Katalyse durch Aluminiumchlorid. Angew. Chem. *52*, 231 (1939).
54. C. D. Nenitzescu, I. Gavăt, C. Cocora. Durch Aluminiumchlorid katalysierte Reaktionen, XVIII. Mitteil.: Über die Kondensation des 9.10-Dihydroanthracens mit Säurechloriden. Ber. dtsch. chem. Ges. *72*, 819 (1939).
55. C. D. Nenitzescu, A. Constantinescu. Composition of some Roumanian straight-run Gasolines. Journal of the Institute of Petroleum *25*, 149 (1939).
56. C. D. Nenitzescu, D. Isăcescu, A. Isopescu. Zur Kenntnis der aromatischen Kohlenwasserstoffe aus den mittleren Fraktionen des Erdöls. Österr. Chemiker-Ztg. *42*, 350 (1939).

57. C. D. Nenitzescu, D. Curcăneanu. Durch Aluminiumchlorid katalysierte Reaktionen, XX. Mitteil.: Kondensation der Olefine mit Säurechloriden ungesättigter Säuren im reduzierenden Kohlenwasserstoffmedium. Bulet. Soc. Chim. Rom. (II) *1*, 133 (1939).
58. C. D. Nenitzescu, D. Curcăneanu. Über Halogenwanderungen unter dem Einfluß des Aluminiumchlorids, VI. Mitteil.: Hydrierende-dehydrierende Disproportionierung in der aromatischen Cycloparaffinreihe. Bulet. Soc. Chim. Rom. (II) *1*, 125 (1939).
59. C. D. Nenitzescu, I. Gavăt, D. Cocora. Über die Wanderung von Halogenatomen in Kohlenstoffketten und -Ringen, V. Mitteil. Ber. dtsch. chem. Ges. *73*, 233 (1940).
60. C. D. Nenitzescu, E. Cicorănescu, V. Przemetzki. Durch Aluminiumchlorid katalysierte Reaktionen, XIX. Mitteil.: Synthese der stereoisomeren 9-Methyl-dekalone (1). Ber. dtsch. chem. Ges. *73*, 313 (1940).
61. C. D. Nenitzescu, I. Irimescu. Zur Kenntnis der festen Kohlenwasserstoffe aus dem Erdöl. Über die Kohlenwasserstoffe des Röhrenwachses. Österr. Chemiker-Ztg *44*, 1 (1941).
62. C. D. Nenitzescu, V. Przemetzki. Durch Aluminiumchlorid katalysierte Reaktionen, XXI. Mitteil.: Wege zum 8-Methyl-hydrindanon-(1). Ber. dtsch. chem. Ges. *74*, 676 (1941).
63. C. D. Nenitzescu, E. Ciorănescu, M. Maican. Durch Aluminiumchlorid katalysierte Reaktionen, XXII. Mitteil.: Synthesen von Hydro-phenanthren-Derivaten. Ber. dtsch. chem. Ges. *74*, 687 (1941).
64. C. D. Nenitzescu, E. Ciorănescu. Durch Aluminiumchlorid katalysierte Reaktionen, XXIII. Mitteil.: Versuche zur Synthese von Verbindungen mit dem Steringerüst. Ber. dtsch. chem. Ges. *75*, 1765 (1942).
65. C. D. Nenitzescu, V. Văntu. Mesomerism and substitution in aromatic compounds. Académie Roumaine. Bulletin de la section scientifique *27*, nr. 4 (1944); Ber. dtsch. chem. Ges. *77*, 705 (1944).
66. C. D. Nenitzescu. Über die Aluminiumchlorid-Katalyse auf dem Gebiete nichtaromatischer Verbindungen. Bull. Sect. sci. Acad. roum. XXVII (10), 1 (1945).
67. C. D. Nenitzescu, C. Bucur. Contribution à l'étude des composés à saveur sucrée de la série de la *m*-nitraniline. Bul. Inst. Natl. Cercet. Teh. *3* (1), 15 (1948).
68. C. D. Nenitzescu, V. Ioan. Contributiuni la cunoasterea polimerilor pirolului si ai derivatilor săi. Acad. R. P. R. Lucrările Sesiunii iunie *1950*, 810. (in limba germană: Acad. R. P. R. Revue de Chimie, tome I, 1956, nr. 1, pag. 55: in limba rusă: Acad. R. P. R. Himiceskii Jurnal, tom I, 1956, nr. 1, pag. 53).
69. C. D. Nenitzescu, C. Bucur. Derivati ai 5-nitro-furfurolului. Acad. R. P. R. Lucrările Sesiunii iunie *1950*, 818. (in limba germană: Acad. R. P. R. Revue de Chimie, tome I, 1956, nr. 1, pag. 155; in limba rusă: Acad. R. P. R. Himiceskii Jurnal, tom. I, 1956, nr. 1, pag. 163).
70. C. D. Nenitzescu, E. Ciorănescu. Prepararea unui medicament cu acţiune antituberculoasă, *para*-acetilamino-benzaldehidtiosemicarbazona. Acad. R. P. R. Lucrarile Sesiunii, iunie *1950*, 828.
71. C. D. Nenitzescu, I. Pogany. Derivati alchilici ai celulozei. Comunicarea I: Metilceluloza. Acad. R. P. R. Lucrările Sesiunii, iunie *1950*, 796.
72. C. D. Nenitzescu, L. Necşoiu. The Syntheses of Cyclic Alcohols and Olefins by the Interaction of Dimagnesium Halides and Esters. J. Amer. chem. Soc. *72*, 3483 (1950).
73. C. D. Nenitzescu, M. Avram. The Polymerisation of 1.2-Dihydronaphtalene and the Dehydrogenating Condensation of 1.2.3.4-Tetrahydronaphtalene. J. Amer. chem. Soc. *72*, 3486 (1950).

74. C. D. Nenitzescu, A. Glatz. Studiul tehnologie al fabricării hexaclor-ciclohexanului. Acad. R. P. R. Buletin stiintific, sectia de stiinte tehnice si chimice *III* (1), 123 (1951).
75. C. D. Nenitzescu, S. Ţiţeica, V. Ioan. Mecanismul alchilării inelului aromatic. Studiul cinetic al condensării benzensulfo-natului de venzil cu hidrocarburi aromatice. Comunicarile Acad. R. P. R. *4*, 737 (1954).
76. C. D. Nenitzescu, I. Dinulescu. Acilaminometilarea, o metodă generală pentru substituirea inelului aromatic. Comunicarile Acad. R. P. R. tom IV, nr. 1—2, 1954, pag. 45. (in limba engleză: Acad. R. P. R. Revue de Chimie tome II, 1954, pag. 47; in limba rusă: Acad. R. P. R. Himiceskii Jurnal).
77. C. D. Nenitzescu, S. Ţiţeica, V. Ioan. Sur le mécanisme de la réaction d'alcoylation du noyau aromatique. II. La condensation du chlorure de benzyle et du benzène, en catalyse homogène acide. Bull. Soc. Chim. France *1955*, 1279.
78. C. D. Nenitzescu, S. Ţiţeica, V. Ioan. Sur le mécanisme de la réaction d'alcoylation du noyau aromatique. I. Étude cinétique de la condensation des hydrocarbures benzèniques avec quelques benzène-sulfonates de benzyle substitués. Bull. Soc. Chim. France *1955*, 1272.
79. C. D. Nenitzescu, M. Avram, E. Şliam. L'isomérisation catalytique des hydrocarbures saturés. Le mécanisme de l'activation du chlorure d'aluminium par l'eau. Bull. Soc. Chim. France *1955*, 1266.
80. C. D. Nenitzescu, M. Avram, E. Şliam. Despre reducerea 5-nitro-uracilului cu ditionit de sodiu. Acad. R. P. R. Studii si Cercetări de chimie, tom IV, nr. 1—2, 1956, pag. 15. (in limba germană: Acad. R. P. R. Revue de Chimie tome I, 1956, nr. 1, pag. 73; in limba rusă: Acad. R. P. R. Himiceskii Journal tom I, nr. 1, 1956, pag. 73).
81. C. D. Nenitzescu, M. Avram. Sinteza amfi-fluorochinonei. Acad. R. P. R. Studii si Cercetări de chimie, tom IV, nr. 1—2, 1956, pag. 57. (in limba germană: Acad. R. P. R. Revue de Chimie *1*, 57 [1956]).
82. C. D. Nenitzescu, S. Ţiţeica. Despre o relatie intre punctele de topire si numărul de atomi de carbon in seria parafinelor normale superioare. Acad. R. P. R. Studii si Cercetări de chimie *4*, 65 (1956), (in limba germană: Acad. R. P. R. Revue de Chimie *1*, 65 [1956]).
83. C. D. Nenitzescu, C. Huch, A. Huch. Über die Normaldruck-Polymerisierung des Aethylens durch Zink- und Natrium-Alkyle. Angew. Chem. *68*, 438 (1956).
84. C. D. Nenitzescu, M. Avram, E. Şliam. Über die Reduktion des 5-Nitro-uracils mit Natriumdithionit. Rev. Chim. Acad, R. P. R. *1* (1), 73 (1956); Stud. Cerc. Chim. *4*, 15 (1956).
85. C. D. Nenitzescu, M. Avram. Über das Amphi-fluorochinon. Rev. Chim. Acad. R. P. R. *1* (2), 57 (1956); Stud. Cerc. Chim. *4*, 57 (1956).
86. C. D. Nenitzescu, C. Huch, A. Huch. Mecanismul reacţiei de polimerizare a etenai la presiune joasă. Revista de Chimie *7*, 573 (1956).
87. C. D. Nenitzescu, S. Ţiţeica, V. Ioan. Über den Mechanismus von Alkylierungsreaktionen des aromatischen Kerns. Durch Protonsäuren katalysierte Alkylierungsreaktionen von Benzol. Stud. Cerc. Chim. *4*, 207 (1956).
88. C. D. Nenitzescu. Assignment of D and L Prefixes to the Tartaric Acids. J. Chem. Ed. *34*, 147 (1957).
89. C. D. Nenitzescu, V. Ioan, L. Teodorescu. Über die Alkylierung des aromatischen Kerns mit Sulfonsäureestern. Chem. Ber. *90*, 585 (1957).
90. H. V. Kehiaian, C. D. Nenitzescu. Über die Assoziation der Benzolsulfonsäure in Benzollösung. Chem. Ber. *90*, 685 (1957).

91. M. Avram, C. D. Nenitzescu, M. Maxim. Untersuchungen in der Cyclobutanreihe, I: 1.3-Disubstituierte Cyclobutanderivate. Chem. Ber. *90*, 1424 (1957).
92. M. Avram, C. D. Nenitzescu, E. Marica. Untersuchungen in der Cyclobutanreihe, II: Ein Beitrag zur Kenntnis des Cyclobutadiens. Chem. Ber. *90*, 1857 (1957).
93. C. D. Nenitzescu, S. Ţiţeica, V. Ioan. Durch Protonsäuren katalysierte Alkylierungsreaktionen des aromatischen Kerns mit Sulfonsäureestern und Alkylhalogeniden. Acta chim. Acad. Sci. hung. *12*, 195 (1957).
94. C. D. Nenitzescu, I. Necşoiu, M. Zalman. O sinteza a inelului pirolic prin condensarea α-hidroxicetonelor cu ester β-amino-crotonic. Comunicările Acad. R. P. R. *7*, 421 (1957).
95. C. D. Nenitzescu, C. Huch, A. Huch, N. Dumitrescu, M. Gavăt. Polimerizarea etilenei la presiune normală, Note II. Revista de Chimie *8*, 395 (1957).
96. C. D. Nenitzescu, M. Avram, D. Dinu. Untersuchungen in der Cyclobutanreihe, III: Über Benzocyclobutadien. Chem. Ber. *90*, 2541 (1957).
97. C. D. Nenitzescu. Reaktsii protekaiushchie putiom gidrid-iona, v khimii uglevodorodov. Usspech. Chimii *26*, 399 (1957).
98. C. D. Nenitzescu, D. Răileanu. Synthesen des Heteroauxins, des Tryptamins und des Sorotonins. Chem. Ber. *91*, 1141 (1958).
99. C. D. Nenitzescu, M. Avram, M. Maxim. Derivyţi bromuraţi ai 2-ftalimido-propanului Stud. Cerc. Chim. *6*, 239 (1958).
100. C. D. Nenitzescu, E. Cioränescu, L. Bîrlădeanu. O condensare Diels-Alder a antranilului cu N-fenilmaleinimidă. Comun. Acad. R. P. R. *8*, 659 (1958).
101. C. D. Nenitzescu, I. Necşoiu, M. Zalman. Condensarea clorurii de oxalil cu piroli substituiţi. Comun. Acad. R. P. R. *8*, 659 (1958).
102. C. D. Nenitzescu, I. Dinulescu. Echilibrul intre formele *aci* si normale ale 9-nitrofluorenului. Izvestia Akad. Nauk SSSR *10*, 1228 (1958).
103. C. D. Nenitzescu, I. Pogany, Gh. Mihai. Influenţa mărimii inelului în reacţiile ciclo-olefinelor simple C_5–C_8 cu clorură de acetil în prezenţa clorurii de aluminiu. Stud. Cerc. Chim. *6*, 375 (1958).
104. C. D. Nenitzescu, A. Balaban. Zum Chemismus der Hydridübertragung bei der Schollschen Reaktion. Chem. Ber. *91*, 2109 (1958).
105. C. D. Nenitzescu, F. Badea. Simplified method for the preparation of sodium hydride and complex hydrides derived from it. Bul. Inst. Politehn. [Bucureşti] *20* (3), 93 (1958).
106. C. D. Nenitzescu, I. Necşoiu, A. Glatz, M. Zalman. Aluminiumchlorid-Katalysen, XXV: Eine neue Umlagerung der Phenylalkane. Chem. Ber. *92*, 10 (1959).
107. C. D. Nenitzescu, I. G. Dinulescu. Izomerizarea 1,2-*trans*-dibrom-ciclohexanului sub acţiunea bromurii de aluminiu. Stud. Cerc. Chim. *7*, 7 (1959).
108. C. D. Nenitzescu, D. Răileanu. O sinteză nouă a acidului 3-indolil-acetic. Stud. Cerc. Chim. *7*, 243 (1959).
109. M. Avram, E. Marica, C. D. Nenitzescu. Untersuchungen in der Cyclobutanreihe, IV: Über ein Silbernitrat-Komplex $C_4H_4 \cdot AgNO_3$. Chem. Ber. *92*, 1088 (1959).
110. C. D. Nenitzescu, F. Badea. Despre dehidrigenarea catalitică a ciclo-octatetraenei, în fază gazoasă. Comun. Acad. R. P. R. *9*, 245 (1959).
111. M. Avram, D. Dinu, C. D. Nenitzescu. A new Dimer of Benzocyclobutadiene. Chem. and Ind. *1959*, 257.
112. E. Cioränescu, A. Bucur, A. Mihai, C. D. Nenitzescu. 1,2-Benzocicloheptem-4-ol şi 1,2-benzo-ciclohepta-1,3-diona obţinute prin desaminarea 1-aminometil-1,2,3,4-tetrahidronaftalinei. Stud. Cerc. Chim. *7*, 339 (1959).
113. M. Avram, E. Marica, C. D. Nenitzescu. Cercetări in seria ciclobutanului V. Despre

compusii bromurati ai ciclobutanului. Stud. Cerc. Chim. *7*, 155 (1959); Acad. R. P. R. Revue de Chimie *4*, 253 (1959).
114. M. Avram, C. D. Nenitzescu. Cercetări in seria ciclobutanului VI: Incercări de degradare ale sărurilor cuaternare derivind dela 1,3-diamino-ciclobutan. Stud. Cerc. Chim. *7*, 169 (1959); Acad. R. P. R. Revue de Chimie *4*, 265 (1959).
115. I. Pogany, Gh. Mihai, C. D. Nenitzescu. Aducti ai fenil-ciclooctatetraenei cu ester acetilen-dicarboxilic şi cu benzochinonă. Stud. Cerc. Chim. *7*, 235 (1959).
116. A. T. Balaban, C. D. Nenitzescu. Aluminiumchlorid-Katalysen, XXVI: Die Reaktion der Alkane mit Kohlenoxyd. Liebigs Ann. Chem. *625*, 66 (1959).
117. A. T. Balaban, C. D. Nenitzescu. Aluminiumchlorid-Katalysen, XXVII: Eine Synthese von Pyryliumsalzen aus Säurechloriden und Olefinen. Liebigs Ann. Chem. *625*, 74 (1959).
118. V. Ioan, L. Teodorescu, S. Ţiţeica, C. D. Nenitzescu. Mecanismul reacţiei de alchilare a inelului aromatic, III: Actiunea cătalitică a acidului benzen-sulfonic în reacţia clorurii de benzil cu benzenul. Stud. Cerc. Chim. *7*, 345 (1959); Acad. R. P. R. Revue de Chimie *4*, 171 (1959).
119. V. Ioan, L. Teodorescu, S. Ţiţeica, C. D. Nenitzescu. Mecanismul reacţiei de alchilare a inelului aromatic IV: Alchilarea cu diferite halogenuri de benzil. Stud. Cerc. Chim. *7*, 355 (1959); Acad. R. P. R. Revue de Chimie *4*, 179 (1959).
120. M. Avram, E. Marica, I. Pogany, C. D. Nenitzescu. Umwandlung von Cyclobutadien-Quecksilber in Cyclooctatetraen. Angew. Chem. *71*, 626 (1959).
121. A. T. Balaban, C. D. Nenitzescu. Despre decarbonilarea clorurii acidului 1,4-dihidronaftalin-1 carboxilic şi consecinţele asupra mecanismului reactiei Scholl şi Cattermann-Koch. Stud. Cerc. Chim. *7*, 521 (1959).
122. C. D. Nenitzescu, M. Avram, E. Marica, M. Maxim, D. Dinu. Cercetări pentru obtinerea ciclobutadienei. Stud. Cerc. Chim. *7*, 481 (1959).
123. C. D. Nenitzescu, A. Glatz. O nouă transpoziţie a fenil-alcanilor. Transpozitii în seria difenil-butanilor. Stud. Cerc. Chim. *7*, 505 (1959).
124. C. D. Nenitzescu. Eine neue Umlagerung der Phenylalkane und ihre Beziehung zur Friedel-Crafts-Reaktion. Experientia *16*, 332 (1960).
125. C. D. Nenitzescu, M. Avram. Über Komplexe von Olefinen mit Metallen. Angew. Chem. *72*, 39 (1960).
126. A. T. Balaban, C. D. Nenitzescu. Eine Ringverengung von Pyryliumsalzen zu Furanderivaten. Chem. Ber. *93*, 599 (1960).
127. A. T. Balaban, C. D. Nenitzescu. Preparation of pyrylium salts by olefin diacylation. The two pyrylium salts formed in amylene diacetylation with various catalysts catalysis. Tetrahedron Letters *1960*, nr. 2, 7.
128. E. Ciorănescu, A. Bucur, M. Maxim, C. D. Nenitzescu. O nouă metodă de separare a tioureei de tiocianatul de amoniu. Stud. Cerc. Chim. *8*, 67 (1960); Acad. R. P. R. Revue de Chimie *5*, 223 (1960).
129. A. T. Balaban, C. D. Nenitzescu. Reactions catalysed by aluminium chloride XXVIII: The reactions of cycloalkanes with carbon monoxide. Tetrahedron Letters *10*, 55 (1960).
130. I. Necşoiu, C. D. Nenitzescu. Intermediate formation of carbonium ions in oxidation of saturated hydrocarbons by chromic acid. Chem. and Ind. *1960*, 377.
131. M. Avram, C. Mateescu, C. D. Nenitzescu. Die Konfiguration der Addukte des Cyclo-octatetraens mit Maleinsäure-anhydrid und Acetylendicarbonsäuremethylester. Liebigs Ann. Chem. *636*, 174 (1960).

132. M. Avram, E. Şliam, C. D. Nenitzescu. Über Metallkomplexe von Abkömmlingen des Tricyclo-[4,2,2,0 2,5]-decadiens und -triens. Liebigs Ann. Chem. *636*, 184 (1960).
133. M. Avram, D. Dinu, C. Mateescu, C. D. Nenitzescu. Untersuchungen in der Cyclobutanreihe VII: Über Dibenzotricyclooctadien und Dibenzocyclooctateraen. Chem. Ber. *93*, 1789 (1960).
134. I. Dinulescu, M. Avram, C. D. Nenitzescu. Dien-Synthesen des 2,3-Dihydro-naphtalins und des Naphtalins mit N-Phenyl-maleinimid. Chem. Ber. *93*, 1795 (1960).
135. M. Maxim, M. Avram, C. D. Nenitzescu. Desaminarea 3-benziloxi-ciclobutilaminei cu acid azotos. Stud. Cerc. Chim. *8*, 187 (1960).
136. F. Badea, C. D. Nenitzescu. Neue Methode zur Darstellung von Carbenen. Angew. Chem. *72*, 415 (1960).
137. V. Ioan, F. Badea, E. Ciorănescu, C. D. Nenitzescu. Dichlorcarben beim thermischen Zerfall von Silbertrichloracetat. Angew. Chem. *72*, 416 (1960).
138. A. T. Balaban, C. D. Nenitzescu. Spectrul de absorptie in ultraviolet al percloratului de piriliu. Isvestia Acad. Nauk SSSR *11*, 2064 (1960).
139. C. D. Nenitzescu, A. T. Balaban. O reacţie de diacilare a alchenelor ducînd la săruri de piriliu. Aspecte din chimia hidrocarburilor. Acad. R. P. R. *8* (1960) 95.
140. C. D. Nenitzescu, J. Necşoiu, M. Zalman-Adlersberg. O nouă transpoziţie a fenilalcanilor. Aspecte din chimia hidrocarburilor. Acad. R. P. R. *8* (1960) 213.
141. C. D. Nenitzescu, J. G. Dinulescu, M. Avram. Sinteze dien în seria naftalienei. Aspecte din chimia hidrocarburilor. Acad. R. P. R. *8* (1960) 149.
142. E. Ciorănescu, A. Bucur, C. D. Nenitzescu. 2,4-Difenil-5-imidazolinonă prin descompunerea alfa-azido-fenil-acetatului de etil. Stud. Cerc. Chim. *8*, 557 (1960).
143. C. D. Nenitzescu, E. Coranescu, M. Avram, I. Necşoiu, J. Pogany, F. D. Badea. Herstellung von Bicyclo-[2,2,1]-heptadien. F.P. 1254726 vom 21. 4. 1960.
144. A. T. Balaban, C. D. Nenitzescu. Pyrylium Salts obtained by Diacylation of Olefins. Part II: The two Pyrylium Salts formed in Diacetylation of 2-Methylbut-2-ene. J. Chem. Soc. (London) *1961*, 3553.
145. A. T. Balaban, C. D. Nenitzescu. Pyrylium Salts obtained by Diacylation of Olefins. Part III: Diacylation of Cyclic Olefins and a novel Synthesis of Isoquinoline Derivatives. J. Chem. Soc. (London) *1961*, 3561.
146. A. T. Balaban, C. D. Nenitzescu, M. Gavăt, G. Mateescu. Pyrylium salts obtained by diacylation of olefins. Part IV: Di-and Tri-acetylation of Allylbenzene. J. Chem. Soc. (London) *1961*, 3564.
147. A. T. Balaban, C. D. Nenitzescu. Reaction of Pyrylium Salts with Alkali Cyanides. J. Chem. Soc. (London) *1961*, 3566.
148. C. D. Nenitzescu, A. Glatz. Migration d'ions hydrure en des chaines d'acides éthyléniques au cours de la réaction de Friedel et Crafts. Bull. Soc. Chim. France, *1961*, 218.
149. C. D. Nenitzescu, D. Răileanu, H. Anghelide. O nouă sinteză a esterului 3-indolilpiruvic. Stud. Cerc. Chim. *8*, 551 (1960); Revue de Chimie *8*, 59 (1963).
150. M. Avram, G. D. Mateescu, I. G. Dinulescu, E. Marica, C. D. Nenitzescu. A Dimer of Cyclobutadiene. Tetrahedron Letters *1*, 21 (1961).
151. E. Cioranescu, Gh. Mihai, C. D. Nenitzescu. Réaction d'extension de cycle, II: Synthèses dans la série du methoxy-4'-benzocyclo-heptène. Bull. Soc. Chim. France *1961*, 732.
152. C. D. Nenitzescu. Neue Umlagerung der Phenylalkane und ihre Benutzung zur Friedel-Crafts-Reaktion. Experimentia (Basel) *16*, 332 (1961).
153. A. T. Balaban, A. Ghenea, C. D. Nenitzescu. Săruri de piriliu prin bisacilarea olefinelor. Partea V: Bisacetilarea di- si triisobutenei. Izvestia Akad. Nauk SSSR *1961*, 1102.

154. A. T. Balaban, G. Mateescu, C. D. Nenitzescu. Săruri de piriliu prin bisacilarea olefinelor. Partea VI: Acetilarea benzilcetonelor. Stud. Cerc. Chim. *9*, 211 (1961); Acad. R. P. R. Revue de Chimie *6*, 295 (1961).
155. A. T. Balaban, C. D. Nenitzescu. Cercetări in clasa sărurilor de piriliu. Stud. Cerc. Chim. *9*, 251 (1961); Acad. R. P. R. Revue de Chimie *6*, 269 (1961).
156. I. Necşoiu, C. D. Nenitzescu. Transpoziţia fenilindanilor sub acţiunea clorurii de aluminiu. Stud. Cerc. Chim. *9*, 241 (1961); Acad. R. P. R. Revue de Chimie *6*, 259 (1961).
157. I. Necşoiu, C. D. Nenitzescu. Oxidări cu acid cromic. Mecanismul oxidării 1,2-difenil-etanului si a 1,2-difenil-propanului. Stud. Cerc. Chem. *9*, 225 (1961); Acad. R. P. R. Revue de Chimie *6*, 245 (1961).
158. M. Avram, G. D. Mateescu, D. Dinu, C. D. Nenitzescu. Spectrul infrarosu al dibenzo-triciclooctadienei. Stud. Cerc. Chim. *9*, 427 (1961); Revue de Chimie *8*, 13 (1963).
159. M. Avram, G. Mateescu, D. Dinu, I. G. Dinulescu, C. D. Nenitzescu. Cercetări in seria ciclobutanului VIII. Aducti ai benzociclobutadienei cu unele diene ciclice. Stud. Cerc. Chim. *9*, 435 (1961); Revue de Chimie *8*, 77 (1963).
160. C. D. Nenitzescu. Über die Cyclobutadien-Frage. Angew. Chem. *73*, 300 (1961).
161. I. Necşoiu, L. Bîrladeănu, C. D. Nenitzescu. Methyl and neopentyl carbonium ions. Chem. and Ind. *1961*, 1753.
162. A. T. Balaban, P. T. Frangopol, G. D. Mateescu, C. D. Nenitzescu. Structure et réactions des pyranol-hydrazides. Bull. Soc. Chim. France, *1962*, 298.
163. C. D. Nenitzescu, M. Avram, I. G. Dinulescu, G. Mateescu. Untersuchungen in der Cyclobutanreihe, IX: Eine über 1,4-Diphenyl-2,3-naphtocyclobutadien verlaufende Synthese von 1,4,5,8-Tetraphenyl-2,3; 6,7-dibenzobiphenylen. Liebigs Ann. Chem. *653*, 79 (1962).
164. E. Cioranescu, A. Bucur, A. Mihai, G. Mateescu, C. D. Nenitzescu. Réaction d'extension de cycle, III: Synthèse dans la série du benzocyclooctène. Bull. Soc. Chim. France *1962*, 471.
165. A. T. Balaban, D. Fărcasiu, C. D. Nenitzescu. Pyrylium Salts obtained by Diacylation of Olefins. Part VII: Diacylation of Propene to 2,6-Disubstitued Pyrylium Salts. Tetrahedron Letters *18*, 1075 (1962).
166. A. T. Balaban, M. Gavăt, C. D. Nenitzescu. Pyrylium Salts obtained by Diacylation of Olefins. Part VIII: Intramolecular Diacylation. Tetrahedron Letters *18*, 1079 (1962).
167. C. D. Nenitzescu. Konetic *versus* Thermodynamic Control in Friedel-Crafts Alkylations of the Aromatic Nucleus. Revue de Chimie *7*, 349 (1962).
168. E. Ciorănescu, A. Bucur, G. Mihai, G. Mateescu, C. D. Nenitzescu. Über Diphenyl-dihydro-pentalene. Chem. Ber. *95*, 2325 (1962).
169. M. Avram, I. G. Dinulescu, D. Dinu, C. D. Nenitzescu. Diels-Alder Adducts of Benzocyclobutadiene with *ortho*-Quinoid Hydrocarbons. Chem. and Ind. *1962*, 555.
170. A. T. Balaban, P. T. Frangopol, A. R. Katritzky, C. D. Nenitzescu. Pyrylium Salts obtained by Diacylation of Olefins. Part IX: Formation of Vinylogous Pyrones by Triacylation of Isobutene. J. Chem. Soc. (London) *1962*, 3889.
171. M. Avram, I. G. Dinulescu, E. Marica, C. D. Nenitzescu. Dihydropyridazine aus Olefinen und 3,6-Dicarbomethoxy-1,2,4,5-tetrazin. Chem. Ber. *95*, 2248 (1962).
172. E. Ciorănescu, L. Bîrlădeanu, A. T. Balaban, C. D. Nenitzescu. Influence of water in the $AlCl_3$-catalysed reaction of unsaturated azlactones with aromatics. Tetrahedron Letters *18*, 349 (1962).
173. A. T. Balaban, G. Mihai, C. D. Nenitzescu. Reduction of pyrylium salts with sodium-borohydride. Tetrahedron Letters *18*, 257 (1962).

174. M. Avram, R. Sternberg, I. Dinulescu, C. D. Nenitzescu. Despre condensarea 1,3-diiod-2-fenil-propanului cu malonat de etil. Stud. Cerc. Chim. *10*, 73 (1962).
175. G. D. Mateescu, M. Avram, C. D. Nenitzescu. Spectre infraroşii ale unor aducţi ai ciclooctatetraenei cu diferite filodiene. Stud. Cerc. Chim. *10*, 65 (1962).
176. N. I. Suikin, I. F. Belskii, A. T. Balaban, C. D. Nenitzescu. Transformarea catalitică a homologilor 2-acetil-furanului in trialchil-tetrahidropirani. Isvestia Akad. Nauk SSSR *1962*, 491.
177. C. D. Nenitzescu, A. Glatz, M. Gavăt, I. Pogany. Sinteze de esteri beta-cetonici alfa-substituitzi. Isvestia Akad. Nauk SSSR *1963*, 332.
178. M. Avram, H. P. Fritz, H. J. Keller, G. D. Mateescu, J. F. W. McOmie, N. S. Sheppard, C. D. Nenitzescu. Nuclear magnetic resonance and infrared spectra and structure of the $(C_4H_4Ag)^+$ ion and of the dimer C_8H_8. Tetrahedron Letters *19*, 187 (1963).
179. M. Avram, I. G. Dinuescu, D. Dinu, G. D. Mateescu, C. D. Nenitzescu. Investigations in the cyclobutane series. Part. X: Some reactions of dibenzotricyclooctadiene and of dibenzocyclooctatetraene. Tetrahedron Letters *19*, 309 (1963).
180. V. Ioan, D. Săndulescu, S. Ţiţeica, C. D. Nenitzescu. Mecanism of Aromatic Alkylation. Part V: Kinetics of the Reaction between Benzenic Hydrocarbons with Substituted Benzyl Benzenesulfonates. Tetrahedron Letters *19*, 323 (1963).
181. V. Ioan, D. Săndulescu, S. Ţiţeica, C. D. Nenitzescu. Mechanism of Aromatic Alkylation. Part VI: Influence of the Association of Reactants on the Reaction Kinetics. Tetrahedron Letters *19*, 335 (1963).
182. D. Răileanu, C. D. Nenitzescu. Sinteze ale unor derivaţi de 5,6,7-trimetoxi-indol. Stud. Cerc. Chim. *11*, 19 (1963).
183. C. D. Nenitzescu, M. Avram, I. Pogany, G. D. Mateescu, M. Fărcasiu. Sinteza şi descompunerea termică a triciclo-4,2,2,0 2,5-deca-3,7,9-trienei. Stud. Cerc. Chim. *11*, 7 (1963).
184. I. Necşoiu, A. T. Balaban, I. Pascaru, E. Şliam, M. Elian, C. D. Nenitzescu. The Mecanism of the Étard Reaction. Tetrahedron Letters *19*, 1133 (1963).
185. C. D. Nenitzescu, C. Huch, E. Danciu, E. Alexandrescu, N. Goldenberg, T. Boiangiu. Polietilenă AS. Polietilenă obţinută cu un catalizator de amil-sodiu şi tetraclorură de titan. Revista de Chimie. (Bucureşti) *14*, 623 (1963).
186. M. Avram, H. P. Fritz, H. J. Keller, C. G. Kreiter, G. D. Mateescu, J. F. W. McOmie, N. S. Sheppard, C. D. Nenitzescu. The dimeric structure of $[C_4H_4AGClO_4]_n$: a reinvestigation of the nuclear magnetic resonance spectrum. Tetrahedron Letters *19*, 1611 (1963).
187. D. Mateescu, M. Avram, D. Dinu, C. D. Nenitzescu. Infrared spectrum of dibenzotricyclooctadiene. Rev. Chim. Acad. Rep. Populaire Roumaine *8*, 13 (1963).
188. C. D. Nenitzescu, D. Răileanu, N. Angelide. Eine neue Synthese von Indolyl-(3)-brenztraubensäureester. Rev. Chim. Acad. Rep. Populaire Roumaine *8*, 59 (1963).
189. G. Dinulescu, M. Avram, C. D. Nenitzescu. Hydrocarbons with o-quinoid structure. Stud. Cerc. Chim. *11*, 419 (1963).
190. C. D. Nenitzescu, C. Huch, E. Danciu, E. Alexandrescu, N. Goldenberg, T. Boiangiu. AS. polyethylene. Polyethylene obtained with a sodiumamyl catalyst and titanium tetrachloride. Rev. Chim. (Bukarest), *14*, 623 (1963).
191. C. D. Nenitzescu, M. Avram, J. Pogany, D. Mateescu, M. Fărcasin. Synthesis and thermal decomposition of tricyclo-$[4,2.2,0^{2,5}]$-deca-3,7,9-triene. Stud. Cerc. Chim. *11*, 7 (1963).
192. R. Răileanu, C. D. Nenitzescu. 5,6,7-Trimethoxyindole and its derivatives. Stud. Cerc. Chim. *11*, 19 (1963).

193. M. Avram, I. G. Dinulescu, D. Dinu, C. Mateescu, C. D. Nenitzescu. Einige Reaktionen des Dibenzotricyclooctadiens und des Dibenzocyclo-octatetraens. Tetrahedron Letters *19*, 309 (1963).
194. C. D. Nenitzescu, M. Avram, E. Marica, G. Dinulescu, G. Mateescu. Dimerie-cyclobutadiene. Angew. Chem. *75*, 88 (1963).
195. C. D. Nenitzescu, M. Avram, E. Marica, I. G. Dinulescu, G. D. Mateescu. Zum dimeren Cyclobutadien. Angew. Chem. *76*, 961 (1964).
196. M. Avram, E. Marica, I. G. Dinulescu, M. Fărcaşiu, M. Elian, G. Mateescu, C. D. Nenitzescu. Untersuchungen in der Cyclobutanreihe, XI: Über die stereoisomeren Cyclooctatetraen-dichloride und das *cis*-3.4-Dichlorcyclobutan. Chem. Ber. *97*, 372 (1964).
197. A. T. Balaban, M. Gavăt, P. T. Frangopol, M. Mocanu, C. D. Nenitzescu. Pyryliumsalze durch Diacelierung von Olefinen. Pyryliumsalze mit p-substituierten Phenylgruppen. Rev. roum. Chim. *9*, 79 (1964); Stud. Cerc. Chim. *12*, 71 (1964).
198. M. Avram, I. G. Dinulescu, E. Marica, G. Mateescu, E. Şliam, C. D. Nenitzescu. Untersuchungen in der Cyclobutanreihe, XII: Zwei stereoisomere Dimere des Cyclobutadiens. Chem. Ber. *97*, 382 (1964).
199. C. D. Nenitzescu. On the mechanism of the Friedel-Crafts alkylation. Rev. roum. Chim. *9*, 5 (1964); Stud. Cerc. Chim. *12*, 5 (1964).
200. G. Dinulescu, M. Avram, D. Mateescu, C. D. Nenitzescu. Cyclobutane series XIV Rearrangement of the 3,4,7,8-dibenzobicyclo[4,2,0]-octa-3,7-diene system. Rev. roum. Chim. *9*, 351 (1964).
201. J. G. Dinulescu, M. Avram, T. Jigovici, M. Fărcaşiu, C. D. Nenitzescu. Solvolytic halogenation of olefins in ethers. Chem. and Ind. *1964*, 840.
202. A. T. Balaban, C. D. Nenitzescu. Dehydrogenation-Condensation of Aromatics (Scholl and Related Reactions), in Friedel-Crafts and Related Reactions. Edit. G. A. Olah, vol. II; Alkylation and related reactions, S. 979—1047, Interscience, London 1964.
203. C. D. Nenitzescu, A. T. Balaban. Aliphatic Acylation, in Friedel-Crafts and Related Reactions. Edit. G. A. Olah, vol. III; Acylation and related reactions, S. 1033—1152, Interscience, London. 1964.
204. A. T. Balaban, C. D. Nenitzescu. 2,4,6-Trimethylpyrylium Perchlorate. Org. Syntheses *44*, 98 (1964).
205. E. Ciorănescu, A. Bucur, M. Elian, M. Banciu, M. Voicu, C. D. Nenitzescu. Ion Pairs as Intermediates in the Rearrangements of the Dibenzocycloheptatrienylmethyl and Dibenzocyclooctatrienyl Systems. Tetrahedron Letters *1964*, 3835.
206. I. G. Dinulescu, M. Avram, G. D. Mateescu, C. D. Nenitzescu. Cyclobutane. Umlagerung des 3.4, 7-8-Dibenzobicyclo[4.2.0]-octadien-(3.7)-systems. Stud. Cerc. Chim. *12*, 357 (1964); Rev. roum. Chim. *9*, 351 (1964).
207. G. Dinulescu, M. Avram, G. Mateescu, C. D. Nenitzescu. Rearrangement of the 3,4,7.8-dibenzobicyclo[4,2,0]-octa-3,7-diene system. Chem. and Ind. *1964*, 2023.
208. F. Badea, S. Rossa, I. G. Dinulescu, M. Avram, C. D. Nenitzescu. Elimination reactions of 1,2-dihalo compounds. I: Elimination of bromine and hydrogen bromide from 1,2-dibromocycloalkanes. Rev. roum. Chim. *10*, 1201 (1965).
209. E. Ciorănescu, A. Bucur, M. Banciu, C. D. Nenitzescu. Carboniumionen-Reaktionen I. Mitt.: Ringerweiterungen bei der Solvolyse von 9,10-bis-[hydroxymethyl-]9.10-dihydroxyantracenditosylat. Rev. roum. Chim. *10*, 141 (1965); Stud. Cerc. Chim. *13*, 127 (1965).

210. V. Ioan, M. Popovici, C. D. Nenitzescu. 2;3,7;8-Dibenzotricyclo-[3,3,1,0^{4,6}]-nona-2,7-dien-9-one. Tetrahedron Letters *1965*, 3383.

211. D. Răileanu, C. D. Nenitzescu. Syntheses of 5-hydroxyindoles, I: Derivates of 2-phenyl-5-hydroxyindole. Rev. roum. Chim. *10*, 339 (1965); Stud. Cerc. Chim. *13*, 335 (1965).

212. V. Ioan, M. Popovici, M. Şliam, E. Mosanu, C. D. Nenitzescu. Syntheses of tricyclic ketones containing a cyclopranering. Rev. roum. chim. *10*, 185 (1965).

213. E. Ciorănescu, A. Mihai, G. Mihai, M. Elian, C. D. Nenitzescu. Carboniumionenreaktionen, IV: Reversible Umlagerungen in Dibenfobicyclo(2.2.2)-octadien- und Dibenzobicyclo-(3.2.1)- octadiensystemen. Rev. roum. Chim. *10*, 175 (1965); Stud. Cerc. Chim. *13*, 161 (1965).

214. E. Ciorănescu, A. Bucur, M. Banciu, C. D. Nenitzescu. Reaktionen durch Carboniumionen. Ringerweiterungen als Begleiterscheinung bei der Solvolyse von 9.10-Bis-[hydroxymethyl]-9.10-dihydroxy-anthracenditosylat. Stud. Cerc. Chim. *13*, 127 (1965); Rev. roum. Chim. *10*, 141 (1965).

215. E. Ciorănescu, A. Bucur, M. Elian, C. D. Nenitzescu. Reaktionen durch Carboniumionen, II: Reversible Umlagerungen bei Derivaten von [1.2; 5.6-Dibenzocycloheptatrien-(1.3.5)-yl(7)]-methanol und 1.2; 5.6-Dibenzocyclooctatrien-1.3.5)-ol (7). Rev. roum. Chim. *10*, 149 (1965); Stud. Cerc. Chim. *13*, 135 (1965).

216. E. Ciorănescu, A. Bacur, M. Elian, M. Banciu, M. Voicu, N. D. Nenitzescu. Reaktionen durch Carboniumionen, III: Umgruppierungen zu Ionenpaaren während der Umlagerungen in Dibenzocycloheptatrienylmethyl- und Dibenzocyclooctatrienylsystemen. Rev. roum. Chim. *10*, 161 (1965); Stud. Cerc. Chim. *13*, 147 (1965).

217. M. Avram, G. Dinulescu, C. D. Nenitzescu. Cyclobutane series, XV: Diels-Alder syntheses from *cis*-3,4-dichlorocyclobutene and 9,10-dimethyl- and 9,10-dibromantracene. Liebigs Ann. Chem. *691*, 9 (1966).

218. C. D. Nenitzescu, J. G. Dinulescu, M. Avram, C. T. Jijovici, M. Fărcaşiu. Solvolytische Halogenierung von Olefinen in ätherischer Lösung. Festschrift R. Ripan, Bucureşti 1966, S. 391.

219. A. Glatz, C. Răzuş, C. D. Nenitzescu. Cétones cycliques obtenues par condensation d'acides éthyléniques avec le benzène. Rev. roum. Chim. *11*, 555 (1966).

220. J. Necşoiu, V. Pşemeţchi, A. Ghenciulescu, C. N. Renţea, C. D. Nenitzescu. Étard Reaction. II. Structure of the Chromy Chloride Complexes of Phenylmethanes. Tetrahedron Letters *22*, 3037 (1966).

221. C. N. Renţea, J. Necşoiu, M. Renţea, A. Ghenciulescu, C. D. Nenitzescu. Étard Reaction. III. Oxidation of *n*-Prophylbenzene and Methylcyclohexane with Chromyl Chloride. Tetrahedron Letters *22*, 3501 (1966).

222. D. Răileanu, O. Constantinescu-Simon, E. Moşanu, C. D. Nenitzescu. Improved Preparative Method for NO-diacetylindoxyl and N-acetylindoxyl. Rev. roum. Chim. *12*, 105 (1967).

223. F. Badea, T. Constantinescu, A. Juvara, C. D. Nenitzescu. Eliminierungsreaktionen aus 1.2-Dihalogenverbindungen. II: Durch Bromid-Ionen kabalysierte Eliminierung von Brom aus Dibrombernsteinsäure-Dimethylester. Liebigs Ann. Chem. *706*, 20 (1967).

224. M. Popovici, V. Ioan, M. Elian, C. D. Nenitzescu. Syntheses and Reactions of 6-Phenyl-2:3-benzolbicyclo-[3.1.0.]hex-2-en-4-one. Rev. roum. Chim. *12*, 583 (1967).

225. D. Răileanu, V. Daniel, E. Moşanu, C. D. Nenitzescu. Oxidative dimerization of indoxyl enamines to 2,2'-bindolylderivatesives. Rev. roum. Chim. *12*, 1367 (1967).

226. C. N. Renţea, M. Renţea, J. Necşoiu, C. D. Nenitzescu. The Étard reaction. IV. Oxidation of Ethylbenzene with Chromyl Chloride. Rev. roum. Chim. *12*, 1495 (1967).
227. J. Necşoiu, A. Ghenciulescu, M. Renţea, C. N. Renţea, C. D. Nenitzescu. The Étard Reaction. V. Friedel-Crafts Type Byproducts of the Toluene and Ethylbenzene Reaction with Chromyl Chloride. Rev. roum. Chim. *12*, 1503 (1967).
228. M. Avram, J. G. Dinulescu, G. D. Mateescu, C. D. Nenitzescu. Investigations in the Cyclobutane Series, XVI. Diels-Alder Syntheses of *cis*-3.4-Dichloriocyclobutene with Cyclic Dienes. Rev. roum. Chim. *13*, 505 (1968).
229. M. Avram, G. D. Mateescu, J. G. Dinulescu, A. Juvara, C. D. Nenitzescu. Investigations in the Cyclobutane Series. XVII. Addition of Malogenes to *cis*-3.4-Dichlorocyclobutene. Rev. roum. Chim. *13*, 1075 (1968).
230. M. Avram, G. D. Mateescu, J. G. Dinulescu, J. Popgany, C. D. Nenitzescu. Investigations in the Cyclobutane Series. XVIII. Elimination of Hydrogen Halides from Stereoisomeric 1.2.3.4-Tetrahalocyclobutanes. Rev. roum. Chim. *13*, 1085 (1968).
231. M. Avram, G. D. Mateescu, M. Renţea, J. G. Dinulescu, C. D. Nenitzescu. Investigations in the Cyclobutane Series. XIX. Halogen Eliminations from 1.2.3.4-Tetrahalocyclobutanes. Rev. roum. Chim. *13*, 1097 (1968).
232. C. D. Nenitzescu. Historical Outlook. In: Carbonium Ions, eds. G. A. Olah and P. v. E. Schleyer, Interscience, 1968, vol. I, 1—75.
233. G. D. Mateescu, C. D. Nenitzescu, G. A. Olah. A new Dibenzohomotropylium Cation. J. amer. Chem. Soc. *90*, 6235 (1968).
234. C. N. Renţea, M. Renţea, I. Necşoiu, C. D. Nenitzescu. Étard-Reaktion. VI. Oxydation von *cis*- und *trans*-Decalin mit Chromylchlorid. Tetrahedron Letters (London) *24*, 4667 (1968).
235. Gh. D. Mateescu, C. D. Nenitzescu, G. A. Olah. A new dibenzohomotropylium cation. J. amer. chem. Soc. *90*, 22, 6235 (1968).
236. I. Schiketanz, I. Necşoiu, M. Renţea, C. D. Nenitzescu. Étard reaction. VII. Chromyl chloride oxidation of phenylcyclohexane. Rev. roum. Chim. *13*, 1385 (1968).
237. M. Avram, Gh. D. Mateescu, I. G. Dinulescu, A. Javara, C. D. Nenitzescu. Cyclobutanes. Addition of halogens to cis-3,4-dichlorocyclobutene. Rev. roum. Chim. *13*, 1075 (1968).
238. M. Avram, Gh. D. Mateescu, I. G. Dinulescu, I. Pogany, C. D. Nenitzescu. Investigations in the cyclobutane series, 18. Elimination of hydrogen halides from stereoisomeric 1,2,3,4-tetrahalocyclobutanes. Rev. roum. Chim. *13*, 1085 (1968).
239. M. Avram, Gh. D. Mateescu, M. Renţea, I. G. Dinulescu, C. D. Nenitzescu. Cyclobutanes. Halogen eliminations from 1,2,3,4-tetrahalocyclobutanes. Rev. roum. Chim. *13*, 1097 (1968).
240. C. D. Nenitzescu. Die Étard-Reaktion und der Mechanismus der Oxydation von Kohlenwasserstoffen mit Chromsäure. Bull. Soc. Chim. France *1968*, 1349.
241. E. Ciorănescu, A. Bucur, F. Badea, M. Renţea, C. D. Nenitzescu. Solvolytischer π-Weg zu Dibenzobicyclo[2.2.2]octadien- und Dibenzobicyclo[3.2.1]octadienderivaten. Tetrahedron Letters *23*, 1867 (1969).
242. E. Ciorănescu, M. Banciu, R. Jelescu, M. Renţea, M. Elian, C. D. Nenitzescu. Acetolyse von 2-[1.2;5.6-Dibenzocycloheptatrien-(1.3.5)-yl-(7)]-äthyltosylat. Tetrahedron Letters *23*, 1871 (1969).
243. M. Avram, G. D. Mateescu, C. D. Nenitzescu. Investigations in the Cyclobutane series. XX. Stereoisomeric 1,2,3,4-tetrabromocyclobutanes by the Hunsdiecker reaction. Rev. roum. Chim. *14*, 101 (1969).

244. M. Avram, I. G. Dinulescu, G. D. Mateescu, E. Avram, C. D. Nenitzescu. Cyclobutane compounds. Di-*tert.*-butyldiphenylcyclobutadiene complexes with palladium chloride. Rev. roum. Chim. *14*, 1181 (1969).
245. M. Avram, D. Constantinescu, I. G. Dinulescu, C. D. Nenitzescu. Cyclobutanes. XXVI. Attempted synthesis of 1-*tert.*-butylbenzocyclobutadiene and 1,2-di-*tert.*-butylbenzocyclobutadiene. Tetrahedron Letters *59*, 5215 (1969).
246. M. Avram, I. G. Dinulescu, Gh. D. Mateescu, C. D. Nenitzescu. Cyclobutane compounds, Hexacarbomethoxy-Dewar-benzene complex from dimethyl acetylenedicarboxylate and his (benzonitrile)-palladium chloride. Rev. roum. Chim. *14*, 1191 (1969).
247. M. Avram, G. D. Mateescu, I. G. Dinulescu, C. D. Nenitzescu. Cyclobutanes. Rearrangement of the tricyclo[4.2.0.0^{2,5}]octane system into the tricyclo[4.2.0.0^{2,4}]-octane system. Chem. Ber. *102*, 4008 (1969).
248. M. Avram, I. Pogany, F. Badea, I. G. Dinulescu, C. D. Nenitzescu. Cyclobutane series. Addition of bromine to 3,4-benzotricyclo[4.2.1.0^{2,5}]nona 3,7-diene. Tetrahedron Letters *44*, 3851 (1969).
249. E. Ciorănescu, M. Banciu, R. Jelescu, M. Renţea, M. Elian, C. D. Nenitzescu. Carbonium ion reactions. V. Acetolysis of 2-(5H-dibenzocyclohepten-7-yl-)ethyl p-toluene-sulfonate. Rev. roum. Chim. *14*, 911 (1969).
250. M. Avram, E. Avram, G. D. Mateescu, I. G. Dinulescu, F. Chiraleu, C. D. Nenitzescu. Cyclobutanes. Cyclizing trimerization of *tert.*-butylacetylene to a Dewar benzene-palladium chloride complex. Chem. Ber. *102*, 3996 (1969).
251. A. Ghenciulescu, I. Necşoiu, M. Renţea, C. D. Nenitzescu. Oxidation of oliphenylethanes and oliphenylethylenes with chromyl chloride. Rev. roum. Chim. *14*, 1543 (1969).
252. V. Pşemeţchi, I. Necşoiu, M. Renţea, C. D. Nenitzescu. Étard-reaction. Oxidation of methyl cyclopentane, methylcyclopentene, and of methylenecycloalkanes, C_5, C_6 and C_7 with chromyl chloride. Rev. roum. Chim. *14*, 1567 (1969).
253. A. Ghenciulescu, I. Necşoiu, C. D. Nenitzescu. Étard reaction. Oxidative cleavage of ethers produced by chromyl chloride. Rev. roum. Chim. *14*, 1553 (1969).
254. S. Rosca, C. D. Nenitzescu. Resolution of enantiomeric, aminoderivates of arenetricarbonyl-chromium (0). Rev. roum-Chim. *15*, 259 (1970).
255. E. Ciorănescu, M. Bancru, M. Elian, A. Bucur, C. D. Nenitzescu. Carbonium-Ionen-Reaktionen. VI: Solvolytische Umlagerungen der Ditosylate von 9.10-Bis-hydroxymethyl-9.10-dihydrophenanthren. Liebigs Ann. Chem. *739*, 121 (1970).
256. M. Avram, D. Constantinescu, I. G. Dinulescu, O. Constantinescu-Simon, G. D. Mateescu, C. D. Nenitzescu. Investigations in the Cyclobutane Series, XXVII: Attempted Synthesis of 4.6-Dimethyl-1-*tert.*-butylbenzocyclobutadiene and 4.6-Dimethyl-1-chloro-benzocyclobutadiene. Rev. roum. Chim. *15*, 1097 (1970).
257. C. D. Nenitzescu. Intermolecular Hydride Transfer Reactions. Involving Carbonium Ions, in: Carbonium Ions, eds. G. A. Olah u. P. v. E. Schleyer, vol. II, 463—520, Interscience, 1970.
258. M. Avram, J. Pogany, J. G. Dinulescu, F. Chiralen, C. D. Nenitzescu. Investigations in the Cyclobutane Series, XXVIII: The Reaction of *endo*- and *exo*-3.4-Benzotricyclo-[4.2.1.0^{2,5}]nona-3.7-diene with Electrophylic Reagents. Rev. roum. Chim. *15*, 1207 (1970).

Kurt Täufel

10. 12. 1892—10. 2. 1970

Am 10. Februar 1970 verstarb nach kurzer schwerer Krankheit der frühere langjährige Erste Direktor des Institutes für Ernährung der Akademie der Wissenschaften zu Berlin in Potsdam-Rehbrücke, Professor Dr. phil. Dr. rer. nat. e. h. Albert Kurt Täufel. Sowohl als Hochschullehrer wie als Mitbegründer und Leiter des Institutes für Ernährung hat er Bahnbrechendes für die Ernährungswissenschaft geleistet und insbesondere der modernen dynamisch und biologisch-chemisch orientierten Lebensmittelchemie entscheidende Impulse gegeben.

Kurt Täufel wurde am 10. Dezember 1892 als Sohn eines sächsischen Webers in der Industriestadt Crimmitschau/Sa. geboren. Er begann 1912 zunächst das Studium der Naturwissenschaften in Leipzig, mußte seine Ausbildung jedoch wegen des 1. Weltkrieges unterbrechen. Erst 1919 konnte er sein Studium wieder aufnehmen, wobei er sich für Chemie und für die Universität München entschied. Daß er sich hier sogleich der Lebensmittelchemie zuwandte, war wohl auf Eindrücke zurückzuführen, die er während des Krieges nach einer Verwundung durch seinen Einsatz in einer Chemischen Untersuchungsstelle des Heeres erhalten hatte.

Die Bedeutung einer ausreichenden und gesunden Ernährung wurde durch die Verknappung aller hochwertigen Lebensmittel mit zunehmender Dauer des Krieges drastisch demonstriert. Andererseits gingen wegen des Fehlens systematischer Kenntnisse über die Chemie der Lebensmittelbestandteile große Mengen wertvoller Vorräte zugrunde. Die wissenschaftliche Bearbeitung solcher Fragen war erst durch die von Max von Pettenkofer in München begründete naturwissenschaftlich-experimentelle Erforschung hygienischer Probleme eingeleitet worden. Daher konnte die Universität München auch auf diesem Gebiete als führend gelten. Für die Bearbeitung praktischer Fragen war dem Pharmazeutischen Institut der Universität eine „Untersuchungsanstalt für Nahrungs- und Genußmittel“ angegliedert worden, die aus einer von Pettenkofer gegründeten Untersuchungsstation hervorgegangen war.

Die während des Krieges eingeführte Lebensmittelrationierung und die in Verbindung hiermit notwendige Vorratswirtschaft hatte auch für die staatlichen Stellen die Lückenhaftigkeit der Kenntnisse über die chemischen Veränderungen der Nahrungsbestandteile deutlich gemacht. Auf Antrag von Geheimrat Th. Paul, dem Ordinarius für Pharmazie und angewandte Chemie, war deshalb 1918 in München die „Deutsche Forschungsanstalt für Lebensmittelchemie“ gegründet worden, deren Aufgabe es sein sollte, die wissenschaftlichen Grundlagen für die Ver- und Bearbeitung der Lebensmittel zu schaffen und insbesondere die Veränderungen ihrer Bestandteile bei der Vorratshaltung zu erforschen. Nachdem Kurt Täufel das Chemiestudium abgeschlossen und 1921 mit einer preisgekrönten Arbeit promoviert hatte, reihte er sich unter die Mitarbeiter dieser jungen Forschungsanstalt ein.

Unter dem Einfluß von Th. Paul, der als Schüler Wilhelm Ostwalds und Ernst Beckmanns die damals erst in Entwicklung begriffene physikalische Chemie in den Vordergrund stellte, verfolgte auch Täufel die Probleme der Lebensmittelwissenschaft mit Hilfe physikalisch-chemischer Methoden. Zunächst hatte er sich mit synthetischen Süßstoffen beschäftigt und die geschmacklich potenzierende Wirkung von Süßstoffkombinationen (Saccharin und Dulcin) entdeckt. In den folgenden Jahren untersuchte er vor allem Probleme der „aktuellen" und „potentiellen Acidität" und der Pufferung, die für die Aktivität von Enzymen bei der Gärung und für die Qualität von Wein und Bier bedeutungsvoll sind. Gleichzeitig konnte Täufel seine pädagogischen Fähigkeiten am „Pharmazeutischen Institut und Laboratorium für angewandte Chemie" unter Beweis stellen und sich trotz einer großen Belastung durch Unterrichtsaufgaben habilitieren. 1924 wurde er zum Privat-Dozenten an der Universität München ernannt.

Die Ausarbeitung analytischer Verfahren zum Nachweis oder zur Bestimmung wichtiger Bestandteile der Lebensmittel beschäftigte ihn auch in den folgenden Jahren. Untersuchungen über Veränderungen bei der Verarbeitung und Lagerung führten ihn zu einem besonders labilen Nährstoff, den Nahrungsfetten. Mit einer zunehmenden Zahl von Mitarbeitern gelangen ihm bahnbrechende Arbeiten über das Ranzigwerden, das auf chemische oder auf biologische Ursachen zurückzuführen ist. Mit H. Thaler entdeckte er 1932 die Farbreaktion mit Salicylaldehyd zum Nachweis von Methylketonen und untersuchte die Entstehung des Ranzigkeitsindikators Epihydrinaldehyd. Aus den erzielten Erkenntnissen über den Chemismus der Autoxydation und die Wirkung von Antioxygenen ergaben sich wichtige Folgerungen für die Vorratshaltung der Fette. In späteren Jahren konnte er als bislang wenig beachtete Ursache des Verderbens die Wirkung von Metallspuren aufklären und Methoden für ihren Nachweis entwickeln.

Diese erfolgreichen Arbeiten trugen ihm 1928 die Ernennung zum stellvertretenden Leiter der Deutschen Forschungsanstalt für Lebensmittelchemie und 1930 die Berufung zum a. o. apl. Professor für angewandte und Lebensmittelchemie an der Universität München ein. Neben den Arbeiten auf dem Fettgebiet beschäftigte er sich in dieser Zeit u. a. mit Fragen der Kohlenhydratchemie, insbesondere mit der Aufklärung von chemischen Umsetzungen der Saccharose in Lebensmitteln. Mit Fischler und Souci untersuchte er seit 1928 die Reduktionswirkung der Zuckerarten und den Zuckerzerfall und begann Arbeiten über die für die Lebensmittelchemie und -technologie so wichtige Maillard-Reaktion, die als nicht-enzymatische Bräunung auf einer Umsetzung zwischen reduzierenden Zuckern und Proteinen oder Aminosäuren beruht.

1936 wurde Täufel von der Technischen Hochschule Karlsruhe als pl. a. o. Professor und Direktor eines neubegründeten Institutes für Lebensmittelchemie berufen und zugleich zum Direktor der Staatlichen Badischen Lebensmittel-Untersuchungsanstalt ernannt. Er setzte dort vorwiegend seine Arbeiten über das Verderben der Nahrungsfette fort, folgte jedoch bereits 1940 einem Rufe auf das Ordinariat für Lebensmittel- und Gärungschemie der Technischen Hochschule Dresden.

Zu diesem Zeitpunkt umfaßt seine Publikationsliste bereits 172 Arbeiten, wobei besonders seine vorbildlich abgefaßten Beiträge zu dem seit 1933 erscheinenden zehnbändigen Handbuch der Lebensmittelchemie zu nennen sind.

Der durch kriegsbedingte Schwierigkeiten bereits sehr behinderten Tätigkeit in Dresden setzte die Zerstörung der Stadt am 13. Februar 1945 und die Stillegung der Technischen Hochschule ein Ende.

Auf Initiative von W. Ziegelmayer wird K. Täufel nach einer Interimstätigkeit in der Industrie zum 1. Januar 1948 an das in Rehbrücke bei Potsdam neu zu begründende „Institut für Ernährungs- und Verpflegungswissenschaften" berufen. An der Seite A. Scheunerts leistete er hier Entscheidendes für den organisatorischen Aufbau und die geistige Prägung eines rasch wachsenden Forschungskollektivs. Nach dem unzeitigen Tode Scheunerts führt er seit 1957 als Erster Direktor das Institut weiter und seinem internationalen Ansehen entgegen.

Trotz dieser großen Arbeitslast läßt sich Kurt Täufel auf ein neubegründetes Ordinariat für Lebensmittelchemie an der Humboldt-Universität berufen und baut auch dort in Berlin-Weißensee ein entsprechendes Universitätsinstitut für Lebensmittelchemie und -technologie auf.

Während Kurt Täufel in seiner Anfangsphase mit analytisch-chemischen Problemen beschäftigt war, erweiterte sich sein Interesse in diesem Wirkungsbereich zunehmend auf biochemische Fragestellungen. Das ubiquitäre Auftreten der Citronensäure in keimenden Pflanzensamen ebenso wie bei mikrobiologischen Vorgängen (Essig- und Milchsäuregärung) oder im menschlichen Skelett führten ihn zu ausgedehnten Studien über die Physiologie und Chemie dieser biochemisch so interessanten Substanz. Die Voraussetzung für die Erkenntnisse auf diesem Gebiet war die Entwicklung einer hochempfindlichen, mikroanalytischen Citronensäurebestimmungsmethode, die sich auf biologische Materialien aller Art anwenden ließ.

Wenn schon in seiner Frühzeit die Erfassung größerer Zusammenhänge bei der Untersuchung so komplexer Reaktionsfolgen wie der Bräunungsreaktion oder dem Ranzigwerden für die Denkweise Kurt Täufels besonders charakteristisch war, prägt sich in diesen letzten Arbeiten die Hinwendung zum Gesamtkomplex der Ernährung noch deutlicher aus. Die Zusammenfassung der Einzeltatsachen führt ihn zu der Erkennung weitgehender Übereinstimmung im Verhalten der Nahrungsbestandteile in vitro und in vivo:

„Weitaus die Mehrzahl unserer Lebensmittel entstammt einer organisierten lebenden Substanz und kehrt zweckbestimmt bei der Ernährung in ein solches physiologisches Milieu zurück. Sie als bloße, überaus kompliziert zusammengesetzte Stoffgemische auffassen zu wollen, kann deshalb nur zu einer statistischen und lückenhaften Vorstellung führen. Lebensmittel müssen vielmehr als ‚geordnete Systeme' angesehen werden ...".

„Das, was wir ‚Lebensmittel' nennen, ist gleichsam eine Episode im Aufbau, Umbau und Abbau der organischen Materie. Sie stammt aus dem Leben, sie kehrt als Nahrung in das Leben zurück".[1]

Das Gesamtverhalten der Nahrungsbestandteile ist nicht aus der Summe der Einzelreaktionen zu verstehen — als organisierte, strukturierte Materie erreicht sie

[1] K. Täufel: Ernährungsforschung und zukünftige Lebensmittelchemie, 1950, Akademie-Verlag, Berlin.

eine höhere Qualität. Wie Struktur und Funktion im Zellstoffwechsel untrennbar verbunden sind, so ergibt sich das Verhalten der organischen Bausteine der menschlichen Nahrung erst aus ihrer Eigenschaft als organisierte Materie.

Wie er es stets verstand, durch zielstrebige Anlage seiner Versuche und logische Planung die richtige Frage an die Natur zu stellen und dadurch klare Antworten zu erhalten, erkannte er auch vorausschauend die Zusammenhänge zwischen den biochemischen Grundlagen und den sich für die Lebensmittelverarbeitung ergebenden technologischen Folgerungen. Die Förderung der Enzymforschung in Rehbrücke war daher eines seiner letzten und liebsten Anliegen im Institut für Ernährung.

Seine Begeisterung für die Lebensmittelchemie machte ihn zu einem mitreißenden akademischen Lehrer, der profundes Wissen mit pädagogischem Geschick verband. Auch auf wissenschaftlichen Tagungen stellten seine Vorträge stets ein besonderes Erlebnis dar, da er auch komplizierte Sachverhalte durch „Simplifizieren“ verständlich zu machen wußte.

Die über Jahrzehnte erworbenen und durch ein außergewöhnlich gutes Gedächtnis gestützten Kenntnisse auf dem gesamten, sehr weitverzweigten Gebiet der Ernährungswissenschaft gaben ihm eine vorzügliche Basis für seine Tätigkeit als Herausgeber der 1957 begründeten und von ihm und M. Ulmann redigierten Zeitschrift „Die Nahrung“. Auch für die vom Institut für Ernährung herausgegebene „Ernährungsforschung“ war er als Herausgeber tätig und lieferte für beide Zeitschriften viele Beiträge, so daß seine Publikationsliste bei seinem Tode mehr als 600 Arbeiten aufwies.

Ähnlich wie er auf wissenschaftlichem Gebiet die Weiterentwicklung der Lebensmittelchemie richtungsweisend beeinflussen konnte, wirkte er auch umgestaltend auf die berufliche Vorbildung der Lebensmittelchemiker. Der von ihm 1951 ausgearbeitete Studienplan wurde insbesondere im Ausland als optimale Basis für die moderne wissenschaftlich-technische Entwicklung dieses Gebietes anerkannt.

Seine erfolgreiche Wirksamkeit an prominenter Stelle und seine zahlreichen wissenschaftlichen Arbeiten haben ihm eine Reihe von hohen Auszeichnungen wissenschaftlicher Gremien und staatlicher Stellen eingetragen. Er erhielt 1952 den Nationalpreis II. Klasse, 1962 den Titel Hervorragender Wissenschaftler des Volkes. Die Gesellschaft für Fettforschung ehrte ihn 1955 mit der Normann-Medaille. Die Technische Hochschule Dresden verlieh ihm 1959 die Ehrendoktorwürde.

Seit 1955 gehörte er der Deutschen Akademie der Naturforscher Leopoldina an und war korrespondierendes Mitglied der Sächsischen Akademie der Wissenschaften. Ferner war er Ehrenmitglied der Österreichischen Gesellschaft für Ernährungsforschung, des Ungarischen Vereins für Lebensmittelindustrie und der Chemischen Gesellschaft der DDR, deren ersten Fachverband er im Jahre 1954 gründete.

Im Gegensatz zu vielen hervorragenden Gelehrten brauchte Kurt Täufel keine Entspannung durch Musik oder andere musische Eindrücke, seine Wissenschaft war ihm „Hobby“ und Lebensinhalt. Dabei hatte er das Glück, daß ihm in seiner Gattin seit 1929 eine überaus verständnisvolle Lebensgefährtin zur Seite stand, die auf seine Gedanken einzugehen wußte und ihn sowohl seelisch wie auch im alltäglichen Leben unterstützte und entlastete.

Ebenso harmonisch ergänzten die 1933 geborenen Zwillingssöhne Alfred und Richard den häuslichen Kreis, und dies glückliche Familienleben bot dem durch Dienstgeschäfte und vielfältige Verantwortlichkeit belasteten Wissenschaftler zugleich die notwendige Resonanz und Ablenkung von der Tagesarbeit.

Wenngleich dieses umfangreiche Lebenswerk einem trotz seiner wirtschaftlichen Bedeutung meist wenig beachteten Randgebiet der Chemie gewidmet war, so kann vielleicht doch ein Wort Fritz Habers aus dem Nachruf auf Georg Lunge, einem namhaften Vertreter der technischen Chemie, auch hier herangezogen werden:

„Es gibt im Bereich der wissenschaftlichen Abstraktion unabhängige Königreiche des Gedankens und des Experiments und Herrscher darin, deren Ruhm die Jahrhunderte überdauert. Aber sie sind nicht die einzigen Könige in der Wissenschaft. Auch der ist ein König, der durch Wissen und Schaffen, durch Unterricht und Forschung auf dem Feld der angewandten Wissenschaft die Geister der Zeitgenossen lenkt und der wissenschaftlichen Arbeit Provinzen erobert, in die vorher nur der Handwerker Streifzüge unternommen hat.“ Ulrich Freimuth

Bibliographie Kurt Täufel

1921

1. K. Täufel. Über das Süßen von Lebensmitteln mit künstlichen Süßstoffen, insbesondere über den Süßungsgrad von Saccharin und Dulcin, Dissertation München 1921.

1922

2. Th. Paul nach Versuchen mit R. Dietzel und K. Täufel. VI. Physikalisch-chemische Untersuchungen über die saure Geschmacksempfindung, Z. Elektrochem. *28* (1922) 435.

1923

3. R. Dietzel und K. Täufel. Die neuere Entwicklung der Lebensmittelchemie, 1. Bericht, Z. angew. Chem. *36* (1923) 201.
4. Th. Paul nach Versuchen mit R. Dietzel und K. Täufel. Der saure Geschmack wichtiger in den Lebensmitteln und besonders im Wein vorkommender Säuren, Zeitschrift für Untersuchung der Nahrungs- und Genußmittel sowie der Gebrauchsgegenstände *45* (1923) 83.

1924

5. R. Dietzel und K. Täufel. Die neuere Entwicklung der Lebensmittelchemie, 2. Bericht, Z. angew. Chem. *37* (1924) 158.
6. R. Dietzel und K. Täufel. Neues und Altes von der Technologie des Bierbrauens, Z. angew. Chem. *37* (1924) 284.
7. R. Dietzel und K. Täufel. Lebensmittelchemisches und Technologisches vom Tee, Z. angew. Chem. *37* (1924) 362.
8. K. Täufel nach Versuchen mit J. Naton. Neuere Untersuchungen über Saccharin, Chemiker-Zeitung *48* (1924) 766 und Z. angew. Chem. *37* (1924) 807.

1925

9. R. Dietzel und K. Täufel. Die Ultraviolett-Spektroskopie und ihre Bedeutung für die Lebensmittelchemie, Zeitschrift für Untersuchung der Nahrungs- und Genußmittel *49* (1925) 65.

10. K. Täufel und C. Wagner. Die Konstitution wäßriger Lösungen von o-Benzoesäuresulfimid (Saccharin) und p-Phenetyl-carbamid (Dulcin), Dtsch. chem. Ges. *58* (1925) 909.
11. K. Täufel. Beiträge zur Chemie der natürlichen und künstlichen Süßstoffe. Habilitationsschrift, München 1925.
12. K. Täufel und C. Wagner. Über die oxydimetrische Bestimmung der Weinsäure und anderer organischer Stoffe, Z. analyt. Chem. *67* (1925) 16.
13. K. Täufel. Über die Beziehungen zwischen dem chemischen Aufbau der Stoffe und ihrem Geschmack, Pharmaz. Ztg. *70* (1925) 1225.
14. K. Täufel. Studien über die Beziehungen zwischen dem chemischen Aufbau und dem Geschmack süß schmeckender Stoffe, Biochem. Z. *165* (1925) 96.
15. K. Täufel und B. Klemm. Untersuchungen über natürliche und künstliche Süßstoffe. 1. Studien über den Süßungsgrad von Saccharin und Dulcin, Zeitschrift für Untersuchung der Nahrungs- und Genußmittel *50* (1925) 264.

1926

16. K. Täufel und J. Naton. Über die Hydrolyse des o-Benzoesäuresulfimid (Saccharin), Z. angew. Chem. *39* (1926) 224.
17. K. Täufel und C. Wagner. Über die alkalimetrische Bestimmung des Formaldehyds mittels Natriumsulfits, Z. analyt. Chem. *68* (1926) 25.
18. K. Täufel und J. G. Sarria. Contribucion al analysis y conocimiento de la constitutión del aceite de oliva, Anales de la Sociedad Española de Fisica y Quimica *24* (1926) 25.
19. K. Täufel. Neue Untersuchungen über den Säuregehalt und Säuregrad des Weines (Leitsätze). Niederschrift über die am 19. und 30. September 1926 in Worms abgehaltenen Beratungen des Reichsausschusses für Weinforschung, S. 64.
20. R. Dietzel und K. Täufel. Die neuere Entwicklung der Lebensmittelchemie, 3. Bericht, Z. angew. Chem. *39* (1926) 413.
21. K. Täufel und C. Wagner. Über die Pufferung in homogenen und heterogenen Systemen, Biochem. Z. *177* (1926) 389.
22. K. Täufel und C. Wagner. Aktuelle Acidität, potentielle Acidität und Pufferung, Kolloid-Z. *XL* (1926) 174.

1927

23. K. Täufel. Säuregehalt und Wasserstoffion-Konzentration, Pharmaz. Z. *72* (1927) 114, 128.
24. K. Täufel und C. Wagner. Über die Bedeutung und die Ermittlung der potentiellen Acidität, Z. angew. Chem. *40* (1927) 133.
25. K. Täufel und C. Wagner. Über die Bedeutung und die Auswertung der Titrationskurven von Wein, Z. analyt. Chem. *71* (1927) 1.
26. K. Täufel. Sobre las curvas de neutralización y su significación en la alcalimetria y acidimetria, Anales de la Sociedad Española de Fisica y Quimica *XXV* (1927) 13.
27. K. Täufel. Untersuchungen über die Säuren des Weins. Die Bestimmung der Weinsäure durch Ausfällung als Weinstein. Leitsätze zu dem Vortrag bei den Beratungen des Reichsausschusses für Weinforschung in Saarburg (Bezirk Trier) am 4. und 5. Oktober (1927) 49.
28. K. Täufel. Untersuchung der Fette, Oele, Wachse, Harze und Balsame: Schmelzpunkt, Säuregrad, Säurezahl, Verseifungszahl, Esterzahl, Jodzahl, Unverseifbares.

Sonderdruck aus: *Th. Paul*, Die Untersuchung der Arzneimittel des Deutschen Arzneibuches 6, Seiten 108 bis 137. Verlag Julius Springer, Berlin 1927.

29. K. Täufel. Die Begriffe potentielle Acidität, aktuelle Acidität, Pufferungskapazität und ihre Bedeutung für die Lebensmittelchemie, Z. Unters. Lebensmittel *54* (1927) 43.
30. K. Täufel und J. Cerezo. Variaciones producidos con el enranciamient en los indices de las grasas, Anales de la Sociedad Española de Fisica y Quimica *25* (1927) 349.

1928

31. K. Täufel und C. Bauschinger. Darstellung von Erucasäure aus Rüböl, Z. angew. Chem. *41* (1928) 157.
32. K. Täufel und U. Pankow. Zur Ermittlung der Alkoholzahl in Tinkturen nach dem D.A.B. 6., Apothekerzeitung *43* (1928) 240.
33. K. Täufel und C. Wagner. Über die Bestimmung von Ammoniak, Z. angew. Chem. *41* (1928) 285.
34. K. Täufel, C. Wagner und H. Dünwald. Die Zersetzung von p-Phenetylcarbamid (Dulcin) beim Erhitzen in wäßriger Lösung. Ein Beitrag zur Kenntnis des Hydrolyseverlaufes von Harnstoff-Substitutionsprodukten, Z. Elektrochem. *34* (1928) 115.
35. K. Täufel, C. Wagner und W. Preiss. Über den Mechanismus der Hydrolyse von o-Benzoesäuresulfinid (Saccharin) und von o-Sulfaminbenzoesäure, Z. Elektrochem. *34* (1928) 281.
36. F. Fischler, K. Täufel und S. W. Souci. Reduktionswirkung der Zuckerarten und Zuckerzerfall, Z. angew. Chem. *41* (1928) 951.
37. K. Täufel. Theodor Paul zum Gedächtnis, Z. angew. Chem. *41* (1928) 1253.
38. K. Täufel. Ein großer Pharmazeut, Theodor Paul zum Gedächtnis. Münchener Neueste Nachrichten Nr. 330 vom 3. Dezember 1928.
39. K. Täufel und Cl. Bauschinger. Über die Zusammensetzung eines Rüböles deutscher Herkunft, Z. Unters. Lebensmittel *56* (1928) 255.
40. K. Täufel und Cl. Bauschinger. Beiträge zur Kenntnis der Glyceride des Rüböles, Z. Unters. Lebensmittel *56* (1928) 265.

1929

41. K. Täufel und M. Rusch. Über die indirekte Analyse von Dreikomponentensystemen, insbesondere von Fettsäuregemischen, Z. Unters. Lebensmittel *57* (1929) 216.
42. F. Fischler, K. Täufel und S. W. Souci. Über das Verhalten des Traubenzuckers beim Erhitzen in alkalischer Lösung, Biochem. Z. *208* (1929) 191.
43. K. Täufel. Theodor *Paul* zum Gedächtnis, Z. Unters. Lebensmittel *57* (1929) 265.
44. K. Täufel und M. Rusch. Über die Verseifungszahl der Fette mit besonderer Berücksichtigung des Gerstenfettes, Z. Unters. Lebensmittel *57* (1929) 345.
45. K. Täufel und M. Rusch. Über den Einfluß des Mälzungsprozesses auf das Fett der Gerste, Biochem. Z. *209* (1929) 55.
46. K. Täufel und W. Preiss. Die Umesterung von Neutralfetten im Hinblick auf ihre Verwendung in der Margarine-Industrie, Deutsche Margarine-Zeitschrift *18* (1929) 348.
47. K. Täufel und M. Rusch. Zur Kenntnis des Fettes der Gerste und ihrer Mälzungsprodukte, Z. Unters. Lebensmittel *57* (1929) 422.
48. R. Dietzel und K. Täufel. Nach Versuchen von H. Reder. Über die Oxydationswirkung des p-Toluolsulfochloramid-Natriums (Chloramin) sowie seine Haltbarkeit im festen und gelösten Zustande, Apotheker-Ztg. *44* (1929) 989, 1007.

49. K. Täufel und W. Preiss. Über die Umesterung von Neutralfetten mit Buttersäure, Z. Unters. Lebensmittel *58* (1929) 425.
50. K. Täufel und H. Dünwald. Über die Ermittlung des Alkohols in Lebensmitteln nach dem Aussalzverfahren mit Kaliumcarbonat, Z. Unters. Lebensmittel *58* (1929) 485.

1930

51. K. Täufel, nach Versuchen von J. Müller. Über das Verderben der Fette und die sog. Verdorbenheitsreaktionen, Allg. Öl- u. Fett-Ztg. *27* (1930) 40.
52. K. Täufel. Die neuere Entwicklung der Lebensmittelchemie (4. Bericht), Z. angew. Chem. *43* (1930) 145, 171 und 195.
53. K. Täufel und J. Müller. Über den Mechanismus der Ölsäureranzigkeit, Biochem. Z. *219* (1930) 341.
54. K. Täufel und B. W. Marloth. Über die quantitative Bestimmung der Weinsäure durch Ausfällung als Weinstein, Z. analyt. Chem. *80* (1930) 161.
55. K. Täufel und L. Staudigl. Über die Wirkungsweise der wichtigsten Fettextraktionsmittel, Allg. Öl- u. Fett-Ztg. *27* (1930) 127, 148.
56. K. Täufel und E. Spiegelberg. Über die Ölsäure-Ranzigkeit der Fette. 4. Mitt.: Das Verhalten der raumisomeren Paare Öl- und Elaidinsäure, Eruka- und Brassidinsäure, Chem. Umschau Gebiete der Fette, Öle, Wachse und Harze *37* (1930) 281.
57. K. Täufel. Ergebnisse und Ziele der neueren Lebensmittelchemie, Dtsch. Nahrungsmittel-Rdsch. *1930*, 168, 178.
58. F. Fischler, H. Hauss und K. Täufel. Chemische und physikalisch-chemische Studien über Methylglyoxal und dessen Beziehungen zur alkalischen Traubenzuckerspaltung, Biochem. Z. *227* (1930) 156.
59. K. Täufel und J. Müller. Über die Ölsäure-Ranzigkeit der Fette. 3. Mitt. Die katalytische Beeinflussung der Ranzigkeits-Vorgänge, Z. angew. Chem. *43* (1930) 1108.
60. K. Täufel und J. Müller. Über die Ölsäure-Ranzigkeit der Fette. II. Die Verfahren zur Messung der Ranzidität. Z. Unters. Lebensmittel *60* (1930) 473.
61. K. Täufel. Das Verderben der Fette und ihre Haltbarmachung, Dtsch. Nahrungsmittel-Rdsch. *1931*, 13, 21.

1931

62. K. Täufel, F. Fischler und A. Jordan. Zur Kenntnis des Traubenkernöles, Allg. Öl- u. Fett-Ztg. *28* (1931) 119.
63. K. Täufel und W. Preiss. Über die Verbesserung der Margarine durch Eigelb-Extrakte, Margarine-Ind. *24* (1931) 154.
64. K. Täufel und G. Gamperl. Über die Sterine der Gerste und ihrer Mälzungsprodukte, Biochem. Z. *235* (1931) 353.
65. K. Täufel. Zur Umgrenzung des Begriffes Fett, Allg. Öl- u. Fett-Ztg. *28* (1931) 263.
66. K. Täufel und G. A. Haber. Beitrag zur acidimetrischen Ermittlung von starker Mineralsäure in Essigsäure, Z. Unters. Lebensmittel *62* (1931) 335.
67. K. Täufel, P. Sadler und F. K. Russow. Zur methodologischen Ausgestaltung der Kreis-Reaktion, Z. angew. Chem. *44* (1931) 873.

1932

68. K. Täufel. Die neuere Entwicklung der Lebensmittelchemie (5. Bericht), Angew. Chem. *45* (1932) 8, 45 und 65.
69. K. Täufel. Ergebnisse und Ziele der neueren Lebensmittelchemie, Dtsch. Nahrungsmittel-Rdsch. *1932*, 45, 53.

70. K. Täufel und H. Thaler. Zur Chemie der „Ketonranzigkeit" der Fette. I. Ein neuer analytischer Nachweis, Chemiker-Ztg. *56* (1932) 265.
71. K. Täufel, nach Untersuchungen mit J. Müller, F. K. Russow, P. Sadler sowie H. Thaler, Chem. Umschau, Gebiete Fette, Öle, Wachse, Harze *39* (1932) 147.
72. K. Täufel und P. Sadler. Eine einfache Apparatur zur Absorption kleiner Gasmengen sowie über eine Modifizierung des Nachweises von Stickoxyd mit Ferrosulfat, Z. analyt. Chem. *90* (1932) 20.
73. K. Täufel und H. Thaler. Über eine Farbreaktion auf Ketone, Z. physiol. Chem. *212* (1932) 256.

1933

74. K. Täufel. Zur Frage der chemischen Konservierung der Lebensmittel, Dtsch. Nahrungsmittel-Rdsch. *1933*, 22.
75. K. Täufel, H. Thaler und M. Martinez. Zur Chemie der „Ketonranzigkeit" der Fette. 3. Verhalten der Fettsäuren bei erhöhter Temperatur, Margarine-Ind. *26* (1933) 37.
76. K. Täufel. Zubereitung der Lebensmittel, in: Handbuch der Lebensmittelchemie, herausgegeben von A. Bömer, A. Juckenack und J. Tillmans. Erster Band: Allgemeine Bestandteile der Lebensmittel. Ernährung. Allgemeine Lebensmittelgesetzgebung, S. 1249, Springer Verlag Berlin *1933*.
77. C. Sampietro und K. Täufel. Zur Unterscheidung der Aldo- von den Keto-Hexosen mittels der Resorcin-Reaktion, Z. analyt. Chem. *92* (1933) 241.
78. K. Täufel und F. Mayr. Zur quantitativen Ermittlung der Citronensäure durch Überführung in Aceton, Z. analyt. Chem. *93* (1933). 1
79. K. Täufel und F. K. Russow. Über das autoxydative Verderben der Fette. 5. Das Verhalten des Epihydrinaldehydes und seiner Acetale, Z. Unters. Lebensmittel *65* (1933) 540.
80. W. Diemair, A. Schloemer und K. Täufel. Über den qualitativen Nachweis von Phosphatiden, Z. physiol. Chem. *220* (1933) 86.
81. B. Peter, H. Thaler und K. Täufel. Zur Analytik der Pentosane, Z. Unters. Lebensmittel *66* (1933) 143.
82. F. Fischler, H. Hauss und K. Täufel. Vergleichende ultraspektrographische und analytisch-chemische Untersuchungen über Zuckerspaltung unter Alkalieinwirkung, Biochem. Z. *265* (1933) 181.
83. K. Täufel. Spezifisches Gewicht, in: Handbuch der Lebensmittelchemie, herausgegeben von A. Bömer, A. Juckenack und J. Tillmans. Zweiter Band, erster Teil: Physikalische Methoden, Springer Verlag Berlin, 1933, 1.
84. K. Täufel. Viscosität, dto. S. 17.
85. K. Täufel. Ultrafiltration, dto. S. 29.
86. K. Täufel. Dialyse und Elektrodialyse, dto. S. 41.
87. K. Täufel. Oberflächenspannung, Adsorptionserscheinungen und Kapillaranalyse, dto. S. 57.
88. K. Täufel und H. Thaler. Über eine Farbreaktion auf Glycerin, Z. analyt. Chem. (1933) 235.

1934

89. K. Täufel und P. Sadler. Zur Ausführung und Auswertung der Kreis-Reaktion. Mitt. VI der Reihe: Über das autoxydative Verderben der Fette, Z. Unters. Lebensmittel *67* (1934) 268.

90. A. Bäurle, W. Riedel und K. Täufel. Über die quantitative Bestimmung der Phosphorsäure mit Ammoniummolybdat und die Anwendung des Verfahrens auf einige Beispiele, Z. Unters. Lebensmittel *67* (1934) 274.
91. K. Täufel und H. Thaler. Zum Nachweis des Glycerins in Lebensmitteln, in arzneilichen und kosmetischen Zubereitungen, Pharmaz. Ztg. *79* (1934) 341.
92. K. Täufel. Theodor Henkel zum Gedächtnis. Mitteilungen des Vereins Deutscher Lebensmittelchemiker Nr. 2 (1934) 1.
93. K. Täufel, A. Bömer, Rede zur Verleihung der Josef-König-Gedenkmünze, Würzburg, am 11. Mai 1934, Mitteilungen des Vereins Deutscher Lebensmittelchemiker, Nr. 2 (1934).
94. K. Täufel und A. Seuss. Über das autoxydative Verderben der Fette. VII. Das Verhalten der Ölsäure und ihrer Ester, Fettchemische Umschau *41* (1934) 107, 131.
95. K. Täufel, H. Thaler und M. de Mingo. Zur Bestimmung der Acetylzahl bei Fetten. 1. Die Ermittlung der gebundenen Essigsäure, Fettchem. Umschau *41* (1934) 156.
96. K. Täufel und H. Thaler. Über das vermeintliche Vorkommen von Erucasäure im Traubenkernöl, Fettchem. Umschau *41* (1934) 196.
97. K. Täufel und H. Thaler. Über das Samenfett der Weinraute (Ruta graveolens), Fettchem. Umschau *41* (1934) 198.
98. K. Täufel. Kaffee, Kaffee-Ersatz und Kaffee-Zusatz, in: Handbuch der Lebensmittelchemie, herausgegeben von A. Bömer, A. Juckenack und J. Tillmans, VI. Band, Springer-Verlag, Berlin 1934, S. 109.
99. K. Täufel und H. Thaler. Über die Cellulose der Lebens- und Futtermittel. I. Rohfaser und Cellulose, Z. Unters. Lebensmittel *68* (1934) 631.

1935

100. K. Täufel. Fortschritte auf dem Gebiet der Lebensmittelchemie, Chemiker-Ztg. *59* (1935) 165.
101. W. Diemair, F. Mayr und K. Täufel. Der vermeintliche Lecithinrückgang in Eierteigwaren, Z. Unters. Lebensmittel *69* (1935) 1.
102. K. Täufel und F. Künkele. Darstellung von Ölsäurechlorid und α-Mono-Olein, Fettchem. Umschau *42* (1935) 27.
103. K. Täufel, H. Thaler und K. Starke. Zur Bestimmung von Stickstoff und Phosphor im Kjeldahlaufschluß mittels Selen, Angew. Chem. *48* (1935) 191.
104. K. Täufel, H. Thaler und M. de Mingo. Determinacion del indice de acetilo, Anales de la Sociedad Española de Fisica y Quimina *33* (1935) 90.
105. K. Täufel und H. Thaler. Über den Aufbau der Zellwand des Kaffees, Z. Unters. Lebensmittel *69* (1935) 152.
106. K. Täufel. Über die Alterung von Lebensmitteln, Dtsch. Nahrungsmittel-Rdsch. *1935*, 57.
107. K. Täufel. Elementar-Analyse, in: Handbuch der Lebensmittelchemie, herausgegeben von A. Bömer, A. Juckenack und J. Tillmans. II. Band, 2. Teil: Springer-Verlag, Berlin 1935, S. 565.
108. K. Täufel, H. Thaler und O. Bauer. Über den Mechanismus der Salicylaldehydreaktion zum Nachweis von Fuselöl und Ketonen, Z. Unters. Lebensmittel *69* (1935) 401.
109. K. Täufel. Zum Mechanismus der Autoxydation der Fette, Angew. Chemie *48* (1935) 488.
110. K. Täufel. Auffindung, Isolierung und Synthese von Vitamin C, Z. Unters. Lebensmittel *70* (1935) 7.

111. K. Täufel. Zur Frage des Alterns der Lebensmittel, Forsch. u. Fortschr. *11* (1935) 321 Vergl. auch Chem.-Ztg. *59* (1935) 1016.
112. K. Täufel, M. de Mingo und H. Thaler. Zur Bestimmung der Acetylzahl bei Fetten. II. Die Durchführung der Acetylierung, Fettchem. Umschau *42* (1935) 141.
113. K. Täufel. Fettverderben und biologischer Fettumsatz, Fettchem. Umschau *42* (1935) 164.

1936

114. K. Täufel. Autoxydation und Ketonabbau der Fette als Teilfragen der Fettwirtschaft, Angew. Chem. *49* (1936) 48.
115. K. Täufel, H. Thaler und M. Löweneck. Über den Abbau von Fettsäuren durch Schimmelpilze, Fettchem. Umschau *43* (1936) 1.
116. K. Täufel, H. Thaler und H. Schreyegg. Squalen als Bestandteil des Hefefettes, Fettchem. Umschau *43* (1936) 26.
117. K. Täufel, M. de Mingo und H. Thaler. Zur Frage der Ermittlung des Wirkungswertes der Honigdiastase, Z. Unters. Lebensmittel *71* (1936) 190.
118. K Täufel, M. de Mingo und H. Thaler. Determinacion den „Numero de Acetilo“ en las grasas, Revista de la Academia de Ciencias de Madrid *33* (1936) 131.
119. K. Täufel, H. Thaler und K. Starke. Über den Kjeldahl-Aufschluß mittels Selens, Angew. Chem. *49* (1936) 265.
120. K. Täufel und C. Sampietro. Sullimpiego della reazione di Seliwanoff in alcune analisi bromatologiche, Annali di Chimica Applicata *26* (1936) 139.
121. K. Täufel und K. Schoierer. Zur quantitativen Ermittlung der Citronensäure durch Überführung in Aceton, Z. Unters. Lebensmittel *71* (1936) 197.
122. K. Täufel, H. Thaler und O. Bauer. Über das Samenfett der Weinraute (Ruta graveolens). II. Mitteilung, Fettchem. Umschau *43* (1936) 55.
123. K. Täufel, H. Thaler und G. Kopp. Über ein Verfahren zum Nachweis von Saccharose in pflanzlichen Materialien, Z. Unters. Lebensmittel *71* (1936) 390.
124. B. Bleyer, W. Diemair, F. Fischler und K. Täufel, unter Mitarbeit von F. Arnold und H. Thaler. Zur Zubereitung der Nahrung und deren ernährungsphysiologische Bedeutung. I. Der Einfluß des Röstens bei Kaffee, Kaffeeersatz und sonstigen Vegetabilien, Biochem. Z. *286* (1936) 408.
125. K. Täufel und O. Bauer. Zur Frage der Beziehungen zwischen fetten und ätherischen Ölen, Fette und Seifen *43* (1936) 131.
126. K. Täufel. Zur Zubereitung der Nahrung und deren ernährungsphysiologische Bedeutung. I. Der Einfluß des Röstens bei Kaffee, Kaffee-Ersatz und sonstigen Vegetabilien, Ernährung *I* (1936) 181.
127. K. Täufel. Aufgaben der Lebensmittelchemie, Rundschau Technischer Arbeit *16* (1936) 2.
128. B. Bleyer, W. Diemair, F. Fischler und K. Täufel. Zur Zubereitung der Nahrung und deren ernährungsphysiologischer Bedeutung. II. Der Einfluß des Röstens bei verschiedenen Vegetabilien, Biochem. Z. *289* (1936) 27.
129. K. Täufel. Die chemischen Ursachen des Verderbens der Nahrungsfette, Z. Unters. Lebensmittel *72* (1936) 287.
130. K. Täufel, H. Thaler und H. Schreyegg. Zur Kenntnis des Fettes der Hefe (Sacch. spec.), Z. Unters. Lebensmittel *72* (1936) 394.

1937

131. K. Täufel. Zur Frage des Alterns der Lebensmittel, Z. für Volksernährung *12* (1937) 20.

132. K. Täufel, H. Thaler und H. Schreyegg. Zur Kenntnis des Fettes der Schimmelpilze (Citromyces spec.), Fette und Seifen *44* (1937) 34.
133. K. Täufel und M. Siegert. Über die Eignung verschiedener Werkstoffe zur Verpackung der Butter, Dtsch. Molkerei-Ztg. *58* (1937) 401.
134. K. Täufel. Die Fettchemie im Kampf gegen den Lebensmittelverderb, Fette und Seifen *44* (1937) 179.
135. K. Täufel, H. Thaler und H. Hohner. Über den qualitativen und quantitativen Nachweis von Methylketonen, Z. Unters. Lebensmittel *74* (1937) 119.
136. K. Täufel und F. Kiermeier. Zur Chemie des Verderbens der Fette. I. Ketonigwerden des Schweinefettes, Fette und Seifen *44* (1937) 423.
137. K. Bässler und K. Täufel. Die Feinheit der Mahlung des Kaffees in ihrer Auswirkung auf Extrakt und dessen Coffeingehalt, Dtsch. Lebensmittel-Rdsch. *1937*, 265.
138. F. Kiermeier und K. Täufel. Zur Chemie des Verderbens der Fette. 2. Ketonreaktion bei Fettlösungsmitteln, Fette und Seifen *44* (1937) 508.

1938

139. K. Täufel. Fett- und Eiweißverderb, Forschung für Volk und Nahrungsfreiheit *1938*, 565.
140. K. Täufel. Umsatzbereitschaft der Lebensmittel und ihr Verderb, Vorratspflege und Lebensmittelforschung *I* (1938) 59.
141. B. Bleyer, W. Diemair, F. Fischler und K. Täufel. Zur Zubereitung der Nahrung und deren ernährungsphysiologische Bedeutung. II. Weitere Versuche über den Einfluß des Röstens von verschiedenen Vegetabilien unter Berücksichtigung des Histobasengehaltes verschiedener ungerösteter Vegetabilien, Ernährung *3* (1938) 30.
142. K. Bässler und K. Täufel. Zur Kenntnis des „Aprikosenleders", Dtsch. Lebensmittel-Rdsch. *1938*, 54.
143. K. Täufel. Sinn und Grenzen der Verdorbenheitsnachweise für Fette, Fette und Seifen *15* (1938) 179.
144. K. Täufel, H. Thaler und H. Beitter. Zur Chemie der Fermentation der Zichorie, Vorratspflege und Lebensmittelforschung *I* (1938) 170.
145. F. Kiermeier und K. Täufel. Zur Chemie des Verderbens der Fette. 3. Einfluß der Begleitstoffe der Fette, Fette und Seifen *45* (1938) 487.
146. K. Täufel und J. Köchling. Zur Chemie des Verderbens der Fette. 4. Das Verhalten des Fettanteils von Gersten- und Malzkaffee bei der Lagerung, Fette und Seifen *45* (1938) 491.
147. K. Täufel. Getreide, Hülsenfrüchte und Mühlenerzeugnisse, in: Handbuch der Lebensmittelchemie, herausgegeben von A. Bömer, A. Juckenack und J. Tillmans, Band 5, Springer-Verlag, Berlin 1938, S. 1.
148. K. Täufel. Backwaren, in: Handbuch der Lebensmittelchemie, herausgegeben von A. Bömer, A. Juckenack und J. Tillmans, Band 5, Springer-Verlag, Berlin 1938, S. 210.
149. F. Kiermeier, R. Heiss und K. Täufel. Untersuchungen über die Haltbarkeit von Butter bei Gefriertemperaturen, Molkerei-Ztg., Hildesheim, 1938, Nr. 89 und 90.

1939

150. K. Täufel. Fettersparnisse bei der Lebensmittelherstellung, Fette und Seifen *46* (1939) 1.
151. K. Täufel und K. Klentsch. Zur Chemie des Verderbens der Fette. 5. Die analytische Differenzierung der gebildeten Aldehyde, Fette und Seifen *46* (1939) 64.

152. J. Köchling und K. Täufel. Zur Chemie des Verderbens der Fette. 6. Die Rolle des Maltols beim Fettverderben, Fette und Seifen *46*, (1939) 127.
153. K. Täufel, H. Thaler und G. Widmann. Vorkommen und Bestimmung von Squalen in pflanzlichen und tierischen Fetten, Biochem. Z. *300* (1939) 354.
154. J. Köchling und K. Täufel. Zur Chemie des Verderbens der Fette. 7. Der Einfluß der Erhitzung auf die Lagerfestigkeit der Fette, Fette und Seifen *46* (1939) 206.
155. J. Köchling und K. Täufel. Zur Chemie des Verderbens der Fette. 8. Mitt. Der Einfluß verschiedener Stoffe (Gerste, Malz, Gerstenprodukte, Phosphatide, Eiweißstoffe, Kohlenhydrate) im nicht erhitzten Zustand auf die Lagerfestigkeit der Fette, Fette und Seifen *46* (1939) 554.

1940

156. K. Täufel, nach Versuchen mit H. Heinich und W. Heimann. Zur Frage der Verbreitung von Squalen in pflanzlichen Fetten, Biochem. Z. *303* (1940) 324.
157. K. Täufel und R. Müller. Zur Chemie des Verderbens der Fette. 9. Mitt. Der Einfluß von Chlorophyll und von Xanthophyll, Biochem. Z. *304* (1940) 137.
158. K. Täufel und R. Müller. Zur Chemie des Verderbens der Fette. 10. Mitt. Die Beteiligung der Katalase, Biochem. Z. *304* (1940) 275.
159. K. Täufel und J. Köchling. Zur Chemie des Verderbens der Fette. 11. Mitt. Der Einfluß von Filtrationsfaktoren auf die Lagerfestigkeit der Fette, Fette und Seifen *47* (1940) 145.
160. K. Täufel. Aufgaben der Pektinforschung im Dienste der Technologie der Obstverwertung, Die Obst- und Gemüseverwertungsindustrie (1940) Nr. 18 und 19.
161. K. Täufel und H. Heinich. Zur Chemie des Verderbens der Fette. 12. Mitt. Die autoxydativ bedingte Verdickung der Öle, Fette und Seifen *47* (1940) 201.
162. K. Täufel und H. Bock. Zur Analytik der Pektine. 1. Das Calciumpektatverfahren als Beurteilungsgrundlage für Pektinerzeugnisse, Vorratspflege und Lebensmittelforsch. *3* (1940) 107.
163. K. Täufel. Neue Wege der Vorratspflege bei den Lebensmitteln, Dtsch. Lebensmittel-Rdsch. *1940*, 69.
164. K. Täufel. Begriffsbestimmungen auf dem Gebiete des Fettverderbens, Fette und Seifen *47* (1940) 398.
165. K. Täufel und W. Heimann. Weitere Untersuchungen über die Verbreitung des Squalens in pflanzlichen und tierischen Fetten, Biochem. Z. *306* (1940) 123.

1941

166. K. Täufel, J. Köchling und R. Müller. Zur Chemie des Verderbens der Fette 13. Der Einfluß ausgewählter Stoffe auf den Verlauf der Autoxydation, Fette und Seifen *48* (1941) 669.
167. K. Täufel. Zur Chemie des Verderbens der Fette 15. Verlauf und Hemmung der Autoxydation der Fette, Fette und Seifen *48* (1941) 745.
168. K. Täufel und E. Just. Zur Analytik der Pektine. 2. Über die Durchführung des „Calciumpektatverfahrens". Z. Unters. Lebensmittel *82* (1941) 504.
169. K. Täufel und R. Müller. Zur Chemie des Verderbens der Fette. 14. Eisen als wirksamer Bestandteil des antioxygenen Komplexes des Hafermehles, Biochem. Z. *310* (1941) 152.

1942

170. K. Täufel und K. Müller. Über den Gehalt von Gerste und Malz an Mono- und Oligosacchariden, Z. Unters. Lebensmittel *83* (1942) 49.

171. K. Täufel. Zukunftsaufgaben für die Vorratspflege der Butter, Dtsch. Molkerei-Ztg. *63* (1942) 227.

172. K. Täufel. Über die Nahrungsfette und ihre Vorratspflege, Die Deutsche Fettwirtschaft *19* (1942) 173.

173. K. Täufel. Über den Mechanismus des Verderbens und den Vorratsschutz der Fette. 16. Zur Chemie des Verderbens der Fette, Die Chemie *55* (1942) 273.

174. K. Täufel. Ergebnisse der Vitaminforschung, Dtsch. Lebensmittel-Rdsch. *1942*, 90.

175. J. Abdoh und K. Täufel. Über den Gehalt des Tabaksamens an Pyridinderivaten, Z. Unters. Lebensmittel *84* (1942) 328.

176. K. Täufel. Lebensmittelchemie und Lebensmitteltechnologie, Dtsch. Lebensmittel-Rdsch. (1942) 126.

177. J. Abdoh und K. Täufel. Zur Analytik von Nicotinsäure und Nicotinsäureamid, Z. Unters. Lebensmittel *84* (1942) 385.

178. K. Täufel. Die Fette als Lebensmittel, Die Umschau *46* (1942) 525.

179. J. Abdoh und K. Täufel. Über die Verbreitung von Nicotinsäure und Nicotinsäureamid in pflanzlichen und tierischen Stoffen, Z. Unters. Lebensmittel *84* (1942) 481.

1943

180. K. Täufel. Unsere Lebensmittel als Nährstoff- und als Wirkstoff-Träger, Dtsch. Lebensmittel-Rdsch. *1943*, 1.

181. K. Täufel. Vorratspflege unserer Nahrungsfette, Die Umschau *47* (1943) 47.

182. H. Raeithel und K. Täufel. Zur Frage der Säuerung von Haferflocken, Dtsch. Lebensmittel-Rdsch. *1943*, 26.

183. K. Täufel. Vorratspflege unserer Nahrungsfette, Zeitschrift für Volksernährung *18* (1943) 106.

184. K. Täufel. Zur Charakteristik unserer Nahrungsfette, Angew. Kochwissenschaft (1943) 99.

185. K. Täufel. Zur Charakteristik der Lebensmittel, Dtsch. Lebensmittel-Rdsch. *1943*, 61, 71.

186. K. Täufel und F. Dahle. Über die Entfärbung der Untersuchungslösungen bei der quantitativen Bestimmung von Nikotinsäure und Nikotinsäureamid, Z. Unters. Lebensmittel *85* (1943) 414.

187. K. Täufel. Zur Chemie des Verderbens der Fette. 17. Über den Mechanismus der Autoxydation der Nahrungsfette, Fette und Seifen *50* (1943) 387.

188. K. Täufel. Lagerveränderungen von Getreide-, insbesondere von Hafer-Erzeugnissen, Gemeinschaftsverpflegung und Kochwissenschaft, Angew. Kochwissenschaft *4* (1943) 111.

189. K. Täufel und H. Rothe. Zur Chemie des Verderbens der Fette. 19. Bitterwerden des Hafers und seine fettantioxygene Wirksamkeit, Fette und Seifen *50* (1943) 434.

190. K. Täufel und R. Müller. Zur Chemie des Verderbens der Fette. 18. Zur Wirkungsweise des fettantioxygenen Komplexes aus Hafermehl, Biochem. Z. *315* (1943) 381.

1944

191. K. Täufel und E. Lötzbeyer. Zur Charakteristik der bei der Hitzebehandlung der Lebensmittel entstehenden Farb-, Geruchs- und Geschmacksstoffe, Dtsch. Lebensmittel-Rdsch. *1944*, 17.

192. K. Täufel. Lebensmittelchemie und Volksernährung, Leipziger Neueste Nachrichten Nr. 93, 1944, 4.

193. K. Täufel und H. Rothe. Zur Chemie des Verderbens der Fette. 20. Zur Charakteristik des fettantioxygenen Komplexes aus Hafer, Fette und Seifen *51* (1944) 100.
194. K. Täufel und E. Arens. Zur Chemie des Verderbens der Fette. 21. Systematische Versuche über die Hemmung der Autoxydation durch Dioxybenzole, Fette und Seifen *51* (1944) 131.
195. K. Täufel und H. D. Gran. Zur Chemie des Verderbens der Fette. 22. Nachweis und Bestimmung von Chinon und Hydrochinon in fetten Ölen, Fette und Seifen *51* (1944) 177.
196. K. Täufel und E. Arens. Zur Chemie des Verderbens der Fette. 23. Systematische Versuche über die Hemmung der Autoxydation durch Nitroverbindungen und durch Chinone, Fette und Seifen *51* (1944) 307.
197. K. Täufel. Die Lebensmittelchemie als Grundlagenwissenschaft, Dtsch. Lebensmittel-Rdsch. 1944, Nr. 15/16, 57.
198. K. Täufel. Nährstoffkomplexe als Bausteine der Lebensmittel, Chemiker-Ztg *68* (1944), Nr. 11, 201.
199. K. Täufel. Volksernährung und Lebensmittelchemie, Die Gesundheitsführung 1944, Heft 11, 201.
200. K. Täufel und J. Dontscheff. Zur Statistik der Verbreiterung des Nicotinsäureamids in Lebensmitteln pflanzlicher und tierischer Herkunft, Z. Lebensmittel-Unters. u. -Forsch. *87* (1944) 187.

1948

201. K. Täufel. Vorratsschutz der Lebensmittel als Gemeinschaftsaufgabe von Lebensmittelchemie und Lebensmitteltechnologie, Die Versorgung *2* (1948) 181.
202. K. Täufel und A. Haydar Nazli. Über den Einfluß der Raffination auf die Oxydationsempfindlichkeit olefinischer Fette und Öle, Dtsch. Lebensmittel-Rdsch. *44* (1948) 157.
203. K. Täufel. Lagerveränderungen von Lebensmitteln, Natur und Nahrung *2* (1948), Ausgabe B, 87.
204. K. Täufel. Zur Charakterisierung unserer Lebensmittel, Dtsch. Lebensmittel-Rdsch. *44* (1948) 181.
205. K. Täufel. Dreikohlenstoff-Verbindungen beim Umsatz von Fettsäuren und Fetten, Angew. Chem. *60* (1948) 173.
206. K. Täufel. Qualitätserhaltende Verarbeitung von Lebensmitteln, Die Versorgung *3* (1948) 43.
207. K. Täufel. Umsetzungen an Nährstoffen unter nichtphysiologischen Bedingungen, Forschungen und Fortschritte *24* (1948) 17.

1949

208. K. Täufel. Calcium als Bestandteil der Nahrung, Dtsch. Lebensmittel-Rdsch. *45* (1949) 9.
209. G. Bickerich und K. Täufel. Zusätzliche Öl- und Fettquellen, Natur und Nahrung *3* (1949) 5.
210. K. Täufel. Untersuchungen über das Auftreten von intermediären Stoffwechselprodukten in Lebensmitteln, Angew. Chem. *61* (1949) 41.
211. K. Täufel. Gefrier-Vakuum-Trocknung als Verfahren zur Herstellung von hochwertigen Lebensmittel-Trockenkonserven, Natur und Nahrung, B, *3* (1949) 22.
212. K. Täufel und H. Rothe. Zum Chemismus der Autoxydation olefinischer Fette, Angew. Chem. *61* (1949) 84.

213. K. Täufel. Lebensmittel und Lebensmittelverarbeitung im Lichte der Ernährungsphysiologie, Dtsch. Lebensmittel-Rdsch. *45* (1949) 81.
214. H. Täufel und H. Rothe. Rauchgut aus deutschem Tabak, Die Versorgung *3* (1949) 140.
215. K. Täufel. Zur Lagerfähigkeit von sprühgetrocknetem Milchpulver, Deutsche Agrarmesse, Mitteilungen der Marktabteilung der DLG, Nr. 2 (1949).
216. K. Täufel und U. Freimuth. Zur Frage der Acroleinbildung aus Fetten, Z. Lebensmittel-Unters. u. -Forsch. *89* (1949) 121.
217. K. Täufel. Der Kalk in unseren Lebensmitteln, Ernährung und Verpflegung *1* (1949) 50.
218. K. Täufel und G. Meyer. Zur Chemie und Physiologie des Epihydrinaldehydes, Ernährung und Verpflegung *1* (1949) 124.
219. K. Täufel. Aufbau der natürlichen Fette hinsichtlich der beteiligten Fettsäuren, Forschungen und Fortschritte *25* (1949) 81.
220. K. Täufel. Grundsätzliches zur Volksernährung, „Die Tagespost" *4* (1949) Nr. 153, 5.
221. K. Täufel. Arthur Scheunert zum 70. Geburtstag am 7. Juni 1949, Das Deutsche Gesundheitswesen *4* (1949) 474.
222. K. Täufel in Gemeinschaft mit Inge Jacob. Beiträge zur Analytik synthetischer Fettsäuren und Fette, Dtsch. Lebensmittel-Rdsch. *45* (1949) 143.
223. K. Täufel. Über den Gehalt der Kuhmilch an Citronensäure, Z. Lebensmittel-Unters. u. -Forsch. *89* (1949) 341.
224. K. Täufel. Verdeckte Nährwertverluste, „Die Tagespost" *4* (1949) Nr. 183, 6.
225. K. Täufel. Die Selbstoxydation von Lebensmitteln, „Die Tagespost" *4* (1949) Nr. 189, 6.
226. K. Täufel. Entwicklungslinien der Lebensmittelforschung, Universitas *4* (1949) 945.
227. K. Täufel. Der calorische Wert der menschlichen Nahrung, „Die Versorgung" *4* (1949) 35.
228. K. Täufel. Eiweißmängel und Eiweißergänzung, Dtsch. Lebensmittel-Rdsch. *45* (1949) 219.
229. K. Täufel. Zur Frage der biologischen Wertigkeit der Nahrungsfette, Dtsch. Lebensmittel-Rdsch. *45* (1949) 247.
230. K. Täufel und U. Freimuth. Über den Chemismus der Bildung von Epihydrinaldehyd bei der Autoxydation olefinischer Fette, Z. Lebensmittel- Unters. und -Forsch. *89* (1949) 511.
231. K. Täufel. Wissenschaftliche Aufgaben in der Lebensmittelindustrie, Die Lebensmittel-Industrie *1* (1949) 10.
232. K. Täufel. Über die Bildung des Fettes der Milch, Fette und Seifen *52* (1949) 9.
233. K. Täufel, nach Versuchen mit I. Jacob. Kombinierte Bestimmung von Verseifungs- und Reichert-Meißl-Zahl, Fette und Seifen 52 (1949) 10.
234. K. Täufel in Gemeinschaft mit H. Burmeister. Verhalten der Saccharose bei technologischen Prozessen. 1. Modellversuche in saurer Lösung, Z. analyt. Chem. *129* (1949) 352.
235. K. Täufel. Mittelbare Auswirkungen der Autoxydation (Verderben) der Nahrungsfette, Dtsch. Lebensmittel-Rdsch. *45* (1949) 393.
236. K. Täufel. Über die Bildung von Abbauprodukten aldehydiger und ketoniger Natur bei der Autoxydation von Walöl und Olivenöl, Z. Lebensmittel-Unters. und -Forsch. *89* (1949) 581.

1950

237. K. Täufel. Die Essigsäure im Lichte ihrer physiologisch-chemischen Bedeutung, Dtsch. Lebensmittel-Rdsch. *46* (1950) 2.
238. K. Täufel in Gemeinschaft mit H. Burmeister. Verhalten der Saccharose bei technologischen Prozessen; 2. Zuckerbilanz bei Kunsthonig; 3. Zuckerbilanz bei Marmeladen. Z. analyt. Chem. *130* (1950) 47.
239. K. Täufel. Qualitätssteigerung im Lichte der Lebensmittelchemie, Die Lebensmittelindustrie *2* (1950) 35.
240. K. Täufel. Internationaler Stand der Lebensmittel- und Konservenindustrie, Die Lebensmittelindustrie *2* (1950) 52.
241. K. Täufel. Qualitätssteigerung bei Kunsthonig. Chemische und physiologische Gesichtspunkte, Die Lebensmittelindustrie *2* (1950) 71.
242. K. Täufel. Die Qualität der Lebensmittel, Die Tagespost *5* (1950) Nr. 92, 5.
243. K. Täufel und Cl. Franzke. Zur Kenntnis des Lupinenöles, Fette und Seifen *52* (1950) 201.
244. K. Täufel. Neue ernährungsphysiologisch wichtige Begleitstoffe der Lebensmittel, Dtsch. Lebensmittel-Rdsch. *46* (1950) 104.
245. K. Täufel. Zur Frage der Qualitätsverbesserung der Margarine, Die Lebensmittel-Industrie *2* (1950) 185.
246. K. Täufel. Ernährungsforschung und zukünftige Lebensmittelchemie, Akademie-Verlag, Berlin 1950.
247. K. Täufel in Gemeinschaft mit H. Burmeister. Polymere Kohlenhydrate in Sauerkrautlake, Z. Lebensmittel-Unters. und -Forsch. *91* (1950) 22.
248. K. Täufel. Qualität der Lebensmittel vom Standpunkt der Lebensmittelchemie, Natur und Nahrung *4* (1950) 70.
249. K. Täufel. Über die Biogenese der Fettsäuren der natürlichen Fette, Fette und Seifen *52* (1950) 398.
250. K. Täufel. Die Bildung der Kohlenhydrate in der Natur, Die Lebensmittel-Industrie *2* (1950) 243.
251. K. Täufel und F. Krusen. Über die Analytik und die natürliche Verbreitung der Citronensäure, Z. analyt. Chem. *131* (1950) 341.
252. K. Täufel. Die Qualität der Nahrung, Die Versorgung *4* (1950) 247.

1951

253. K. Täufel. Der Vorratsschutz der Nahrungsfette durch Antioxygene, Die Lebensmittel-Industrie *3* (1951) 46.
254. K. Täufel. Margarine als Nahrungsfett, „Die Tagespost“ *6* (1951) Nr. 70, 5, „Der Morgen“ (1951) Nr. 66.
255. K. Täufel und H.-K. Gräfe. Förderung des wissenschaftlichen und technischen Nachwuchses, Die Lebensmittel-Industrie *3* (1951) 207.
256. K. Täufel. Zur Physiologie von Essig- und Citronensäure, ebda, 210.
257. K. Täufel. Hochschmelzende Anteile in Margarine, ebda, 212.
258. K. Täufel und H. Rothe. Aromatische Hydroxyl-, Amino- und Chinon-Verbindungen als Fettantioxygene, Fette und Seifen *53* (1951) 381.
259. K. Täufel. Über die Biogenese des Fettes der Milch, Z. Lebensmittel-Unters. und -Forsch. *93* (1951) 140.
260. K. Täufel. Der oxydative Fettumsatz bei der Autoxydation sowie im biologischen Geschehen, Fette und Seifen *53* (1951) 558.

261. K. Täufel und R. Serzisko. Untersuchungen über die Qualität von Tabak an Hand der „Aromazahl", Die Lebensmittelindustrie *3* (1951) 161.
262. K. Täufel und R. Reiss. Analytische und chromatographische Studien an Mono- und Oligosacchariden, Z. analyt. Chem. *134* (1951) 252.
263. K. Täufel, H. Iwainsky und R. Reiss. Bemerkung zur quantitativen Bestimmung von Sacchariden nach ihrer papierchromatographischen Trennung, Z. analyt. Chem. *134* (1951) 335.

1952

264. K. Täufel und R. Reiss. Analytische und chromatographische Studien am Bienenhonig, Z. Lebensmittel-Unters. und -Forsch. *94* (1952) 1.
265. K. Täufel. Die Vorratspflege der Nahrungsfette, Die Umschau *52* (1952) 67.
266. K. Täufel. Ernährungsphysiologie und Lebensmittelchemie, Die Pharmazie *7* (1952) 1.
267. K. Täufel und F. Krusen. Die Citronensäure als konstituierender Baustein der Knochen und Zähne, Biochem Z. *322* (1952) 368.
268. K. Täufel und F. Krusen. Der Abbau der Citronensäure durch Milchsäurebakterien, Biochem. Z. *322* (1952) 371.
269. K. Täufel und F. Krusen. Verteilung der Citronensäure in den Samen von Leguminosen und Cerealien und ihr Verhalten bei der Keimung, Biochem. Z. *322* (1952) 375.
270. A. Scheunert, H. Seel, K. Täufel und J. Hahn. Die Vitamine im Nachtrag zum Deutschen Arzneibuch, 6. Ausgabe, Pharmazeutische Zentralhalle *91* (1952) 185.
271. K. Täufel und K. Müller. Über die Reversion von Monosacchariden, Z. Lebensmittel-Unters. und -Forsch. *94* (1952) 401.
272. K. Täufel und H. Iwainsky. Zur reduktometrischen Bestimmung von Glucose in Gegenwart von Aminosäuren, Z. analyt. Chem. *136* (1952) 31.
273. K. Täufel und H. Burmeister. Über das Verhalten der Stickstoffsubstanz bei der Fermentation des Tabaks, Z. Lebensmittel-Unters. und -Forsch. *95* (1952) 9.
274. K. Täufel. Grundlagen und Aufgaben bei der Vorratspflege von Lebensmitteln, Wiss. Ann. *1* (1952) 376.
275. K. Täufel und G. Feldmann. Über das Auftreten von Schwefelwasserstoff in Fleischkonserven, Lebensmittelindustrie *4* (1952) 262.
276. K. Täufel. Verständigung zwischen Wissenschaft und Praxis auf dem Gebiete der Lebensmittelindustrie, Lebensmittelindustrie *4* (1952) 288.
277. K. Täufel. Die physiologisch-chemischen Wirkungen der Fette, Wiss. Ann. *1* (1952) 577.
278. K. Täufel und H. Iwainsky. Analytische und chromatographische Studien zur „Maillard-Reaktion", Biochem. Z. *323* (1952) 299.
279. K. Täufel. Polymerisierte Seetieröle als Nahrungsöle, Fette und Seifen *54* (1952) 689.
280. K. Müller und K. Täufel. Über die Reversion von Aldopentosen, Z. Lebensmitteluntes. und -Forsch. *95* (1952) 429.

1953

281. K. Täufel und K. Müller. Zur Herkunft der Saccharide im Honig, Z. Lebensmitteluntes. und -Forsch. *96* (1953) 81.
282. K. Täufel. Das Fett in seiner Wechselwirkung mit anderen Konstituenten der Lebensmittel, Fette und Seifen *55* (1953) 23.
283. K. Müller und K. Täufel. Zur Hydrolyse und Reversion von Sacchariden, Die Naturwissenschaften *40* (1953) 140.

284. K. Täufel und F. Krusen. Der Citratgehalt in den Knochen normaler und rachitischer Tiere, Vitamine und Hormone *6* (1953) 1.
285. K. Täufel und R. Pohloudek-Fabini. Verteilung der Citronensäure in Vogeleiern und ihr Verhalten bei der Bebrütung, Z. Lebensmittelunters. und -Forsch. *96* (1953) 397.
286. K. Täufel. Zur Anwendung der Papierchromatographie bei der Saccharidanalyse von Lebensmitteln, Chemische Technik *5* (1953) 365.
287. K. Täufel, H.-J. Haase und R. Vogel. Zur Lagerung des Hartfettes bei erhöhter Temperatur, Dtsch. Milch-Fett-Fleisch-Fisch-Z. *5* (1953) 183.
288. K. Müller und K. Täufel. Zur Veränderung von Traubenzucker- und Invertzuckerlösungen bei der Erhitzung (Sterilisation), Biochem. Z. *324* (1953) 221.
289. K. Täufel. Körperfett als Energiequelle für den Heuschreckenflug, Umschau *53* (1953) 652.
290. K. Täufel, H.-J. Haase und R. Vogel. Zum Verhalten des Lebertrans, Pharmazie *8* (1953) 636.
291. K. Täufel. Zur Biogenese tierischer Speicherfette und Milchfette, Forsch. u. Fortschr. *27* (1953) 161.

1954

292. K. Täufel. Arthur Scheunert zum 75. Geburtstag am 7. Juni 1954, Pharmazie *9* (1954) 443.
293. K. Müller und K. Täufel. Zur Frage der Reversion bei der Säurehydrolyse von Inulin, Pharmazie *9* (1954) 498.
294. K. Täufel und R. Pohloudek-Fabini. Beziehungen zwischen Keimfähigkeit und Gehalt an freien Fettsäuren bei Raps- und Rübsensamen, Pharmazie *9* (1954) 511.
295. K. Täufel. Welche Bedeutung haben Nähr- und Wirkstoff-„Symplexe" als Bausteine der Lebsnsmittel? Umschau *54* (1954) 388.
296. K. Täufel und G. Feldmann. Zur Analytik und Bewertung der Pektinstoffe, Chemische Technik *6* (1954) 525.
297. K. Täufel. Ernährungsphysiologie und zukünftige Lebensmittelanalytik, Dtsch. Lebensmittel-Rdsch. *50* (1954) 239.

1955

298. K. Täufel. Über das Milchfett und die Bedeutung der Butter als Nahrungsfett, Pharmazie *10* (1955) 36.
299. K. Täufel. Entwicklungslinien und Aufgabenstellung der Lebensmittelchemie, Chemiker-Ztg. *79* (1955) 165.
300. K. Täufel, R. Vogel und A. Wicklein. Einfluß der Oxydationsanfälligkeit ölhaltiger Kunstseiden-Präparationsmittel auf Faser und Gewebe. I. Problemstellung, Grundsätzliches zur Autoxydation ungesättigter Fette, Faserforschung und Textiltechnik *6* (1955) 53.
301. K. Müller und K. Täufel. Bemerkung zur Bestimmung der Glucose in Gegenwart von Aminosäuren und anderen stickstoffhaltigen Verbindungen, Z. analyt. Chem. *145* (1955) 98.
302. K. Täufel und R. Pohloudek-Fabini. Das Verhalten der Citronensäure bei der Keimung von Cerealien-, Leguminosen- und Ölsamen, Biochem. Z. *326* (1955) 280.
303. K. Täufel, R. Vogel und A. Wicklein. Einfluß der Oxydationsanfälligkeit ölhaltiger Kunstseiden-Präparationsmittel auf Faser und Gewebe. II. Analytisch-chemische Verfahren und ihre Anwendung, Faserforschung und Textiltechnik *6* (1955) 114.

304. K. Täufel und R. Pohloudek-Fabini. Keimfähigkeit und Gehalt an Citronensäure bei gelagerten Pflanzensamen, Biochem Z. *326* (1955) 317.
305. K. Täufel und K. Müller. Die Reversion der Saccharide und ihre Bedeutung für die Analytik der Kohlenhydrate, I. Zum Chemismus der Reversion, Z. Lebensmittelunters. und -Forsch. *100* (1955) 351.
306. K. Täufel und R. Vogel. Filtrierpapier-Test zum Nachweis peroxydischer Verbindungen, Fette, Seifen einschl. Anstrichmittel *57* (1955) 393.
307. K. Täufel und R. Pohloudek-Fabini. Zur Bestimmung der Citronensäure im Wein, Z. Lebensmittelunters. und -Forsch. *102* (1955) 28.
308. K. Täufel, R. Pohloudek-Fabini und U. Behnke. Zur mikroanalytischen Bestimmung der Citronensäure in biologischen Substraten, Z. analyt. Chem. *146* (1955) 244.
309. K. Müller und K. Täufel. Die Reversion der Saccharide und ihre Bedeutung für die Analytik der Kohlenhydrate. II. Mitt. Konstitutionelle und analytische Betrachtungen, Z. Lebensmittelunters. und -Forsch. *100* (1955) 437.
310. K. Täufel. Schwermetallspuren und ihre Bedeutung für die Lebensmitteltechnologie, Lebensmittel-Ind. *2* (1955) 161.
311. K. Täufel. Was erwartet die Lebensmittelchemie von der physiologischen Chemie? Pharmazie *10* (1955) 463.
312. K. Täufel. Zur chemischen und physiologisch-chemischen Charakterisierung der Lebensmittel, Ernährung und Lebensmittelchemie, Tagesberichte der Chem. Ges. in der DDR VEB Deutscher Verlag d. Wissenschaften Berlin 1955, 38.
313. K. Täufel, R. Vogel und A. Wicklein. Einfluß der Oxydationsanfälligkeit ölhaltiger Kunstseiden-Präparationsmittel auf Faser und Gewebe. III. Textilanalytische Verfahren, Faserforschung und Textiltechnik *6* (1955) 489.
314. K. Täufel und K. Müller. Zur Bestimmung der Sorbose im Blut, Biochem. Z. *327* (1955) 267.
315. K. Täufel, H. Iwainsky und H. Ruttloff. Zur Transglycosidierung im sauren Milieu, Naturwissenschaften *42* (1955) 626.

1956

316. K. Täufel. Lebensmittelchemische und technologisch-chemische Fragen um die Citronensäure, Ernährungsforschung *1*, (1956) 79.
317. K. Täufel. Zur Frage der Stabilisierung der Nahrungsfette und fetthaltigen Lebensmittel durch Antioxydantien und Synergisten, Ernährungsforschung *1* (1956) 85.
318. K. Täufel und K. Müller. Über Hydrolyse und Reversion von Sacchariden, Ernährungsforschung *1* (1956) 90.
319. K. Täufel und R. Vogel. Zur analytischen Kennzeichnung der Oxydationsbereitschaft ungesättigter Fette, Ernährungsforschung *1* (1956) 142.
320. K. Täufel und R. Serzisko. Der qualitative Nachweis von Nitrit mittels der papyrographischen Arbeitsweise, Ernährungsforschung *1* (1956) 149.
321. K. Täufel und R. Vogel. Dynamische Prüfmethode zur Erkennung der Verderbsanfälligkeit von Fett und fetthaltigem Gebäck, Bericht über 3. Internationalen Brot--kongreß Hamburg 1955, herausgegeben von Arbeitsgemeinschaft Getreideforschung E. V., Detmold.
322. K. Täufel. Einwandfreie Schlachtfette produzieren! Lebensmittel-Ind. *3* (1956) 78.
323. K. Täufel und K. Romminger. Papierchromatographischer Nachweis und Wirkung von Spurenmetallen in Nahrungsfetten, Fette, Seifen einschl. Anstrichmittel *58* (1956) 104.
324. K. Täufel. Lagerveränderungen und Vorratsschutz der Lebensmittel, Lebensmittel-Ind. *3* (1956) 110.

325. K. Täufel und K. Müller. Zur Bestimmung von Glucose, Maltose und sonstigen vergärbaren Oligosacchariden sowie von Dextrinen unter Einsatz von Kulturhefe, Z. Lebensmittelunters. und -Forsch. *103* (1956) 272.

326. K. Täufel, H. Iwainsky und H. Ruttloff. Reversion der Saccharide und Transglykosidierung im sauren Milieu. 1. Mitt. Zur Reversion der Saccharide, Biochem. Z. *327* (1956) 531.

327. K. Täufel und R. Pohloudek-Fabini. Das Auftreten von Acetoin und Diacetyl im fadenziehenden Brot, Z. Lebensmittelunters. und -Forsch. *103* (1956) 430.

328. K. Täufel und G. Wolf. Über die physiologisch-chemische Bedeutung des Fluors, seine Bestimmung und sein Vorkommen in Trinkwässern der Deutschen Demokratischen Republik, Wiss. Z. d. Humboldt-Universität zu Berlin *IV* (1956) 439.

329. M. Zetkin und H. Schaldach. Wörterbuch der Medizin, Berlin 1956, VEB Verlag Volk und Gesundheit. K. Täufel, Bearbeitung des Fachgebietes Ernährungslehre.

330. K. Täufel. Die Lebensmittelchemie als selbständige Wissensdisziplin und die Ausbildung der Lebensmittelchemiker, Ernährungsforschung *1* (1956) 231.

331. G. Feldmann und K. Täufel. Zum Chemismus der Gelierung der Pektinstoffe, Ernährungsforschung *1* (1956) 260.

332. K. Täufel und H. Ruttloff. Zur physiologisch-chemischen Sonderstellung gewisser Schimmelpilze, Ernährungsforschung *1* (1956) 271.

333. K. Täufel und U. Behnke. Zur Citronensäurebilanz bei der Keimung pflanzlicher Samen, Ernährungsforschung *1* (1956) 277.

334. K. Barthel und K. Täufel. Zur Extraktion von Ölsaaten unter besonderer Berücksichtigung von Alkoholen als Lösungsmittel, Ernährungsforschung *1* (1956) 344.

335. K. Müller und K. Täufel. Papierchromatographische Trennung und Erkennung der in der Deutschen Demokratischen Republik zugelassenen Lebensmittelfarben, Ernährungsforschung *1* (1956) 354.

336. K. Täufel. Mehl-„Verbesserung“ mit Chemikalien? Umschau *56* (1956) 426.

337. K. Täufel. Zur Pflege von eingelagerten Ölsaaten, Lebensmittel-Ind. *3* (1956) 292.

338. K. Täufel, A. Graffi und A. Pisarzewski. Citronensäuresynthese im Tumorgewebe, Naturwissenschaften *43* (1956) 356.

339. K. Täufel, G. Feldmann und W. Panzer. Pektingelierung und Dehydratation, Naturwissenschaften *43* (1956) 374.

340. K. Täufel, H. Iwainsky und H. Ruttloff. Reversion der Saccharide und Transglycosidierung im sauren Milieu. II. Mitt. Zur Transglykosidierung im sauren Milieu, Journal für praktische Chemie IV. Reihe, *4* (1956) 89.

341. K. Täufel. Nahrung und Chemie, Urania *19* (1956) 377.

342. K. Täufel und R. Serzisko. Die Neutralrotprobe bei der Beurteilung von Schweineschmalz, Dtsch. Lebensmittel-Rdsch. *52* (1956) 255.

343. K. Täufel und H. Ruttloff. Die Entstehung von Citronensäure bei der Essigsäuregärung, Naturwissenschaften *43* (1956) 516.

344. K. Täufel und A. Greiner. Zum papierchromatographischen Nachweis von Stärkesirup in Lebensmitteln, Stärke *8* (1956) 223.

345. K. Täufel. 10 Jahre Rehbrücker Institut im Rahmen der Ernährungsforschung, Ernährungsforschung *1* (1956) 587.

346. K. Täufel und K. Barthel. Vorschläge für die einheitliche Untersuchung und Beurteilung von Schweineschmalz mit besonderer Berücksichtigung seiner Lagerfähigkeit, Ernährungsforschung *1* (1956) 638.

347. K. Täufel und H. Ruttloff. Kritische Studien zur mikroanalytischen Bestimmung der

Citronensäure nach dem Pentabromaceton-Verfahren, Ernährungsforschung *1* (1956) 693.
348. K. Täufel, H. Iwainsky und H. Bergner. Analytische und chromatographische Studien zur „Maillard-Reaktion". 2. Mitt. Zur Reaktion zwischen reduzierenden Sacchariden und Ammoniak, Ernährungsforschung *1* (1956) 704.
349. K. Täufel, H. Iwainsky und H. Bergner. Analytische und chromatographische Studien zur „Maillard-Reaktion". 3. Mitt. Zur Reaktion zwischen reduzierenden Sacchariden und primären Aminen, Ernährungsforschung *1* (1956) 714.
350. K. Täufel, H. Iwainsky und H. Bergner. Analytische und chromatographische Studien zur „Maillard-Reaktion". 4. Mitt. Zur Reaktion zwischen reduzierenden Sacchariden und Aminosäuren, Ernährungsforschung *1* (1956) 719.

1957

351. K. Täufel. Die Lebensmittelchemie als selbständige Wissensdisziplin und die Ausbildung der Lebensmittelchemiker. Auszugsweise Übersetzung ins Tschechische (K otázce výchovy potravinárskych chemiků) in „Průmysl potravin *8* (1957) 217.
352. K. Täufel. Zur Frage der Ausbildung der Lebensmittelchemiker, Lebensmittel-Ind. *4* (1957) 4.
353. K. Täufel. Carl Arthur Scheunert, Z. ärztliche Fortbildung *51* (1957) 177.
354. K. Täufel. Der Peroxyd-Test bei der statischen und dynamischen Fettanalyse, Fette, Seifen einschl. Anstrichmittel. Die Ernährungsindustrie *59* (1957) 87.
355. K. Täufel und U. Behnke. Citronensäurebilanz bei der Teiglockerung durch Sauerteig bzw. durch Hefe, Z. Lebensmittelunters. und Forsch. *105* (1957) 274.
356. K. Täufel. Läßt sich unsere Ernährung durch Eiweiß-Ausgleich verbessern? Umschau *57* (1957) 242.
357. K. Täufel. Über die Verwendung von Chemikalien bei Lebensmitteln, Lebensmittel-Ind. *4* (1957) 156.
358. K. Täufel. Carl Arthur Scheunert zum Gedenken, Mitteilungsblatt der GDCh-Fachgruppe Lebensmittelchemie und gerichtliche Chemie *11* (1957) 95.
359. K. Täufel. Die Hilfe der Lebensmittelchemie und Ernährungsphysiologie zur rationellen Optimal-Verpackung, Lebensmittel-Ind., Sonderheft Verpackung *4* (1957) 45.
360. K. Täufel und K. Müller. Analytische und papierchromatographische Untersuchungen über die Saccharide von Honig und Kunsthonig, Ernährungsforschung *2* (1957) 70.
361. K. Täufel und R. Serzisko. Zur Anwendung des „Erhitzungstestes" für Schweineschmalz auf Butter und Margarine, Ernährungsforschung *2* (1957) 121.
362. K. Täufel. Hochwertige Nahrung aus dem Meer, Neues Deutschland 13./14. Juli 1957, Nr. 163/164 Beilage.
363. K. Täufel. Nachruf für Prof. Dr. Dr. h. c. Arthur Scheunert, Nahrung *1* (1957) 3.
364. K. Täufel. Artfremde Substanzen als Lebensmittelzusätze in der Sicht des Lebensmittel-Chemikers und -Technologen, Nahrung *1* (1957) 23.
365. K. Täufel und H. Ruttloff. Über das Schicksal der Citronensäure beim Altern organisch-organisierter Substanz, Naturwissenschaften *44* (1957) 403.
366. K. Täufel und K. Müller. Zur oxydimetrischen Bestimmung von Sorbit im Wein unter Heranziehung der papierchromatographischen Arbeitsweise, Z. Lebensmittelunters. und -Forsch. *106* (1957) 123.
367. K. Täufel. Die Peroxydzahl bei Fetten und ihre Ermittlung im colorimetrischen Schnelltest, Mitteilungsblatt d. GDCh-Fachgruppe Lebensmittelchemie und gerichtliche Chemie *11* (1957) 131.

368. K. Täufel. In memoriam Carl Arthur Scheunert, Gedenkrede anläßlich Trauerfeier im Institut für Ernährungsforschung zu Potsdam-Rehbrücke, am 22. Januar 1957, Ernährungsforschung *2* (1957) 173.
369. K. Täufel. Einige grundsätzliche Fragen zur Chemie und Physiologie der Citronensäure, Ernährungsforschung *2* (1957) 233.
370. K. Täufel. In memoriam Carl Arthur Scheunert, Z. Lebensmittelunters. und -Forsch. *106* (1957) 229.
371. K. Täufel, H. Iwainsky und M. Liermann. Zur mikroanalytischen Bestimmung von Sacchariden mittels der Luffschen Lösung, Nahrung *1* (1957) 126.
372. K. Täufel und R. Serzisko. Zur Arbeitsweise bei der colorimetrischen Bestimmung der Peroxyde im autoxydierten Fetten, Fette, Seifen einschl. Anstrichmittel *59* (1957) 827.
373. K. Täufel. Oskar Keller, Jena, zum 80. Geburtstag, Nahrung *1* (1957) 105.
374. K. Täufel und H. Ruttloff. Citronensäure und Essigsäuregärung, Z. Lebensmittelunters. und -Forsch. *106* (1957) 301.
375. K. Täufel und R. Serzisko. Zur Frischhaltung von Dauergebäck mittels Sojapräparaten, Ernährungsforschung *2* (1957) 454.
376. K. Täufel, U. Behnke und R. Friese. Milchsäurebakterien und Citronensäure, Ernährungsforschung *2* (1957) 590.
377. K. Täufel. Prof. Dr. habil. Max Ulmann zum 60. Geburtstag, Nahrung *1* (1957) 215.
378. K. Täufel und G. Feldmann. Die Bedeutung der Polyhydroxyverbindungen für die Gelbildung hochveresterter Pektinstoffe, Nahrung *1* (1957) 217.
379. K. Täufel und H. Ruttloff. Citronensäure-Bilanz bei verschiedenen Schimmelpilzen, Nahrung *1* (1957) 303.
380. K. Täufel. Polyöle als Nahrungsfette, Mitteilungsblatt GDCh-Fachgruppe Lebensmittelchemie und gerichtliche Chemie *11* (1957) 225.

1958

381. K. Täufel. Die ernährungsphysiologische Bedeutung der Eiweißpflanzen und Pflanzeneiweiße, in: Handbuch der Pflanzenphysiologie, Springer-Verlag, Berlin—Göttingen—Heidelberg 1958. S. 415.
382. K. Täufel, M. Achtzehn und Cl. Franzke. Über die Einesterung niederer Fettsäuren in natürliche Fette und Öle, Nahrung *2* (1958) 178.
383. K. Täufel. Feierstunde aus Anlaß der Übergabe des Instituts für Ernährung der Deutschen Akademie der Wissenschaften zu Berlin an die Leitung des Instituts in Potsdam-Rehbrücke am 6. November 1957: Ansprache des Ersten Direktors des Institutes, Ernährungsforschung *3* (1958) 10.
384. K. Täufel und U. Behnke. Beiträge zur Analytik der Citronensäure. II. Das Verhalten von Triäthylcitrat, Ernährungsforschung *3* (1958) 52.
385. K. Täufel und G. Feldmann. Zum Geliermechanismus hochveresterter Pektinstoffe, Ernährungsforschung *3* (1958) 91.
386. R. Serzisko und K. Täufel. Antioxydantien in fetthaltigem Dauergebäck, Ernährungsforschung *3* (1958) 93.
387. K. Täufel und R. Serzisko. Zur Wirkung von Metallspuren in fetthaltigem Dauergebäck mit besonderer Berücksichtigung des Kupfers, Ernährungsforschung *3* (1958) 100.
388. K. Täufel, G. Müller und Cl. Franzke. Über die Adduktbildung langkettiger Fettsäuren mit Harnstoff, Nahrung *2* (1958) 255.
389. K. Täufel, Cl. Franzke und M. Achtzehn. Über die Umesterung unter Acyl-Austausch

bei natürlichen Fetten und gehärteten Fetten sowie bei Fett-Mischungen, Fette, Seifen einschl. Anstrichmittel *60* (1958) 456.

390. K. Täufel. Über die Wertprüfung der Backhefe, Mitteilungsblatt der GDCh-Fachgruppe Lebensmittelchemie und gerichtliche Chemie *12* (1958) 57.

391. B. Gaßmann und K. Täufel. Über die chemische Bestimmung des Antipellagra-Vitamins in Lebensmitteln. 1. Mitt. Die Grundlagen der Bromcyan-Methodik, Nahrung *2* (1958) 371.

392. K. Täufel, K. Romminger und I. Rudolph. Zur quantitativen Bestimmung von Glucosamin und N-Acetylglucosamin, Nahrung *2* (1958) 408.

393. B. Gaßmann und K. Täufel. Über die chemische Bestimmung des Antipellagra-Vitamins in Lebensmitteln. 2. Mitt. Die Extraktbereitung, Nahrung *2* (1958) 421.

394. B. Gaßmann und K. Täufel. Über die chemische Bestimmung von Riboflavin (Vitamin B_2) in Lebensmitteln. 1. Mitt. Das analytische Prinzip, Nahrung *2* (1958) 450.

395. K. Täufel. Aus der Arbeit des Bereiches „Verarbeitung der Lebensmittel" im Jahre 1957, Ernährungsforschung *3* (1958) 161.

396. K. Täufel. Die Vitamine in Nahrung und Ernährung, Ernährungsforschung *3* (1958) 230.

397. K. Täufel und K. Barthel. Über den emissionsspektrographischen Nachweis von Spurenmetallen in Fetten, Fette, Seifen einschl. Anstrichmittel *60* (1958) 534.

398. K. Täufel. Verhütung des Fettverderbs, Wiss. Veröff. d. Dtsch. Ges. f .Ernährung *1* (1958) 128.

399. K. Täufel und H. Ruttloff. Physiologisch-chemische Untersuchungen zur Wertprüfung der Presshefe, Z. Lebensmittelunters. und -Forsch. *108* (1958) 163.

400. K. Täufel und H. Ruttloff. Über den Intermediär-Stoffwechsel, Experientia *14* (1958) 276.

401. K. Täufel und H.-K. Gräfe. Prof. Dr. Dr. Karl Lohmann 60 Jahre alt, Ernährungsforschung *3* (1958) 147.

402. B. Gaßmann und K. Täufel. Über die chemische Bestimmung des Antipellagra-Vitamins in Lebensmitteln. 3. Mitt. Das Analysenverfahren, Nahrung *2* (1958) 525.

403. K. Täufel, Cl. Franzke und H. Hoppe. Zur chemischen Physiologie und Analytik polymerisierter Fette, Dtsch. Lebensmittel-Rdsch. *54* (1958) 245.

404. K. Täufel. Das Verhalten von normalen bzw. von angekeimten Cerealien bei der Lagerung, Getreide und Mehl *8* (1958) 79.

405. K. Täufel und H. Ruttloff. Reversion der Saccharide und Transglycosidierung im sauren Milieu. 3. Mitt. Transglycosidierung zwischen ausgewählten Mono- und Disacchariden, Nahrung *2* (1958) 631.

406. K. Täufel und F. Berschneider. Zur Quellung der Kartoffelstärke in Gegenwart von Dehydratationsmitteln, Nahrung *2* (1958) 683.

407. K. Täufel und K. Rauscher. Dr. H. Baumgärtner zum 60. Geburtstage, Ernährungsforschung *3* (1958) 343.

408. K. Täufel. Zur Ausrichtung der Volksernährung, Ernährungsforschung *3* (1958) 353.

409. K. Täufel, K. Romminger und I. Rudolph. Analytische und chromatographische Studien zur „Maillard-Reaktion". 5. Mitt. Das Verhalten von Glucosamin sowie Acetylglucosamin gegenüber Ammoniak, Aminen und Aminosäuren, Ernährungsforschung *3* (1958) 373.

410. K. Täufel, H. Ruttloff und R. Friese. Studien zur „nichtenzymatischen Bräunungsreaktion" unter dem Einfluß kinetischer und thermischer Energie, Ernährungsforschung *3* (1958) 536.

411. K. Täufel, H. Ruttloff und B. Orlob. Zur Beurteilung von Obsterzeugnissen aufgrund ihres Gehaltes an Sorbit, Nahrung *2* (1958) 781.

412. K. Täufel, Cl. Franzke und G. Gehlert. Beitrag zur Wirkungsweise der natürlichen Fettantioxydantien, Nahrung *2* (1958) 853.
413. K. Täufel und J. Steinbach. Über die Vergärung von Inulin und Inulinhydrolysaten mit Presshefe, Nahrung *2* (1958) 925.
414. K. Täufel. Die Untersuchung der Speisefette mit Ausnahme von Molkereiprodukten und Kakaobutter. In H. P. Kaufmann: Analyse der Fette und Fettprodukte, Springer-Verlag Berlin—Göttingen—Heidelberg Bd. II (1958) 1146.
415. K. Täufel und F. Berschneider. Zur Viscositätsmessung von Pektinlösungen mit Hilfe des Rheoviscometers nach F. Höppler, Nahrung *2* (1958) 1037.
416. K. Täufel und H. Ruttloff. Stoffwechselchemische Untersuchungen an Presshefe, Nahrung *2* (1958) 1091.

1959

417. K. Täufel, K. Romminger und W. Hirschfeld. Oligosaccharide von Getreide und Mehl, Z. Lebensmittelunters. und -Forsch. *109* (1959) 1.
418. K. Täufel und H. Ruttloff. Physiologisch-chemische Betrachtungen über Aspergillus niger im Hinblick auf seinen Einsatz bei der technischen Herstellung von Citronensäure, Monatshefte d. Dtsch. Akad. d. Wiss. zu Berlin *1* (1959) 44.
419. K. Täufel und H. Ruttloff. Zur Hydrolyse von Oligosacchariden im Hinblick auf ihre reduktometrische Bestimmung, Ernährungsforschung *4* (1959) 44.
420. A. Pisarzewski, K. Täufel und A. Graffi. Untersuchungen über die Citronensäure-Synthese in vitro in normalen und bösartigen Geweben, Acta biologica et medica germanica *2* (1959) 303.
421. K. Täufel und B. Thomas. Aus der Arbeit des Bereiches „Verarbeitung der Lebensmittel“ im Jahre 1958, Ernährungsforschung *4* (1959) 145.
422. K. Täufel und I. Weissflog. Zur Verbreitung der Glutaminsäure in den Preß- und Extraktionsschroten einiger Ölsaaten, Nahrung *3* (1959) 76.
423. Wenn der „Grundumsatz“ nur noch 1300 beträgt, National-Zeitung, Ausgabe Berlin, *12*, Nr. 156 v. 8. Juli 1959, 6.
424. K. Täufel, Cl. Franzke und J. Vogel. Untersuchungen über den Einfluß der Sorbinsäure auf die Autoxydation von Fetten, Nahrung *3* (1959) 134.
425. K. Täufel. Zum 10jährigen Bestehen der Deutschen Demokratischen Republik, Ernährungsforschung *4* (1959) H. 3, (Vorsatzblatt, 1 Seite, unnumeriert).
426. K. Täufel. Volkswirtschaft und Lebensmittelchemie, Ernährungsforschung *4* (1959) 277.
427. K. Täufel und R. Zimmermann. Über die Bildung von Carbonylverbindungen bei der Autoxydation olefinischer Fette, Ernährungsforschung *4* (1959) 325.
428. K. Täufel. Ungewöhnliche Bausteine der Nahrungsfette, Umschau *59* (1959) 558.
429. K. Täufel und F. Berschneider. Die Rolle der Dehydratationsmittel bei der Gelbildung der Pektinstoffe, Nahrung *3* (1959) 228.
430. K. Täufel, Cl. Franzke und E. Leske. Studien über thermische Einflüsse auf die Oxydationsanfälligkeit olefinischer Fette, Nahrung *3* (1959) 270.
431. K. Täufel und K. J. Steinbach. Glucose als Konstituent von Inulin, Nahrung *3* (1959) 457.
432. K. Täufel und K. J. Steinbach. Zum Mechanismus der selektiven Inulinhydrolyse, Nahrung *3* (1959) 464.
433. K. Täufel und R. Zimmermann. Zur analytischen Bestimmung des Oxydationszustandes olefinischer Fette, Fette, Seifen einschl. Anstrichmittel *61* (1959) 836.

434. A. Pisarzewski, K. Täufel und A. Graffi. Einfluß der Gewebe-Konzentration auf die Citronensäure-Synthese in vitro, Acta biologica et medica germanica *3* (1959) 136.
435. K. Täufel und H. Ruttloff. Zum derzeitigen Stand der Kenntnisse über die Stellung der Citronensäure im Intermediärstoffwechsel von Tier und Pflanze, Ernährungsforschung *4* (1959) 459.
436. R. Serzisko und K. Täufel. Wirkungsweise und Nachweis natürlicher Fettantioxydantien, Ernährungsforschung *4* (1959) 484.
437. K. Täufel und H. Ruttloff. Über die Grenzen der metabolischen Adaptationsfähigkeit von Aspergillus niger, Experientia *XV* (1959) 422.
438. K. Täufel und H. Ruttloff. Beiträge zum Intermediärstoffwechsel von Aspergillus niger in der Sicht des Citronensäure-Cyclus, Nahrung *3* (1959) 597.
439. K. Täufel und K. J. Steinbach. Zur Analytik von Inulin, Nahrung *3* (1959) 701.
440. K. Täufel. Die Citronensäure unter physiologisch-chemischen Aspekten, Acta Chimica Academiae Scientiarum Hungaricae *21* (1959) 219.
441. K. Täufel, Cl. Franzke und G. Heder. Zur Wirkungsweise des Chlorophylls bei der Autoxydation olefinischer Fette, Fette, Seifen einschl. Anstrichmittel *61* (1959) 1225.
442. K. Täufel. Professor Dr. Dr. h. c. H. P. Kaufmann zum 70. Geburtstag am 20. Oktober 1959, Nahrung *3* (1959) 789.
443. K. Täufel. Professor Dr.-Ing. Dr. phil. Willibald Diemair zum 60. Geburtstag am 4. Oktober 1959, Nahrung *3* (1959) 793.
444. K. Täufel und K. J. Steinbach. Reversion der Saccharide und Transglykosidierung im sauren Milieu. 4. Mitt. Über die bei der Säurehydrolyse des Inulins entstehenden Reversionsprodukte, Nahrung *3* (1959) 832.
445. W. Bock, H. Zinner und K. Täufel. Das natürliche Vorkommen von Monobenzoylaldosen, ihre Darstellung und ihr Nachweis, Nahrung *3* (1959) 1036.
446. K. Täufel, J. Holló, J. Szejtli, E. László und M. Tóth. Studien über die Verkleisterung der Stärke. 4. Einfluß von Dehydrationsmitteln sowie der Korngröße auf die Verkleisterungseigenschaften von Kartoffelstärke, Nahrung *3* (1959) 1051.
447. K. Täufel. Die Lipide im Gesamtstoffwechsel des Menschen, Nahrung *3* (1959) 1103.

1960

448. D. Lange, W. Bock und K. Täufel. Zur Bestimmung des Gehaltes an Reinpektin und des Veresterungsgrades in handelsüblichen Apfelpektinen, Ernährungsforschung *5* (1960) 18.
449. K. Täufel, K. J. Steinbach und E. Vogel. Mono- und Oligosaccharide einiger Leguminosensamen sowie ihr Verhalten bei Lagerung und Keimung, Z. Lebensmittelunters. und -Forsch. *112* (1960) 31.
450. K. Täufel und R. Zimmermann. Über die Umsetzung von 2-Thiobarbitursäure mit Aldehyden, Naturwissenschaften *47* (1960) 133.
451. K. Täufel. Einige Betrachtungen zum Fettstoffwechsel, Ernährungsforschung *5* (1960) 95.
452. K. Täufel und R. Zimmermann. Peroxydzersetzung und Carbonylbildung bei autoxydierten Fetten, Ernährungsforschung *5* (1960) 104.
453. G. Müller, H. Iwainsky und K. Täufel. Über den Einfluß von Substratkombinationen auf ruhende und sich vermehrende Mycobakterien (M. phlei). 1. Mitt. Vergleichende Untersuchungen über die Wirkung der Einzelkomponenten auf INH-sensible und -resistente Bakterien, Archiv f. Mikrobiologie *35* (1960) 361.
454. G. Müller, H. Iwainsky und K. Täufel. Über den Einfluß von Substratkombinationen

auf ruhende und sich vermehrende Mycobakterien (M. phlei). 2. Mitt. Über das Verhalten INH-sensibler und -resistenter Bakterien beim Einsatz zweier Kohlenstoffquellen, Archiv f. Mikrobiologie *35* (1960) 367.

455. K. Täufel. Zur physiologisch-chemischen Charakterisierung der Citronensäure, Bibliotheca „Nutritio et Dieta" *1* (1960) 199.
456. K. Täufel und W. Bock. Zur Darstellung der D-Galakturonsäure aus D-Galaktose, Nahrung *4* (1960) 25.
457. K. Täufel. Zur Zielsetzung (Sonderheft über Vitaminbestimmung), Nahrung *4* (1960) 97.
458. K. Täufel. Aus der Arbeit des Bereiches „Verarbeitung der Lebensmittel im Jahre 1959", Ernährungsforschung *5* (1960) 260.
459. Physiologisch- und lebensmittelchemische Fragen um die Citronensäure (Autorreferat; Vortrag, gehalten vor der Gesellschaft für Ernährungsbiologie in München am 10. 3. 1960), Medizinische Klinik *29* (1960) 1295.
460. K. Täufel und U. Behnke. Untersuchungen zur Bildung von Acetoin und Diacetyl durch Rahmsäuerungskulturen, Nahrung *4* (1960) 197.
461. K. Täufel, W. Baumeier und Cl. Franzke. Zur Autoxydation der 10, 11-Undecensäure, Nahrung *4* (1960) 236.
462. K. Täufel, K. J. Steinbach und G. Meinert. Mono-, Oligo- und Polysaccharide von Press- und Brauereihefe, Nahrung *4* (1960) 295.
463. K. Täufel. Neuere Erkenntnisse auf dem Gebiet der Ernährungsphysiologie, aus: Ernährung und Diät in Klinik, Kurort und Betrieb, herausgegeben von Prof. Dr. H. Krauss und Prof. Dr. Dr. h. c. K. Täufel. Schriftenreihe der Ärztlichen Fortbildung, VEB Verlag Volk und Gesundheit, Berlin 1960, S. 84.
464. K. Täufel. Dr. Karl Rauscher zum 60. Geburtstag, Ernährungsforschung *5* (1960) 373.
465. K. Täufel, H. Ruttloff und E. Przyborowski. Zur biochemischen Differenzierung von Saccharidgemischen unter Einsatz von Presshefe. 1. Mitt. Literaturüberblick und Grundlagen zur analytischen Erfassung von Sacchariden einzeln und im Gemisch, Ernährungsforschung *5* (1960) 417.
466. K. Täufel, P. Dietze und Cl. Franzke. Über den Einsatz von Fettsäurechloriden bei der Umesterung von Fetten, Fette, Seifen einschl. Anstrichmittel *62* (1960) 590.
467. K. Täufel, Cl. Franzke und P. Dietze. Über die Darstellung von 1-Monosorbin, Fette, Seifen einschl. Anstrichmittel *62* (1960) 592.
468. K. Täufel, R. Zimmermann und R. Huber. Über die Bildung von Carbonylverbindungen aus gesättigten Fettsäuren durch 60 Co-γ-Strahlung, Naturwissenschaften *47* (1960) 355.
469. K. Täufel. Physiologisch- und lebensmittelchemische Fragen um die Citronensäure, Medizin. Klinik *55* (1960) 1467
470. K. Täufel. Dr. Karl Rauscher zum 60. Geburtstag, Nahrung *4* (1960) 697.
471. G. Müller, H. Iwainsky und K. Täufel. Über die Wirkung von Fermentinhibitoren auf INH-sensible und -resistente Zellen von Mycobacterium phlei, Z. Naturforschung *15b* (1960) 180.
472. K. Täufel, Cl. Franzke und P. Dietze. Darstellung von einigen zweisäurigen asymmetrischen Triglyceriden, Fette, Seifen einschl. Anstrichmittel *62* (1960) 926.
473. K. Täufel, K. J. Steinbach und B. Hartmann. Über die niederen Saccharide des Maises und ihr Verhalten während Lagerung und Keimung, Nahrung *4* (1960) 452.
474. K. Täufel, H. Ruttloff und E. Przyborowski. Zur biochemischen Differenzierung von Saccharidgemischen unter Einsatz von Presshefe. 2. Mitt. Trennung von Modellgemischen, Nahrung 4 (1960) 512.

475. K. Täufel. Von alten zu neuen Zielen der Lebensmittelchemie, Forschen und Wirken, Festschrift zur 150-Jahrfeier der Humboldt-Universität zu Berlin, Bd. II, VEB Deutscher Verlag der Wissenschaften Berlin 1960, S. 255.
476. K. Täufel, F. Kretzschmann u. Cl. Franzke. Zur antioxydativen Wirkungsweise des Systems Benzochinon-Hydrochinon, Fette, Seifen einschl. Anstrichmittel *62* (1960) 1061.
477. K. Täufel und U. Behnke. Enzymatisch-chemische Untersuchungen über den Abbau der Citronensäure durch Aspergillus niger, Nahrung *4* (1960) 793.
478. K. Täufel, H. Ruttloff und E. Przyborowski. Zur biochemischen Differenzierung von Saccharidgemischen unter Einsatz von Presshefe. 3. Mitt. Trennung von raffinosehaltigen Modellgemischen, Nahrung *4* (1960) 891.
479. K. Täufel, K. J. Steinbach und Kl. Rödiger. Zur papierchromatographisch-quantitativen Bestimmung von Glucosamin und Galaktosamin in Gegenwart von Aminosäuren sowie von stickstofffreien Sacchariden, Elelmiszervizsgalati Közlemenyek *6* (1960) 267.
480. K. Täufel und R. Zimmermann. Organoleptische Eigenschaften einiger in verdorbenen Nahrungsfetten auftretender Carbonylverbindungen, Nahrung *4* (1960) 1010.
481. K. Täufel und U. Behnke. Einige Bemerkungen zur Verträglichkeit größerer Mengen an Citronensäure, Nahrung *4* (1960) 1107.

1961

482. K. Täufel, F. Kretzschmann und Cl. Franzke. Polarographische Studien über das Verhalten von p-Benzochinon und p-Benzohydrochinon während der Autoxydation von Äthyllinolat, Mikrochimica Acta *1961*, 323.
483. K. Täufel. Physiologisch- und lebensmittelchemische Fragen um die Citronensäure, Nahrung *5* (1961) 1.
484. K. Täufel, K. J. Steinbach und K. S. Grunert. Über das Verhalten von Sacchariden gegenüber Ionenaustauschharzen. 1. Mitt. Qualitative Untersuchungen über den katalytischen Einfluß von Ionenaustauschern auf Monosaccharide, Nahrung *5* (1961) 66.
485. K. Täufel und R. Zimmermann. Über den Chemismus der Farbreaktion von 2-Thiobarbitursäure mit Carbonylverbindungen, Fette, Seifen einschl. Anstrichmittel *63* (1961) 226.
486. D. Lange, W. Bock und K. Täufel. Zur Bewertung von hoch- und niederveresterten Apfelpektinen nach der Tarr-Baker-Methode, Ernährungsforschung *6* (1961) 65.
487. K. Täufel. Wandlungen der Volksernährung: Ein Auftrag an die Lebensmittelchemie, Nahrung *5* (1961) 115.
488. K. Täufel, H. Iwainsky und I. Härtel. Über Beziehungen zwischen Verfärbungsgrad und Minderung der biologischen Wertigkeit bei der „Maillard-Reaktion", Nahrung *5* (1961) 242.
489. K. Täufel und K. S. Grunert. Über das Verhalten von Sacchariden gegenüber Ionenaustauschharzen. 3. Mitt. Zur Hydrolysegeschwindigkeit und Aktivierungsenergie bei der homogenen, heterogenen bzw. kombinierten Katalyse von Saccharose, Archiv der Pharmazie *294* (1961) 439.
490. K. Täufel und B. Thomas. Aus der Arbeit des Bereiches „Verarbeitung der Lebensmittel" im Jahre 1960, Ernährungsforschung *6* (1961) 145.
491. H. Ruttloff, R. Friese und K. Täufel. Zur biochemischen Differenzierung von Saccharidgemischen unter Einsatz von Presshefe. 4. Mitt. Lactosebestimmung in Backwaren, Z. Lebensmittelunters. und -Forsch. *115* (1961) 105.
492. K. Täufel und R. Zimmermann. Zur Bildung von Aldehyden bei der UV-Bestrahlung der Haut des Menschen, Naturwissenschaften *48* (1961) 502.

493. K. Täufel und R. Serzisko. Zum Tocopherolgehalt von einigen Fetten und Ölen, Ernährungsforschung *6* (1961) 323.
494. K. Täufel. Zum Gedächtnis Prof. Dr. phil. Karl Rauscher * 22. August 1900 † 16. April 1961, Nahrung *5* (1961) 331.
495. K. Täufel, H. Ruttloff und A. Täufel. Zur Mikroanalytik der Raffinose, Nahrung *5* (1961) 353.
496. K. Täufel. Inhalt und Grenzen der Ernährungswissenschaft, Ernährungsforschung *6* (1961) 386.
497. K. Täufel. Physiologisch-Chemische Fragen um das Fettproblem, Der Landarzt *37* (1961) 1173.
498. K. Täufel. Aufgaben und Ziele des Institutes für Ernährung in Potsdam-Rehbrücke, Lebensmittel und Ernährung *14* (1961) Nr. 11, 12.
499. K. Täufel und W. Bock. Betrachtungen über das gravimetrische und das volumetrische „Calciumpektatverfahren“, Ernährungsforschung *6* (1961) 553.
500. K. Täufel und H. Ruttloff. Herstellung reiner Maltose auf säulenchromatographischem Wege, Ernährungsforschung *6* (1961) 579.
501. K. J. Steinbach, K. S. Grunert und K. Täufel. Über das Verhalten von Sacchariden gegenüber Ionenaustauschharzen. 2. Mitt. Quantitative Untersuchungen über die Hydrolyse von Disacchariden in wäßriger Lösung durch Wofatite, Nahrung *5* (1961) 617.
502. K. Täufel, H. Freude, Cl. Franzke und G. Heder. Über den Einfluß von Bleicherden auf die Oxydationsanfälligkeit von Rapsöl, Nahrung *5* (1961) 646.
503. R. Zimmermann, H. Ruttloff und K. Täufel. Colorimetrische Bestimmung von Sacchariden mittels 2-Thiobarbitursäure, Nahrung *5* (1961) 680.
504. Täufel. Arthur Scheunert 7. 6. 1879—11. 1. 1957, Jahrbuch 1957—1959 der Sächsischen Akademie der Wissenschaften zu Leipzig, Akademie-Verlag Berlin 1961, 329.
505. K. Täufel. Die Citronensäure im Stoffwechsel von Pflanze, Tier und Mensch. Pharmazeutische Zentralhalle *100* (1961) 683.

1962

506. K. Täufel. Die Lipide im Gesamtstoffwechsel des Menschen, Ernährungsforschung *7* (1962) 61.
507. K. Täufel und U. Behnke. Bemerkung zum Einfluß von Gibberellinsäure auf die Citronensäurebildung durch gärenden Aspergillus niger, Ernährungsforschung *7* (1962) 132.
508. K. Täufel und K. S. Grunert. Über das Verhalten von Sacchariden gegenüber Ionenaustauschharzen. 4. Mitt. Zur Desmolyse von Fructose und Saccharose in Gegenwart von Wofatit-Sulfonsäureharzen, Nahrung *6* (1962) 93.
509. R. Zimmermann, W. Bock und K. Täufel. Zur colorimetrischen Bestimmung von D-Galakturonsäure mit 2-Thiobarbitursäure, Z. analyt. Chem. *186* (1962) 350.
510. K. Täufel und R. Zimmermann. Zur Bildung von Carbonylverbindungen aus gesättigten Fettsäuren unter der Wirkung von UV- sowie von ^{60}Cobalt-γ-Strahlung, Journal für praktische Chemie. 4. Reihe *15* (1962) 127.
511. K. Täufel, I. Sehrt und Cl. Franzke. Analytische Studien an umgeesterten Fetten, Z. Lebensmittelunters. und -Forsch. *116* (1962) 503.
512. K. Täufel, A. Täufel und H. Ruttloff. Physiologisch-Chemische Studien über die „Raffinose-Familie“, Planta *58* (1962) 127.
513. K. Täufel, Cl. Franzke und I. Schlicker. Zur katalytischen Glycerinolyse von natürlichen Fetten in Pyridin, Fette, Seifen einschl. Anstrichmittel *64* (1962) 513.

514. K. Täufel und F. Linow. Elektrochemische Sauerstoffbestimmung in olefinischen Fetten. Vorläufige Mitteilung, Monatsberichte der Dtsch. Akad. d. Wiss. zu Berlin *4* (1962) 154.
515. K. Täufel, A. Täufel und H. Ruttloff. Zum Metabolismus galaktosehaltiger Oligosaccharide, Monatsberichte der Dtsch. Akad. d. Wiss. zu Berlin, *4* (1962) 155.
516. K. Täufel, I. Sehrt und Cl. Franzke. Analytische Studien an umgeesterten Fetten, Monatsberichte der Dtsch. Akad. d. Wiss. zu Berlin *4* (1962) 157.
517. K. Täufel und U. Behnke. Bemerkung zum Einfluß von Gibberellinsäure auf die Citronensäurebildung durch Aspergillus niger, Monatsberichte der Dtsch. Akad. d. Wiss. zu Berlin *4* (1962) 168.
518. K. Täufel und R. Serzisko. Zum Tocopherolgehalt einiger Fette und Öle. 2. Mitt. Verteilung der Tocopherole in ausgewählten Produkten, Nahrung *6* (1962) 413.
519. K. Täufel und F. Linow. Zur Wirkungsweise von Citronensäure und definierten Derivaten bei der Autoxydation von Methyllinolat, Naturwissenschaften *49* (1962) 257.
520. K. Täufel. Aus der Arbeit des Bereiches „Verarbeitung der Lebensmittel" im Jahre 1961, Ernährungsforschung *7* (1962) 173.
521. K. Täufel, F. Linow und H. Ruttloff. Zur fungistatischen Wirksamkeit von Benzoylcitronensäure, Naturwissenschaften *49* (1962) 310.
522. K. Täufel. Symposium über Nahrung und Ernährung: Zur Zielsetzung des Symposiums, Ernährungsforschung *7* (1962) 281.
523. K. Täufel. Prof. Dr. habil. Max Ulmann zum 65. Geburtstag am 22. Oktober 1962, Nahrung *6* (1962) 505.
524. K. Täufel. Sledováni Nasycených Mastných Kyselin Pod Vlevem Záreni Bohaténo Energii, Cs. gastroenterologie *16* (1962) 314.
525. K. Täufel, W. Bock und G. Wahl. Über die Triterpene aus Apfeltrockentrestern, Monatsberichte der Dtsch. Akad. d. Wiss. zu Berlin *4* (1962) 380.
526. F. Schierbaum, K. Täufel und M. Ulmann. Die Hydratation der Stärke. 3. Entwässerung der Stärke unter dem Einfluß von Infrarot-Strahlen, Stärke *14* (1962) 161.
527. F. Schierbaum und K. Täufel. Die Hydratation der Stärke. 4. Die Abhängigkeit der Sorptionswärme der Stärke von ihrer Hydratation, Stärke *14* (1962) 233.
528. K. Täufel, H. Ruttloff und R. Friese. Glucoseoxydase in der Lebensmittelanalytik, Naturwissenschaften *49* (1962) 375.
529. K. Täufel, H. Ruttloff und R. Friese. Zur Bestimmung der Glucose in Stärkesirup mittels Glucose-Oxydase, Stärke *14* (1962) 309.
530. K. Täufel und R. Zimmermann. Zur Aldehydbildung bei der UV- und γ-Bestrahlung von Aminosäuren, Dicarbonsäuren und Kohlenhydraten, Z. Lebensmittelunters. und -Forsch. *118* (1962) 105.
531. K. Täufel, K. Schmidt und Cl. Franzke. Isolierung von Methylketonen aus Fetten und papierchromatographische Differenzierung in Form der 2,4-Dinitrophenylhydrazone, Fette, Seifen einschl. Anstrichmittel *64* (1962) 957.
532. K. Täufel, K. O. Heims und Cl. Franzke. Zur Darstellung von Erucasäure aus Rüböl mit Hilfe der Tieftemperatur-Kristallisation, Fette, Seifen einschl. Anstrichmittel *64* (1962) 1023.
533. K. Täufel, M. Grunert und S. Grunert. Zur Frage der „Restreduktion" bei der Vergärung von Mono- und Oligosacchariden durch Presshefe, Z. Lebensmittelunters. und -Forsch. *119* (1962) 1.

534. F. Schierbaum und K. Täufel. Die Hydratation der Stärke. 6. Beeinflussung der Quellungstemperatur der Stärke durch Wasserentzug und Hitze, Stärke *14* (1962) 411.
535. F. Schierbaum und K. Täufel. Die Hydratation der Stärke. 5. Einfluß von Trocknungsvorgängen auf die Kaltwasserlöslichkeit der Stärke, Stärke *14* (1962) 274.

1963

536. K. Täufel und F. Linow. Elektrochemische Sauerstoffbestimmung in olefinischen Fetten, Nahrung *7* (1963) 41.
537. K. Täufel. Prof. Dr. Dr.-Ing. László Telegdy Kováts zum 60. Geburtstag am 5. Dezember 1962, Nahrung *7* (1963) 93.
538. K. Täufel und J. Voigt. Beitrag zur quantitativen Papierchromatographie, dargestellt am Beispiel der Chlorogensäure, Z. Lebensmittelunters. und -Forsch. *118* (1963) 481.
539. K. Täufel, G. Heder und Cl. Franzke. Zum Sekundär-Umsatz autoxydierter Fettsäureester, Fette, Seifen einschl. Anstrichmittel *65* (1963) 6.
540. K. Täufel. Ernährung und Adaptation, Ernährungsforschung *7* (1963) 586.
541. F. Schierbaum und K. Täufel. Zum Stand der Kenntnisse über die Wechselwirkung zwischen nativer Stärke und Wasser, Ernährungsforschung *7* (1963) 647.
542. K. Täufel. K. Lohmann zum 65. Geburtstag am 10. April 1963, Nahrung *7* (1963) 185.
543. K. Täufel und G. Heder. Zur Carbonylbildung bei autoxydierten Fettsäureestern, Fette, Seifen einschl. Anstrichmittel *65* (1963) 85.
544. K. Täufel. Stand und Perspektiven der Eiweißversorgung: Zur Zielsetzung des Verhandlungsthemas, Ernährungsforschung *8* (1963) 2.
545. F. Schierbaum und K. Täufel. Die Hydratation der Stärke. 7. Die Auswirkung der Entwässerung von Stärke auf das rheologische Verhalten ihrer Dispersionen, Stärke *15* (1963) 52.
546. K. Täufel und M. Ulmann. Karl Lohmann zum 65. Geburtstag am 10. April 1963, Ernährungsforschung *8* (1963) 185.
547. K. Täufel. Organische und organisierte Substanz in der Lebensmittelchemie, Ernährungsforschung *8* (1963) 186.
548. F. Schierbaum und K. Täufel. Die Hydratation der Stärke. 8. Die Quellfähigkeit von Stärke verschiedenen Wassergehaltes in Pyridin-Wasser-Gemischen, Stärke *15* (1963) 93.
549. F. Schierbaum und K. Täufel. Die Hydratation der Stärke. 9. Die Bindung des Wassers und deren Bedeutung für die Eigenschaften des Stärkekornes, Stärke *15* (1963) 169.
550. K. Täufel und F. Linow. Die Wirkung von Bleicherden bei der Autoxydation olefinischer Fette. 2. Mitt. Verhalten der kombiniert mit Bleicherde und Metallinaktivatoren behandelten metallhaltigen olefinischen Fette, Nahrung *7* (1963) 399.
551. K. Täufel, F. Linow und H. Ruttloff. Benzoylcitronensäure und Benzoesäure als Fungistatica, Nahrung *7* (1963) 502.
552. K. Täufel, W. Krause und H. Ruttloff. Lokalisierender Nachweis einiger Carbohydrasen des Rattendarmes mittels der Plattendiffusionstechnik, Naturwissenschaften *50* (1963) 446.
553. K. Täufel. Ernährung — Stoff- und Energieproblem, Deine Gesundheit Nr. 8 (1963) 233.
554. K. Täufel, W. Bock und G. Wahl, Bestandteile der aus Apfeltrockentrestern gewinnbaren Triterpenfraktion, Naturwissenschaften *50* (1963) 499.
555. K. Täufel, U. Behnke und G. Mieth. Stickstoffumsatz während Bildung und Abbau von Citronensäure durch Aspergillus niger, Nahrung *7* (1963) 563.

556. K. Täufel und R. Serzisko. Zum Tocopherolgehalt einiger Fette und Öle. 3. Mitt. Papyrographische Analyse einiger ungarischer Öle, Nahrung *7* (1963) 606.
557. Pham-van-So, K. Täufel und H. Iwainsky. Zur Ernährungslage in Vietnam. 1. Mitt. Untersuchungen über die gegenwärtige Ernährungssituation, Nahrung *7* (1963) 545.
558. Pham-van-So, H. Iwainsky und K. Täufel. Zur Ernährungslage in Vietnam. 2. Mitt. Der Einfluß des Schälungsgrades auf Zusammensetzung, Verdaulichkeit und Haltbarkeit des verarbeiteten Reises, Nahrung *7* (1963) 553.
559. K. Täufel. Dr. Heinrich Baumgärtner zum 65. Geburtstag, Ernährungsforschung *8* (1963) 343.
560. K. Täufel und F. Linow. Die Wirkung von Bleicherden bei der Autoxydation olefinischer Fette. 1. Mitt. Zur Verminderung des Metallgehaltes olefinischer Fette durch kombinierten Einsatz aktiver Adsorptionsmittel und metallinaktivierender Verbindungen, Ernährungsforschung *8* (1963) 345.
561. K. Täufel und J. Voigt. Die Bedeutung der Polyphenole bei der enzymatischen Bräunung von Obst, Ernährungsforschung *8* (1963) 406.
562. K. Täufel und M. Rothe. Aus der Arbeit des Bereiches „Verarbeitung der Lebensmittel" im Jahre 1962, Ernährungsforschung *8* (1963) 546.
563. K. Täufel und F. Linow. Die Sauerstoffaufnahme durch Methyllinoleat in Gegenwart von Citronensäure und einigen ihrer Ester, Fette, Seifen einschl. Anstrichmittel *65* (1963) 795.
564. H. Ruttloff, R. Friese und K. Täufel. Zur biochemischen Differenzierung von Saccharidgemischen unter Einsatz von handelsüblicher Glucoseoxydase und Invertase. 5. Mitt. Analyse von Sondennahrung, Z. Lebensmittelunters. und -Forsch. *120* (1963).
565. K. Täufel. Zur Problematik einer adäquaten Ernährung. Mitteilungsblatt der Gesellschaft für Experimentelle Medizin der DDR *1963*, 3.
566. F. Linow, H. Ruttloff und K. Täufel. Zur chromatographischen Differenzierung von Saccharose-Fettsäureestern, Naturwissenschaften *50* (1963) 689.
567. K. Täufel. Zur Aufgabenstellung des Symposiums über Ernährungsbedarfsnormen bei der Volksernährung, Ernährungsforschung *8* (1963) 602.
568. U. Behnke, H.-A. Ketz und K. Täufel. Untersuchungen zur Resorption von Citronensäure im Magen-Darm-Kanal der Ratte, Acta Biologica et Medica Germanica *11* (1963) 889.

1964

569. K. Täufel, A. Täufel und H. Ruttloff. Über die enzymatische Spaltung von galaktosehaltigen Sacchariden mit handelsüblichen Invertasepräparaten, Nahrung *8* (1964) 28.
570. K. Täufel und J. Voigt. Natriumchlorid als Inhibitor bei der enzymatischen Bräunung von Äpfeln, Nahrung *8* (1964) 80.
571. A. Täufel, W. Krause, H. Ruttloff und K. Täufel. Intestinale Resorption und Ausscheidung von Raffinose, Nahrung *8* (1964) 107.
572. H. Ruttloff, R. Friese und K. Täufel. Zur Spaltung der Maltotriose im Intestinaltrakt, Nahrung *8* (1964) 221.
573. W. Bock, E. Schrade und K. Täufel. Über die enzymatische Verflüssigung von äthanolhaltigen Pektingelen, Nahrung *8* (1964) 259.
574. H. Ruttloff, R. Friese und K. Täufel. Zur enzymatischen Spaltung von Leucrose, Naturwissenschaften *51* (1964) 163.
575. K. Täufel und R. Maune. Alkylierte Dihydroxynaphthaline als Fett-Antioxydantien, Fette, Seifen einschl. Anstrichmittel *66* (1964) 260.

576. K. Täufel. Zur Biochemie der Polyen-Fettsäuren, Nahrung *8* (1964) 311.
577. W. Krause, A. Täufel, H. Ruttloff und K. Täufel. Zur Entfernung von Harnstoff aus biologischen Flüssigkeiten, insbesondere aus Harn, mittels Urease, Nahrung *8* (1964) 355.
578. H. Ruttloff, R. Friese und K. Täufel. Zur Spaltung und Resorption von Oligosacchariden im Dünndarm 1. Einwirkung von Fermenten auf Maltotriose, Hoppe-Seyler's Z. physiol. Chem. *337* (1964) 137.
579. K. Täufel. Prof. Dr. Dr. h. c. Heinrich-Karl Gräfe zum 60. Geburtstag am 23. Sept. 1964, Ernährungsforschung *9* (1964) 101.
580. K. Täufel. Die Lebensmittelchemie als Zweig der Biochemie, Ernährungsforschung *9* (1964) 103.
581. K. Täufel, H. Ruttloff, A. Täufel und W. Krause. Zur säulenchromatographisch-präparativen Darstellung von Oligosacchariden biochemischer Bedeutung, Ernährungsforschung *9* (1964) 118.
582. U. Behnke, H.-A. Ketz, K. Täufel und F. Hoffmann. Einfluß von peroral verabfolgter Citronensäure auf die Buttergelb-Carcinogenese bei der Ratte, Ernährungsforschung *9* (1964) 129.
583. K. Täufel. Prof. Dr. Dr. h. c. Dr. E. h. H. P. Kaufmann. Ein Wort zu seinem 75. Geburtstag am 30. Oktober 1964, Nahrung *8* (1964) 519.
584. K. Täufel. Professor Dr. phil. S. W. Souci zum 60. Geburtstag am 15. September 1964, Nahrung *8* (1964) 521.
585. H. Ruttloff, R. Friese und K. Täufel. Über die Saccharide von Dextranabläufen und ihren Umsatz im tierischen Intestinaltrakt unter besonderer Berücksichtigung der Leucrose, Nahrung *8* (1964) 523.
586. K. Täufel. Ernährungsphysiologische Betrachtungen zur Fettfrage. In: Vollwertkost für Kranke und Erholungssuchende, herausgeg. von H. Krauss, VEB Verlag Volk und Gesundheit, Berlin 1964, 191.
587. K. Täufel. Prof. Dr. phil. Helmut Thaler zum 60. Geburtstag, Nahrung *8* (1964) 607.
588. K. Täufel und J. Voigt. Zur inhibierenden Wirkung von Ascorbinsäure gegenüber der Polyphenoloxydase des Apfels, Z. Lebensmittelunters. *126* (1964) 19.
589. F. Linow, M. Roloff und K. Täufel. Zur Analytik der Carbonyl-Verbindungen und Hydroperoxyde bei der Autoxydation olefinischer Fette. 1. Mitt. Bestimmung von Carbonylen neben Hydroperoxyden nach Reduktion mit Kaliumjodid, Fette, Seifen einschl. Anstrichmittel *66* (1964) 1052.

1965

590. K. Täufel. Zur biochemischen Problematik der Polyenfettsäuren bei Nahrung und Ernährung, Österreichische Chemiker-Zeitung *66* (1965) 33.
591. K. Täufel, H. Ruttloff, W. Krause, A. Täufel und K. Vetter. Zum intestinalen Verhalten von Galakto-Oligosacchariden beim Menschen, Klin. Wschr. *43* (1965) 268.
592. K. Täufel und U. Behnke. Aconitat-Hydratase und Isocitrat-Dehydrogenase während Bildung und Abbau von Citronensäure durch Aspergillus niger, Nahrung *9* (1965) 253.
593. D. Lange, W. Bock und K. Täufel. Probleme der Gelierung von niederverestertem Apfelpektin unter Bedingungen der Praxis, Ernährungsforschung *10* (1965) 1.
594. K. Täufel. Zur Perspektive der Enzymologie bei Nahrung und Ernährung, Nahrung *9* (1965) 265.

595. K. Täufel, U. Behnke und H. Wersuhn. Bestimmung von Saccharose in Rübenmelassen mittels Glucoseoxydase, Nahrung *9* (1965) 287 und Z. Zuckerind. *15* (1965) 462.
596. K. Täufel. Az analitika jövöje élelmiszerek vizsgálatában és ertekelésében, Elelmiszervizsgálati Közlemények *11* (1965) 6.
597. H. Ruttloff, R. Friese und K. Täufel. Zur Spaltung und Resorption von Oligosacchariden im Dünndarm. 2. Bildung von Glucose in Gewebeschnitten des Rattendarmes aus Maltooligosacchariden, Hoppe-Seyler's Z. physiol. Chem. *341* (1965) 134.
598. K. Täufel. Mikrobiologie und Mikroökologie in ihrer Bedeutung für Nahrung und Ernährung, Ernährungsforschung *10* (1965) 109.
599. K. Täufel, H. Ruttloff und A. Täufel. Zur Biochemie der Galakto-Oligosaccharide aus der Raffinose-Familie, Festschrift Kurt Mothes zum 65. Geburtstag, Beiträge zur Biochemie und Physiologie von Naturstoffen. VEB Gustav-Fischer-Verlag Jena 1965, 477.
600. K. Täufel und M. Rothe. Peroxydase im autoxydativen Geschehen pflanzlicher Samen, Fette, Seifen einschl. Anstrichmittel *67* (1965) 907.
601. K. Täufel, R. Noack, H. Ruttloff und W. Krause. Zum biochemisch-intestinalen Verhalten der Kohlenhydrate bei Mensch und Tier, K. Täufel, Teil 1. Zur Spaltung und Resorption von Oligosacchariden, Medizin und Ernährung: Teil I: *6* (1965) 253 und Teil II: *6* (1965) 289.
602. H. Ruttloff und K. Täufel. Kohlenhydratintoleranzen des kindlichen Organismus, Ernährungsforschung *10* (1965) 635.
603. K. Täufel und M. Rothe. Aus der Arbeit des Bereiches „Verarbeitung der Lebensmittel" im Jahre 1964, Ernährungsforschung *10* (1965) 553.
604. H. Ruttloff, F. Linow und K. Täufel. Zur intestinal-enzymatischen Spaltung von Saccharosefettsäureestern, Nahrung *9* (1965) 913.
605. F. Linow, M. Roloff und K. Täufel. Zur Bestimmung von Carbonylen neben Hydroperoxiden im essigsauren Milieu, Nahrung *9* (1965) 919.

1966

606. L. Prahl und K. Täufel. Über die Eiweiß-Verdauung in vitro bei gleichzeitiger Dialyse, Nahrung *10* (1966) 31.
607. K. Täufel und U. Behnke. Untersuchungen über den Abbau der Citronensäure durch Aspergillus niger. 1. Mitt. Über den Zucker- und Säure-Stoffwechsel während des Überganges von der Synthese zum Abbau der Citronensäure, Nahrung *10* (1966) 109.
608. W. Bock, M. Krause und K. Täufel. Nachweis eines Pektinase-Hemmstoffes in Gurken, Nahrung *10* (1966) 226.
609. K. Täufel und U. Behnke. Untersuchungen über Synthese und Abbau von Citronensäure durch Aspergillus niger. 2. Mitt. Zur Dissimilation von Citronensäure und einigen weiteren organischen Säuren, Nahrung *10* (1966) 245.
610. K. Täufel und U. Behnke. Untersuchungen über Synthese und Abbau von Citronensäure durch Aspergillus niger. 3. Mitt. Einfluß ausgewählter Enzymgifte auf den Abbau von Citronensäure, Nahrung *10* (1966) 255.
611. U. Behnke, H.-A. Ketz und K. Täufel. Untersuchungen zur Resorption von Citronensäure im Magen-Darm-Kanal von Rattensäuglingen, Acta biologica et medica germanica *16* (1966) 514.
612. W. Bock, J. Matz und K. Täufel. Bestandteile der aus Apfeltrockentrestern gewinnbaren Triterpenfraktion, Nahrung *10* (1966) 409.

613. K. Täufel und U. Behnke. Untersuchungen über Synthese und Abbau von Citronensäure durch Aspergillus niger. 4. Mitt. Vorkommen von Aconitat-Hydratase und Isocitrat-Dehydrogenase während der Gärung, Nahrung *10* (1966) 443.
614. F. Linow, M. Roloff und K. Täufel. Zur Analytik der Carbonyl-Verbindungen und Hydroperoxide bei der Autoxydation olefinischer Fette. 2. Mitteilung. Bestimmung von Carbonylen neben Hydroperoxiden in essigsaurem Milieu, Fette, Seifen einschl. Anstrichmittel *68* (1966) 866.
615. K. Täufel. Das Fett im Zwielicht der Meinungen, Wissenschaft und Fortschritt *1966*, 452.
616. K. Täufel. Zur Zielsetzung der Vortragstagung 1965: Kunststoffe als lebensmittelchemisches und lebensmittelhygienisches Problem, Ernährungsforschung *11* (1966) 351.
617. H. Ruttloff, H. Haenel, A. Täufel und K. Täufel. Die intestinal-enzymatische Spaltung von Galakto-Oligosacchariden im Darm von Tier und Mensch mit besonderer Berücksichtigung von Lactobacillus bifidus, Medizin und Ernährung *7* (1966) 281.
618. K. Täufel. Forschungsergebnisse auf dem Gebiet von Nahrung und Ernährung, ausgewählt aus dem neueren Schrifttum. 1. Mitt. Zur Chemie und Biochemie der Lipide der Milch, Nahrung *10* (1966) 721.
619. K. Täufel. Stand und Entwicklungstendenzen der Volksernährung, Ernährungsforschung *11* (1966) 582.

1967

620. bis 622. H. Haenel, H. Ruttloff, A. Täufel und K. Täufel. Die intestinal-enzymatische Spaltung von Galakto-Oligosacchariden im Darm von Tier und Mensch mit besonderer Berücksichtigung von Lactobacillus bifidus. 1. Mitt. Zur Mikrobiologie der intestinalen Flora des Säuglings, Nahrung *11* (1967) 31. 2. Mitt. Zum intestinalen Verhalten der Lactulose, Nahrung *11* (1967) 39. 3. Mitt. Carbohydratische Aktivität ausgewählter Mikroorganismen der Darmflora, Nahrung *11* (1967) 47.
623. L. Prahl und K. Täufel. Einfaches Verfahren zur Bestimmung der Eiweißverdaulichkeit in vitro unter Anwendung der Druckfiltration. 1. Mitt. Beschreibung des Verfahrens, Z. Lebensmittelunters. und -Forsch. *133* (1967) 73.
624. H. Ruttloff, R. Friese und K. Täufel. Zur Bestimmung der intestinalen γ-Amylase, Nahrung *11* (1967) 205.
625. L. Prahl und K. Täufel. Über Eiweiß-Veränderungen bei hocherhitzten Milchpulvern, Nahrung *11* (1967) 257.
626. H. Ruttloff, F. Linow und K. Täufel. Zur intestinal-enzymatischen Spaltung von Saccharose-Fettsäureestern, Fette, Seifen einschl. Anstrichmittel *69* (1967) 231.
627. H. Ruttloff, R. Friese und K. Täufel. Die Bedeutung glucosidatischer Enzyme bei der Zerlegung von Maltooligosacchariden und Stärke, Hoppe-Seyler's Z. physiol. Chem. 348 (1967) 705.
628. K. Täufel, W. Krause, H. Ruttloff und R. Maune. Zur intestinalen Spaltung von Oligosacchariden, Z. ges. exp. Med. *144* (1967) 54.
629. A. Täufel, H. Ruttloff und K. Täufel. Synthesis of maltulose by intestinal α-D-glucosidases, Carbohyd. Res. *5* (1967) 223.

1968

630. H. Ruttloff, R. Friese, A. Täufel und K. Täufel. Zur Bestimmung der mikrobiellen Glucoamylase, Nahrung *12* (1968) 53.

631. K. Täufel. Forschungsergebnisse auf dem Gebiet von Nahrung und Ernährung, ausgewählt aus dem neueren Schrifttum. 2. Mitt. Metabolische Wechselwirkungen zwischen Mikroorganismen und der Substanz pflanzlicher Lebensmittel, Nahrung *12* (1968) 275.
632. K. Täufel. 4. Mitt. Die Zellkultur als Mittel der biochemisch-metabolischen Forschung beim Lipidumsatz, Nahrung *12* (1968) 307.
633. L. Prahl und K. Täufel. Einfaches Verfahren zur Bestimmung der Eiweißverdaulichkeit in vitro unter Anwendung der Druckfiltration. 2. Mitt. Untersuchungsergebnisse an verschiedenen Milchpulvern, Z. Lebensmittelunters. und -Forsch. *137* (1968) 71.
634. H. Ruttloff, R. Friese, R. Noack und K. Täufel. Zur Bedeutung der γ-Amylase bei der intestinalen Stärkehydrolyse, Ernährungsforschung *13* (1968) 141.
635. A. Täufel, H. Ruttloff, H. Haenel und K. Täufel. Zum biochemischen Verhalten galaktosehaltiger Oligosaccharide im Darmtrakt von Mensch und Tier, Ernährungsforschung *13* (1968) 155.
636. W. Krause, K. Täufel, H. Ruttloff und R. Maune. Zur enzymatischen Spaltung und Resorption von Di- und höheren Oligosacchariden im Intestinaltrakt von Tier und Mensch, Ernährungsforschung *13* (1968) 161.
637. H. Ruttloff und K. Täufel. Die Glucoamylase in ihrer biochemischen, analytischen und technologischen Bedeutung bei Nahrung und Ernährung, Nahrung *12* (1968) 523.
638. K. Täufel. Enzyme und Ernährung: Die Carbohydrasen im Verdauungstrakt von Mensch und Tier, Lebensmittel und Ernährung *21* (1968) 3.
639. K. Täufel. Forschungsergebnisse auf dem Gebiet von Nahrung und Ernährung, ausgewählt aus dem neueren Schrifttum. 5. Mitt. Verdauung und Resorption von Fetten, Nahrung 12 (1968) 873.

1969

640. A. Täufel, H. Ruttloff und K. Täufel. Reversion und Transglykosidierung: Ein Beitrag zu chemischen und enzymatischen Umsetzungen von Sacchariden, Nahrung *13* (1969) 163.
641. K. Täufel. Forschungsergebnisse auf dem Gebiet von Nahrung und Ernährung, ausgewählt aus dem neueren Schrifttum. 6. Mitt. Verdauung und Resorption von Kohlenhydraten, Nahrung *13* (1969) 271.
642. K. Täufel. Forschungsergebnisse auf dem Gebiet von Natur und Ernährung, ausgewählt aus dem neueren Schrifttum. 8. Mitt. Verdauung und Resorption von Proteinen, Nahrung *13* (1969) 559.
643. K. Täufel. Forschungsergebnisse auf dem Gebiet von Nahrung und Ernährung, ausgewählt aus dem neueren Schrifttum. 9. Mitt. Zur Koordinierung von Verdauung und Resorption, Nahrung *13* (1969) 631.
644. K. Täufel und A. Täufel. Forschungsergebnisse auf dem Gebiet von Nahrung und Ernährung, ausgewählt aus dem neueren Schrifttum. 10. Mitt. Zur Biochemie und Mikrobiologie der Zahnkaries, Nahrung *13* (1969) 711.

1970

645. K. Täufel. Forschungsergebnisse auf dem Gebiet von Nahrung und Ernährung, ausgewählt aus dem neueren Schrifttum. 11. Mitt. Biogene Amine in Lebensmitteln und ihre Auswirkung bei der Ernährung, Nahrung *14* (1970) 229; 12. Mitt. *15* (1971) 191.
646. A. Täufel und K. Täufel. Zum mikrobiellen Verhalten von Gluco-Fructosiden gegenüber den Streptokokken der Mundflora im Hinblick auf die Zahnkaries, Nahrung *14* (1970) 331.

Dr. Alfred Täufel

Heinrich Besseler

2. 4. 1900—25. 7. 1969

Am 25. Juli 1969 starb im 70. Lebensjahr unser ordentliches Mitglied Heinrich Besseler in Leipzig, emeritierter Professor mit Lehrstuhl der Musikwissenschaft an der Karl-Marx-Universität in Leipzig, Nationalpreisträger, Ehrenmitglied des Instituto Español de Musicología in Barcelona und der Vereeniging Nederlandsche Muziekgeschiedenis in Amsterdam, „Doctor of Humane Letters" der Universität Chicago. Seit Jahren erkrankt, schied er 1966 aus seinem Amt, setzte aber seine wissenschaftliche Arbeit an der Vorbereitung der monumentalen Quellenausgabe sämtlicher Werke Dufays fort.

Schon mit seinem ersten größeren Werk („Die Musik des Mittelalters und der Renaissance", Potsdam 1930/31) trat Besseler in die Reihe der bedeutendsten Musikwissenschaftler ein. Sein besonderes Gebiet war die Erforschung und Herausgabe mittelalterlicher Musik, obwohl sein Interesse auch spätere Zeitabschnitte, das Schaffen Bachs, sowie ästhetische Fragen umfaßte.

In Dortmund-Hörde am 2. 4. 1900 geboren, absolvierte Heinrich Besseler das Gymnasium in Düsseldorf und studierte (ab 1918) Philosophie bei Heidegger in Freiburg i. Br. und gleichzeitig Mathematik und Naturwissenschaften. Die Musikwissenschaft nahm ihn etwas später gefangen, und zwar durch das aktive Musizieren im Collegium Musicum des Prof. W. Gurlitt, wo er im Ensemble für alte Musik Cembalo und Flöte spielte. Nachdem er noch Theorie und Komposition bei H. Gál in Wien und bei G. Adler und W. Fischer Musikwissenschaft studiert hatte, promovierte er im Jahre 1923 mit einer Dissertation über Fragen der Stilgeschichte der deutschen Suite im 17. Jahrhundert. Er vertiefte sein Wissen bei F. Ludwig in Göttingen, wo er sich einer Gruppe, die alte Musik pflegte, dem sogenannten „Bachkreis", anschloß und trat in den Jahren 1922 und 1924 bei den Festspielen alter Musik in Karlsruhe und Hamburg aktiv auf. Er habilitierte sich 1925 in Freiburg i. Br. und erhielt 1928 einen Ruf als außerordentlicher Professor nach Heidelberg. 1948 wurde er als ordentlicher Professor nach Jena, 1956 in gleicher Eigenschaft nach Leipzig berufen.

Von 1936 an leitete Heinrich Besseler im Staatlichen Institut für Musikforschung in Berlin die Reihe der Quellenausgaben zur Geschichte der deutschen Musik (Denkmälerausgaben) und auch die Bibliographie des deutschen Musikschrifttums. Nach dem zweiten Weltkrieg war er Publikationsleiter des „Corpus Mensurabilis Musicae" in Rom. Bei der Arbeit an einem Band der Edition sämtlicher Werke von Dufay überraschte ihn der Tod. Im Jahre 1960 erschien zu seinem 60. Geburtstag eine Festschrift, deren internationale Besetzung am besten von dem Rang spricht, den Besseler in der musikalischen Welt einnahm.

Besselers Vorliebe galt der Musik des Mittelalters, und sein grundlegendes Werk auf diesem Gebiet, das vor 40 Jahren erschien, hat bis heute, trotz einer ganzen Reihe neuerer Arbeiten über die musikalische Mediävistik, nichts an Aktualität eingebüßt. Seine beiden fundamentalen Werke aus diesem Gebiet „Die Musik des Mittelalters und der Renaissance" (1930/31) und „Bourdon und Fauxbourdon" (1950) enthielten neue Probleme, neue Aspekte, neue Methoden der Analyse und neue stilistische Verknüpfungen, die sich durch die Epochen hinziehen. Seine wissenschaftlichen Erkenntnisse trug er in hinreißenden, von praktischen Vorführungen der Musik durchwobenen Vorträgen vor oder legte sie in seinen klar und schön geschriebenen Werken nieder.

Zu seinen wichtigsten Schriften über mittelalterliche Musik gehören: „Neue Quellen des 14. und beginnenden 15. Jahrhunderts" (1925), „Die Motette von Franko von Köln bis Philipp de Vitry" (1926), „Von Dufay bis Josquin, ein Literaturbericht" (1928/29), „Das Lochamer Liederbuch aus Nürnberg" (1948), „Zur ‚Ars musicae' des Johannes de Grocheo" (1949), „Johannes Ciconia der Begründer der Chorpolyphonie" (1950) und viele andere. Eine Reihe Arbeiten sind dem Schaffen J. S. Bachs gewidmet, wie die Monographie „Johann Sebastian Bach" (1935), „Charakterthema und Erlebnisform bei Bach" (1950), „Bach und das Mittelalter" (1950), „Die Meisterzeit Bachs" (1950), „Bach als Wegbereiter" (1955), „Zur Chronologie der Konzerte Joh. Seb. Bachs" (1955), „Die Brandenburgischen Konzerte J. S. Bachs" (1955) und andere. Nicht zahlreich, aber neu sind auch seine Arbeiten auf dem Gebiet der Musikästhetik, wie „Grundfragen der Musikästhetik" (1926), „Musik und Raum" (1938), „Das musikalische Hören der Neuzeit" (1959). Sporadisch interessierte sich Besseler auch für Probleme der Harmonik, z. B. in „Tonalharmonik und Vollklang" (1952) und für Fragen der alten Aufführungspraxis und Instrumentenkunde. Besseler war auch der Verfasser von Artikeln aus dem Gebiet der mittelalterlichen Musik in vielen Lexika, u. a. in dem neuesten „Die Musik in Geschichte und Gegenwart".

Er gab folgende Sammlungen der alten Musik heraus: Altniederländische Motetten (1929 und 1942); J. Ockeghem: Missa Mi-Mi (1930); Giov. Gabrielli: Drei Motetten für achtstimmigen Doppelchor (1931); G. Dufay: Zwölf geistliche und weltliche Werke für 3 Stimmen (1932); Guillaume de Machaut: Musikalische Werke (1943); Capella, Meisterwerke mittelalterlicher Musik (1950). In der neuen Ausgabe sämtlicher Werke Bachs brachte er nebst kritischen Bericht den Band VII (2 Serie), J. S. Bach: Brandenburgische Konzerte, heraus. Seit 1951 war Besseler Redakteur und Herausgeber von „Guillelmi Dufay Opera Omnia" (Rom) und darüber hinaus Herausgeber folgender Sammelausgaben und musikwissenschaftlicher Annuarien: Heidelberger Studien zur Musikwissenschaft (8 Bände, 1932—39), Musikalischer Gegenwartsfragen (1949 ff.), Corpus Mensurabilis Musicae und anderer.

Als Pädagoge bildete Heinrich Besseler eine ganze Reihe hervorragender Musikwissenschaftler aus, denen er nicht nur sein Wissen vermittelte, sondern die er zu eigenen wissenschaftlichen Arbeiten anregte. Im Besitz eines außerordentlichen musikalischen Gedächtnisses illustrierte er mit Beispielen seine Vorträge, deren faszinierender Wirkung jeder gedenkt, der ihnen zugehört hat.

Heinrich Besselers wissenschaftlicher Nachlaß umspannt weite Gebiete und zeichnet sich durch große Individualität der Forschungsmethoden aus. In dem, was er über Musik geschrieben hat, fühlt man nicht nur einen großen Verehrer, manchmal direkt einen Feinschmecker der Musik heraus. In der Reihe der großen deutschen Musikwissenschaftler, wie Abert, Riemann u. a., hat Heinrich Besseler ein Blatt zur Geschichte der Musikwissenschaft der ganzen Welt beigetragen, das gewiß für lange Zeit ein frisches und dauerhaftes Blatt sein wird. Zofia Lissa

Bibliographie Heinrich Besseler

A) Selbständige Schriften

Die Musik des Mittelalters und der Renaissance, in: Handbücher der Musikwissenschaft, herausgegeben von Ernst Bücken, Potsdam 1931.

Zum Problem der Tenorgeige, in: Musikalische Gegenwartsfragen, Heft 1, Heidelberg 1949.

Bourdon und Fauxbourdon — Studien zum Ursprung der niederländischen Musik, Leipzig 1950, 2., teilweise überarbeitete Auflage, herausgegeben von P. Gülke, Leipzig 1974.

Fünf echte Bildnisse Joh. Seb. Bachs, Kassel und Basel 1956.

Das musikalische Hören der Neuzeit, Berichte über die Verhandlungen der Sächsischen Akademie der Wissenschaften zu Leipzig, phil.-hist. Klasse, Band *CIV*, Heft 6, Berlin 1959.

Schriftbild der mehrstimmigen Musik (gemeinsam mit P. Gülke), in: Musikgeschichte in Bildern, Band *III*, Lieferung 5, Leipzig 1973.

B) Artikel und Vorträge

1. *In Sammelpublikationen*

Erläuterungen zu einer Vorführung ausgewählter Denkmäler der Musik des späten Mittelalters, in: Bericht über die Freiburger Orgeltagung 1926, Augsburg 1926, 141—154.

Mittelalter, Reformation und Renaissance in der altniederländischen Musik, Auszug in: Bericht über die Göttinger Philologentagung 1927, 141 ff.

Johann Sebastian Bach, in: Die großen Deutschen, Band *2*, 1. Auflage 1935, 94—111, 2. Auflage ohne Jahr, 47—63. Neudruck in: Johann Sebastian Bach (Wege der Forschung CLXX), herausgegeben von Walter Blankenburg, Darmstadt 1970, 1—22.

Musik und Raum, in: Festschrift für Max Seiffert, Kassel 1938, 151—160.

Sulla disposizione delle masse orchestrali e corali negli ambienti destinati alle esecuzioni profane e religiose nell'età barocca, in: Atti del terzo congresso internazionale die Musica Firenze 1938, Florenz 1940, 121—129.

Katalanische Cobla und Alta-Tanzkapelle, in: Kongreßbericht Basel 1949, Basel ohne Jahr, 59—69; spanische Übersetzung von Santiago Kastner, La cobla catalana y el conjunto instrumental de danza „alta", Añuario Musical IV, 1949, 93—103.

Die Meisterzeit Bachs in Weimar, in: Joh. Seb. Bach in Thüringen, Weimar 1950, 106—119.

Bach und das Mittelalter, in: Bericht über die Wissenschaftliche Bachtagung Leipzig 1950, Leipzig 1951, 108—130; englische Übersetzung Bach and the Middle Ages, in: The Score, Nr. 9, 1954, 31—42; italienische Übersetzung Bach e il medievo, in: Rassegna musicale XXVI, 1956.

Charakterthema und Erlebnisform bei Bach, in: Kongreßbericht Lüneburg 1950, Kassel und Basel ohne Jahr, 7—32.

Johannes Ciconia Begründer der Chorpolyphonie, in: Atti del Congresso Internazionale di Musica Sacra Roma 1950, Rom-Tournai-Paris 1952, 280—283.

Die Besetzung der Chansons im 15. Jahrhundert, in: Kongreßbericht Utrecht 1952, Amsterdam 1953, 65—72.

Singstil und Imstrumentalstil in der europäischen Musik, in: Kongreßbericht Bamberg 1953, Kassel und Basel 1954, 223—240.

Zur Chronologie der Konzerte Joh. Seb. Bachs, in: Festschrift Max Schneider zum 80. Geburtstag, Leipzig 1955, 115—128.

Mozart und die deutsche Klassik, in: Kongreßbericht Wien Mozart-Jahr 1956, Graz/Köln 1958, 47—54.

Dufay in Rom, in: Miscelánea en homenaje a Mons. Higinio Anglés, Band *1*, Barcelona 1958, 111—134; gekürzte Fassung in Archiv für Musikwissenschaft XV, 1958, 1—19.

Einflüsse der Contratanzmusik auf Joseph Haydn, in: Bericht über die Internationale Konferenz zum Andenken J. Haydns, veranstaltet von der Ungarischen Akademie der Wissenschaften, Budapest 1959, Budapest 1961, 25—40.

Grundsätzliches zur Übertragung von Mensuralmusik, in: Festschrift für Erich Schenk, Studien zur Musikwissenschaft 25, Graz-Wien-Köln 1962, 31—38.

Hugo Riemann (1849—1919), in: Bedeutende Gelehrte in Leipzig. Zur 800-Jahrfeier der Stadt Leipzig im Auftrag von Rektor und Senat der Karl-Marx-Universität herausgegeben von M. Steinmetz, Leipzig 1965, Band *1*, 145—148.

Das Wesen der Musik in heutiger Sicht, in: Festschrift für Walter Wiora 1966, Kassel-Basel-Paris-London-New York 1967, 27—30.

Zum musikalischen Hören in der Gegenwart, in: Gedenkschrift für Fritz Reuter, Wissenschaftliche Zeitschrift der Humboldt-Universität Berlin, Jahrgang *15*, Berlin 1966, Heft 3, 371—373.

Renaissance-Elemente im deutschen Lied 1450—1550, in: Bence Szabolcsi Septuagenario, Studia Musicologica Academiae Scientiarum Hungaricae 11, 1969, 63—68.

Der Ausdruck der Individualität in der Musik, in: Musa-Mens-Musici, im Gedenken an Walther Vetter herausgegeben vom Institut für Musikwissenschaft der Humboldt-Universität Berlin, Leipzig 1969, 225—232; Vorabdruck in: Beiträge zur Musikwissenschaft V, 1963, Heft 3, 161—168.

2. *In Zeitschriften*

Musik des Mittelalters in Hamburg, in: Musica Divina *XII*, 1924, 128—130.

Musik des Mittelalters in der Hamburger Musikhalle — 1.—8. April 1924, in: Zeitschrift für Musikwissenschaft *VII*, 1924/25, 42—54.

Studien zur Musik des Mittelalters — I. Neue Quellen des 14. und beginnenden 15. Jahrhunderts, in: Archiv für Musikwissenschaft *VII*, 1925, 167—252.

Grundfragen des musikalischen Hörens, in: Jahrbuch der Musikbibliothek Peters für 1925, *XXXII*, 1926, 35—52, zugrundeliegend der Habilitationsvortrag Grundprobleme des musikalischen Hörens, Freiburg 1925. Hiervon ein Teilabdruck in: Musik und Gesellschaft *I*, 1930, 3—5, Diskussion dazu in: Deutsches Musikjahrbuch *IV*, 1926, 29: Archiv für Musikwissenschaft *VIII*, 1926, 145; Archiv für Musikwissenschaft *VIII*, 1926, 380ff.

Studien zur Musik des Mittelalters — II. Die Motette von Franko von Köln bis Philipp von Vitry, Archiv für Musikwissenschaft *VIII*, 1926, 131—258, zugrundeliegend die Habilitationsschrift von 1925.

Grundfragen der Musikästhetik, in: Jahrbuch der Musikbibliothek Peters für 1926, *XXXIII*, 1927, 63—80.

Von Dufay bis Josquin, in: Zeitschrift für Musikwissenschaft *XI*, 1928/29, 1—22.

Friedrich Ludwig †, in: Zeitschrift für Musikwissenschaft *XIII*, 1930/31, 83—91.

Schiller und die musikalische Klassik, in: Völkische Musikerziehung *I*, 1934/35, 72—79.

Das Erbe deutscher Musik, in: Deutsche Musikkultur *I*, 1936/37, 14—18.
Zum 70. Geburtstag Max Seifferts, in: Deutsche Musikkultur *II*, 1937/38, 389—391.
Der Ursprung des Fauxbourdons, in: Die Musikforschung *I*, 1948, 606—612.
Dufay Schöpfer des Fauxbourdons, in: Acta Musicologica *XX*, 1948, 26—45.
Wilibald Gurlitt (zum 60. Geburtstag), in: Musica *III*, 1949, 110—111.
Das Lochamer Liederbuch aus Nürnberg, in: Die Musikforschung *II*, 1949, 220—225.
Zur „Ars Musicae" des Johannes de Grocheo, in: Die Musikforschung *II*, 1949, 229—231.
Die Entstehung der Posaune, in: Acta Musicologica *XXII*, 1950, 8—35.
The manuscript Bologna, Biblioteca Universitaria 2216, in: Musica Disciplina *VI*, 1952, 39—65.
Neue Dokumente zum Leben und Schaffen Dufays, in: Archiv für Musikwissenschaft *IX*, 1952, 159—176.
Tonalharmonik und Vollklang — Eine Antwort an Rudolf von Ficker, in: Acta Musicologica *XXIV*, 1952, 131—146.
Das Neue in der Musik des 15. Jahrhunderts, in: Acta Musicologica *XXVI*, 1954, 75—85.
Hat Matheus de Perusio Epoche gemacht? In: Die Musikforschung *VIII*, 1955, 19—25.
Bach als Wegbereiter (Vortrag Bachfest Leipzig 1953), in: Archiv für Musikwissenschaft *XII*, 1955, 1—39. Neudruck in: Johann Sebastian Bach (Wege der Forschung Band CLXX), herausgegeben von Walter Blankenburg, Darmstadt 1970, 196—246.
Die Brandenburgischen Konzerte, Bach-Festbuch zum 32. Deutschen Bachfest Leipzig 1955, 41—44.
Markgraf Christian Ludwig von Brandenburg, in: Bach-Jahrbuch *XLIII*, 1956, 18—35.
Die Echtheit des neuen Bachbildes um 1740, in: Bach-Jahrbuch *XLIII*, 1956, 65—72.
Spielfiguren in der Instrumentalmusik, in: Deutsches Jahrbuch der Musikwissenschaft für 1956, Leipzig 1957, 12—38.
Das Ergebnis der Diskussion über „Fauxbourdon", in: Acta Musicologica *XXIX*, 1957, 185—188.
Eine Silberstiftzeichnung von J. S. Bach, in: Musica *XII*, 1958, 5—9.
Feststellungen zur Bach-Ikonographie, in: Musica *XII*, 1958, 209—211.
Zum Problem der Bach-Bildnisse, in: Die Musikforschung *XI*, 1958, 215—218.
Die Silberstiftzeichnung von J. S. Bach im Urteil der Kenner, in: Musica *XII*, 1958, 668 bis 671.
Umgangsmusik und Darbietungsmusik im 16. Jahrhundert, in: Archiv für Musikwissenschaft *XVI*, 1959, 21—43.
Die Gebeine und die Bildnisse J. S. Bachs, in: Bach-Jahrbuch *XLVI*, 1959, 130—148.
Bemerkungen, J. S. Bachs Brandenburgische Konzerte betreffend, in: Die Musikforschung *XIII*, 1960, 383—385.
Zum Festspiel und Fest in der Neuzeit, in: Bericht über den Akademie-Vortrag der Sächsischen Akademie der Wissenschaften zu Leipzig 1960, Deutsche Literaturzeitung *LXXXI*, 1960, Spalte 1046ff.
Grundsätzliches zur Übertragung von Mensuralmusik, in: Die Musikforschung *XVII*, 1964, 287—288.
Zum Personalstil Franz Schuberts, in: Bericht über den Akademie-Vortrag der Sächsischen Akademie der Wissenschaften zu Leipzig 1964, Deutsche Literaturzeitung *LXXXV*, 1964, Spalte 1121ff.
Das Renaissanceproblem in der Musik, in: Archiv für Musikwissenschaft *XXIII*, 1966, 1—10.
Falsche Autornamen in den Handschriften Straßburg (Vitry) und Montecassino (Dufay), in: Acta Musicologica *XL*, 1968, 201—203.

Ugolini de Maltero Thuringi „De cantu fractabili". Ein scherzhafter Traktat von Hugo Riemann, in: Acta Musicologica *XLI*, 1969, 107—108.

Deutsche Lieder bei Morton und Josquin, in: Beiträge zur Musikwissenschaft 1971, Heft 3; Nachdruck eines für die Festschrift für Max Seiffert bestimmt gewesenen Manuskriptes.

3. In der *Enzyklopädie „Die Musik in Geschichte und Gegenwart"*, Kassel 1951 ff.

Alta
Antonius de Civitate
Aosta
Apt
Ars antiqua
Ars nova
Aubry
Aulen
Ballade — II. Mehrstimmige Ballade des Mittelalters
Bedingham
Benet
Besseler
Bologna, Kodex BL
Bologna, Kodex BU
Burgund
Buxheimer Orgelbuch
Cambrai, Kodex 6 und 11
Carmen, Johannes
Cesaris
Chantilly, Manuskript 1047
Chasse
Chigi-Kodex
Chilston
Chorbuch — I. Die Frühzeit bis 1500
Ciconia
Cobla
Cordier
Dufay
Escorial-Liederbücher
Fauxbourdon
Franco von Köln
Jacobsthal
Johannes de Muris
Ludwig, Friedrich
Schedel, Hartmann
Vitry, Philippe de

4. In: *Riemann Musik-Lexikon*, 12., völlig neu bearbeitete Auflage, begonnen von W. Gurlitt und fortgeführt und herausgegeben von H. H. Eggebrecht, Mainz 1962 ff.

Dunstable
Gabrieli (A. und G.)
Machaut
Deutsche Musik
Mittelalter
Niederländische Musik
Renaissance
Tanz

C) Diskussionsbeiträge auf Kongressen

Auf dem Baseler Kongreß 1924 zum Vortrag van den Borren, Kongreßbericht Basel 1925, 105.

Auf dem Kölner Kongreß 1958, Kongreßbericht Kassel-Basel-Paris 1959 348 ff. und 357.

Auf dem Leipziger Kongreß 1966 zum Thema „Zum Begriff der Tonalität", Kongreßbericht Leipzig 1970, 81—84.

D) Rezensionen

Studi medievali, 1928, 218—220. (F. Ludwig, Die geistliche, nichtliturgische weltliche einstimmige und die mehrstimmige Musik des Mittelalters bis zum Anfang des 15. Jahrhunderts, in Handbuch Adler; F. Gennrich, Trouvère-Lieder und Motettenrepertoire, in: Zeitschrift für Musikwissenschaft *IX*, 1926/27; H. Anglés, Les melodies dell trobador Guiraut Riquier, in: Estudis Universitaris Catalans, *XI*, 2, 1926; W. Großmann, Die einleitenden Kapitel des Speculum musicae von Johannes de Muris, Leipzig 1924; K. Jeppesen, Der Kopenhagener Chansonnier, Kopenhagen/Leipzig 1927).

Literatur zur alten Polyphonie, in: Melos *VIII*, 1929, 240–242 (H. J. Moser, Paul Hofhaimer, Stuttgart 1929; H. Zenck, Sixtus Dietrich, Leipzig 1928; K. Ph. B. Kempers, Jacobus Clemens non Papa und seine Motetten, Ausburg 1928; W. Schuh, Formprobleme bei Heinrich Schütz, Leipzig 1928; A. Einstein, Heinrich Schütz, Kassel 1928).

Musikgeschichtliche Literatur, in: Melos *IX*, 1930, 473–476 (K. Nef, Einführung in die Musikgeschichte, 2. Auflage Basel 1930; Handbuch der Musikgeschichte, herausgegeben von Guido Adler, 2. Auflage Berlin 1930; Festschrift Johannes Wolf zum 60. Geburtstag, Berlin 1929; D. Frey, Gotik und Renaissance als Grundlage der modernen Weltanschauung, Augsburg 1929).

Neue Beethoven-Literatur, in: Deutsche Musik-Kultur *II*, 1937, 127–129: (W. Riezler, Beethoven, Berlin/Zürich 1936; W. Korte, Ludwig van Beethoven — Eine Darstellung seines Werkes, Berlin 1936; H. Schultz, Ludwig van Beethoven — Sein Leben in Bildern, Leipzig 1936; Beethoven und die Gegenwart — Festschrift des Beethoven-Hauses Bonn, Ludwig Schiedermair zum 60. Geburtstag, Berlin/Bonn 1937).

E) Herausgabe musikwissenschaftlicher Arbeiten

Heidelberger Studien zur Musikwissenschaft, Kassel:

Band *1*, F. Dietrich, Geschichte des deutschen Orgelchorales im 17. Jahrhundert, mit Vorwort des Herausgebers, 1932.

Band *2*, E. H. Meyer, Die mehrstimmige Spielmusik des 17. Jahrhunderts in Nord- und Mitteleuropa, 1934.

Band *3*, H. Eckardt, Die Musikanschauung der französischen Romantik, 1935.

Band *4*, H. Haag, César Franck als Orgelkomponist, 1936.

Band *5*, H. E. Rahner, Max Regers Choralfantasie für die Orgel — Eine Studie über Grundlagen und Werden des Regerschen Orgelstils, 1936.

Band *6*, W. Stephan, Die burgundisch-niederländische Motette zur Zeit Ockeghems, 1937.

Band *7*, K. M. Komma, Johann Zach und die tschechischen Musiker im deutschen Umbruch des 18. Jahrhunderts, 1938.

Band *8*, C. Ph. Reinhardt, Die Heidelberger Liedmeister des 16. Jahrhunderts, 1939.

Musik und Bild — Festschrift Max Seiffert zum 70. Geburtstag, herausgegeben mit Fachgenossen, Freunden und Schülern, Kassel 1938; darin Zum Geleit, 3–5.

Musikalische Gegenwartsfragen, Heidelberg:

Heft 1, H. Besseler, Zum Problem der Tenorgeige, 1949.

Heft 2, W. Wiora, Das echte Volkslied, 1950.

Heft 3, H. Husmann, Vom Wesen der Konsonanz, 1953.

Johann Sebastian Bach in Thüringen — Festgabe zum Gedenkjahr 1950, herausgegeben mit Dr. Günther Kraft in Verbindung mit Prof. Hans Pischner und Kirchenrat Dr. Reinhold Jauernig, Weimar 1950.

Jenaer Beiträge zur Musikforschung, Leipzig:

Band *1*, L. Hoffmann-Erbrecht, Deutsche und italienische Klaviermusik der Bachzeit, 1954, mit Vorwort des Herausgebers.

Band *2*, Johann Gottfried Walther, Praecepta der Musicalischen Composition, herausgegeben von P. Benary, 1955.

Band *3*, P. Benary, Die deutsche Kompositionslehre des 18. Jahrhunderts, 1960.

Musikgeschichte in Bildern, Leipzig (zunächst gemeinsam mit Max Schneider, dann mit Werner Bachmann):

Band *I*, Lieferung 1, P. Collaer, Ozeanien (mit Vorwort der Herausgeber), 1965.
Band *I*, Lieferung 2, P. Collaer, Amerika (unter Mitarbeit von W. Rhodes, S. Marti, V. T. Mendoza, E. Lips, R. Krusche), 1967.
Band *II*, Lieferung 1, H. Hickmann, Ägypten (mit Vorwort der Herausgeber), 1961.
Band *II*, Lieferung 4, M. Wegner, Griechenland, 1963.
Band *II*, Lieferung 5, G. Fleischhauer, Etrurien und Rom, 1964.
Band *II*, Lieferung 7, S. Marti, Alt-Amerika, 1970 .
Band *III*, Lieferung 2, H. G. Farmer, Islam, 1966.
Band *III*, Lieferung 3, J. Smits van Waesberghe, Musikerziehung, 1969.
Band *III*, Lieferung 4, B. Stäblein, Schriftbild der einstimmigen Musik, 1974.
Band *III*, Lieferung 5, H. Besseler/P. Gülke, Schriftbild der mehrstimmigen Musik, 1973.
Band *IV*, Lieferung 1, H. Chr. Wolff, Oper, 1968.
Band *IV*, Lieferung 2, H. W. Schwab, Konzerte und Musikfeste, 1971.
Band *IV*, Lieferung 3, W. Salmen, Haus- und Kammermusik, 1970.

F) Musikausgaben

1. *In Denkmäler- und Gesamtausgaben*

Guillaume de Machaut, Musikalische Werke Band IV, Messe, Hoquetus und Lais, herausgegeben aus dem Nachlaß von Friedrich Ludwig, Publikationen älterer Musik XII, Leipzig 1943, Neudruck der vernichteten Ausgabe 1954.
Guglielmi Dufay Opera Omnia, Band I—VI, Rom 1951—1966, Corpus Mensurabilis Musicae I.
Johann Sebastian Bach, Neuausgabe sämtlicher Werke, Serie VII, Band 2, Sechs Brandenburgische Konzerte, 1956.
Johann Sebastian Bach, Neuausgabe sämtlicher Werke, Serie VII, Band 1, Vier Ouvertüren (Orchestersuiten), 1967, (unter Mitarbeit von Hans Grüß).
Das Liederbuch des Dr. Hartmann Schedel, in: Das Erbe deutscher Musik, Band 73/74 (= 12. Band der Abteilung Mittelalter); aus dem Nachlaß von Heinrich Besseler herausgegeben von Peter Gülke, Kassel-Basel-Paris-London 1973.

2. *In Einzelausgaben*

Altniederländische Motetten, Kassel 1929, 2. Auflage 1942, 3. Auflage 1956.
Johannes Ockeghem, Missa Mi-mi, Chorwerk Heft 4, Wolfenbüttel 1930, 2. Auflage 1950.
Giovanni Gabrieli, Drei Motetten für achtstimmigen Doppelchor, Chorwerk Heft 10, Wolfenbüttel 1931, Neudruck 1953.
Orlando Lasso, Madrigale und Chansons zu vier und fünf Stimmen, Chorwerk Heft 13, Wolfenbüttel 1931.
Guillaume Dufay, 12 geistliche und weltliche Werke zu drei Stimmen, Chorwerk Heft 19, Wolfenbüttel 1932, 2. Auflage 1952.
Drei- und vierstimmige Singstücke des 15. Jahrhunderts von Dunstable, Dufay, Touront, Obrecht, Finck, Josquin, Capella 1, Kassel und Basel 1950, 2. Auflage 1959.
Guillaume Dufay, Vierstimmige Messe „Se la face ay pale“, Capella 2, Kassel und Basel 1951.

G) Bibliographien
(je nach Rahmen bzw. Zeitpunkt unvollständig)

Artikel Besseler, Heinrich, in: Die Musik in Geschichte und Gegenwart, Band 1, Kassel und Basel 1951, Spalten 1824—1825.

Artikel Besseler, Heinrich, in: Riemann Musik-Lexikon, 12., völlig neubearbeitete Auflage, begonnen von W. Gurlitt und fortgeführt und herausgegeben von H. H. Eggebrecht, Personenteil Band 1, Mainz 1962.
Artikel Besseler, Heinrich, in: Die Musik in Geschichte und Gegenwart, Supplement, Kassel-Basel-Paris-London-New York 1970, Spalten 754—756 (Peter Gülke).
Die Arbeiten Heinrich Besselers, in: Festschrift Heinrich Besseler zum 60. Geburtstag, herausgegeben vom Institut für Musikwissenschaft der Karl-Marx-Universität, Leipzig 1961, 529—534.

H) Würdigungen und Nachrufe

E. H. Meyer, Zum Geleit, in: Festschrift Heinrich Besseler zum 60. Geburtstag, herausgegeben vom Institut für Musikwissenschaft der Karl-Marx-Universität, Leipzig 1961, 5.
L. Hoffmann-Erbrecht, Heinrich Besseler (1900—1969), in: Die Musikforschung XXIII, 1970, 1—4; in italienischer Übersetzung in: Nouva Rivista Musicale Italiana 1970, Heft 1.
W. Salmen, Heinrich Besseler (1900—1969), in: Acta musicologica XVII, 1970, 219—220.
P. Gülke, Heinrich Besseler zum Gedenken, in: Beiträge zur Musikwissenschaft 1970, Heft 1, 69—73.

Dr. Peter Gülke

Anton Blaschka

7. 10. 1892—30. 7. 1970

Am 30. Juli 1970 verstarb im 78. Lebensjahre Anton Blaschka, emeritierter Professor für Historische Hilfswissenschaften an der Martin-Luther-Universität Halle—Wittenberg und Ordentliches Mitglied der Sächsischen Akademie der Wissenschaften. Mit ihm ist ein bedeutender Gelehrter dahingegangen, der sich als Forscher und Lehrer internationale Anerkennung und Achtung erworben hat. Die günstige Aufnahme seiner Forschungsergebnisse, ein Kreis von Freunden und Schülern, eine weltweite wissenschaftliche Korrespondenz, die bis nach Japan reichte, und nicht zuletzt die repräsentative internationale Beteiligung an der ihm zu seinem 75. Geburtstag gewidmeten Festschrift „Orbis Mediaevalis“, die noch wenige Wochen vor seinem Tode erschien, all das legt dafür Zeugnis ab.

Anton Blaschkas Lebenswerk, über das er 1957 in autobiographischen Darlegungen sogar selbst berichtet hat, war vor allem vier großen Komplexen gewidmet: dem Mittellateinischen, den Historischen Hilfswissenschaften, den deutsch-tschechischen Beziehungen und dem böhmischen Judentum. Die Erschließung der lateinischen Literatur der Feudalepoche und die Deutung des Sinngehalts der mittelalterlichen Urkunde standen dabei im Mittelpunkt. Mit neuen Untersuchungsmethoden gelang es ihm, Erkenntnisse zu gewinnen, die der herkömmlichen Forschung verschlossen bleiben mußten. Das verhalf seinen Arbeiten häufig zu grundsätzlicher methodischer Bedeutung, die über die behandelte Thematik weit hinausreichte.

Blaschka war einer der wirklichen Kenner des Mittellateinischen und seiner Literatur. Dabei beherrschte er das Lateinische auch aktiv mit einer Meisterschaft, die nur durch sein subtiles Einfühlungsvermögen in Geist und Struktur der „toten“ Sprache zu erklären ist und die von den Jüngeren wohl vergeblich angestrebt werden wird. Er übersetzte Gedichte und Prosatexte und schrieb lateinische Briefe, so wie ein anderer in einer modernen Weltsprache korrespondiert. Am bekanntesten ist seine lateinische Übertragung des tschechischen Nationalliedes „Kde domov můj“ geworden, die er anläßlich der 2000-Jahr-Feier Vergils anfertigte. Bis zu seinem Ende hat er allen Versuchen, das Lateinische zu einem „Latin vivant“ zu machen, d. h. die Kultur- und Wissenschaftssprache der Alten zu einem völkerverbindenden Verständigungsmittel der modernen Welt zu entwickeln, hohes Interesse entgegengebracht.

Die Erforschung deutsch-slawischer, insbesondere deutsch-tschechischer Wechselseitigkeit nahm im Schaffen Anton Blaschkas breiten Raum ein. Das konnte bei einem Gelehrten, der lange Jahre in Böhmen gewirkt hat, nicht anders sein. Frei von nationalistischen Ressentiments und chauvinistischen Vorurteilen, auch in den dunkelsten Tagen deutsch-tschechoslowakischer Beziehungen, in der Zeit der faschistischen Okkupation, bemühte er sich, die positiven Traditionen im deutsch-slawischen Verhältnis und die gegenseitige kulturelle Befruchtung zu erforschen und darzulegen. Die hohen kulturellen Leistungen unseres tschechischen Nachbarvolkes haben ihn ebenso in den literarischen Anfängen der Přemyslidenzeit wie im Werke Jan Amos Komenskýs, Bernard Bolzanos, Jakub Arbes' und Božena Němcovás angezogen und angeregt, sie, wie er es einmal formuliert hat, „in dienender Hilfsbereitschaft zu studieren“.

Ein enges Verhältnis besaß Anton Blaschka auch zum böhmischen Judentum. Zusammen mit seinem Lehrer Samuel Steinherz bemühte er sich um die wissenschaftliche Erforschung der Geschichte der Juden in der Tschechoslowakischen Republik und bezog damit Stellung gegen den faschistischen Rassismus, sogar noch in einer Zeit, als die braune Flut bereits die Grenzen zu überspülen drohte.

Anton Blaschka wurde am 7. Oktober 1892 in Oberprausnitz (Bez. Hohenelbe) im Nordostböhmischen geboren. Er stammte aus kleinbäuerlichen Verhältnissen und wuchs unter Bedingungen auf, die in keiner Weise auf den zukünftigen Beruf eines Forschers und Hochschullehrers verwiesen. Da die Eltern das Schulgeld nicht aufbringen konnten, mußte Blaschka bereits den Besuch des Gymnasiums durch Stundengeben selbst finanzieren. 1913 nahm er das Studium an der Universität Wien auf. Die Zeit am Arnauer Gymnasium und in Wien, wo er das kulturelle Leben der untergehenden österreichisch-ungarischen Monarchie kennenlernte, haben ihn nachhaltig beeinflußt. Neben Geschichte und Sprache zogen den vielseitig begabten Schüler und Studenten besonders die musischen Fächer an, was ihn zu eigenem künstlerischen Schaffen befähigte und veranlaßte, die von ihm später untersuchten historischen Denkmale mit dem ihm eigenen Gespür für feine Zusammenhänge auch als Kunstwerke ihrer Zeit zu würdigen. Trotz des äußeren Glanzes der alten Kaiserstadt war auch die Wiener Zeit für Blaschka materiell nicht leicht; um leben und die Hörergebühren bezahlen zu können, war er nebenbei als Hauslehrer tätig. Bei Ausbruch des ersten Weltkrieges wurde er zum österreichischen Militärdienst einberufen.

Der Zusammenbruch der Habsburger Monarchie und die damit verbundene neue Grenzziehung machten die Rückkehr nach Wien und damit zunächst die Fortsetzung des Studiums unmöglich. Blaschka trat schließlich 1921 in den tschechoslowakischen Archivdienst ein und nahm eine Stelle im Archiv des Innenministeriums an. Mit dieser Institution sowie mit Stadt und Universität Prag blieb er lange Jahre verbunden. 1923 entstand seine erste Arbeit und zwar über das Stammbuch der Silber von Silberstein, ein bis dahin unbekanntes Werk Simon Hüttels. Unter großen Schwierigkeiten versuchte er, seine durch den Krieg unterbrochene wissenschaftliche Ausbildung weiterzuführen, indem er neben seiner Berufsarbeit im Archiv ständig Vorlesungen und Seminare an der Prager Universität besuchte. Seine akademischen Lehrer waren vor allem Samuel Steinherz, Theodor Mayer und Hans Hirsch. 1925/26 schloß er seine Universitätsstudien mit einer Dissertation über das Trautenauer Untertanenverzeichnis von 1651 (bei Wilhelm Wostry) ab. Anton Blaschkas reges Interesse auch an sozial- und wirtschaftsgeschichtlichen Fragen spiegelt sich in der Wahl dieses Themas wider. Er konnte der traditionellen Dynasten- und Kriegsgeschichte wenig Geschmack abgewinnen und war der Meinung, daß es darauf ankomme, die Geschichte des arbeitenden Volkes zu berücksichtigen, dem er seiner Herkunft nach eng verbunden war. Das kam auch in anderen Arbeiten der zwanziger Jahre zum Ausdruck, beispielsweise in der monographischen Bearbeitung einer Steuerrolle des Glatzer Gebiets (1926). In einer Fülle von populärwissenschaftlichen Beiträgen hat Blaschka versucht, seine Forschungen einem breiteren Leserkreis zugänglich zu machen. Eine literarische Kostbarkeit jener frühen Schaffensjahre ist der „Roman einer Schule“, der in der anläßlich der Jahrhundertfeier der berühmten Staatsrealschule in der Prager Nikolandergasse herausgegebenen Festschrift erschien, zu der auch Egon Erwin Kisch einen Beitrag beisteuerte. Nach der Übernahme in den wissenschaftlichen Archivdienst wurde Blaschka 1933 Lektor für Mittellatein an der Prager Universität. 1934 erschien seine Edition der St.-Wenzels-Legende Kaiser Karls IV. (1956 ins Deutsche übertragen), mit der er sich im folgenden Jahre für das bisher als Lektor wahrgenommene Fachgebiet habilitierte. Diese Arbeit ist ein hervorragendes Beispiel für die Erschließung und Herausgabe mittellateinischer Literaturwerke. Der Habilitationsvortrag war dem Thema „Dies irae, der Sang vom Weltgericht, in neuer Schau“ gewidmet. 1935 wurde Blaschka Privatdozent, 1941 außerplanmäßiger Professor. Während des zweiten Weltkrieges erfolgte auch die Berufung zum Mitglied der örtlichen Akademie der Wissenschaften.

Die Geisteskultur Böhmens zur Zeit Karls IV. und Wenzels, bereits Problematik der Habilitationsschrift, hat Blaschka in zahlreichen weiteren Arbeiten behandelt. Insbesondere fesselten seine Aufmerksamkeit die berühmte Ackermann-Dichtung und die Gründungsgeschichte der Universität Prag (vor allem im Lichte der Stiftungsprivilegien) als Ausdruck frühhumanistischer Bestrebungen. Sein 1935 geschriebener „Ackermann-Epilog“ (1966 erneut gedruckt) war ein Markstein auf dem Wege der Ackermann-Forschung. Bei vielen Studien legte Blaschka großes Gewicht auf die Interpretation der sprachlich-klanglichen Gestaltung, auf die Beziehungen zwischen Wort und Laut in den von ihm untersuchten Werken. Das führte ihn zu der von Eduard Sievers angewandten Schallanalyse. Er entwickelte diese weiter und betonte deren Eigenständigkeit neben den traditionellen Methoden des Stilvergleichs bei der Formanalyse von Literaturwerken. In dem Aufsatz „Zum mittellateinischen Stilvergleich" (1938), entstanden im Anschluß an die Auseinandersetzungen bei der Neuausgabe des Codex Udalrici, hat er seine Ansichten darüber zusammenfassend dargelegt.

Das Ende des faschistischen Reiches bedeutete für Blaschka einen tiefen Lebenseinschnitt. Er siedelte in die spätere Deutsche Demokratische Republik über, wo er seit 1948 an der Martin-Luther-Universität Halle—Wittenberg als Lehrbeauftragter, Lektor, Dozent und schließlich als Professor mit Lehrauftrag eine neue Wirkungsstätte fand. Bis zu seiner Emeritierung im Jahre 1959 vertrat er dort das Fach Historische Hilfswissenschaften im Rahmen des ehemaligen Instituts für allgemeine Geschichte, dessen Abteilung Mittelalter er seit 1958 leitete. 1965 erfolgte die Berufung in die Sächsische Akademie der Wissenschaften.

Anton Blaschka hat in Halle seine bisherigen Arbeitsgebiete weitergepflegt und die Methoden seiner Forschungen verfeinert. Er bezog aber auch neue Themen in den Kreis seiner Betrachtungen ein, so etwa die Cambridger Liedersammlung, die Devotio moderna und vor allem das Waltharius-Epos, dessen Verfasserschaft er durch aufwendige schallanalytische Untersuchungen zu klären suchte. Blaschkas erste Arbeit nach 1945 war ein Beitrag zu der Paul Lehmann, dem Senior der mittellateinischen Philologie, gewidmeten Festschrift (1949). Seine Verbundenheit mit der Universität Halle brachte er in Beiträgen zur 450-Jahr-Feier 1952 zum Ausdruck, wobei er mit erprobter Methodik die Stiftungsurkunde würdigte. Eine wichtige spätmittelalterliche Sammelhandschrift des Thorners Konrad Gesselen, eines Mitarbeiters des polnischen Historiographen Johann Długosz, wurde zum Ausgangspunkt einer Vielzahl von Aufsätzen, beispielsweise über das „Speculum stultorum" (an dessen Neuausgabe im Rahmen der Bibliotheca Teubneriana er arbeitete), über die Korrespondenz des Enea Silvio Piccolomini oder über Gesindeliteratur des 14. Jahrhunderts. Natürlich beschäftigte ihn auch der „Ackermann" weiter, wozu ihn besonders das Jubiläumsjahr und der sensationelle Fund Doskočils anregten. Neue Einblicke eröffnete ein Beitrag zum Verhältnis zwischen Humanismus und Urkundenwesen. Die mittellateinische Topologie, die Blaschka seit den Studien über die Prager Universitätsprivilegien immer wieder anzog, wurde unter anderem in Aufsätzen zur 500-Jahr-Feier der Karl-Marx-Universität Leipzig, der 1000-Jahr-Feier von Halle und zum Melanchthon-Jubiläum in eindrucksvoller Weise behandelt. Matthias Bél, Tobias Masnik, Božena Němcová und Jakub Arbes standen im Mittelpunkt anderer Arbeiten, und in Zusammenarbeit mit Hans Ahrbeck und Horst Kusch ermöglichte er das Erscheinen der deutschen Ausgabe von Komenskýs „Didactica magna" (1957) und des ersten Bandes der leider unvollendeten Anthologie „Einführung in das lateinische Mittelalter" (ebenfalls 1957).

Anton Blaschkas Wirksamkeit erschöpfte sich auch in Halle nicht in der Forschung. Zwar vermochte er mit seinen Spezialfächern keine Studentenscharen anzuziehen, aber der Kreis von Schülern, der sich um ihn bildete, hat aus seinen Lehrveranstaltungen und Kolloquien, in die der Erfahrungsschatz eines Forscherlebens einfloß, kontinuierlichen Gewinn gezogen. Durch Integrität, Güte und Großzügigkeit war er dem Jüngeren ein menschliches Vorbild. Mit nie versiegender Hilfsbereitschaft gab er jedem, der es begehrte, seinen Rat.

In den letzten Jahren war es stiller um Anton Blaschka geworden. Seine letzte Veröffentlichung erschien 1965; zu weiteren hat er, wohl wegen der fortschreitenden Krankheit, nicht mehr die Kraft gefunden. Den Fragen der Wissenschaft hat er dennoch bis zu seinem Ende ein ständiges Interesse bewahrt, und es mutet geradezu symbolisch dafür an, wenn ihm der Tod bei seinem letzten Dissertationsgutachten die Feder aus der Hand nahm.

Ein ehrendes Andenken wird Anton Blaschka gewiß sein.

Dr. phil. habil. Walter Zöllner

Bibliographie von Anton Blaschka

I. Selbständige Schriften
(einschließlich Übersetzungen)

1. Zusammen mit F. X. Kuhn: Erinnerungsblätter aus Kriegesnot für Oberprausnitz, Trautenau 1923, 2. Aufl. im gleichen Jahr.
2. Balcárek, E. V.: Doksany, Eh. Prämonstratenserinnenkloster. Kurzgefaßter Führer durch dessen Geschichte und Kunstdenkmäler, Doksany 1931 (Übersetzung).
3. Die St. Wenzelslegende Kaiser Karls IV. Einleitung, Texte, Kommentar, Prag/Reichenberg 1934, = Quellen und Forschungen aus dem Gebiete der Geschichte 14.
4. „Dies ire“, der Sang vom Weltgericht in neuer Schau, Prag 1937, = Věstník královské české společnosti nauk, třída pro filosofii, historii a filologii 2, 1937.
5. Die Personenstandsregister im Protektorat Böhmen und Mähren, Prag/Reichenberg 1940, = Sudetendeutsches historisches Archiv 4.
6. Zusammen mit V. Letošník und H.-O. Swientek: Die Böhmische Landtafel. Inventar, Register, Übersichten, Prag 1944.
7. Kaiser Karls IV. Jugendleben und St. Wenzels-Legende, Weimar 1956, = Die Geschichtsschreiber der deutschen Vorzeit, 3. Gesamtausgabe, hg. v. K. Langosch, 83 (Übersetzung).
8. Zusammen mit H. Ahrbeck: Jan Amos Comenius: Große Didaktik, Berlin 1957, = Pädagogische Bibliothek (Übersetzung).
9. Zusammen mit E. Eichler: Briefe des slowakischen Schriftstellers Tobias Masnik an Jurai Láni, Halle 1966, = Wissenschaftliche Beiträge der Martin-Luther-Universität Halle—Wittenberg 1966/2 (C 1).

II. Aufsätze
(einschließlich Übersetzungen)

10. Simon Hüttel's Stammbuch der Silber von Silberstein, JDR 1923, S. 43—59.
11. Neue Quellen zur Heimatkunde, Ht. 1, 1923.
12. Ratsverneuerung beim Treuding in Tschermna, Ht. 1, 1923.
13. Eidschwur der Geschworenen und der Gemeindeältesten, Ht. 1, 1923.
14. Kauf des Erbgerichtsgutes in Niederöls durch Jonas Pohl, Ht. 1, 1923.
15. Wenn vor dreihundert Jahren ein Bauer gestorben war, wie für die Waisen gesorgt wurde, Ht. 1, 1923.
16. Der Arnauer „Polzen“, Ht. 1, 1923.
17. Auf den Spuren eines Taufbrauches, Ht. 1, 1923.
18. Ein deutsches Gebet, Ht. 1, 1923.
19. Das Dorf Witschin, Ht. 1, 1923.

20. Einige Modebildchen aus dem 17. Jahrhundert, Ht. 1, 1923.
21. Aus der Waldsteiner Dorfordnung, Ht. 1, 1923.
22. Die Kinderfibel, Ht. 1, 1923.
23. Etwas aus dem Dorfe der „Nagel“ nach dem 30jährigen Krieg, Ht. 1, 1923.
24. Noch einmal die Gevatterbriefe, Ht. 1, 1923.
25. Eine Wallfahrtserinnerung, Ht. 1, 1923.
26. Merten Benischen Testament, Ht. 1, 1923.
27. Stupna als Pfarrdorf, Ht. 1, 1923.
28. Jakob Werners Lehr- und Wanderjahre, Ht. 1, 1923.
29. Josef Wende, ein unbekannter Pilnikauer Bildhauer, Ht. 1, 1923.
30. Die Trautenauer Ringsäule und ihr Stifter Hansjörg Neidig, Ht. 1, 1923.
31. Gibt es in unserer Gegend keine Prokuratorenbücher? Ht. 1, 1923.
32. Der vereitelte Verkauf von Ketzelsdorf i. J. 1591, Ht. 1, 1923.
33. Die Mastiger Säge, Ht. 1, 1923.
34. Unsere Familiennamen, Ht. 1, 1923.
35. Das Marktprivileg des Städtels Pilnikau, Ht. 1, 1923.
36. Trautenauer Leute von 1651, Ht. 1, 1923.
37. Bartholomäus Theobaldi — ein unbekannter Pfarrer von Arnau, Ht. 1, 1923.
38. Ein Arnauer Scharfrichter der Waldsteinzeit, Ht. 1, 1923.
39. Eine Ratsernennung in Alt-Arnau 1630, Ht. 1, 1923.
40. Vom Neupakauer Kirchspiel vor 300 Jahren, Ht. 1, 1923.
41. Vom Arnauer Literatenchor, Ht. 1, 1923.
42. Malermeister Simon Hüttel, der Trautenauer Chronist, Ht. 1, 1923.
43. Aus Simon Hüttels Stammbuch der Silbersteine, Ht. 1, 1923.
44. Der Widerhall der französischen Revolution in Ostböhmen, JDR 1924, S. 18—30.
45. Arnau im Glanze von Wallensteins Glück, Ht. 2, 1924.
46. Der letzte Wille des Arnauer Glockengießers Donat Schröter des Älteren, Ht. 2, 1924.
47. Am Elbbrunnen, Ht. 2, 1924.
48. Wie Wallenstein seinen Lehrer geehrt hat, Ht. 2, 1924.
49. Ein Wort an unsere Gemeindechronisten, Ht. 2, 1924.
50. Der Güntersdorfer Schuster Jakob Fabiger und die ehrsamen Meister des Handwerks der Schuhmacher in Arnau, Ht. 2, 1924.
51. Das neueste Lebensbild unseres Landsmannes Samuel Fritz von P. C. Wessels S. J., Ht. 2, 1924.
52. Schlußprüfung in der alten Schule, Ht. 2, 1924.
53. Zur Geschichte von Burghöfel, Ht. 2, 1924.
54. Vom Mastiger Kretscham, Ht. 2, 1924.
55. Der Kottwitzer Schulmeister will heiraten, Ht. 2, 1924.
56. Vom Prausnitzer Erbgericht, Ht. 2, 1924.
57. Ein geadelter Gabersdorfer, Ht. 2, 1924.
58. Das Kriegerdenkmal in Mastig, Ht. 2, 1924.
59. Denkspruch aus dem Arnsdorfer Grundbuch, Ht. 2, 1924.
60. Das schlesische Bauerngebet, Ht. 2, 1924.
61. Das Trautenauer Untertanenverzeichnis vom Jahre 1651. Ein historisch-statistischer Versuch, JDR 1925, S. 110—146 und ebenda, *15*, 1926, S. 121.
62. Ein Landsmann bei den Indianern, VK 1925.
63. Der Trautenauer Pastor Hieronymus Hirsch, Ht. 3, 1925.
64. Ein Landschaftsbild, Ht. 3, 1925.

65. Vom Wetterläuten und den Wettergarben und Wetterbroten im Arnauischen, Ht. 3, 1925.
66. Griechische Wörter in unserer Mundart, Ht. 3, 1925.
67. Samuel Fritz. Zum 200. Todestage des berühmten deutsch-böhmischen Missionärs, Ht. 3, 1925.
68. Erbuntertänig, Ht. 3, 1925.
69. Verhandlungen zwecks Neuerrichtung der Seelsorge in Kottwitz und Öls 1782—1786, Ht. 3, 1925.
70. „Neuester Liebesbrief", Ht. 3, 1925.
71. Pastor Lorenz Schubart von Landskron, Ht. 3, 1925.
72. Josef Dorfmann, Ht. 3, 1925.
73. Die „Planeten", Ht. 3, 1925.
74. Eine Stunde im Rachen des Todes, Ht. 3, 1925.
75. Was bringt das Jahrbuch des Riesengebirgsvereines? Ht. 3, 1925.
76. Das Rätsel des Arnauer „Heidensteines" der Lösung näher gebracht, Ht. 3, 1925.
77. Die Grafschaft Glatz nach dem 30jährigen Kriege. Studien auf Grund der Glatzer Rolla, JGDB *1*, 1926, S. 43—146.
78. Die Arnauer Jesuitenresidenz, JDR *15*, 1926, S. 59—80.
79. Ein Streit um den Geburtsort des Erzbischofs Arnestus von Pardubitz, GHbll. *12*, 1926, S. 111—112.
80. Das Abholen der Braut im Arnauischen, VK 1926, S. XLV—XLVIII.
81. Vom Namen der Silber von Silberstein, Ht. 4, 1926.
82. Mädelsteg, Ht. 4, 1926.
83. Wie sind die Arnauer zu ihren Riesen gekommen? Ht. 4, 1926.
84. Der Heimatsort des Amerikamissionärs P. Samuel Fritz, Ht. 4, 1926.
85. Das Trautenauer Untertanenverzeichnis vom Jahre 1651, Jahrbuch der Philosophischen Fakultät der Deutschen Universität in Prag, Dekanatsjahr 1925/26, 3. Jg., Prag 1927, S. 6—8.
86. Die jüdische Gemeinde zu Ausgang des Mittelalters, in: Die Juden in Prag. Bilder aus ihrer tausendjährigen Geschichte. Festgabe der Loge Praga des Ordens B'nai B'rith zum Gedenktage ihres 25jährigen Bestandes, hg. v. S. Steinherz, Prag 1927, S. 58—87.
87. Um die Aufhebung des Arnauer Franziskaner-Klosters, JDR 16, 1927, S. 251—268.
88. Das Wappen von Mittelwalde (1562), GHBll. *13*, 1927, S. 101—102.
89. Das Siegel der Freirichter der Grafschaft Glatz, GHBll. *13*, 1927, S. 113.
90. Von der Zerstückelung des Tschermnaer Meierhofes, Ht. 5, 1927.
91. Die Glatzer Gewerke des XVI. Jahrhunderts, GHBll. *14*, 1928, S. 48—51.
92. Der Name des Husitenführers Ziska, in: Die Husitennot im Glatzer Lande. Gedenkblätter zum Fünfhundertjahrtag des Gefechts am Roten Berge. In Verbindung mit A. Blaschka u. a. hg. v. F. Albert, Glatz 1928, = Glatzer Heimatschriften *20*, S. 82 bis 83; weiterhin: GHbll. *15*, 1929, 42—43.
93. Der Brand von Schurz 1825, VK 1928, S. XXXIII bis XXXIV.
94. Arnauer Barockkultur unter Graf Lamberg, Ht. 6, 1928.
95. Drei Versennsprüche, Ht. 6, 1928.
96. Die Steuerrolle vom Jahr 1654 als familiengeschichtliche Quelle, Sudetendeutsche Familienforschung *1*, 1928/29, S. 157—160.
97. Die „Europäische Wappenkunde", Sudetendeutsche Familienforschung *1*, 1928/29, S. 34.

98. Prokeš, J.: Der Antisemitismus der Behörden und das Prager Ghetto in nachweißenbergischer Zeit, JGJ *1*, 1929, S. 41—262 (Übersetzung).
99. Die Glatzer Malteserkommende im Jahre 1373, GHbll. *15*, 1929, S. 135—136.
100. Glatz als Geburtsort des sel. Arnestus (etwa 1305), GHbll. *15*, 1929, S. 182.
101. Wie auf der Herrschaft Hermannseifen am Anfang des 17. Jahrhunderts die Urbarialleistungen emporschnellten, Ht. 7, 1929.
102. Das Switschiner Kapellenbuch, Ht. 7, 1929.
103. Die Judenschulden im Register des Prager Burggrafenamtes 1494—1500, JGJ 2, 1930, S. 97—119.
104. Der verschollene Stammbaum der böhmischen Herrscher (Genealogia principum regumque Bohemiae) von David Crinitus, MGDB 68, 1930, S. 162—203.
105. Die Bevölkerung Nordostböhmens nach dem Dreißigjährigen Krieg, JDR 19, 1930, S. 215—229.
106. Die Grafschaft Glatz im Jahre 1632/33, GHbll. *16*, 1930, S. 8—14.
107. Teplý, F.: Die Juden in Schwihau, JGJ *2*, 1930, S. 120—184 (Übersetzung).
108. Ein Rätselgedicht über die Gründung der Stadt Mies, in: Festschrift der Bergstadt Mies 1931 zur 800-Jahrfeier, 11.—13. Juli 1931, hg. v. G. Schmidt, Mies 1931, S. 7—10.
109. Roubík, F.: Die Judensiedlungen in Böhmen auf den Ortsplänen vom Jahre 1727, JGJ *3*, 1931, S. 283—306 (Übersetzung).
110. Das Schicksal Don Julios de Austria. Akten und Regesten aus seinen letzten Lebensjahren, MGDB *70*, 1932, S. 220—255.
111. Drei humanistische Stammbaumbilder aus Hermannseifen, JDR *21*, 1932, S. 9—16.
112. Prokeš, J.: Die Prager Judenkonskription vom Jahre 1729, JGJ *4*, 1932, S. 297—332 (Übersetzung).
113. Zuman, F.: Die Trautenauer Papiermühle, Ostböhmische Heimat, *7*, 1932, S. 171 bis 197 (Übersetzung).
114. Jirčák, J.: Beiträge zur Geschichte der Jitschiner Juden im siebzehnten und achtzehnten Jahrhundert, JGJ *5*, 1933, S. 137—156 und ebenda, *6*, 1934, S. 443—456 (Übersetzung).
115. Žáček, V.: Die jüdischen Gerbereien in Mähren zu Beginn des achtzehnten Jahrhunderts, JGJ *5*, 1933, S. 175—197 (Übersetzung).
116. Roubík, F.: Drei Beiträge zur Entwicklung der Judenemanzipation in Böhmen, JGJ *5*, 1933, S. 313—428 (Übersetzung).
117. Das Prager Universitätsprivileg Karls IV. Eine Untersuchung zur lateinischen Kunstprosa des Mittelalters, JGDB *3*, 1930/33, S. 57—103.
118. Der Roman einer Schule, in: Die Nikolander-Realschule in Prag 1833—1933, hg. v. E. Pollak, Prag o. J., S. 11—73.
119. Roubík, F.: Zur Geschichte der Juden in Böhmen in der ersten Hälfte des neunzehnten Jahrhunderts, JGJ *6*, 1934, S. 285—322 (Übersetzung).
120. Der böhmische Adel „de Lauro", Sudetendeutsche Familienforschung *7*, 1934/35, S. 43—45.
121. Ackermann-Epilog, MGDB *73*, 1935, S. 73—86. Neudruck mit Zusatz (1966), in: Der Ackermann aus Böhmen des Johannes von Tepl und seine Zeit, hg. v. E. Schwarz, Wege der Forschung, Bd. CXLIII, Darmstadt 1968, S. 345—367.
122. Die vermeintliche Huldigung der Trautenauer Bürgerschaft vor Christoph von Gendorf, JDR *24*, 1935, S. 55—57.
123. Pešák, V.: Die Judensteuer in Böhmen in den Jahren 1527—1529, JGJ *7*, 1935, S. 1—35 (Übersetzung).

124. Roubík, F.: Zur Geschichte der Juden in Böhmen im neunzehnten Jahrhundert, JGJ *7*, 1935, S. 305—385 (Übersetzung).
125. Prokeš, J.: Das Ghetto zu Neu-Bidschow und die sog. Sekte der Bidschower Israeliten um die Mitte des XVIII. Jahrhunderts, JGJ *8*, 1936, S. 147—308 (Übersetzung).
126. Das St. Hieronymus-Offizium des „Ackermann"-Dichters, in: Heimat und Volk. Forschungsbeiträge zur sudetendeutschen Geschichte, Festschrift für W. Wostry zum 60. Geburtstag, dargebracht von seinen Schülern, hg. v. A. Ernstberger, Brünn/Prag/Leipzig/Wien o. J. (1937), S. 107—155.
127. Peter Brandl um 1700, ZSG 1, 1937, S. 295—298; weiterhin: MGDB *75*, 1937, S. 119 bis 122.
128. Zum mittellateinischen Stilvergleich, ZSG *2*, 1938, S. 168—175.
129. Simon Hüttels literarisches Vermächtnis, in: Der Ackermann aus Böhmen *6*, 1938, S. 70—74.
130. Žáček, V.: Zwei Beiträge zur Geschichte des Frankismus in den böhmischen Ländern, JGJ *9*, 1938, S. 343—410 (Übersetzung).
131. Sprachliche Streiflichter zu den Anfängen der Prager Karlsuniversität, ZSG *4*, 1940, S. 282—286; weiterhin: MGDB 78, 1940/41, S. 42—46.
132. Wenzel IV. und die Frage der Karlsuniversität in Prag 1399 und 1409, ZSG *5*, 1941/42, S. 124—130.
133. Levis exsurgit zephirus, in: Liber floridus. Mittellateinische Studien, P. Lehmann zum 65. Geburtstag am 13. Juli 1949 gewidmet von Freunden, Kollegen und Schülern, hg. v. B. Bischoff und S. Brechter, St. Ottilien 1950, S. 253—269.
134. Ein Brieftopos des „Ackermann"-Dichters, Wiss. Zs. Halle *1*, 1951/52, S. 37—40.
135. 550 Jahre „Ackermann". Deutsch-tschechische Kulturbeziehungen auf mittellateinischer Grundlage, Wiss. Zs. Halle *1*, 1951/52, S. 41—52.
136. Die Gründungsurkunden der Wittenberger Universität, Wiss. Zs. Halle *1*, 1951/52, S. 53—65.
137. Der Stiftsbrief Maximilians I. und das Patent Friedrichs des Weisen zur Gründung der Wittenberger Universität, in: Festschrift zur 450-Jahrfeier der Martin-Luther-Universität Halle—Wittenberg, Bd *1*, Halle (S.) 1952, S. 69—85.
138. Das Eisenacher Diplom als Kunstwerk, in: Prager Festgabe für Th. Mayer, neu hg. v. R. Schreiber, Freilassing/Salzburg 1953, = Forschungen zur Geschichte und Landeskunde der Sudetenländer *1*, S. 3—14.
139. Vom Sinn der Prager hohen Schule nach Wort und Bild ihrer Gründungsurkunden, in: Studien zur Geschichte der Karlsuniversität zu Prag, hg. v. R. Schreiber, Freilassing/Salzburg 1954, = Forschungen zur Geschichte und Landeskunde der Sudetenländer *2*, S. 39—80.
140. Eine Versuchsreihe zum Waltharius-Problem, Wiss. Zs. Halle *5*, 1955/56, S. 413—420.
141. Der Topos scribendo solari — Briefschreiben als Trost, Wiss. Zs. Halle *5*, 1955/56, S. 637—638.
142. Zur Devotio moderna, in: Deutsch-slawische Wechselseitigkeit in sieben Jahrhunderten. Gesammelte Aufsätze, E. Winter zum 60. Geburtstag, Berlin 1956, = Deutsche Ak. d. Wiss. zu Berlin, Veröffentlichungen des Instituts für Slawistik *9*, S. 17—32.
143. Vom Lebenswerk A. Blaschkas. Zu seinem 65. Geburtstag, ZfS *2*, 1957, S. 597—598 (Autobiographische Bemerkungen).
144. Zusammen mit H. Rösel: Bél-Briefe in Deutschland, Wiss. Zs. Halle *7*, 1958, S. 405 bis 428.
145. Monumentum Thorunense, Wiss. Zs. Halle *7*, 1958, S. 715—726.

146. Die neue Handschrift U des Speculum stultorum, Wiss. Zs. Halle *7*, 1958, S. 727—738.
147. Die Korrespondenz des Enea Silvio Piccolomini im Kodex Gesselen Za 89, Wiss. Zs. Halle *7*, 1958, S. 907—912.
148. Zensurierte Briefe Papst Pius II. Die Novelle „Ewrialus et Lucrecia", Wiss. Zs. Halle *7*, 1958, S. 913—922.
149. Die Thais-Legende Marbods von Rennes in der Abschrift Konrad Gesselens, Wiss. Zs. Halle *8*, 1959, S. 431—434.
150. Die Dienstmagd. Ein realistisches Fragment einer Handschrift des 15. Jahrhunderts, Wiss. Zs. Halle *8*, 1959, S. 435—442.
151. Konrad Gesselens Kopie des Zweiten Thorner Friedensvertrages, Wiss. Zs. Halle *8*, 1959, S. 675—682.
152. Die Gothaer Handschrift X des Speculum stultorum verglichen mit der Breslauer Handschrift T, Wiss. Zs. Halle *8*, 1959, S. 989—1002.
153. Von Prag bis Leipzig. Zum Wandel des Städtelobs — anläßlich der 550-Jahr-Feier der Karl-Marx-Universität Leipzig, Wiss. Zs. Halle *8*, 1959, S. 1003—1008.
154. Zur Transkription neuerer tschechischer Texte, ZfS *4*, 1959, S. 236—240.
155. Das Monumentum Thorunense der ULB Halle, in: Philologische Vorträge, hg. v. J. Irmscher u. W. Steffen, Wrocław 1959, S. 181—190.
156. Imperialis civitas Hallensis — quasi aurora et novum sidus, Wiss. Zs. Halle *10*, 1961, S. 881—892.
157. Konrad Gesselen — ein Mitarbeiter von Johannes Długosz. Epilog zum „Monumentum Thorunense", Wiss. Zs. Halle *10*, 1961, S. 893—896.
158. „Wittenbergische Nachtigall". Sternstunden eines Topos, Wiss. Zs. Halle *10*, 1961, S. 897—908.
159. Die Dienstmagd. II. Teil. Kopenhagner Handschrift und niederdeutsche Bruchstücke, Wiss. Zs. Halle *10*, 1961, S. 909—914.
160. Beiträge, in: Comité International des Sciences Historiques, XIe Congrès International des Sciences Historiques. Stockholm, 21—28 Aout 1960. Actes du Congrès, Göteborg/Stockholm/Uppsala 1962, S. 68 und 72.
161. Urkunde und Humanismus, in: Renaissance und Humanismus in Mittel- und Osteuropa, hg. v. J. Irmscher, Bd. *1*, Berlin 1962, S. 44—56.
162. Ist Johannes de Sitbor Verfasser des Tkadleček? Neue Forschungen zum „Ackermann"-Problem, ZfS *7*, 1962, S. 125—130.
163. Zu den Anfängen der Literatur in Böhmen unter den Přemysliden. Neue Forschungen zum Christian-Problem, in: ZfS *7*, 1962, S. 276—282.
164. Zweite Versuchsreihe zum Waltharius-Problem, Wiss. Zs. Halle *11*, 1962, S. 1541 bis 1544.
165. Quid simile isti? Vom Aussagewert einer kleinsten Form — Dr. Joseph Bergel zum Gedenken, Listy filologické, *86*, 1963, S. 72—76.
166. „Die Dienstmagd" als Frauenschelte — ein Forschungsbericht, Mittellateinisches Jahrbuch, *1*, 1964, S. 157—161.
167. Zwei Beiträge zum Ackermannproblem, in: Abh. d. Sächs. Ak. d. Wiss. zu Leipzig, Phil.-hist. Kl., Bd *57*, H. 2, Berlin 1965, S. 45—62.
168. Das Motto zur „Babička" von Božena Němcová, in: Abh. d. Sächs. Ak. d. Wiss. zu Leipzig, Phil-hist. Kl., Bd *57*, H. 2, Berlin 1965, S. 135—138.
169. Das Wesensbild des Bolzanisten Franz Schneider bei Jakub Arbes, in: Ost und West in der Geschichte des Denkens und der kulturellen Beziehungen. Festschrift für E. Winter zum 70. Geburtstag, hg. v. W. Steinitz u. a., Berlin 1966, S. 527—539.

170. Diskussionsbeitrag, in: Cultus pacis, Études et documents du „Symposium Pragense Cultus pacis 1464—1964". Commemoratio pacis generalis ante quingentos annos a Georgio Bohemiae rege propositae, hg. v. V. Vaněček, Prag 1966, S. 109.
171. Das Motto zur Erzählung „Pohorská vesnice" von Božena Němcová, in: Abh. d. Sächs. Ak. d. Wiss. zu Leipzig, Phil-hist. Kl., Bd *59*, H. 2, Berlin 1968, S. 51—55.

III. Rezensionen

172. Inhaltsübersicht tschechischer historischer Fachzeitschriften 1919—1924, MGDB 63, 1925, S. 147—157.
173. Schneider, K.: Die Geschichte der Deutschen Ostböhmens, Bd *1*, Reichenberg 1924. — JDR 1925, S. 203—204.
174. Pfitzner, J.: Besiedlungs-, Verfassungs- und Verwaltungsgeschichte des Breslauer Bistumslandes, 1. Teil, Reichenberg 1926, = Prager Studien aus dem Gebiete der Geschichtswissenschaft 18. — MGDB *67*, 1929, S. 128—130.
175. Benedikt, H.: Franz Anton Graf von Sporck (1662—1738). Zur Kultur der Barockzeit in Böhmen, Wien 1923. — MGDB *67*, 1929, S. 136—137.
176. Sturm, H.: Die Bücherei der Lateinschule zu St. Joachimsthal, St. Joachimsthal 1929, = Nordwestböhmische Heimatbücher, hg. v. R. Wenisch, 2. — MGDB 67, 1929, S. 138—139.
177. Brandl, H.: Sagen und geschichtliche Erzählungen aus dem westlichen Erzgebirge für die Jugend, Rothau 1927. — MGDB *67*, 1929, S. 139.
178. Brandl, H.: Geschichtliche Mitteilungen aus dem Bezirke Graslitz mit vollständiger „Steuer-Rolla" nach der General-Visitation de anno 1654, Rothau 1928. — MGDB *67* 1929, S. 139—142.
179. Ernstberger, A.: Wallenstein als Volkswirt im Herzogtum Friedland, Reichenberg 1929, = Prager Studien aus dem Gebiete der Geschichtswissenschaft 19. — MGDB *68*, 1930, S. 71—72.
180. Roubík, F.: Počátky policejního ředitelství v Praze, Sborník archivu ministerstva vnitra 1, 1926. — MGDB *68*, 1930, S. 72—73.
181. Černý, V.: První ministerstvo zemědělství v Rakousku (1848—1853), Annalen der Tschechosl. Akademie der Landwirtschaft 4. Jg., Abt. A, 1929, H. 1, S. 119—192. — MGDB *68*, 1930, S. 73.
182. Krejčík, A. L.: Příspěvky k soupisu archivů velikých statků, Prag 1929, = Prameny a základy vydávané Československou Akademií Zemědělskou A 1. — MGDB *68*, 1930, S. 73—74.
183. Rynešová, B.: Listář a listinář Oldřicha z Rožmberka 1418—1462. Bd. 1—2, Prag 1929/32. — MGDB *68*, 1930, S. 205—206 und *70*, 1932, S. 128.
184. Černý, V.: Hospodářské instrukce. Přehled zemědělských dějin v době patrimonijního velkostatku v XV.—XIX. století, Prag 1930, = Prameny a základy vydávané Československou Akademií Zemědělskou A 2. — MGDB *68*, 1930, S. 209—210.
185. Podlaha, A.: Šimon Fagellus Villaticus, Prag 1930, = Editiones archivii et bibliothecae s. f. metropolitani capituli Pragensis 22. — MGDB *68*, 1930, S. 211—212.
186. Bericht über die siebzehnte Versammlung Deutscher Historiker zu Halle a. d. S. vom 22. bis 26. April 1930, München/Leipzig 1930. — MGDB *69*, 1931, S. 148.
187. Bretholz, B.: Das Urbar der Liechtensteinischen Herrschaften Nikolsburg, Dürnholz, Lundenburg, Falkenstein, Feldsberg, Rabensburg, Mistelbach, Hagenberg und Gnadendorf aus dem Jahre 1414, Reichenberg/Komotau 1930, = Sudetendeutsche Geschichts-

quellen, hg. v. E. Gierach, H. Hirsch und R. Wenisch, 3. — MGDB *69*, 1931, S. 148 bis 149.

188. Ebert, W.: Das Wurzener Land. Ein Beitrag zur Landeskunde und Siedlungsgeschichte, Langensalza 1930, = Schriften für Heimatforschung, hg. v. R. Kötzschke, 1. — MGDB *69*, 1931, S. 149.

189. Sborník archivu ministerstva vnitra Republiky Československé, hg. v. L. Klicman, 2, 1929. — MGDB *69*, 1931, S. 149—152.

190. Pešák, V.: Dějiny královské české komory od roku 1527, Teil 1, Sborník archivu ministerstva vnitra 3, 1930. — MGDB *69*, 1931, S. 152—153.

191. Roubík, F.: Dějiny Chodů u Domažlic, Sborník archivu ministerstva vnitra 4/5, 1931. — MGDB *69*, 1931, S. 153—155.

192. Roubík, F.: Časopisectvo v Čechách v letech 1848—1862, Prag 1930. — MGDB *69*, 1931, S. 155—156.

193. Roubík, F.: Královští rychtáři v pražských i jiných českých městech v letech 1547 až 1783, Sborník příspěvků k dějinám hlavního města Prahy, 6, 1930, S. 265—355. — MGDB *69*, 1931, S. 156—157.

194. Líva, V.: Studie o Praze pobělohorské, Teil 1, Sborník příspěvků k dějinám hlavního města Prahy, 6, 1930, S. 357—415. — MGDB *69*, 1931, S. 157.

195. Veselý, J.: Pře líčení před českým soudem zemským, Prag 1930, = Práce ze seminářů právnické fakulty Karlovy university v Praze 7. — MGDB *69*, 1931, S. 157—158.

196. Zeitschriftenschau, MGDB *69*, 1931, S. 158—170, 353—355.

197. Hrubý, V.: Úvod do archivní teorie i prakse, Prag 1930, = Knihovna společnosti přátel starožitností československých v Praze 1. — MGDB *69*, 1931, S. 188—189.

198. Roubík, F.: Český rok 1848, Prag 1931. — MGDB *69*, 1931, S. 266.

199. Vox saeculi. Nové příspěvky k poesii českého humanismu, hg. v. F. Kleinschnitzová, Prag 1931, = Bibliothecae Clementinae Analecta 1. — MGDB *69*, 1931, S. 267.

200. Kredel, O., Thierfelder, F.: Deutsch-fremdsprachiges (fremdsprachig-deutsches) Ortsnamenverzeichnis, Berlin 1931, — MGDB *69*, 1931, S. 268.

201. Pfohl, E.: Orientierungs-Lexikon der Tschechoslowakischen Republik, 3. Aufl., Reichenberg 1931. — MGDB *69*, 1931, S. 268.

202. Bevölkerungskarten der Ober- und Niederlausitz auf Grund der Volkszählung der Jahre 1910 und 1925 (1931); Eine neue Bevölkerungskarte der Sudetenländer, Blatt Reichenberg (1931). — MGDB *69*, 1931, S. 269.

203. Balcárek, E. V.: Doksany, 1931. — MGDB *69*, 1931, S. 269—270 (Selbstanzeige von Nr. 2).

204. Bohrer, H.: Selb. Eine Kirchen- und Heimatkunde, Selb 1930. — MGDB *69*, 1931, S. 270.

205. Blau, J.: Der Gemeindechronist und seine Aufgaben, Prag 1931. — MGDB *69*, 1931, S. 270.

206. Sborník prací věnovaných prof. dru. Gustavu Friedrichovi k 60. narozeninám. 1871—1931, hg. v. V. Vojtíšek, Prag 1931, — MGDB *69*, 1931, S. 270—272.

207. Kos, M., Stelè, F.: Codices aetatis mediae manu scripti qui in Slovenia reperiuntur (Srednjeveški rokopisi v Sloveniji), Ljubljana 1931. — MGDB *69*, 1931, S. 342—343.

208. Hrdina, K.: Bohemia Latina. Litterarum Latinarum ad gentem terramque Bohemoslovenicam pertinentium nonnulla exempla selecta, Prag 1931. — MGDB *69*, 1931, S. 343—346.

209. HDJ-Mitteilungen (Hauptverein Deutscher Ingenieure in der Tschechoslowakischen Republik) 20. (10.) Jg., 1931, Nr. 21/22: 125 Jahre Deutsche Technische Hochschule in Prag. — MGDB *69*, 1931, S. 347.

210. Prokeš, J.: Literatura dějepisná, in: Československá Vlastivěda, hg. v. O. Kádner, Bd. 10: Osvěta, Prag 1931, S. 254—305. — MGDB *69*, 1931, S. 347—348.
211. Jonášová-Hájková, S.: Bibliografie české historie za léta 1927—1929, Beilage zu: Český Časopis Historický 37, 1931. — MGDB *69*, 1931, S. 348.
212. Kuhn, W.: Die jungen deutschen Sprachinseln in Galizien, Münster 1930, = Deutschtum und Ausland. Studien zum Auslanddeutschtum und zur Auslandkultur, hg. v. G. Schreiber, 26/27. — MGDB *69*, 1931, S. 350.
213. Schmid, H.: Sprachinsel und Volkstumsentwicklung, Münster 1931, = Deutschtum und Ausland. Studien zum Auslanddeutschtum und zur Auslandkultur, hg. v. G. Schreiber, 46. — MGDB *69*, 1931, S. 350.
214. Sieg, G.: Freiherr Hannibal von Waldstein und sein Stammbuch, Vierteljahrschrift für Wappen-, Siegel- und Familienkunde, Görlitz 1929. — MGDB *69*, 1931, S. 351.
215. Fritzsche, A.: Aus dem Verkehrs- und Postleben des Weltpostvereines, Karlsbad 1932. — MGDB *69*, 1931, S. 352.
216. Heimatkunde des Bezirkes Graslitz, hg. v. Bezirks-Bildungsausschuß, Schriftleiter G. Treixler, 1929. — MGDB *69*, 1931, S. 352—353.
217. Festschrift der Bergstadt Mies 1931 zur 800-Jahrfeier, 11.—13. Juli 1931, hg. v. G. Schmidt, Mies 1931. — MGDB *69*, 1931, S. 353.
218. Minerva-Handbücher. Ergänzungen zu „Minerva", Jahrbuch der gelehrten Welt. 2. Abt.: Die Archive, Bd 1, hg. v. P. Wentzke und G. Lüdtke, Lfg. 1—4, Berlin/Leipzig 1931/32. — MGDB *69*, 1931, S. 384—385 und *70*, 1932, S. 128—129.
219. Handbuch der sudetendeutschen Volksbildung, hg. v. E. Lehmann, Reichenberg 1931. — MGDB *70*, 1932, S. 122.
220. Kühn, K.: Die schöne Altstadt. Ihr Schutz, ihr Umbau, ihre Verkehrsverbesserung. Eine Untersuchung zur praktischen Ausnutzung der Erkenntnis vom Wissen der alten Stadt, Berlin 1932. — MGDB *70*, 1932. S. 123—124.
221. Lenz, O.: Geschichte des Weseritzer Ländchens sowie der Herren von Schwanberg und Guttenstein bis zum Ende des dreißigjährigen Krieges, Brünn 1931, = Bücherei heimatgeschichtlicher Einzeldarstellungen aus dem Böhmerlande 1. — MGDB *70*, 1932, S. 124—125.
222. Eis, G.: Das geistige Leben in Aussig um 1600. Ein Beitrag zur Geschichte des Humanismus in Böhmen, Aussig 1932, = Sonderheft 9 der „Beiträge zur Heimatkunde des Aussig-Karbitzer Bezirkes". — MGDB *70*, 1932, S. 125—127.
223. Villikovský, J.: Latinská poesie žákovská v Čechách, Sborník filos. fakulty univ. Komenského v Bratislavě VIII, 61 (2), 1932. — MGDB *70*, 1932, S. 395—396.
224. Petri de Mladoňowic opera historica nec non aliae de M. Johanne Hus et M. Hieronymo Pragensi relationes et memoriae, hg. v. V. Novotný, Prag 1932, = Fontes rerum Bohemicarum (Prameny dějin českých) 8. — MGDB *71*, 1933, S. 169—171.
225. Vyskočil, J. K.: Legenda bl. Anežky a čtyři listy sv. Kláry, Prag 1932. — MGDB *71*, 1933, S. 171—175.
226. Burkhardt, F.: Die Entwicklung des Wendentums im Spiegel der Statistik, Langensalza 1932, = Die Lausitzer Wenden. Forschungen zu Geschichte und Volkstum der Wenden, hg. v. R. Kötzschke, 6. — MGDB *71*, 1933, S. 181—182.
227. Schreiber, R.: Das Elbogener Urbar der Grafen Schlick von 1525, Prag/Reichenberg 1934, = Sudetendeutsches historisches Archiv 1. — MGDB *73*, 1935, S. 146—147.
228. Schreiber, R.: Der Elbogener Kreis und seine Enklaven nach dem Dreißigjährigen Kriege, Prag/Reichenberg 1935, = Sudetendeutsches historisches Archiv 2. — MGDB *73*, 1935, S. 146—147.

229. Sborník archivu ministerstva vnitra 7—9, 1934/35. — MGDB *73*, 1935, S. 148 bis 149.

230. Gerst, K.: Bohuslaus von Hassenstein, Böhmens erster Humanist, Jahresbericht des Deutschen Staatsrealgymnasiums in Rumburg 24, S. 21—36 und 25, 19—36. — MGDB *73*, 1935, S. 149—150.

231. Die Reformation Kaiser Sigmunds. Eine Schrift des 15. Jahrhunderts zur Kirchen- und Reichsreform, hg. v. K. Beer, Stuttgart 1933, = Beiheft zu den Deutschen Reichstagsakten. — MGDB *73*, 1935, S. 150.

232. Non omnis moriar. Deux volumes publiés à l'occasion du bimillénaire horatien par un groupe de savants tchèques, Prag 1935/36, = Listy filologické 62 H. 6 und 63 H. 1. — MGDB *74*, 1936, S. 68—70.

233. Heimatbücher auf den Weihnachtstisch: A. Klug: Dorfleute. Erzählung aus dem Riesengebirge, 2. Aufl., München 1936; ders.: Blaue Berge — grüne Täler. Aus dem Leben eines Baudenlehrers, München o. J. (1936). — Ht. 14, 1936, S. 199.

234. Kos, M.: Conversio Bagoariorum et Carantanorum, Ljubljana 1936, = Razprave znanstvenega društva v Ljubljani 11, Historični odsek 3. — ZSG *1*, 1937, S. 310.

235. Randt, E., Swientek, H.-O.: Die älteren Personenstandsregister Schlesiens, Görlitz 1938, = Einzelschriften, neue Folge, hg. v. Verein für Geschichte Schlesiens 1. — ZSG *3*, 1939, S. 190.

236. Zechel, A.: Studien über Kaspar Schlick. Anfänge/Erstes Kanzleramt/Fälschungsfrage. Ein Beitrag zur Geschichte und Diplomatik des 15. Jahrhunderts, Prag/Reichenberg 1939, = Quellen und Forschungen aus dem Gebiete der Geschichte 15. — ZSG *3*, 1939, S. 300—301; weiterhin: MGDB *77*, 1939, S. 121—122.

237. Klapper, J.: Stachel der Liebe. Übersetzung des Liber qui dicitur Stimulus amoris, Berlin 1939, = Vom Mittelalter zur Reformation. Schriften zur Geschichte der deutschen Bildung, hg. v. K. Burdach, Bd 6: Schriften Johanns von Neumarkt, 3. Teil. — ZSG *4*, 1940, S. 303—304; weiterhin: MGDB *79*, 1941/42, S. 117.

238. Kop, F.: Založeni university Karlovy v Praze, Prag 1939, = Práce z archivu university Karlovy. — ZSG *5*, 1941/42, S. 358.

239. Novotný, A.: Staropražské sensace, Prag o. J. — ZSG *5*, 1941/42, S. 363.

240. Neuss, E.: Geschichte des Geschlechtes v. Wilmowsky, Halle (S.) 1938. — ZSG *5*, 1941/42, S. 365—366.

241. Chaloupecky, V., Ryba, B.: Středověké legendy prokopské, Prag 1953. — ZfS *2*, 1957, S. 288—292.

242. Nieheim, Dietrich von: Viridarium imperatorum et regum Romanorum, hg. v. A. Lhotsky und K. Pivec, Stuttgart 1956, = Monumenta Germaniae Historica, Staatsschriften des späten Mittelalters V, 1. — ThLZ *83*, 1958, Sp. 202—203.

243. Festschrift Adolf Hofmeister zum 70. Geburtstage am 9. August 1953, dargebracht von seinen Schülern, Freunden und Fachgenossen, hg. v. U. Scheil, Halle (S.) 1955.— DLZ *79*, 1958, Sp. 328—330.

244. Megenberg, Konrad von: Klagelied der Kirche über Deutschland (Planctus ecclesiae in Germaniam), bearb. v. H. Kusch, Berlin 1956, = Leipziger Übersetzungen und Abhandlungen zum Mittelalter, hg. v. E. Engelberg und H. Kusch, A 1. — DLZ *79*, 1958, Sp. 866—868.

245. Slovenské listy a listiny z XV. a XVI. storočia, Bd. 1, hg. v. B. Varsik, Bratislava 1956. — ZfS *3*, 1958, S. 159—161.

246. Uhlirz, M.: Die älteste Lebensbeschreibung des Hl. Adalbert, Göttingen 1957, = Forschungen und Vorarbeiten zu den Jahrbüchern und Regesten Kaiser Ottos III, 3 =

Schriftenreihe der Hist. Kommission bei der Bayerischen Akademie d. Wiss. 1. — ZfS *5*, 1960, S. 134—137.

247. Cibulka, J.: Velkomoravský kostel v Modré u Velehradu a začátky křešťanství na Moravě, Prag 1958, = Monumenta archaeologica /Acta praehistorica, protohistorica et historica Instituti archaeologici Academiae scientiarum Bohemoslovenicae curante J. Böhm edita 7. — ZfS *5*, 1960, S. 146—148.

248. Das Monumentum Thorunense der ULB Halle, in: Philologische Vorträge, hg. v. J. Irmscher und W. Steffen, Wrocław 1959, S. 181—190 — Bibliotheca classica orientalis *5*, 1960, Sp. 180—181 (Selbstanzeige von Nr. 155).

249. Die Urkunden Heinrichs IV., bearb. v. D. v. Gladiss, 2. Teil, Weimar 1952, = Monumenta Germaniae Historica. Die Urkunden der deutschen Könige und Kaiser 6. — ThLZ *86*, 1961, Sp. 437.

IV. Herausgegebene Schriften

250. „Heimat“, Beilage des „Volksbote“ (Trautenau), 1923—1938 (Begründung der Zs.).

251. Pater Meinrad (d. i. M. A. Nossek): Derheem zom Rocka, Gedichte, H. 1, Trautenau 1923, = Riesengebirglers Heimatbücher 1.

252. Die Husitennot im Glatzer Lande. Gedenkblätter zum Fünfhundertjahrtag des Gefechts am Roten Berge, hg. v. F. Albert, Glatz 1928, = Glatzer Heimatschriften *20* (Mitherausgeber).

253. Schmidt, A.: Ein Beitrag zur Lebensgeschichte Kilian Ignaz Dintzenhofers und seiner Familie, MGDB *68*, 1930, S. 47—54.

254. Zeitschrift für Sudetendeutsche Geschichte, 1937—1941/42 (Mitherausgeber).

Dr. phil. habil. Walter Zöllner

Walter Hentschel

25. 3. 1899—22. 12. 1970

Am 22. Dezember 1970 verstarb in Dresden das ordentliche Mitglied unserer Akademie Prof. em. Dr. phil. Walter Hentschel im 72. Lebensjahr. Als Sohn eines Kaufmanns in Zwickau in Sachsen geboren, besuchte er das humanistische Gymnasium seiner Vaterstadt, dann die Universitäten Leipzig, Rostock, Würzburg und Kiel, um Geschichte, Archäologie, Germanistik und Kunstgeschichte zu studieren, für welches Fach er sich schließlich entschied. 1923 promovierte er in Leipzig mit der von Wilhelm Pinder angeregten Arbeit über den in Sachsen tätigen, zunächst nur durch sein Monogramm als Meister H. W. bekannten spätgotischen Bildhauer. Anschließend wurde Hentschel an das Museum des Sächsischen Altertumsvereins in Dresden berufen und wenig später auch an das Sächsische Landesamt für Denkmalpflege. Seit 1945 leitete er als Landesmuseumspfleger für Sachsen die Wiedereröffnung der nichtstaatlichen Museen des Landes. 1950 begann unter Eberhard Hempel seine Laufbahn an der Technischen Hochschule in Dresden, wo er dann seit 1955 den Lehrstuhl für Kunstgeschichte und Denkmalpflege innehatte. Zunehmende Verschlechterung des körperlichen Zustandes setzte 1966 der Lehrtätigkeit ein Ende, nicht aber der wissenschaftlichen Tätigkeit, der Walter Hentschel auch weiterhin verpflichtet blieb.

Sein Leben bietet das seltene Beispiel der Beschränkung eines Kunstgelehrten auf ein ganz bestimmtes Territorium, das Land Sachsen, was aber andererseits eine einzigartige Kennerschaft auf diesem Gebiet zur Folge hatte. Von den ersten Erlebnissen spätgotischer Kunst seiner Vaterstadt ausgehend, zog er seine Kreise immer weiter, und da der Druck der Dissertation zunächst noch nicht möglich war, wurde sein erstes Buch „Sächsische Plastik um 1500“ (1926), eine Zusammenfassung alles dessen, was er sich auch durch seine Tätigkeit am Sächsischen Landesamt für Denkmalpflege inzwischen erarbeitet hatte. Unter Verwertung von Vorarbeiten Eduard Flechsigs hob Hentschel hier zum erstenmal einen Komplex deutscher Kunst in klares Licht, der zuvor wenig beachtet worden war, dessen erschöpfende Darstellung damals freilich noch in weitem Felde lag. Nächste große Aufgabe war die Beteiligung an der Neubearbeitung des stark veralteten Inventars der Sächsischen Bau- und Kunstdenkmäler; doch konnte davon nur der einzige Band über Pirna erscheinen (1929), für den Hentschel die bildende Kunst übernommen hatte unter Ausdehnung seines Forschungsbereiches über die Spätgotik hinaus bis ins 17. Jahrhundert. Es folgten Untersuchungen über die Plastik in Dresden, Meißen, Torgau, Wittenberg und ihre Ausstrahlungen nach Nordwestböhmen. Manche der hier tätig gewesenen Meister sind von Hentschel überhaupt erst entdeckt worden, und es kann nur angedeutet werden, wieviel von dieser mühevollen Kleinarbeit in die betreffenden Artikel des Allgemeinen Künstlerlexikons (Thieme-Becker) übergegangen ist, die Hentschel in großer Zahl verfaßt hat, und die eben nur von ihm geschrieben werden konnten. Auch die Malerei wurde in den Kreis der Betrachtung gezogen mit Arbeiten über Hans Hesse, die Schneeberger Malerfamilie Krodel, selbstverständlich auch über Lucas Cranach, wobei die Entdeckung eines bisher unbekannten Cranach-Altars gelang.

1938 konnte endlich die Dissertation unter dem Titel „Hans Witten. Der Meister H. W.“ in erweiterter, gereifter und vertiefter Form erscheinen. Durch diese Monographie über den größten Bildhauer der obersächsischen Spätgotik, dessen Namen Hentschel nunmehr mit an Sicherheit grenzender Wahrscheinlichkeit festgestellt hatte, beteiligte er sich auf seine Weise an der von Pinder gestellten dringlichen Aufgabe der Erforschung spätmittelalterlicher Plastik in Deutschland, die bisher hinter der Orientierung auf das hohe Mittelalter und auf Italien zurückgetreten war. Wer damals am Leipziger Kunsthistorischen Institut die von der Begeisterung für die Sache getragenen Bemühungen Pinders miterlebt hat, der wird es begreifen, daß davon auch sehr viel in die Arbeit des Schülers übergegangen ist. Das Werk, ein glänzendes Beispiel für die Verbindung von Formanalyse, inhaltlicher Deutung und Urkundenforschung, hat viele veranlaßt, sich mit den hier von Hentschel aufgeworfenen Problemen auseinanderzusetzen.

Aus der vertrauten Materie spätgotischer Plastik in Sachsen erwuchs nach langer Vorbereitung eine weitere Künstlermonographie, die über den Zwickauer Bildschnitzer Peter Breuer (1951). Sie trägt den Untertitel „Eine spätgotische Bildschnitzerwerkstatt“, womit angedeutet ist, daß es hier nicht allein um die Herausstellung einer Künstlerpersönlichkeit und die Abgrenzung ihrer Leistung geht, sondern auch um die handwerklichen und wirtschaftlichen Voraussetzungen eines solchen Werkstattbetriebes. Wer jemals mit derartigen Fragen zu tun hat, der möge sich diesen hier von Hentschel sauber herauspräparierten Modellfall genau ansehen; er wird Tatsachen erfahren, die dem Kunsthistoriker nicht ohne weiteres geläufig sind, und aus denen auch der Wirtschaftshistoriker mancherlei lernen kann.

Eine weitere Frucht jahrzehntelanger Beschäftigung mit der sächsischen Plastik des 16. und 17. Jahrhunderts und intensiver Sammelarbeit war das Werk „Kursächsischer Eisenkunstguß“ (1955), in dem Hentschel, anknüpfend an die Forschungen Albrecht Kippenbergers über den deutschen Eisenguß, diesen auf seinem Spezialgebiet untersuchte unter Beibringung eines überraschend umfangreichen Materials. Auch hier gewinnt man wieder einen tiefen Einblick in handwerkliche Praktiken. Trotz Lehrverpflichtungen und laufenden Arbeiten verschloß Hentschel sich nicht der an ihn herangetragenen entsagungsvollen Aufgabe einer „Bibliographie zur sächsischen Kunstgeschichte“, die 1960 erschien.

Mit der Übersiedlung an die Technische Hochschule hatte sich zwangsläufig die Wendung von der bildenden Kunst zur Architektur ergeben, die nunmehr immer ausschließlicher im Forschungsprogramm Hentschels zu dominieren begann. Eine erste Untersuchung galt den Anfängen des Fabrikbaus in Sachsen (1953/54), einem Thema also, das damals noch als ganz ausgefallen gelten mußte, während die Einbeziehung auch der technischen Denkmäler in die Baugeschichte heute allgemein gefordert wird. Durch Cornelius Gurlitt, ehemals Professor der Technischen Hochschule in Dresden, war Ende des 19. Jahrhunderts die erst von wenigen betriebene Erforschung der Barockarchitektur in Gang gekommen; eine Tradition hatte sich am Dresdener Lehrstuhl angebahnt, die von Eberhard Hempel aufgenommen und nun von Hentschel, dessen Nachfolger, fortgeführt wurde — ein schönes Beispiel dafür, wie der genius loci, die reiche Erscheinung gerade des Dresdener Barocks, die Forschung anzuregen vermochte.

Hentschels Arbeiten über den sächsischen, speziell Dresdener Barock setzen ein mit einem Aufsatz über das Brühlsche Belvedere (1956/57), jenen von Johann Christoph Knöffel entworfenen Rokokobau, der im Siebenjährigen Krieg auf Befehl König Friedrichs II. zerstört wurde; galten weiter einem „Unbekannten Schloßbau Augusts des Starken“ (1958), womit das Projekt von Schloß Karge an der Grenze zwischen Sachsen und Polen gemeint war, und erreichten in der Monographie über die 1945 dem Kriege zum Opfer gefallene „Villa Cara“ (1963) einen Höhepunkt aus den Urkunden erarbeiteter, kunst- und kulturgeschichtlicher Darstellung. Es ging darin um einen kleinen Siedlungskomplex in Dresden, der zuerst durch den Hofarchitekten Knöffel zu einer Stätte repräsentativen Wohnens erhoben wurde und dann im 19. Jahrhundert einer der interessantesten Persönlichkeiten im Dresdner Geistesleben als Wohnsitz diente, dem Arzt, Philosophen und romantischen Maler Carl Gustav Carus. Es folgte die Studie über „Die Alte Börse in Leipzig“, ein Kleinod frühbarocker bürgerlicher Baukunst, für dessen Entwurf, was neu war, Hentschel mit überzeugender Begründung den Dresdener Oberlandbaumeister Johann Georg Starcke feststellte, den Erbauer des „Palais im Großen Garten“, des ersten bedeutenden Barockbaus in Dresden.

Bereits Cornelius Gurlitt hatte damit begonnen, die Warschauer Bauten aus der Zeit der sächsischen Könige als Leistung einer Außenstelle sächsischer Barockarchitekten bekannt zu machen unter Heranziehung eines Teils der in den Dresdener Archiven befindlichen Pläne, während die zugehörigen Akten fast unberücksichtigt blieben. Eberhard Hempel hatte dann vor dem Krieg einen Katalog der im Sächsischen Landeshauptarchiv vorhandenen, für Polen geschaffenen Architekturzeichnungen vorbereitet. Auf diese Vorarbeiten konnte sich Hentschel stützen, als er seinerseits die umfangreiche Arbeit in Angriff nahm, deren Ergebnis nunmehr in zwei gewichtigen Bänden vorliegt unter dem Titel „Die sächsische Baukunst in Polen" (1967). Mit gewohnter Gründlichkeit hat er aus Dresdener und Warschauer Archiven herausgeholt, was an urkundlichen Nachrichten, Plänen und Zeichnungen herauszuholen war, aufs kollegialste unterstützt von den polnischen Fachgenossen, für die Hentschels Untersuchungen wiederum die Ausgangsbasis für deren eigene Arbeiten bildeten. Der Druck des schon 1961 fertigen Manuskripts verzögerte sich lange, und das Lesen der schwierigen Korrekturen des mehr als 500 Druckseiten umfassenden Werkes hat dem Verfasser bei nachlassenden Kräften manchen Stoßseufzer entlockt. Schließlich bereicherte Hentschel die Abhandlungen unserer Akademie noch um einen wertvollen Beitrag über „Die Zentralbauprojekte Augusts des Starken" (1969), wiederum eine Frucht eingehenden Archivstudiums, und bevor steht noch das Erscheinen eines Katalogs der im Kriege zerstörten Kunstwerke unter dem Titel „Monumenta perdita".

Der Unterzeichnete hat den nach einem erfüllten Leben nunmehr Dahingeschiedenen bereits als Studenten am Leipziger Kunsthistorischen Institut kennen gelernt. Walter Hentschel trat nicht, wie damals so mancher seiner Kommilitonen zu Beginn der „Goldenen 20er Jahre", durch geistreiches Reden hervor; er war vielmehr der stille, in seine Studien vertiefte, absolut sachliche Arbeiter, der er dann immer geblieben ist. Nicht zuletzt solche Eigenschaften ermöglichten ihm seine große wissenschaftliche Leistung.

Johannes Jahn

Bibliographie Walter Hentschel

I. Selbständige Veröffentlichungen

1. Sächsische Plastik um 1500. Dresden 1926. 64 S., 100 Taf.
   Bespr. in: Denkmalpfl. u. Heimatschutz 29. 1924, 92 (Nonn).
   N. Archiv f. sächs. Gesch. 47. 1926, 165f. (Beschorner).
   Dresdner Anzeiger, Wissensch. Beil. 1926, 88 (Gurlitt).
   Repert. f. Kunstwissensch. 1928, 115 (E. Wiese).
   Repert. f. Kunstwissensch. 1928, 123ff. (K. Gerstenberg).
2. Kunstdenkmäler des Freistaates Sachsen. Bd 1. Die Stadt Pirna (gemeinsam mit W. Bachmann), Dresden 1929. 264 S., 254 Abb., 56 Taf.
   Bespr. in: Mitteil. d. Landesver. Sächs. Heimatschutz *18*. 1929, 92ff. (Gurlitt).
3. Meißner Bildhauer zwischen Spätgotik und Barock. Meißen 1934. 107 S., 31 Taf.
4. Hans Witten, Der Meister HW. Leipzig 1938. 261 S., 147 Abb.
   Bespr. in: N. Archiv. f. sächs. Gesch. *60*. 1939, 156ff. (Hempel).
   Zeitschr. f. Kunstgesch. 1940, 290 (v. d. Osten).
5. Meißen, Dom und Schloß. Berlin 1944. 18 S. m. Abb. = Führer zu großen Baudenkmälern H. 48.

6. Der Dom zu Freiberg. Berlin 1944. 16 S., 9 Abb. = Führer zu großen Baudenkmälern H. 90.
7. Die St. Annenkirche zu Annaberg. München—Berlin 1950. 18 S. m. Abb. = Große Baudenkmäler H. 123.
8. Peter Breuer. Eine Spätgotische Bildschnitzerwerkstatt. Dresden 1951. 2. Aufl. 1952. 233 S., 120 Abb. = Forschungen zur sächs. Kunstgesch. Hg. v. E. Hempel, Bd 1.
Bespr. in: Natur und Heimat 1952 (1), 15ff. (Löffler).
Kunstchronik 5. 1952 (2). 41f. (Müller).
Deutsche Liter. Ztg. 4. 1953 (2). 100f. (Ladendorf)
Bildende Kunst 1954 (2). 63f. (Asche),
Zpráry památkové péce 1953 (Kotrba),
9. Die Goldene Pforte. Dresden 1954. 22 S. = Das Kleine Kunstheft Nr. 5.
10. Kursächsischer Eisenkunstguß. Dresden 1955, 315 S., 166 Abb. = Forschungen zur sächs. Kunstgeschichte. Hg. v. E. Hempel. Bd 4
Bespr. in: Natur und Heimat 1955 (9) (Gilsenbach).
Literaturanz. f. d. allgem. wissensch. Schrifttum *5.* 1955 (2) 12.
DLZ *77.* 1956 (10) (Sieber).
11. Bibliographie zur Sächsischen Kunstgeschichte. Berlin 1960. 273 S. = Schriften zur Kunstgeschichte. Hg. v. F. Hamann und E. Lehmann. H. 4.
Bespr. in: DLZ *82.* 1961 (6), 550 (Mrusek).
Histor. Jahrb. München. *82.* 1962, 462 (Sydow).
Das Münster 1962, 297 (E. J.).
Jahrb. f. d. Gesch. Mittel- u. Ostdeutschlands 1967, 210 (Schadendorf).
12. Villa Cara. Die Geschichte des Dresdener Carus-Hauses. Dresden 1963. 60 S., 26 Abb. = Schriften der Medizinischen Akademie Dresden. Bd 3.
13. Die alte Börse in Leipzig und ihr Architekt. Berlin 1964. 19 S., 27 Abb. = Abhandlungen d. Sächs. Akademie d. Wissenschaften zu Leipzig. Bd 57 H. 4.
14. Dresdner Bildhauer des 16. und 17. Jahrhunderts. Weimar 1966. 170 S., 9 Textabb., 120 Taf.
Eberhard Hempel zum 80. Geburtstag.
Bespr. in: Zeitschr. f. Kunstgesch. *30.* 1967, 268f. (Watzdorf).
15. Die Sächsische Baukunst des 18. Jahrhunderts in Polen. Berlin 1967. 2 Bände. 551 S., 96 Abb. und 581 Abb.
Bespr. in: Zeitschr. f. Ostforschung *17.* 1968. 3, 553ff. (Kohte).
Österr. Zeitschr. f. Kunst u. Denkmalpfl. 1969 (1/2) (Franz).
16. Die Zentralbauprojekte Augusts des Starken. Ein Beitrag zur Rolle des Bauherrn im deutschen Barock. Berlin 1969. 93 S., 113 Abb. = Abhandlungen d. Sächs. Akademie d. Wissenschaften zu Leipzig. Bd 60 H. 1.

II. Beiträge in Zeitschriften, Sammelwerken usw.

17. Ein Werk Peter Breuers in der Katharinenkirche [zu Zwickau]. In: Alt-Zwickau 1922 (6), 21f.
18. Eine Figur vom Wolgemut-Altar im König-Albert-Museum [zu Zwickau]. In: Alt-Zwickau 1922 (8), 30ff.
19. Der Altar von Geyer. In: Dresdner Nachrichten 28. 7. 1923.
20. Hans Hesse. In: Dresdner Nachrichten 6. 8. 1923.
21. Der Oelberg von Thurm. In: Dresdner Anzeiger 30. 8. 1923.

22. Neuerwerbungen des Dresdner Altertumsmuseums. In: Dresdner Nachrichten April/ Mai 1924.
23. Wissenschaftl. Ergebnisse der Ausstellung „Altdeutsche Malerei und Plastik in Chemnitz und Umgebung". In: Chemnitzer Tageblatt 23. 11. 1924.
24. Altdeutsche Malerei und Plastik in Chemnitz und Umgebung. Ausstellung der Kunsthütte zu Chemnitz. Katalog 1924.
25. Neuerwerbungen des Dresdner Altertumsvereins. In: Cicerone 1924.
26. Anfänge der Barockplastik in Sachsen (Vortrag v. K. Buschmann). Dresdner Anzeiger 15. 1. 1925.
27. Das Altertumsmuseum im Großen Garten. In: Das Buch der Stadt Dresden 1926. 153ff., 3 Abb.
28. Alte Bildwerke in der Schloßkirche [Chemnitz]. In: Das Buch der Stadt Chemnitz 1926. 169ff., 2 Abb.
29. Das Dresdner Altertumsmuseum und die sächsische Denkmalpflege. In: Zeitschr. f. Denkmalpfl. *1*. 1926/27, 42ff., 1 Abb.
30. Freiberg. In: Zeitschr. f. Denkmalpfl. *1*. 1926/27, 180ff.
31. Sächsisches Denkmalarchiv. In: Zeitschr. f. Denkmalpfl. *1*. 1926/27, 182ff.
32. Mittelalterliche Plastik in Meißen. 1. Der Meister der Domstatuen. 2. Das 14. Jahrhundert. In: Beilage d. Meißner Tageblattes „Die Heimat" 5. Jahrg.
33. Ein vergessenes Meisterwerk Dresdner Kunst. In: Dresdner Anzeiger. Wiss. Beilage *5*. 1928 (9), 33ff.
34. Zu Dürers 400. Todestag. In: Dresdner Schulzeitung 1928.
35. Cranach und seine Schule im Erzgebirge. In: Glückauf. Zeitschr. d. Erzgebirgsver. *48*. 1928 (3), 43ff., 11 Abb.
36. Meißner Bildhauer in vier Jahrhunderten. In: 1000 Jahre Meißner Land, Meißen 1929, 52ff.
37. Eine Meißner Schnitzwerkstatt um 1500. In: Mitt. d. Landesver. Sächs. Heimatschutz *18*. 1929, 259—273, 8 Abb.
38. Meißener Frührenaissance. In: Mitt. d. Landesver. Sächs. Heimatschutz *18*. 1929, 274—285, 8 Abb.
39. Frauenkirche zu Meißen. In: Zeitschr. f. Denkmalpfl. *3*. 1928/29. 158ff., 1 Abb.
40. Der Altar der Schloßkapelle in Dresden. In: Neues Archiv f. Sächs. Gesch. *50*. 1929, 119—131, 2 Abb.
41. Sächsische Renaissanceplastik im Dresdner Altertumsmuseum. In: Dresdner Anzeiger, Wiss. Beilage. *6*, 1929 (27), 105ff.
42. Aufdeckung mittelalterlicher Wandmalereien. In: Dresdner Anzeiger, Wiss. Beilage, *7*. 1930 (29. 4.).
43. Ein Dresdner Bildschnitzer in Aussig. In: Beiträge zur Heimatkunde des Aussig-Karbitzer Bezirkes *10*. 1930, 84ff.
44. Die Schneeberger Malerfamilie Krodel. In: Glückauf. Zeitschr. d. Erzgebirgsvereins *50*. 1930, 91ff., 10 Abb.
45. Der Dresdner Bildhauer Sebastian Walther. In: Zeitschr. f. Bildende Kunst *64*. 1930/31, 59ff.
46. Die Inventarisation der sächsischen Kunstdenkmäler. In: Amt und Volk *5*. 1931, 92ff.
47. Der Altar von Rötha und seine Wiederherstellung. In: Die Denkmalpfl. 1931, 91ff., 6 Abb.
48. Sächsische Bornkinnl-Figuren. In: Mitt. d. Landesver. Sächs. Heimatschutz *26*. 1931, 352ff., 15 Abb.

49. Christoph Walther I, der Meister des Dresdner Totentanzes. Versuch eines Lebensbildes. In: Dresdner Anzeiger, Wiss. Beilage, *8.* 1931 (19), 73ff.
50. Peter Breuer, ein sächsischer Schüler Tilman Riemenschneiders. In: Dresdner Anzeiger, Wiss. Beilage, *8.* 1931 (51), 201ff.
51. Wolf Ernst Brohn. Ein vergessener Dresdner Barockbildhauer. In: Dresdner Anzeiger. Wiss. Beil. *9.* 1932 (43), 169ff.
52. Sächsische Renaissancebildhauer in Nordwestböhmen. In: Beiträge z. Heimatkunde d. Aussig-Karbitzer Bezirks *12.* 1932 (2/3), 53ff.
53. Sächsische Renaissance-Bildhauer in Nordwestböhmen. In: Die Bau- und Kunstdenkmäler des Aussig-Karbitzer Bezirks *12.* 1932 (2/3), 53ff.
54. Sächsische Renaissance-Bildhauer in Nordwestböhmen. In: Nordwestböhmen. Hg. v. Oberdorfer. Brüx 1933. 18 S.
55. Die Zinnsärge der Wettiner im Freiberger Dom. In: Neues Archiv f. Sächs. Geschichte *53.* 1932, 51ff., 4 Abb.
56. Der Orgelbauer Gottfried Silbermann. Zur 250. Wiederkehr seines Geburtstages. In: Mitteil. d. Landesver. Sächs. Heimatsch. *21.* 1932, 197ff., 13 Abb.
57. Die Renaissancebildwerke von Wilsdruff und Umgebung und ihre Meister. In: Unsere Heimat, Beil. z. Wilsdruffer Tageblatt 23. 1934.
58. Schloß Moritzburg. In: Deutsche Kunst u. Denkmalpfl. 1934, 20ff., 8 Abb.
59. Alte Sächsische Ofenplatten. In: Mitteil. d. Landesver. Sächs. Heimatschutz *23.* 1934, 253ff., 21 Abb.
60. Die Torgauer Bildhauer der Renaissance. In: Sachsen u. Anhalt *11.* 1935, 152ff., 12 Abb.
Bespr.: Neues Archiv f. Sächs. Gesch. *57.* 1936, 98 (Buschmann).
Deutsche Kunst u. Denkmalpfl. 1935, 191 (Asche).
61. Evangelische Dome in Sachsen. In: Das schöne Sachsen *6.* 1936, 4f.
62. Die Wiederherstellung des Wandbildes von Klösterlein-Zella. In: Deutsche Kunst u. Denkmalpfl. 1935, 233f., 1 Abb.
63. Die Wiederherstellung des Vesperbildes von St. Marienstern. In: Deutsche Kunst u. Denkmalpfl. 1935, 79f., 1 Abb.
64. Die Umwandlung des sächsischen Regiments Prinz Clemens Chevaulegers in ein Ulanenregiment [1811]. In: Zeitschr. f. Heeres- u. Uniformkunde *82/84.* 1935, 121—126.
65. St. Florian in Sachsen. In: Dresdner Anzeiger (204), 2.
66. Alte kirchliche Kunst in Sachsen. In: Landeskirchl. Gemeindeblatt. Oktober 1935.
67. Der künstlerische Schmuck des Salomonis-Tores und sein Meister. In: Dresdner Geschichtsblätter *44.* 1935 (3—4), 179f.
68. Der künstlerische Schmuck des Salomonis-Tores und sein Meister. In: Dresdner Geschichtsblätter *45.* 1936, 13f.
69. Adam und Eva von Zacharias Hegewald. In: Pantheon *9.* 1936, 316ff., 2 Abb.
70. Hans Witten — der Meister HW. In: Denkmalpflege, Heimatschutz, Naturschutz. Dresden 1936, 240ff., 12 Abb.
71. Meister „H. W.". 16 seiner schönsten Werke. Leipzig 1936. 10 S., 16 Taf. = Festgabe zur Tagung der Gesellschaft der Bibliophilen 1936.
72. Die Kreuzigungsgruppe des Freiberger Dom. In: Atlantis *9.* 1937, 316ff.
73. Sächsische Bildhauerkunst im ausgehenden Mittelalter. In: Dresdner Neueste Nachrichten 24. 4. 1937.
74. Sächsische Bildhauerkunst. In: Leipziger Illustrierte Ztg., Sachsen-Nr. 1937, 321ff.
75. Die Alabasterbildwerke von Schönpriesen. In: Forschungen z. Geschichte Sachsens u. Böhmens. Hg. v. R. Kötzschke. Dresden 1937, 180ff., 7 Abb.

76. Instandsetzung der Epitaphe in der Marienkirche zu Zwickau. In: Deutsche Kunst u. Denkmalpfl. 1938, 214ff., 3 Abb.
77. Balthasar Permoser. Die Nymphen vom Nymphenbad, Dresden, Zwinger. In: Deutsche Kunst *4.* 1938 (1), 45f.
78. Mathias Krodel d. Ae. Bildnis des Goldschmieds Paul Göpfer. In: Deutsche Kunst *4.* 1938 (10), 119, 1 Abb.
79. Der Altar von Geyer und sein Meister. In: Mitteil. d. Landesvereins Sächs. Heimatschutz *27.* 1938, 251ff., 14 Abb.
80. Otto Rommetsch †. In: Deutsche Kunst u. Denkmalpfl. 1938, 218.
81. Der Kriebsteiner Alexius-Altar. In: Neues Archiv f. Sächs. Geschichte *60.* 1939, 24ff., 10Abb.
82. Der Prager Brückenkruzifixus. In: Zeitschr. d. deutschen Vereins f. Kunstwissensch. *6.* 1939, 267ff., 9 Abb.
83. Hans Witten. Die Schöne Tür zu Annaberg 1512. In: Deutsche Kunst *5.* 1939 (5), 99f. m. Abb.
84. Hans Witten. Die Geißelsäule, Chemnitz, Schloßkirche, um 1515. In: Deutsche Kunst *5.* 1939 (5), 125f., m. Abb.
85. Hans Witten, der Meister HW. In: Vogtl. Anzeiger u. Tageblatt 1939 (9.—11. 6.).
86. Geburtshäuser großer Deutscher in Sachsen. In: Sachsen *4.* 1940 (3), 30ff.
87. Ergänzung des spätgotischen Schnitzaltars von Bräunsdorf. In: Deutsche Kunst u. Denkmalpfl. 1940/41, 195f., 1 Abb.
88. Kreuzigungsgruppe im Dom zu Freiberg. Um 1240. In: Deutsche Kunst *7.* 1941 (3), 1 Taf.
89. Das Dresdner Altertumsmuseum 1919—1939. In: Neues Archiv f. Sächs. Geschichte *62.* 1941, 86ff.
90. Die Annenkirche in Annaberg. In: Deutsche Kunst *9.* 1943 (6), 64f., 2 Abb.
91. Die Marienkirche in Pirna. In Deutsche Kunst *9.* 1943 (11), 141f.
92. Hans Witten. Das Grabmal des Dietrich von Harras, um 1505, Ebersdorf, Stiftskirche. In: Deutsche Kunst *10.* 1944 (3), 27f.
93. Die Albrechtsburg in Meißen. Von Arnold v. Westfalen 1471—1480. In: Deutsche Kunst *10.* 1944 (5), 54f., 2 Abb.
94. Ein unbekannter Cranach-Altar. In: Zeitschr. d. deutschen Vereins f. Kunstwissensch. *2.* 1948 (3/4), 35ff., 11 Abb. u. 3. 1949, 52.
95. Der spätgotische Hochaltar von St. Michael in Zeitz und seine Umarbeitung im Jahre 1520. In: Zeitschr. f. Kunstwissensch. *5.* 1951, 71ff., 22 Abb.
96. Zum Wiederaufbau Dresdens. In: Österr. Zeitschr. f. Kunst u. Denkmalpfl. *5.* 1951, 89ff.
97. Neufriedstein — Kirchenkalender. Markkleeberg 1950. 12 Abb. [Texte und Bildauswahl].
98. Neufriedstein — Kirchenkalender. Berlin 1951. 12 Abb. [Texte u. Bildauswahl].
99. Cranachs Werk und seine Pflege in unserer Zeit. In: Natur u. Heimat *2.* 1953, 70ff., 6 Abb.
100. Zum Problem der Materialechtheit in der alten Kunst. In: Sitzungsberichte d. Kunstgeschichtlichen Gesellsch. z. Berlin. 1953/54, 8f.
101. Aus den Anfängen des sächsischen Fabrikbaus. In: Wiss. Zeitschr. d. Techn. Hochschule Dresden *3.* 1953/54 (3), 345ff., 17 Abb.
102. Der unbekannte sächsische Eisenkunstguß. In: Jahrbuch z. Pflege d. Künste *2.* Dresden 1954, 2—17, 3 Abb.

103. Was uns von Dresden geblieben ist. Radebeul [1955] = Textheft zu der Imago Strahlbildreihe 0374.
104. Das Brühlsche Belvedere. In: Wissenschaftl. Zeitschr. d. Techn. Hochschule Dresden *6*, 1956/57, 85ff. = E. Hempel zum 70. Geburtstag.
105. Ein neu aufgefundenes Werk von Peter Breuer. In: Pulsschlag 1957 (12), 10f., 1 Abb.
106. Ein unbekannter Schloßbau Augusts d. Starken. In Zeitschr. f. Kunstwissensch. *12*. 1958, 95ff.
107. Nieznany Zamek Augusta w Kargowej. In: Kwartalnik Architektury i Urbanistyki *3*. 1958, 127ff.
108. Die Breslauer und Dresdner Bildhauerfamilie Walther zwischen Spätgotik und Barock. In: Genealog. Jahrbuch *2*. 1962, 67ff., 1 Abb.
109. Ein unbekanntes Porträt von Gregorio Guglielmi. In: Österr. Zeitschr. f. Kunst u. Denkmalpfl. *17*. 1963, 36—38, 1 Abb.
110. Osiemnastowieczna Przebudowa Kosciola w Piasecznie. (Der Umbau der Kirche in Piaseczno im 18. Jahrhundert.) In: Kwartalnik Architektury i Urbanistyki *8*. 1963, 127ff., 8 Abb.
111. Die Leipziger Börse und ihr Architekt. In: FuF *37*. 1963, 215f.
112. Die Leipziger Börse und ihr Architekt. In: DLZ *84*. 1963 (7/8).
113. Epitaphe in der alten Dresdner Frauenkirche. In: Jahrb. d. Staatl. Kunstsammlgg. Dresden 1963/64, 101ff.
114. Zwei sächsische Reliefs im Grünen Gewölbe. In: Jahrb. d. Staatl. Kunstsammlgg. Dresden 1964, 51ff., 7 Abb.
115. Aus der Geschichte des Schlosses Zabeltitz. In: Sächs. Heimatbll. *10*. 1964, 133f., 4 Abb.
116. Pałac Błekitny w Warszawie (Das Blaue Palais in Warschau). In: Biuletyn Historii Sztuki. Warszawa *26*. 1964, 252ff., 13 Abb.
117. Die ältere Baugeschichte des Marcolini-Palais (heute Stadtkrankenhaus Dresden-Friedrichstadt). In: Wissensch. Zeitschr. d. Techn. Universität Dresden *14*. 1965, 1231ff., 19 Abb.
118. Die Zentralbauprojekte Augusts des Starken. In: FuF *40*. 1966, 185f.
119. Eberhard Hempel. 30.7.1886—16.9.1967. In: Sächs. Akademie d. Wissenschaften zu Leipzig. Jahrbuch *1966—1968*. Berlin 1970, 356ff.

III. Rezensionen

120. Goldschmidt, A.: Die Skulpturen von Freiberg und Wechselburg. In: Neues Archiv f. Sächs. Gesch. *46*. 1925, 222f.
121. Kunze, H.: Die Plastik des 14. Jahrhunderts in Sachsen und Thüringen. Berlin 1925. In: Neues Archiv f. Sächs. Gesch. *46*. 1925, 221f.
122. Simon, A.: Die figürliche Plastik der Oberlausitz von ihren Anfängen bis um 1530. Reichenau/Sa. 1925. In: Zeitschr. f. bild. Kunst 1927/28 und Kunstchronik 1927, 10.
123. Veröffentlichungen des König-Albert-Museums der Stadt Zwickau i. Sa.
I. Schröder, A.: Katalog der Plastik-Sammlung. Zwickau 1929.
III. Schröder, A.: Alte Goldschmiedearbeiten aus dem westlichen Erzgebirge, Vogtland, Zwickau und weiterer Umgebung. Dresden 1929. In: Neues Archiv f. Sächs. Gesch. *50*. 1929, 277f.
124. Kuhfahl: Steinkreuze in Sachsen. In: Zeitschr. f. Denkmalpfl. 1929.
125. Schuster, H.: Die Baugeschichte der Festung Königstein. Berlin, Stuttgart [1926]. In: Neues Archiv f. Sächs. Gesch. *50*. 1929, 276f.

126. Kuhfahl: Die kursächsischen Postmeilensäulen Augusts des Starken. In: Zeitschr. f. Denkmalpfl. 1931, 118.
127. Veröffentlichung des Stadtgeschichtlichen Museums zu Leipzig. I. Schröder, A.: Die Plastik von 1350—1550. Leipzig 1931. In: Neues Archiv f. Sächs. Gesch. *52.* 1931, 169f.
128. Rauda, Fr.: Meißen, die 1000jährige sächsische Elbe-Stadt. Augsburg 1929. In: Neues Archiv f. Sächs. Gesch. *52.* 1931, 175.
129. Rieß, G.: Der Dom zu Freiberg. Dresden 1931. In: Neues Archiv f. Sächs. Gesch. *52.* 1931, 303f.
130. Bachmann, Fr.: Die romanischen Wandmalereien in Obersachsen. Leipzig 1933. In: Mitteil. d. Landesver. Sächs. Heimatschutz *22.* 1933, 276f.
131. Grote, L.: Georg Lemberger. Leipzig 1933. In: Neues Archiv f. Sächs. Gesch. *55.* 1934, 194.
132. Haenel, E.: Dresden. Berlin 1935. In: Deutsche Kunst u. Denkmalpfl. 1936, 78.
133. Giesau, H.: Die Meißner Bildwerke. Burg b. Magdeburg 1936. In: Neues Archiv f. Sächs. Gesch. 1937, 106ff.
134. Kluge, H.: Dresdens Friedhöfe und Grabdenkmäler in der Zeit der Freiheitskriege und der Romantik. Dresden 1937 = Forschungen des Kunstgesch. Instituts der Techn. Hochschule Dresden 1. In: Neues Archiv f. Sächs. Gesch. *58.* 1937, 108f.
135. Hoeber, K.: Erwin Hensler, ein Cicerone deutscher Kunst. Berlin u. Bonn 1936. In: Neues Archiv f. Sächs. Gesch. *59.* 1938, 124.
136. Küas, H.: Die Naumburger Werkstatt. Berlin 1937. In: Neues Archiv f. Sächs. Gesch. *60.* 1939, 158f.
137. Swoboda: Beiträge zur Geschichte der Kunst im Sudeten- und Karpathenraum. In: Neues Archiv f. Sächs. Gesch. *61.* 1940, 284.
138. Arps-Aubert, R.: Sächsische Barockmöbel. Berlin 1939. In: Neues Archiv f. Sächs. Gesch. *61.* 1940, 274f.
139. Keller, H.: Barockaltäre in Mitteldeutschland. Burg b. Magdeburg 1939. In: Neues Archiv f. Sächs. Gesch. *61.* 1940, 275f.
140. Öttinger, K.: Anton Pilgram und die Bildhauer von St. Stephan. In: DLZ *73.* 1952.
141. Hempel, E.: Gaetano Chiaveri. Der Architekt der Katholischen Hofkirche in Dresden. Dresden 1955. In: Bildende Kunst 1956, 279f.
142. Biederstedt, R.: Johann Friedrich Eosander. Stockholm 1961. In: DLZ *83.* 1962, 693ff.
143. v. Watzdorf, E.: Johann Melchior Dinglinger. Berlin 1967. In: DLZ *84,* 1963, 473ff.
144. Stafski, H.: Der jüngere Peter Vischer. In: DLZ *85.* 1964, 427ff.
145. Fründt, E.: Bibliographie zur Kunstgeschichte in Mecklenburg und Vorpommern. In: DLZ *85.* 1964, 700f.
146. Beierlein, P. R.: Das ehemalige Erzgebirgsamt Grünhain um 1700. In: DLZ *85,* 1964, 918f.
147. Fründt, E.: Spätgotische Plastik in Mecklenburg. In: DLZ *87.* 1966, 65ff.
148. Paatz, W.: Süddeutsche Schnitzaltäre der Spätgotik. In: DLZ *88.* 1967, 829ff.
149. Berckenhagen, E.: Anton Graff. Leben und Werk. Berlin 1967. In: Sächs. Heimatblätter *14.* 1968, 238f.
150. Blažiček, O. J.: Barockkunst in Böhmen. Prag 1967. In: DLZ *89.* 1968, 632ff.
151. Schade, W.: Dresdener Zeichnungen 1550—1650. Kupferstiche der Staatlichen Kunstsammlungen 1969. In: DLZ *91.* 1970.

IV. Mitarbeit an Veröffentlichungen

152. Allgemeines Lexikon der bildenden Künstler von der Antike bis zur Gegenwart. Begr. v. Ulrich Thieme u. Felix Becker. Hrsg. v. H. Vollmer. Leipzig 1926ff. [ca. 90 Künstlerbiographien].
153. Der große Brockhaus. Leipzig 1928ff. [Stichwort Denkmalpflege].
154. Neue Deutsche Biographie. Berlin [Stichworte Deibel u. Jauch].

V. Ungedruckte Schriften

155. Bernhard Ditterich (Ergänzungen zu E. Hempel: Der Altar der Marienkirche zu Wolfenbüttel.) In: Festschrift Friedrich Winkler zum 70. Geb. Berlin 1959, 254ff. Manuskript 33 S.
156. Hans Schroer. Manuskript 10 S.
157. Deutsche Plastik zu Anfang des 16. Jahrhunderts. Manuskript 41 S.
158. Philipp Koch. Der Freiberger Apostelmeister. Manuskript 40 S.
159. Schiffe des 1. russischen pazifischen Geschwaders in den Kämpfen um Port Arthur (Angenommener Titel). Manuskript 98 S., 52 Bilder.
160. Monumenta perdita. Manuskript 367 S., 579 Abb. [liegt beim Akademie-Verlag zum Druck vor].
161. Zur Entstehungsgeschichte des Altars der Stadtkirche zu Pirna (Letzte, unvollendete Arbeit). Manuskript 17 S.

VI. Herausgegebene Schriften

162. Dresdner Beiträge zur Kunstgeschichte (Hrsg. zusammen mit E. Hempel). Bd 1 Dresden 1955 (Hempel, E.: Gaetano Chiaveri). Bd 2 Dresden 1956 (Gröger, H.: Johann Joachim Kändler).
163. Festschrift Eberhard Hempel zum 70. Geburtstag. In: Wissensch. Zeitschr. d. TH Dresden *6.* 1956/57 (1—3), 116 S. (mit Beiträgen von Asche, Hentschel, Krönert, Matthaes, Rettig, Schlopsnies, Scholze, Schubert).

VII. Ehrungen

Festschriften oder gewidmete Schriften

164. Geyer, Bernhard: Das Stadtbild Alt-Dresdens. Baurecht und Baugestaltung. Berlin 1964, 110 S., 35 Abb. Herrn Prof. Dr. Walter Hentschel anläßlich seines 65. Geburtstages in Verehrung und Dankbarkeit gewidmet.
165. Hempel, E.: Der Dresdner Zwinger. Leipzig 1964. 169 S., 61 Abb., 28 Taf. Seinem lieben, langjährigen Kollegen und Freund, Herrn Prof. Dr. W. Hentschel zum 65. Geburtstag überreicht.
166. Fehrmann, U.: Der sächsische Baumeister Carl Christoph Besser und sein Schaffen in Thüringen in der zweiten Hälfte des 18. Jahrhunderts. In: Wiss. Zeitschr. d. TU Dresden *13.* 1964 (1), 61ff., 9 Abb. Prof. Dr. phil. Walter Hentschel zum 65. Geburtstag gewidmet.
167. Langhof, B.: Pillnitzer und Moritzburger Pläne und Bauten Johann Daniel Schades. In: Wissensch. Zeitschr. d. TU Dresden *13.* 1964 (1), 47—60, 15 Abb.
168. Schade, W.: Maler am Hofe Moritz' von Sachsen. In: Zeitschr. d. deutschen Vereins f. Kunstwissensch. *21.* 1968, 29ff., 15 Abb.
169. Festschrift Walter Hentschel zum 70. Geburtstag. In: Wissensch. Zeitschr. d. TU

Dresden *18.* 1969 (1), 19—76 [mit Beiträgen von Howard, Mertens, Scholze, Fischer, May, Milde, Möbius, Wilde].
170. Keisch, Cl.: Das Dresdner Moritzmonument von 1553 und einige andere plastische Zeugnisse kursächsischer Staatsrepräsentation. In: Jahrbuch d. Staatl. Kunstsammlungen Dresden 1970/71.

Dr.-Ing. habil. Klaus Mertens
unter Mitarbeit von Irene Richter

Friedrich Behn

14. 2. 1883—15. 8. 1970

In seiner Wahlheimat Mainz verschied am 15. August 1970 das ordentliche Mitglied unserer Akademie, der emeritierte Professor mit Lehrstuhl für Vor- und Frühgeschichte an der Karl-Marx-Universität Leipzig, Dr. phil. habil. Friedrich Behn, 87 Jahre alt.

Friedrich Behn wurde am 14. Februar 1883 in Neustrelitz (Mecklenburg) geboren. Dort besuchte er das Karolinum und bestand das Abitur am Johanneum in Hamburg. Darauf studierte er an den Universitäten Rostock und Heidelberg vor allem klassische Archäologie. Von 1909—1948 wirkte er am Römisch-Germanischen Zentralmuseum in Mainz, lange Jahre als Kustos und staatlicher Denkmalspfleger von Hessen und Rheinhessen. 1914 habilitierte er sich an der Technischen Hochschule Darmstadt und wurde 1920 zum außerplanmäßigen außerordentlichen Professor ernannt. 1949 folgte er dem Ruf auf den Lehrstuhl in Leipzig und wurde 1954 emeritiert. 1963 kehrte er nach Mainz zurück.

Friedrich Behn war Mitglied der Historischen Kommission unserer Akademie, des Deutschen Archäologischen Instituts, des akademischen Senats der Humboldt-Gesellschaft, Ehrenbürger der Stadt Lorsch und Inhaber der Ehrenplakette des Kreises Bergstraße.

Als praktischer Archäologe wurde er vor allem durch seine Ausgrabung des Römerkastelles Alzey, des römischen Steinbruches auf dem Feldberg im Odenwald, des Mithrasheiligtums in Dieburg, zumal aber der Einhardtsbasilika in Steinbach und der Fürstabtei Lorsch am Rhein bekannt.

Seine literarische Lebensleistung ist sehr umfangreich und vielseitig. Zunächst läßt sie erkennen, daß Behn zu jener Gruppe von Pionieren der Ur- und Frühgeschichtsforschung zu zählen ist, die von der klassischen zur prähistorischen Archäologie kam. Seine frühesten Werke — etwa Römische Keramik, Vorhellenistische Altertümer oder Italienische Altertümer vorhellenistischer Zeit, — aber auch allerlei spätere, gehören durchaus in den Bereich der klassischen Archäologie. Später folgen rein prähistorische, so Hausurnen oder die Urgeschichte von Starkenburg. Eine große Rolle spielen naturgemäß die Berichte über große und kleine eigene Ausgrabungen. Je länger um so mehr aber treten allgemeine Übersichten über Kunst und Kultur der Vorzeit — etwa Urgeschichte der Menschheit, Jagd der Vorzeit, Altgermanische Kunst oder Ausgrabungen und Ausgräber — in den Vorder-

HEINRICH BESSELER
2. 4. 1900 — 24. 7. 1969

ANTON BLASCHKA
7. 10. 1892 — 30. 7. 1970

WALTER HENTSCHEL
25. 3. 1899 — 22. 12. 1970

HERBERT GRUNDMANN
14. 2. 1902 — 20. 3. 1970

FRIEDRICH BEHN
14. 2. 1883 — 15. 8. 1970

grund. Lieblingsprobleme bilden dabei die Musik des Altertums und Fragen der Hausforschung.

Ihres flüssigen Stiles wegen haben vor allem diese Zusammenfassungen eine weite Verbreitung gefunden und viel zur Popularisierung der Ur- und Frühgeschichte auf deutschem Boden beigetragen.

Eine ungewöhnlich stabile Gesundheit hat dahin geführt, daß Friedrich Behn noch vier Wochen vor seinem Tode hat wissenschaftlich tätig sein können.

Gotthard Neumann †

Bibliographie Friedrich Behn

1907

Die ficoronische Cista. Dissertation Rostock (Leipzig 1907). 80 S., 2 Taf.

Die Schiffe des Telephosfrieses: Jahrbuch des Deutschen Archäologischen Institutes *22*, 1907, 240—248, 7 Abb.

1908

Das Heimatmuseum auf Föhr: Museumskunde *4*, 1908, 194—199, 5 Abb.

1909

Teller mit Innenrelief: Römisch-Germanisches Korrespondenzblatt *2*, 1909, 72—74, 2 Abb.

1910

Römische Keramik mit Einschluß der hellenistischen Vorstufen. — Kataloge des Römisch-Germanischen Central-Museums *2* (Mainz 1910). 279 S., 25 Abb., 12 Taf.

Die Neuaufstellung des Römisch-Germanischen Central-Museums zu Mainz: Museumskunde *6*, 1910, 153—159, 5 Abb.

Ausgewählte Neuerwerbungen des Römisch-Germanischen Central-Museums zu Mainz an Original-Altertümern: Mainzer Zeitschrift *5*, 1910, 79—82, 5 Abb., 1 Taf.

Seltene Sigillata-Formen: Altertümer unserer heidnischen Vorzeit *5*, 1910, 383—386, 3 Abb., 1 Taf.

Römische Schiffe in Deutschland: Altertümer unserer heidnischen Vorzeit *5*, 1910, 416 bis bis 421, 4 Abb., 1 Taf. Register: Altertümer unserer heidnischen Vorzeit *5*, 1910, 433 bis 444.

1911

Der altionische Bronzekandelaber des Römisch-Germanischen Central-Museums: Mainzer Zeitschrift *6*, 1911, 4—7, 3 Abb., 1 Taf.

1912

Der Mensch der Urzeit, seine Kultur und Kunst. = Turm-Bücherei *11* (Leipzig 1912), 47 S., 15 Abb.

Die Musik bei den Kulturvölkern des Altertums (Mainz 1912). 15 S., 1 Taf.

Ausgrabung am Kjökkenmödding von Groß-Dunsum auf Föhr: Prähistorische Zeitschrift *4*, 1912, 121—126, 7 Abb.

Die Musik im römischen Heere: Mainzer Zeitschrift *7*, 1912, 36—47, 16. Abb., 1 Taf.

Die Neuordnung des Römisch-Germanischen Zentral-Museums zu Mainz: Mannus *4*, 1912, 72—75, 1 Abb., 2 Taf.

1913

Vorhellenistische Altertümer der östlichen Mittelmeerländer. = Kataloge des Römisch-Germanischen Central-Museums *4* (Mainz 1913) 151 S., 10 Taf.

Sammlung Ludwig Marx in Mainz. = Kataloge west- und südwestdeutscher Altertumssammlungen *2* (Frankfurt a. M. 1913) VIII, 48 S., 50 Abb., 8 Taf.

Bucinator: Mainzer Zeitschrift *8/9*, 1913/14, 17.

Funde der Wikingerzeit auf Föhr: Prähistorische Zeitschrift *5*, 1913, 468—471.

Ausgewählte Neuerwerbungen des Römisch-Germanischen Central-Museums an Original-Altertümern: Mainzer Zeitschrift *8/9*, 1913/14, 5—17, 20 Abb., 3 Taf.

1915

Die musikwissenschaftliche Bedeutung der Luren von Daberkow: Prähistorische Zeitschrift *7*, 1915, 177—179.

1918

Pfahlhaus-Urnen: Prähistorische Zeitschrift *10*, 1918, 65—79, 7 Abb., 3 Taf.

Baugeschichtliche Übergangsformen: Germania *2*, 1918, 65—68, 5 Abb.

Zur Urgeschichte des Akroters: Jahrbuch des Deutschen Archäologischen Instituts. Archäologischer Anzeiger *33*. 1918, 101—111, 5 Abb.

1919

Beiträge zur Urgeschichte des Hauses: Prähistorische Zeitschrift *11*, 1919, 70—101, 23 Abb., 4 Taf.

Prähistorische Festungstore: Prähistorische Zeitschrift *11*, 1919, 102—117, 5 Abb.

Die Markomannenhütten auf der Marcussäule: Germania *3*, 1919, 52—55.

Nochmals die Markomannenhütten: Germania *3*, 1919, 83—84.

Panathenäische Preisamphoren des Hildesheimer Pelizäus-Museums: Jahrbuch des Deutschen Archäologischen Instituts. Archäologischer Anzeiger *34*, 1919, 77—89, 3 Abb.

Die Schiffe der Etrusker: Mitteilungen des Deutschen Archäologischen Instituts, Römische Abteilung *34*, 1919, 1—16, 14 Abb.

1920

Italienische Altertümer vorhellenistischer Zeit. = Kataloge des Römisch-Germanischen Central-Museums *8* (Mainz 1920) 172 S., 12 Taf.

Hoernes, Moritz: Urgeschichte der Menschheit. 5., völlig neubearb. Aufl., besorgt von Friedrich Behn. = Sammlung Goeschen *42* (Berlin 1920) 140 S.

Mittelitalische Bronzescheiben: Mitteilungen des Deutschen Archäologischen Instituts. Römische Abteilung *35*, 1920, 1—18, 15 Abb.

1921

Hoernes, Moritz: Kultur der Urzeit. 2. Aufl. besorgt von Friedrich Behn. Bd 1: Steinzeit. = Sammlung Goeschen *564* (Berlin & Leipzig 1921), 137 S., 50 Abb.

Hausurnen, Beiträge zur prähistorischen Religion: Archiv für Anthropologie, NF *18*, 1921, 35—48, 10 Abb.

1922

Das Haus in vorrömischer Zeit. = Kulturgeschichtliche Wegweiser durch das Römisch-Germanische Zentralmuseum *2* (Mainz 1922) 24 S., 12 Abb.

Hoernes, Moritz: Kultur der Urzeit. 3. Aufl., besorgt von Friedrich Behn. Bd 2. Bronzezeit. = Sammlung Goeschen *565* (Berlin & Leipzig 1922) 132 S., 50 Abb.

Die Jagd der Vorzeit. = Kulturgeschichtliche Wegweiser durch das Römisch-Germanische Zentralmuseum *4* (Mainz 1922) 31 S., 13 Abb.

Vorgeschichtliche Häuser in Hessen: Volk und Scholle *1*, 1922/23, 92—95, 4 Abb.

1923

Die paläolithische Fundstelle bei Lämmerspiel, Kr. Offenbach: Germania *7*, 1923, 59—64, 3 Abb.

Hoernes, Moritz: Kultur der Urzeit. 3. Aufl., besorgt von Friedrich Behn. Bd 3, Eisenzeit. = Sammlung Goeschen *566* (Berlin & Leipzig 1923) 130 S., 50 Abb.

1924

Hausurnen. = Vorgeschichtliche Forschungen *1*, 1 (Berlin 1924) VIII, 120 S., 39 Taf.

2 Artikel in Ebert: Reallexikon der Vorgeschichte.

1925

Die Musik des Altertums. = Kulturgeschichtliche Wegweiser durch das Römisch-Germanische Central-Museum *7* (Mainz 1925) 40 S., 20 Abb.

Urgeschichte von Starkenburg. = Starkenburg in seiner Vergangenheit. *1* (Mainz 1925) 93 S., 30 Abb., 50 Taf. — Vgl. 2., umgearb. Aufl. = 1936. — Vgl. 2., erw. Aufl. = 1928.

Führer durch die römische Granitindustrie auf dem Felsberg im Odenwald. (Mainz 1925) 44 S., 20 Abb., 3 Taf., 4 Pl.

Vom Felsberg im Odenwald: Germania *9*, 1925, 47—50, 1 Abb.

5 Artikel in Ebert: Reallexikon der Vorgeschichte.

1926

Die Steinindustrie des Altertums. = Kulturgeschichtliche Wegweiser durch das Römisch-Germanische Central-Museum *10* (Mainz 1926) 68 S., 30 Abb.

Hoernes, Moritz: Urgeschichte der Menschheit. 6. Aufl. = Sammlung Goeschen *42* (Berlin 1926) 125 S.

Vorgeschichtliche Gesichtsmasken aus Ton: Germania *10*, 1926, 108—109, 2 Abb.

Spätneolithische Gräber bei Darmstadt: Germania *10*, 1926, 101—102, 2 Abb.

Die „Heuneburg" bei Lichtenberg: Wellmer, Hans: Das Lichtenberger Schloß. = Starkenburg in seiner Vergangenheit *2* (Mainz 1926) 1—8, 2 Abb.

Das Mithräum von Dieburg: FuF *2*, 1926, 193—194, 2 Abb.

Der Mithrastempel in Dieburg: Nachrichtenblatt der Gesellschaft für deutsche Vorgeschichte *2*, 1926, 81.

Neue Steinzeitfunde in Starkenburg: Nachrichtenblatt der Gesellschaft für deutsche Vorgeschichte *2*, 1926, 62.

Der viereckige Turm der Burg Dreieichenhain: Berichte der freiw.-tätigen Arbeitsgemeinschaft zur Förderung der Heimatforschung *5*, 1926, 92—97, 4 Abb.

Das Römisch-Germanische Zentral-Museum zu Mainz als Lehrsammlung: Hessische Hochschulzeitung *15*, 1926, 156—157, 1 Abb.
9 Artikel in Ebert: Reallexikon der Vorgeschichte.

1927

Altgermanische Kunst. (München 1927) 11 S., 40 Taf.
Ausgewählte Neuerwerbungen des Römisch-Germanischen Central-Museums an Original-Altertümern in den Jahren 1914—1926: Festschrift zur Feier des 75jährigen Bestehens des Römisch-Germanischen Central-Museums (Mainz 1927) 97—112, 21 Abb., 5 Taf.
Ottonische Turmburgen im Mittelrheingebiet: Nassauische Annalen *48*, 1927, 31—36, 4 Abb.
Aus Nordfrieslands Urzeit: Abhandlungen zur Meeresheilkunde und Heimatkunde der Insel Föhr und Nordfrieslands (Wyk auf Föhr 1927) 34—41.
Fundchronik für die Zeit vom 1. Jan. bis zum 30. Apr. 1927. Provinz Rheinhessen: Germania *11*, 1927, 77—78.
Fundchronik für die Zeit vom 1. Mai bis zum 31. Dez. 1927. Provinz Starkenburg: Germania *11*, 1927, 148.
3 Artikel in Ebert: Reallexikon der Vorgeschichte.
Das Mithräum in Dieburg: Gnomon *2*, 1926, 685—687, 1 Taf. Vgl. 2. Aufl.= 1930. 3. Aufl. = 1936, Angelos *2*, 1927, 163—166, 2 Abb.

1928

Das Haus in vorrömischer Zeit. 2. erw. Aufl. = Kulturgeschichtliche Wegweiser durch das Römisch-Germanische Zentralmuseum *2* (Mainz 1928) 36 S., 20 Abb.
Das Mithrasheiligtum zu Dieburg. = Römisch-Germanische Forschungen *1* (Berlin & Leipzig 1928) 47 S., 52 Abb., 2 Taf.
Die Ausgrabungen im Kloster Lorsch: Zeitschrift für Denkmalpflege *3*, 1928/29, 20—35, 10 Abb.
Ausgrabungen am Kloster Lorsch: FuF *4*, 1928, 169—170, 1 Abb.
Bauernhöfe der Hallstattzeit: Germania *12*, 1928, 12—20, 4 Abb.
Das römische Mainz: Mainz, ein Heimatbuch *1* (Mainz 1928) 13—14.
Ein Pfahlbau der Steinzeit bei Goddelau. Archäologischer Teil: Mainzer Zeitschrift *23*, 1928, 27—30, 7 Abb.
Fundchronik für die Zeit vom 1. Jan. bis zum 31. Juni 1928. Provinz Starkenburg: Germania *12*, 1928, 187—188.

1929

Ausgrabungen im römischen Alzey: FuF *5*, 1929, 281—282, 1 Abb.
Neue Ausgrabungen im Kastell Alzey: Mainzer Zeitschrift *24/25*, 1929/30, 71—99, 30 Abb., 5 Taf.
Die Burg von Dreieichenhain nach den Ausgrabungen von 1924 und 1925: Archiv für hessische Geschichte und Altertumskunde NF *16*, 1929, 276—293, 6 Taf., 9 Abb., 1 Pl.
Ein Meisterwerk römischer Töpferkunst aus Mainz: Mainz, ein Heimatbuch *2* (Mainz 1929) 9—10.
Pfahlbauten im starkenburgischen Ried: Volk und Scholle *7*, 1929, 344—346, 3 Abb.
Fundchronik für die Zeit vom 1. Juli bis zum 31. Dez. 1928. Provinz Rheinhessen und Starkenburg: Germania *13*, 1929, 74—75.

Fundchronik für die Zeit vom 1. Jan. bis zum 30. Juni 1929. Provinz Rheinhessen und Starkenburg: Germania *13*, 1929, 212—213.

4 Artikel in Ebert: Reallexikon der Vorgeschichte.

1930

Altgermanische Kunst. 2., verm. Aufl. (München 1930) 16 S., 48 Taf.

Die neuen Ausgrabungen in Alzey: Volk und Scholle *8*, 1930, 265—268, 2 Abb.

Zur ersten germanischen Besiedlung Starkenburgs: Schumacher-Festschrift (Mainz 1930) 178—183, 2 Abb., 3 Taf.

Das Kloster Lorsch: Volk und Scholle *8*, 1930, 97—101, 1 Abb.

Fundchronik für die Zeit vom 1. Juli bis zum 31. Dez. 1960. Provinzen Rheinhessen und Starkenburg: Germania *14*, 1930, 95—96.

Fundchronik für die Zeit vom 1. Jan. bis zum 30. Juni 1930. Provinzen Rheinhessen und Starkenburg: Germania *14*, 1930, 239—240.

1931

Numantia und seine Funde. = Kulturgeschichtliche Wegweiser durch das Römisch-Germanische Zentral-Museum *13* (Mainz 1931) 48 S., 33 Abb.

Die Einhards-Basilika zu Steinbach im Odenwald. 1: Die Ausgrabungen. Ein Vorbericht: Die Denkmalpflege *5*, 1931, 41—48, 12 Abb.

Die Gauburg der Chatten: Volk und Scholle *9*, 1931, 85—88, 4 Abb.

Fundchronik für die Zeit vom 1. Juli bis zum 31. Dez. 1930. Provinzen Rheinhessen und Starkenburg: Germania *15*, 1931, 105—106.

Fundchronik für die Zeit vom 1. Jan. bis zum 30. Juni 1931. Provinz Starkenburg: Germania *15*, 1931, 283.

12 Artikel in Deutscher Kultur-Atlas.

1932

Die Einhards-Basilika zu Steinbach im Odenwald. = Starkenburg in seiner Vergangenheit *6* (Mainz 1932) 20 S., 10 Abb., 10 Taf.

Neue Ausgrabungen und Untersuchungen an der Einhards-Basilika zu Steinbach im Odenwald: Mainzer Zeitschrift *27*, 1932, 1—15, 26 Abb., 5 Taf.

Lorscher Studien: Korrespondenzblatt des Gesamtvereins der deutschen Geschichts- und Altertumsvereine *80*, 1932, 25—31.

Fundchronik für die Zeit vom 1. Juli bis zum 31. Dez. 1931. Provinzen Rheinhessen und Starkenburg: Germania *16*. 1932, 157—158.

1933

Neue Ausgrabungen in Alzey. 2. Bericht: Mainzer Zeitschrift *28*, 1933, 43—59, 16 Abb., 6 Taf.

Neue Ausgrabungen in Lorsch: FuF *9*, 1933, 295—296.

Das Westwerk der karolingischen Klosterkirche zu Lorsch a. d. B.: Korrespondenzblatt des Gesamtvereins der Geschichts- und Altertumsvereine *81*, 1933, 39—46.

Die Torhalle von Lorsch: FuF *9*, 1933, 433—435, 3 Abb.

Fundchronik für die Zeit vom 1. Juli bis zum 31. Dez. 1932. Rheinhessen und Starkenburg: Germania *17*, 1933, 138—139.

Fundchronik für die Zeit vom 1. Jan. bis zum 30. Juni 1933. Rheinhessen und Starkenburg: Germania *17*, 1933, 300.

1934

Die karolingische Klosterkirche von Lorsch an der Bergstraße nach den Ausgrabungen von 1927—1928 und 1932—1933. 1: (Berlin 1934) VI, 142 S., 50 Abb., 42 Taf. Bd 2 in Bearbeitung.

Die St. Georgskirche in Alzey, Rheinhessen: Deutsche Kunst und Denkmalpflege 1934, 62—66, 3 Abb.

Frühchristliche Bronzestatuette aus Straßburg: Germania *18*, 1934, 284—286, 2 Taf.

Die archäologische Landesforschung in Starkenburg und Rheinhessen im Jahre 1934: Historischer Verein in Hessen. Vierteljahrsblätter *1*, 1934, 56—60, 3 Abb.

Karl Schumacher. Ein Pionier der deutschen Vorgeschichtsforschung: Nachrichtenblatt für deutsche Vorzeit *10*, 1034, 1—3.

Fundchronik für die Zeit vom 1. Jan. bis zum 30. Juni 1934. Rheinhessen und Starkenburg: Germania *18*, 1934, 296—297, 3 Abb.

1935

Altgermanische Kultur. Ein Bilderatlas. Wissenschaft und Bildung *297*. (Leipzig 1935) 39 S., 5 Abb., 69 Taf.

Altnordisches Leben vor 3000 Jahren (München 1935) 12 S., 40 Taf.

Ein vorfränkisches Gräberfeld bei Lamperthain am Rhein: Mainzer Zeitschrift *30*, 1935, 57—65, 13 Abb.

Stand und Aufgaben der hessischen Vorgeschichtsforschung: Volk und Scholle *13*, 1935, 136—140, 4 Abb.

Fundchronik für die Zeit vom 1. Juli bis zum 31. Dez. 1934. Rheinhessen und Starkenburg: Germania *19*, 1935, 170.

Fundchronik für die Zeit vom 1. Jan. bis zum 30. Juni 1935. Rheinhessen und Starkenburg: Germania *19*, 1935, 345.

1936

Kloster Lorsch. = Starkenburg in seiner Vergangenheit *7* (Mainz 1936) 22 S., 3 Abb., 12 Taf.

Altgermanische Kunst. 3., verm. Aufl. (München 1936) 16 S., 56 Taf.

Urgeschichte von Starkenburg. 2., umgearb. Aufl. = Starkenburg in seiner Vergangenheit *1* (Mainz 1936) 47 S.

Drei Bronzegefäße der frühen Völkerwanderungszeit von Bensheim, Starkenburg: Germania *20*, 1936, 120—127, 1 Abb., 2 Taf.

Neue Funde römischer Skulpturen aus Hessen: Germania *20*, 1936, 256—258, 1 Abb., 2 Taf.

Fundchronik für die Zeit vom 1. Juli bis zum 31. Dez. 1935. Rheinhessen und Starkenburg: Germania *20*, 1936, 141—143.

Fundchronik für die Zeit vom 1. Jan. bis zum 30. Juni 1936. Rheinhessen und Starkenburg: Germania *20*, 1936, 277—278.

1937

Germanische Stammeskulturen der Völkerwanderungszeit (München 1937) 24 S., 40 Taf., 1 Abb.

1938

Ein völkerwanderungszeitliches Frauengrab von Trebur, Starkenburg: Germania *22*, 1938, 175—180, 4 Abb., 1 Taf.

Ein Grabfund der Steinkupferzeit aus Kelsterbach, Starkenburg: Germania *22*, 1938, 77 bis 78.
Das römische Mainz: Der Waldhöfer *3*, 1938, 27—28.

1939

Das Mosaik von Vilbel: Saalburg-Jahrbuch *9*, 1939, 1—3, 4 Taf.

1940

Nanzig in Geschichte und Kunst (o. O. [1940]) 21 S., 5 Abb.
Ein Grab der Hügelgräberbronzezeit bei Darmstadt: Germania *24*, 1940, 96—98, 1 Taf.
Ein neolithisches Tongefäß von Niederramstadt bei Darmstadt: Germania *24*, 1940, 237 bis 238, 1 Taf.

1941

Das Gräberfeld der Spätlatènezeit bei Sponsheim an der Nahe: Germania *25*, 1941, 170 bis 180, 4 Taf.

1944

Die Wallfahrtskapelle zu Dieburg. Nach den Ausgrabungen von 1930/31: Mainzer Zeitschrift *30/40*, 1944/45 (1947) 29—36, 9 Abb.

1946—1947

Der Petersberg bei Gau-Odernheim: Mainzer Zeitschrift *41/43*, 1946/48 (1950) 52—59, 15 Abb.

1948

Vor- und Frühgeschichte. (Wiesbaden 1948) 275 S., 93 Abb.
Ausgrabungen auf dem Petersberg: Jahrbuch für das Bistum Mainz *3*, 1948, 334—336, 2 Abb.
Lorsch, das Reichskloster der Karolinger: Jahrbuch für das Bistum Mainz *3*, 1948, 321 bis 332, 7 Abb.

1949

Kloster Lorsch. 2. Aufl. = Starkenburg in seiner Vergangenheit *7* (Mainz 1949) 34 S.
Vorgeschichte Europas. 7., völlig neubearb. Aufl. d. „Urgeschichte der Menschheit" von Moritz Hoernes. = Sammlung Goeschen. Bd 42. (Berlin 1949) 125 S., 47 Abb.

1950

Vorgeschichtlicher Felsbilder aus Karelien und West-Sibirien: Berichte über die Verhandlungen der Sächsischen Akademie der Wissenschaften zu Leipzig. Phil.-hist. Kl. *98*, 2. (Berlin 1950) 16 S., 4 Taf.
Die zweite Torhalle von Lorsch: Das Münster *3*, 1950, 336—340, 6 Abb.
Kultur der Urzeit. 4. Aufl. der Kultur der Urzeit von Moritz Hoernes, bearb. von Friedrich Behn. 1. Die vormetallischen Kulturen. = Sammlung Goeschen *564* (Berlin 1950) 171 S., 48 Abb.
Kultur der Urzeit. 4. Aufl. der „Kultur der Urzeit" von Moritz Hoernes, bearb. von Friedrich Behn. 2. Die älteren Metallkulturen. = Sammlung Goeschen *565* (Berlin 1950).
Kultur der Urzeit. 4. Aufl. der „Kultur der Urzeit" von Moritz Hoernes, bearb. von Friedrich Behn. 3. Die jüngeren Metallkulturen. = Sammlung Goeschen *566* (Berlin 1950) 148 S., 60 Abb.

1951

Zur Zeitstellung der Hallstattkultur: Arbeits- und Forschungsberichte der sächsischen Bodendenkmalpflege *1*, 1950, 57—60.

1952

Die römischen Steindenkmäler und Inschriften aus Starkenburg: Festschrift des Römisch-Germanischen Zentralmuseums in Mainz zur Feier seines hundertjährigen Bestehens 1952, *1* (Mainz 1952) 12—25, 1 Abb., 4 Taf.

1954

Das Musikleben im Altertum und frühen Mittelalter. (Stuttgart 1954) XXIV, 180 S., 217 Abb., 100 Taf.

Gesichtshelme: Festschrift für Friedrich Zucker (Berlin 1954) 17—23, 4 Taf.

1955

Ausgrabungen und Ausgräber. = Urban-Bücher. 15. (Stuttgart 1955) 147 S., 61 Abb.

Vorgeschichtliches Maskenbrauchtum: Berichte über die Verhandlungen der Sächsischen Akademie der Wissenschaften zu Leipzig. Phil.-hist. Kl. *102*, 1 (Berlin 1955) 22 S., 16 Taf.

1957

Aus europäischer Vorzeit. = Urban-Bücher *23* (Stuttgart 1957) 140 S., 62 Abb.

Die Entstehung des deutschen Bauernhauses: Berichte über die Verhandlungen der Sächsischen Akademie der Wissenschaften zu Leipzig. Phil.-hist. Kl. *103*, 3 (Berlin 1957) 77 S., 42 Taf.

Die Markomannen am Rhein: Forschungen zur Vor- und Frühgeschichte. *2*, 1957, 98 bis 111, 3 Abb., 3 Taf.

Wagen oder Musikinstrument?: Festschrift Johannes Jahn. (Leipzig 1957) 13—15, 10 Abb.

1959

Vorgeschichtliche Kunst in Europa: Illustrierte Weltkunstgeschichte in 5 Bänden (Zürich 1959) 9—56 mit Abb.

1961

Ausgrabungen und Ausgräber. 2. Aufl. = Urban-Bücher *15* (Stuttgart 1961) 158 S. m. 24 Bl. Abb. u. Ktn.

1962

Zur Problematik der Felsbilder: Abhandlungen der Sächsischen Akademie der Wissenschaften zu Leipzig. Phil.-Hist. Kl. *54*, 1 (Berlin 1962) 89 S., 64 Taf.

Vorgeschichtliche Welt (Berlin 1962) 219 S., 88 Taf.

Die Felsbilder der ligurischen Seealpen und das Felsbilderproblem: Beiträge zur Völkerforschung. Hans Damm zum 65. Geburtstag. Textbd = Veröffentlichungen des Museums für Völkerkunde zu Leipzig *11* (Berlin 1961) 43—49, 1 Abb.

1963

Römertum und Völkerwanderung (Stuttgart 1963) 233 S., 88 Taf., 4 Farbtaf.

Vorgeschichtliche Kunst in Europa: Ullstein-Kunstgeschichte *1* (Berlin 1963) 7—61, 12 Abb., 3 Farbtaf.

1964

Ausgrabungen in Lorsch. Eine Übersicht über die archäologischen Untersuchungen im Kloster Lorsch: Laurissa jubilans (Mainz 1964) 115—122, 2 Abb.

1965

Die Entstehung des niedersächsischen Bauernhauses: Das Carolinum *31*, 42—45, 3 Abb.
Lorsch, das Königskloster Karls des Großen: Neues Magazin für Hanauische Geschichte *4* (1965) 6ff.

1966

Slawische Burgwälle in Mecklenburg: Das Carolinum *32*, 1966, 66—68, 2 Abb.
Der reitende Mithras: Festschrift Walter Baetke (Weimar 1966) 46—49, 2 Taf.
Zahlr. Beitr. zu Knaurs Lexikon.

1967

Die Bronzezeit in Nordeuropa. = Urban-Bücher *102*. (Stuttgart 1967) 120 S., 16 Taf.

1969

Das „Kastell Arnheiter Hof": Germania *47* (1969) 176—178, 1 Taf.

Zahlreiche Besprechungen der Jahre 1909—1969 erschienen in folgenden Zeitschriften:
1. Archiv für hessische Geschichte und Altertumskunde. N.F.
2. Berliner Philologische Wochenschrift
3. Denkmalpflege
4. Deutsche Literaturzeitung
5. Geistige Arbeit
6. Germania
7. Mainzer Zeitschrift
8. Mitteilungsblatt des Historischen Vereins für Hessen
9. Theologische Literatur-Zeitung
10. Umschau

Rosemarie Busch
(Bibliothekarin)

Der Abdruck dieser Bibliographie erfolgt mit freundlicher Genehmigung des Römisch-Germanischen Zentralmuseums in Mainz.

Herbert Grundmann

14. 2. 1902—20. 3. 1970

Am 20. März 1970 starb Herbert Grundmann, seit 1959 Präsident der Monumenta Germaniae Historica.

Am 14. Februar 1902 in Meerane geboren, in Chemnitz aufgewachsen, studierte G. Geschichte, Philosophie und Germanistik in Leipzig, bis auf je ein Semester in Heidelberg und in München. Auf dem in München — durch P. Joachimsen — gewiesenen Weg zur Erforschung der religiösen Bewegungen des Mittelalters förderte ihn in Leipzig der durch seine Franziskus-Studien G.s Interessen nahestehende W. Goetz. Ein Stipendium des „Forschungsinstituts für Kultur- und Universalgeschichte" diente der Vorbereitung der Edition der Hauptwerke Joachims von Fiore. Der Dissertation: „Studien über Joachim von Fiore" (1927) folgte 1935 die Habilitationsschrift: „Religiöse Bewegungen im Mittelalter". In der Münchener Historischen Kommission übernahm G. unter Leitung Erich Brandenburgs (Leipzig) den 8., den Augsburger „Konfessions“-Reichstag von 1530 betreffenden Band der Reichstagsakten Jüngerer Reihe.

Den Reichstagsaktenband hat G. anderen überlassen; für die Fortführung der Reichstagsakten des 16. Jahrhunderts sorgte er in der Historischen Kommission, deren Mitglied er 1946 wurde. Ein Stück aus den Augsburger Akten, das Protokoll des Ausburger Reichstages von dem Mainzer Domherrn Valentin von Tetleben, hat G. herausgegeben und in einem Aufsatz die Rolle Philipps von Hessen auf dem Reichstag geklärt, beides 1958.

Nachdem schon die Dissertation über Joachim ein vorausgenommenes Kapitel der „Religiösen Bewegungen“ gewesen war, wurden die meisten Arbeiten G.s letzten Endes Entfaltungen dieses seines Hauptwerkes. Ein langer Untertitel beschreibt das Programm: „Untersuchungen über die geschichtlichen Zusammenhänge zwischen der Ketzerei, den Bettelorden und der religiösen Frauenbewegung im 12. und 13. Jahrhundert und über die geschichtlichen Grundlagen der Deutschen Mystik“. Mit Sicherheit und Zuversicht des Urteils legt G. das Gegeneinander und das — mit der Legalisierung apostolischer Unbedingtheit in der Religio der Bettelorden teilweise gelungene — Miteinander von religiösen Bewegungen und hierarchischer Kirche dar; innerhalb der Ketzerprobleme ist ein Hauptstück die Frage, wie weit die „ketzerischen“ religiösen Bewegungen zumal des 11. bis 13. Jahrhunderts Ausdruck sozialer Unruhe, Bewegungen von Unterschichten seien. In umsichtiger Beweisführung kann G. die religiöse, nicht primär soziale Natur besonders der Armutsbewegung erweisen: „nicht Weber wurden zu Ketzern, sondern Ketzer wurden zu Webern“. Diese These hat sich in neueren Diskussionen bewährt, welche G. im internationalen Rahmen führte. Aus internationaler Diskussion ging auch eine auswählende „Bibliographie der Ketzergeschichte des Mittelalters“ hervor (Rom 1967). Unentbehrlich für richtige Verwertung von Inquisitionsakten für Ketzereigeschichte ist die methodologische Überlegung: „Ketzerverhöre des Spätmittelalters als quellenkritisches Problem“ (Deutsches Archiv 1965). G.s Arbeiten haben nicht nur in Deutschland, sondern auch in der Fremde ehrende Anerkennung gefunden. Er war Mitglied der Akademien Göttingen, Leipzig und München. Zwischen 1965 und 1968 wurde ihm die Mitgliedschaft der Académie des Inscriptions et Belles Lettres (Institut de France), der Société des Bollandistes in Brüssel, der Österreichischen Akademie der Wissenschaften und der Academia dei Lincei in Rom zuteil. Nach dem Tod Walter Holtzmanns (1963) arbeitete G. am „Neuen Potthast“, im allgemeinen und im deutschen Komitee und im Collegium directorium centrale.

In den religionsgeschichtlichen Zusammenhang gehören G.s Arbeiten zur Geschichte der mittelalterlichen Bildung. Das Hauptstück ist hier die 1958 vorgelegte begriffsgeschichtliche Untersuchung „Litteratus — illiteratus“, wo „der Wandel einer Bildungsnorm vom Altertum zum Mittelalter“ verfolgt wird, wiederum auch nach der religiösen Seite hin: „Wenn nun vollends den Ketzern dieser Zeit von ihren katholischen Widersachern oft vorgehalten wurde, sie seien illiterati ... und verstünden sich deshalb nicht auf die heilige Schrift ... so wurde ihnen damit geradezu nahegelegt, den Spieß umzukehren: gerade so wurden ja Petrus und Johannes ...

von den Schriftgelehrten genannt!" Doch entsteht eben hier eine „Illiteraten-Literatur" „für Leser, die nicht Latein verstanden, und doch" (aus Bibel, Theologie und erbaulichen Betrachtungen) „nicht nur ... hören, sondern auch selbst lesen und vorlesen wollten" — hier wie in anderen Arbeiten G.s kommt ins Spiel das Drängen der Frauen „zum Schrifttum, ohne die lateinische Schriftsprache ... zu lernen". G. verweist bei der ketzerischen Illiteraten-Literatur auf die gleichzeitige höfische Dichtung. So knüpft an den Litteratus-Aufsatz eine schon in der Titelfassung sarkastische Polemik an: „Dichtete Wolfram von Eschenbach am Schreibtisch?" (Archiv 1967). Gegen überspitzte Interpretationskunst, welche das konkrete Bekenntnis Wolframs: „Ich kann keinen Buchstaben" auf gewundenen theologiegeschichtlichen Wegen als bloßen Demutstopos verstehen wollte, verteidigt G. die wörtliche Übersetzung, einen dem hochmittelalterlichen Adel fremden Bildungsbegriff abweisend.

Dieses Streben, die Kirche im Dorfe stehen zu lassen, beherrscht auch die Leipziger Akademie-Abhandlung von 1957: „Vom Ursprung der Universität im Mittelalter". Hauptanliegen ist hier, zu zeigen, daß die mittelalterliche Hochschule neben der stets betonten Bezogenheit auf Kirche und Beruf auch reiner Erkenntnis dienen wollte. Dem selben Streben nach einem gerechten Urteil gegenüber richtigen und verdienstlichen, unter Umständen aber zu Einseitigkeiten führenden Lehrmeinungen dient der 1957 in der H. Z. erschienene Ulmer Kongreß-Vortrag über „Freiheit als religiöses, politisches und persönliches Postulat im Mittelalter": es geht G. dabei um den Ausgleich zweier Freiheitsbegriffe („Königsfreiheit" usw., Freiheit als Privileg) und der Freiheit im antiken und modernen Verstande. G. bringt die mittelalterlichen Belege dieser, unserer, Freiheit zur Geltung und prägt dabei den beherzigungswerten Satz, man solle „dieses sogenannte Mittelalter nicht wie unter einer Glasglocke seiner eigenen Begriffe und Ideologien, und das heißt auch: der Ansprüche jeweils herrschender Mächte isolieren ...". — Von Editionen ist zu nennen die in der „Staatsschriften"-Abteilung der Monumenta erschienene Ausgabe der Prosaschrift des Alexander von Roes, mit einer deutschen Übersetzung des Memoriale aus dem 15. Jahrhundert, welche Anlaß zur Erörterung von „Übersetzungsprobleme im Spätmittelalter" bot (Zeitschrift für deutsche Philologie 70, 1947). Viel Zeit — von der Leitung der Monumenta ganz abgesehen, die an anderer Stelle zu würdigen ist — verwandte G. mit Friedrich Baethgen, bis 1963 auch mit Walther Holtzmann, auf die Redaktion des Deutschen Archivs. Seinem Lehrer Goetz stand er, mit Fritz Wagner, bei Herausgabe des Archivs für Kulturgeschichte zur Seite[1], in dem viele seiner Arbeiten erschienen sind.

Als zusammenfassende Darstellungen seien genannt: „Geschichtsschreibung im Mittelalter"[2] und „Ketzergeschichte des Mittelalters"[3] (1963). Nachdem G. in der (damals) „Neuen" Propyläen-Weltgeschichte „das hohe Mittelalter und die deutsche

[1] Vgl. F. Wagners Nachruf im selben Archiv 52, 1970, mit Bemerkungen über G.s Stellung zum Begriff der „Kulturgeschichte".

[2] Zuerst in: Deutsche Philologie im Aufriß". 1957. Erweitert in: Kleine Vandenhoeck-Reihe 209/10. 1965.

[3] In dem Handbuch: Die Kirche in ihrer Geschichte.

Kaiserzeit" dargestellt hatte, gelang ihm 1965 ein großartiger Überblick über die Geschichte des Mittelalters, in dem „Summa historica" betitelten letzten (11.) Band der (neuesten) Propyläen-Weltgeschichte. Dazwischen, nach dem zweiten Weltkrieg, hatte er die Redaktion der achten Auflage von Gebhardts Handbuch der Deutschen Geschichte übernommen und in dem ersten Band (1954) die Zeit vom Tode Kaiser Heinrichs VI. bzw. vom Regierungsantritt Papst Innozenz' III. bis zum Tode Karls IV. dargestellt.

Bei Durchsicht des Nachlasses erwiesen sich Grundmanns Joachim-Editionen als weit gefördert, ebenso die Zusammenstellung seiner Aufsätze. Wenn diese Sammlung erscheint, wird der Leser die Fülle dessen, was hier nicht genannt werden konnte, in Vielfalt und Geschlossenheit ermessen und nutzen können. G. hatte den Aufriß seines Lebenswerks in sehr jungen Jahren mit festem Strich gezeichnet. Die Dissertation konnte im Jahre 1966 unverändert, die Habilitationsschrift im Jahre 1961 um „neue Beiträge" (aus den Relazioni des Römischen Historikerkongresses von 1955) erweitert erscheinen. Hermann Heimpel

Bibliographie Herbert Grundmann

Selbständig erschienene Werke und Aufsätze

1. Studien über Joachim von Floris. (Beiträge zur Kulturgeschichte des Mittelalters und der Renaissance 32.) Leipzig-Berlin 1927 [Phil. Diss. Leipzig 1926. Verbesserter Nachdruck s. Nr. 77].
2. Der Typus des Ketzers in mittelalterlicher Anschauung. In: Kultur- und Universalgeschichte. Walter Goetz zu seinem 60. Geburtstage. Leipzig-Berlin 1927. 91—107.
3. Mystik und Aufklärung im Mittelalter. In: Zeitschrift für deutsche Bildung *4* (1928) 449—455.
4. Über den Apokalypsen-Kommentar des Minoriten Alexander. In: Zentralblatt für Bibliothekswesen *45* (1928) 713—723.
5. Die Papstprophetien des Mittelalters. In: Archiv für Kulturgeschichte *19* (1929) 77—138.
6. Kleine Beiträge über Joachim von Fiore. In: Zeitschrift für Kirchengeschichte *48* = NF *11* (1929) 137—165.
7. Liber de Flore. Eine Schrift der Franziskaner-Spiritualen aus dem Anfang des 14. Jahrhunderts. In: Historisches Jahrbuch *49* (1929) 33—91.
8. Alexander von Roes, De translatione imperii und Jordanus von Osnabrück, De prerogativa Romani imperii. Hrsg. von Herbert Grundmann. (Quellen zur Geistesgeschichte des Mittelalters und der Renaissance 2) Leipzig-Berlin 1930.
9. Zur Geschichte der Beginen im 13. Jahrhundert. In: Archiv für Kulturgeschichte *21* (1931) 296—320.
10. Dante und Joachim von Fiore. Zu Paradiso X—XII. In: Deutsches Dante-Jahrbuch *14* = NF *5* (1932) 210—256.
11. Die geschichtlichen Grundlagen der deutschen Mystik. In: Deutsche Vierteljahrsschrift für Literaturwissenschaft und Geistesgeschichte *12* (1934) 400—429 [Wiederabdruck s. Nr. 70].
12. Die Grundzüge der mittelalterlichen Geschichtsanschauungen. In: Archiv für Kulturgeschichte *24* (1934) 326—336 [Wiederabdruck s. Nr. 61].

13. Religiöse Bewegungen im Mittelalter. Untersuchungen über die geschichtlichen Zusammenhänge zwischen der Ketzerei, den Bettelorden und der religiösen Frauenbewegung im 12. und 13. Jahrhundert und über die geschichtlichen Grundlagen der deutschen Mystik. (Historische Studien 267) Berlin 1935 [Phil. Habil.-Schrift Leipzig 1933. Unveränderter Nachdruck Vaduz 1966. 2. verbesserte und ergänzte Auflage s. Nr. 59].
14. Kaiser Friedrich II., 1194—1250. In: Die Großen Deutschen *1* (Berlin 1935) 124—142 [Wiederabdruck s. Nr. 80].
15. Meister Eckhart, etwa 1260—1327. In: Die Großen Deutschen *1* (Berlin 1935) 230 bis 245.
16. Dante und Meister Eckhart. In: Deutsches Dante-Jahrbuch *18* = NF *9* (1936) 166 bis 188.
17. Das deutsche Nationalbewußtsein und Frankreich. Vom Antichristspiel bis zu Alexander von Roes. In: Jahrbuch der Arbeitsgemeinschaft der Rheinischen Geschichtsvereine *2* (1936) 51—60.
18. Die Frauen und die Literatur im Mittelalter. Ein Beitrag zur Frage nach der Entstehung des Schrifttums in der Volkssprache. In: Archiv für Kulturgeschichte *26* (1936) 129—161.
19. Das hohe Mittelalter und die deutsche Kaiserzeit. In: Die Neue Propyläen-Weltgeschichte. Bd 2: Der Aufstieg des Germanentums und die Welt des Mittelalters. Berlin 1940. 173—350.
20. Deutsches Schrifttum im Deutschen Orden. In: Altpreußische Forschungen *18* (1941) 21—49.
21. Rotten und Brabanzonen. Söldner-Heere im 12. Jahrhundert. In: Deutsches Archiv für Geschichte des Mittelalters *5* (1942) 419—492.
22. Politische Gedanken mittelalterlicher Westfalen. In: Westfalen *27* (1948) 5—20.
23. Übersetzungsprobleme im Spätmittelalter. Zu einer alten Verdeutschung des Memoriale Alexanders von Roes. In: Zeitschrift für deutsche Philologie *70* (1948/49) 113 bis 145.
24. Die Schriften des Alexander von Roes. Hrsg. und übersetzt von Herbert Grundmann und Hermann Heimpel. (Monumenta Germaniae historica. Deutsches Mittelalter 4) Weimar 1949.
25. Neue Forschungen über Joachim von Fiore. (Münstersche Forschungen 1) Marburg 1950.
26. Geistesgeschichte in den Monumenta Germaniae historica. In: Die Welt als Geschichte *10* (1950) 98—116.
27. Geschichte, Politik und Erziehung. Betrachtungen über eine deutsch-englische Historikertagung. In: Geschichte in Wissenschaft und Unterricht *1* (1950) 109—116.
28. Korreferat zu H. Löwe, Das Werden des Abendlandes im Geschichtsbild des frühen Mittelalters. In: Bericht über die 21. Versammlung deutscher Historiker in Marburg/Lahn 13.—16. September 1951. Offenburg-Stuttgart 1951. 11—13.
29. Neue Aufgaben der Monumenta Germaniae Historica. In: Geschichte in Wissenschaft und Unterricht *2* (1951) 538—547.
30. Über die Schriften des Alexander von Roes. In: Deutsches Archiv für Erforschung des Mittelalters *8* (1951) 154—237.
31. Federico II e Gioacchino da Fiore. In: VII Centenario della morte di Federico II Imperatore e Re di Sicilia (10—18 dicembre 1950). Atti del Convegno Internazionale di Studi Federiciani. Palermo 1952. 83—89.

32. Sacerdotium — Regnum — Studium. Zur Wertung der Wissenschaft im 13. Jahrhundert. In: Archiv für Kulturgeschichte *34* (1952) 5—21.
33. Jubel. In: Festschrift für Jost Trier zu seinem 60. Geburtstag am 15. Dezember 1954. Meisenheim/Glan 1954. 477—511.
34. Otto III. Kaisertum und Christentum im Mittelalter. In: Schriftenreihe der Evangelischen Akademie Hamburg. H. 7: Der christliche Staatsmann. Hamburg 1954. 6—11.
35. Wahlkönigtum, Territorialpolitik und Ostbewegung im 13. und 14. Jahrhundert (1198—1378). In: Bruno Gebhardt, Handbuch der deutschen Geschichte. Bd. 1: Frühzeit und Mittelalter. 8. Auflage. Stuttgart 1954. 341—504 [9. Auflage s. Nr. 95].
36. Eresie e nuovi ordini religiosi nel secolo XII. In: Relazioni del X Congresso Internazionale di Scienze Storiche. Vol. 3: Storia del Medioevo. Firenze 1955. 357—402.
37. La mistica tedesca nei suoi riflessi popolari: il beghinismo. In: Relazioni del X Congresso Internazionale di Scienze Storiche. Vol. 3: Storia del Medioevo. Firenze 1955. 467—484.
38. Neue Beiträge zur Geschichte der religiösen Bewegungen im Mittelalter. In: Archiv für Kulturgeschichte *37* (1955) 129—182 [Wiederabdruck s. Nr. 59].
39. Stämme und Länder in der deutschen Geschichte. In: Geschichte in Wissenschaft und Unterricht *6* (1955) 591—607.
40. Vom Ursprung der Universität im Mittelalter. (Berichte über die Verhandlungen der Sächsischen Akademie der Wissenschaften zu Leipzig, Phil.-hist. Klasse *103*, 2) Berlin 1957 [2. Auflage s. Nr. 56].
41. Freiheit als religiöses, politisches und persönliches Postulat im Mittelalter. In: Historische Zeitschrift *183* (1957) 23—53 [Wiederabdruck s. Nr. 46].
42. Geschichtsschreibung im Mittelalter. In: Deutsche Philologie im Aufriß. Bd 3. Berlin 1957. 1273—1336 [Neubearbeitung s. Nr. 72].
43. Alexander von Roes, Schriften. Hrsg. von Herbert Grundmann und Hermann Heimpel. (Monumenta Germaniae historica. Staatsschriften des späteren Mittelalters 1, 1) Stuttgart 1958.
44. Valentin von Tetleben, Protokoll des Augsburger Reichstages 1530. Hrsg. und eingeleitet von Herbert Grundmann. (Schriftenreihe der Historischen Kommission bei der Bayerischen Akademie der Wissenschaften 4) Göttingen 1958. Auch erschienen als: Schriften des Vereins für Reformationsgeschichte Nr. 177 = Jg. 64/65. Gütersloh 1958.
45. Deutsche Reichstagsakten. Jüngere Reihe. In: Die Historische Kommission bei der Bayerischen Akademie der Wissenschaften 1858—1958. Göttingen 1958. 132—157.
46. Freiheit als religiöses, politisches und persönliches Postulat im Mittelalter. In: Beiträge zur europäischen Geschichte. Bd 1: Das Problem der Freiheit im europäischen Denken von der Antike bis zur Gegenwart. München 1958. 23—53 [Wiederabdruck von Nr. 41].
47. La genesi dell'università nel Medio Evo. In: Bullettino dell'Istituto Storico Italiano per il Medio Evo e Archivio Muratoriano *70* (1958) 1—18 [Übersetzung von Nr. 40].
48. Landgraf Philipp von Hessen auf dem Augsburger Reichstag 1530. In: Schriftenreihe der Historischen Kommission bei der Bayerischen Akademie der Wissenschaften. *5*: Aus Reichstagen des 15. und 16. Jahrhunderts. Göttingen 1958. 341—423. Auch erschienen als: Schriften des Vereins für Reformationsgeschichte Nr. 176 = Jg. 63, 2. Gütersloh 1959.
49. Litteratus — illitteratus. Der Wandel einer Bildungsnorm vom Altertum zum Mittelalter. In: Archiv für Kulturgeschichte *40* (1958) 1—65.

50. Der Cappenberger Barbarossakopf und die Anfänge des Stiftes Cappenberg. (Münstersche Forschungen 12) Köln-Graz 1959.
51. Der hl. Theodor oder Gottfried von Cappenberg im Domparadies zu Münster. In: Westfalen *37* (1959) 156—173.
52. Gottfried von Cappenberg. In: Westfälische Lebensbilder *8* (Münster 1959) 1—16.
53. Bonifaz VIII. und Dante. Zur Problematik der Konstantinischen Schenkung. In: Hochland *52* (1959/60) 201—220 [Veränderter Vorabdruck unter Weglassung der Anmerkungen von Nr. 57].
54. Deutsch-italienische Beziehungen im 14. und 15. Jahrhundert. Entwurf. In: Internationales Jahrbuch für Geschichtsunterricht *7* (1959/60) 40—44.
55. Naturwissenschaft und Medizin in mittelalterlichen Schulen und Universitäten. (Deutsches Museum. Abhandlungen und Berichte 28, 2) München-Düsseldorf 1960.
56. Vom Ursprung der Universität im Mittelalter. 2., mit einem Nachtrag versehene Auflage [von Nr. 40]. Darmstadt 1960 [Unveränderter Nachdruck, Darmstadt 1964].
57. Bonifaz VIII. und Dante. In: Münchner romanistische Arbeiten. Bd 15: Dante und die Mächtigen seiner Zeit. München 1960. 9—36 [Veränderter Vorabdruck s. Nr. 53].
58. Zur Biographie Joachims von Fiore und Rainers von Ponza. In: Deutsches Archiv für Erforschung des Mittelalters *16* (1960) 437—546.
59. Religiöse Bewegungen im Mittelalter. Anhang: Neue Beiträge zur Geschichte der religiösen Bewegungen im Mittelalter. 2. verbesserte und ergänzte Auflage [von Nr. 13]. Darmstadt 1961 [Unveränderter Nachdruck Darmstadt 1970].
60. Die Bulle „Quo elongati“ Papst Gregors IX. In: Archivum Franciscanum historicum *54* (1961) 3—25.
60a. Die Eigenart mittelalterlicher Geschichtsanschauung. In: Geschichtsdenken und Geschichtsbild im Mittelalter (Wege der Forschung 21) Darmstadt 1961. 430—433 [Wiederabdruck von Nr. 42 Sp. 1333—1336].
61. Die Gundzüge der mittelalterlichen Geschichtsanschauungen. In: Geschichtsdenken und Geschichtsbild im Mittelalter. (Wege der Forschung 21) Darmstadt 1961. 418 bis 429 [Wiederabdruck von Nr. 12].
62. Merians Topographia Germaniae. In: Archiv für Kulturgeschichte *43* (1961) 355 bis 362.
63. Betrachtungen zur Kaiserkrönung Ottos I. (Bayerische Akademie der Wissenschaften, Phil.-hist. Klasse. Sitzungsberichte 1962, 2) München 1962.
64. Ein Fragment der Gesta archiepiscoporum Magdeburgensium. Mitgeteilt von K. V. Sinclair, mit Ergänzungen von H. Grundmann. In: Deutsches Archiv für Erforschung des Mittelalters *18* (1962) 245—248.
65. Zur Vita s. Gerlaci eremitae. In: Deutsches Archiv für Erforschung des Mittelalters *18* (1962) 539—554.
66. Ketzergeschichte des Mittelalters. (Die Kirche in ihrer Geschichte. Ein Handbuch. Bd 2, Lfg G, 1. Teil) Göttingen 1963; 2., verbesserte Aufl. 1967; Berlin 1970 [veränd. Nachdruck d. 1. Aufl. Göttingen 1963].
67. Deutsche Eremiten, Einsiedler und Klausner im Hochmittelalter (10.—12. Jahrhundert). In: Archiv für Kulturgeschichte *45* (1963) 60—90.
68. Kirchenfreiheit und Kaisermacht um 1190 in der Sicht Joachims von Fiore. In: Deutsches Archiv für Erforschung des Mittelalters *19* (1963) 353—396.
69. Oportet et haereses esse. Das Problem der Ketzerei im Spiegel der mittelalterlichen Bibelexegese. In: Archiv für Kulturgeschichte *45* (1963) 129—164.

70. Die geschichtlichen Grundlagen der Deutschen Mystik. In: Altdeutsche und altniederländische Mystik. (Wege der Forschung 23) Darmstadt 1964. 72—99 [Wiederabdruck von Nr. 11].
71. Pars quamvis parva. Zur Abtwahl nach Benedikts Regel. In: Festschrift Percy Ernst Schramm zu seinem 70. Geburtstag von Schülern und Freunden zugeeignet. Wiesbaden 1964. Bd 1, 237—251.
72. Geschichtsschreibung im Mittelalter. Gattungen — Epochen — Eigenart. (Kleine Vandenhoeck-Reihe 209/210) Göttingen 1965 [2. Auflage s. Nr. 91].
73. Eremiti in Germania dal X a XII secolo: „Einsiedler" e „Klausner". In: Miscellanea del Centro di Studi Medioevali [dell'Università Cattolica del Sacro Cuore]. 4: L'Eremitismo in Occidente nei secoli XI e XII. Atti della seconda Settimana internazionale di studio Mendola, 30 agosto—6 settembre 1962. Milano 1965. 311—329 [Übersetzung von Nr. 67].
74. Ketzerverhöre des Spätmittelalters als quellenkritisches Problem. In: Deutsches Archiv für Erforschung des Mittelalters *21* (1965) 519—575.
75. Über die Welt des Mittelalters. In: Propyläen-Weltgeschichte. Summa historica. Berlin-Frankfurt-Wien 1965. 363—446.
76. Zwei Briefe des Kanonikers Meingoz von St. Martin an Abt Rupert von Deutz (nach 1124 bis Anfang 1128). In: Deutsches Archiv für Erforschung des Mittelalters *21* (1965) 264—276.
77. Studien über Joachim von Fiore. Mit einem Vorwort zum Neudruck [von Nr. 1]. Darmstadt 1966.
78. Der Brand von Deutz 1128 in der Darstellung Abt Ruperts von Deutz. Interpretation und Text-Ausgabe. In: Deutsches Archiv für Erforschung des Mittelalters *22* (1966) 385—471.
79. Friedrich II. und das Geistesleben seiner Zeit. In: Stupor mundi. Zur Geschichte Friedrichs II. von Hohenstaufen. (Wege der Forschung 101) Darmstadt 1966. 359 bis 364 [Wiederabdruck von Nr. 35 S. 373—376].
80. Kaiser Friedrich II. 1194—1250. In: Stupor mundi. Zur Geschichte Friedrichs II. von Hohenstaufen. (Wege der Forschung 101). Darmstadt 1966. 109—133 [Wiederabdruck von Nr. 14].
81. Zur Abt-Wahl nach Benedikts Regel. Die „Zweitobern" als „sanior pars"? — In: Zeitschrift für Kirchengeschichte *77* = 4. Folge *15* (1966) 217—223.
82. Bibliographie zur Ketzergeschichte des Mittelalters (1900—1966). (Sussidi eruditi 20) Roma 1967 [Französische Ausgabe s. Nr. 87].
83. Das Mittelalter-Problem. In: Jahrbuch der Akademie der Wissenschaften in Göttingen (1967) 40—54.
84. Dichtete Wolfram von Eschenbach am Schreibtisch? In: Archiv für Kulturgeschichte *49* (1967) 391—405.
85. Institute für Mediävistik? In: Euphorion *61* (1967) 132—137.
86. Adelsbekehrungen im Hochmittelalter. Conversi und nutriti im Kloster. In: Adel und Kirche. Gerd Tellenbach zum 65. Geburtstag dargebracht von Freunden und Schülern. Freiburg-Basel-Wien 1968. 325—345.
87. Bibliographie des études récentes (après 1900) sur les hérésies médiévales. In: Hérésies et sociétés dans l'Europe pré-industrielle 11e—18e siècles. Communications et débats du Colloque de Royaumont. Paris-La Haye 1968. 407—467. [Französische Ausgabe von Nr. 82].
88. Hérésies savantes et hérésies populaires au moyen âge. In: Hérésies et sociétés dans

l'Europe pré-industrielle 11e—18e siècles. Communications et débats du Colloque de Royaumont. Paris-La Haye 1968. 209—218.
89. Geschichtsschreibung im späteren Mittelalter. In: Geschichtsschreibung. Epochen, Methoden, Gestalten. Düsseldorf 1968. 86—93 [Wiederabdruck von Nr. 72, S. 64 bis 71].
90. Joachim von Fiore. In: Die Wahrheit der Ketzer. Stuttgart-Berlin 1968. 80—88, 264—268.
91. Geschichtsschreibung im Mittelalter. Gattungen — Epochen — Eigenart. (Kleine Vandenhoeck-Reihe 209/210). 2. Auflage [von Nr. 72]. Göttingen 1969.
92. Monumenta Germaniae Historica 1819—1969. München 1969.
93. Eine neue Interpretation des Papstwahldekrets von 1059. In: Deutsches Archiv für Erforschung des Mittelalters *25* (1969) 234—236.
94. Lex und Sacramentum bei Joachim von Fiore. In: Miscellanea mediaevalia. Bd 6: Lex et Sacramentum im Mittelalter. Berlin 1969. 31—48.
95. Wahlkönigtum, Territorialpolitik und Ostbewegung im 13. und 14. Jahrhundert (1198—1378). In: Gebhardt, Handbuch der deutschen Geschichte. 9., neu bearbeitete Auflage [von Nr. 35]. Stuttgart 1970. 426—606.

Besprechungen (Auswahl)

96. Lucy Allen Paton, Les Prophecies de Merlin, Edited from Ms. 593 in the Bibliothèque Municipale of Rennes, New York 1926—1927. In: Göttingische Gelehrte Anzeigen *190* (1928) 562—583.
97. Ernesto Buonaiuti [Hrsg.], Gioacchino da Fiore, Tractatus super quatuor Evangelia, Roma 1930. — Ernesto Buonaiuti, Gioacchino da Fiore, i tempi, la vita, il messaggio, Roma 1911. — Henry Bett, Joachim of Flora, London 1931. In: Zeitschrift für Kirchengeschichte *50* (1931) 487—490.
98. Hans Liebeschütz, Das allegorische Weltbild der heiligen Hildegard von Bingen, Leipzig 1930. In: Historische Zeitschrift *144* (1931) 340—344.
99. Eugène Anitchkof, Joachim de Flore et les milieux courtois, Paris 1931. In: Historische Zeitschrift *148* (1933) 342—344.
100. Elisabeth Busse-Wilson, Das Leben der heiligen Elisabeth von Thüringen, das Abbild einer mittelalterlichen Seele, München 1931. In: Historische Zeitschrift *147* (1933) 393—396.
101. Ernst Kantorowicz: Kaiser Friedrich der Zweite, Text- und Ergänzungsband, Berlin 1927—1931. In: Literaturblatt der Frankfurter Zeitung *66* (1933) 30. April. Wiederabdruck in: Stupor mundi. Zur Geschichte Friedrichs II. von Hohenstaufen. Darmstadt 1966. 103—108.
102. Heinrich Bechtel, Wirtschaftsstil des deutschen Spätmittelalters, München-Leipzig 1930. In: Blätter für deutsche Philosophie *7* (1933/34) 180—184.
103. F. W. Schaafhausen, Der Durchbruch des deutschen Geistes im Mittelalter, Jena 1931. In: Blätter für deutsche Philosophie *7* (1933/34) 184—185.
104. Julius Böheim, Das Landschaftsgefühl des ausgehenden Mittelalters, Leipzig-Berlin 1934. In: Zeitschrift für Ästhetik und allgemeine Kunstwissenschaft *29* (1935) 165 bis 169.
105. Erich Seeberg, Meister Eckhart, Tübingen 1934. In: Historische Zeitschrift *152* (1935) 572—580.
106. Ernst Benz, Ecclesia spiritualis, Kirchenidee und Geschichtstheologie der franzis-

kanischen Reformation, Stuttgart 1934. In: Historische Zeitschrift *154* (1936) 128 bis 134.
107. Wilhelm Kamlah, Apokalypse und Geschichtstheologie, Die mittelalterliche Auslegung der Apokalypse vor Joachim von Fiore, Berlin 1935. In: Historische Zeitschrift *154* (1936) 605—608.
108. Livarius Oliger [Hrsg.], B. Margherita Colonna, le due vite scritte dal fratello Giovanni Colonna Senatore di Roma e da Stefania monaca di San Silvestro in Capite, Testi inediti del secolo XIII, Rom 1935. In: Zeitschrift für Kirchengeschichte *55* (1936) 397—398.
109. Richard Scholz [Hrsg.], Marsilius von Padua, Defensor pacis, Hannover 1932—33. In: Historische Zeitschrift *153* (1936) 128—129.
110. Johannes Spörl, Grundformen hochmittelalterlicher Geschichtsanschauung, Studien zum Weltbild der Geschichtsschreiber des 12. Jahrhunderts, München 1935. In: Historische Zeitschrift *153* (1936) 363—367.
111. G. G. Coulton, Five centuries of religion. *1*: St. Bernard, his predecessors and successors 1000—1200, 2. Aufl. *2*: The Friars and the dead weight of tradition 1200—1400. *3*: Getting and spending. Cambridge 1927—1936. In: Historische Zeitschrift *156* (1937) 132—135.
112. Johannes Chrysostomus Huck, Joachim von Floris und die joachitische Literatur, Ein Beitrag zur Geistesgeschichte des hohenstaufischen Zeitalters, Freiburg i. Br. 1938. In: Theologische Literaturzeitung *64*, (1939) 176—178.
113. Julius Schultz, Wandlungen der Seele im Hochmittelalter, Breslau 1936. In: Historische Zeitschrift *159* (1939) 116—119.
114. Friedrich Wilhelm Oediger [Hrsg.], Schriften des Arnold Heymerick, Bonn 1939. In: Theologische Literaturzeitung *65* (1940) 27—28.
115. Alfred Stoecklin, Der Basler Konzilsversuch des Andrea Zamometić vom Jahre 1482, Basel 1938. In: Theologische Literaturzeitung *65* (1940) 28—29.
116. Peter Rassow, Honor Imperii, Die neue Politik Friedrich Barbarossas 1152—1159, München-Berlin 1940. In: Historische Zeitschrift *164* (1941) 577—582.
117. Aziz Suryal Atiya, The Crusade in the later Middle Ages, London 1938. In: Historische Zeitschrift *166* (1942) 595—597.
118. Eberhard Otto, Friedrich Barbarossa, Potsdam 1940. In: Historische Zeitschrift *166* (1942) 346—351.
119. Michael Seidlmayer, Das Mittelalter, Umrisse und Ergebnisse des Zeitalters, Unser Erbe, Regensburg 1948. In: Historische Zeitschrift *170* (1950) 354—355.
120. Karl Jordan [Hrsg.], Die Urkunden Heinrichs des Löwen, Herzogs von Sachsen und Bayern (Monumenta Germaniae historica), Leipzig 1941 und Weimar 1949. In: Hansische Geschichtsblätter *70* (1951) 126—128.
121. Friedrich Kempf, Die Register Innocenz III., Rom 1945 und Regestum Innocentii III papae super negotio Romani imperii, hrsg. von Friedrich Kempf, Rom 1947. In: Zeitschrift der Savigny-Stiftung für Rechtsgeschichte, Kanonistische Abteilung *37* (1951) 416—431.
122. Mediaeval and Renaissance Studies, edited by Richard Hunt and Raymond Klibansky, Vol. 1 London 1941/43 und Vol. 2 London 1950. In: Historische Zeitschrift *172* (1951) 352—356.
123. Friedrich Heer, Aufgang Europas, Text- und Kommentarband, Wien-Zürich 1949. — Ders., Die Tragödie des Heiligen Reiches, Text- und Kommentarband, Stuttgart 1952 bis 1953. In: Deutsches Archiv für Erforschung des Mittelalters *11* (1954/55) 273—274.

124. Arno Borst, Die Katharer, Stuttgart 1953. In: Historische Zeitschrift *180* (1955) 541—546.
125. Robert Folz, Le Souvenir et la Légende de Charlemagne dans l'Empire germanique médiéval, Paris 1950. In: Historische Zeitschrift *180* (1955) 312—317.
126. Karl Langosch [Hrsg.], Die Briefe Kaiser Heinrichs IV. mit den Quellen zu Canossa, Münster-Köln 1954. In: Deutsche Literaturzeitung *77* (1956) 34—39.
127. A. van den Baar, Die kirchliche Lehre der Translatio imperii Romani bis zur Mitte des 13. Jahrhunderts, Rom 1956. In: Theologische Literaturzeitung *83* (1958) 362—364.
128. Erich Caspar, Das Papsttum unter fränkischer Herrschaft, Darmstadt 1956. In: Theologische Literaturzeitung *83* (1958) 440—441.
129. Frederick Hertz, The development of the German public mind, A social history of German political sentiments, aspirations and ideas, The Middle Ages, The Reformation, London 1957. In: Historische Zeitschrift *186* (1958) 349—350.
130. Historia mundi, hrsg. von Fritz Valjavec, 5: Frühes Mittelalter, Bern 1956. In: Historische Zeitschrift *186* (1958) 346—349.
131. Berthe Widmer, Heilsordnung und Zeitgeschehen in der Mystik Hildegards von Bingen, Basel-Stuttgart 1955. In: Theologische Literaturzeitung *83* (1958) 845—846.
132. Die Geschichtsschreiber der deutschen Vorzeit, Bd 30, 83, 99, 100, 101, 102, Köln 1954—58. — Ausgewählte Quellen zur deutschen Geschichte des Mittelalters, Bd 2—3, Darmstadt 1955—56. In: Deutsche Literaturzeitung *80* (1959) 36—43.
133. Ernst H. Kantorowicz, Laudes Regiae, A study in liturgical acclamations and mediaeval ruler worship, Berkeley and Los Angeles 1958 (2nd printing). — In: Historische Zeitschrift *188* (1959) 116—119.
134. Il Libro delle Figure dell'Abate Gioachino da Fiore. 2ª edizione. *1*: Introduzione e commento, Le sue rivelazioni dantesche, di Leone Tondelli. *2*: Tavole, Testo relevato su grafici, ed. L. Tondelli, Marjorie Reeves, Beatrice Hirsch-Reich, Torino 1953. In: Historische Zeitschrift *193* (1961) 401—404.
135. Werner Goez, Translatio Imperii, Ein Beitrag zur Geschichte des Geschichtsdenkens und der politischen Theorien im Mittelalter und in der frühen Neuzeit. In: Historische Zeitschrift *192* (1961) 648—653.
136. Steven Runciman, Geschichte der Kreuzzüge, Bd 1—3, München 1957—60. — Adolf Waas, Geschichte der Kreuzzüge, Bd 1—2, Freiburg i. Br. 1956. In: Deutsche Literaturzeitung *82* (1961) 691—696.
137. Franz-Josef Schmale, Studien zum Schisma des Jahres 1130, Köln-Graz 1961. In: Deutsches Archiv für Erforschung des Mittelalters *17* (1961) 586—588.
138. Norman Cohn, Das Ringen um das Tausendjährige Reich, Revolutionärer Messianismus im Mittelalter und sein Fortleben in den modernen totalitären Bewegungen, Bern-München 1961. In: Historische Zeitschrift *196* (1963) 661—666.
139. Joseph Klapper, Der Erfurter Kartäuser Johannes Hagen, Ein Reformtheologe des 15. Jahrhunderts. *1*: Leben und Werk. *2*: Verzeichnis seiner Schriften mit Auszügen, Leipzig 1960—61. In: Theologische Literaturzeitung *88* (1963) 596—597.
140. Wolfram von den Steinen, Der Kosmos des Mittelalters, Von Karl dem Großen zu Bernhard von Clairvaux, Bern 1959. In: Historische Zeitschrift *196* (1963) 136—141.
141. Twelfth-century Europe and the foundations of modern society. Proceedings of a symposium sponsored by the Division of Humanities of the University of Wisconsin and the Wisconsin Institute for Medieval and Renaissance Studies, November 1957. Ed. by Marshall Clagett, Gaines Post and Robert Reynolds, Madison 1961. In: Historische Zeitschrift *197* (1963) 634—636.

142. L'attesa dell'età nuova nella spiritualità della fine del Medioevo. Convegni del Centro di studi sulla spiritualità medievale 3, 16—19 ottobre 1960, Todi 1962. — Bernhard Töpfer, Das kommende Reich des Friedens, Zur Entwicklung chiliastischer Zukunftshoffnungen im Hochmittelalter, Berlin 1964. In: Historische Zeitschrift *203* (1966) 388—394.
143. Bernhard Blumenkranz, Les auteurs chrétiens latins du moyen âge sur les juifs et le judaïsme, Paris 1963. In: Deutsche Literaturzeitung *87* (1966) 300—301.
144. Sophronius Clasen, Franziskus — Engel des sechsten Siegels, Sein Leben nach den Schriften des heiligen Bonaventura, Einführung, Übersetzung, Anmerkungen, Werl/ Westf. 1962. In: Theologische Literaturzeitung *92* (1967) 435—437.
145. Gordon Leff, Heresy in the Later Middle Ages, The relation of heterodoxy to dissent c. 1250—1450, Manchester—New York 1967. In: Deutsches Archiv für Erforschung des Mittelalters *24* (1968) 284—286, 604.
146. Kurt-Victor Selge, Die ersten Waldenser, Mit Edition des Liber antiheresis des Durandus von Osca, Bd 1—2, Berlin 1967. In: Deutsches Archiv für Erforschung des Mittelalters *24* (1968) 572—573.

Außerdem zahlreiche Besprechungen und Anzeigen in „Deutsches Archiv für Geschichte des Mittelalters" Jg. 1 (1937)—Jg. 7 (1944), „Deutsches Archiv für Erforschung des Mittelalters" Jg. 8 (1951)—Jg. 26 (1970), „Historische Zeitschrift" Bd 144 (1931)—Bd 204 (1967) und „Zeitschrift für Kirchengeschichte" Bd 50 = 3. Folge 1 (1931)—Bd 56 = 3. Folge 7 (1937).

Varia (Berichte, Würdigungen, Nachrufe u. a.)

147. Als Ostuniversität auf deutschem Vorposten. Bedeutung und Ruhm der Albertina in Königsberg. In: Königsberger Allgemeine Zeitung *69* (1944) Nr. 185 (7. Juli) Beilage: 400 Jahre Albertus-Universität.
148. Reise nach England. In: Das Auditorium *1* (Münster 1947) Nr. 7/8, 13—19.
149. Walter Goetz zum achtzigsten Geburtstag am 11. November 1947. In: Die Sammlung *2* (Göttingen 1947) 584—589.
150. Ehrliche Besinnung auf 1848. In: Das Auditorium *2* (1948) Nr. 5, 6—11.
151. Zum 85. Geburtstag von Walter Goetz. In: Archiv für Kulturgeschichte *35* (1953) 5—6.
152. Der 23. Deutsche Historikertag in Ulm. In: Historische Zeitschrift *183* (1957) 741 bis 744.
153. Walter Goetz † (zusammen mit Fritz Wagner). In: Archiv für Kulturgeschichte *40* (1958) 271—274.
154. Walter Goetz †. In: Historische Zeitschrift *187* (1959) 731—732.
154a. Nachruf Bernhard Schmeidler. In: Deutsches Archiv für Erforschung des Mittelalters *16* (1960) 306.
155. Zur Einleitung. In: Friedrich Baethgen, Mediaevalia (Schriften der Monumenta Germaniae Historica 17). Stuttgart 1960. VII—XVII.
156. Nachruf Michael Seidlmayer. In: Deutsches Archiv für Erforschung des Mittelalters *17* (1961) 330.
157. Friedrich Schneider zum Gedächtnis. In: Deutsches Dante-Jahrbuch *40* (1963) 9—17.
158. Gedenken an Georg Waitz (1813—1886). In: Forschungen und Fortschritte *37* (1963) 314—317.
159. Nachruf Fritz Ernst. In: Deutsches Archiv für Erforschung des Mittelalters *20* (1964) 299.

160. Nachruf Fritz Weigle. In: Deutsches Archiv für Erforschung des Mittelalters *22* (1966) 693.

161. Prof. Dr. Herbert Schönebaum †. In: Archiv für Kulturgeschichte *48* (1966) 411.

162. Geschichtsforschung im Kleinen und im Großen. Johannes Kühn zum 80. Geburtstag. In: Ruperto-Carola *41* (1967) 77—81.

163. Nekrolog Edmund E. Stengel. In: Deutsches Archiv für Erforschung des Mittelalters *24* (1968) 605—606.

164. Nekrolog Hermann Aubin. In: Deutsches Archiv für Erforschung des Mittelalters *25* (1969) 621.

165. Monumenta Germaniae Historica. Berichte für die Jahre 1958/59 bis 1968/69. In: Deutsches Archiv für Erforschung des Mittelalters *16* (1960)—*25* (1969). Diese Berichte sind abgedruckt in: Jahrbuch der Bayerischen Akademie der Wissenschaften 1960—1969, Anzeiger der Österreichischen Akademie der Wissenschaften, Phil.-hist. Klasse 1960—1969 und Sitzungsberichte der Deutschen Akademie der Wissenschaften zu Berlin, Klasse für Philosophie, Geschichte, Staats-, Rechts- und Wirtschaftswissenschaften Jg. 1960, *3* (1958/59), 1961, *1* (1959/60), 1964, *5* (1963/64), 1965, *4* (1960/61), 1965, *5* (1962/63), 1966, *3* (1964/65), 1967, *2* (1965/66), 1968, *6* (1966/67).

Lexikonartikel

166. Neue Deutsche Biographie.
Bd 1, Berlin 1953: Adela, Gräfin aus sächs. Geschlecht (S. 56—57); Adolf I., Erzbischof von Köln (S. 82—83); Altfrid, dritter Bischof von Münster (S. 218—219).
Bd 6, 1964: Gebhardt, Bruno (S. 120—121); Gerlach von Houthem (S. 293—294); Goetz, Walter Wilhelm (S. 582—584); Gottfried v. Cappenberg (S. 670).
Bd 9, 1972: Holder-Egger, Oswald (S. 526).

167. Lexikon für Theologie und Kirche. 2., völlig neu bearb. Aufl. Freiburg 1957—67.
Bd 5, 1960: Jordanus v. Osnabrück (Sp. 1120). — Bd 7, 1962: Ortlieber (Sp. 1256 bis 1257). — Bd 9, 1964: Roes, Alexander v. (Sp. 41); Salimbene de Adam (Sp. 266).

168. Die Religion in Geschichte und Gegenwart. Handwörterbuch für Theologie und Religionswissenschaft. 3., völlig neu bearb. Aufl. Tübingen 1957—65.
Bd 1, 1957: Adam Goddamus (Sp. 90); Adamiten (Sp. 91—92); Alexander von Roes (Sp. 231); Bacon, Roger (Sp. 832—833); Beginen (Sp. 959); Cäsarius von Heisterbach (Sp. 1582); Caputiati (Sp. 1613—1614).
Bd 2, 1958: Ebner, Christina und Margareta (Sp. 298—299); Elias von Cortona (Sp. 427); Franz von Assisi (Sp. 1057—1058); Gerson, Johannes (Sp. 1449); Gottesfriede (Sp. 1790—1791); Groote, Geert (Sp. 1882—1883).
Bd 3, 1959: Heinrich von Gent (Sp. 203); Jakob von Vitry (Sp. 522—523); Joachim von Fiore (Sp. 799); Johannes von Kastl (Sp. 816); Jordan von Giano (Sp. 857); Kaisertum und Papsttum (Sp. 1093—1099); Kaland (Sp. 1099); Konrad von Gelnhausen (Sp. 1780).
Bd 4, 1960: Kreuzzüge (Sp. 54—59); Ludolf von Sachsen (Sp. 465—466); Marsilius von Padua (Sp. 776—777); Norbert von Xanten (Sp. 1510); Olivi, Petrus Johannis (Sp. 1627).
Bd 5, 1961: Robert von Arbrissel (Sp. 1128—1129).
Bd 6, 1962: Siegmund, deutscher König und Kaiser (Sp. 28—29); Thomas von Cantimpré (Sp. 863); Wilhelm von Tyrus (Sp. 1715); Zerbolt, Gerhard, von Zutphen (Sp. 1903).

Herausgeber

Archiv für Kulturgeschichte, Bd 33 (1951)—51 (1969). (Bd 33—40 zusammen mit Walter Goetz und Fritz Wagner, Bd 41—50 zusammen mit Fritz Wagner und Arno Borst, Bd 51 zusammen mit Fritz Wagner).

Beihefte zum Archiv für Kulturgeschichte *1* (1951)—*9* (1969).

Deutsches Archiv für Erforschung des Mittelalters, Jg. 16 (1960)—25 (1969). (Jg. 16—19 zusammen mit Friedrich Baethgen und Walther Holtzmann, Jg. 20—25 zusammen mit Friedrich Baethgen).

Münstersche Forschungen, H. 1 (1950)—12 (1959). (Zusammen mit Jost Trier).

Neue Münstersche Beiträge zur Geschichtsforschung, Bd 1 (1957)—5 (1959). (Zusammen mit Kurt von Raumer und Otto Herding).

Bruno Gebhardt, Handbuch der deutschen Geschichte. 8., vollständig neubearb. Aufl. Bd 1—4, Stuttgart 1954—59 (Vorwort Bd 1, S. V—VI).

Gebhardt, Handbuch der deutschen Geschichte. 9., neu bearb. Aufl. Bd 1—3, Stuttgart 1970 (Vorwort Bd 1, VII—VIII).

Walter Goetz: Historiker in meiner Zeit. Gesammelte Aufsätze. Köln—Graz 1957 (Nachwort des Herausgebers S. 452—454).

Michael Seidlmayer: Das Mittelalter. Umrisse und Ergebnisse des Zeitalters. Unser Erbe. 2. Aufl. Göttingen 1967 (Vorwort S. 3—5).

Nachtrag:

Zu 52. [Gekürzter Wiederabdruck in: Die Heiligen in ihrer Zeit, hg. von Peter Manus, *2* (Mainz 1966) 35—37].

95a. Das Schreiben Kaiser Karls IV. an die heidnischen Litauer-Fürsten 1358. In: Folia diplomatica 1 = Opera Universitatis Purkynianae Brunensis Facultas philosophica *158* [Festschrift für Jindřich Šebànek] (Brno 1971) 89—103.

Dr. phil. Hilda Lietzmann

ANHANG

BIBLIOGRAPHIE ERWIN JACOBI

Bearbeitet von *Gerhard Buchda*

Zur fünften Wiederkehr
des Todestages von Erwin Jacobi am 5. April 1970

Vorbemerkung

Als Ausgangspunkt hat das chronologische Verzeichnis der Veröffentlichungen von *Erwin Jacobi* gedient, das in der ihm 1957 dargebrachten Festschrift enthalten ist (s. IX, 3). Hauptsächlich aus seinem eigenen, von ihm handschriftlich ergänzten und für 1958/59 mit Nachträgen versehenen Exemplar sowie aus den in IX, 2 registrierten Hilfsmitteln ließ sich die Bibliographie weiter vervollständigen. Die bereits im Jahrbuch der Sächsischen Akademie der Wissenschaften zu Leipzig 1963—1965 (Berlin 1967) S. 49 enthaltenen Angaben kehren in Abschnitt IX wieder, teils in etwas anderer Form, hier und da auch berichtigt; sie wurden durch neue Belege beträchtlich vermehrt.

Trotz zeitraubenden Suchens ist mir infolge gegenwärtiger Hemmnisse, die eine ausgedehnte Durchsicht des Schrifttums erschweren oder überhaupt unmöglich machen, vielleicht irgend etwas entgangen; doch glaube ich, nichts Wichtiges. Teils aus demselben Grunde, teils aus Zeitmangel mußte ich auf zweierlei von vornherein verzichten: 1. auf die Ermittlung der Besprechungen, die einzelnen Schriften *Jacobis* zuteil geworden sind, 2. auf die Erfassung der von *Jacobi* angeregten oder übernommenen, in Referat oder Korreferat begutachteten Dissertationen und Habilitationsschriften. Da *Jacobi* offenbar keine Liste seiner Doktoranden geführt hat (Nachforschungen blieben erfolglos) und da das Jahresverzeichnis der deutschen Hochschulschriften bei Dissertationen und Habilitationsschriften keine Referenten nennt, wäre es bei der Breite der von *Jacobi* vertretenen Fachgebiete notwendig geworden, aufwendige archivalische Nachforschungen anzustellen. Einen gewissen Ausgleich bieten die Titel der von *Jacobi* herausgegebenen 32 Hefte der Schriften des Instituts für Arbeitsrecht an der Universität Leipzig (s. VIII, A). Sieben dieser Arbeiten sind Dissertationen. Welche von ihnen auf *Jacobi* entfallen, bleibt offen; bei Nr. 4 war *Erich Molitor* erster Berichterstatter. Die Leipziger Habilitationsschrift von *Friedrich Kühn*, Die Schlichtungsstreitigkeit nach der Verordnung über das Schlichtungswesen vom 30. Oktober 1923, Weimar 1933 (Schr. des Inst. für Arbeitsr. an der Univ. Leipzig, Heft 34, 162 S.) wurde nicht mehr von *Jacobi* herausgegeben, doch bekannte sich der Verfasser in seiner Vorbemerkung dankbar zu seinem Lehrer.

Die Titel sind bis einschließlich Abschnitt VII durchlaufend gezählt.

Gliederung

V. Bemerkungen zu rechtlichen Entscheidungen — VI. Würdigungen, Nachrufe — VII. Diskussionsbeiträge auf wissenschaftlichen Tagungen (nach gedruckten Protokollen oder Berichten) — VIII. Herausgebertätigkeit: A. Alleinherausgeber; B. Mitherausgeber; C. Ständiger Mitarbeiter — IX. Biographie, Schriftenverzeichnis, Festschrift, Würdigungen, Nachrufe, Bildnis

Abkürzungen

Arb R	Arbeitsrecht. Zeitschrift für Theorie und Praxis (Berlin 1956ff.)
Arb Sozialfürs	Arbeit und Sozialfürsorge. Später mit dem Untertitel: Fachzeitschrift für Arbeitsökonomik, Arbeitsschutz, Arbeitsrecht und Sozialwesen (Berlin 1946ff.)
Arch öff R	Archiv des öffentlichen Rechts
DJZ	Deutsche Juristen-Zeitung
DLZ	Deutsche Literaturzeitung für Kritik der internationalen Wissenschaft
DRZ	Deutsche Rechts-Zeitschrift (Tübingen 1946ff.)
Fischers Z	Fischers Zeitschrift für Praxis und Gesetzgebung der Verwaltung
FuF	Forschungen und Fortschritte. Nachrichtenblatt der deutschen Wissenschaft und Technik
Jb öff R	Jahrbuch des öffentlichen Rechts der Gegenwart
Jb Sächs Akad Wiss	Jahrbuch der Sächsischen Akademie der Wissenschaften zu Leipzig
JVH	Jahresverzeichnis der an den deutschen Universitäten und Hochschulen erschienenen Schriften, ab 1936 (52. Jg., 1937) Jahresverzeichnis der deutschen Hochschulschriften
JW	Juristische Wochenschrift
JZ	Juristenzeitung (Tübingen 1951ff.)
Leipz VZ	Leipziger Volks-Zeitung
ND	Neues Deutschland
NJ	Neue Justiz. Zeitschrift für Recht und Rechtswissenschaft (Berlin 1947ff.)
R d Arb	Recht der Arbeit. Zeitschrift für die Wissenschaft und Praxis des gesamten Arbeitsrechts (München und Berlin 1948ff.)
Sächs Tgbl	Sächsisches Tageblatt
St u R	Staat und Recht (Berlin 1952ff.)
Süddt JZ	Süddeutsche Juristen-Zeitung (Heidelberg 1946ff.)
Thür Tgbl	Thüringer Tageblatt
Univ Z Leipz	Universitäts-Zeitung Leipzig
Verw Arch	Verwaltungsarchiv. Zeitschrift für Verwaltungsrecht und Verwaltungsgerichtsbarkeit
Wiss Z Leipz	Wissenschaftliche Zeitschrift der Universität Leipzig (1951/52ff.)
Z ev KR	Zeitschrift für evangelisches Kirchenrecht (Tübingen 1951/52ff.)
ZKG	Zeitschrift für Kirchengeschichte
ZRG (KA)	Zeitschrift der Savignystiftung für Rechtsgeschichte, Kanonistische Abteilung (die zusätzliche eigene Zählung dieser Abteilung ist unmittelbar hinter KA innerhalb der Klammer angegeben, hier allerdings mit arabischen Ziffern)

I. Selbständige Schriften

1. Einfluß der Exkommunikation und der Delicta mere ecclesiastica auf die Fähigkeit zum Erwerb und zur Ausübung des Patronatrechts. Leipziger juristische Inauguraldissertation. Leipzig: Veit & Comp. 1908. VIII, 76 S.
2. Patronate juristischer Personen (Kirchenrechtl. Abh., hrsg. von *Ulrich Stutz*, 78). Stuttgart: Ferdinand Enke 1912. XX, 172 S.
   [Leipziger Habilitationsschrift. Widmung an *Franz Ulrich Apelt.*]
3. Der Rechtsbestand der deutschen Bundesstaaten. Leipzig: Felix Meiner 1917. IV, 112 S.
4. Rechtliche Fürsorge für Kriegsteilnehmer. Eine Zusammenstellung und Erläuterung der für die Kriegsteilnehmer wichtigsten privat- und prozeßrechtlichen Bestimmungen unter Benutzung der in der Praxis gebräuchlichen Kommentare. Als Manuskript gedruckt zum Gebrauch der militärischen Beratungsstellen. Leipzig: Spamersche Buchdruckerei o. J. [1918]. 80 S.
5. Einheitsstaat oder Bundesstaat. Leipzig: Felix Meiner 1919. 39 S.
6. Einführung in das Gewerbe- und Arbeiterrecht [ab 4. Aufl.: Arbeitsrecht]. Ein Grundriß. Leipzig: Felix Meiner. 1. Aufl. 1919. VI, 42 S. — 2. Aufl. 1919. VI, 44 S. — 3. Aufl. 1922. X, 84 S. — 4., erweiterte Aufl. 1924. VIII, 99 S. — 5., verbesserte u. um ein Sachregister vermehrte Aufl. 1926. VIII, 109 S.
7. Die Sonderrechte der Sächsischen Oberlausitz, besonders das Vorschlagsrecht der Oberlausitzer Landstände bei der Besetzung der Amtshauptmannschaften. Ein staatsrechtsgeschichtliches Gutachten. Als Manuskript gedruckt. Leipzig 1920. [Druck:] E. M. Monse, Bautzen 36 S.
8. Die Rechtsstellung der Oberlausitz nach der sächsischen Verfassung vom 1. November 1920. Ein staatsrechtliches Gutachten. Als Manuskript gedruckt. Leipzig 1921 [ohne Angabe des Verlages]. 24 S.
9. Grundlehren des Arbeitsrechts. Leipzig: A. Deichert (Dr. Werner Scholl) 1927. XVI, 478 S.
   [Dem Gedächtnis von *Adolf Wach* gewidmet.]
10. Die Rechtsgrundlagen der Leipziger Messe. Rechtsgutachten. Leipzig 1927 [ohne Angabe des Verlages]. 4°. 24 S.
11. Die Ausbildung und Qualifizierung der Arbeiter in den volkseigenen Betrieben der Deutschen Demokratischen Republik (Dt. Institut für Rechtswiss., Schriftenreihe Arbeitsrecht, Heft 1). Berlin: VEB Deutscher Zentralverlag 1956. 62 S.
    [Vgl. Jb Sächs Akad Wiss 1954—1956 (Berlin 1958) S. 137.]
12. Die Konfliktkommissionen in der Deutschen Demokratischen Republik (Dt. Institut für Rechtswiss., Schriftenreihe Arbeitsrecht, Heft 4). Berlin: VEB Deutscher Zentralverlag 1957. 68 S.
13. Freie Wahlen und geheime Abstimmung in der Bürgerlichen Demokratie (Ber. über die Verhandl. der Sächs. Akad. der Wiss. zu Leipzig, Phil.-hist. Kl. Bd. 103 H. 1). Berlin: Akademie-Verlag 1958. 50 S.
    [Vgl. DLZ 77 (1956) H. 6 Sp. 462f.; Jb Sächs Akad Wiss 1954—1956 (Berlin 1958) S. 90f.; 1957—1959 (Berlin 1961) S. 235.]
14. Rudolph Sohm und das Kirchenrecht. [Opus postumum.]

II. Beiträge in Festschriften, Handbüchern und anderen Sammelwerken

15. Die Träger der Sozialversicherung und ihre Angehörigen. In: Zwei öffentlich-rechtliche Abhandlungen als Festgabe für *Otto Mayer* [zum 70. Geburtstage] von *Richard Schmidt und Erwin Jacobi.* Leipzig 1916, S. 1—78.

16. Die Diktatur des Reichspräsidenten nach Art. 48 der Reichsverfassung. Verhandl. der Tagung der dt. Staatsrechtslehrer zu Jena am 14. und 15. April 1924. In: Veröff. der Vereinigung der Dt. Staatsrechtslehrer, Heft 1, Berlin u. Leipzig 1924, S. 105—136 [Bericht S. 105—136, Leitsätze S. 136].

17. Betrieb und Unternehmen als Rechtsbegriffe. In: Festschr. der Leipziger Juristenfakultät für *Victor Ehrenberg* zum 30. März 1926 (Leipz. rechtswiss. Studien, hrsg. von der Leipziger Juristen-Fakultät, 21). Leipzig 1927, S. VII—X, 1—39.

18. Empfiehlt sich eine Abänderung der Bestimmungen über parlamentarische Untersuchungsausschüsse, um den ungestörten Verlauf des Strafverfahrens und die Unabhängigkeit des Richtertums sicherzustellen? In: Verhandl. des 34. Dt. Juristentags zu Köln vom 12.—15. September 1926. II. Bd. (Stenogr. Ber.). Berlin u. Leipzig 1927, S. 69ff., 860ff.
[*Jacobi* war Berichterstatter. Seine Leitsätze S. 69—73; seine mündlichen Ausführungen S. 73—108; Diskussion S. 108—179; *Jacobis* Schlußwort S. 179—185; zur Geschäftsordnung und Abstimmung S. 185—189; *Jacobi* zur Geschäftsordnung S. 189; zur Geschäftsordnung und Abstimmung S. 190—192. — *Jacobis* Bericht in der 2. Plenarsitzung am 15. 9. 1926 S. 860—862.]

19. Reichsverfassungsänderung. In: Die Reichsgerichtspraxis im deutschen Rechtsleben, Festgabe der juristischen Fakultäten zum 50jährigen Bestehen des Reichsgerichts (1. Oktober 1929), unter Mitwirkung anderer hrsg. von *Otto Schreiber*. Berlin u. Leipzig 1929, Bd. I, S. 233—277.

20. Die Rechtsverordnungen. In: Handbuch des Deutschen Staatsrechts, in Verbindung mit *C. Bilfinger* u. a. [darunter *Erwin Jacobi*] hrsg. von *Gerhard Anschütz* und *Richard Thoma*, Bd. II (Das öffentl. Recht der Gegenwart, 29). Tübingen 1932, S. 236—255 [s. VIII, B, 1].

21. Die Verwaltungsverordnungen. In: Ebda S. 255—263.

22. Die verfassungsmäßigen Wahlrechtsgrundsätze als Gegenstand richterlicher Entscheidung. In: Gegenwartsfragen aus der Allgemeinen Staatslehre und der Verfassungstheorie, in Verbindung mit *W. Apelt* u. a. [darunter *Erwin Jacobi*] hrsg. von *Hans Gmelin* und *Otto Koellreutter* (Festgabe für *Richard Schmidt* zu seinem 70. Geburtstag 19. Januar 1932 überreicht von Verehrern und Schülern). Leipzig 1932, S. 59—93 [s. VIII, B, 3a].

23. Zur Scheidung von privatem und öffentlichem Recht in der Deutschen Demokratischen Republik. In: Rechtsprobleme in Staat und Kirche, Festschr. für *Rudolf Smend* zum 70. Geburtstag 15. Januar 1952, dargebracht von Freunden, Schülern und Kollegen (Göttinger Rechtswiss. Studien, 3). Göttingen 1952, S. 145—162.

24. Patronat und Infamie im kanonischen Recht. In: Festschr. *Guido Kisch*. Rechtshistorische Forschungen, anläßlich des 60. Geburtstags dargebracht von Freunden, Kollegen und Schülern [mit Vorwort von *K. S. Bader*]. Stuttgart 1955, S. 203—214.

25. Zum geheimen Stimmrecht. In: Forschungen und Berichte aus dem öffentlichen Recht. Gedächtnisschr. für *Walter Jellinek* 12. 7. 1885—9. 6. 1955, hrsg. von *Otto Bachof*, *Martin Drath*, *Otto Gönnenwein*, *Ernst Walz* (Veröff. des Instituts für Staatslehre und Politik e. V., Mainz, 6). München 1955, S. 141—153.

26. Arbeitsstreitigkeiten, (II) Schlichtung. In: Handwörterbuch der Sozialwiss., zugleich Neuauflage des Handwörterbuchs der Staatswiss., hrsg. von *Erwin v. Beckerath* u. a. Bd. I, Stuttgart, Tübingen, Göttingen 1956, S. 361—368.

27. Die Richtlinien des Obersten Gerichts der Deutschen Demokratischen Republik. In: Staat und Bürger. Festschr. für *Willibalt Apelt* zum 80. Geburtstag, in Gemeinschaft mit

Friedrich Berber u. a. [darunter *Erwin Jacobi*] hrsg. von *Theodor Maunz*, *Hans Nawiasky*, *Johannes Heckel*. München u. Berlin 1958, S. 203—218. [Vgl. DLZ 78 (1957) H. 12 Sp. 1145; Jb Sächs Akad Wiss 1957—1959 (Berlin 1961) S. 151; s. VIII, B, 3b.]
28. Kirchliches Dienstrecht und staatliches Arbeitsrecht in der Deutschen Demokratischen Republik. In: Festschr. für *Arthur Nikisch*. Tübingen 1958, S. 83—108.
29. Die Zwangsbeitreibung der Kirchensteuern in der Deutschen Demokratischen Republik. In: Für Kirche und Recht. Festschr. für *Johannes Heckel* zum 70. Geburtstag, hrsg. von *Siegfried Grundmann*. Köln, Graz 1959, S. 56—85.
[Vgl. DLZ 81 (1960) H. 5 Sp. 473; Jb Sächs Akad Wiss 1960—1962 (Berlin 1964) S. 197.]

III. Aufsätze in Zeitschriften, Archiven und Jahrbüchern

30. Der Prozeß im Decretum Gratiani und bei den ältesten Dekretisten. In: ZRG (KA 3) 34 (1913) S. 223—343.
31. Religiöse Kindererziehung nach sächsischem Recht. In: Dt. Zeitschr. für Kirchenrecht, hrsg. von *Emil Sehling* (3. Folge der von *Dove* begründeten, vom 4. Jg. ab von *Dove* und *Friedberg* herausgegebenen Zeitschr. für Kirchenrecht), 23 (1913) S. 277—299; 24 (1914) S. 1—71.
32. Die Verstaatlichung des Kohlenzehnten. Ein staats- und verwaltungsrechtliches Gutachten. In: Fischers Z 50 (1919) S. 181—230.
33. Die Wandlungen der Verfassung und Verwaltung in Sachsen. In: Jb öff R 9 (1920) S. 163—170.
34. Das Verordnungsrecht im Reiche seit dem November 1918. In: Arch öff R 39 (1920) S. 273—361.
35. Öffentlichrechtliche Vereinbarungen bei der Vereinigung der Rittergüter und Freigüter mit den benachbarten Gemeinden. In: Fischers Z 53 (1921) S. 82—90.
36. Das Prüfungsrecht des Reichswirtschaftsministeriums gegenüber gewerblichen Betrieben. In: Verw Arch 29 (1922) S. 54—62.
37. Überstundenarbeit (Gutachten über die Verordnung des Sächsischen Arbeitsministeriums gegen das Überstundenwesen). In: Mitt. der Handelskammer Leipzig 18 (1922) H. 2 S. 33—36.
38. Die Leipziger Meßamtsbeiträge. In: Fischers Z 55 (1923) S. 1—37.
39. Betriebsstillegung. In: JW 54 (1925) Bd. I, S. 187—192.
40. Die Verordnung zur einstweiligen Regelung der Aufwertung vom 4. Dezember 1924. In: DJZ 30 (1925) H. 4 Sp. 306—309.
41. Die Rechtsgültigkeit eines Kollektivvertrags zwischen Krankenkassen und Ärzten über beschränkte Zulassung zur Kassenpraxis trotz Widerspruchs zu den Richtlinien und Zulassungsgrundsätzen des Reichsausschusses. In: Monatsschr. für Arbeiter- und Angestellten-Versicherung 14 (1926) H. 3 Sp. 129—139.
42. Die Entwicklungslinien des modernen Arbeitsrechts. In: Verw Arch 31 (1926) S. 95 bis 110.
43. Das Urteil des Reichsarbeitsgerichts im Ruhreisenkonflikt. (B.) In: JW 58 (1929) Bd. II, S. 1276—1279.
44. Polizeibeauftragte in öffentlichen Versammlungen. In: Verw Arch 37 (1932) S. 377 bis 383.
45. Die Arbeiter- und die Angestelltenkammer in Bremen und die Reichsverfassung. Zugleich ein Beitrag zur Lehre von der Berufs-, Klassen- und Wirtschaftsvertretung. In: Verw Arch 38 (1933) S. 2—30.

46. Ausgleichs- und Schiedsverfahren in Arbeitsstreitigkeiten. In: Süddt JZ 2 (1947) H. 2 Sp. 73—82.
47. Zur neuen sächsischen Landesverfassung. In: DRZ 2 (1947) H. 7 S. 212—214.
48. Staat und Kirche nach der Verfassung der Deutschen Demokratischen Republik. In: Z ev KR 1 (1951) S. 113—135.
49. Die Bekämpfung der Fluktuation in der volkseigenen Wirtschaft. In: NJ 7 (1953) H. 4 S. 93—95.
50. Staat und Kirche in der Sowjetunion. In: Wiss Z Leipz 4 (1954/55), Ges.- u. sprachwiss. Reihe, H. 3/4 S. 325—344.
51. Kollektivverträge im deutschen Arbeitsrecht. In: Arb Sozialfürs 9 (1954) H. 11 S. 342 bis 343 u. H. 13 S. 408—411.
52. Enthält das Statut einer LPG Rechtssätze? In: St u R 7 (1958) H. 3 S. 279—287.
53. Zur Frage der Anfechtung der Vollstreckbarkeitserklärung eines Beschlusses der Konfliktkommission (Erwiderung). In: Arb Sozialfürs 13 (1958) H. 16 S. 498f.
54. Die Konfliktkommissionen in der Deutschen Demokratischen Republik. In: Das Recht der Arbeit. Mit Beilage: Entscheidungen des Oberlandesgerichtes Wien in Sozialversicherungssachen. Herausgeber: Kammer für Arbeiter und Angestellte für Wien. 8. Jahr (1958) Nr. 6, Dezember (= 34. Heft), S. 97—99.
55. Rudolph Sohm und das Kirchenrecht. In: DLZ 85 (1964) H. 6 Sp. 559—561.
[Autorreferat über den am 20. 1. 1964 vor dem Plenum der Sächsischen Akademie der Wissenschaften zu Leipzig gehaltenen Vortrag. Vgl. auch Jb Sächs Akad Wiss 1963 bis 1965 (Berlin 1967) S. 118.]
56. Rudolph Sohm und das Kirchenrecht. In: FuF 38 (1964) H. 11 S. 345—347.
[Kurzfassung des vor dem Plenum der Sächsischen Akademie der Wissenschaften zu Leipzig am 20. 1. 1964 gehaltenen Vortrages.]

IV. Besprechungen

57. *Schneider, Rudolf*: Geschichte des Arbeitsrechts der Deutschen Demokratischen Republik (Dt. Institut für Rechtswiss., Schriftenreihe Arbeitsrecht, Heft 3). Berlin: VEB Deutscher Zentralverlag 1957. 96 S. In: Arb R 2 (1957) H. 12 S. 336.
58. *Wortelker, Konrad*: Evangelisches Kirchenrecht — Recht? Evangelisches Kirchenrecht als Frage nach der Norm (Theol. Forschung, 21. Veröff.). Hamburg-Bergstedt: H. Reich 1960. V, 225 S. In: DLZ 82 (1961) H. 6 Sp. 554—557.

V. Bemerkungen zu rechtlichen Entscheidungen

59. Zu RG. VI 132/26 vom 2. 7. 1926. In: JW 56 (1927) Bd. I, S. 265f. (zu Nr. 16).
[Von *Jacobi* nicht signiert. Seine Verfasserschaft ergibt sich aus dem Register S. *76 und aus seinen „Grundlehren des Arbeitsrechts“ (s. I, 9) S. 157 Anm. 7a.]
60. Bemerkungen zu dem Beschluß der Konfliktkommission der KG [= Konsumgenossenschaft] Großrudestedt in: AR 1958 S. 87. In Arb R 3 (1958) H. 7 S. 211. [Dieser Beschluß, vom 1. 8. 1957, ist gedruckt in Arb R 3 (1958) H. 3 S. 87.]

VI. Würdigungen, Nachrufe

61. Adolf Wach †. Rede bei der Trauerfeier in der Leipziger Universitätskirche am 8. April 1926, im Namen der Universität Leipzig und der Leipziger Juristenfakultät gehalten [von Erwin Jacobi als damaligem Dekan]. DJZ 31 (1926) H. 9, Sp. 613—616.
62. [Nachruf] *Paul Koschaker*. In: Jb Sächs Akad Wiss 1949—1953 (Berlin 1954) S. 54f.

63. [Nachruf] *Heinrich Siber*. In: Ebda S. 55f.
64. In Memoriam *Walter Jellinek*. Rede, in der Gedenkstunde der Universität Heidelberg am 11. November 1955 gehalten. Heidelberg o. J. [1955]. Satz u. Druck: Bernhard Neumann, [II] 22 S.
[Nicht im Buchhandel.]
65. *Walter Jellinek* als Wissenschaftler. In: Die öffentl. Verwaltung. Zeitschr. für Verwaltungsrecht und Verwaltungspolitik, Stuttgart, Köln, 9 (1956) H. 2 S. 33—38.
[Von der Schriftleitung wurde dazu angemerkt: „Dem Beitrag liegt ein Teil der Gedächtnisrede zugrunde, die Verf. in der Gedenkstunde für Professor *Jellinek* in der Universität Heidelberg am 11. November 1955 gehalten hat".]
66. [Nachruf] *Hans-Otto de Boor*. In: Jb Sächs Akad Wiss 1954—1956 (Berlin 1958) S. 264f.
67. [Gedenkworte für *Julius Lips*]. In: *Eva Lips*, Zwischen Lehrstuhl und Indianerzelt. Aus dem Leben und Werk von *Julius Lips*. Berlin 1965, S. 263 u. S. 268.

VII. Diskussionsbeiträge auf wissenschaftlichen Tagungen
(nach gedruckten Protokollen oder Berichten)

68. Verhandlungen des 34. Deutschen Juristentags zu Köln 1926 [s. II, 18].
69. [Über Beamtenrecht]. In: Veröff. der Vereinigung der Dt. Staatsrechtslehrer, Heft 7, Berlin 1932, S. 121—123.
70. [Über *Sohms* Grundthese und seine „Kirchenrechtsnegation"]. In: *Richard Bäumlin*, Entwicklung und Typen kirchlicher Rechtsbildung. Zweiter Bericht über die Heidelberger Kirchenrechtstagung 1960, in: Z ev KR 8 (1961/62) S. 60ff. (63!).

VIII. Herausgebertätigkeit

A. Alleinherausgeber

Schriften des Instituts für Arbeitsrecht an der Universität Leipzig, Heft 1—32, 1923—1933.

Auf besonderem Blatt vor dem Titel des 1. Heftes eröffnete *Jacobi* die Schriftenreihe mit folgender Erklärung (Oktober 1922): „Im Jahre 1921 ist an der Universität Leipzig ein besonderes Institut für Arbeitsrecht eingerichtet worden. Es soll der Versuch gemacht werden, die besten Schriften, die aus der Institutsarbeit hervorgehen, dem Druck zuzuführen und damit den Einzeldarstellungen, ohne welche die wissenschaftliche Behandlung eines Rechtsgebiets nicht gedeihen kann, eine Stätte zu bereiten. Daß damit auch der Praxis gedient wird, verbürgt die ganze Anlage und Arbeitsweise des Instituts, das sich in engster Fühlung mit der Praxis hält". Über das Institut für Arbeitsrecht und die Vertretung dieses Rechtsgebietes an der juristischen Fakultät der Universität Leipzig vgl. *Erwin Jacobi*, Grundlehren des Arbeitsrechts [s. I, 9] S. 75, Anm. 25. Berichte über die Tätigkeit des Instituts von *Lutz Richter* in: JW 57 (1928) Bd. I, S. 609f.; 58 (1929) Bd. II, S. 1286f.; 59 (1930) Bd. III, S. 3076—3078.

Es sind erschienen die Hefte 1—8 in der A. Deichertschen Verlagsbuchhandlung Dr. Werner Scholl, Leipzig und Erlangen, die Hefte 9—28 bei Reimar Hobbing, Berlin SW 61, die Hefte 29—32 bei Hermann Böhlaus Nachfolger, Weimar.

Als Dissertationen (s. die Vorbemerkung) kennzeichnen sich selbst nur drei der Arbeiten (Nr. 4, 21, 26); im übrigen gibt das Jahresverzeichnis der deutschen Hochschulschriften Auskunft. Im einzelnen: *4* (Becker) = Leipz. jur. Diss., JVH 1924 (40, 1926) S. 566; *14* (Scheffler) = Leipz. jur. Diss., JVH 1927 (43, 1929) S. 330; *16* (Kny) = Leipz. jur. Diss., JVH 1928 (44, 1930) S. 369; *17* (Schulz) = Leipz. jur. Diss., JVH 1928 (44, 1930) S. 373; *21* (Schäfer) = Leipz. jur. Diss. 1929 [1930], JVH 1930 (46, 1932) S. 411; *25* (Gerlach) =

Leipz. jur. Diss., JVH 1931 (47, 1933) S. 454; *26* (Ehrenwerth) = Jenaer jur. Diss., JVH 1931 (47, 1933) S. 360.

Auf die nicht mehr von *Jacobi* herausgegebenen Hefte Nr. 33ff. geht die Bibliographie nicht ein. Über Heft 34 siehe die Vorbemerkung.

1. *Fülling, Rudolf*: Die Pflicht zur Beschäftigung Schwerbeschädigter nach dem Gesetz vom 6. April 1920. Leipzig, Erlangen 1923. X, 119 S.
2. *Wauer, Walter*: Die wirtschaftlichen Selbstverwaltungskörper. Ihr Begriff und ihre Organisation. Leipzig, Erlangen 1923. XX, 100 S.
3. *Richter, Lutz*: Arbeitsrecht als Rechtsbegriff. Eine systematologische Studie. Leipzig, Erlangen 1923. 26 S.
4. *Becker, Erich*: Die Tarifnormen-Kollision. Erlangen, Leipzig 1924. X, 56 S.
5. *Potthoff, Heinz*: Die Einwirkung der Reichsverfassung auf das Arbeitsrecht. Leipzig, Erlangen 1925. [IV], 78 S.
6. *Engländer, Konrad*: Die Angestelltenerfindung nach geltendem Recht. Leipzig, Erlangen 1925. VIII, 82 S.
7. *Molitor, Erich*: Das Wesen des Arbeitsvertrages. Eine Untersuchung über die Begriffe des Dienst- und Werkvertrags sowie des Vertrags über abhängige Arbeit. Leipzig, Erlangen 1925. [IV], 111 S.
8. *Mothes-Günther, Paula*: Das Recht der Tarifschiedsgerichte. Leipzig, Erlangen 1926. VIII, 64 S.
9. *Musold, Willy*: Die Organisation der Kaliwirtschaft. Berlin 1926. 91 S.
10. *Jäkel, Gerhard*: Die gesetzliche Regelung der Arbeitszeit. Eine systematische Darstellung. Berlin 1926. 106 S.
11. *Nikisch, Arthur*: Die Grundformen des Arbeitsvertrags und der Anstellungsvertrag. Berlin 1926. 206 S.
12. *Koehne, Carl*: Die Arbeitsordnung in der Land- und Forstwirtschaft. Berlin 1927. 92 S.
13. *Lehmann, Heinrich*: Tarifvertrag und Nachwirkung. Berlin 1927. 60 S.
14. *Scheffler, Friedrich*: Gruppenarbeit. Berlin 1927. 87 S.
15. *Kahn-Freund, Otto*: Umfang der normativen Wirkung des Tarifvertrages und Wiedereinstellungsklausel. Berlin 1928. 128 S.
16. *Kny, Lothar*: Die Arbeitsgerichtsbehörden. Ihr Aufbau und ihre Zuständigkeit nach dem Arbeitsgerichtsgesetz vom 23. Dezember 1926. Berlin 1928. 150 S.
17. *Schulz, Georg*: Abgrenzung zwischen Unfallversicherung und Krankenversicherung. Berlin 1928. 107 S.
18. *Michel, Martin*: Das Gemeinwohl in der Arbeitszeitverordnung. Berlin 1928. 82 S.
19. *Baum, Georg*: Gerechtigkeit und Berufsinteresse im Arbeitsgerichtsprozeß. Berlin 1928. 32 S.
20. *Dienstag, Paul*: Der Arbeitsvertrag des Filmschauspielers und Filmregisseurs. Berlin 1929. 168 S.
21. *Schäfer, Heinz*: Tarifvertrag und Betriebsregelung. Rechtserhebliche Einigungen zwischen Arbeitgeber und Betriebsvertretung kraft Tarifvertrags. Berlin 1930. 74 S.
22. *Finkelstein, Hermann*: Das Recht des Bühnen- und Filmschauspielers auf Beschäftigung nach deutschem und österreichischem Recht. Berlin 1930. 123 S.
23. *Buchholz, Karl*: Die Nachprüfbarkeit von Betriebsvertretungsbeschlüssen durch die Gerichte. Berlin 1930. 214 S.
    [S. 2: „Vorbemerkung" von *Erwin Jacobi*, „nicht wegen des Themas ..., sondern wegen des Ganges, den die Untersuchung nimmt".]

24. *Baum, Georg*: Kollektivismus und Individualismus im Arbeitsgerichtsprozeß. Berlin 1931. 28 S.
25. *Gerlach, Horst*: Die Geschäftsführungskosten der Betriebsvertretung, zugleich ein Beitrag zur Lehre von der Rechtsnatur der Betriebsvertretung. Berlin 1931. 125 S.
26. *Ehrenwerth, Otto*: Die mehrfache Tarifgebundenheit eines Arbeitsverhältnisses. Eine Untersuchung über Tarifkonkurrenz und verwandte Erscheinungen. Berlin 1931. 128 S.
27. *Fuchs, Johannes*: Der Gratifikationsanspruch des Arbeitnehmers. Berlin 1931. 38 S.
28. *Herschel, Wilhelm*: Grundfragen der Schlichtung im Lichte der Rechtswissenschaft. Berlin 1931. 113 S.
29. *Nikisch, Arthur*: Friedenspflicht, Durchführungspflicht und Realisierungspflicht. Ein Beitrag zur Lehre von den schuldrechtlichen Wirkungen des Tarifvertrages. Weimar 1932. 120 S.
[Widmung an *Erwin Jacobi*.]
30. *Richter, Lutz*: Das Tarifrecht unter der Diktatur. Weimar 1932. 38 S.
31. *Mainzer, Richard*: Betrieb und Betriebszugehörigkeit. Weimar 1933. 87 S.
32. *Stelzig, Reinhardt*: Die Rechtsnatur der Sozialversicherung. Weimar 1933. 80 S.

B. Mitherausgeber

1. Handbuch des Deutschen Staatsrechts, in Verbindung mit *C. Bilfinger* u. a. [darunter *Erwin Jacobi*] hrsg. von *Gerhard Anschütz* und *Richard Thoma*. Tübingen: J. C. B. Mohr (Paul Siebeck). Bd. I: 1930, XIX, 708 S.; Bd. II: 1932, XIX, 791 S. (Das öffentl. Recht der Gegenwart, 28, 29) [s. II, 20].
2. Monographien (gemeinsam mit *Otto Mayer*)
   a) *Rudolph Sohm*: Das altkatholische Kirchenrecht und das Dekret Gratians. In: Festschr. der Leipziger Juristenfakultät für *Adolf Wach* zum 16. November 1915. München u. Leipzig: Duncker & Humblot 1918, S. IX—XIV, 3—674. — Auch selbständig mit eigenem Titelblatt, S. I—VIII, 3—674.
   b) *Rudolph Sohm*: Kirchenrecht. Zweiter Band: Katholisches Kirchenrecht (Systemat. Handbuch der Dt. Rechtswiss. unter Mitwirkung von *H. Brunner* u. a. begr. von *Karl Binding*, hrsg. von *Friedrich Oetker*, 8. Abt., 2. Bd.). München u. Leipzig: Duncker & Humblot 1923. VIII, 385 S.
3. Festschriften
   a) Gegenwartsfragen aus der allgemeinen Staatslehre und der Verfassungstheorie, in Verbindung mit *W. Apelt* u. a. [darunter *Erwin Jacobi*] hrsg. von *Hans Gmelin* u. *Otto Koellreutter* (Festgabe für *Richard Schmidt* zu seinem 70. Geburtstag 19. Januar 1932, überreicht von Verehrern und Schülern). Leipzig: C. L. Hirschfeld 1932. VIII, 273 S. [s. I, 22].
   b) Staat und Bürger. Festschr. für *Willibalt Apelt* zum 80. Geburtstag, in Gemeinschaft mit *Friedrich Berber* u. a. [*darunter Erwin Jacobi*] hrsg. von *Theodor Maunz, Hans Nawiasky, Johannes Heckel*. München u. Berlin: C. H. Beck 1958. [VIII], 242 S. [s. II, 27].
4. Archive, Zeitschriften
   a) Archiv des öffentlichen Rechts. Tübingen: J. C. B. Mohr (Paul Siebeck). [Mitherausgeber 1948—1965.]
   b) Recht der Arbeit. Zeitschrift für die Wissenschaft und Praxis des gesamten Arbeitsrechts. München, Berlin: C. H. Beck. [Mitherausgeber 1948—1965.]

C. Ständiger Mitarbeiter

Zeitschrift für evangelisches Kirchenrecht, hrsg. von *Chr. Mahrenholz*, *R. Smend*, *E. Wolf*. Tübingen: J. C. B. Mohr (Paul Siebeck). [Bd. 1—10, 1951—1964.]

IX. Biographie, Schriftenverzeichnis, Festschrift, Würdigungen, Nachrufe, Bildnis

1. Kurze biographische Nachrichten allgemeiner Art

Jahresber. des Gymnasiums zu Zittau über das Schuljahr 1894—1895 (Zittau 1895, Progr. Nr. 558) S. 7; 1895—1896 (Zittau 1896, Progr. Nr. 557) S. 51, 60; 1896—1897 (Zittau 1897, Progr. Nr. 567) S. 36; 1897—1898 (Zittau 1898, Progr. Nr. 571) S. 40, 49, 54, 55; 1898—1899 (Zittau 1899, Progr. Nr. 577) S. 5, 16, 22; 1899—1900 (Zittau 1900, Progr. Nr. 584) S. 5, 20; 1900—1901 (Zittau 1901, Progr. Nr. 593) S. 50, 61; 1901—1902 (Zittau 1902, Progr. Nr. 607) S. 4, 21, 25; 1902—1903 (Zittau 1903, Progr. Nr. 625) S. 6, 19, 28. — ZRG (KA 10) 41 (1920) S. 340. — Kürschners Dt. Gelehrtenkal. 1 (Berlin u. Leipzig 1925) Sp. 437; 2 (Berlin u. Leipzig 1926) Sp. 825f.; 3 (Berlin u. Leipzig 1928/29) Sp. 1028f.; 4 (Berlin u. Leipzig 1931) Sp. 1287f.; 5 (Berlin u. Leipzig 1935) Sp. 601; 7 (Berlin 1950) Sp. 899; 8 (Berlin 1954) Sp. 1035; 9 (Berlin 1961) Sp. 891. — Degeners Wer ist's? 9. Ausg. (Berlin 1928) S. 723f.; 10. Ausg. (Berlin 1935) S. 742; Wer ist wer? Das deutsche who's who, 12. Ausg. von Degeners Wer ist's? (Berlin-Grunewald 1955) S. 519; 13. Ausg. (Berlin-Grunewald 1958) S. 564; 14. Ausg., Bd. II (Berlin-Grunewald 1965) S. 143. — Jb Sächs Akad Wiss 1949—1953 (Berlin 1954) S. 5, 14, 25, 42, 54—56; 1954—1956 (Berlin 1958) S. 6, 17, 33, 51, 55, 90f., 137; 1957 bis 1959 (Berlin 1961) S. 6, 16, 36, 48, 114, 151, 154f., 157f., 160, 235, Beil. 1; 1960 bis 1962 (Berlin 1964) S. 6f., 28, 111, 130, 147, 165, 197; 1963—1965 (Berlin 1967) S. 5, 7, 44, 49, 67, 77, 118, 238, 344ff. — Jb. der Dt. Akad. der Wiss. zu Berlin 1960 (Berlin 1961) S. 36, 96, 109. — Der Große Brockhaus, 15. Aufl., Bd. IX, Leipzig 1931, S. 318. — Meyers Neues Lexikon, Bd. IV, Leipzig 1962, S. 496.

2. Schriftenverzeichnis

Kürschners Dt. Gelehrtenkal. 1 (Berlin u. Leipzig 1925) Sp. 437; 2 (Berlin u. Leipzig 1926) Sp. 825f.; 3 (Berlin u. Leipzig 1928/29) Sp. 1028f.; 4 (Berlin u. Leipzig 1931) Sp. 1287f.; 7 (Berlin 1950) Sp. 899; 9 (Berlin 1961) Sp. 891. — Degeners Wer ist's? 9., 10. Ausg. (wie oben unter 1); Wer ist wer? Das deutsche who's who, 12., 13. u. 14. Ausg. von Degeners Wer ist's? (wie oben unter 1). — Jb Sächs Akad Wiss 1954—1956 (Berlin 1958) S. 202; 1957—1959 (Berlin 1961) S. 277. — R d Arb 7 (1954) S. 59f.; 12 (1959) S. 63; 17 (1964) S. 100. — Festschr. für *Erwin Jacobi* (s. unten 3), S. 479—484 [chronologisch von 1908—1957, unvollständig].

3. Festschrift

Festschrift für *Erwin Jacobi*. Berlin: VEB Deutscher Zentralverlag 1957. 486 S. (mit Bildn.).
[S. 7: „aus Anlaß der fünfzigsten Wiederkehr seiner Promotion an der Juristenfakultät zu Leipzig überreicht"; S. 9f.: „Zum Geleit", Leipzig, 23. Dezember 1957, *Karl Bönninger*, *Heinz Such*, *Rudolf Arzinger*. — S. 11—478: Beiträge von *A. Baumgarten*, *H. Such*, *K. Polak*, *H. Gerats*, *H. Klenner*, *G. Brehme*, *H. Kröger*, *R. Arzinger*, *U. Krüger*, *Kh. Schönherr*, *K. Bönninger*, *R. Schneider*, *H. Paul*, *K. Stelter*, *H. Tauscher*. — S. 479—483: Bilbliographie des Schrifttums von *Erwin Jacobi*, S. 484: Herausgeber oder Mitherausgeber.]

4. Würdigungen in wissenschaftlichen Zeitschriften und in Tageszeitungen

a) *Zum 70. Geburtstag (15. 1. 1954)*

W. Jellinek, Erwin Jacobi 70 Jahre alt, in: JZ 1954 (= 9. Jg. der DRZ u. der Süddt. JZ) H. 1/2, S. 60. — *H. C. Nipperdey, Erwin Jacobi* 70 Jahre alt, in: R d Arb 7 (1954) S. 59f. — *K. Polak*, Mitbegründer der Arbeitsrechtswissenschaft. Zum 70. Geburtstag von Professor Dr. *Erwin Jacobi*, in: ND (A) 9 (1954), Nr. 19 vom 23. Januar, S. 4 (mit Bildn.). — *U. Scheuner, Erwin Jacobi* zum siebenzigsten Geburtstag, in: Arch öff R 79 (1953/54) S. 369f. — [*R. Smend*], in: Z ev KR 3 (1953/54) H. 2, S. 177. — *H. Such*, Zum 70. Geburtstag von Professor Dr. *Erwin Jacobi*, in: St u R 3 (1954) H. 1, S. 5—8. — *o. V.*, Zum 70. Geburtstag von Prof. Dr. *Jacobi*, in: Arb Sozialfürs 9 (1954) H. 2, S. 58f. — *o. V.*, Professor Dr. *Jacobi*, Mitbegründer der deutschen Arbeitsrechtswissenschaft, in: Die Justiz (1954) S. 321f.; *dasselbe*, in: Neue Justiz 8 (1954) H. 3, S. 65f. — *o. V.*, Zum 70. Geburtstag Prof. Dr. *Erwin Jacobis*, in: Leipz Volksz 9 (1954) vom 15. 1. 1954 (mit Bildn.).

b) *Zum Goldenen Doktorjubiläum (23. 12. 1957)*

G. Fromm, Dank und Gruß für Professor D. Dr. *Erwin Jacobi*, in: Arb R 3 (1958) H. 1, S. 17, 25. — *o. V.*, Prof. D. Dr. *Erwin Jacobi*. Zum 50jährigen Doktorjubiläum, in: Arb R 2 (1957) H. 12, S. 309f. (mit Bildn.). — *o. V.*, in: Sonntag (1958) Nr. 1, S. 8.

c) *Zum 75. Geburtstag (15. 1. 1959)*

G. W. Kilian, Rechtsgelehrter und Freund der Musik. Zum 75. Geburtstag von Professor D. Dr. *Erwin Jacobi*, in: Neue Zeit (Berliner Ausgabe), 15 (1959), Nr. 12 vom 15. Januar, S. 4. — *ders.*, Der Arbeits- und Kirchenrechtler *Jacobi* 75 Jahre alt, in: Thür Tgbl, Weimar (1959), vom 17. Januar. — *H. C. Nipperdey*, in: R d Arb 12 (1959) S. 63. — *A ö R, Erwin Jacobi* zum 75. Geburtstag, in: Arch öff R 84 (1959) S. 121. — *B. L.*, Rückblick auf vielseitiges Schaffen. Zum 75. Geburtstag von Dr. *Erwin Jacobi*, in: Sächs Tgbl 14 (1959) Nr. 12 vom 15. Januar, S. 3. — *o. V.*, Mitbegründer unseres Arbeitsrechts. Der Arbeits- und Kirchenrechtler Prof. *Jacobi* 75 Jahre alt, in: Die Union (Leipzig) 14 (1959) Nr. 12 vom 15. Januar, S. 2; *dasselbe*, in: Der Neue Weg (Zeitz) 14 (1959) Nr. 12 vom 15. Januar, S. 2. — *o. V.*, Zum 75. Geburtstag Prof. D. Dr. *Jacobis*, in: Univ Z Leipz 3 (1959) Nr. 2 vom 23. Januar.

d) *Zum 80. Geburtstag (15. 1. 1964)*

M. Baring, Erwin Jacobi zum 80. Geburtstag, in: Arch öff R 89 (1964) S. 109—112. — *G. Buchda, Erwin Jacobi* zum 80. Geburtstag am 15. Januar 1964, in: FuF 38 (1964) H. 1, S. 29f. — *E. Pätzold*, Arbeitsrecht für die Werktätigen, Gedanken zum 80. Geburtstag von Professor D Dr. *Jacobi*, in: Leipz Volksz 19 (1964) Nr. 19 vom 19. Januar, S. 10. — *H. Such*, in: Univ Z Leipz 8 (1963) Nr. 3, S. 2. — *H. Thieme, Erwin Jacobi* 80 Jahre alt, in: JZ 1964 (= 19. Jg. der DRZ u. der Süddt. JZ) H. 2, S. 72. — *A ö R, Erwin Jacobi* zum 80. Geburtstag, in: Arch öff R 89 (1964) S. 109. — *E. P.*, in: St u R 13 (1964) H. 3, S. 638. — *o. V.*, *Erwin Jacobi* 80 Jahre, in: R d Arb 17 (1964) H. 3, S. 100. — *o. V.*, in: ND 19 (1964) Nr. 15 vom 15. Januar, S. 2. — *o. V.*, in: Sächs Tgbl 19 (1964) Nr. 12 vom 15. Januar.

e) *Allgemein*

Chr. Johannsen, Das Recht des arbeitenden Menschen. Besuch bei dem Leipziger Juristen Prof. D. Dr. *Erwin Jacobi*, in: Neue Zeit (1958) Nr. 54 vom 5. März, S. 4. —

M. Oschee, Professoren-Objektivismus, in: Tägliche Rundschau 1950, Nr. 50 (1468) vom 28. Februar, S. 3. — *E. R.*, Aktivist der ersten Stunde: Prof. Dr. em. *Erwin Jacobi*. Arbeiter in den Hörsaal!, in: Leipz Volksz 15 (1960) vom 7. Mai (mit Bildn.). — *o. V.*, Eure Stimme der Wahrheit! Prof. Dr. *Jacobi* appelliert an die deutschen Juristen, in: Leipz Volksz 1951 vom 20. März.

5. Nachrufe

G. Buchda, *Erwin Jacobi*, 15. 1. 1884—5. 4. 1965, in: Jb Sächs Akad Wiss 1963—1965 (Berlin 1967) S. 344—349 (m. Bildn.). — *G. W. Kilian*, Erfüllt von tiefer Herzensgüte, in: Neue Zeit (Berlin) 21 (1965) Nr. 119. — *H. Liermann*, in: Z ev KR 11 (1964/65) S. 393. — *A. Nikisch*, in: R d Arb 18 (1965) H. 7/8, S. 283. — *o. V.*, in: St u R 14 (1965) H. 6, S. 1038. — *o. V.*, Professor *Erwin Jacobi* gestorben, in: Frankfurter Allgemeine Zeitung, Frankfurt a. Main, 14. April 1965.

6. Bildnis

Siehe oben 3, 4 und 5. Ferner: Univ Z Leipz 3 (1959) Sonder-Nr. 5 vom 14. Oktober, S. 3.

ABKÜRZUNGEN

Abh.	Abhandlung, Abhandlungen
AfKg.	Archiv für Kulturgeschichte
AfO	Archiv für Orientforschung
Alman.	Almanach
AM	Athenische Mitteilungen
Ann.	Annotation
Anz.	Anzeige
Arch.	Archiv
ASAE	Annales du Service des Antiquités de l'Égypte
ASAW	Abhandlungen der Sächsischen Akademie der Wissenschaften zu Leipzig
Bd	Band, Bände
Beil.	Beilage
Beitr.	Beiträge zur Geschichte der deutschen Sprache und Literatur
Ber.	Berichte
Bespr.	Besprechung
BiOr	Bibliotheca Orientalis
Bl.	Blatt
Bln	Berlin
BrP	Beiträge zur romanischen Philologie
C.R.	Compte Rendu
ČSSR	Československá sociálistická republika
CVA	Corpus Vasorum Antiquorum
DAW	Deutsche Akademie der Wissenschaften zu Berlin
ders., dies.	derselbe, dieselbe
DLZ	Deutsche Literaturzeitung
DMG	Deutsche Morgenländische Gesellschaft
dtsch.	deutsch (e, er)
dtv	Deutscher Taschenbuch-Verlag
Einltg.	Einleitung
Festschr.	Festschrift
Forsch.	Forschung (en)
Frkf.	Frankfurt
FuF	Forschungen und Fortschritte
GHbll.	Glatzer Heimatblätter
Hdb.	Handbuch
HO I, 1	Handbuch der Orientalistik. Erste Abteilung: Der Nahe und der Mittlere Osten. Erster Band: Ägyptologie. Erster Abschnitt: Schrift und Sprache

HO I, 2	Handbuch der Orientalistik. Erste Abteilung: Der Nahe und der Mittlere Osten. Erster Band: Ägyptologie. Zweiter Abschnitt: Literatur
Ht.	„Heimat“, Beilage des „Volksbote“ (Trautenau)
HZ	Historische Zeitschrift
Interv.	Interview
Jb., Jahrb.	Jahrbuch
JDR	Jahrbuch des Deutschen Riesengebirgs-Vereins (Sitz Hohenelbe)
JGDB	Jahrbuch des Vereines für Geschichte der Deutschen in Böhmen
JGJ	Jahrbuch der Gesellschaft für Geschichte der Juden in der Čechoslovakischen Republik
Kal.	Kalender
Ktn	Karten
Lfg	Lieferung
LNA	Leipziger namenkundliche Arbeitsgruppe an der Karl-Marx-Universität Leipzig
Lpz.	Leipzig
Ltg.	Leitung
MGDB	Mitteilungen des Vereins für Geschichte der Deutschen in Böhmen
MGH	Monumenta Germaniae Historica
Mitt.	Mitteilungen
MPM	Mineralogische und Petrographische Mitteilungen
Nachr.	Nachruf
NF	Neue Folge
NPT	Nationalpreisträger
NZZ	Neue Zürcher Zeitung
OLZ	Orientalische Literaturzeitung
o. V.	ohne Verfasser
PGM	Petermanns Geographische Mitteilungen
Pl.	Plan, Pläne
Rev.	Revue
Rdsch.	Rundschau
RGG	Religion in Geschichte und Gegenwart. Handwörterbuch für Theologie und Religionswissenschaften. Tübingen
RGW	Rat für gegenseitige Wirtschaftshilfe
SAW	Sächsische Akademie der Wissenschaften zu Leipzig
Sitzgsber., S	Sitzungsbericht(e)
T.	Teil
TH	Technische Hochschule
ThLZ	Theologische Literaturzeitung
TU	Technische Universität
VK	„Volksbote“-Kalender (Trautenau)
Vortr.	Vortrag
Vorw.	Vorwort
WHO	World Health Organisation
Wiss. Zs. Halle	Wissenschaftliche Zeitschrift der Martin-Luther-Universität Halle-Wittenberg, Gesellschafts- und Sprachwissenschaftliche Reihe
WO	Welt des Orients
Wschr.	Wochenschrift

Z., Zs.	Zeitschrift
ZÄS	Zeitschrift für ägyptische Sprache und Altertumskunde
Zbl.	Zentralblatt
ZDMG	Zeitschrift der Deutschen Morgenländischen Gesellschaft
ZfdPh.	Zeitschrift für deutsche Philologie
ZfG	Zeitschrift für Geschichtswissenschaft
ZfS, ZfSl.	Zeitschrift für Slawistik
ZSG	Zeitschrift für Sudetendeutsche Geschichte
zsgest.	zusammengestellt
ZSS	Zeitschrift der Savigny-Stiftung für Rechtsgeschichte
Ztg	Zeitung

ERGÄNZUNGEN ZUM MITGLIEDERVERZEICHNIS

(nach dem Stand vom 31. Dezember 1971)

Zuwahlen im Jahre 1971

Ordentliche Mitglieder
der mathematisch-naturwissenschaftlichen Klasse

Berg, Hermann, Dr. rer. nat., Prof. für physikalische Chemie am Zentralinstitut der DAW für Mikrobiologie und experimentelle Therapie in Jena, Inhaber der Heyrovsky-Medaille des Heyrovsky-Instituts für Polarographie der Tschechoslowakischen Akademie der Wissenschaften in Prag, Mitglied der Gesellschaft für reine und angewandte Biophysik der Deutschen Demokratischen Republik in Berlin und des Comité International de Photobiologie (CIP), geb. 16. VII. 1924 in Greifswald, 69 Jena, Greifbergstraße 15, Tel. 24817 (28. VI. 1971).

Freimuth, Ulrich, Dr. rer. nat., Prof. für analytische Biochemie und Lebensmittelchemie an der TU Dresden, Inhaber der Verdienstmedaille der Deutschen Demokratischen Republik, Mitglied der Chemischen Gesellschaft, der Biochemischen Gesellschaft und der Gesellschaft für Ernährung in der Deutschen Demokratischen Republik, geb. 16. X. 1914 in Wismar, 8020 Dresden, Bernerstraße 1, Tel. 40644 (28. VI. 1971).

Uhlmann, Dietrich, Dr. rer. nat., Prof. für Hydrobiologie an der TU Dresden, Mitglied der International Association on Theoretical and applied Limnology, der Biologischen Gesellschaft in der Deutschen Demokratischen Republik und der Kammer der Technik (KdT), geb. 4. VIII. 1930 in Chemnitz, 8021 Dresden, Schlüterstraße 19, Tel. 32856 (28. VI. 1971).

Ordentliche Mitglieder
der philologisch-historischen Klasse

Brüning, Eberhard, Dr. phil., Prof. für Amerikanistik an der Karl-Marx-Universität Leipzig, Inhaber der Johann-Heinrich-Pestalozzi-Medaille in Bronze und Silber und der Ehrennadel der Karl-Marx-Universität, Mitglied der Deutschen Shakespeare-Gesellschaft in Weimar und der Association Internationale de Littérature Comparée, geb. 4. VI. 1925 in Chemnitz, 703 Leipzig, Scheffelstraße 53, Tel. 384593 (28. VI. 1971).

Hiebsch, Hans, Dr. phil., Prof. für Psychologie an der Friedrich-Schiller-Universität Jena, Inhaber der Verdienstmedaille der Deutschen Demokratischen Republik und der Verdienstmedaille der Nationalen Volksarmee der Deutschen Demokratischen Republik in Silber, Mitglied der Gesellschaft für Psychologie in der Deutschen Demokratischen Republik, stellvertretender Vorsitzender dieser Gesellschaft, und Mitglied der European Association of Experimental Social Psychology in Hague, geb. 10. VIII. 1922 in Bodenbach/ČSSR, 69 Jena, Professor-Ibrahim-Straße 35, Tel. 24907 (28. VI. 1971).

Werner, Ernst, Dr. phil., Prof. für Geschichte des Mittelalters an der Karl-Marx-Universität Leipzig, Nationalpreisträger, Inhaber der Verdienstmedaille der DDR und der Erinnerungsmedaille zum 50. Jahrestag der Großen Sozialistischen Oktoberrevolution der Universität Kiew, korresp. Mitglied der Deutschen Akademie der Wissenschaften zu Berlin, geb. 20. XI. 1920 in Tyssa, 7022 Leipzig, Braunschweiger Straße 19, Tel. 54390 (28. VI. 1971).

Auswärtige Mitglieder der mathematisch-naturwissenschaftlichen Klasse

Gerasimow, Innokentii Petrovich, Dr. der geographischen Wissenschaften, em. Professor für Geographie an der Lomonossow-Universität in Moskau, Vizepräsident der International Geographical Union, Inhaber des Lenin-Ordens, des Ordens Roter Stern und des Dimitroff-Preises der VR Bulgarien, Träger der Goldenen Dokučaev-Medaille, der Goldenen Przenalski-Medaille und der Moritz-Wilhelm-Drobisch-Medaille der Sächsischen Akademie, Mitglied der Deutschen Akademie der Naturforscher Leopoldina in Halle, der Deutschen Akademie der Landwirtschaftswissenschaften in Berlin, der Bulgarischen Akademie der Wissenschaften in Sofia, auswärtiges Mitglied der Deutschen Akademie der Wissenschaften zu Berlin und Ehrenmitglied der Geographischen Gesellschaften in Columbien, England, Finnland, Frankreich, Italien, Österreich, Polen, Schottland, Serbien und Ungarn, geb. 9. XII. 1905 in St. Kostroma, Moskau —W 3, Leninsky Prospekt 13, Tel. 231-61-44 (12. XI. 1971).

Kolotyrkin, Jakov Mikhailovitsch, Dr. chem., Prof. für Elektrochemie und Korrosionsschutz, Direktor des Karpow-Instituts für physikalische Chemie in Moskau, Inhaber des Lenin-Ordens und des Ordens des Roten Arbeitsbanners, Träger der Goldmedaille der Tschechoslowakischen Gesellschaft für Internationale Zusammenarbeit und der Gedenkmedaille zu Ehren des 50. Jahrestages der Kommunistischen Partei der ČSSR, Mitglied der Akademie der Wissenschaften der UdSSR und der Internationalen Elektrochemischen Gesellschaft, geb. 14. XI. 1910 im Dorf Zanino des Jarzevsker Bezirks im Smolensker Gebiet, Moskau —W 120, Obukha Str. 10, Karpov-Institut für physikalische Chemie, Tel. 297-32-57 (12. XI. 1971).

Schmid, Erich, Dr. phil., Dr. mont. h. c. (Montanistische Hochschule Leoben), Dr. rer. nat. h. c. (TU Clausthal), em. o. Professor für Physik an der Universität Wien, Träger der Moritz-Wilhelm-Drobisch-Medaille der Sächsischen Akademie, wirkliches Mitglied der Österreichischen Akademie der Wissenschaften in Wien,

Präsident dieser Akademie und Vorsitzender der mathematisch-naturwissenschaftlichen Klasse, Mitglied der Deutschen Akademie der Naturforscher Leopoldina in Halle und der Academy of Sciences in New York, auswärtiges Mitglied der Deutschen Akademie der Wissenschaften zu Berlin, korresp. Mitglied der Accademia di Studi Economici e Sociali in Triest, auswärtiges wiss. Mitglied des Max-Planck-Institutes für Metallforschung in Stuttgart, geb. 4. V. 1896 in Bruck/Mur (Österreich), A-1090 Wien, Universitätsstraße 10, Tel. 4240062 (12. XI. 1971).

Śmiałowski, Michał, Dr.-Ing., Prof. für physikalische Chemie, Direktor am Institut für physikalische Chemie der Polnischen Akademie der Wissenschaften in Warschau, Vorsitzender der polnischen Pugwash-Kommission, Staatspreisträger, Träger des Ordens Sztandar Pracy I. und II. Klasse und Inhaber des Kommandeurkreuzes des Ordens Polonia Restituta, o. Mitglied der Polnischen Akademie der Wissenschaften, Sekretär der III. Abteilung dieser Akademie, Mitglied der Polnischen Chemischen Gesellschaft in Warschau, der Electrochemical Society in New York, der Faraday Society in London und der Société de Chimie Physique in Paris, geb. 14. XII. 1906 in Hordynia (Ost-Galizien), Warszawa, ul. Marszałkowska 73 m. 18, Tel. 283772 (12. XI. 1971).

Auswärtige Mitglieder der philologisch-historischen Klasse

Mayrhofer, Manfred, Dr. phil., o. Prof. für Allgemeine und Indogermanische Sprachwissenschaft an der Universität Wien, wirkliches Mitglied der Österreichischen Akademie der Wissenschaften in Wien, Generalsekretär dieser Akademie und Sekretär der philologisch-historischen Klasse, Vorsitzender der Indogermanischen Gesellschaft, auswärtiges Mitglied der Accademia di Scienze e Lettere in Mailand und der Suomalais-Ugrilainen Seura [Finnisch-ugrische Gesellschaft] in Helsinki, Ehrenmitglied der Linguistic Society of India in Calcutta, geb. 26. IX. 1926 in Linz a. d. Donau (Österreich), A-1190 Wien, Bauernfeldgasse 9/II/6, Tel. 3639354, Post: Institut für Allgemeine und Indogermanische Sprachwissenschaft der Universität Wien, A-1010 Wien, Dr. Karl-Lueger-Ring 1, Tel. 427611/440 (12. XI. 1971).

Pée, Willem, Dr. phil., em. Prof. für Niederländische Linguistik und Dialektologie an der Universität Gent (Belgien), Vorsitzender der Gesellschaft Belgien—DDR in Brüssel, Inhaber der belgischen Leopolds- und Kronorden, des niederländischen Kommandeurordens für Oranien-Nassau und der Ehrennadel der Liga für Völkerfreundschaft der DDR in Gold für Verdienste um die Völkerfreundschaft, Mitglied der Koninklijke Commissie vooer Toponymie & Dialectologie in Brüssel, der Maatschappij der Nederlandsche Letterkunde in Leiden, der Fryske Akademy (Niederlande), des Provenciaal Utrechts Genootschap van Kunsten en Wetenschappen (Niederlande), der Belgische Vaste Commissie van advies voor de Stelling van de Nederlandse taal, Präsident dieser Kommission (seit 1970), der

Centrale Commissie voor de Nederlandse rechtstaal en bestuurstaal in België, Vizepräsident dieser Kommission, der Niederländisch-Belgischen Stiftung für niederländische Lexikologie und des Belgisch Centrum voor Neerlandistiek, Generalsekretär dieser Vereinigung, geb. 9. IV. 1903 in Brügge (West-Flandern), 1170 Brüssel, Bosvoorde, Vuurkeinenweg 3, Tel. 02/722649 (12. XI. 1971).

Todesfälle 1971

Im Jahre 1971 starben folgende Mitglieder:

Das Ehrenmitglied der Gesamtakademie

Viktor Maximowitsch Schirmunski (31. Januar)

Mathematisch-naturwissenschaftliche Klasse

Die ordentlichen Mitglieder

Maximilian Klinkowski (22. Juni) Georg Merrem (8. Juli)

Das auswärtige Mitglied

Helmuth Kulenkampff (12. Juni)

Philologisch-historische Klasse

Das ordentliche Mitglied

Rudolf Fischer (2. August)

Die auswärtigen Mitglieder

Hugo Siebenschein (12. Dezember)
Walther von Wartburg (15. August)

Ehrungen

Verleihung der Moritz-Dronisch-Medaille anläßlich der 125-Jahrfeier der Sächsischen Akademie der Wissenschaften zu Leipzig am 12. November 1971:

Georg Berndt, Dr. phil., Dr.-Ing., e. h., o. Prof. für Meßtechnik an der TU Dresden
Georg Mayer, Dr. rer. pol., Dr. agr. h. c., Dr. med. vet. h. c., Alt-Rektor der Karl-Marx-Universität Leipzig
Gerhard Winkler, Dr. agr., Dr. phil. h. c., Rektor der Karl-Marx-Universität Leipzig

Mathematisch-naturwissenschaftliche Klasse

Die auswärtigen Mitglieder

Erich Schmidt Viktor Iwanowitsch Spitzin

Philologisch-historische Klasse

Das ordentliche Mitglied

Johannes Jahn

Das auswärtige Mitglied

Kazimierz Michałowski

NAMENREGISTER

(Mitglieder der Akademie und der mit ihnen in Zusammenhang stehenden Personen)

FSC
www.fsc.org
MIX
Papier | Fördert
gute Waldnutzung
FSC® C083411

Kolibri 360 GmbH
Ferdinand-Jühlke-Straße 7
99095 Erfurt, Deutschland
produktsicherheit@kolibri360.de